中文版 Illustrator 2024 完全自学教程

瀚阅教育 编著

化学工业出版社

·北京·

内容简介

《中文版Illustrator 2024完全自学教程（实战案例视频版）》是一本完全针对零基础新手的自学书籍，以生动有趣的实际操作案例为主，辅助以通俗易懂的参数讲解，循序渐进地介绍了Illustrator 2024的各项功能和操作方法。全书共18章，分为3篇：快速入门篇帮助读者轻松入门，更快地制作出完整的作品，可以应对日常工作遇到的常见的制图问题；高级拓展篇在读者具备了一定的基础后，全面学习高级功能，以应对绝大多数的设计任务；实战应用篇精选7大热门行业项目实战案例，覆盖大多数Illustrator行业应用场景，在实战中提升设计能力。

为了方便读者学习，本书提供了丰富的配套资源，包括：视频精讲+同步电子书+素材源文件+设计师素材库+拓展资源等。

本书内容全面，实例丰富，可操作性强，特别适合Illustrator新手阅读，也可供平面设计人员、UI设计人员、网页设计人员、相关专业师生、培训班及制图爱好者学习参考。

图书在版编目（CIP）数据

中文版Illustrator 2024完全自学教程：实战案例视频版/瀚阅教育编著. —北京：化学工业出版社，2023.11

ISBN 978-7-122-43854-6

Ⅰ.①中… Ⅱ.①瀚… Ⅲ.①图形软件-教材 Ⅳ.①TP391.412

中国国家版本馆CIP数据核字（2023）第136958号

责任编辑：曾 越
责任校对：边 涛
装帧设计：尹琳琳

出版发行：化学工业出版社
（北京市东城区青年湖南街13号 邮政编码100011）
印 装：北京宝隆世纪印刷有限公司
889mm×1194mm 1/16 印张22 字数703千字
2024年5月北京第1版第1次印刷

购书咨询：010-64518888
售后服务：010-64518899
网 址：http://www.cip.com.cn
凡购买本书，如有缺损质量问题，本社销售中心负责调换。

定 价：128.00元

Illustrator是一款被当下设计行业广泛认可和应用的集矢量绘图与版面编排功能于一身的软件，常用于平面广告设计、标志设计、视觉形象设计、包装设计、UI设计、网页设计、书籍画册排版、插画绘制等领域。除此之外，Illustrator也经常会出现在与视觉相关的设计制图行业中，例如影视栏目包装、动画设计、游戏设计、产品设计、服装设计等。

本书内容

本书按照初学者的学习习惯，从读者需求出发，开发出从“快速入门”到“高级拓展”，再进阶到“实战应用”的自学路径。本书以生动有趣的实际操作案例为主，辅助以通俗易懂的参数讲解，循序渐进地陪伴零基础读者从轻松入门开始学习Illustrator，帮助读者能够更快地制作出完整的作品。

本书共18章，分为三篇，具体内容如下。

第1 ～ 4章为“快速入门篇”，内容包括：Illustrator基础操作、轻松绘制简单的图形、对象的基本操作、尝试简单的排版。经过前4章的学习可以掌握Illustrator最基本的操作，读者可应对简单的绘图、排版工作。

第5 ～ 11章为“高级拓展篇”，内容包括：高级色彩设置、高级绘图、变换与变形、文字的高级应用、效果与图形样式、图表、网页切片。这7章着力于深入学习高级功能，精通了Illustrator的核心功能后，读者可应对绝大多数的设计任务。

第12 ～ 18章为“实战应用篇”，内容包括：卡片设计、海报设计、UI设计、网站设计、包装设计、创意设计、VI设计。精选热门行业设计项目，在实战中学习，在实战中提升！

本书特色

即学即用，举一反三 本书采用案例驱动、图文结合、配套视频讲解的方式，帮助读者“快速入门”“即学即用”。本书将必要的设计基础理论与软件操作相结合，读者在学习软件操作的同时也能了解各种软件功能和参数的含义，做到知其然并知其所以然，使读者除了能熟练操作软件外，还能适当培养和提高设计思维，在日常应用中实现“举一反三”。

实例丰富，实用性强 本书精选数十个热门行业项目实战案例，覆盖大多数Illustrator行业应用场景，经典实用，能够解决日常设计制图中的实际问题。

思维导图，指令速查 设有思维导图，有助于梳理软件核心功能，理清学习思路。软件常用命令采用表格形式，常用快捷键设置了索引目录，便于随手查阅。“重点笔记”“疑难笔记”“拓展笔记”三个模块对核心知识、操作技巧进行重点提醒，让读者在学习中少走弯路。

本书资源

本书配套了丰富的学习资源:

1.赠送实战案例配套练习素材及教学视频，边学边练，轻松掌握软件操作。

2.赠送设计相关领域PDF电子书搭配学习，充实设计理论知识。

3.赠送设计师素材库，精美实用，练习不愁没素材。

4.赠送PPT课件，教材同步，方便教师授课使用。

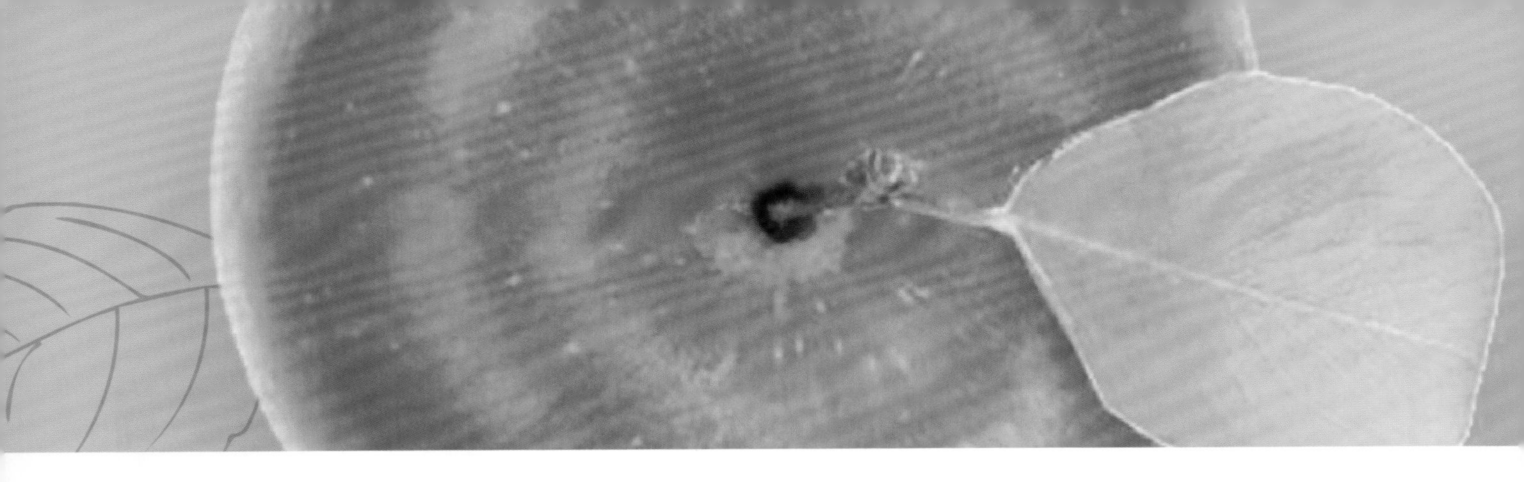

（本书配套素材及资源仅供个人练习使用，请勿用于其他商业用途。）

本书资源获取方式：

扫描书上二维码，关注“易读书坊”公众号获取资源和服务。

不同版本的Illustrator功能略有差异，本书编写和文件制作版本均使用Illustrator 2024版本，请尽可能使用相同版本学习，但相近版本的用户也可使用。如使用较低版本Illustrator打开本书配套的AI源文件，可能会出现部分内容显示异常的问题，但绝大多数情况下不影响使用。

本书适合初学者、培训机构、设计专业师生，更适合想从事或正在从事平面设计、广告设计、UI设计、包装设计、电商美工设计、插画设计、服装设计、自媒体等行业的从业人员阅读参考。

笔者能力有限，如有疏漏之处，恳请读者谅解。

编著者

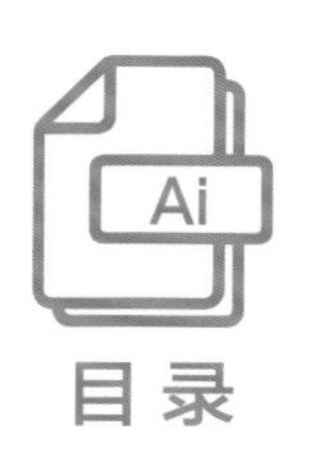

目录

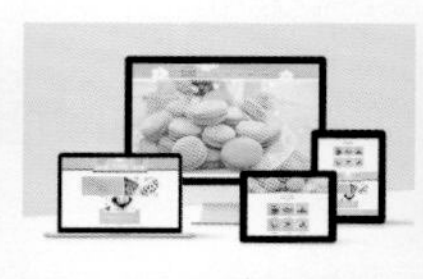

快速入门篇

第1章　Illustrator基础操作

第2章　轻松绘制简单的图形

第3章 对象的基本操作

第4章 尝试简单的排版

高级拓展篇

第5章　高级色彩设置

第6章　高级绘图

第8章　文字的高级应用

第9章　效果与图形样式

第10章　图表

第11章　网页切片

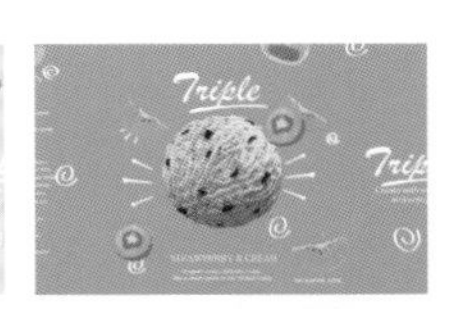

实战应用篇

第12章　卡片设计：植物图形名片

第13章　海报设计：艺术展宣传海报

第14章 UI设计：闹钟应用程序界面设计

第15章 网站设计：甜品店网站首页

第16章 包装设计：罐装冰激凌包装

第17章 创意设计：创意混合插画

第18章 VI设计：教育培训机构视觉形象

附录 Illustrator 2024常用快捷键

Ai

快速入门篇

第1章 Illustrator 基础操作

Illustrator 是一款被当下设计行业广泛认可和应用的集矢量绘图与版面编排功能于一身的软件，常用于平面设计、图形设计、排版等设计领域。想要学会 Illustrator 的使用，首先需要了解矢量绘图的基础知识。在此基础上，再来认识 Illustrator 的工作界面，熟悉各部分功能的基本使用方法，然后学习一些简单的基础操作。

学习目标

- 熟悉 Illustrator 的界面。
- 掌握新建、打开、保存、置入、导出等基本操作。

思维导图

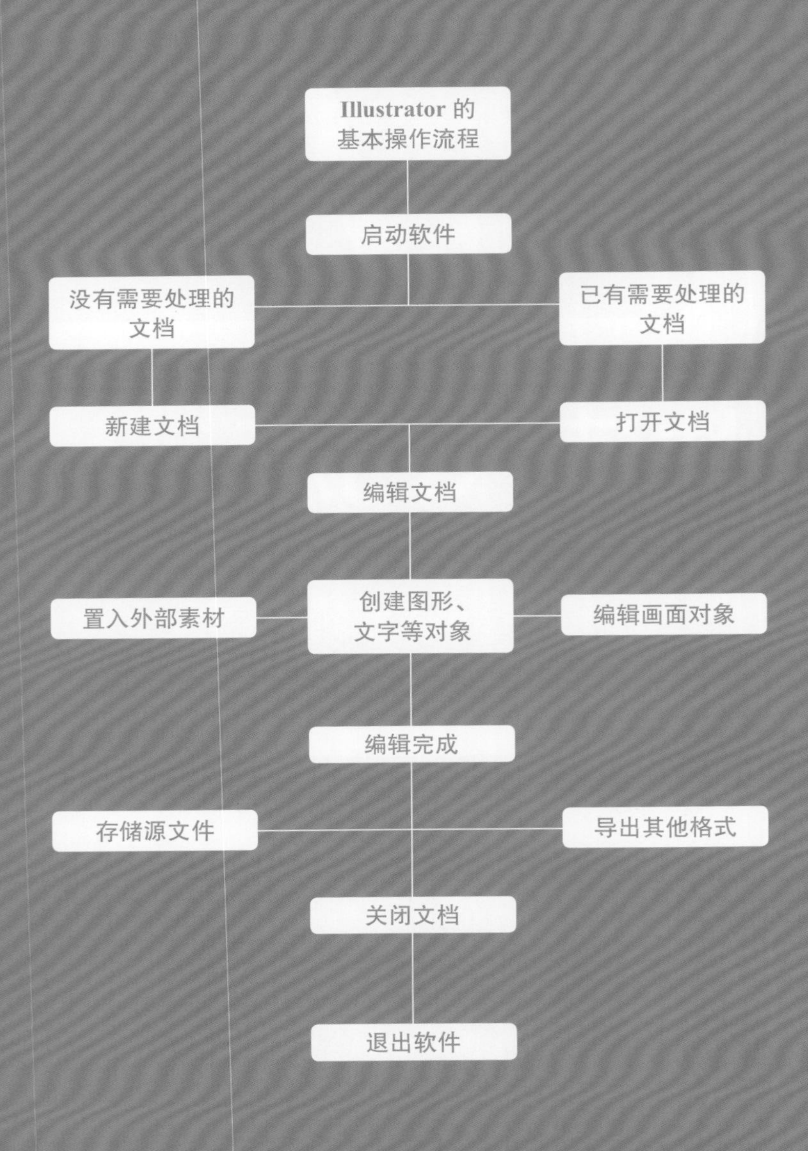

1.1 欢迎来到矢量绘图的世界

目前，常用于设计行业的制图软件有很多种，如常见的Photoshop、CorelDRAW以及Illustrator等。但需要注意的是，以Photoshop为代表的软件是基于“像素”进行处理的软件，而Illustrator与CorelDRAW则是典型的矢量制图软件。接下来就来了解一些矢量绘图世界中的基础知识。

1.1.1 什么是矢量图，什么是位图?

什么是矢量图?

矢量图是由路径和依附于路径的色彩构成的。矢量图的应用范围很广，适用于UI设计、图形设计、文字设计、标志设计。矢量图最大的优点是它不受分辨率的影响，在放大或缩小后图形仍然是清晰的，如图1-1所示。

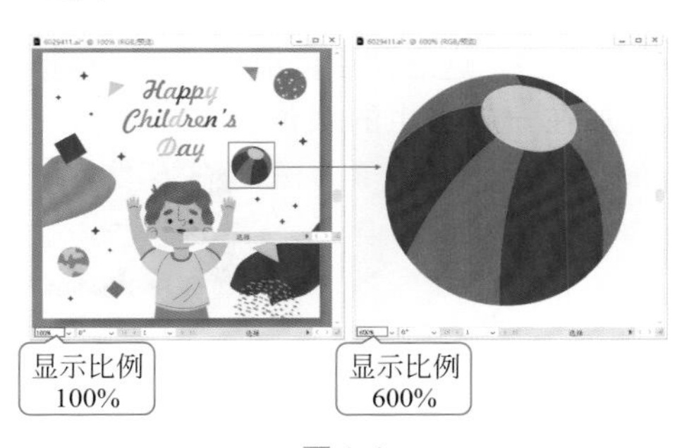

图1-1

什么是位图?

位图又被称为“点阵图”，是由一个个很小的颜色小方块组合在一起的图片。一个小方块代表1px（像素）。仔细观察电脑屏幕或手机屏幕，可以发现屏幕上的图像是由一个一个像素方块构成的。或者将图片放大一定倍数后，也可以看到一个个像素点，如图1-2所示。

图1-2

在日常工作和生活中，我们接触最多的也是位图，例如相机拍的照片、网上浏览的图片等。位图细节丰富，但是经过放大和缩小以后图像会变得模糊，这也是位图的一大特点。位图与矢量图的对比如表1-1所示。

虽然Illustrator是一款矢量制图软件，但Illustrator中也可以添加位图元素，并且可以对位图对象进行一定程度的编辑操作。

1.1.2 什么是路径与锚点?

矢量对象是由路径构成的，而路径是由锚点组成的。“锚点”就是路径上一个一个用于控制路径走向的点，如图1-3所示。所以，也可以说锚点的形态

表1-1 位图与矢量图的对比

项目	位图	矢量图
优势	• 色彩层次丰富，画面更细腻，贴近真实 • 位图更常见，照片、网页图片皆为位图 • 格式更通用，方便预览和传输 • 位图处理软件更多，功能更加丰富	• 可做超大尺寸的文档，且不会给软件带来过大负担 • 元素缩放不受影响 • 色彩明快、风格独特 • 制图相对难度较小
劣势	• 文件大小受尺寸限制，图像尺寸越大，文件越大 • 制作尺寸过大的文件（如数米长的广告）可能造成过大的软件运行负担，甚至无法操作 • 如将尺寸小的位图放大后使用，画面会变模糊	• 矢量图像文档预览软件较少 • 无法直接上传网络 • 绘制写实感元素难度较大 • 容易产生画面单薄之感
常用软件	• Photoshop	• Illustrator、CorelDRAW
常用领域	• 数码照片处理 • 常规尺寸的设计项目，如海报、广告、卡片、包装、画册等	• 大尺寸的设计项目，如户外巨幅广告、楼盘围挡等 • UI、标志等经常需要缩小或放大使用的项目

和位置决定了矢量对象的外形，如图1-4所示。

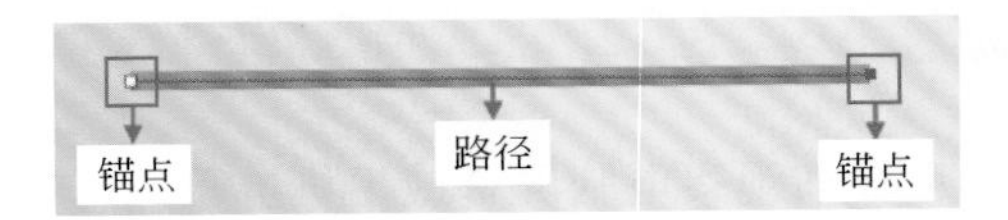

图1-3

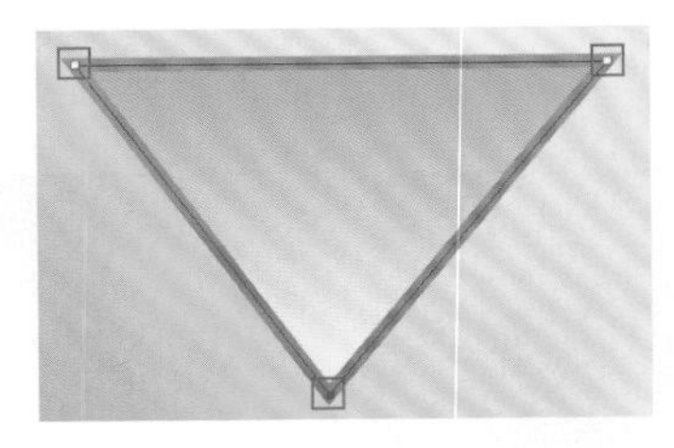

图1-4

锚点有两种类型，其中一种带有方向线和手柄，拖动手柄可以更改方向线，从而更改路径的走向。这种锚点可以调整为平滑的锚点或尖角的锚点，如图1-5所示。

另一种没有方向线的锚点为尖角锚点，如图1-6所示。

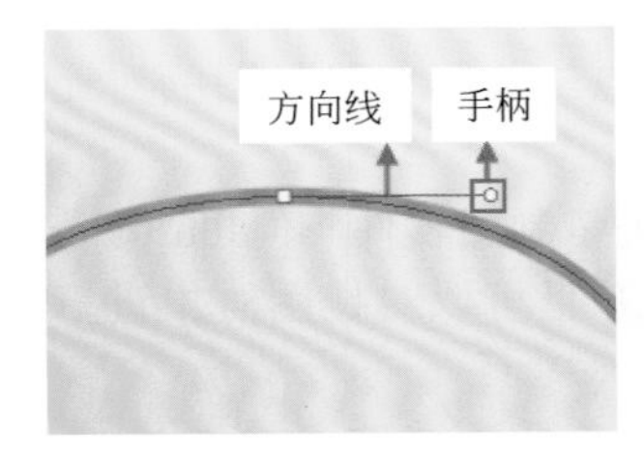

图1-5

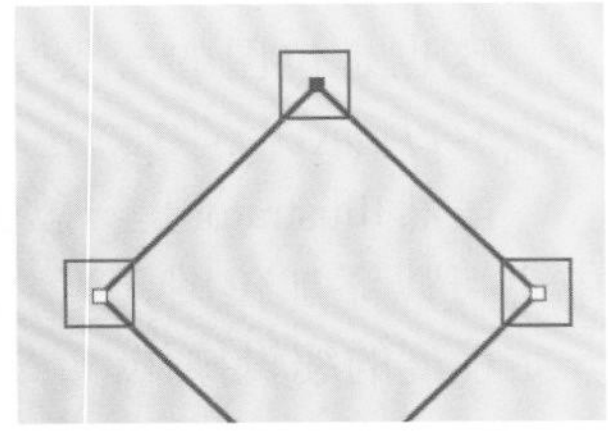

图1-6

路径有三种类型，分别是开放路径、闭合路径和复合路径，如表1-2所示。

表1-2　路径的三种类型

开放路径	闭合路径	复合路径
开放路径就是起始锚点和终止锚点没有链接的路径，可以理解为一段线	闭合路径是起始锚点与终止锚点链接的路径	复合路径是指通过路径运算功能制作出的带有镂空效果的路径

1.1.3　什么是图像的颜色模式？

图像的颜色模式指的是构成图像的色彩的组合方式，比较常见的颜色模式有CMYK与RGB。

CMYK颜色模式是印刷模式（C：Cyan青；M：Magenta洋红；Y：Yellow黄；K：Black黑）。这四色是印刷中四种油墨的颜色，这种颜色模式意在模拟印刷中的色彩混合。CMYK是制作用于印刷的作品时需要使用的颜色模式，例如纸质海报、包装盒、画册、书籍等，如图1-7所示。

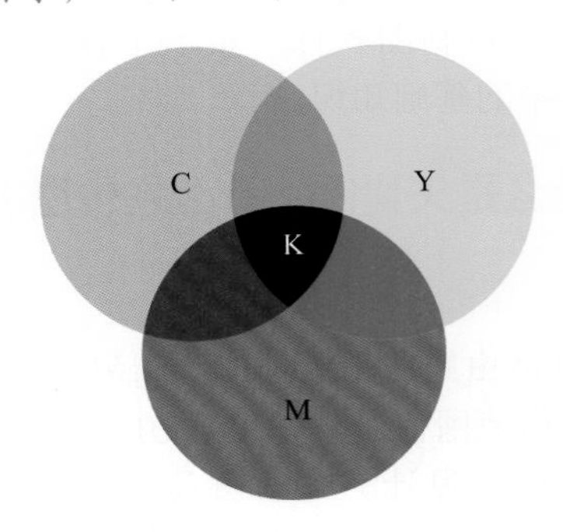

图1-7

RGB颜色模式是光色模式（R：red红；G：green绿；B：blue蓝）。这三种颜色相互重叠，模拟不同颜色的光叠加在一起产生的颜色。RGB颜色模式常用于制作在电子屏幕上显示的图像，如软件UI、网页中的元素、用于在电子屏幕上显示的广告等等，如图1-8所示。

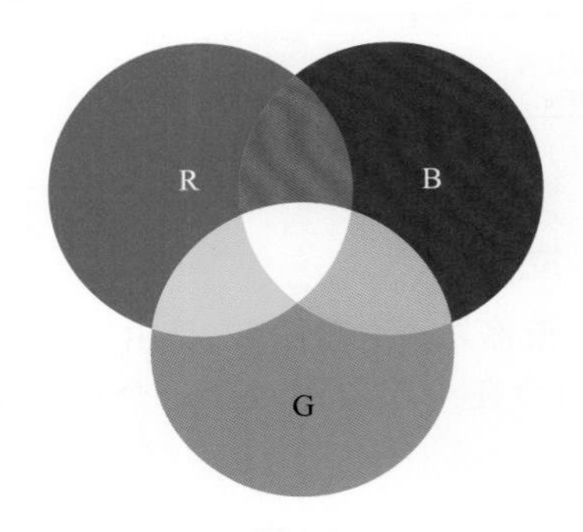

图1-8

在使用Illustrator创建文档时可以设置图像的颜色模式。

对于已有的文件，还可以通过执行“文件＞文档颜色模式＞CMYK颜色”命令或“文件＞文档颜色模式＞RGB颜色”命令更改文档的颜色模式。

1.1.4　认识几种常用的图像格式

文件有不同的格式，保存矢量文件或导出图像文件时都需要进行格式的选择，在此之前需要了解不同格式的特点以及应用范围。如表1-3所示。

表 1-3 常见的图像格式

AI	AI 是 Adobe Illustrator 文件的默认存储格式，也就是俗称的"源文件"，在文档中会保留绘制的图形内容，在下一次打开时仍然能够进行编辑、修改。AI 格式文件是一种矢量图形文件格式
CDR	CDR 格式是矢量绘图软件 CorelDRAW 文件的默认存储格式
JPG	JPG 是最常见的图像格式，绝大部分图形处理软件都支持该格式。当上传网络、传输他人或进行预览时可以使用该格式 需要注意的是，对于要求极高的图像输出打印，最好不使用 JPG 格式，因为它是以损坏图像质量而提高压缩质量的
PNG	PNG 是一种采用无损压缩算法的位图格式，该格式常用来存储背景透明的素材
TIFF	TIFF 是无损压缩格式，图像质量比较有保证，而且大多数图像浏览软件都可以打开，兼容性广

1.2 认识强大的Illustrator

成功安装Illustrator以后，可以打开软件，认识一下这个"新朋友"了。在本节中，主要来了解一下Illustrator的发展历程、应用领域，在此基础上认识Illustrator界面的各个部分。

扫码观看 Illustrator 安装视频

1.2.1 Illustrator的发展历程

Adobe Illustrator是Adobe系统公司推出的基于矢量的图形制作软件，诞生于20世纪90年代。其前身是Adobe内部的字体开发和PostScript编辑软件。

最初的Illustrator就已经具备了操作简单、功能强大的矢量绘图功能，如图1-9所示为早期的Illustrator界面。

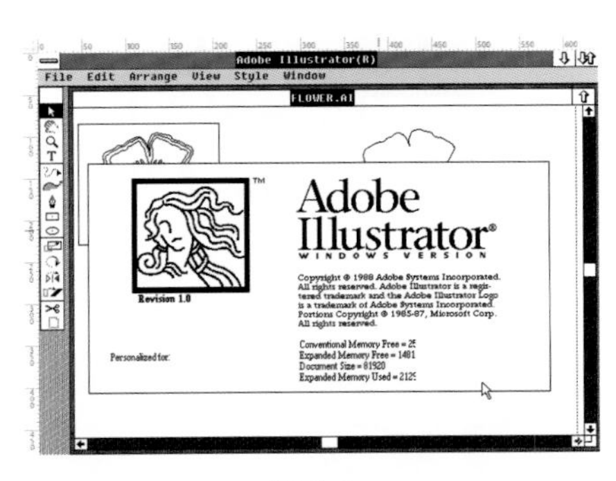

图 1-9

随着技术的不断发展，技术团队也在不断对软件功能进行优化，从20世纪90年代到现在，Illustrator经历了许多次版本的更新。如图1-10所示为早期不同版本Illustrator的启动界面。

2002年开始，Illustrator的版本号变为了CS，期间经历了CS、CS2、CS3、CS4、CS5、CS6。在版本的革新中，逐渐增加了动态描摹、动态上色、斑点画笔工具、渐变透明效果、多画板等功能，大大增强了矢量绘图的功能。如图1-11所示为Illustrator CS6操作界面。

图 1-10

图 1-11

到了2013年，Illustrator的版本号变更为CC，也标志着Illustrator进入了一个新的时期。随着CC、CC2014、CC2015、CC2017、CC2018、CC2019等版本的更新，新增了触控文字工具、字体搜寻、同步色彩、动态形状、更高的缩放比率、曲率工具、连接工具、占位符文本、替代字形、"属性"面板/操控变形工具、任意形状渐变、字体浏览可视化、可自定义的工具栏等功能。如图1-12所示为Illustrator CC2018操作界面。

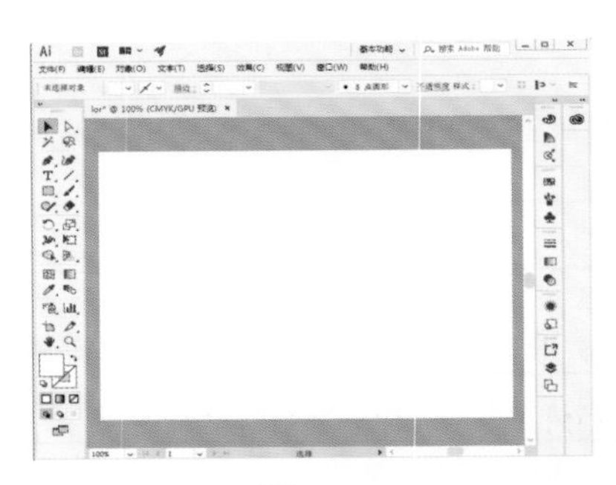
图1-12

近年来，几乎每年都会推出新的版本。随着版本的更新，软件的功能越来越强大，运算速度不断提升，用户的操作也越来越简便直观。2019年发布Illustrator 2020。时至今日，Illustrator 2024已经具有了非常强大的矢量绘图功能以及便捷的图像处理功能，如图1-13所示。

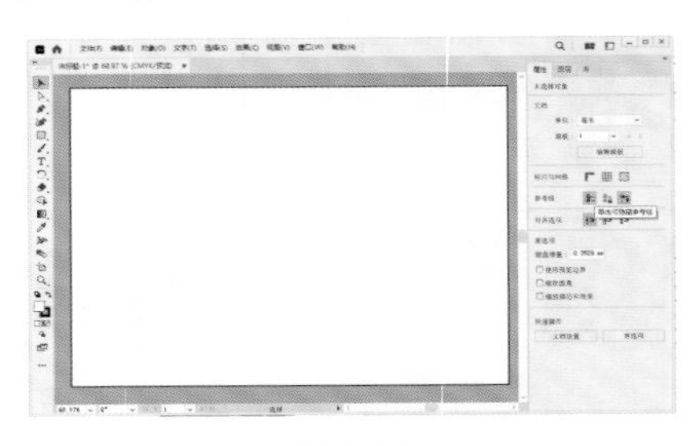
图1-13

1.2.2 Illustrator的常用领域

Illustrator是设计师的好伙伴，它的身影经常出现在平面广告设计、标志设计、视觉形象设计、包装设计、UI设计、网页设计、书籍画册排版等工作中。如图1-14～图1-20所示。

图1-14

图1-15

图1-16

图1-17

图1-18

图1-19

图1-20

插画设计师可以利用Illustrator强大的矢量绘图功能绘制矢量风格插画，如图1-21和图1-22所示。

图1-21

图1-22

除此之外，Illustrator也经常会出现在其他与视觉相关的设计制图行业中，例如影视栏目包装、动画设计、游戏设计、产品设计、服装设计等，如图1-23～图1-26所示。虽然在这些行业中，Illustrator可能并不是最主要的软件，但工作中也经常会使用到Illustrator进行一些绘图工作。

图1-23

图1-24

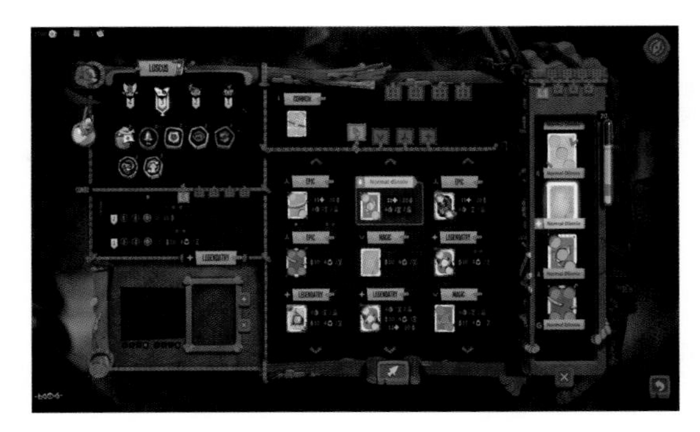

图1-25

图1-26

1.2.3　熟悉Illustrator的各部分功能

Illustrator作为一款以绘图为主的软件，它的界面布置与其他办公软件可能略有不同。本节就来认识一下软件的组成部分。

① 打开Illustrator。初次启动软件，默认情况下显示的是简单的欢迎界面。此时界面中并没有显示与绘图相关的功能，这是由于软件中没有指定用于处理的文档。单击A4尺寸按钮，即可快速新建一个A4大小的空白文档，如图1-27所示。

图1-27

② 新建完成后，此时会看到界面发生了变化，如图1-28所示。此界面主要功能见表1-4。

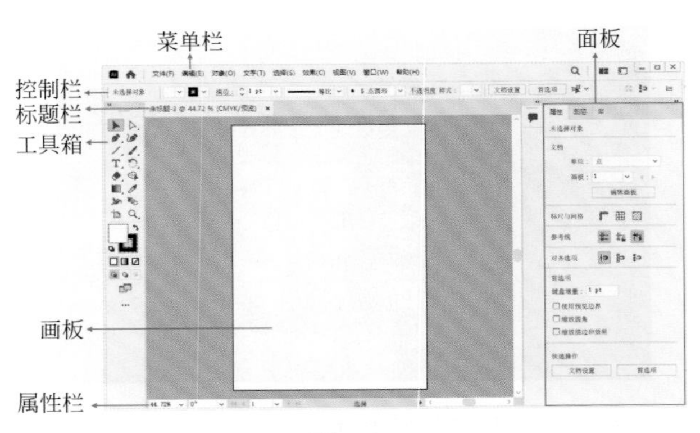

图1-28

表1-4　Illustrator界面主要功能速查

功能名称	功能简介
菜单栏	菜单栏用来执行图像编辑命令，集中了大部分的核心功能
标题栏	标题栏显示文档名称、格式、颜色模式等信息
工具箱	工具箱中集合了多种工具，单击即可使用相应工具。执行“窗口>工具栏>高级”命令，显示完整工具栏
控制栏	控制栏用来显示一些常用的参数以及当前使用工具的参数选项。执行“窗口>控制”命令启用“控制栏”
面板	面板包含大量用于图像编辑、操作控制的参数选项
属性栏	属性栏显示多种文档的相关信息

（1）菜单栏

绝大多数软件都会有菜单栏，Illustrator也不例外。Illustrator的菜单栏集中了大部分的软件核心功能，并且按照不同类别，分布在多个菜单命令中。

菜单的使用方法很简单，以使用“投影”效果为例。选中对象后，单击菜单栏中的“效果”按钮，然后将光标移动至“风格化”命令处，随即会显示子菜单。然后将光标移动至“投影”命令处单击，如图1-29所示。随后就可以使用该命令了。

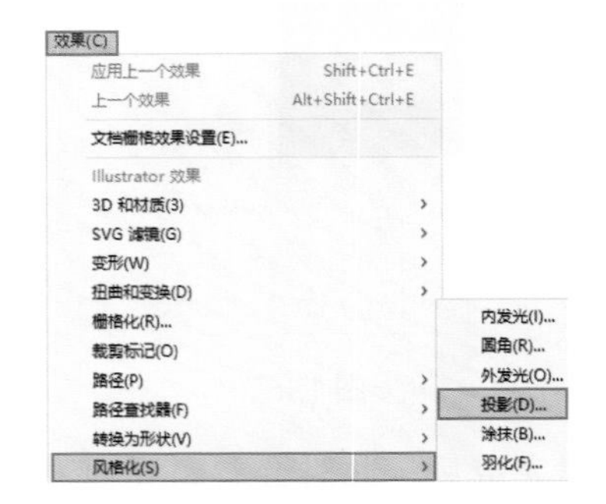

图1-29

重点笔记

在菜单列表中总能够看到Ctrl、Alt、Shift以及字母组合的形式，这些就是命令的快捷键。同时按下相应的键，即可快速使用该命令，如图1-30所示。

文件(F)

新建(N)...	Ctrl+N
从模板新建(T)...	Shift+Ctrl+N
打开(O)...	Ctrl+O
最近打开的文件(F)	>
在 Bridge 中浏览...	Alt+Ctrl+O
关闭(C)	Ctrl+W
关闭全部	Alt+Ctrl+W
存储(S)	Ctrl+S
存储为(A)...	Shift+Ctrl+S
存储副本(Y)...	Alt+Ctrl+S

图1-30

（2）标题栏

当Illustrator中已有文档时，文档画面的顶部为文档的标题栏，在标题栏中会显示文档的名称、格式、窗口缩放比例以及颜色模式，如图1-31所示。

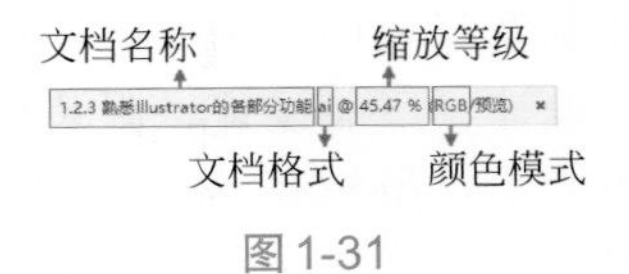

图1-31

（3）工具箱

Illustrator的工具箱中集中了大量的工具，单击即可使用该工具。默认情况下，工具箱为“基本”模式，在该模式下部分工具处于隐藏状态。执行“窗口>工具栏>高级”命令，即可将全部工具显示在工具箱内。如图1-32所示为“基本”模式和“高级”模式的对比。

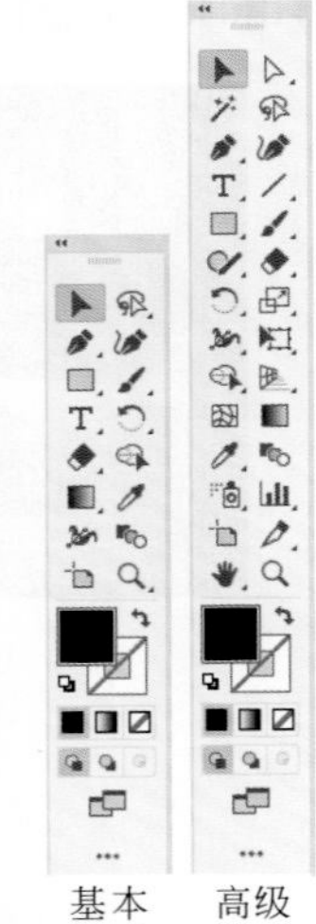

基本模式　高级模式

图1-32

工具箱中的部分工具以分组的形式隐藏在工具组中。工具按钮右下角带有◢图标，表示这是一个工具组，其中包含多个工具。想要选择工具组中的工具，可以在工具组上方单击鼠标右键会显示工具组中隐藏工具，接着将光标移动至需要选择的工具上方单击即可完成选择操作。如图1-33所示。

图1-33

（4）控制栏

默认情况下控制栏处于隐藏状态，执行“窗口>控制”命令即可显示控制栏。控制栏用来显示一些常用的参数选项以及当前工具的参数选项，配合工具一同使用。不同工具的参数选项也不同，如图1-34所示。

图1-34

重点笔记

“属性”面板与“控制栏”的功能基本相同，可以根据操作习惯选择使用。

选中对象后，对象附近会显示浮动的“上下文任务栏”，执行“窗口>上下文任务栏”命令可以控制其显示或隐藏。

（5）面板

Illustrator中有超过30个面板，每个面板功能各不相同，有些用作辅助工具，有些则具有独立的功能。

在“窗口”菜单中可以打开与关闭面板。一些命令前带有图标表示该面板已经打开了。

默认情况下“面板”位于窗口右侧，部分面板处于堆叠状态，单击面板的名称即可切换到相应的面板，如图1-35所示。

（6）属性栏

在属性栏中可以设置画面的显示比例、旋转视图的角度以及画板导航选项。

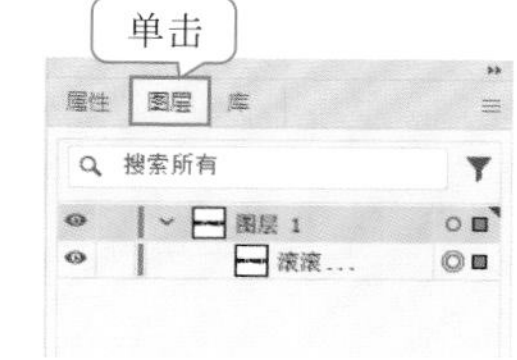

图1-35

1.3 学习Illustrator的基本操作方式

在上一节中已经认识了软件的界面，在本节中将会学习一些简单而基础的操作，包括启动软件、新建文档、打开文档、调整画板的大小、置入素材、存储文档、导出、撤销错误操作、查看图像等。

1.3.1 启动Illustrator

安装Illustrator后，双击桌面的图标可以将软件打开，如图1-36所示。

图1-36

重点笔记

如果桌面没有软件的快捷方式，也可以在Windows的“开始”中找到，如图1-37所示。

图1-37

完成操作后如果要关闭软件，可以单击窗口右上角的“关闭”按钮，即可将软件关闭，如图1-38所示。

图1-38

1.3.2 在Illustrator中创建新文档

功能速查

需要制作一个全新的图像文件时，可以执行“文件>新建”命令。

① 打开软件后，执行“文件>新建”命令或者使用快捷键Ctrl+N，或者单击欢迎界面中的新文件按钮，如图1-39所示。

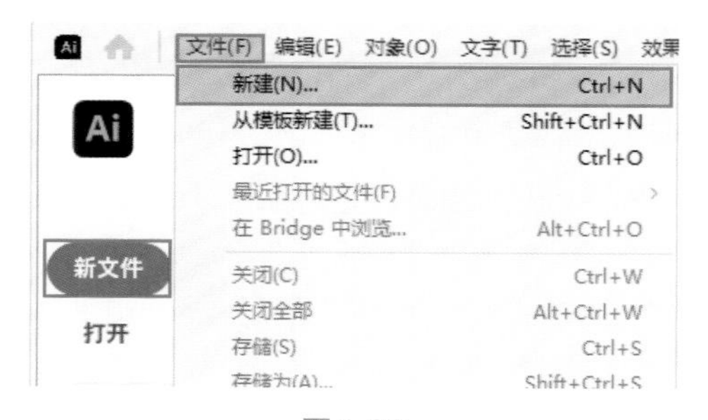

图1-39

快速入门篇

② 打开“新建文档”窗口，软件中提供了一些常用的尺寸。在“新建文档”窗口顶部可以看到预设尺寸的分类。例如需要制作手机界面的设计文档，就可以单击“移动设备”按钮，在下面可以看到一些常用尺寸。单击选择合适的尺寸，在窗口的右侧会显示具体的尺寸。最后单击“创建”按钮提交操作，如图1-40所示。

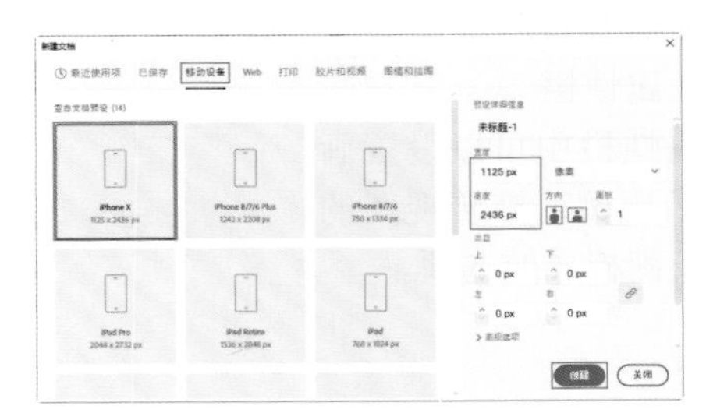

图1-40

③ 完成新建操作后，可以看到界面中出现了一个空白文档，如图1-41所示。

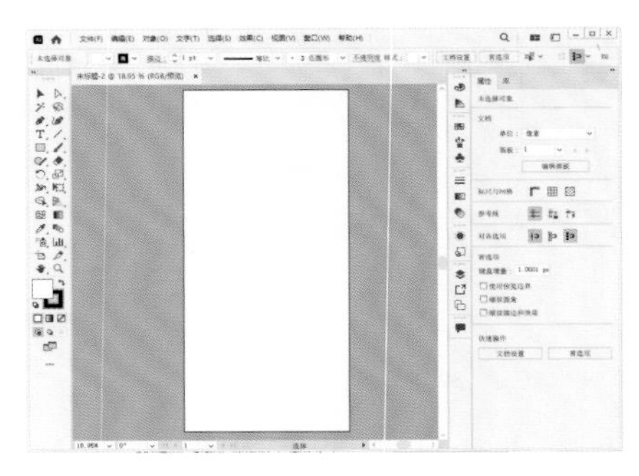

图1-41

④ 除了使用预设尺寸创建新文档外，还可以创建自定义尺寸的文档。接下来自定义一个尺寸。仍然执行“文件＞新建”命令。直接在右侧“预设详细信息”下方设置参数即可。例如首先设置合适的文件名称。然后单击⌄按钮在下拉列表中选择合适单位。接着再去设置“宽度”和“高度”的数值，“画板”用来设置画板的数量，默认数量为1，如图1-42所示。

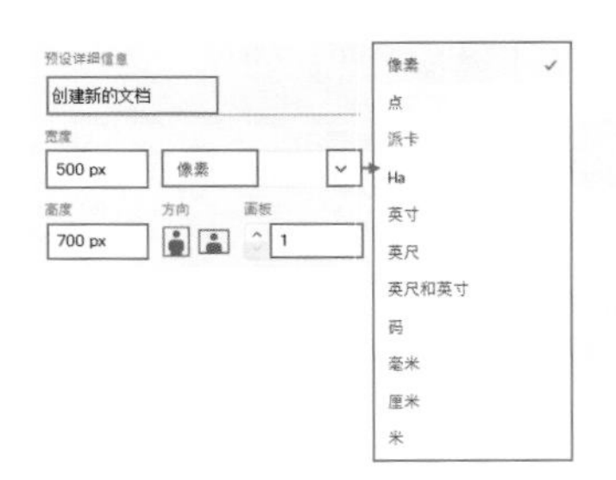

图1-42

拓展笔记

“方向”用于更改画布的方向。单击，画布为纵向；单击，画布为横向。

⑤ 如果文档用于手机屏幕显示，“颜色模式”设置为RGB，“分辨率”设置为72像素/英寸，接着单击“创建”按钮，如图1-43所示。

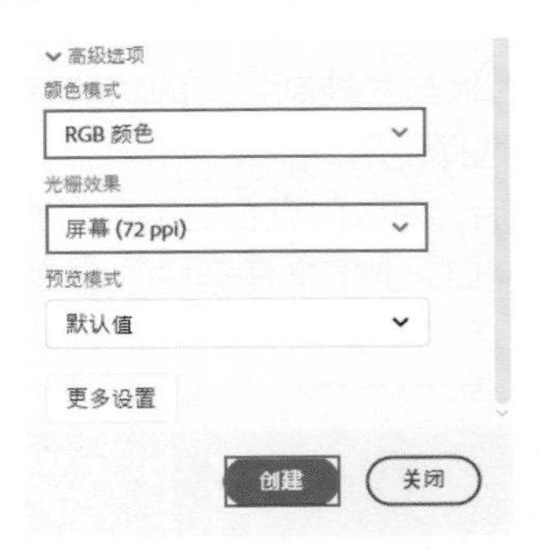

图1-43

重点笔记

如果文档用于打印，那么“分辨率”可以设置为300像素/英寸，“颜色模式”可以设置为CMYK。

如果要制作超大尺寸的用于打印喷绘的文档，则可以适当降低分辨率。

⑥ 完成新建操作后，可以看到界面中出现了一个空白文档，如图1-44所示。

图1-44

疑难笔记

什么是出血？为什么要设置出血？

“出血”是印刷业的专业术语，印刷品裁切时，会有1～3mm左右的裁切误差。为了预防裁切误差过大，导致裁切掉重要内容或留下白边，所以需要设置出血。一般情况下，出血数值设置为3毫米，如图1-45所示。

图1-45

带有“出血”的文档，其画板周围有一圈红色的边框，就是出血框，如图1-46所示。

图1-46

1.3.3　打开已有的文档

功能速查

“打开”命令可用于将之前制作好的文档在软件中打开。

① 执行“文件＞打开”命令，或者使用快捷键Ctrl+O，也可单击欢迎界面中的（打开）按钮，如图1-47所示。

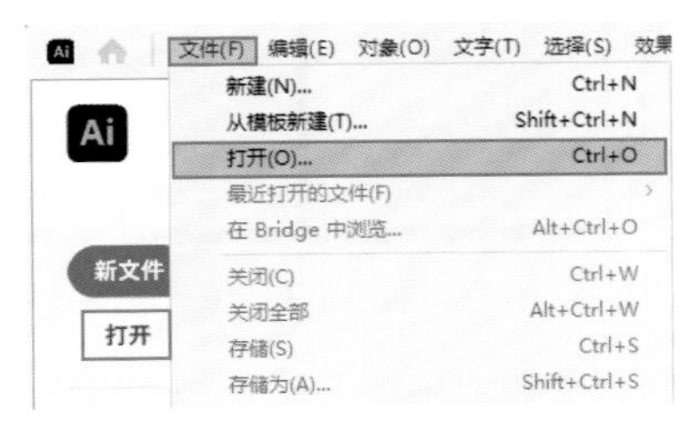

图1-47

② 随即会弹出“打开”窗口，在该窗口中单击选择需要打开的文档，接着单击“打开”按钮，如图1-48所示。接着文档会在软件中打开，如图1-49所示。

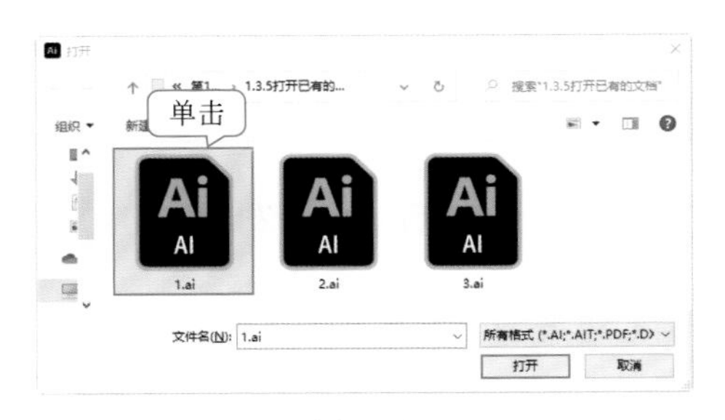

图1-48

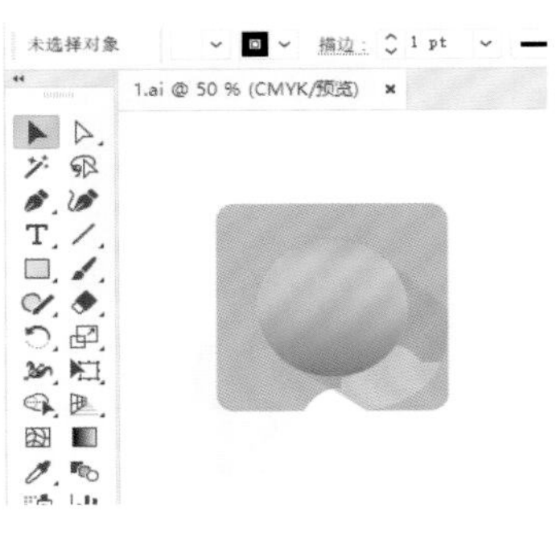

图1-49

疑难笔记

使用Illustrator可以直接将图片打开吗？

可以，打开图片后，软件会自动新建一个空白文档，图片在文档内，如图1-50所示。

图1-50

③ 可以同时打开多个图片。在“打开”窗口中按住Ctrl键单击文件进行加选，接着单击“打开”按钮，即可将多个文档同时打开，如图1-51所示。

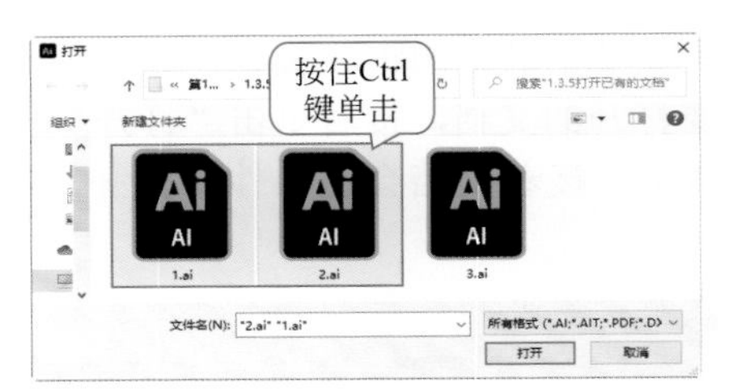

图1-51

④ 打开多个文档后，可以发现当前的窗口只显示一个文档，单击标题栏中的文档名称可以切换文档，如图1-52所示。

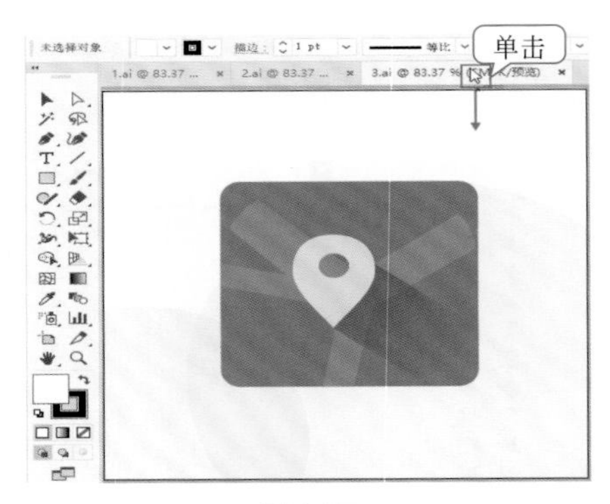

图1-52

拓展笔记

打开多个文档后，想要同时查看多个文档，可以执行“窗口＞排列＞平铺”命令，打开的文档将在窗口内平铺显示，如图1-53所示。

图1-53

1.3.4 重新调整画板的大小

功能速查

使用“画板工具”可以对画板大小、方向、数量进行调整。

① 选择工具箱中的“画板工具”，画板将处于激活状态，单击控制栏中的“选择预设”按钮，在下拉列表中可以选择预设的尺寸，如图1-54所示。

图1-54

② 如果要自定义画板的尺寸，可以直接在控制栏中修改画板的“宽”“高”数值，如图1-55所示。

图1-55

③ 还可以直接使用“画板工具”，拖动控制点调整画板的大小，如图1-56所示。

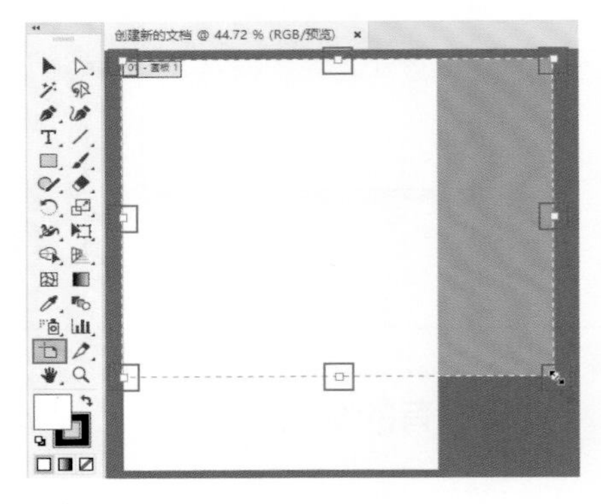

图1-56

④ 单击控制栏中的“新建画板”按钮，即可创建一个等大的新画板，如图1-57所示。

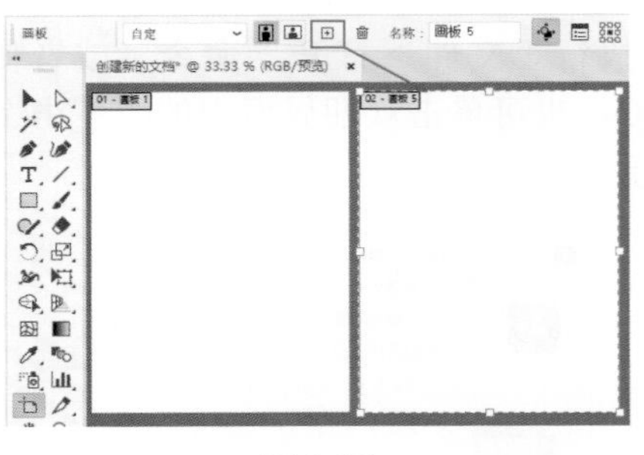

图1-57

⑤ 也可以使用“画板工具”，按住鼠标左键拖动，释放鼠标即可完成画板的新建操作，如图1-58所示。

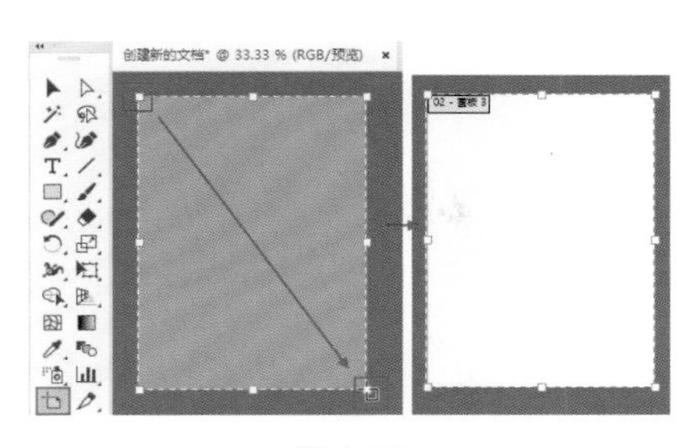

图1-58

1.3.5 更改文档属性

对于已有的文档也可以添加出血或更改颜色模式。

① 执行“文件>文档设置”命令，打开“文档设置”窗口。“出血”选项用来设置出血的数值，默认“使所有设置相同”按钮为激活状态，在其中一个数值框内输入数值后其他数值框内的数值也会进行相同的设置，如图1-59所示。

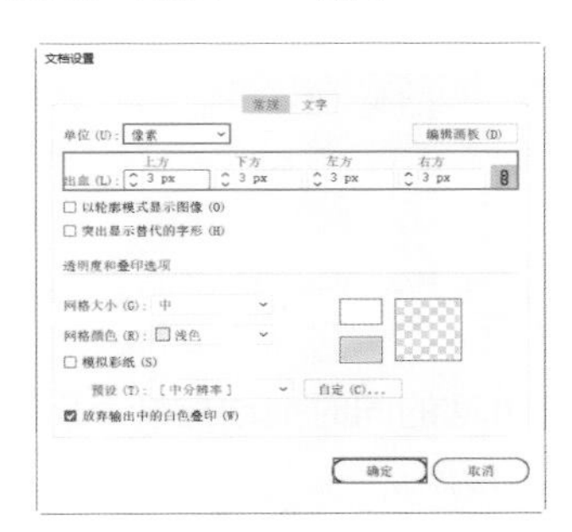

图1-59

重点笔记

如果要去除出血，可以将“出血”数值设置为0。

② 文档新建完成后，想要更改文档的颜色模式，需要执行“文件>文档颜色模式”，在子菜单中可以选择颜色模式，如图1-60所示。

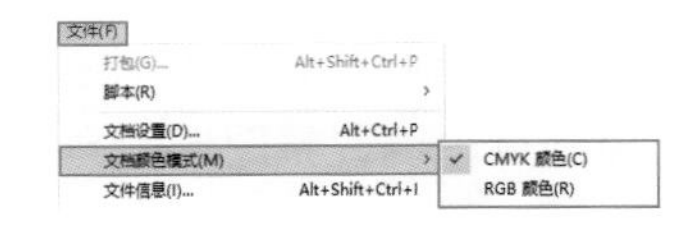

图1-60

1.3.6 向文档中添加其他素材

功能速查

执行“文件>置入”命令可以向文档中添加其他素材。

① 创建新文档，或打开已有的文档。执行“文件>置入”命令，接着会弹出“置入”窗口。在该窗口中单击选中素材2，接着单击“置入”按钮，如图1-61所示。

图1-61

② 回到文档界面中，光标会显示图片的缩览图，此时在画面中单击鼠标左键，如图1-62所示。

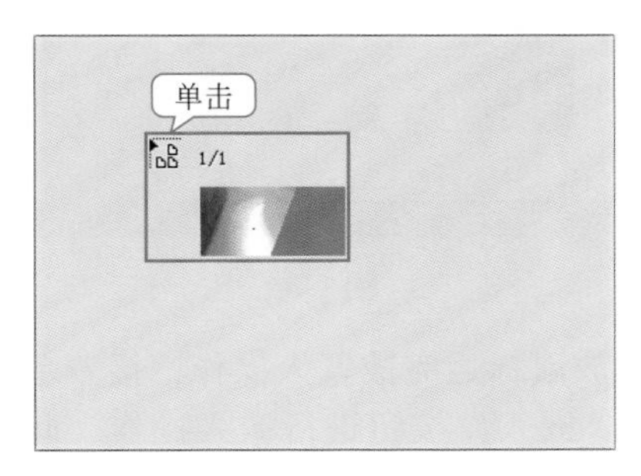

图1-62

③ 此时所选的图片被置入到文档内。选中图片可以看到图片带有×，这代表图片处于“链接”状态，单击控制栏中的“嵌入”按钮即可将图片嵌入到文档内，×也会消失，如图1-63所示。

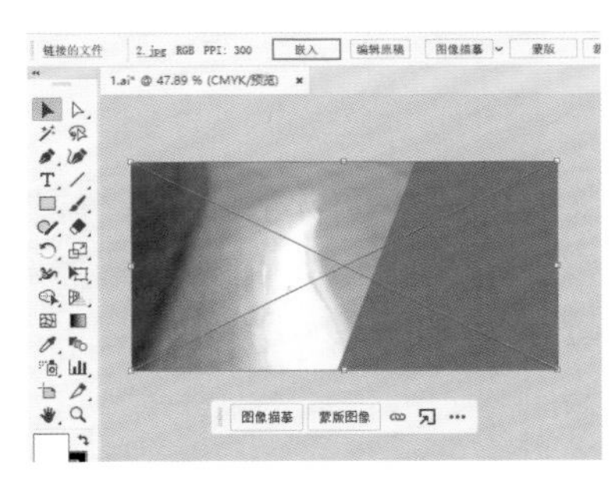

图1-63

④ Illustrator中置入图片有两种方式：嵌入和链接。如表1-5所示。

⑤ 再次执行“文件>置入”命令，接着在弹出的“置入”窗口中选择素材3，然后单击“置入”按钮。接着在画面中按住鼠标左键拖动，这样操作能够控制置入对象的大小，如图1-64所示。

表 1-5　嵌入方式与链接方式的对比

项目	嵌入	链接
特点	嵌入是将素材图片包含在Illustrator文档中，就是和这个文档连在一起，作为一个完整的文档	链接是指图片不在文档中，仅仅是通过链接的形式，在软件中显示
优势	更改或删除原素材图片，文档效果不受影响	文档中链接大量的图片素材也不会使文档体积增大很多，不会给软件运行增加过多负担
劣势	文档内置入的图片比较多时，文档体积会增加，软件运行可能卡顿	链接的素材图片一旦移动位置或更改名称，文档内则会出现素材缺失的情况

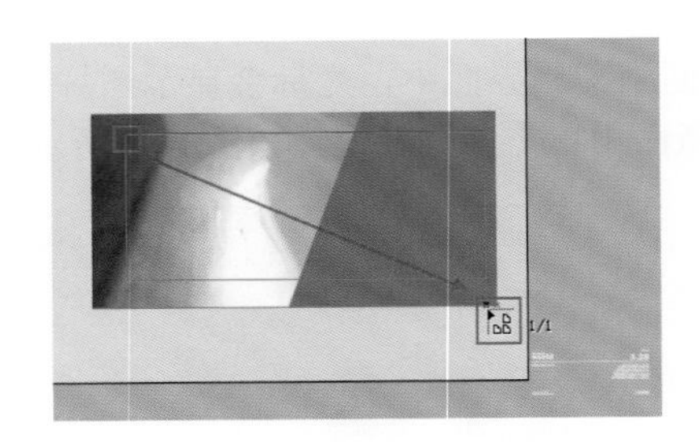

图 1-64

⑥ 释放鼠标后完成置入操作。接着单击“控制栏”中的“嵌入”按钮进行嵌入操作。此时画面效果如图 1-65 所示。

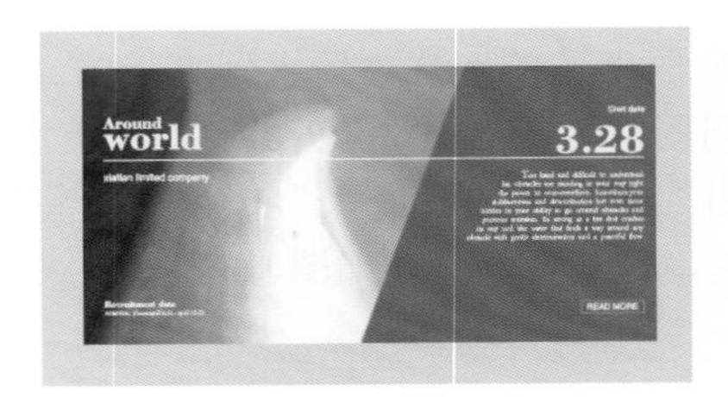

图 1-65

⑦ 置入的素材可以移动、缩放、旋转。选择工具箱中的“选择工具”▶，在需要选择的对象上单击即可将其选中，如图 1-66 所示。

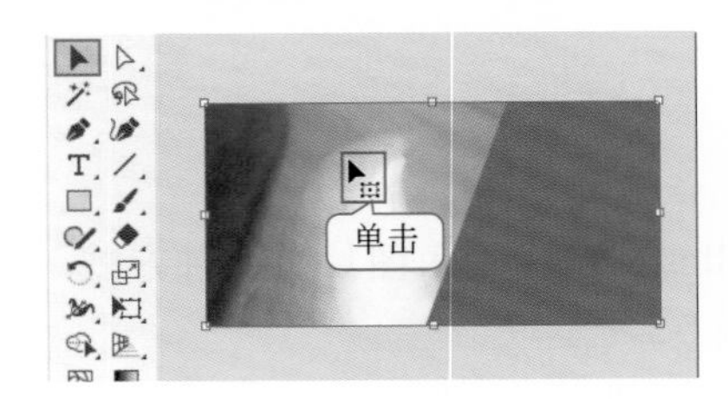

图 1-66

⑧ 按住鼠标左键拖动即可移动选中对象的位置，如图 1-67 所示。

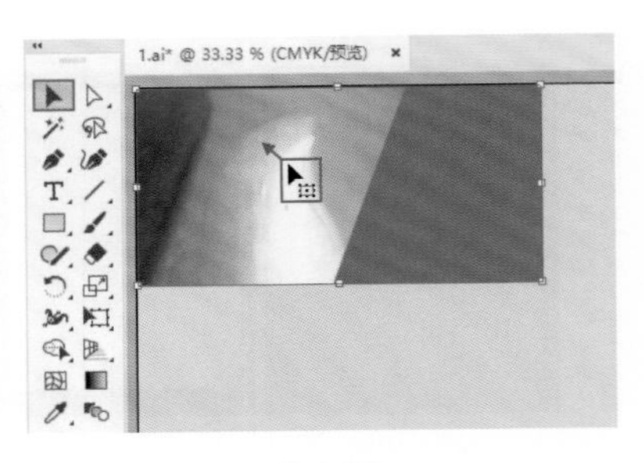

图 1-67

⑨ 选中对象后会显示控制点，将光标移动至角点位置的控制点，向外拖动可以进行放大；向内侧拖动可以缩小。如图 1-68 所示。

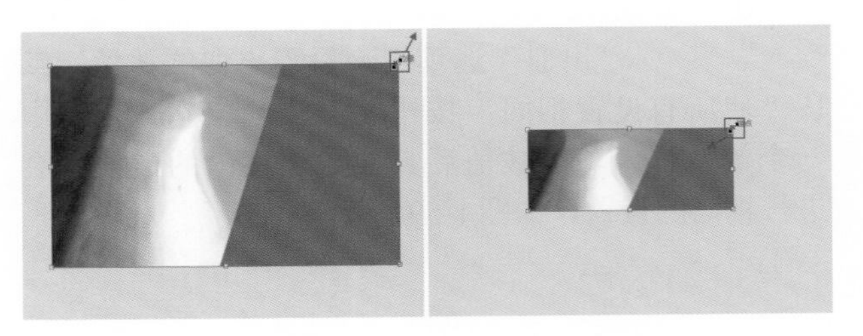

图 1-68

重点笔记

在按住Shift键的同时拖动控制点即可进行等比缩放，如图 1-69 所示。

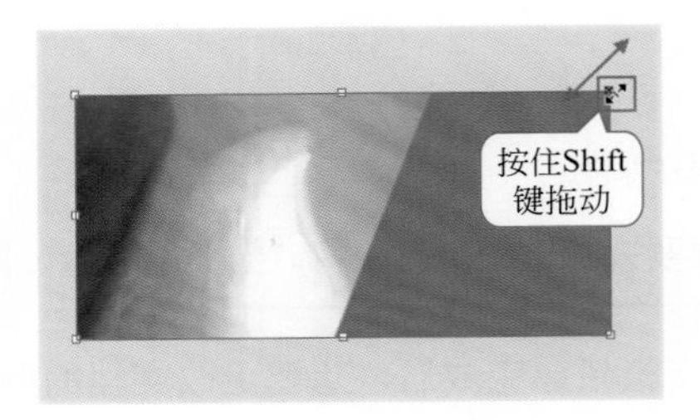

图 1-69

⑩ 拖动侧面的控制点可以调整图形的宽度，拖动顶部或底部控制点可以调整图形的高度，如图 1-70 所示。

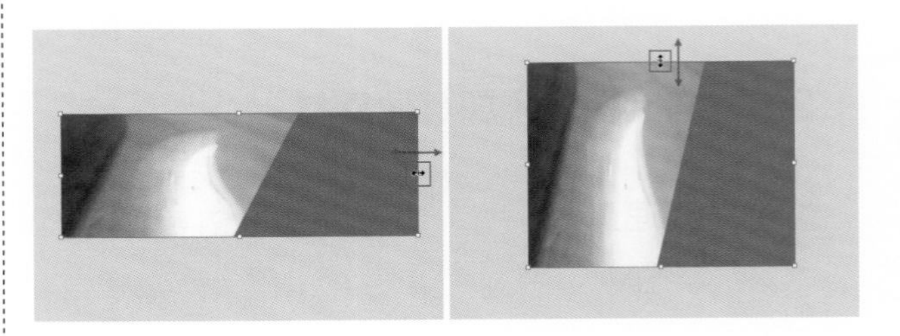

图 1-70

⑪ 选中图形后，将光标移动至角点位置的控制点上方，光标变为↰状后按住鼠标左键拖动即可进行旋转，如图1-71所示。

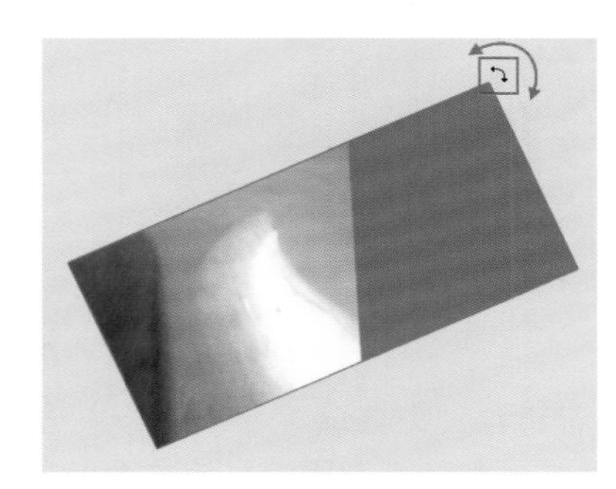

图1-71

重点笔记

在按住Shift键的同时拖动控制点即可以45°为增量进行旋转，如图1-72所示。

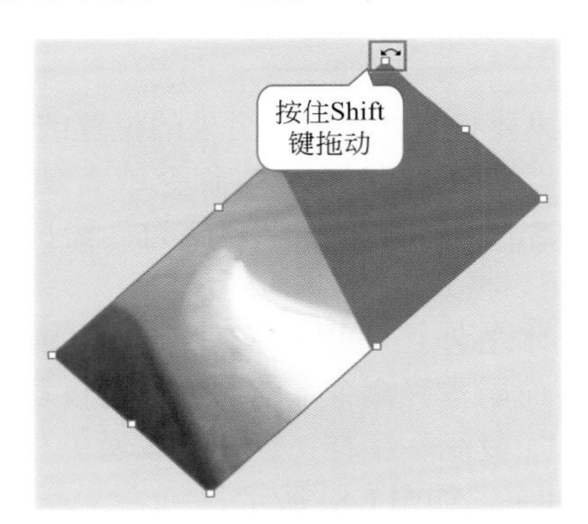

图1-72

1.3.7 将制作好的文档存储并导出

“存储”也被称为“保存”，很多制图软件都有属于自己的文件格式，Illustrator的格式为.ai。

① 新建一个空白文档，然后随意置入一个对象，如图1-73所示。

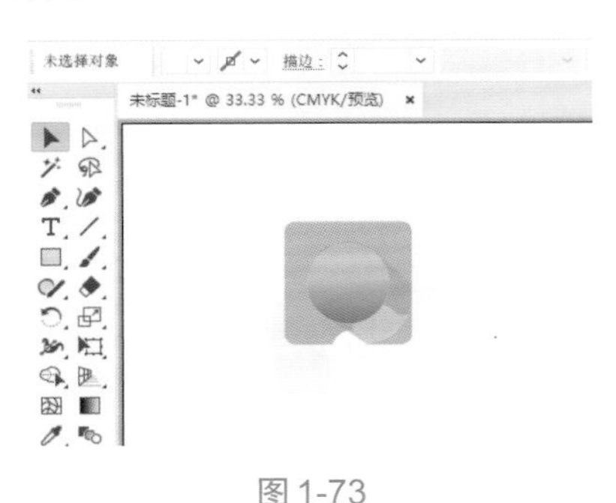

图1-73

② 接下来进行保存操作。执行“文件>存储”命令。第一次存储文件时，会弹出“存储为”窗口。在“文件名”文本框内输入文件的名称，接着单击“保存类型”按钮，在下拉列表中选择文件的格式。如果需要保存可再次编辑的源文件，那么就需要选择.AI格式，接着单击“保存”按钮，如图1-74所示。

图1-74

③ 随即会弹出“Illustrator选项”窗口，在其中可以对文件存储的版本、选项、透明度等参数进行设置。然后单击“确定”按钮，即可完成文件存储操作，如图1-75所示。

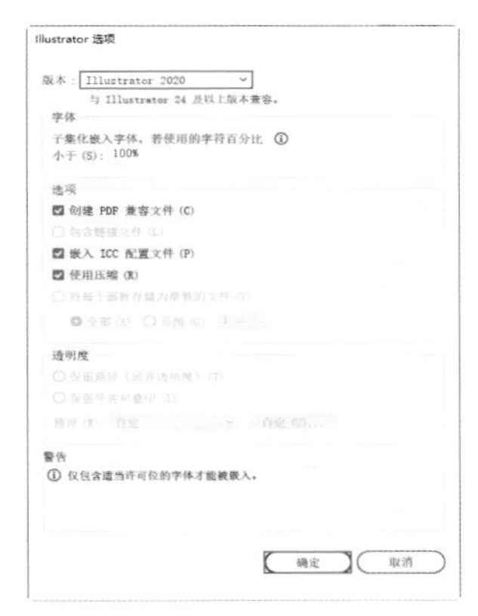

图1-75

④ 接下来保存一份JPEG格式作为预览图。执行“文件>导出>导出为”命令，打开“导出”窗口。先找到合适的存储位置，“文件名”选项用来设置文件的名称，在“保存类型”下拉列表框中选择“JPEG（*.JPG）”选项，接着单击“导出”按钮，如图1-76所示。

图1-76

⑤ 接着会弹出“JPEG选项”窗口，在该窗口中可以设置“颜色模型”“品质”等选项。“品质”越高画质越清晰，接着单击“确定”按钮，如图1-77所示。

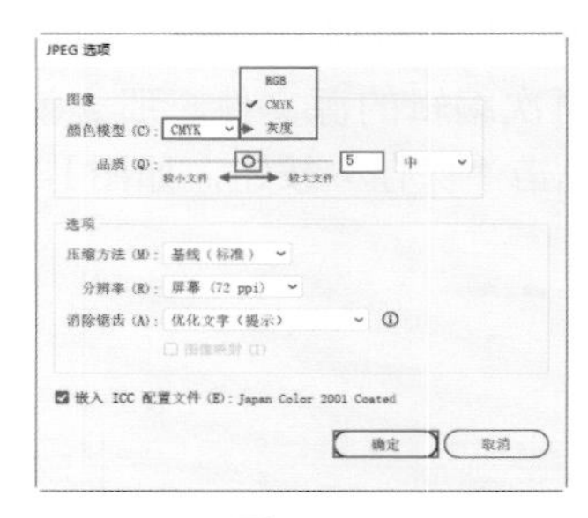

图 1-77

⑥ 接着找到存储位置，即可看到两个文件，如图1-78所示。

图 1-78

拓展笔记

在制图的过程中，有一些图形可能会位于画板边界以外的区域，在导出时如果只想导出画板以内的对象，可以在“导出”窗口中勾选“使用画板”选项，如图1-79所示。

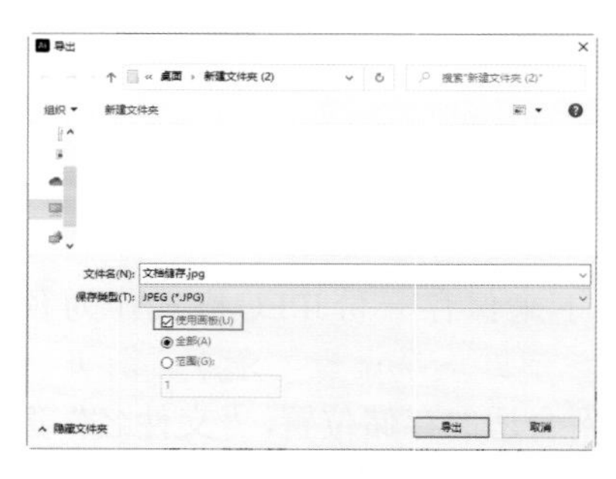

图 1-79

当勾选“使用画板”选项后，“全部”与“范围”选项就会被激活。当选中“全部”单选按钮时，所有画板中的内容都将被导出，并按照-01、-02的序号进行命名；当选中“范围”单选按钮时，可以在下方数值框内设定导出画板的范围。

⑦ 保存完成后，如果继续对文档进行编辑操作，标题栏文件名称右侧就可以看到一个*图标，表示该文档有尚未存储过的操作，如图1-80所示。

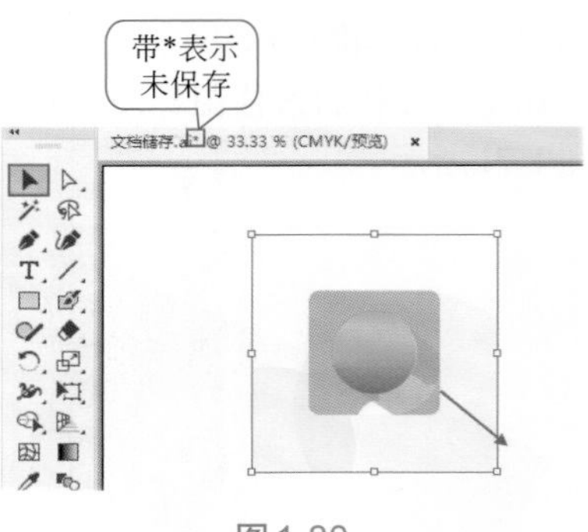

图 1-80

⑧ 接着执行“文件>存储”命令或者使用快捷键Ctrl+S即可进行保存。因为是第二次保存，所以不会弹出窗口，只会覆盖上一次保存的内容，保存后*图标就会消失。

重点笔记

日常操作中要养成及时保存的习惯，这样就可以避免突发状况导致文件内容丢失。

⑨ 如果要将文件保存到另外的位置或更改名称，可以执行“文件>存储为”命令或者使用快捷键Shift+Ctrl+S，可再次打开“存储为”窗口，重新设置存储位置、格式以及名称。

⑩ 除此之外还可以将文件存储为副本。执行“文件>存储副本”命令，随后软件会自动在原文件名后添加“_复制”字样，这样可以避免与原文件重名而产生冲突，如图1-81所示。

图 1-81

1.3.8 放大看，缩小看

功能速查

“缩放工具”可以放大或缩小显示比例。“抓手工具”可以平移画布查看隐藏区域。

① 选择工具箱中的“缩放工具”，然后将光

标移动至画面中，单击即可放大图像显示比例，如需放大多倍可以多次单击，如图1-82所示。

图1-82

② 如果要缩小画面显示比例，可以按住Alt键，光标会变为中心带有减号的状态。单击即可缩小显示比例，每次单击即可缩小到上一个预设百分比，如图1-83所示。

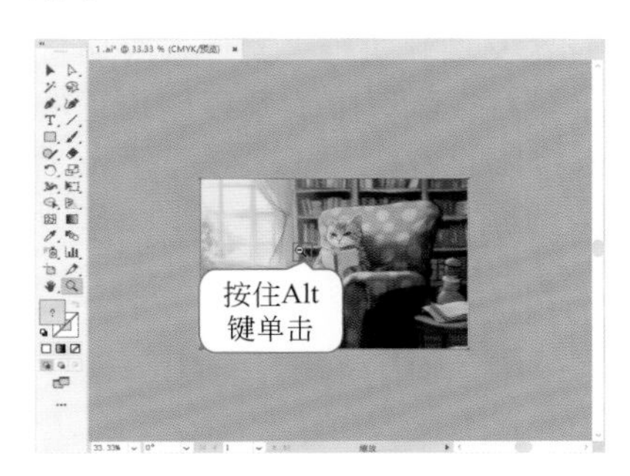

图1-83

重点笔记

放大显示比例可以直接按Ctrl+“+”组合；缩小显示比例可以直接按Ctrl+“−”组合键。或者按住Alt键滚动鼠标中轮可以放大或缩小画面的显示比例。

③ 当图像显示比例过大，导致部分内容无法在窗口中显示，可以使用“抓手工具”，按住鼠标左键拖动，如图1-84所示，图像在窗口的显示区域就会发生变化。

图1-84

重点笔记

在使用其他工具时，按住键盘上的空格键，可临时切换到“抓手工具”。松开空格键时，会自动回到之前使用的工具。

1.3.9 操作失误怎么办?

执行“编辑＞还原”命令，或者使用快捷键Ctrl+Z，可以撤销最近的一次操作，将其还原到上一步操作状态。

如果要取消后退的操作，可以连续执行“编辑＞重做”命令或者使用快捷键Shift+Ctrl+Z，逐步恢复被后退的操作。

1.3.10 实战：添加素材制作儿童服装广告

文件路径

实战素材/第1章

操作要点

打开已有的AI格式文件
向文档中置入素材

案例效果

案例效果见图1-85。

图1-85

操作步骤

① 执行“文件＞打开”命令，在弹出的“打开”窗口中，选择素材1，单击“打开”按钮，如图1-86所示。素材打开后如图1-87所示。

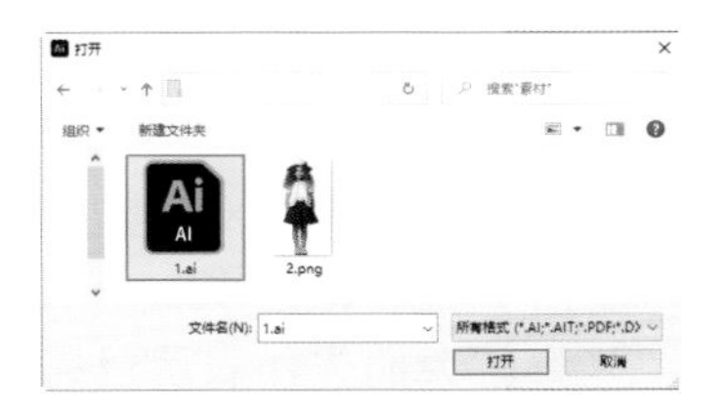

图1-86

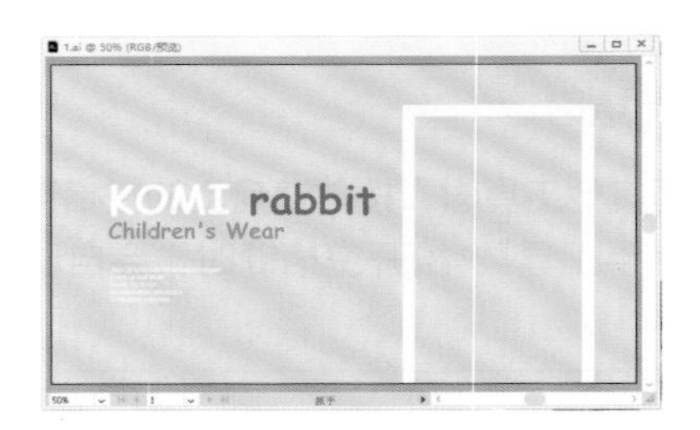

图 1-87

② 执行“文件＞置入”命令，打开“置入”窗口，选择素材2，单击“置入”按钮，如图1-88所示。

图 1-88

③ 此时会回到操作界面中，光标带有置入图片的缩览图，如图1-89所示。

图 1-89

④ 按住鼠标左键拖动，控制图片的大小，如图1-90所示。

图 1-90

⑤ 此时置入的对象带有“×”，选择这个素材图片，单击控制栏中的“嵌入”按钮，如图1-91所示。

⑥ 随即“×”就会消失，表示已完成嵌入，此时作品制作完成，如图1-92所示。

图 1-91

图 1-92

⑦ 保存源文件。执行“文件＞存储”命令，在弹出的“存储为”窗口中找到存储位置，在“文件名”处输入合适的名称，“保存类型”选择AI格式，设置完成后单击“保存”按钮，如图1-93所示。

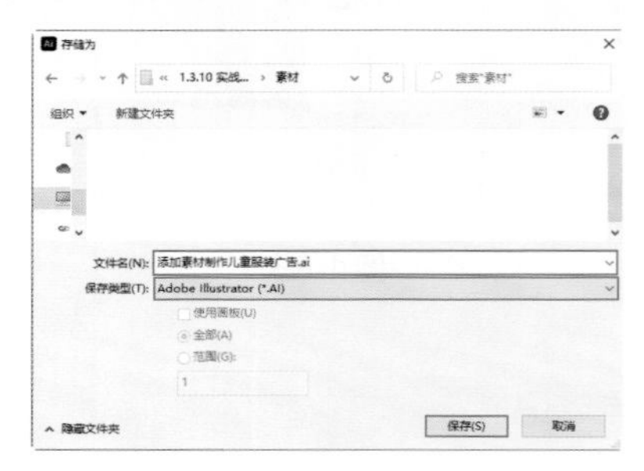

图 1-93

⑧ 接着会弹出Illustrator选项窗口，在“版本”选项中选择存储的软件版本，接着单击“确定”按钮，如图1-94所示。

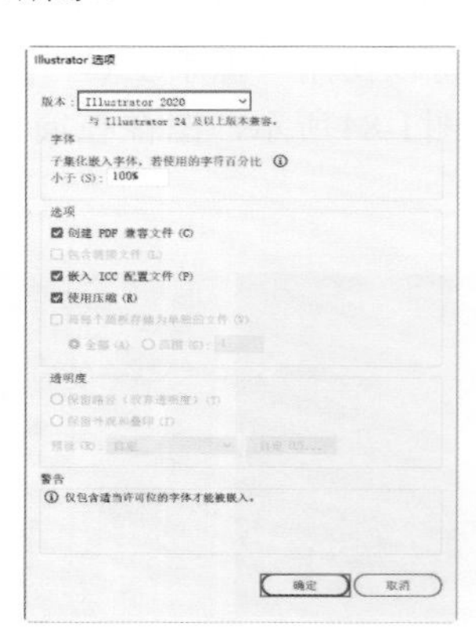

图 1-94

⑨ 导出JPEG图片。执行“文件>导出>导出为”命令，在弹出的“导出”窗口中找到合适的存储位置，设置合适的文件名称，“保存类型”设置为JPEG格式，然后单击“导出”按钮，如图1-95所示。

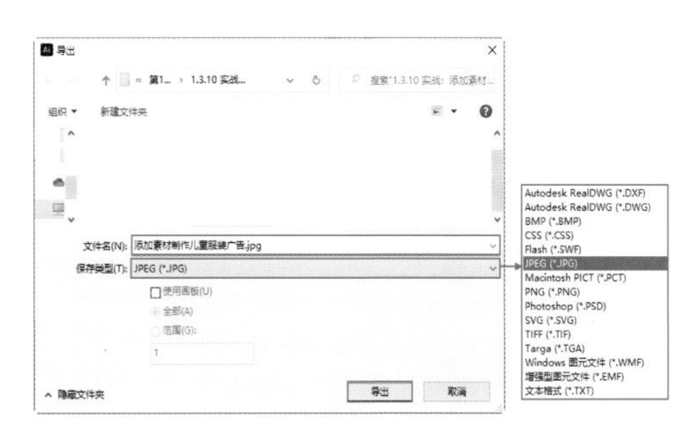

图1-95

⑩ 接着会弹出“JPEG选项”窗口，在该窗口中可以设置“颜色模型”“品质”等选项。设置完成后单击“确定”按钮完成导出操作。如图1-96和图1-97所示。

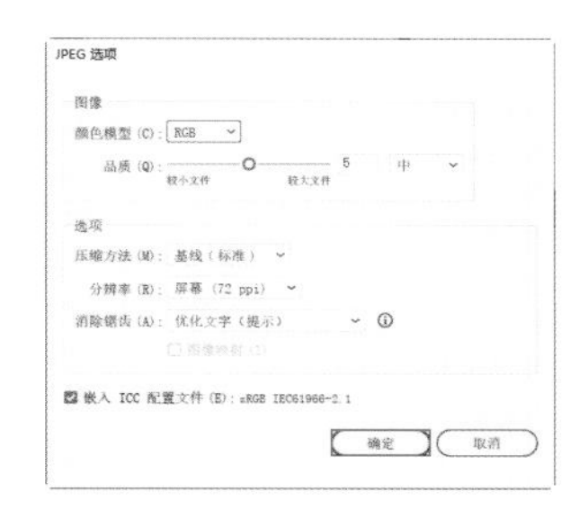

图1-96

图1-97

1.4 课后练习：利用已有素材制作化妆品广告

文件路径

实战素材/第1章

操作要点

使用置入命令添加素材
使用“存储”命令保存源文件
使用“导出”命令导出完成的作品

案例效果

案例效果见图1-98。

图1-98

操作步骤

① 执行“文件>新建”命令，在打开的“新建”窗口中设置“单位”为像素，“宽度”为450px，“高度”为800px，并单击“高级选项”的倒三角按钮，设置“颜色模式”为RGB颜色，“光栅效果”为屏幕72ppi，设置完成后单击“创建”按钮完成新建操作，如图1-99所示。

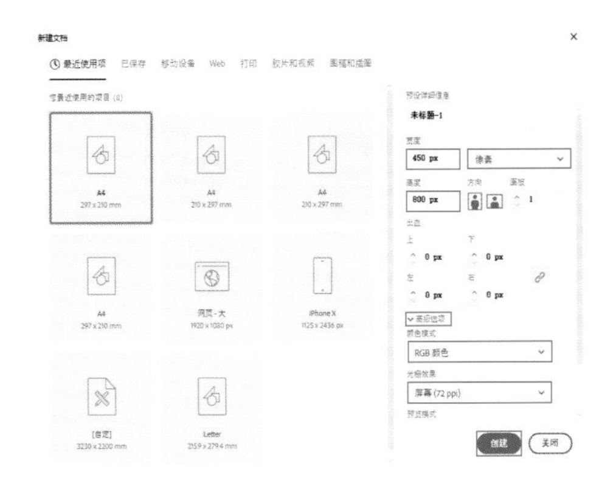

图1-99

随后软件中会自动出现一个空白文档，如图1-100所示。

图1-100

② 执行“文件>置入”命令，打开“置入”窗口，选择素材1，单击“置入”按钮，如图1-101所示。

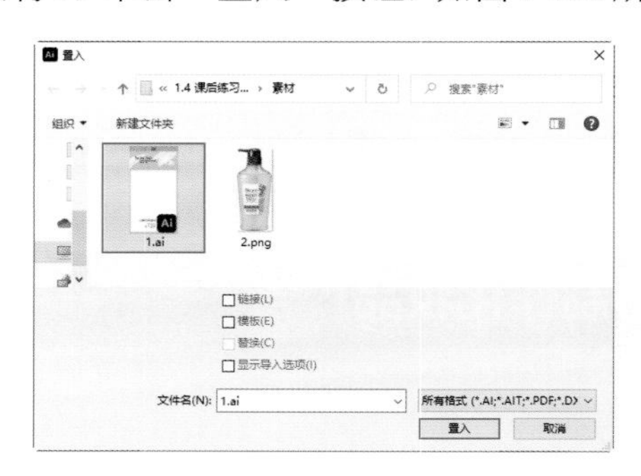

图1-101

③ 此时回到操作界面中，光标带有置入图片的缩览图，然后在画面中单击，如图1-102所示。

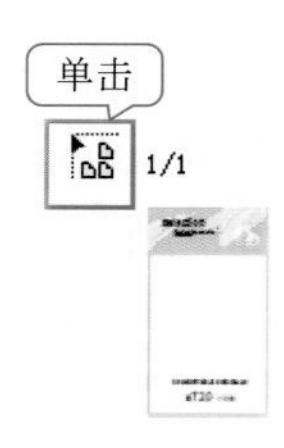

图1-102

④ 随后即可将图片按照原比例置入画面中，然后适当移动其位置，如图1-103所示。

图1-103

⑤ 执行“文件>置入”命令，打开“置入”窗口，选择素材2，单击“置入”按钮，如图1-104所示。此时回到操作界面中，光标带有置入图片的缩览图，如图1-105所示。

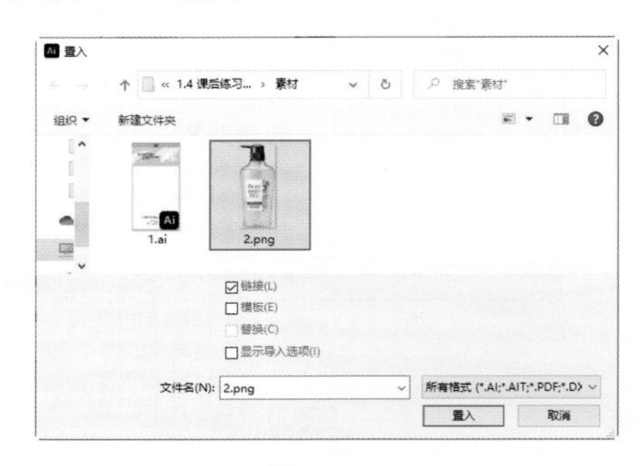

图1-104

图1-105

⑥ 按住鼠标左键拖动，控制图片的大小，如图1-106所示。

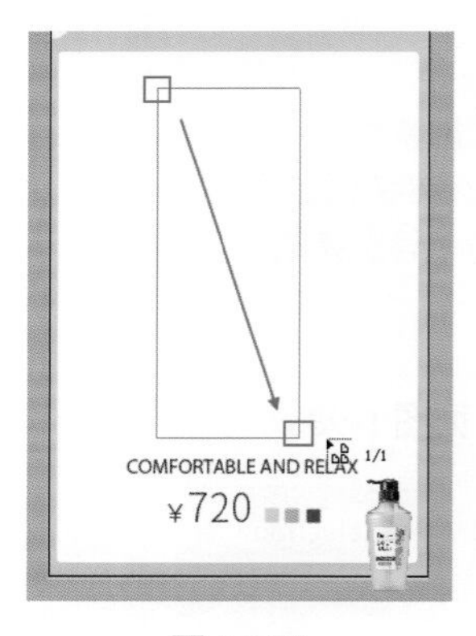

图1-106

⑦ 接着单击控制栏中的“嵌入”按钮，将其置入画面中，如图1-107所示。随即图片上的“×”就会消失，广告制作完成，效果如图1-108所示。

⑧ 保存源文件。执行“文件>存储”命令，在弹出的“存储为”窗口中找到存储位置，在“文件名”处输入合适的名称，“保存类型”选择AI格式，设置完成后单击“保存”按钮，如图1-109所示。

图 1-107

图 1-108

图 1-109

⑨ 接着在弹出的Illustrator选项窗口中，“版本”选项选择存储的软件版本，接着单击“确定”按钮，如图1-110所示。

图 1-110

⑩ 导出JPEG图片。执行“文件>导出>导出为”命令，在弹出的“导出”窗口中找到合适的存储位置，设置合适的文件名称，“保存类型”设置为JPEG格式，然后单击“导出”按钮，如图1-111所示。

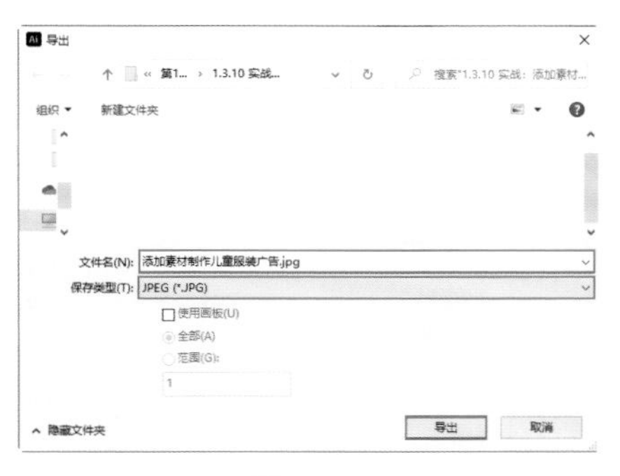

图 1-111

⑪ 接着会弹出“JPEG选项”窗口，在该窗口中可以设置“颜色模型”“品质”等选项。设置完成后单击“确定”按钮完成导出操作，如图1-112所示。在设定好的导出位置就可以看到JPG格式的作品图片，如图1-113所示。

图 1-112

图 1-113

本章小结

经过本章的学习，在认识了Illustrator的基础上，掌握了Illustrator的基本操作方式。这些功能虽然看起来简单，但非常重要。因为没有了新建文档、置入素材、保存文档等操作，后续的制图操作都无法进行。所以请务必重视本章关于“Illustrator的基本操作方式”小节的学习。

第2章 轻松绘制简单的图形

图形是画面中常出现的元素，通过“形状工具组”中的工具可以轻松绘制多种常见的几何图形，如矩形、圆形、多边形、星形、直线、弧线等。如何绘制这些图形将是本章的学习重点，同时本章还将学习如何为图形设置描边和填充颜色。

学习目标

- 掌握常见几何图形的绘制方法。
- 掌握简单线条的绘制方法。
- 掌握为图形设置填充色、描边色的方法。

思维导图

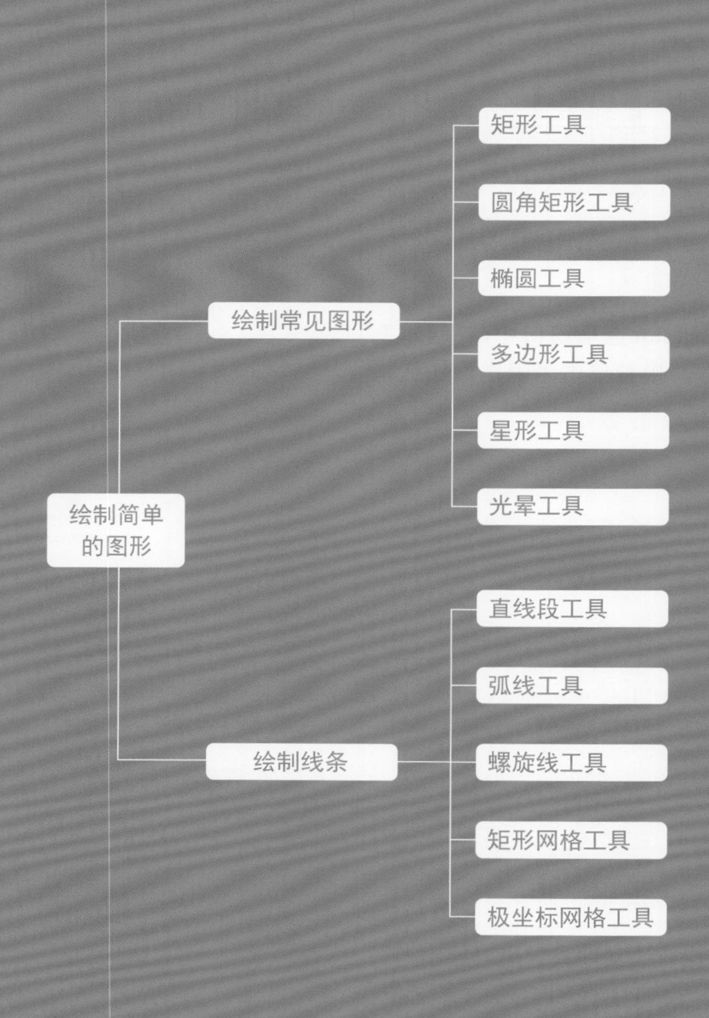

2.1 Illustrator绘图很简单

方形、圆形、多边形、线条都是设计作品中非常常见的元素，想要绘制这些图形就需要使用工具箱中的两组工具，如图2-1、图2-2所示。本节将学习此类工具的使用方法以及如何为图形设置简单的颜色。

图2-1　　图2-2

2.1.1 熟悉绘图的基本流程

虽然“形状工具组”中包括多种形状绘制工具，但这些工具的使用方法大同小异，只需要按住鼠标左键拖动即可绘制出图形。接下来以“矩形工具”为例进行讲解。

① 单击工具箱中的“矩形工具”按钮，接着将光标移动至画面中，按住鼠标左键拖动，如图2-3所示。

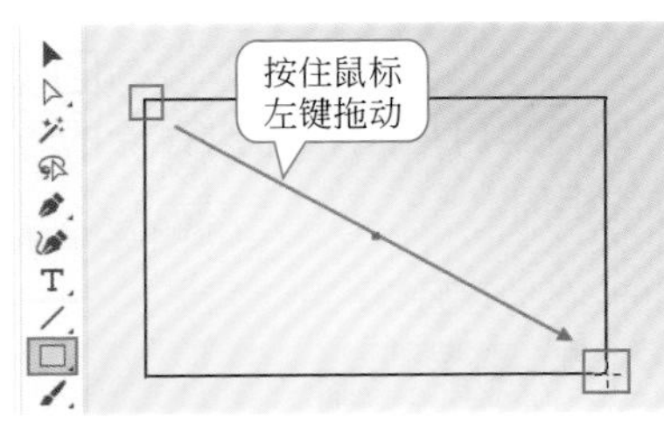

图2-3

② 至合适位置时释放鼠标，即可完成矩形的绘制，如图2-4所示。

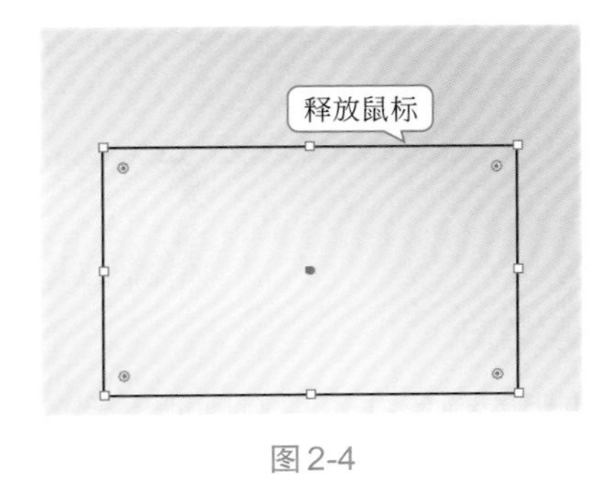

图2-4

重点笔记

图形的描边和填色，可以在图形绘制之前设置，也可以绘制图形后再去更改。

2.1.2 为图形设置合适的色彩

想要使图形产生漂亮的色彩，就需要为它设置填充颜色或描边颜色，如图2-5所示。

一个矢量图形可以只有描边色或填充色，也可以两者皆有，如表2-1所示。

图2-5

表2-1　图形的填色与描边

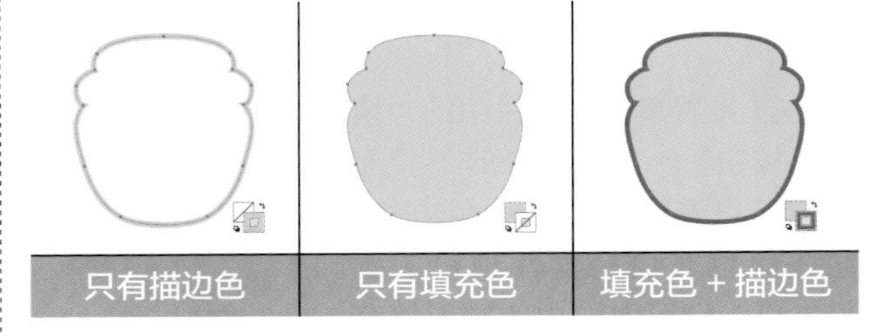

只有描边色	只有填充色	填充色＋描边色

通过对“填色”与“描边”的设置，可以赋予矢量图形多种多样的效果与更强的表现力，如图2-6所示。

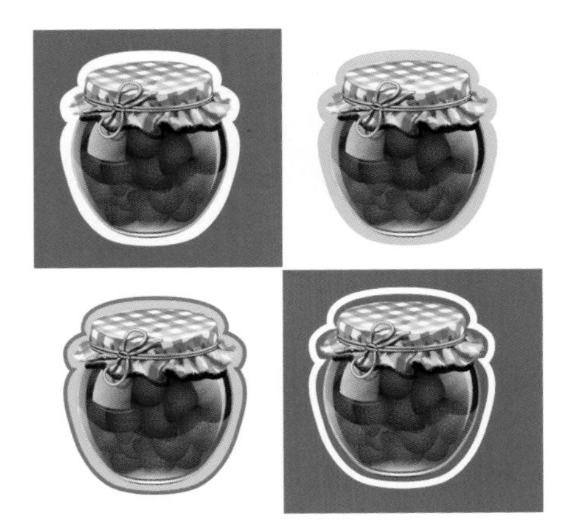

图2-6

在控制栏中可以进行填充色和描边颜色的设置操作，使用起来非常方便。

① 将素材打开，接下来为画面中的图形设置填充色和描边色，如图2-7所示。

图2-7

② 选择工具箱中的“选择工具”，在上方灰色矩形上单击，将其选中，如图2-8所示。

图2-8

③ 接着单击控制栏中的“填充”按钮，在打开的下拉面板中可以看到一个个颜色方块，这些颜色方块是软件预设的颜色，单击即可为选中的图形填充该颜色，如图2-9所示。此时矩形效果如图2-10所示。

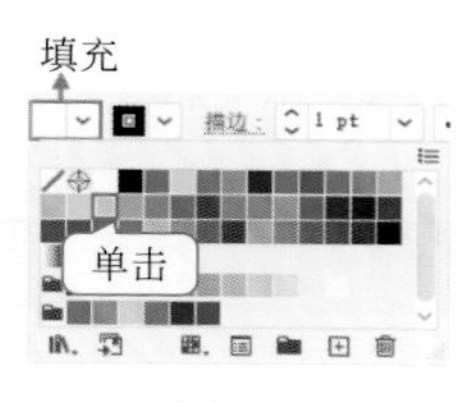

图2-9

图2-10

④ 接着为底部的矩形填充另一种颜色，如图2-11所示。

⑤ 接下来设置描边。描边有两个比较主要的属性：颜色和粗细。首先设置描边的颜色，选中画面中间的白色图形，单击控制栏中的“描边”按钮，在下拉面板中单击色块，图形边缘会出现相应颜色，如图2-12所示。

图2-11

图2-12

⑥ 由于当前描边粗细数值太小，所以描边效果不明显。可以在右侧的“描边粗细”数值框中输入合适的数值，然后按下Enter键提交操作，图形的描边粗细就发生了变化，如图2-13所示。

图2-13

⑦ 图形的填充和描边都可以去除。选中图形，单击控制栏中的“填充”按钮，在下拉面板中单击“无”按钮，即可将填充色去除，如图2-14所示。描边去除的方法与去除填充色的方法相同。

图2-14

拓展笔记

可以使用的颜色并不只有刚刚看到的这些，在Illustrator中还提供了更多的预设颜色，这些颜色集中存放在“色板库”中。想要使用就需要打开相应的“色板库”。

① 单击控制栏中的“填充”按钮，在面板中单击“色板库”菜单按钮 ，在下拉菜单中可以看到色板库的名称，执行相应的命令打开与之对应的色板，如图2-15所示。

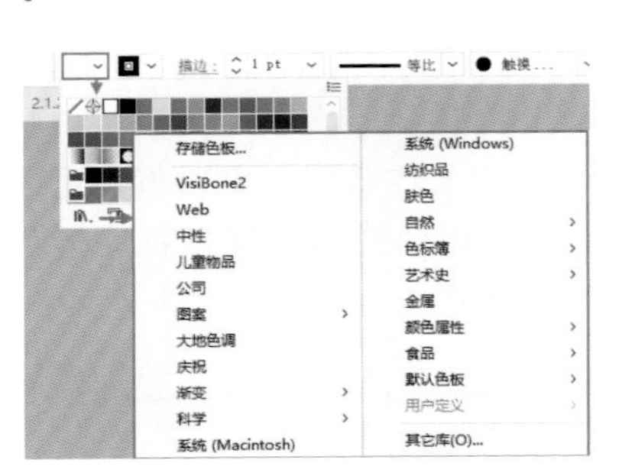

图2-15

② 例如，在菜单中执行“渐变 > 颜色组合”命令，在该面板中可以看到多个渐变色。选择一个图形，单击面板中的色块即可为选中的图形填充所选颜色，如图2-16所示。

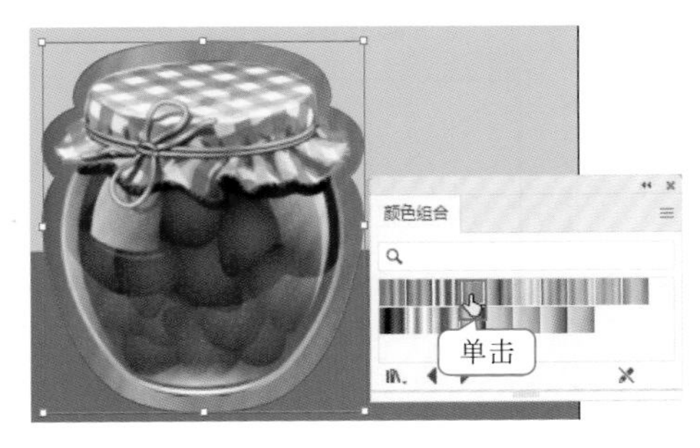

图2-16

2.2　轻松绘制常见图形

通过形状工具组中的工具可以方便快捷地绘制常见图形，“形状工具组”中包括矩形工具、圆角矩形工具、椭圆工具、多边形工具、星形工具和光晕工具，如图2-17所示。各工具的功能及图示见表2-2。

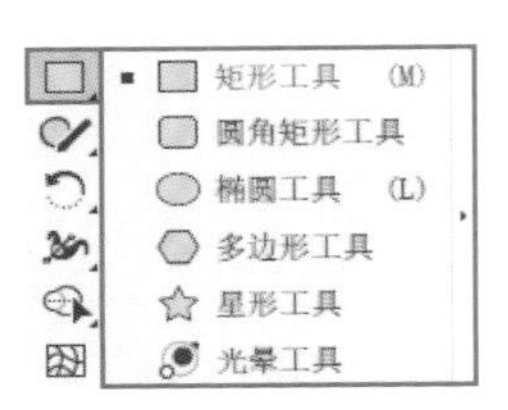

图2-17

2.2.1　绘制矩形

功能速查

使用“矩形工具”能够绘制长方形与正方形，还能更改角的圆角半径，制作出圆角矩形。

表2-2　形状工具组功能速查

功能名称	矩形工具	圆角矩形工具	椭圆工具
功能简介	用于绘制长方形与正方形，还能更改角的圆角半径，制作出圆角矩形	用于绘制圆角矩形、圆角正方形，还可以更改角的类型，绘制出反向圆角、倒角两种不同的圆角矩形	用于绘制椭圆、正圆与扇形
图示			
功能名称	多边形工具	星形工具	光晕工具
功能简介	绘制边数为三和三以上的多边形	用于绘制不同角数、不同锐度的星形	用于绘制光晕图形（在颜色较深的画面中效果比较明显）
图示			

① 选择工具箱中的“矩形工具”或使用快捷键M，在控制栏中设置合适的填充与描边，然后在画面中按住鼠标左键向右下方拖动，释放鼠标后即可绘制一个矩形，如图2-18所示。

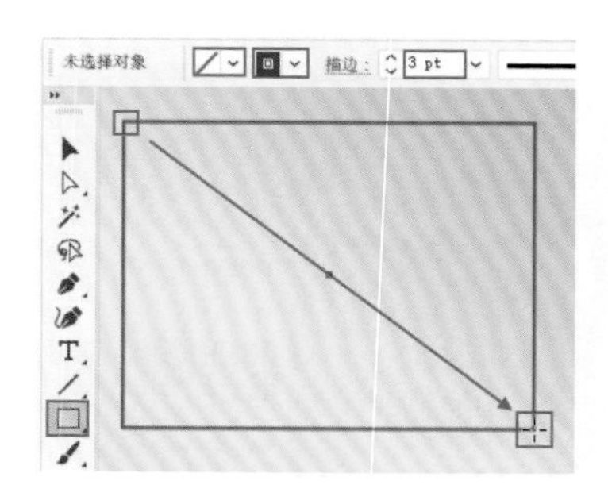

图2-18

② 如果想要绘制正方形，可以按住Shift键的同时按住鼠标左键拖动，至合适大小时释放鼠标即可，如图2-19所示。

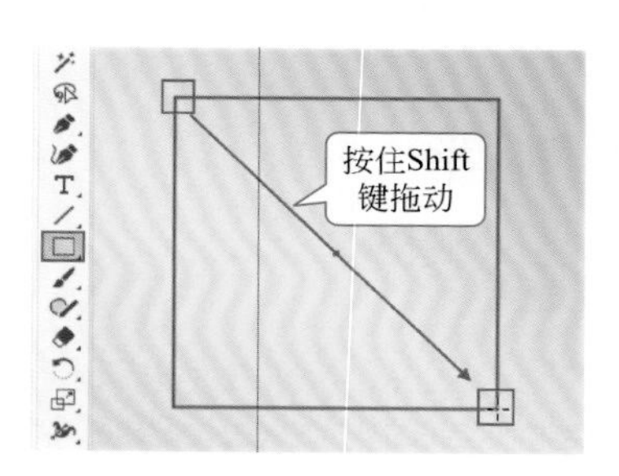

图2-19

③ 如果想要绘制精确大小的矩形，可以使用“矩形工具”在画面中单击，如图2-20所示。

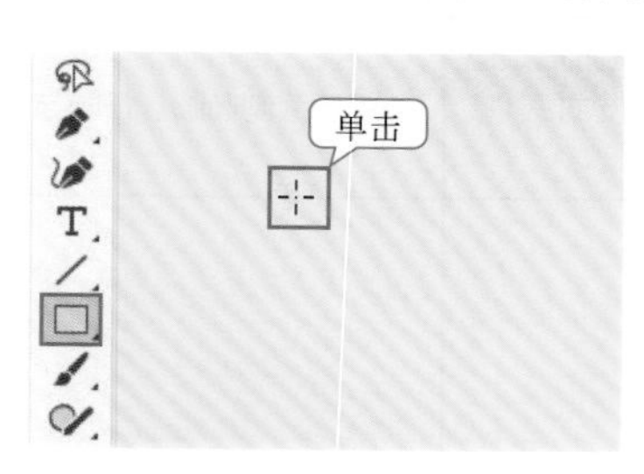

图2-20

④ 随即会弹出“矩形”窗口，窗口中“宽度”选项可以用来设置矩形的宽度，“高度”选项可以设置矩形的高度。例如此处将“宽度”设置为100mm，“高度”为80mm，设置完成后单击“确定”按钮，如图2-21所示。随后，画面中单击的位置会出现矩形，如图2-22所示。

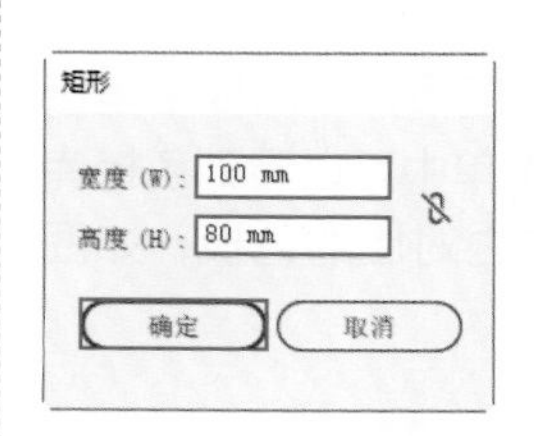

图2-21

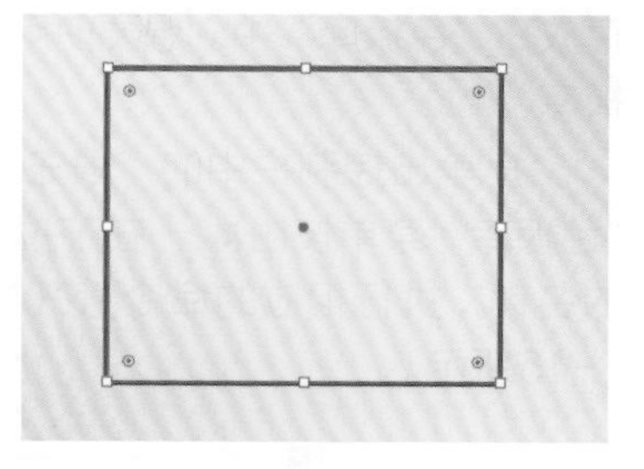

图2-22

⑤ 在已有矩形的基础上可以将其更改为圆角矩形。选中矩形，矩形四角内部各有一个圆形控制点◉，如图2-23所示。

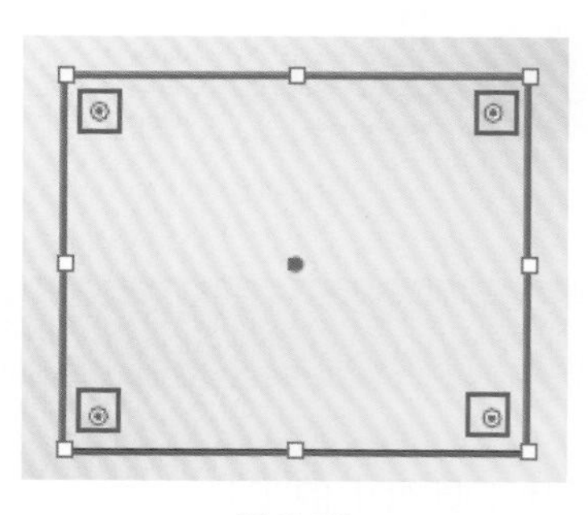

图2-23

⑥ 将光标移动至矩形任意一角的圆形控制点◉上，按住鼠标左键将其向矩形中心拖动，可以看到矩形的直角变成了圆角，如图2-24所示。

图2-24

重点笔记

在拖动控制点时，向内拖动的距离越远，圆角半径越大。当出现红色高亮显示时，表示当前的圆角半径值最大，如图2-25所示。

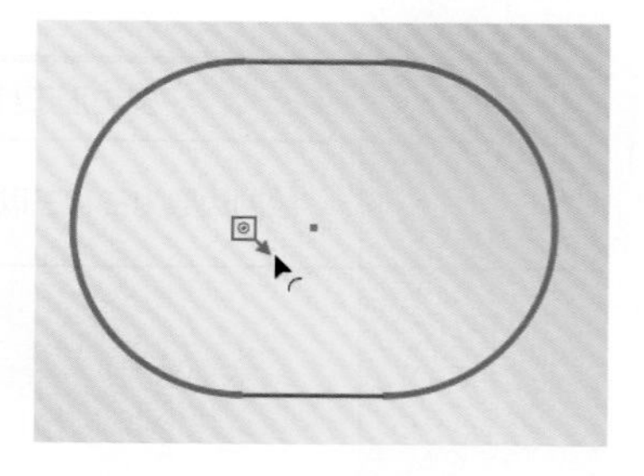

图2-25

⑦ 如果需要缩小圆角半径，可以向图形外侧拖动，如图2-26所示。

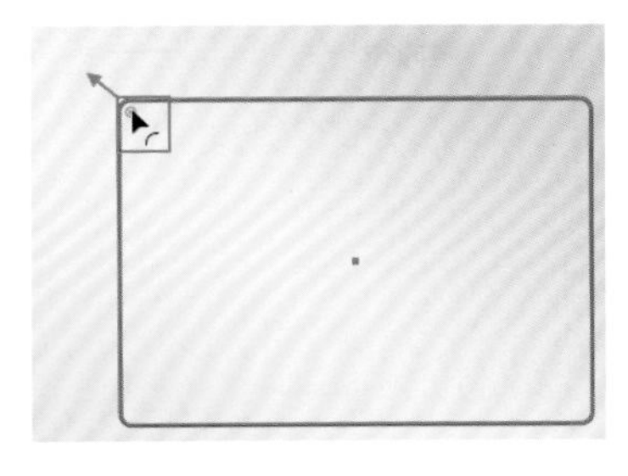

图2-26

⑧ 如果要单独更改某个角的圆角半径，可以在圆形控制点◉上单击，单击后控制点变为○状，此时可以单独调整一个角。按住鼠标左键向内部拖动，即可看到选中的角产生了变化，如图2-27所示。

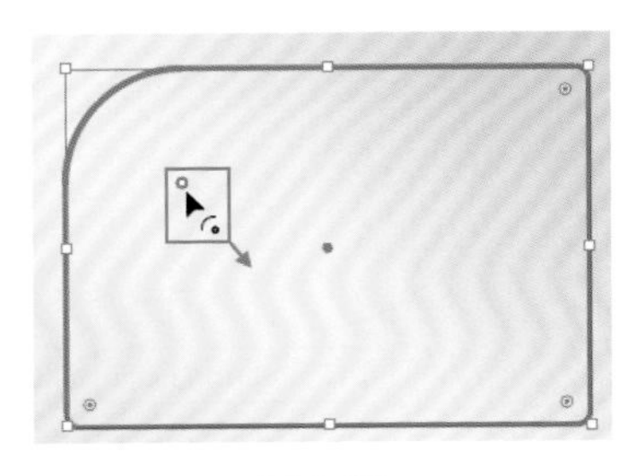

图2-27

2.2.2　绘制圆角矩形

功能速查

可以绘制出圆角矩形、圆角正方形，还可以更改角的类型，绘制出反向圆角、倒角两种不同的圆角矩形。

① 选择工具箱中的“圆角矩形工具”▢，在控制栏中进行填充和描边的设置，设置完成后按住鼠标左键拖动绘制，释放鼠标即可得到一个圆角矩形，如图2-28所示。

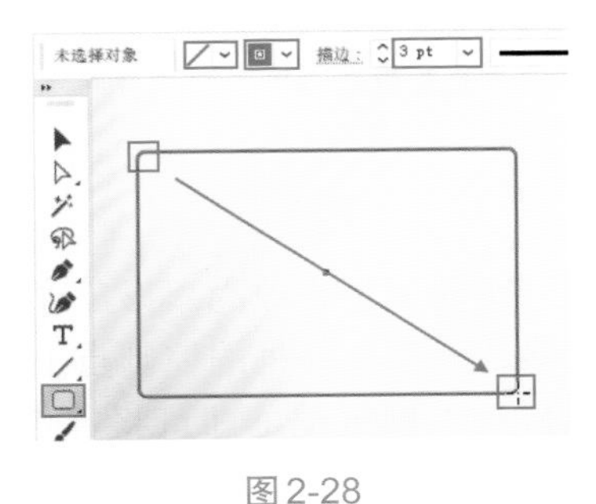

图2-28

② 如果想要调整圆角矩形的圆角半径，可以先选中圆角矩形，在控制栏中的“圆角半径”数值框内输入数值，按下Enter键提交操作，如图2-29所示。按住鼠标左键向内拖动圆形控制点◉，也可更改圆角半径。

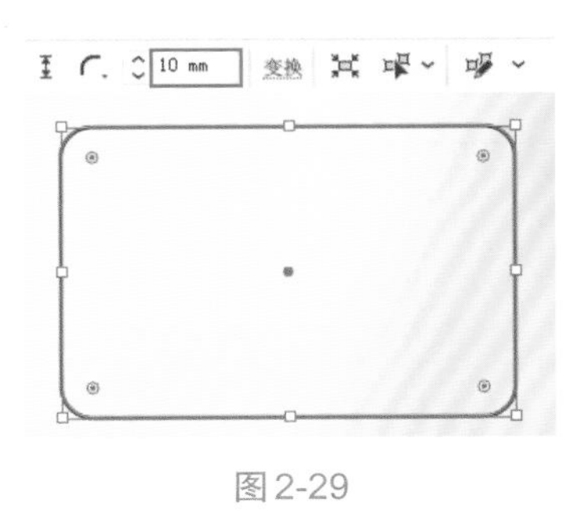

图2-29

③ 如果Illustrator界面较小，控制栏内容无法完整显示，因而无法找到圆角半径设置选项。此时可以单击控制栏中的“形状”，在下拉窗口中设置圆角数值，如图2-30所示。

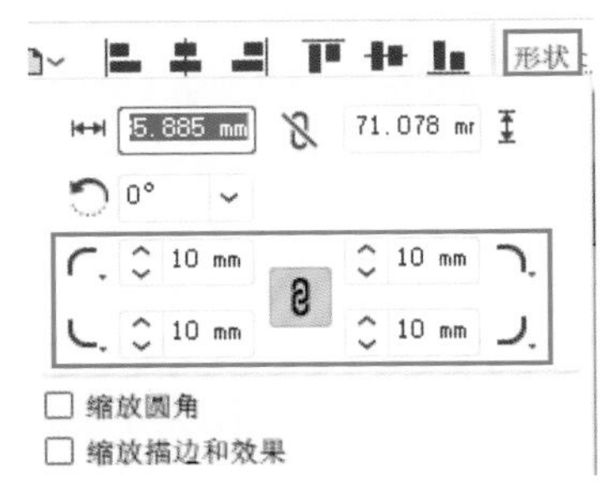

图2-30

重点笔记

如果想要同时更改多个角的圆角半径，按住Shift键单击加选圆形控制点，再按住鼠标左键拖动，即可同时更改加选的圆角。如图2-31所示。

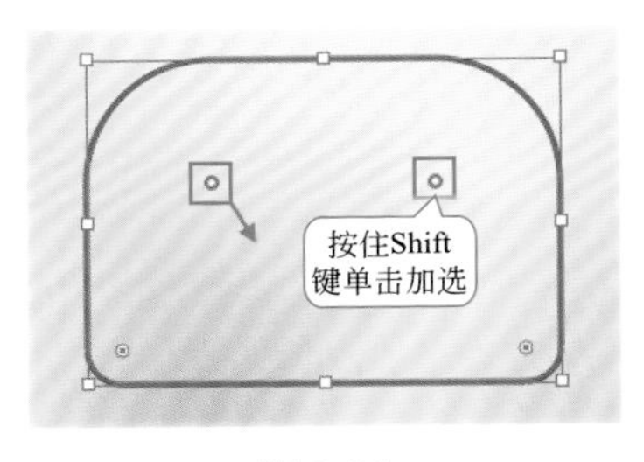

图2-31

④ 矩形的角除了直角和圆角，还有“反向圆角”和“倒角”另外两种类型。选中圆角矩形，单击控制栏中的“边角类型”按钮可以选择角类型，单击“反向圆角”按钮⌐，效果如图2-32所示。

⑤ 单击“倒角”按钮◸，效果如图2-33所示。

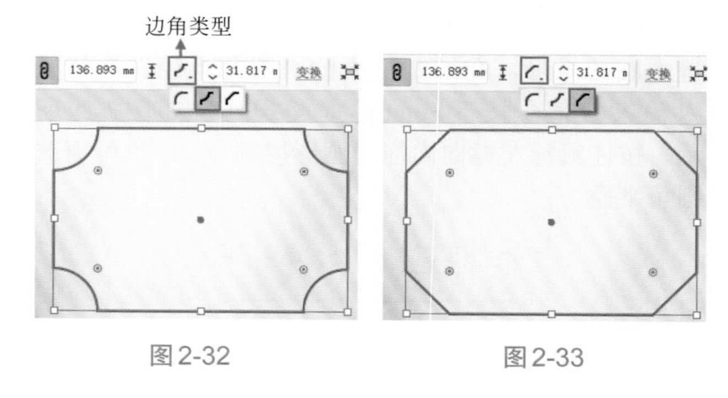

图2-32　　　　图2-33

拓展笔记

在“变换”面板中可以更改图形的大小、位置，以及更改圆角半径和边角类型，如图2-34所示。

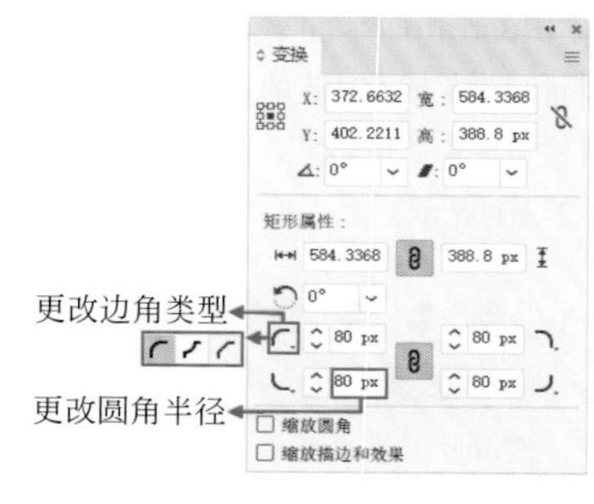

图2-34

⑥ 如果要绘制精确大小的圆角矩形，可以先选择工具箱中的“圆角矩形工具”，在画面中单击，在弹出的“圆角矩形”窗口中可以进行宽度、高度和圆角半径的设置，设置完成后单击“确定”按钮，完成圆角矩形的绘制操作，如图2-35所示。

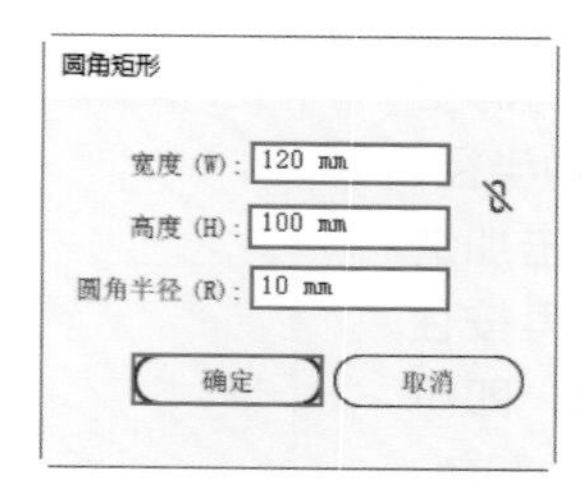

图2-35

2.2.3　绘制圆形

① 选择工具箱中的“椭圆工具”，在控制栏中设置填充和描边，设置完成后按住鼠标左键拖动绘制，得到一个椭圆，如图2-36所示。

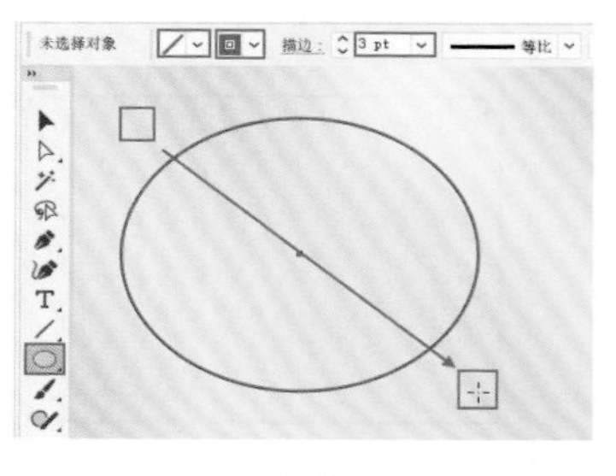

图2-36

② 如果想要绘制正圆，可以按住Shift键的同时按住鼠标左键拖动，释放鼠标即可绘制一个正圆，如图2-37所示。

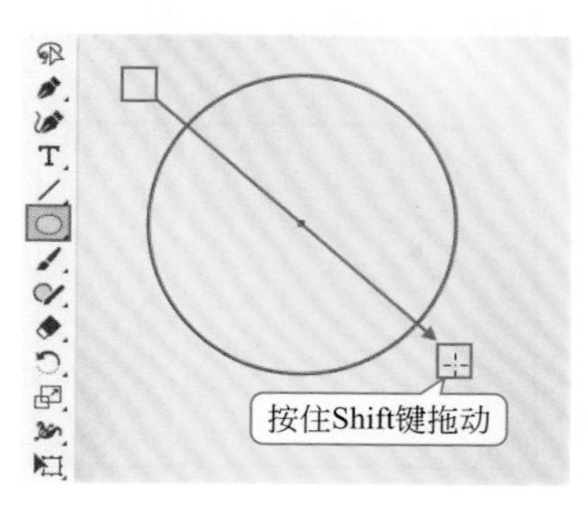

图2-37

重点笔记

如果想要以某一点作为圆心绘制圆形，那么可以使用“椭圆工具”，在圆心位置按住Alt键拖动绘制。

③ 使用“椭圆工具”，在画面中单击，设置“宽度”与“高度”，然后单击“确定”按钮，可以得到特定尺寸的椭圆，如图2-38所示。

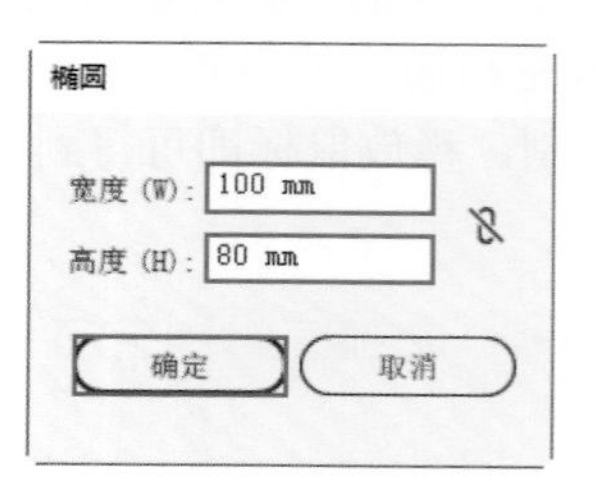

图2-38

④ 如果想要将圆形更改为扇形，可以先选中圆形，将光标移动至圆形外框的控制点上，如图2-39所示。按住鼠标左键拖动，即可将其更改为扇形，如图2-40所示。

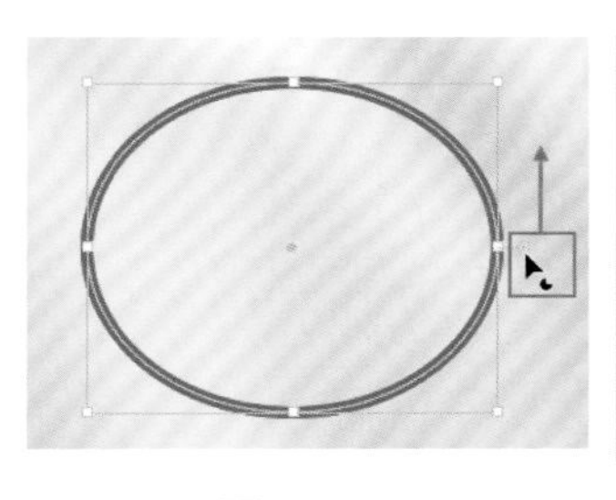

图2-39

图2-40

⑤ 如果想要将扇形还原为圆形，可以双击圆形控制点，如图2-41所示。

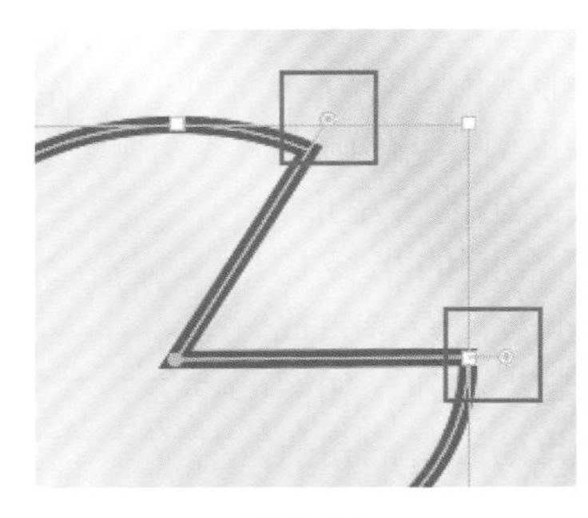

图2-41

拓展笔记

在“变换”面板中也可以更改圆形属性，如图2-42所示。

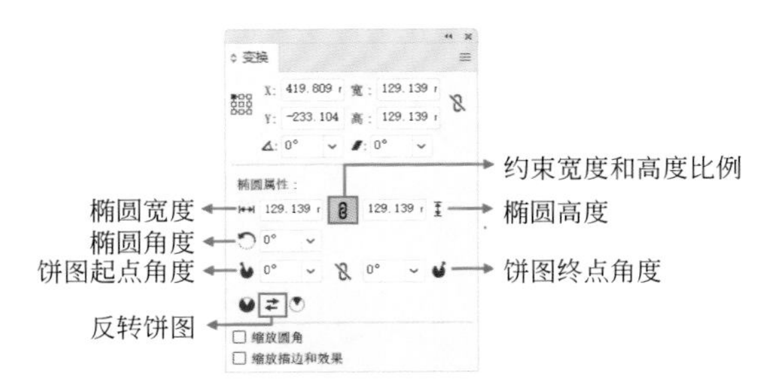

图2-42

选中饼图后，单击“反转饼图”按钮，可以得到反向的饼图，如图2-43所示。

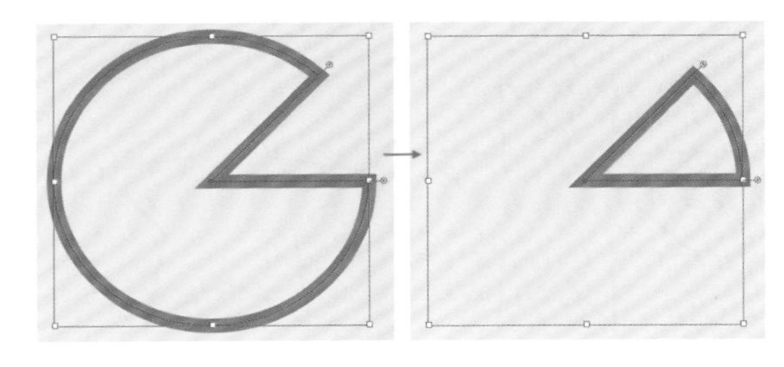

图2-43

2.2.4 绘制多边形

功能速查

常用于不同边数的多边形以及三角形。

① 选择工具箱中的“多边形工具”，在控制栏中设置好填充和描边，在绘图区按住鼠标左键拖动绘制，释放鼠标即可得到一个多边形，如图2-44所示。

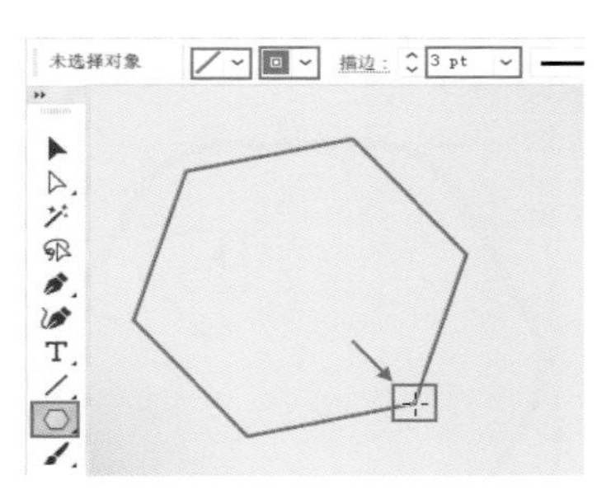

图2-44

② 使用“多边形工具”在画面中单击，可以设置半径与边数，完成后可以得到特定尺寸的图形，如图2-45所示。

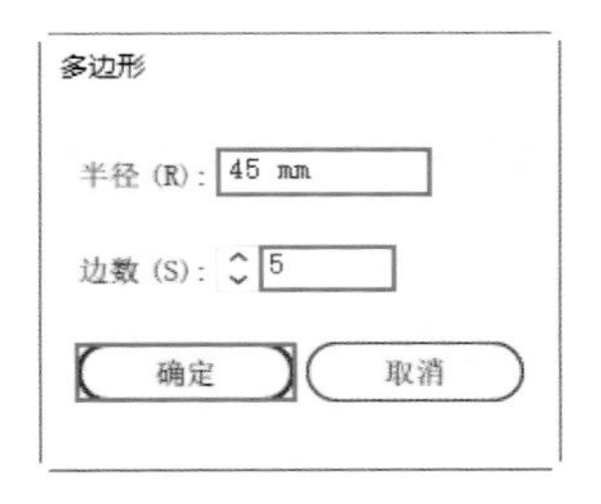

图2-45

③ 如果想要绘制水平放置的多边形，可以按住Shift键的同时按住鼠标左键拖动，如图2-46所示。

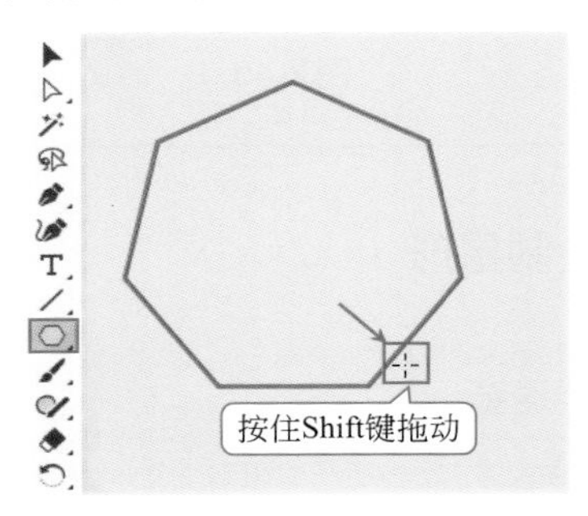

图2-46

④ 如果想要更改多边形的边数，可以选中多边形，拖动图形边框上的菱形控制点◇，即可改变多边形的边数，如图2-47所示。

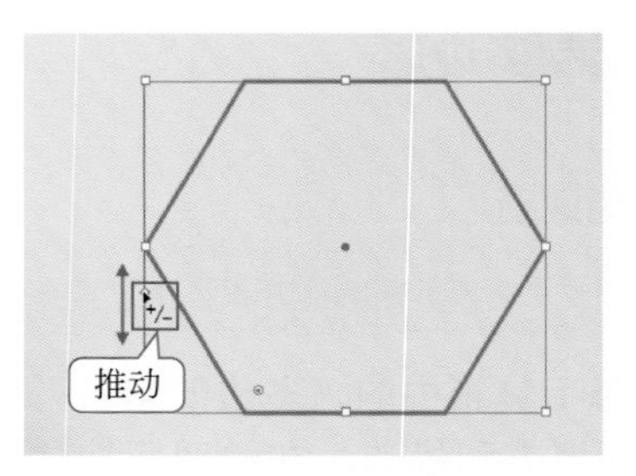

图2-47

⑤ 拖动控制点◉能够更改多边形的圆角半径，如图2-48所示。

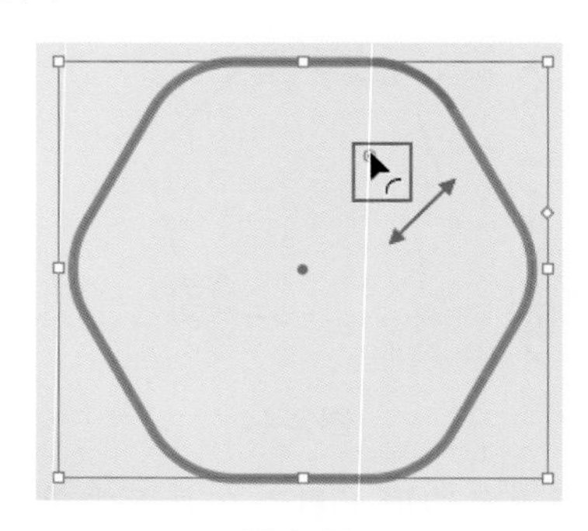

图2-48

拓展笔记

在“变换”面板中可以更改已有多边形的属性，如图2-49所示。

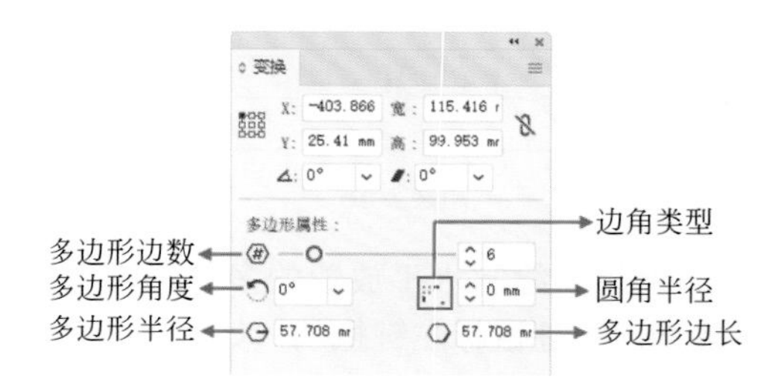

图2-49

2.2.5 绘制星形

功能速查

可以绘制不同角数、不同锐度的星形。

① 选择工具箱中的“星形工具”☆，在控制栏中进行填充和描边的设置，设置完成后按住鼠标左键拖动绘制。释放鼠标即可得到一个星形，如图2-50所示。

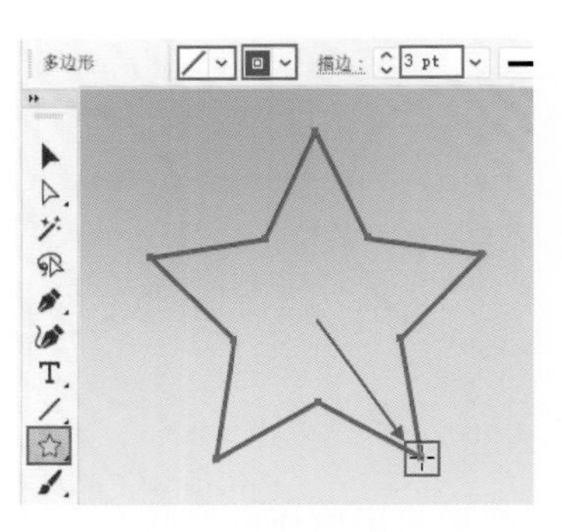

图2-50

② 如果想要绘制指定大小的多边形星形，可以先选择“星形工具”，在画面中单击。在弹出的“星形”窗口中设置合适的半径1、半径2与角点数，设置完成后单击“确定”按钮，如图2-51所示（此处设置的角点数会影响以后绘制的星形）。

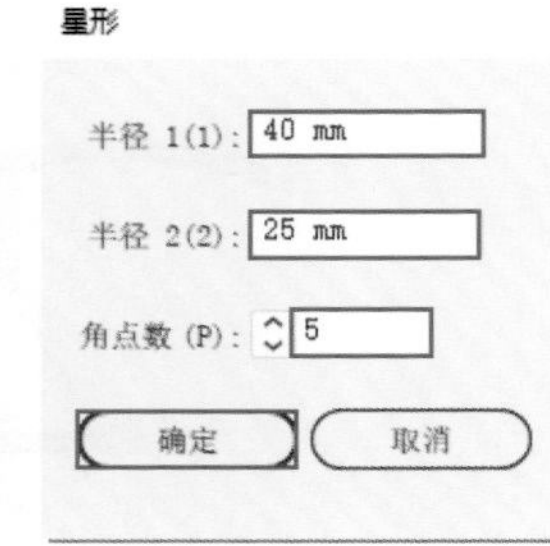

图2-51

重点选项速查

• 半径1/半径2：星形的中心点到角点的距离。如图2-52所示，“半径1”与“半径2”差值越大，星形的角越尖。

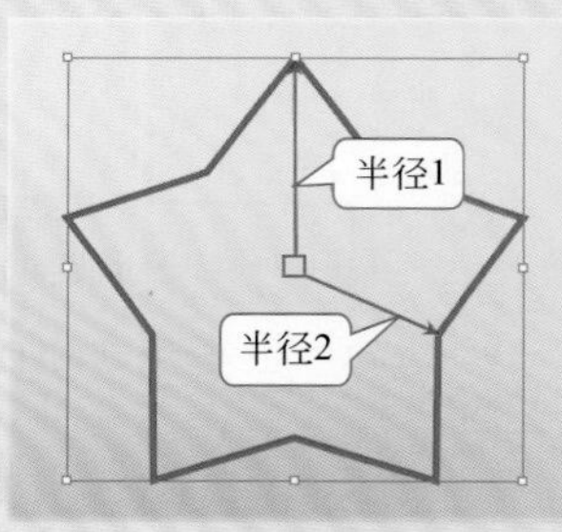

图2-52

• 角点数：用来控制星形角的数量。数值越大，星形的角越多，如图2-53所示。

图2-53

2.2.6 绘制光晕图形

功能速查

使用“光晕工具”可以绘制光晕图形。

① 选择工具箱中的“光晕工具”，接着按住鼠标左键拖动，如图2-54所示。

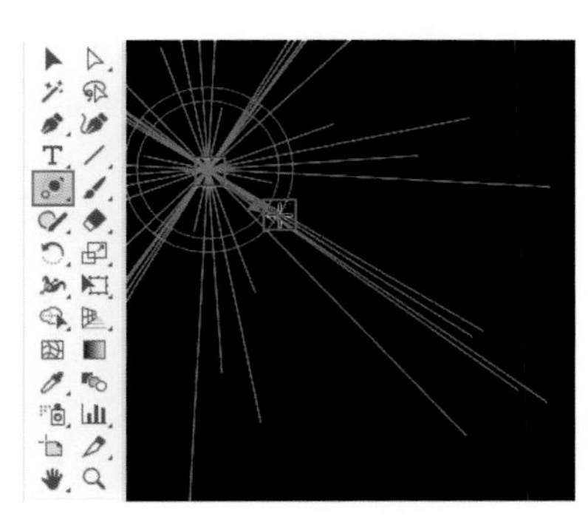

图2-54

② 释放鼠标后将光标移动至下一个位置上，单击鼠标左键，如图2-55所示。

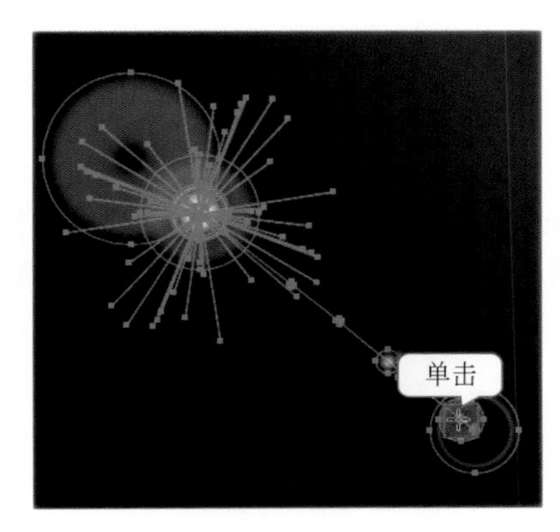

图2-55

③ 取消光晕的选中状态，即可查看光晕效果。光晕图形在深色背景下效果更加明显，如图2-56所示。

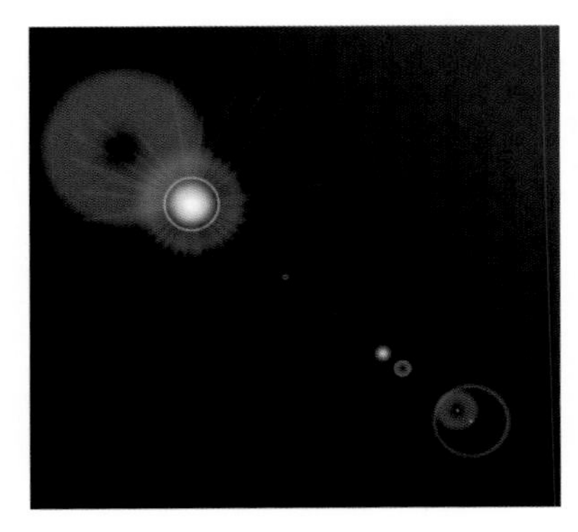

图2-56

2.2.7 实战：绘制简单图形制作水果广告

文件路径

实战素材/第2章

操作要点

使用“矩形工具”绘制矩形作为背景
使用“椭圆工具”绘制圆形装饰
在控制栏中设置填充与描边颜色

案例效果

案例效果见图2-57。

图2-57

操作步骤

① 执行“文件>新建”命令，在弹出的“新建文档”窗口中，设置“宽度”为297mm，“高度”为167mm，“方向”为横向，设置完成后单击“创建”按钮完成新建操作，如图2-58所示。

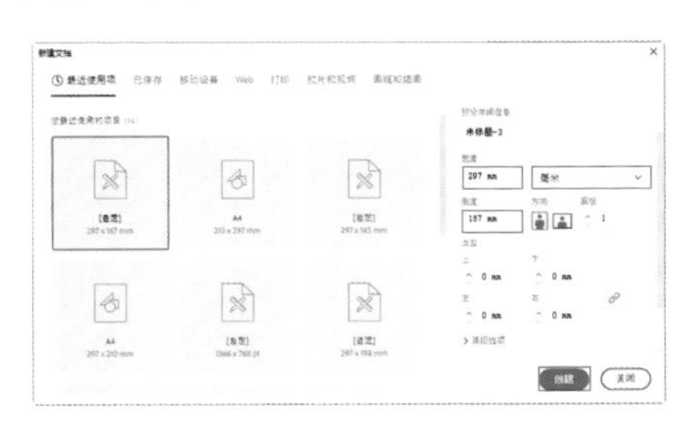

图2-58

② 选择工具箱中的“矩形工具”，在控制栏中单击“填充”按钮，在打开的下拉面板中单击橘黄色色块，如图2-59所示。

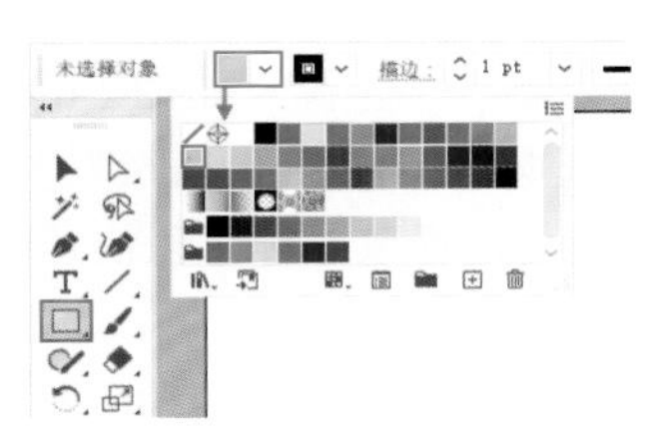

图2-59

③ 然后单击右侧的“描边”按钮，在弹出的下拉面板中单击“无”，如图2-60所示。

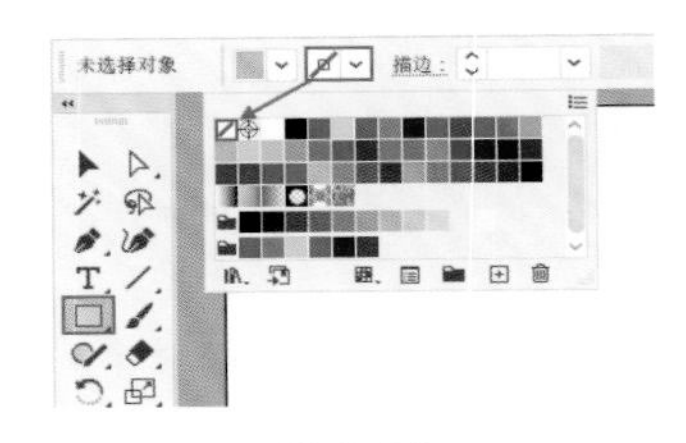

图2-60

④ 设置完成后在画板的左上角按住鼠标左键向右下角拖动，绘制一个与画板等大的矩形，如图2-61所示。

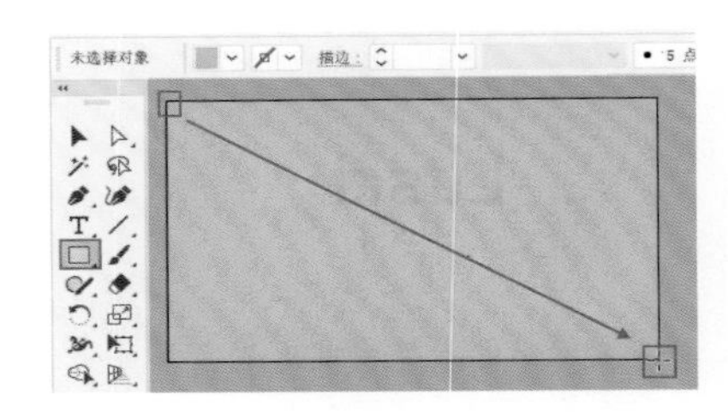

图2-61

疑难笔记

如何避免在更改属性时影响其他图形?

图形绘制完成后会处于选中状态，在绘制下一个图形之前，可以选择工具箱中的“选择工具”在画板以外的空白位置单击，即可取消图形的选中状态。然后再去设置下一个所要绘制图形的参数，如图2-62所示。

图2-62

⑤ 选择工具箱中的“椭圆工具”，在控制栏中设置“填充”为无，“描边”为白色，“描边粗细”为0.75pt，设置完成后在画面中按住鼠标左键的同时按住Shift键拖动绘制一个正圆，如图2-63所示。

⑥ 选中该正圆，按住Shift+Alt键的同时按住鼠标左键将其向右拖动，释放鼠标可以快速复制出一个正圆，如图2-64所示。

⑦ 接着多次使用再制快捷键Ctrl+D进行等距离与同方向的复制，如图2-65所示。

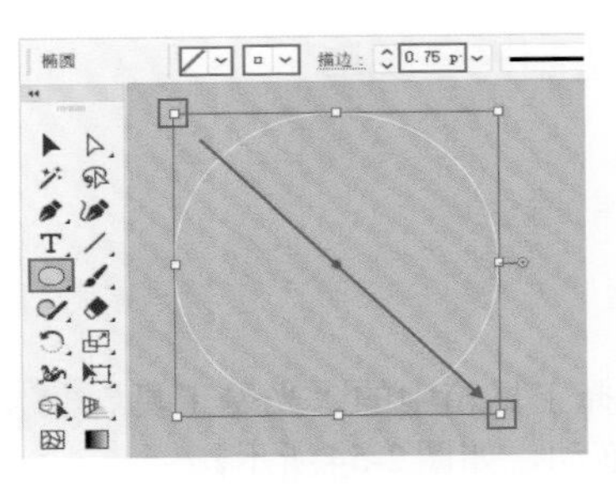

图2-63

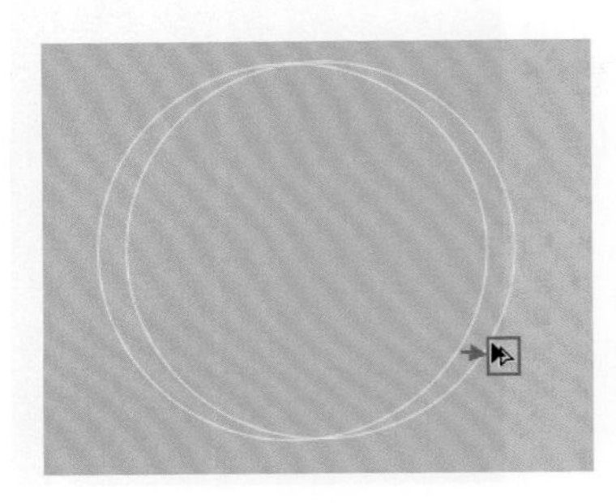

图2-64

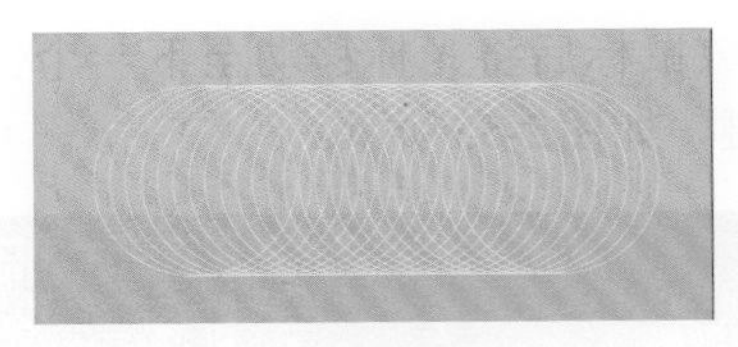

图2-65

⑧ 执行“文件＞置入”命令，将素材1置入到当前的画面中，并单击控制栏中的“嵌入”按钮。效果如图2-66所示。

图2-66

⑨ 执行“文件＞打开”命令，在弹出的窗口中选择素材2，单击“打开”按钮，如图2-67所示。

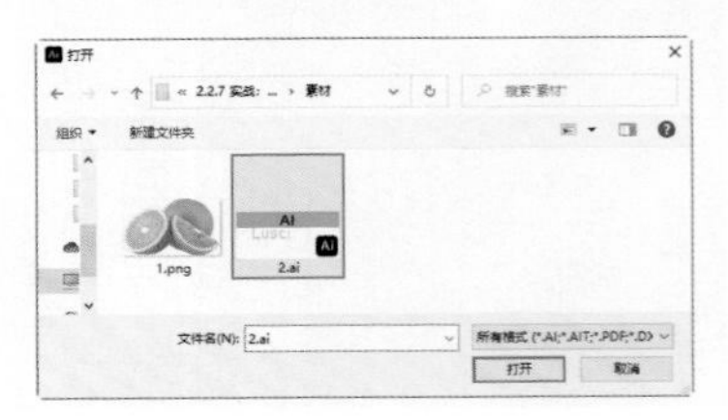

图2-67

⑩ 使用工具箱中的“选择工具”，单击选中文字，使用快捷键Ctrl+C将文字复制，如图2-68所示。

图2-68

⑪ 接着返回操作文档，使用快捷键Ctrl+V将其粘贴到画面中，按住鼠标左键拖动，将其移动至橘子图片的上方，如图2-69所示。

图2-69

⑫ 选择工具箱中的“多边形工具”，在控制栏中设置“填充”为无，“描边”为白色，“描边粗细”为1pt，设置完成后在画面的左上角按住Shift键的同时按住鼠标左键拖动，绘制一个较小的正六边形，如图2-70所示。

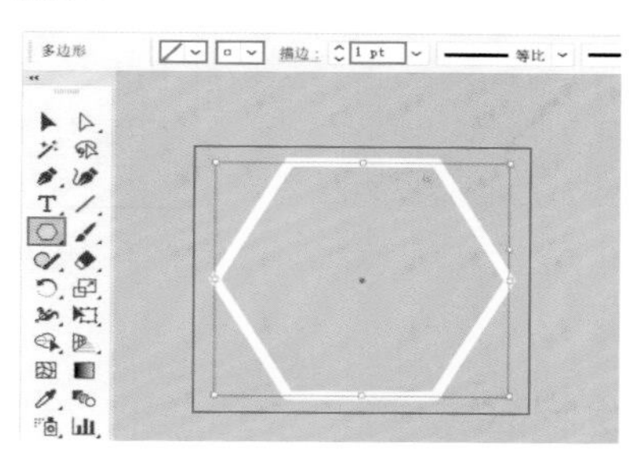

图2-70

⑬ 继续使用该工具，在画面中按住Shift键的同时按住鼠标左键绘制一个稍小一些的正六边形，并在控制栏中设置“填充”为白色，“描边”为无，如图2-71所示。

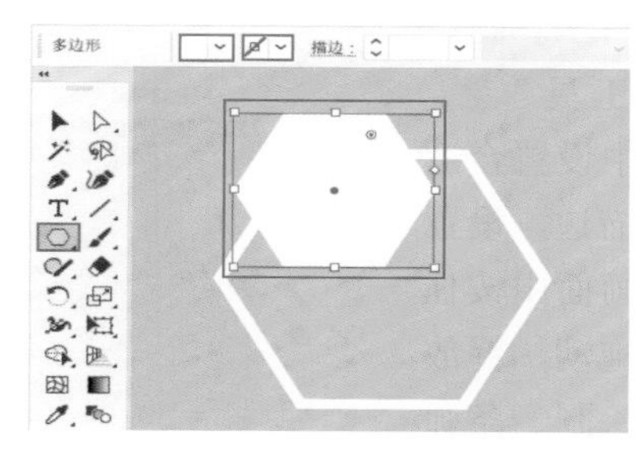

图2-71

⑭ 选择工具箱中的“矩形工具”，在控制栏中设置“填充”为黄色，“描边”为无，设置完成后在画面右下角拖动绘制一个矩形，如图2-72所示。

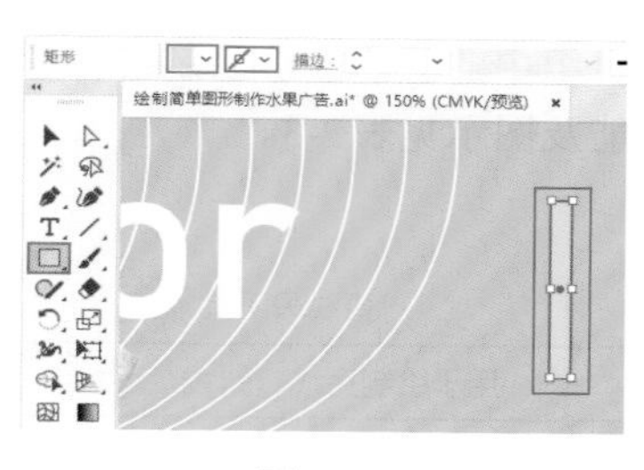

图2-72

⑮ 继续使用“矩形工具”，在黄色矩形的下方绘制一个矩形并填充绿色，如图2-73所示。

⑯ 选择工具箱中的“矩形工具”，在控制栏中设置“填充”为无，“描边”为白色，描边粗细为1pt，设置完成后在绿色矩形的下方按住Shift键的同时按住鼠标左键拖动，绘制一个正方形，如图2-74所示。

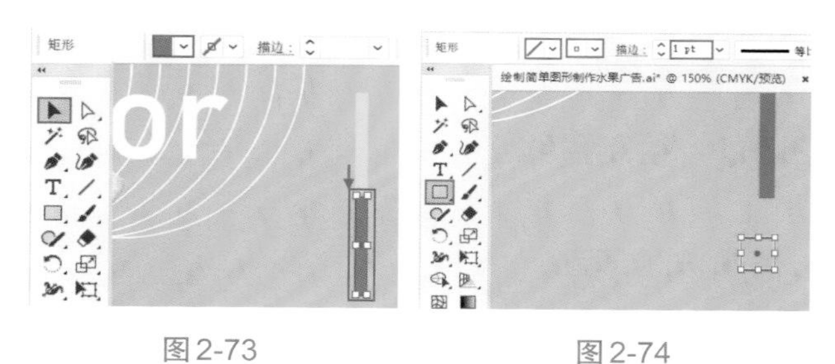

图2-73　　图2-74

⑰ 继续绘制一个正方形，设置“填充”为白色，“描边”为无，如图2-75所示。本案例制作完成，效果如图2-76所示。

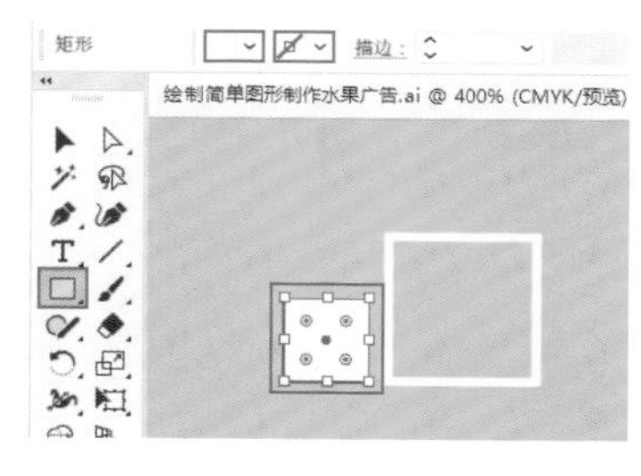

图2-75

图2-76

2.3 轻松绘制简单线条

线条与网格在绘图中非常常用。尤其是线条，可以在画面中起到装点版面、引导视线、强调重点等作用。使用线条工具组中的工具能够绘制各种形态的线条和网格，如直线、弧线、螺旋线、矩形网格、极坐标网格。各工具的功能及图示见表2-3。

表 2-3 线条绘制工具效果速查

功能名称	直线段工具	弧形工具	螺旋线工具
功能简介	用于绘制直线、斜线	用于绘制开放型弧线或闭合的弧线	用于绘制顺时针螺旋线、逆时针螺旋线
图示			
功能名称	矩形网格工具	极坐标网格工具	
功能简介	用于绘制间隔均匀或不均匀的矩形网格	用于绘制由多个同心圆以及从圆心向外放射的直线构成的圆形网格	
图示			

2.3.1 绘制直线

功能速查

“直线段工具”可以绘制水平线、垂直线、倾斜线。

① 选择工具箱中的“直线段工具”，在控制栏中设置合适的描边颜色及粗细，在画面中按住鼠标左键拖动。释放鼠标即可绘制一条直线，如图2-77所示。

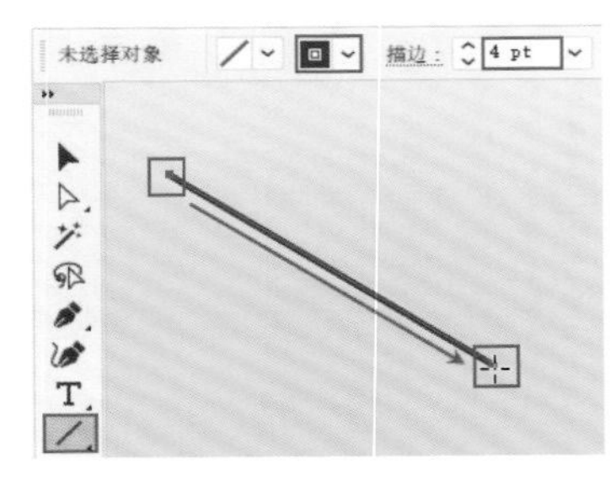

图2-77

② 如果想要绘制水平线、垂直线以及斜45° 角的线，可以在使用“直线段工具”时按住Shift键绘制，如图2-78所示。

③ 使用“直线段工具”，在画面中单击，在弹出窗口中可以设置“长度”和“角度”，如图2-79所示。

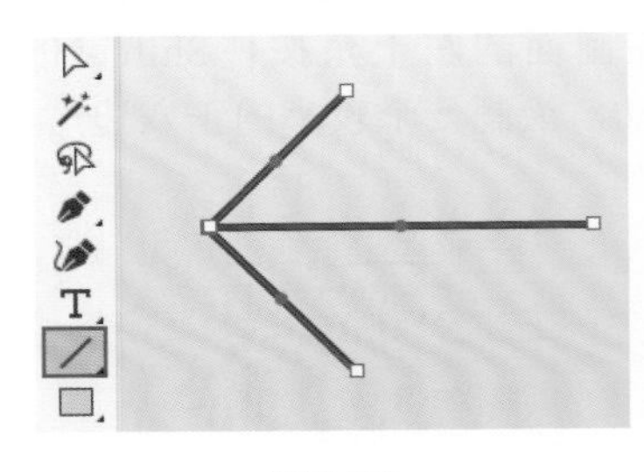

图2-78

直线段工具选项
长度（L）：200 mm
角度（A）：50°
线段填色（F）
确定 取消

图2-79

2.3.2 绘制弧线

功能速查

使用“弧形工具”可以绘制任意角度、弧度的开放型弧线，还可以绘制出闭合的弧线。

① 选择工具箱中的“弧形工具”，在控制栏中设置合适的填充与描边，设置完成后在画面中按住鼠标左键拖动，释放鼠标即可绘制一条弧线，如图2-80所示。

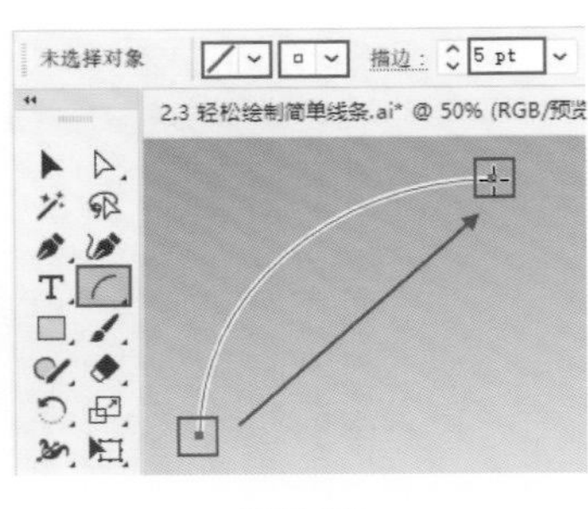

图2-80

重点笔记

在绘制弧线时，可以按住鼠标左键不放，利用键盘的上下键来调整弧线的弧度，直至达到要求后再释放鼠标。

② 如果想要绘制精确大小的弧线，可以选择工具箱中的“弧形工具”，在画面中单击，在弹出的“弧线段工具选项”窗口中进行相关参数的设置，设置完成后单击“确定”按钮，如图2-81所示。

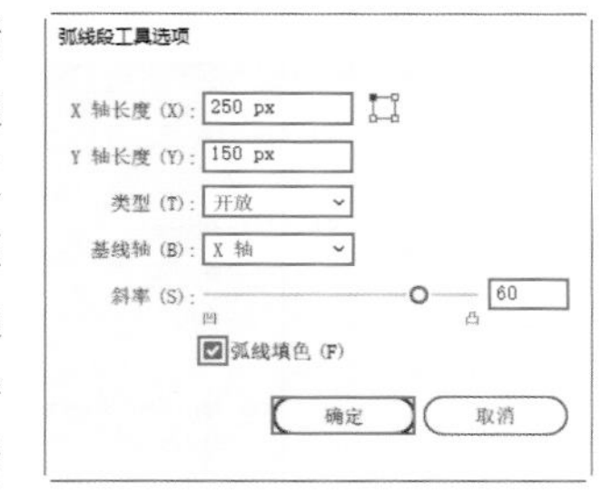

图2-81

③ 如果想要绘制端点到X轴和Y轴长度相等的弧线，可以按住Shift键的同时按住鼠标左键拖动进行绘制，如图2-82所示。

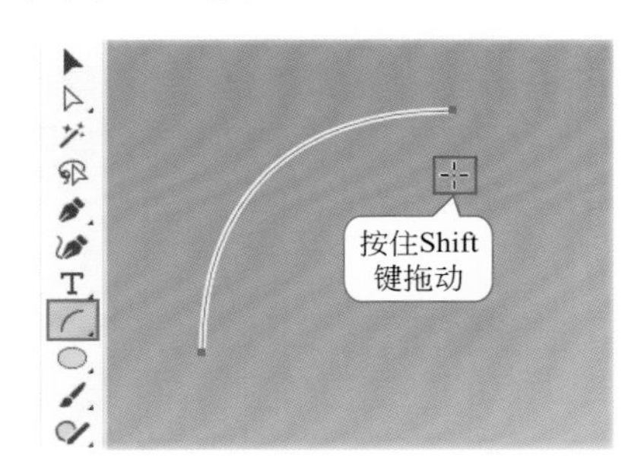

图2-82

拓展笔记

通过“弧形工具”绘制饼图。

① 选择“弧形工具”，在画面中按住鼠标左键拖动过程中，按下键盘上的C键，即可将弧线闭合，形成饼图，如图2-83所示。再次按下键盘上的C键即可切换回弧线的效果。

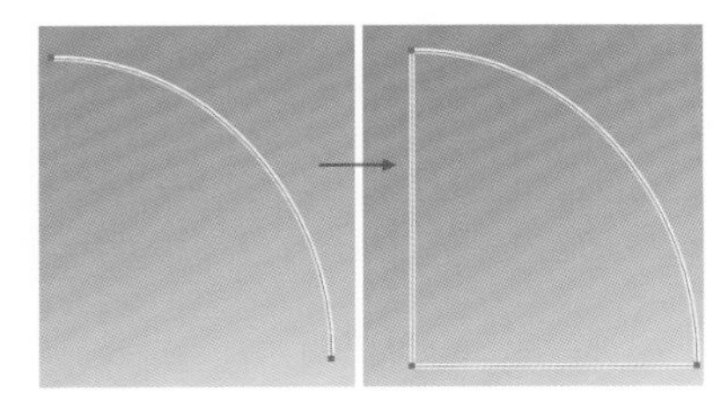

图2-83

② 在绘制过程中按X键可以使闭合弧线在“凹”和“凸”曲线之间切换，如图2-84所示。

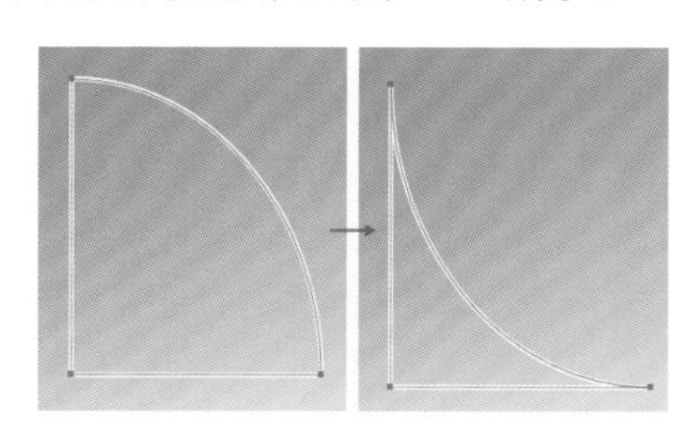

图2-84

2.3.3 绘制螺旋线

功能速查

使用“螺旋线工具”可以绘制出顺时针/逆时针的螺旋线。

① 选择工具箱中的“螺旋线工具”，在控制栏中设置合适的填充与描边，设置完成后在画面中按住鼠标左键拖动，如图2-85所示。释放鼠标即可绘制一条螺旋线。

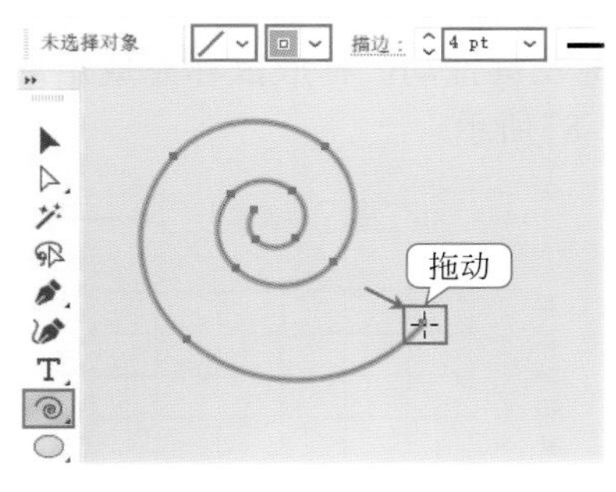

图2-85

重点笔记

在绘制弧线时，可以按住鼠标左键不放，利用键盘的上下键来增加或减少螺旋线的段数。

② 使用“螺旋线工具”，在画面中单击，在窗口中可以设置合适的参数，设置完毕后会得到相应尺寸的螺旋线，如图2-86所示。

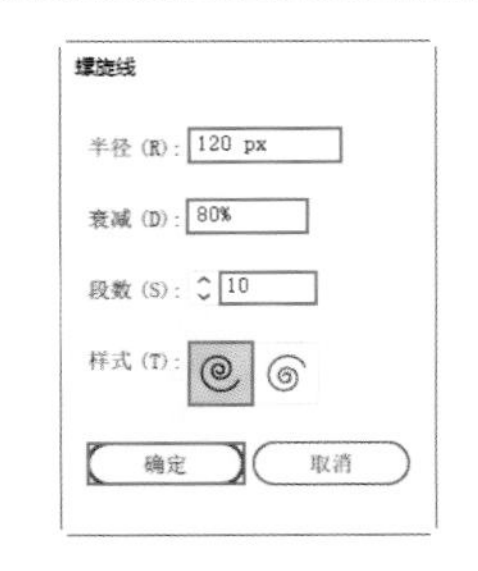

图2-86

重点选项速查

- 半径：数值越大，螺旋线的范围越大 。
- 衰减：数值越大，螺旋线向内延续越多。
- 段数：设置构成螺旋线的线段数量。
- 样式：设置螺旋线是顺时针还是逆时针。

重点笔记

按住鼠标左键拖动时按住Shift键，可锁定螺旋线的角度为45°的倍值；按住Ctrl键可保持涡形的衰减比例。

2.3.4 绘制矩形网格

功能速查

“矩形网格工具”可以绘制由矩形组成的网格图形。

① 选择工具箱中的“矩形网格工具”▦，在控制栏中设置合适的填充与描边，设置完成后在画面中按住鼠标左键拖动，释放鼠标完成矩形网格的绘制，如图2-87所示。

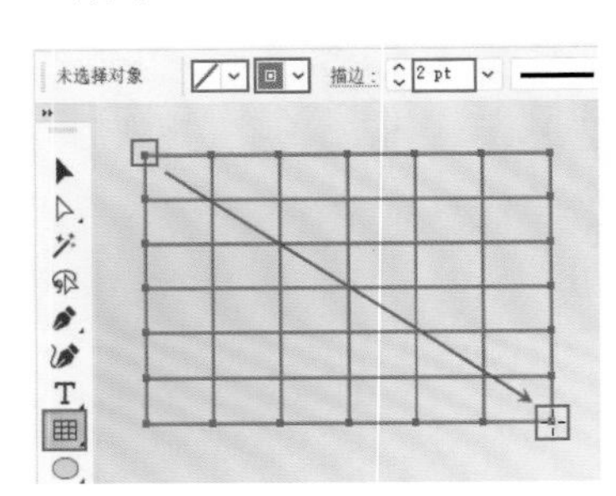

图2-87

② 如果想要绘制正方形网格，可以选择“矩形网格工具”，按住Shift键的同时按住鼠标左键拖动，如图2-88所示。

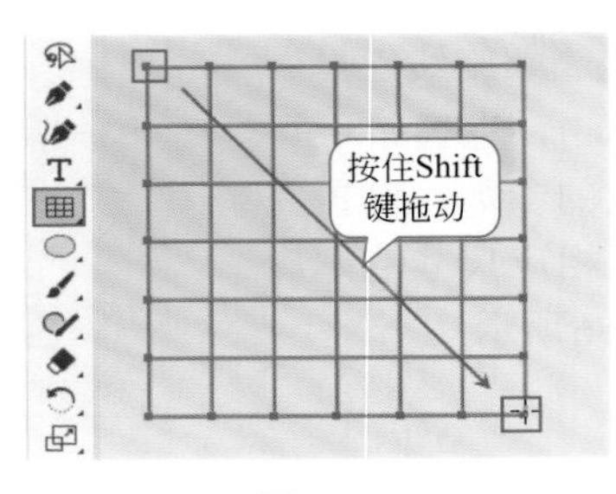

图2-88

③ 使用“矩形网格工具”，在画面中单击，在弹出的“矩形网格工具选项”窗口中可以设置矩形网格的大小、分割线数量等参数，如图2-89所示。

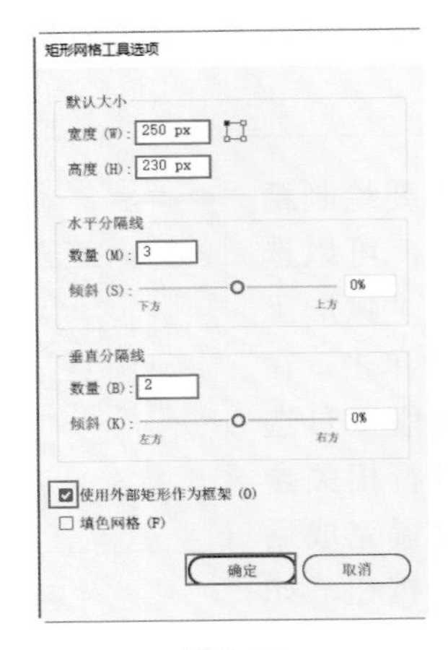

图2-89

重点选项速查

- ⌗ 定位器：用来确定矩形网格角点位置。
- 水平分隔线：“数量”是指矩形网格横向分割线的数量；“倾斜”选项可以控制横向网格线的分布，如图2-90所示。

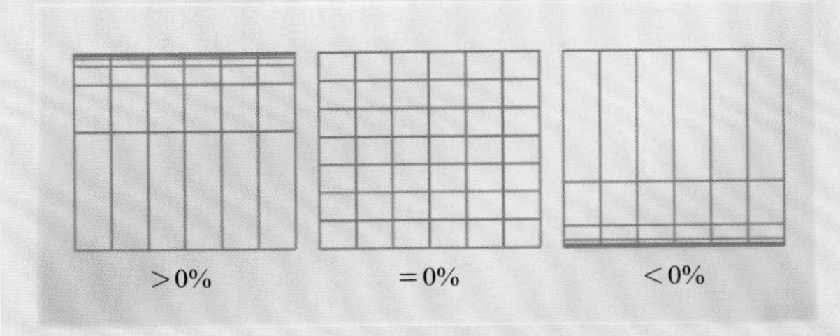

图2-90

- 垂直分隔线：“数量”选项用来设置矩形网格纵向分割线的数量；“倾斜”选项可以控制竖向网格线的分布，如图2-91所示。

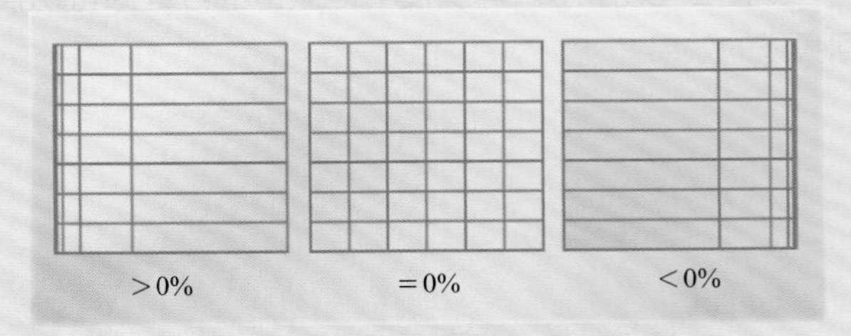

图2-91

- 使用外部矩形作为框架：启用该选项后，网格的外边框为矩形；否则网格外边框由线条构成。

在取消网格编组时可以选中外边框，如图2-92所示。

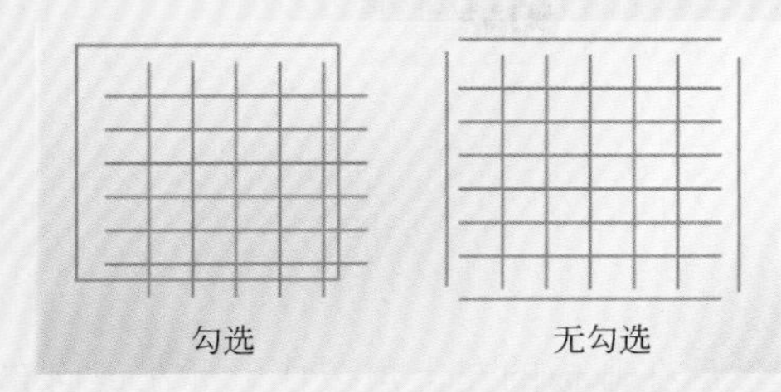

图2-92

- 填色网格：勾选该选项后可以在网格上填色。

2.3.5　绘制极坐标网格

功能速查

使用“极坐标网格工具”可以绘制由多个同心圆以及从圆心向外放射的直线构成的圆形网格。

① 选择工具箱中的“极坐标网格工具”，在控制栏中设置合适的填充与描边，设置完成后在画面中按住鼠标左键拖动，释放鼠标即可绘制极坐标网格，如图2-93所示。

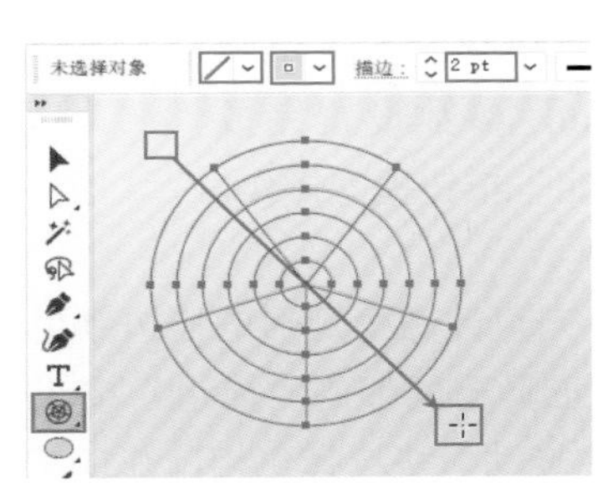

图2-93

② 如果想要绘制正圆形网格，可以在绘制极坐标网格时，按住Shift键并按住鼠标左键拖动进行绘制，如图2-94所示。

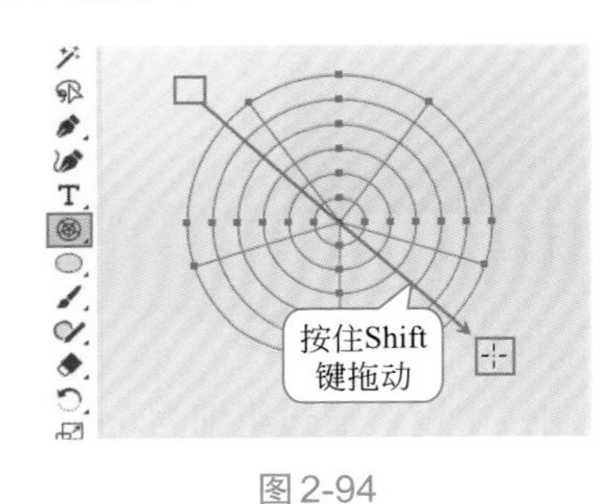

图2-94

③ 使用“极坐标网格工具”，在画面中单击，接着可以在窗口中设置极坐标网格的精确尺寸，设置完成后单击“确定”按钮，如图2-95所示。

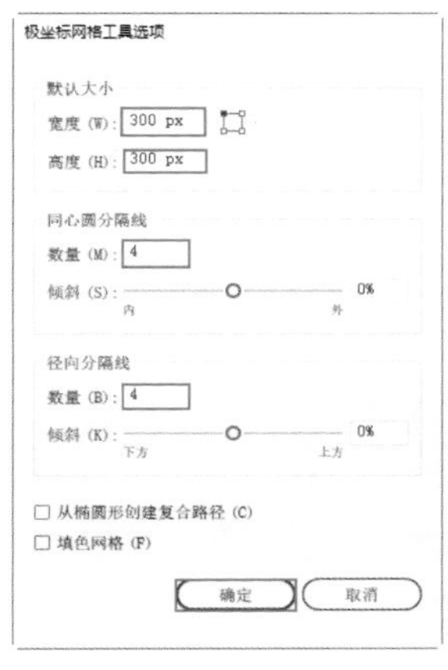

图2-95

重点选项速查

- 同心圆分隔线数量：用于调整圈数。
- 同心圆分隔线倾斜：数值越大，同心圆越靠近外侧；数值越小，同心圆越靠近内侧。如图2-96所示。

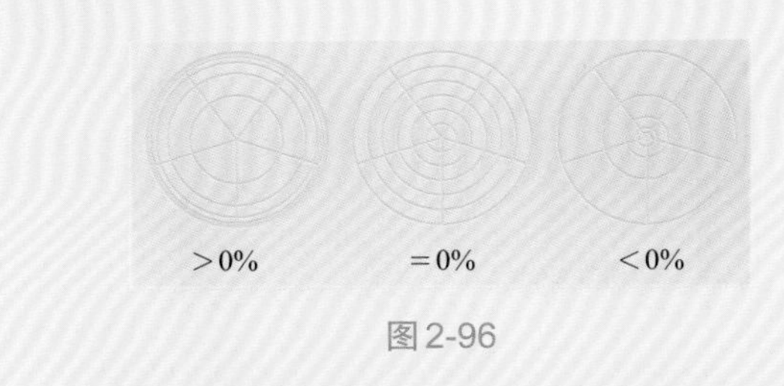

图2-96

- 径向分隔线数量：用于调整分隔线的数量。
- 径向分隔线倾斜：用来调整分隔线的分布位置，如图2-97所示。

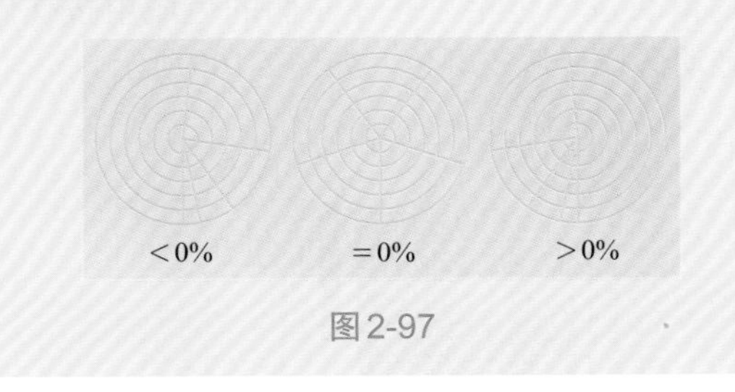

图2-97

2.3.6　实战：折扣活动图形设计

文件路径

实战素材/第2章

操作要点

使用“矩形工具”绘制矩形作为背景
使用“圆角矩形工具”绘制精确大小的圆角矩形
使用“直线段工具”绘制装饰线条
使用“椭圆工具”绘制正圆

案例效果

案例效果见图2-98。

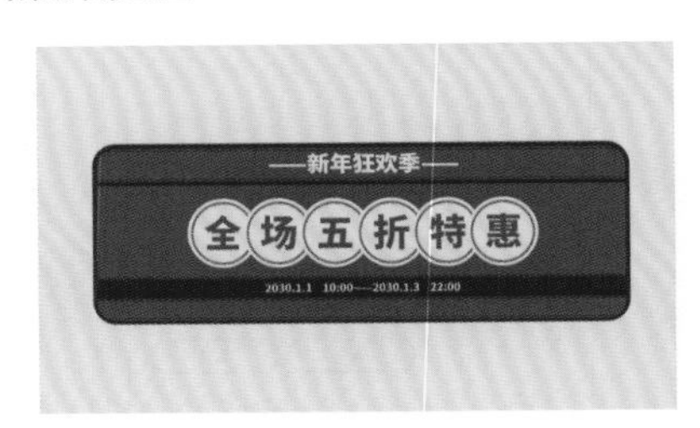

图2-98

操作步骤

① 执行“文件>新建”命令，新建一个A4大小的横版文档，如图2-99所示。

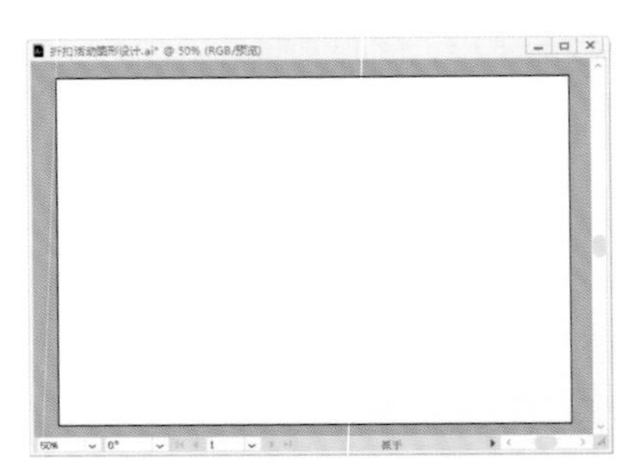

图2-99

② 选择工具箱中的“矩形工具”，双击工具箱下方的“填色”按钮，在弹出的“拾色器”中，拖动右侧的滑块选择色相，并在左侧的色域中按住鼠标左键拖动选择合适的颜色，如图2-100所示。

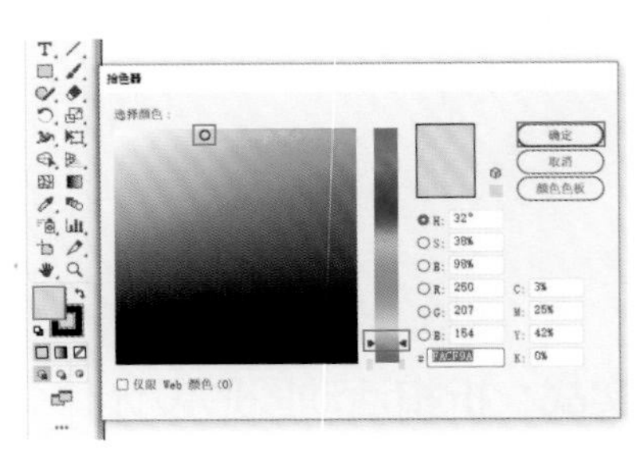

图2-100

③ 接着在控制栏中单击“描边”按钮，在弹出的下拉面板中单击“无”，如图2-101所示。

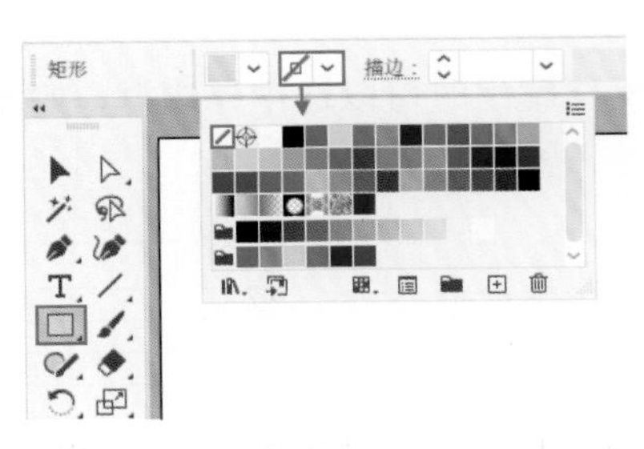

图2-101

④ 然后在画板的左上角按住鼠标左键向右下角拖动，绘制一个与画板等大的矩形，如图2-102所示。

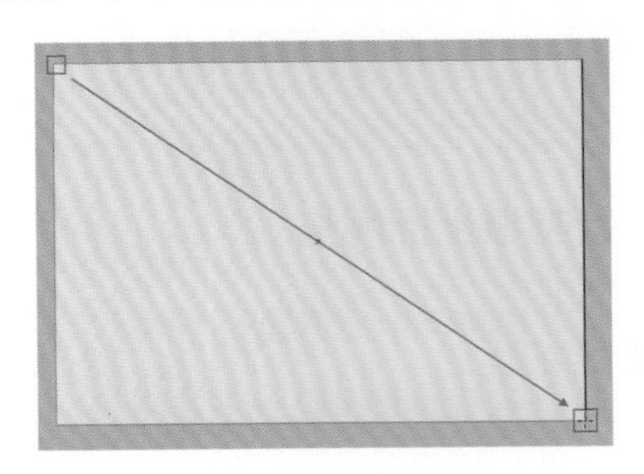

图2-102

⑤ 选择工具箱中的“圆角矩形工具”，在画面中单击，在弹出的“圆角矩形”窗口中设置“宽度”为250mm，“高度”为85mm，接着设置“圆角半径”为10mm，参数设置完成后单击“确定”按钮提交操作，如图2-103所示。

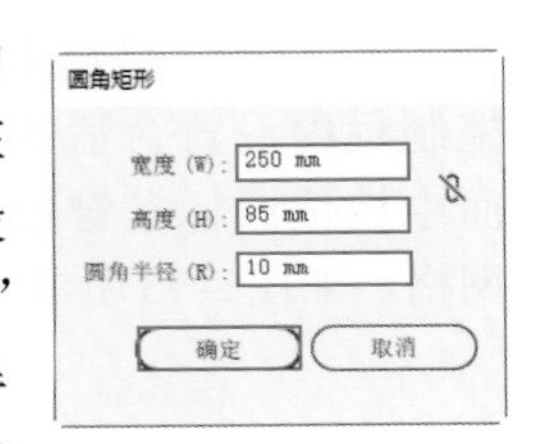

图2-103

⑥ 接下来更改圆角矩形的描边颜色。选中圆角矩形，双击工具箱底部的“描边”按钮，在弹出的“拾色器”中拖动滑块选择色相，并在左侧的色域中选择深红色，设置完成后单击“确定”按钮提交操作，如图2-104所示。

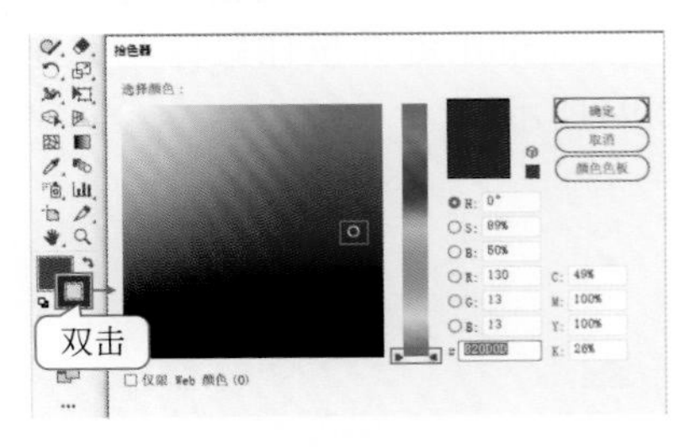

图2-104

⑦ 在控制栏中设置描边粗细为6pt，接着设置填充为红色，如图2-105所示。

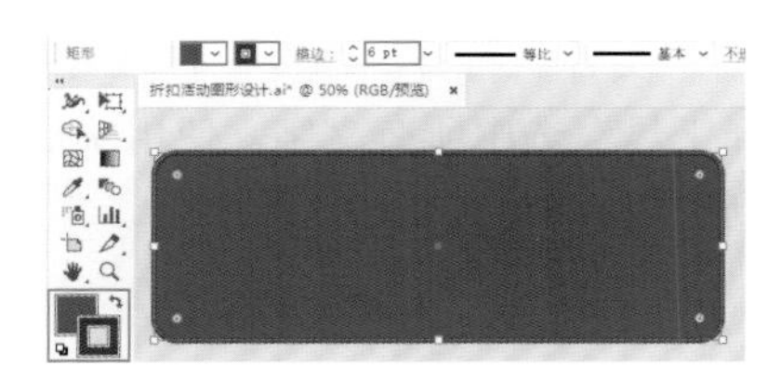

图2-105

⑧ 选择工具箱中的“矩形工具”，设置“填充”为深红色，“描边”为无，设置完成后在圆角矩形上按住鼠标左键拖动，绘制一个矩形，如图2-106所示。

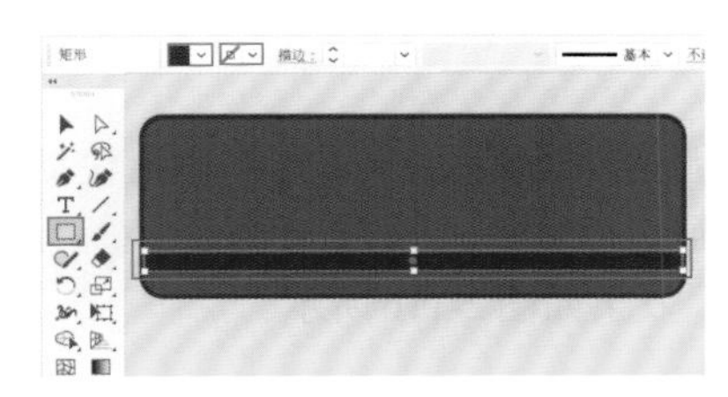

图2-106

⑨ 选择工具箱中的“直线段工具”，设置“填充”为无，“描边”为深红色，“描边粗细”为6pt，设置完成在圆角矩形上按住Shift键的同时按住鼠标左键拖动，绘制一条直线，如图2-107所示。

图2-107

⑩ 使用同样的方法在圆角矩形上绘制其他几条直线。效果如图2-108所示。

图2-108

⑪ 选择工具箱中的“椭圆工具”，设置“填充”为米黄色，“描边”为无，按住Shift键的同时按住鼠标左键拖动绘制一个正圆，如图2-109所示。

⑫ 选中该正圆，使用快捷键Ctrl+C复制，使用快捷键Ctrl+F原位粘贴在正圆前方，并更改其颜色为褐色，如图2-110所示。

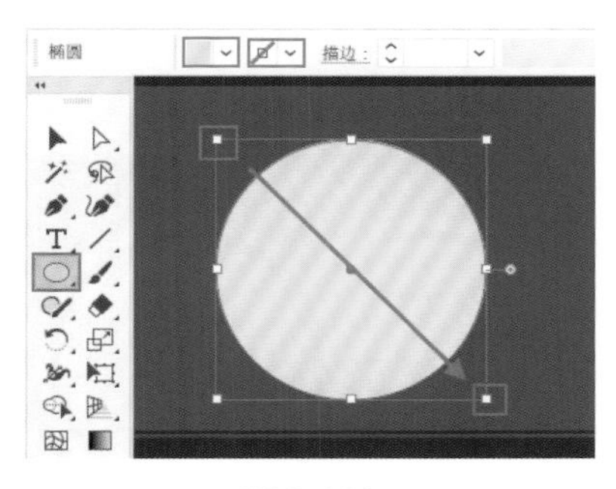

图2-109

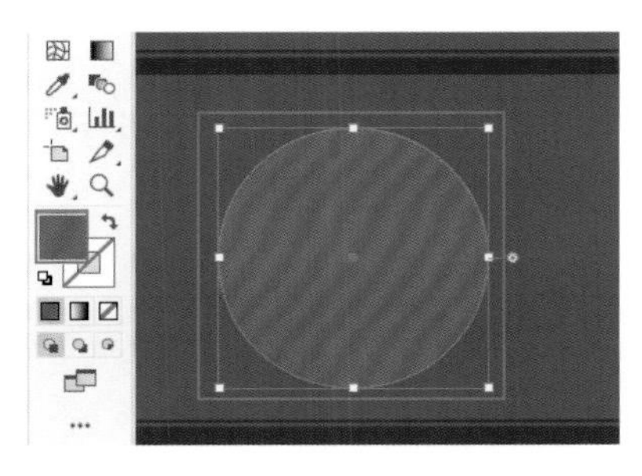

图2-110

⑬ 接着按住Shift+Alt键的同时按住鼠标左键拖动控制点，将其按照原始中心点的位置等比例缩放，如图2-111所示。

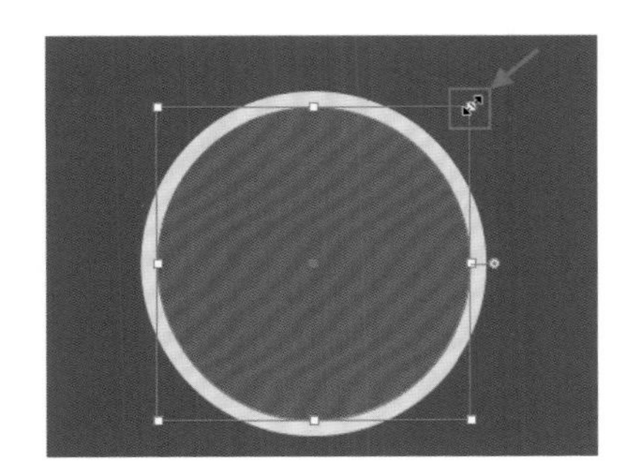

图2-111

⑭ 继续使用同样的方法绘制出另外一个米黄色的正圆，如图2-112所示。

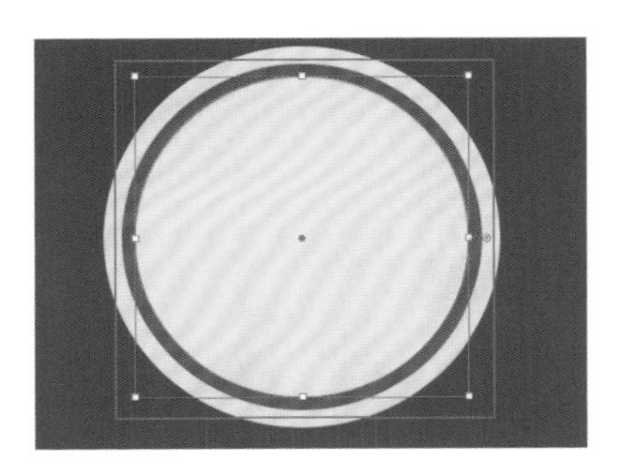

图2-112

⑮ 选中三个正圆，按住Shift+Alt键的同时按住鼠标左键向右拖动，至合适位置释放鼠标，快速复制出一份，如图2-113所示。

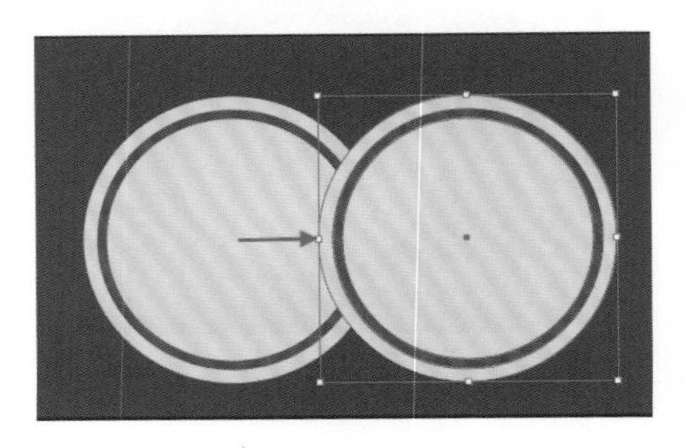

图2-113

⑯ 接着多次使用再制快捷键Ctrl+D。效果如图2-114所示。

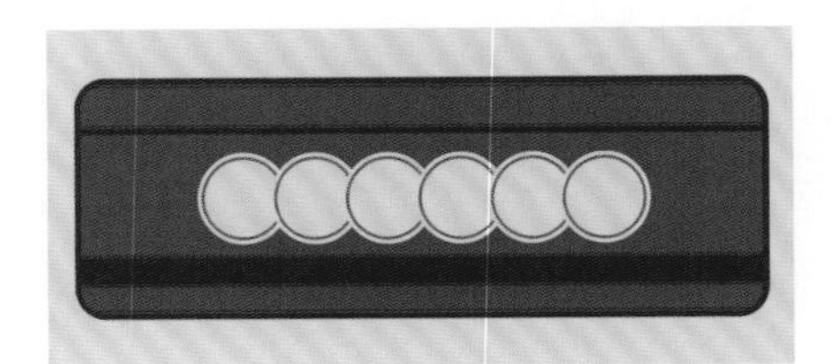

图2-114

⑰ 执行“文件>打开”命令，打开素材1，然后使用“选择工具”选中所有文字，使用快捷键Ctrl+C将其复制到剪切板中，如图2-115所示。

图2-115

⑱ 然后返回当前操作文档，使用快捷键Ctrl+V将其粘贴到画面中，并摆放至合适位置上。本案例制作完成，效果如图2-116所示。

图2-116

2.4 课后练习：绘制图形制作横幅广告

文件路径

实战素材/第2章

操作要点

使用“矩形工具”绘制背景
使用“多边形工具”绘制六边形
使用“椭圆工具”绘制圆形装饰图形

案例效果

案例效果见图2-117。

图2-117

操作步骤

① 执行“文件>新建”命令，新建一个宽330mm、高170mm的横向文档。接着选择工具箱中的“矩形工具”，设置“填充”为绿色，“描边”为无，设置完成后在画面中按住鼠标左键拖动绘制一个与画板等大的矩形，如图2-118所示。

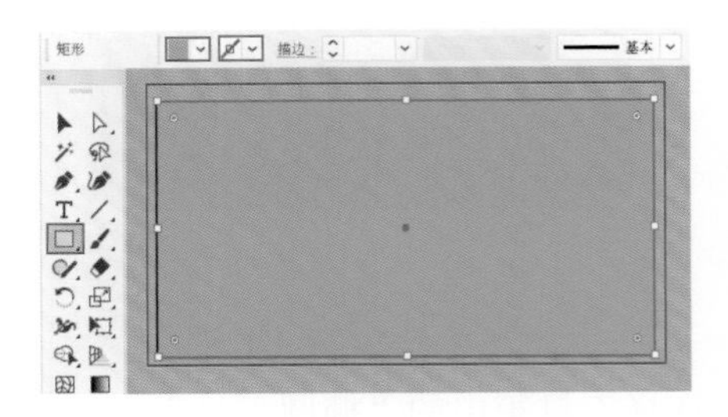

图2-118

② 执行“文件>置入”命令，将素材1置入到画面右侧，并单击控制栏中的“嵌入”按钮。效果如图2-119所示。

图2-119

③ 执行“文件＞打开”命令，将素材2打开，然后使用“选择工具”选中所有文字，使用快捷键Ctrl+C进行复制，如图2-120所示。

图2-120

④ 回到当前的操作文档，使用快捷键Ctrl+V将文字粘贴到画面中，并摆放在画面的左侧位置。效果如图2-121所示。

图2-121

⑤ 选择工具箱中的“圆角矩形工具”，设置“填充”为浅绿色，“描边”为无，在黑色文字的下方按住鼠标左键拖动绘制一个圆角矩形，如图2-122所示。

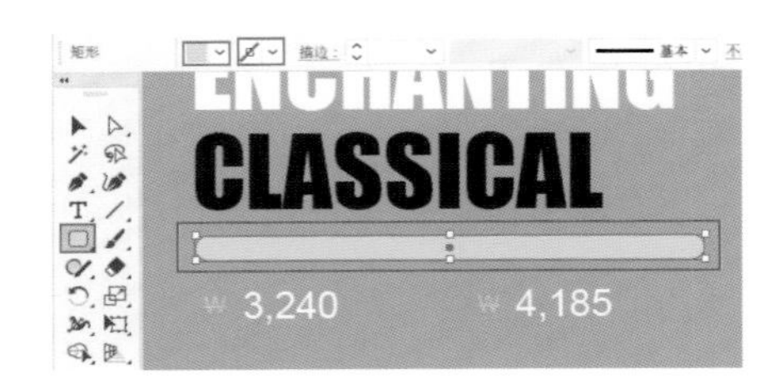

图2-122

⑥ 圆角矩形绘制完成后可以使用“选择工具”拖动圆角矩形内部的控制点 ◉ 将圆角半径调整到最大，如图2-123所示。

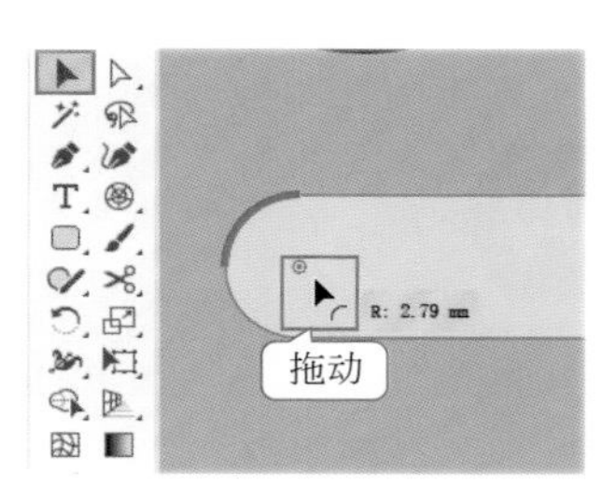

图2-123

⑦ 选中该圆角矩形，执行“对象＞排列＞后移一层”命令，将其置于文字之下，如图2-124所示。

图2-124

⑧ 选择工具箱中的“多边形工具”，在画面中单击，在弹出的“多边形”窗口中设置“半径”为4mm，“边数”为6，参数设置完成后单击“确定”按钮，如图2-125所示。

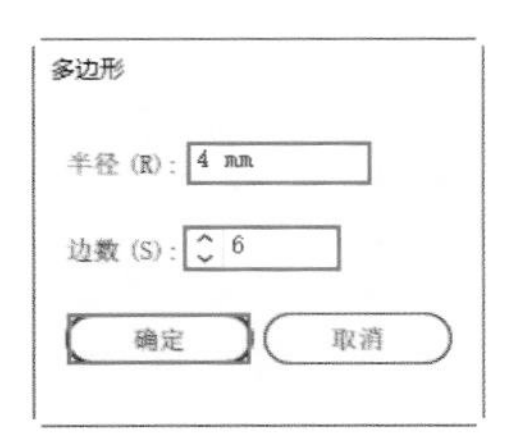

图2-125

⑨ 接着将多边形填充为黑色，描边为无，然后移动至字母的上方，如图2-126所示。

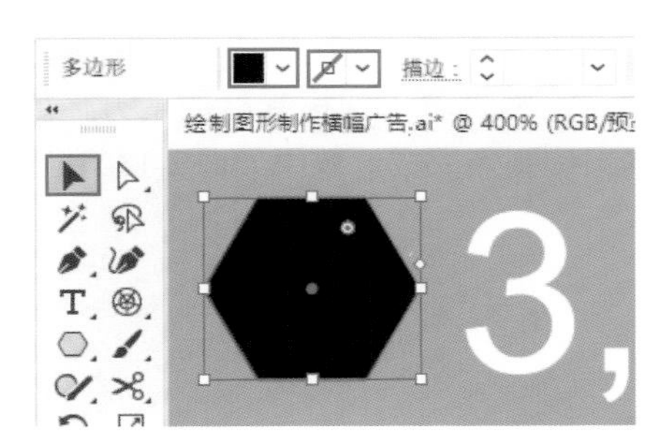

图2-126

⑩ 选中该正六边形，执行“对象＞排列＞后移一层”命令，将其置于字母之下，效果如图2-127所示。

图2-127

⑪ 选中该图形，按住Alt键的同时按住鼠标左键将其向右拖动，至右侧的字母下时释放鼠标，即可快速复制出一份，如图2-128所示。

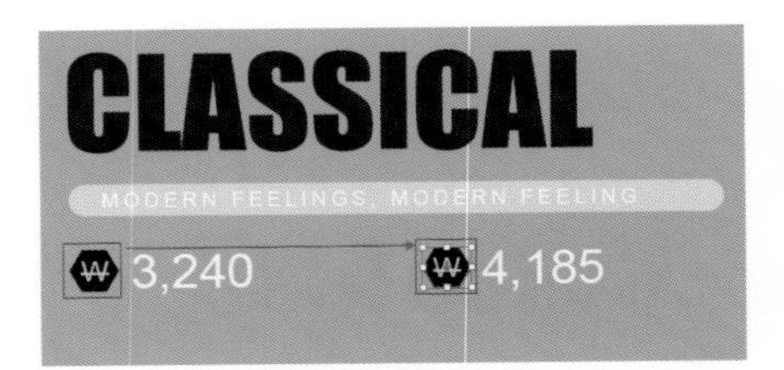

图2-128

⑫ 选择工具箱中的“椭圆工具”，设置“填充”为无，“描边”为青色，“描边粗细”为6pt，设置完成后按住Shift键的同时按住鼠标左键拖动，绘制一个正圆，如图2-129所示。

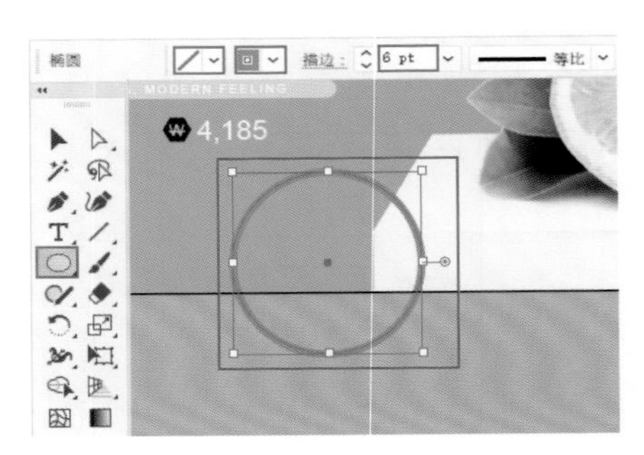

图2-129

⑬ 继续使用同样的方法绘制出其他正圆，如图2-130所示。

⑭ 加选四个正圆，多次执行“对象>排列>后移一层”命令，将其置于柠檬素材的下方，如图2-131所示。本案例制作完成，效果如图2-132所示。

图2-130

图2-131

图2-132

本章小结

通过对本章的学习不仅可以轻松地绘制几何图形，还可以绘制简单的线条。在案例实操的过程中，不难发现很多图形可以通过多个几何图形简单排列组合而成，所以不要小看这些绘图工具，它们在制图的过程中使用频率是非常高的。

第3章 对象的基本操作

想要操作某个图形，首先需要选中该图形。在本章将会学习如何选择对象，比如选择单个对象、选择多个对象、选择具有相同属性的对象、选择图形中的锚点等。还会学习一些对象的基本操作，例如设定对象的精确尺寸、位置和角度；对象的复制、剪切、粘贴；锁定与解锁对象；显示或隐藏对象；调整对象的排列顺序等。

学习目标

- 熟练掌握选择对象的方法。
- 熟练掌握选择锚点的方法。
- 掌握设定对象的精确尺寸、位置和角度的方法。
- 熟练掌握对象的复制、剪切、粘贴、删除。
- 掌握对象的锁定与解锁、显示与隐藏的方法。
- 掌握调整对象排序的方法。

思维导图

3.1 选择对象

如果要编辑对象，需要先进行选择。使用“选择工具”可以进行单个对象的选择，也可以选择多个对象。除了选择单一对象，还有加选、框选、选择组内对象等一系列操作。如果要选择图形或路径上的锚点，可以使用“直接选择工具”。选择工具功能及图示见表3-1。

表3-1 选择工具速查

功能名称	选择工具	直接选择工具	编组选择工具
功能简介	选择一个或多个对象	选择路径上的锚点、方向点、路径线段	选择编组内的某个对象
图示			
功能名称	魔棒工具	套索工具	
功能简介	选择整个文档中属性相近或相同的对象	通过绘制区域的方式选择范围内的图形、锚点或路径	
图示			

3.1.1 选择单个对象

① 当文档中有多个对象时，想要对某个对象进行编辑操作，就需要先选择该对象，如图3-1所示。

图3-1

② 选择工具箱中的“选择工具”，将光标移动至要选中的对象上，按住鼠标左键单击，如图3-2所示。随即可以看到选中的矩形边缘出现一个控制框，如图3-3所示。

图3-2

图3-3

③ 如果想要移动选中的对象，按住鼠标左键拖动，即可移动图形的位置，如图3-4所示。至合适的位置释放鼠标即可完成移动操作。

图3-4

④ 选中某个对象后，将光标放在对象边框外部，当光标变为带有弧度的双箭头时，按住鼠标左键拖动可以旋转对象，如图3-5所示。

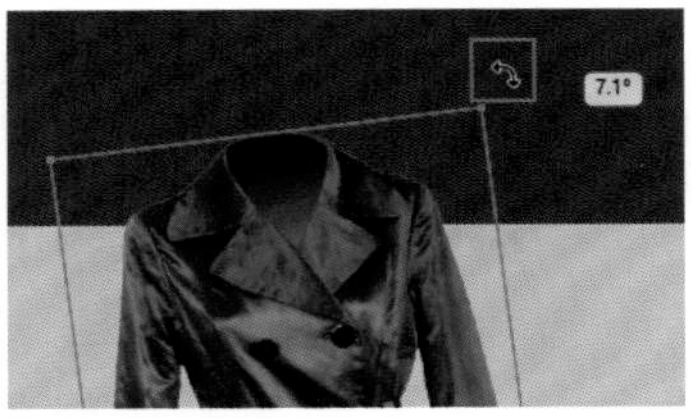

图 3-5

⑤ 将光标放在对象边框的一角处，光标变为双箭头，按住鼠标左键拖动可调整对象的大小，如图3-6所示。

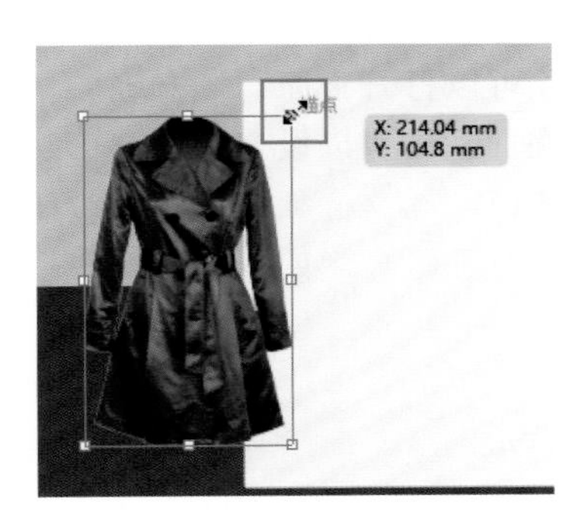

图 3-6

重点笔记

如果想要等比例放大或缩小对象，可以在缩放的过程中按住Shift键。

⑥ 如果想要更改选中对象的颜色属性，可以在控制栏中单击“填充”按钮，随后在色板中单击想要使用的颜色，如图3-7所示。

图 3-7

3.1.2　选择多个对象

当需要同时操作多个对象时，就要先将这些对象一同选中。如果想要在已选择某个对象的基础上再“加入”另外的对象，也是可以的。

① 选择“选择工具”，在画面中单击选中一个矩形，如图3-8所示。

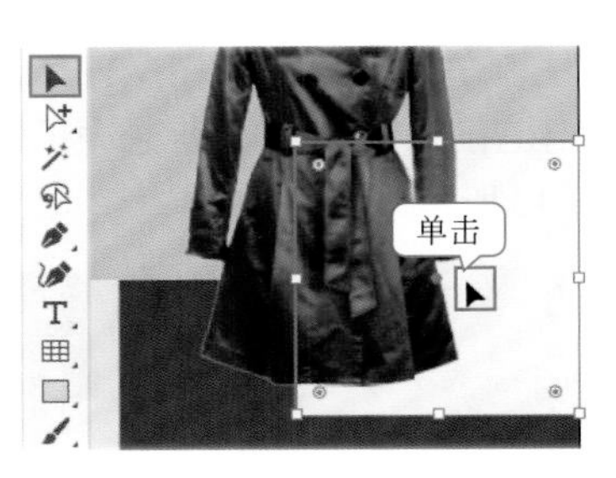

图 3-8

② 按住Shift键的同时单击该图形左侧的大衣，即可将其加选，如图3-9所示。

图 3-9

③ 采取“框选”的方式可以同时选中多个对象。使用“选择工具”，将光标移动至画面中，按住鼠标左键由左上向右下拖动，如图3-10所示。此时光标拖动范围内的对象均被选中，如图3-11所示。

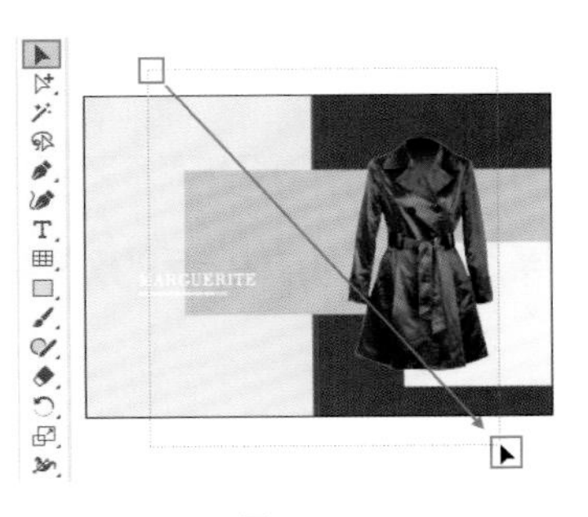

图 3-10

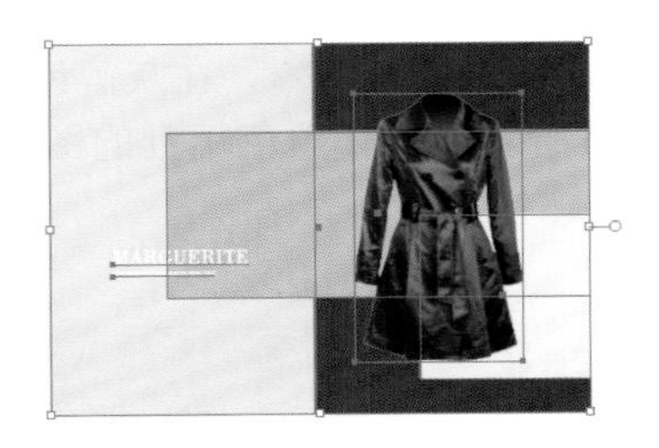

图 3-11

④“选择工具”可绘制的区域都是矩形的，如果想要在不规则的区域内选中对象，需要使用“套索工具”。选择“套索工具”或者使用快捷键Q，在

快速入门篇

画面中按住鼠标左键拖动，如图3-12所示。此时可以看到在绘制范围内的文字与背景中的图形全部被选中，如图3-13所示。

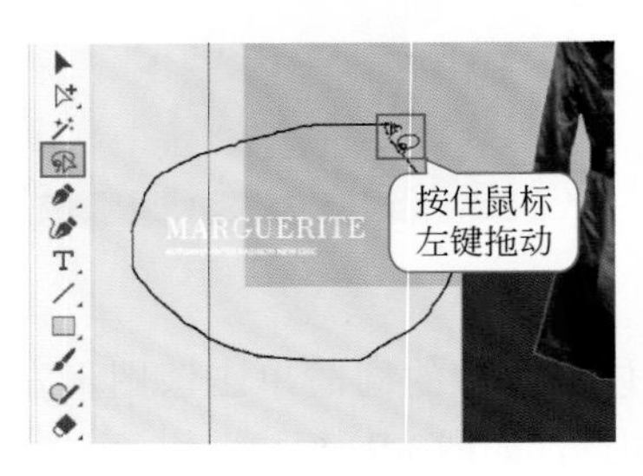

图3-12

图3-13

重点笔记

如果想要避免某个对象被选中，可以选中该对象，执行“对象＞锁定＞所选对象”命令，随后该对象将无法进行任何操作。执行“对象＞全部解锁”命令，可以解除对象的锁定状态。

3.1.3 选择属性相同或相近的对象

“魔棒工具”可以快速选择整个文档中属性相同或相近的对象。

① 选择“魔棒工具”，在灰蓝色的矩形上单击，如图3-14所示。随即颜色相近的图形会被同时选中，如图3-15所示。

图3-14

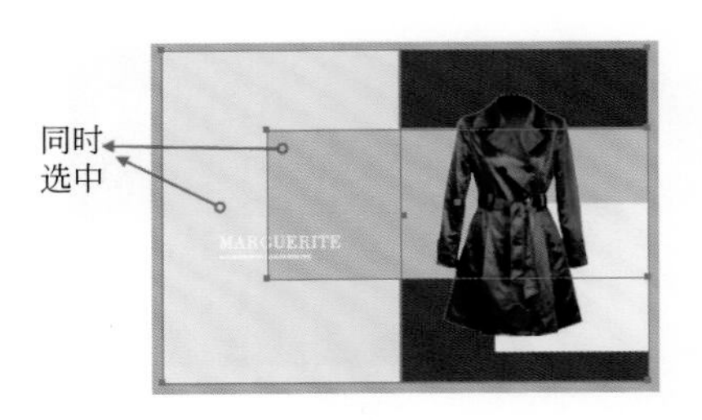

图3-15

②“魔棒工具”是通过“容差”的数值来控制选择的范围。双击工具箱中的“魔棒工具”可以打开“魔棒”面板，在面板中可以设置“容差”数值，“容差”数值越大选择范围越广，如图3-16所示。

图3-16

重点笔记

在“魔棒”面板中可以同时勾选多个属性选项。

③ 在“魔棒”面板中可以设置用于限定选择范围的条件。例如想要选择画面中具有相同颜色描边的对象，可以勾选“描边颜色”，然后设置合适的容差数值，接着在画面中的描边位置单击，如图3-17所示。画面中描边颜色相近的对象将被同时选中，如图3-18所示。

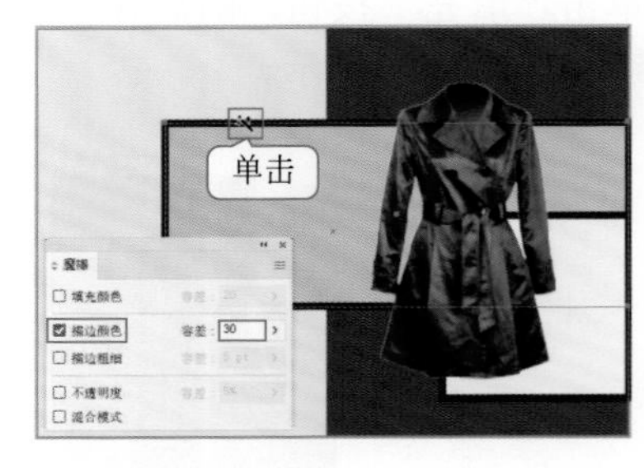

图3-17

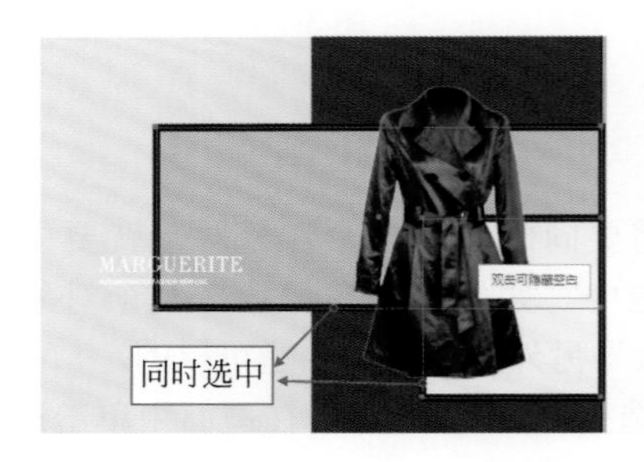

图3-18

3.1.4　选择编组中的对象

“编组”后的图形会被同时选中，如果想要选择组中的某个图形可以使用“编组选择工具”。

① 打开素材，当前对象由多个图形组合而成。使用“选择工具”，在图形上单击，会发现整个对象全部被选中了，这就说明该图案处于“编组”的状态，如图3-19所示。

图3-19

② 选择“编组选择工具”，在图形上方单击，可以看到只有单击位置的图形被选中了，如图3-20所示。

图3-20

3.1.5　选择锚点

功能速查

使用“直接选择工具”可以选中锚点，还可以拖动控制柄更改路径走向。

① 打开素材，选择“直接选择工具”，在图形边缘位置单击，随即可以显示锚点与路径，如图3-21所示。

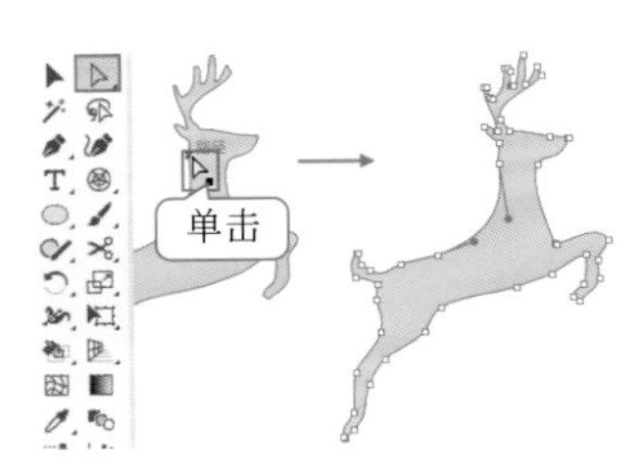

图3-21

② 选择“直接选择工具”，在锚点上方单击，即可将锚点选中，如图3-22所示。选中锚点后按住鼠标左键拖动，即可改变路径的形态。

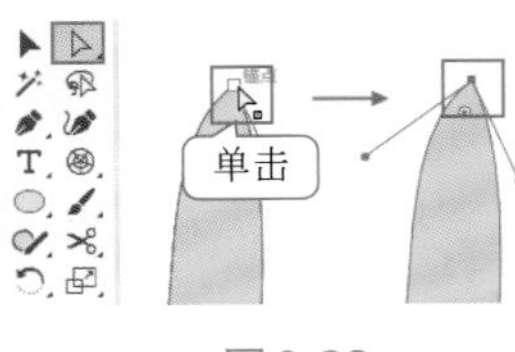

图3-22

重点笔记

锚点附近带有圆点的细线是用于控制锚点形态的“方向线”，也常被称作控制柄或控制棒。使用“直接选择工具”拖动控制柄的长度与角度都会影响到路径的形态。

③ 选择一个锚点后，按住Shift键的同时单击另外一个锚点可以进行加选，如图3-23所示。

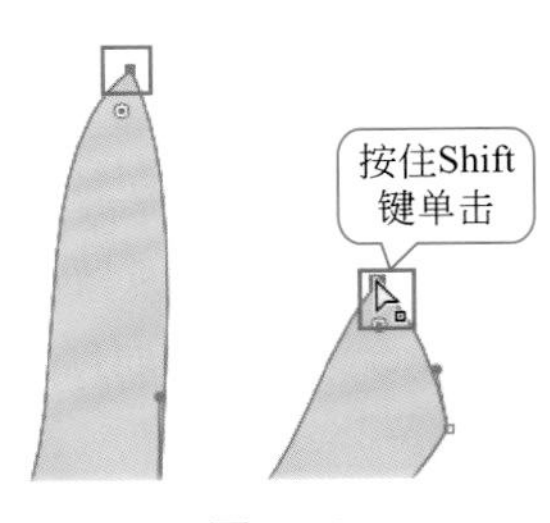

图3-23

④ 除此之还可以通过框选的方式选择多个锚点。选择“直接选择工具”，在图形上方按住鼠标左键拖动，如图3-24所示。释放鼠标后光标经过范围内的锚点将被选中，如图3-25所示。

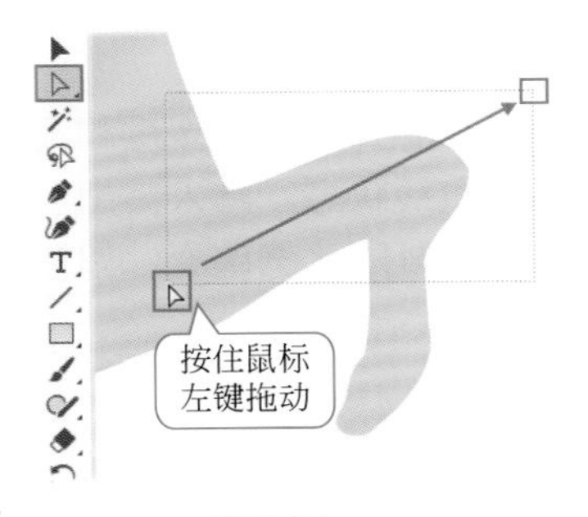

图3-24

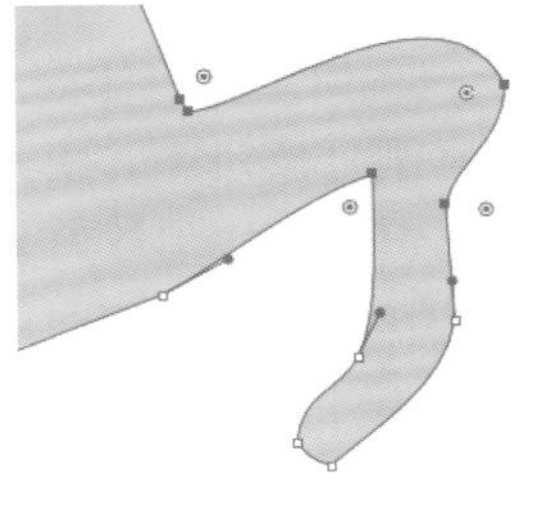

图3-25

重点笔记

除此之外，还可以使用“套索工具”在显示出锚点的状态下按住鼠标左键拖动，绘制选取范围，以此来选择锚点，如图3-26所示。

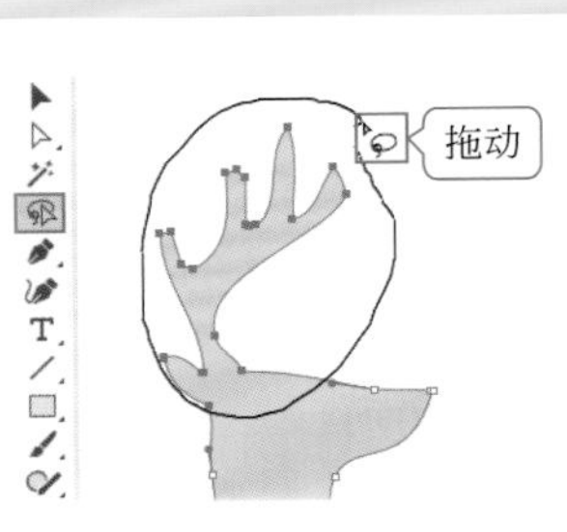

图3-26

3.2 对象的管理

3.2.1 设定对象的尺寸、位置和角度

在“属性”面板中可以更改图形的大小、位置、旋转角度，还可以使用镜像操作。

① 执行“窗口＞属性”命令，打开属性面板。选中图形，可以在“属性”面板中的“宽”和“高”数值框内看到当前图形的宽度和高度，如图3-27所示。

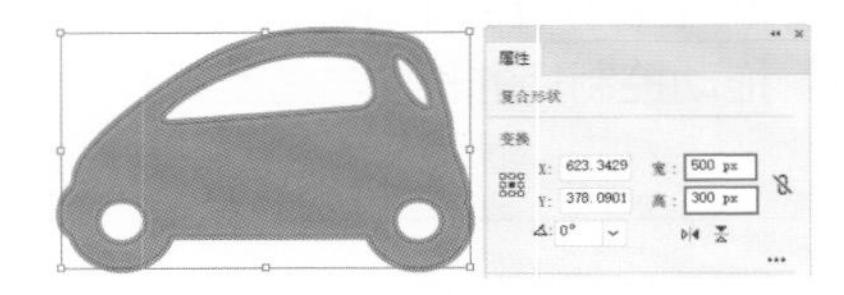

图3-27

② 可通过更改数值调整对象的大小。例如在“宽”数值框中设置数值为300px，然后按下键盘上的Enter键提交操作。此时图形的尺寸会发生变化，如图3-28所示。

图3-28

③ 如果要等比缩放，可以单击“保持宽度和高度比例”按钮，使其处于激活状态。输入其中一个数值，另一个数值会按照原有的比例改变，如图3-29所示。

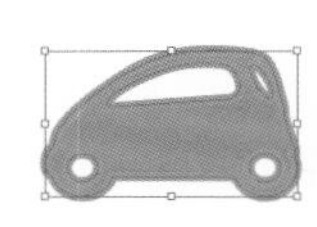

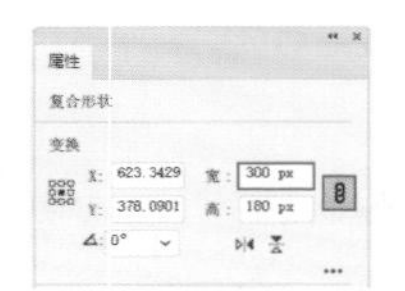

图3-29

④ 参考点可以用来定位变换对象的原点位置。共有九个参考点，默认原点在中间位置。如果想要精准移动对象的位置，可以先选中图形，在属性面板中单击左上角的参考点，更改原点位置，如图3-30所示。

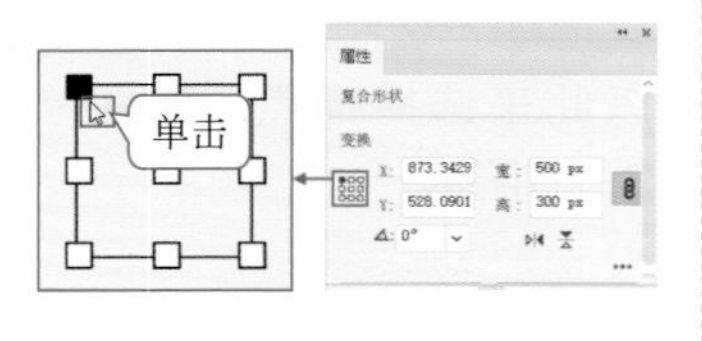

图3-30

⑤ 在“属性”面板中“X”选项用来设置图形的横坐标；“Y”选项用来设置图形纵坐标。例如设置“X”和“Y”为0，图形将移动到画板的左上角，如图3-31所示。

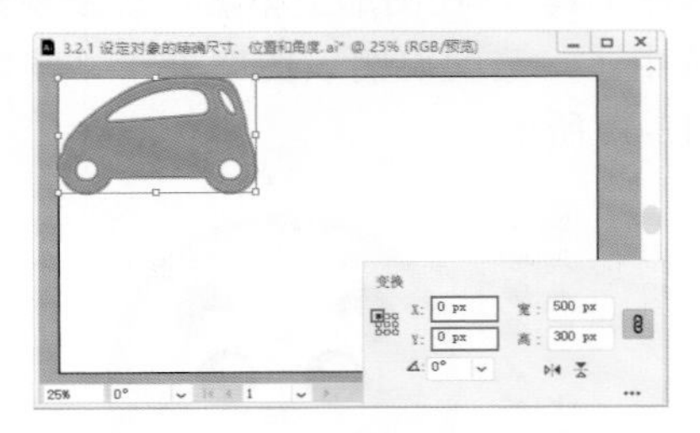

图3-31

⑥“角度”选项用来设置图形的旋转角度。选中图形，先确定“参考点”，然后在数值框内输入数值，按下键盘上的Enter键提交操作，如图3-32所示。

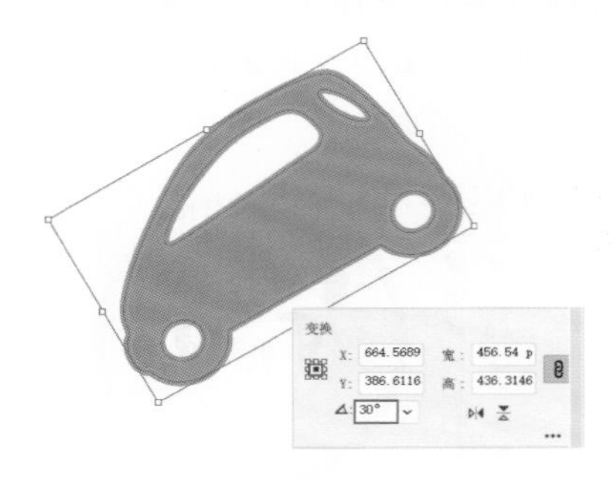

图3-32

⑦ 如果想要水平翻转图形，可以选中该图形，在属性面板中单击“水平翻转”按钮，如图3-33所示。

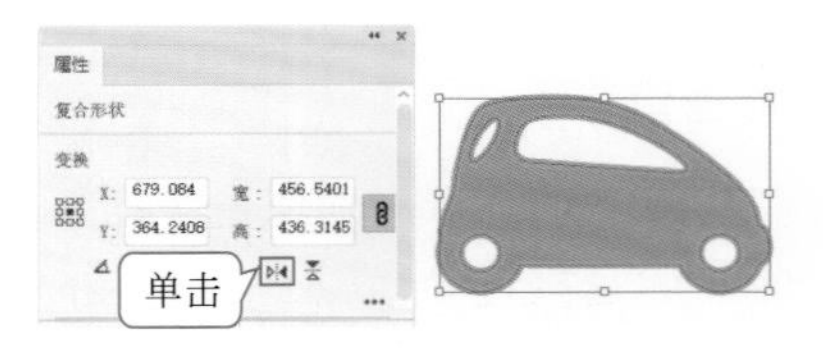

图3-33

⑧ 如果想要垂直翻转图形，可以选中该图形，在属性面板中单击“垂直翻转”按钮，如图3-34所示。

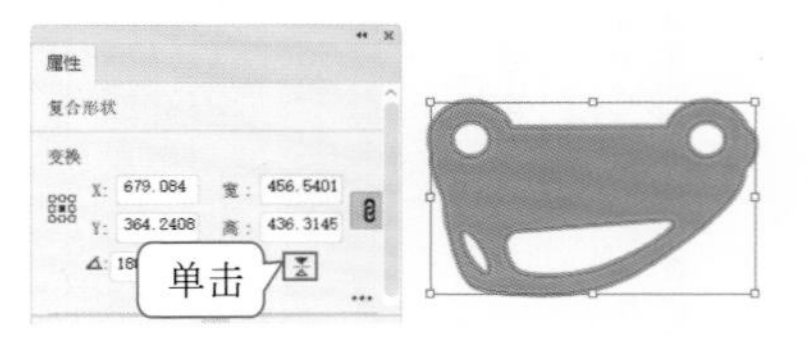

图3-34

3.2.2　复制、粘贴、剪切、删除

① 使用“选择工具”选中图形，执行“编辑>复制”命令，或者使用快捷键Ctrl+C复制，如图3-35所示。

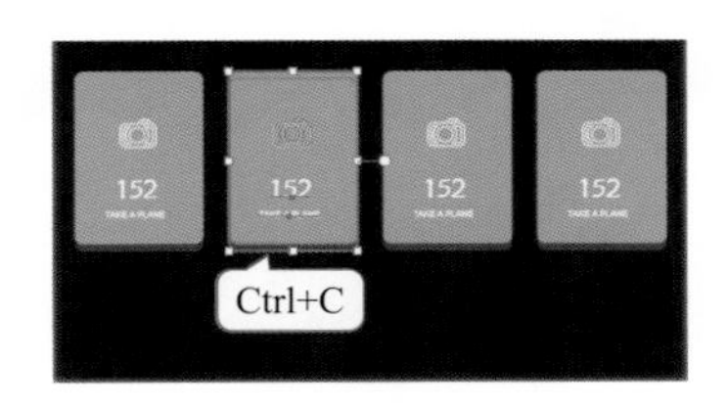

图3-35

② 接着执行“编辑>粘贴”命令，或者使用快捷键Ctrl+V，文档中会出现相同的对象，如图3-36所示。

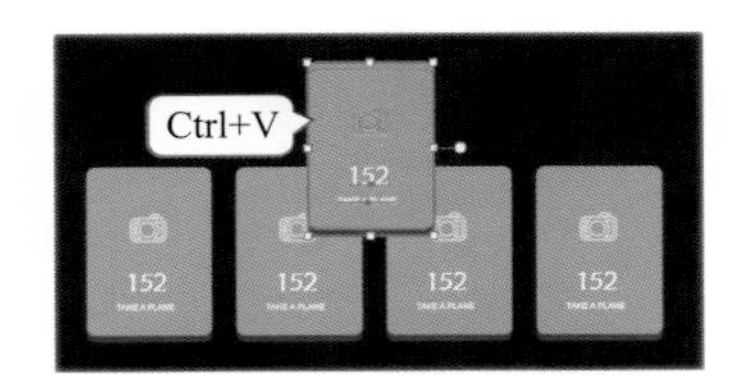

图3-36

如果想要原位置粘贴，可以执行“编辑>就地粘贴”命令或者使用快捷键Shift+Ctrl+V。

③ 复制对象后，执行“编辑>贴在前面”命令，或者使用快捷键Ctrl+F，即可将复制的内容粘贴到所选对象的前方，并与复制对象堆叠在一起。

④ 复制对象后，执行“编辑>贴在后面”命令，或者使用快捷键Ctrl+B，即可将复制的内容粘贴到所选对象的后方，并与复制对象堆叠在一起。

⑤ 选中图形，执行“编辑>剪切”命令，或者使用快捷键Ctrl+X，此时选中的图形将会“消失”，如图3-37所示。

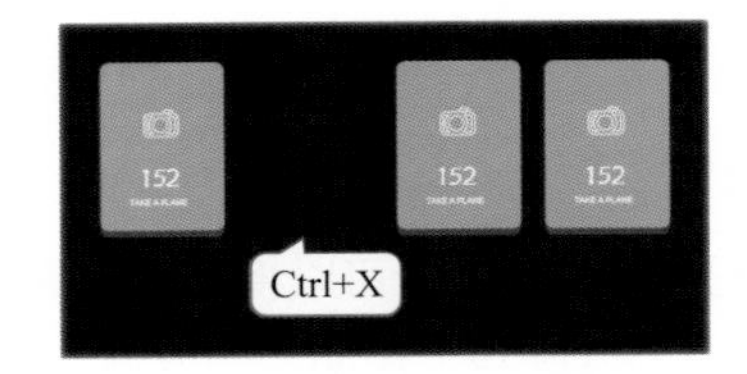

图3-37

⑥ 接着到其他文档中，使用快捷键Ctrl+V，即可将剪切的对象粘贴到其他文档内，如图3-38所示。

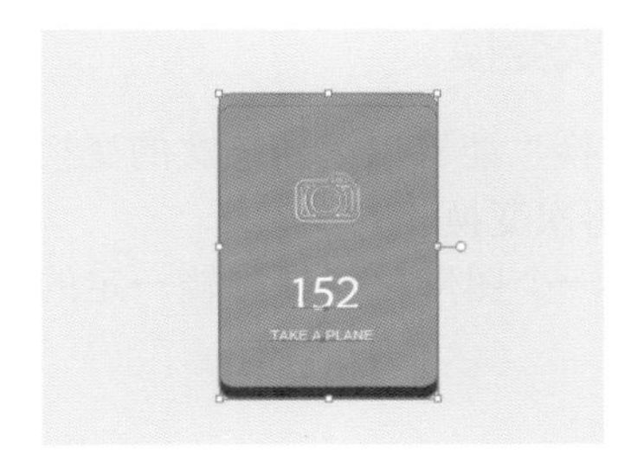

图3-38

⑦ 选中图形，按下键盘上的Delete键即可将选中的对象删除，如图3-39所示。

图3-39

⑧ 如果画面中有多个画板，想要将某个画板内的对象粘贴至所有画板内，可以先选中对象，使用快捷键Ctrl+C进行复制，然后执行“编辑>在所有画板上粘贴”命令，或者使用快捷键Alt+Shift+Ctrl+V，其他画板上也会出现该对象，如图3-40所示。

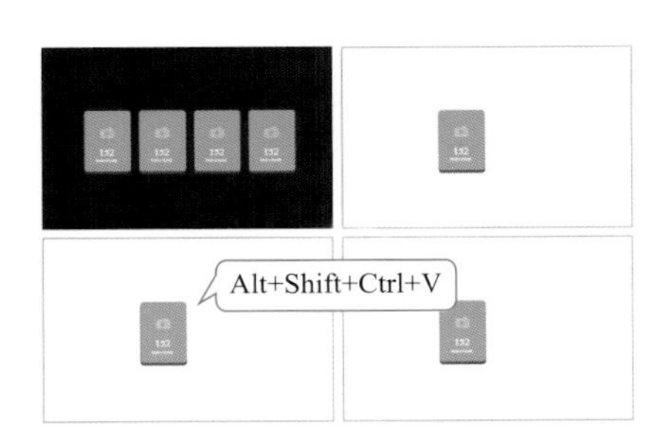

图3-40

⑨ 选择对象后，使用“选择工具”，移动对象的同时按住Alt键。移动结束后可以在保留原位置对象的同时，在新的位置得到相同的对象，如图3-41所示。

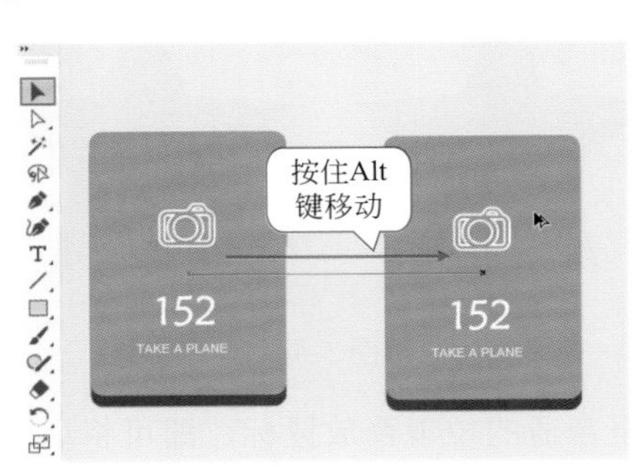

图3-41

快速入门篇

3.2.3 再次变换

“再次变换”能够以最新一次的变换操作方式作为规律进行再次变换。

① 选择一个图形，将其旋转一定的角度，如图3-42所示。

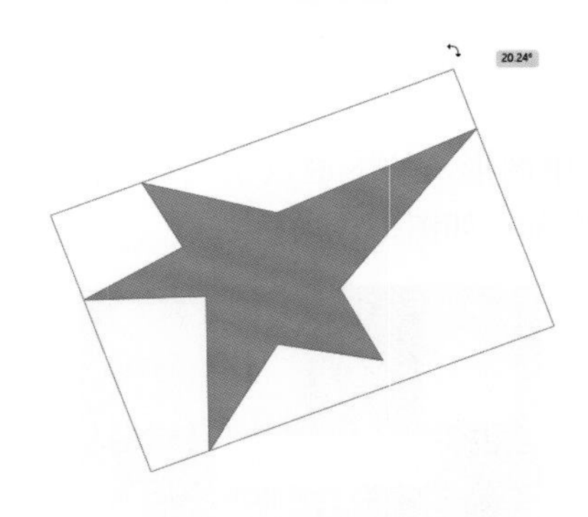

图3-42

② 随后使用快捷键Ctrl+D，即可按照之前的旋转角度再次旋转，如图3-43所示。

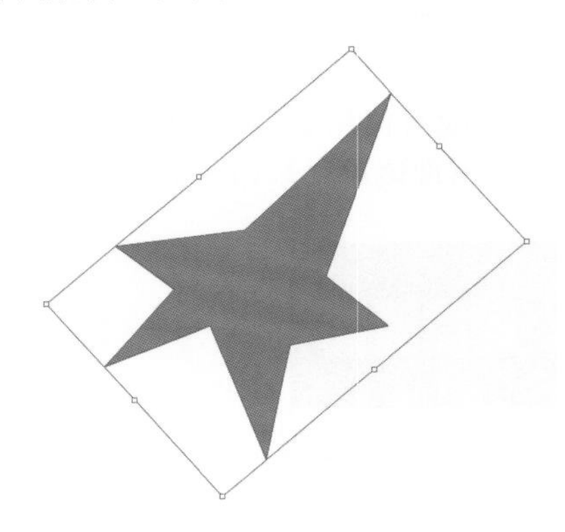

图3-43

③ 如果先对某个对象进行了移动复制的操作，那么使用该命令则会按照相同的规律移动复制出多个对象。例如，将对象按住Alt+Shift键的同时按住鼠标左键向右拖动，如图3-44所示。

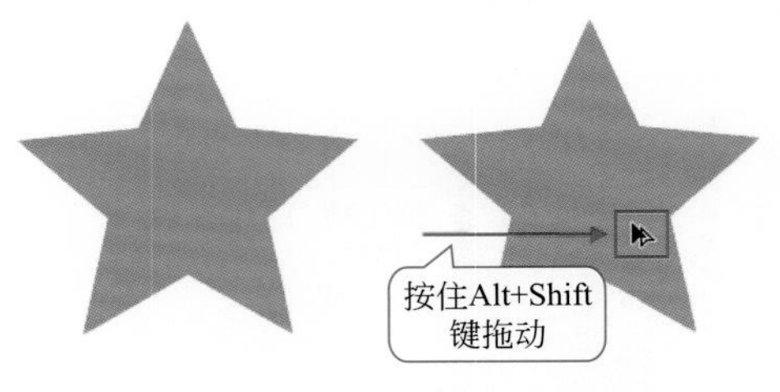

图3-44

④ 至合适的位置释放鼠标，即可将星形进行水平位置移动并复制，如图3-45所示。

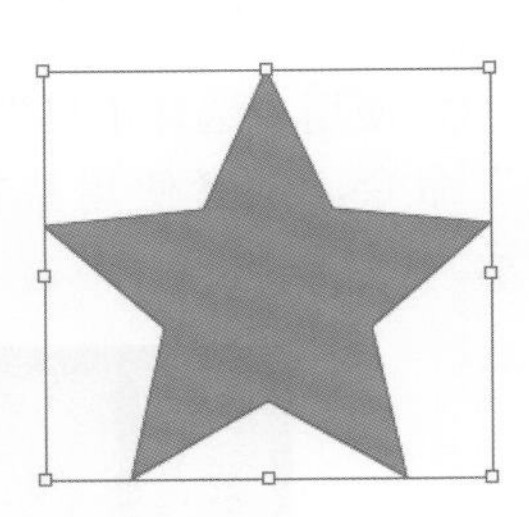

图3-45

⑤ 接着使用再次变换快捷键Ctrl+D，此时可以看到图形以相同的移动距离与方向再次复制一份，如图3-46所示。

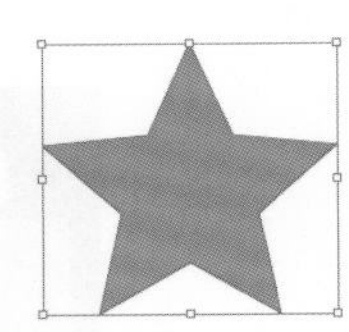

图3-46

⑥ 多次按下该快捷键可以继续进行再制，复制出多个距离相同、大小相同的图形，如图3-47所示。

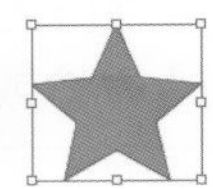

图3-47

重点笔记

注意再次变换只能记录前一步的操作，并再次执行前一步的操作。如果移动复制图形后，又进行旋转操作，那么在使用“再次变换”时只会记录旋转，而无法进行移动复制操作。

拓展笔记

通过“分别变换”命令可以将选中的多个对象按照自己的中心点进行旋转、移动、缩放等操作，还可将多个图形随机进行变换。执行“对象 > 变换 > 分别变换”命令，在“分别变换”窗口中可以进行设置，如图3-48所示。

分别变换

缩放

水平 (H)：100%

垂直 (V)：100%

移动

水平 (O)：0 mm

垂直 (E)：0 mm

旋转

角度 (A)：0°

选项

☑ 变换对象 (B)　☐ 镜像 X(X)

☐ 变换图案 (T)　☐ 镜像 Y(Y)

☐ 缩放描边和效果 (F)　☐ 随机 (R)

☐ 缩放圆角 (S)

☑ 预览 (P)　复制 (C)　确定　取消

图3-48

3.2.4 编组与取消编组

功能速查

“编组”是将两个或两个以上的对象组合在一起，可以更加便捷地进行变换、移动等操作。

① 选择需要编组的对象，执行“对象>编组”命令或者使用快捷键Ctrl+G，即可进行编组。编组后对象属性不会发生变化，如图3-49所示。

图3-49

② 使用“选择工具”单击选中文字，即可看到多个文字都被选中，说明所有文字处于一个组中，如图3-50所示。

图3-50

③ 执行“对象>取消编组”命令或者使用快捷键Shift+Ctrl+G，可以取消编组。每个文字都成为了独立的对象，可以随意地进行操作，如图3-51所示。

图3-51

3.2.5 锁定与解锁

“锁定”后的对象将无法被选中，使其处于不可编辑的状态。“锁定”后还可“解锁”，解锁后图形恢复到可以编辑的状态。

① 使用“选择工具”单击选择需要锁定的对象，如图3-52所示。

图3-52

② 执行“对象>锁定>所选对象”命令或者使用快捷键Ctrl+2，即可将所选对象锁定。锁定之后的对象无法被选中，也无法进行编辑，如图3-53所示。

图3-53

③ 如果想要解锁，可以执行“对象>全部解锁”命令或者使用快捷键Alt+Ctrl+2，将文档中全部锁定的对象取消锁定，如图3-54所示。

图3-54

④ 当多个对象被锁定时，如果只要解锁某个对象，可以在锁定对象上方单击鼠标右键，在弹出来的快捷菜单中执行“解锁”命令，在子菜单中选择需要解锁的对象，如图3-55所示。

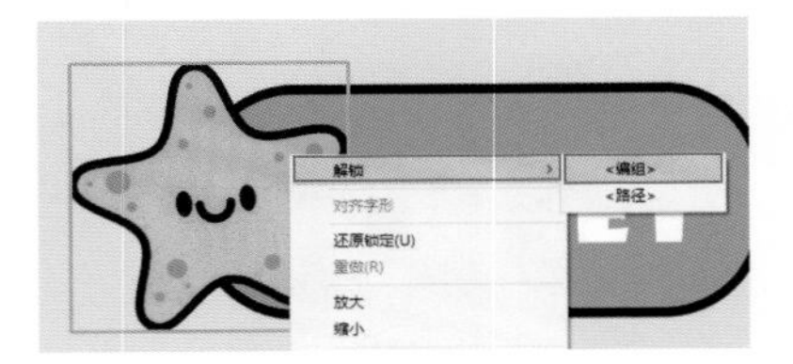

图3-55

拓展笔记

通过“图层”面板进行解锁。

① 如果画面中有多个对象被锁定，只想要解锁某个或某些对象，可以执行“窗口＞图层”命令，在图层面板中可以看到多个图层前带有锁头图标，这表示该对象处于被锁定的状态，如图3-56所示。

图3-56

② 单击某个对象前的锁头按钮，即可将其解锁，如图3-57所示。在此位置再次单击即可将图形锁定。

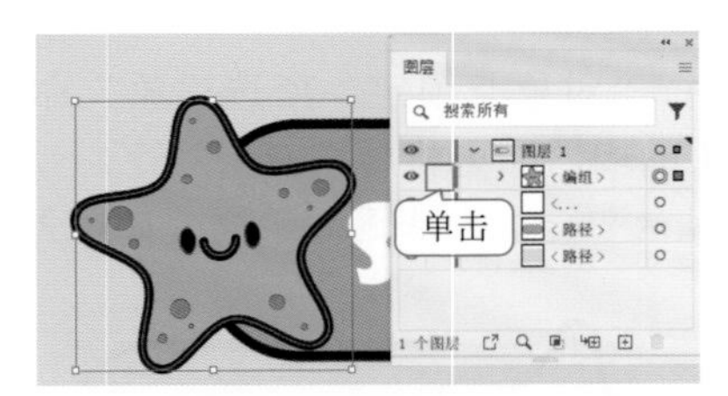

图3-57

3.2.6 显示与隐藏

① 单击选择需要隐藏的对象，如图3-58所示。

图3-58

② 执行“对象＞隐藏＞所选对象”命令或者使用快捷键Ctrl+3，即可将选中的对象隐藏。隐藏后的对象无法被选择和打印，如图3-59所示。

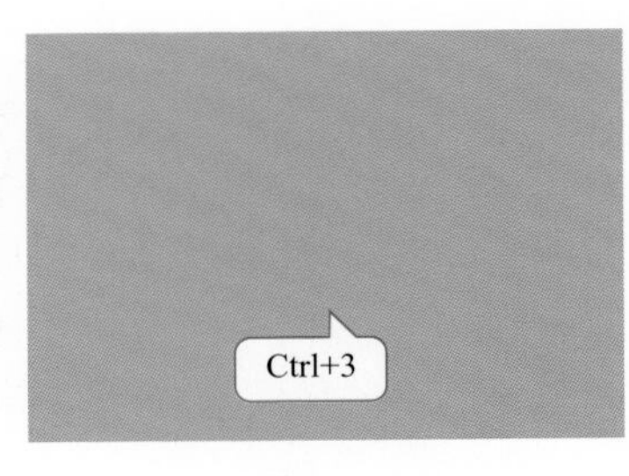

图3-59

③ 如果想要显示隐藏的对象，可以执行“对象＞显示全部”命令或者使用快捷键Alt+Ctrl+3，即可将所有隐藏的对象显示出来，如图3-60所示。

图3-60

拓展笔记

通过“图层”面板隐藏与显示对象。

① 单击图层左侧的按钮，即可将该对象隐藏（隐藏后眼睛图标消失），如图3-61所示。

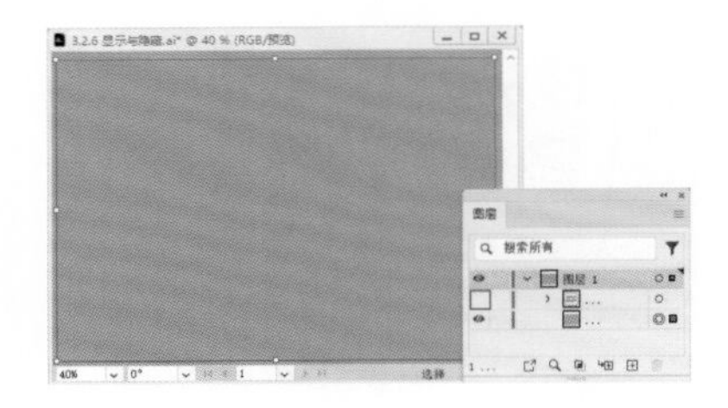

图3-61

② 在此位置再次单击，可以将该图层显示出来，如图3-62所示。

图3-62

3.2.7　调整对象排列顺序

① 下层的对象会被上层的对象遮挡，使用“选择工具”选择一个位于下层的对象，如图3-63所示。

图3-63

② 执行“对象＞排列＞置于顶层”命令或者使用快捷键Shift+Ctrl+]，即可将该圆角矩形置于画面的最上层，如图3-64所示。

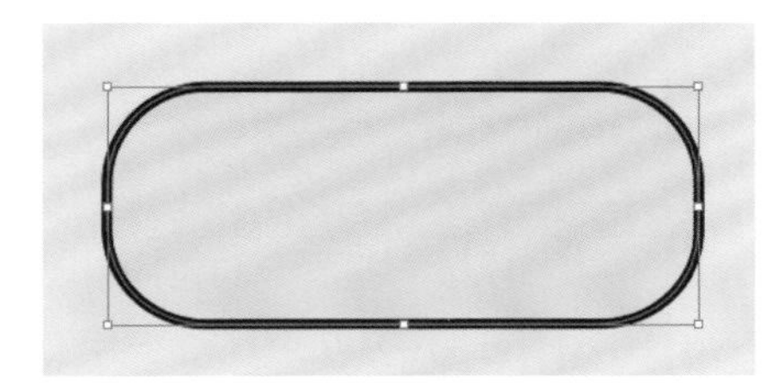

图3-64

③ 如果想要将圆角矩形置于整个画面的最下层，可以执行“对象＞排列＞置于底层”命令或者使用快捷键Shift+Ctrl+[，如图3-65所示。

图3-65

④ 如果想要将圆角矩形向前移一层，可以执行“对象＞排列＞前移一层”命令或者使用快捷键Ctrl+]，如图3-66所示。

图3-66

⑤ 如果想要将圆角矩形向后移一层，可以执行“对象＞排列＞后移一层”命令或者使用快捷键Ctrl+[，如图3-67所示。

图3-67

拓展笔记

图层面板中的上下顺序直接影响文档中对象的排列层次。在图层面板中选中对象，按住鼠标左键拖动，当高亮显示后释放鼠标，即可完成图层的移动操作，如图3-68所示。

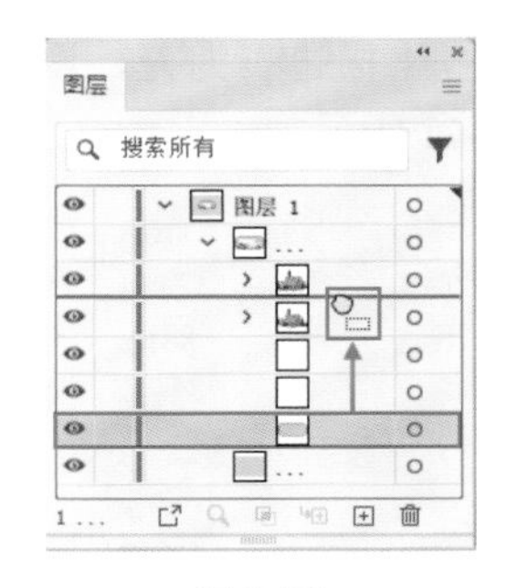

图3-68

3.2.8　实战：复制元素并编辑制作图形标志

文件路径

实战素材/第3章

操作要点

使用复制、粘贴得到相同的图形
整齐排列图形

案例效果

案例效果见图3-69。

图3-69

操作步骤

① 执行“文件>新建”命令，新建一个空白文档，如图3-70所示。

图3-70

② 选择“圆角矩形工具”，设置“填充”为黄色，“描边”为无，设置完成后在画面中单击，如图3-71所示。

图3-71

③ 接着画面中会自动弹出“圆角矩形”窗口，设置“宽度”为96mm，“高度”为6mm，“圆角半径”为3mm，设置完成后单击“确定”按钮，如图3-72所示。此时画面中会自动出现一个圆角矩形，将其移动至画面中的合适位置上，如图3-73所示。

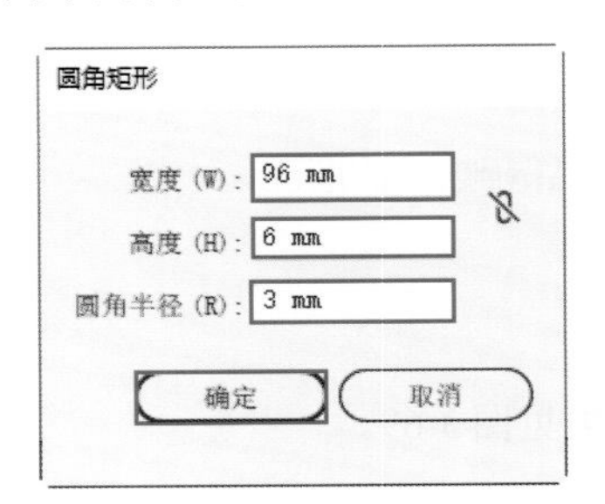

图3-72

图3-73

④ 使用“选择工具”单击选中该圆角矩形，按住Alt键的同时按住鼠标左键将其向下拖动，至合适位置时释放鼠标，将其快速复制出一份，如图3-74所示。

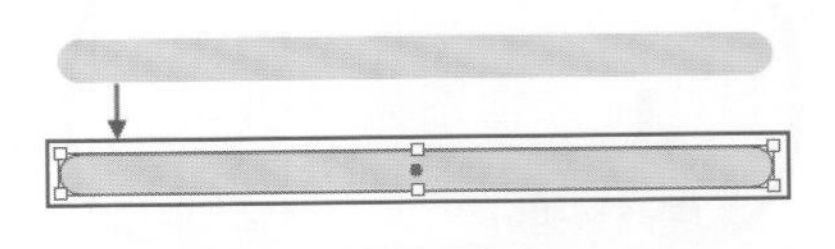

图3-74

⑤ 接着将光标移动至右侧中间控制点上，按住鼠标左键将其向右拖动，横向拉长圆角矩形的长度，如图3-75所示。

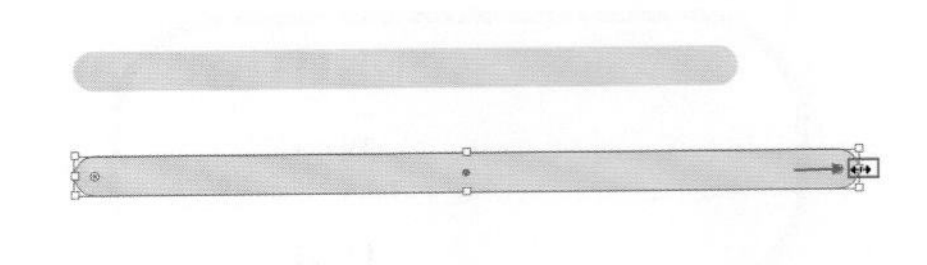

图3-75

⑥ 再次选中上方的圆角矩形，按住Alt键的同时按住鼠标左键将其向下拖动，至合适位置释放鼠标，将其复制出一份，如图3-76所示。

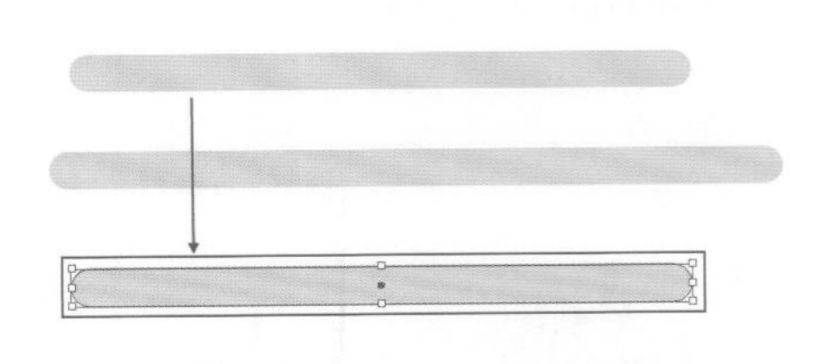

图3-76

⑦ 使用“选择工具”，在圆角矩形的左上角按住鼠标左键向右下角拖动，框选这三个图形，如图3-77所示。

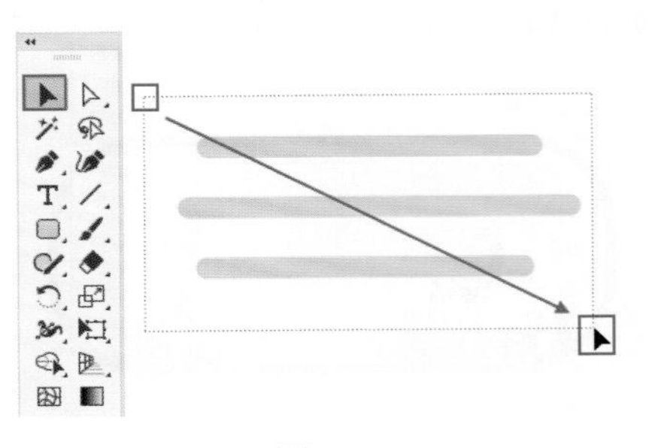

图3-77

⑧ 单击控制栏中的“水平居中对齐”与“垂直居中分布”按钮，调整圆角矩形的分布状态，如图3-78所示。

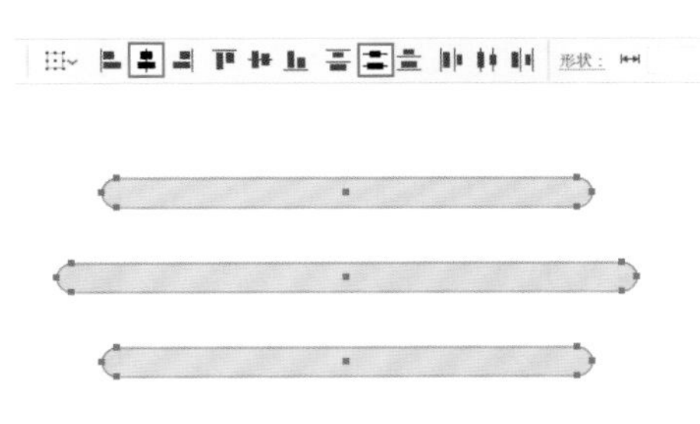

图3-78

⑨ 接着使用快捷键Ctrl+C将其复制，并使用快捷键Ctrl+F将其粘贴到前方，并更改其颜色为深蓝色，如图3-79所示。

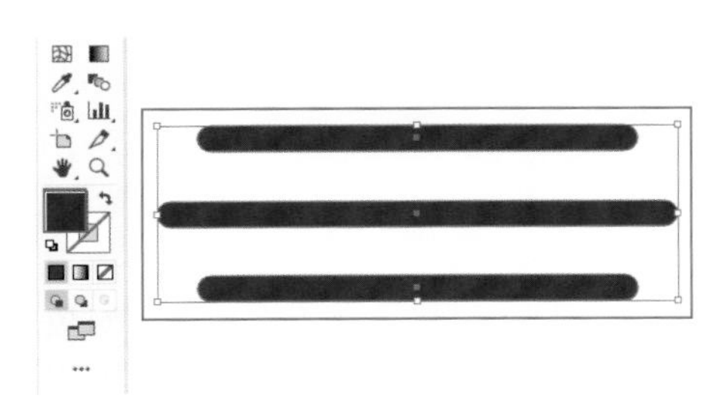

图3-79

⑩ 然后在旋转的过程中按住Shift键的同时按住鼠标左键拖动，将其旋转至90°，如图3-80所示。

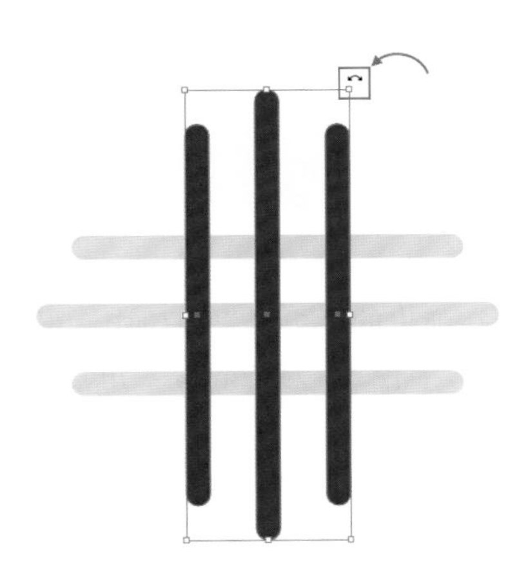

图3-80

⑪ 使用“选择工具”，按住Shift键单击第一个与第三个黄色的圆角矩形，执行“对象>排列>置于顶层”命令，将其置于画面的最上方，如图3-81所示。

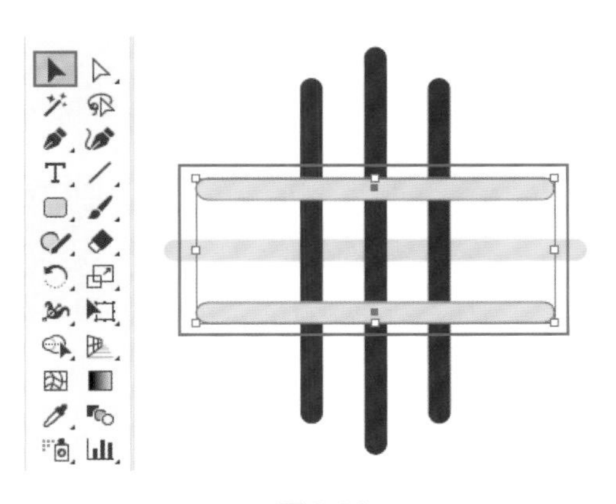

图3-81

⑫ 使用“选择工具”框选所有图形，按住Shift键将其旋转至合适角度，如图3-82所示。

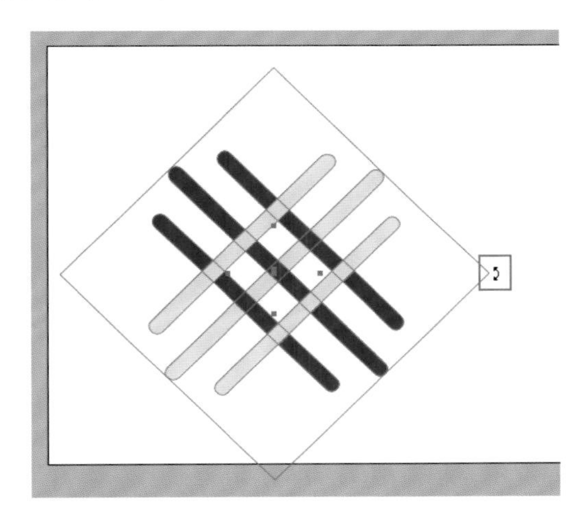

图3-82

⑬ 执行“文件>打开”命令，打开素材1，使用“选择工具”选中所有文字，使用快捷键Ctrl+C将其复制，然后返回操作文档，使用快捷键Ctrl+V将其粘贴到画面中。本案例制作完成，效果如图3-83所示。

图3-83

3.3 课后练习：制作游戏奖励徽章

文件路径

实战素材/第3章

操作要点

使用复制、粘贴快速制作相似图形
使用对齐与分布功能使图形整齐排列

案例效果

案例效果见图3-84。

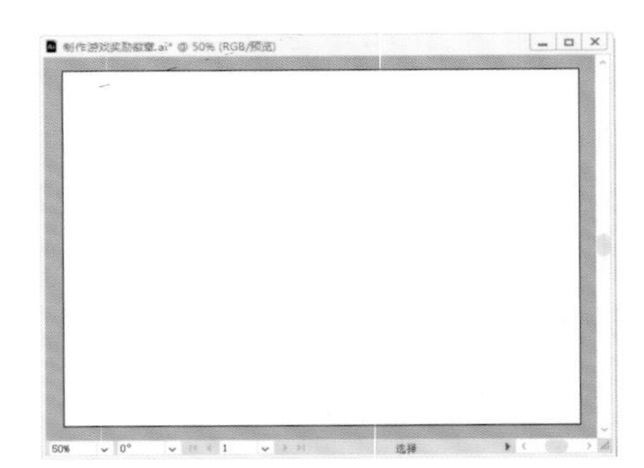

图3-84

操作步骤

① 执行“文件>新建”命令，新建一个A4大小的横向空白文档，如图3-85所示。

图3-85

② 选择“矩形工具”，设置“填充”为浅青色，“描边”为无，在画面中拖动绘制一个与画板等大的矩形，如图3-86所示。选择该图形，执行“对象>锁定>所选对象”命令，将背景图形锁定。

③ 选择“椭圆工具”，设置“填充”为绿色，“描边”为浅绿色，“描边粗细”为8pt，设置完成后在画面中按住Shift键的同时按住鼠标左键由左上向右下拖动，绘制一个正圆，如图3-87所示。

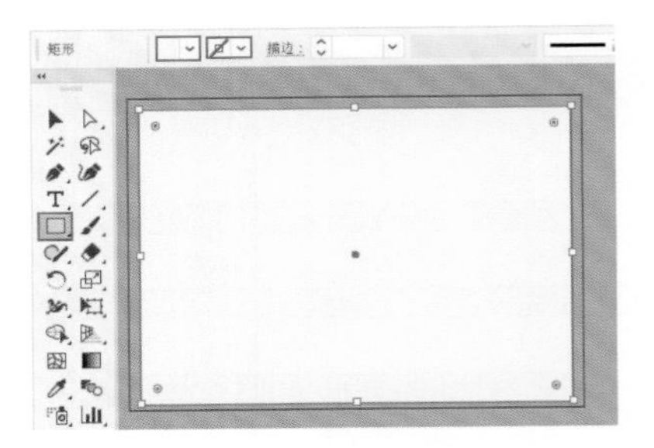

图3-86

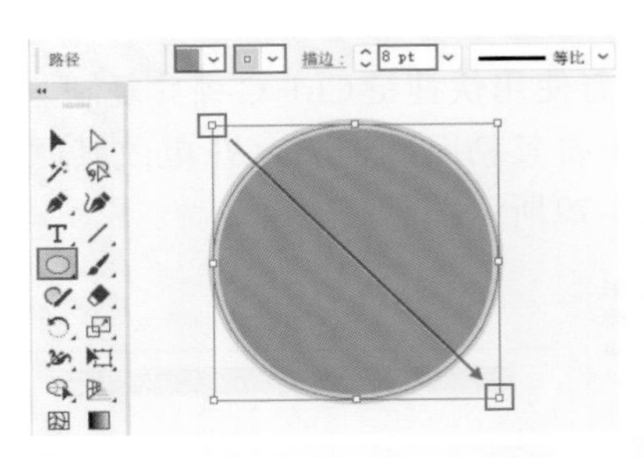

图3-87

④ 选择“星形工具”，在不选中任何对象时，设置“填充”为橄榄绿，“描边”为无，设置完成后在画面中单击，如图3-88所示。

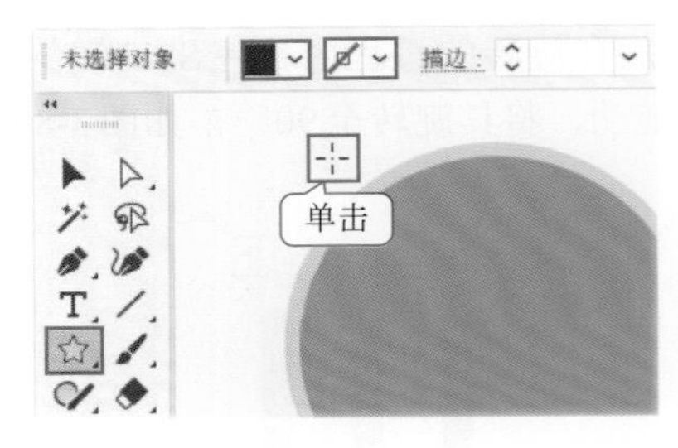

图3-88

⑤ 接着在弹出的“星形”窗口中，设置“半径1”为37mm，“半径2”为32mm，“角点数”为32，设置完成后单击“确定”按钮，画面中就会自动出现一个图形，如图3-89所示。

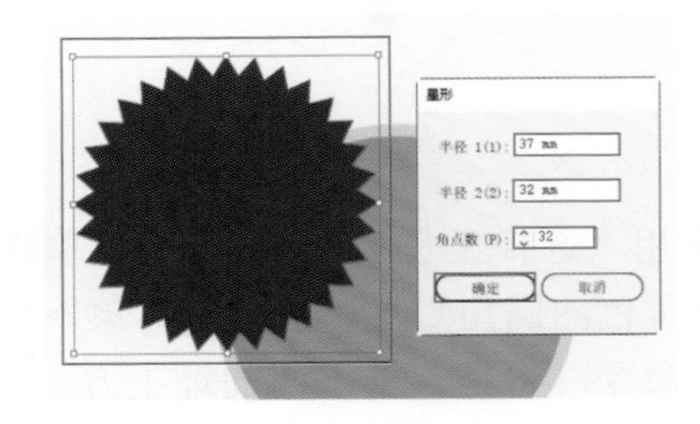

图3-89

⑥ 选择“选择工具”，按住鼠标左键拖动，框选这两个图形，如图3-90所示。

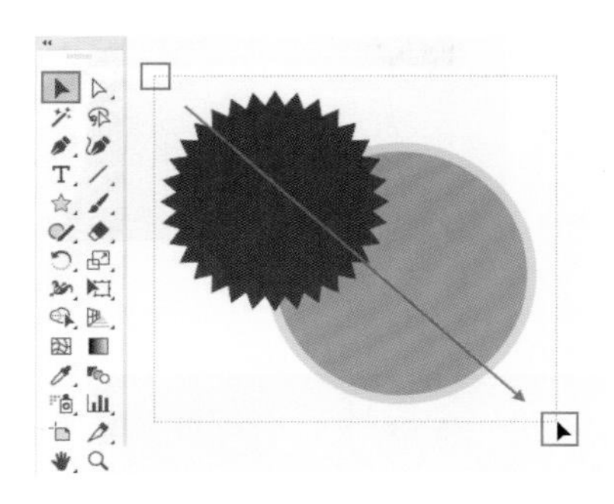

图3-90

⑦ 释放鼠标，即可选中范围内的两个图形，如图3-91所示。

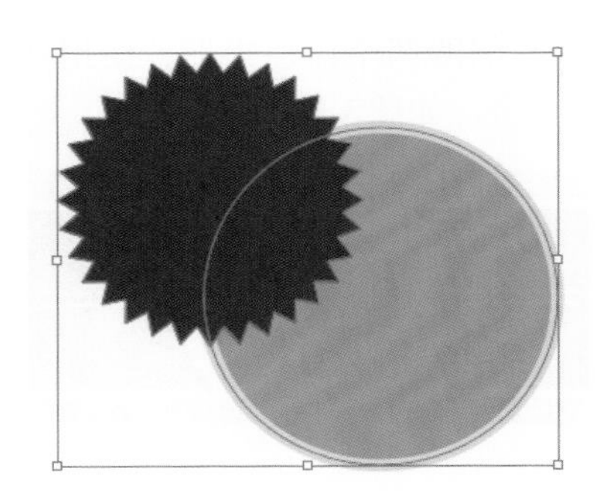

图3-91

⑧ 接着单击控制栏中的“水平居中对齐”与“垂直居中对齐”按钮，将图形对齐，如图3-92所示。

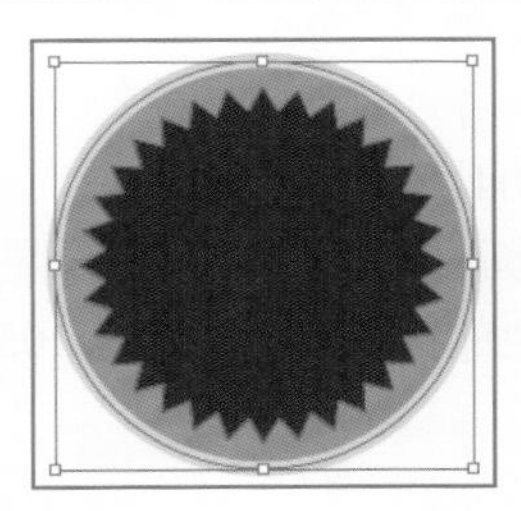

图3-92

⑨ 使用“选择工具”，将光标移动至绿色正圆上单击，将其选中，如图3-93所示。

⑩ 接着使用快捷键Ctrl+C将其复制到剪切板中，如图3-94所示。

⑪ 然后使用快捷键Shift+Ctrl+V将其粘贴在原位，如图3-95所示。

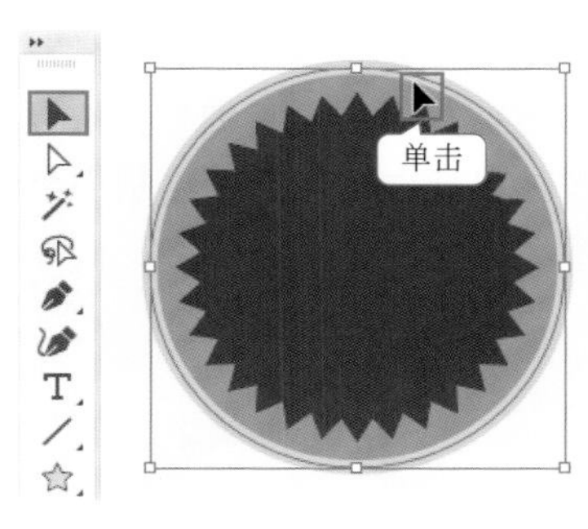

图3-93

图3-94

图3-95

⑫ 在复制图形选中的状态下，更改“填充”为灰绿色，“描边”为白色，“描边粗细”为3pt，如图3-96所示。

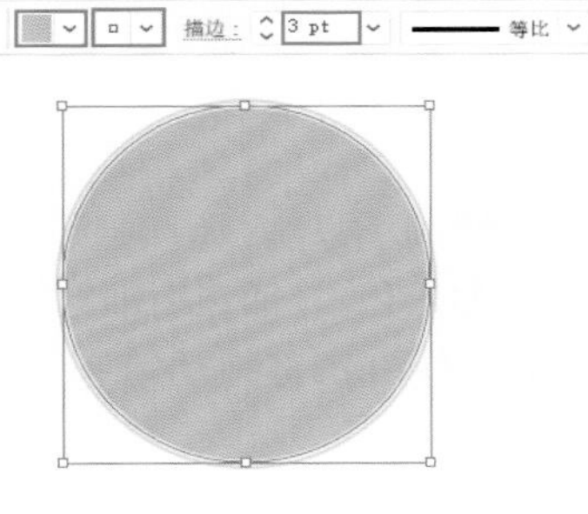

图3-96

⑬ 将光标移动至角控制点处，按住Shift+Alt键的同时按住鼠标左键由外向内拖动，将其进行中心等比例缩放，如图3-97所示。

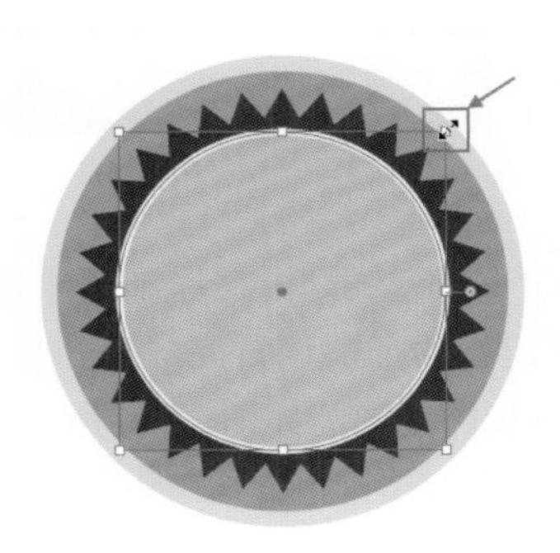

图3-97

⑭ 选择“圆角矩形工具”，设置“填充”为深青色，“描边”为白色，“描边粗细”为4pt，设置完成后在图形上按住鼠标左键拖动，绘制一个圆角矩形，如图3-98所示。

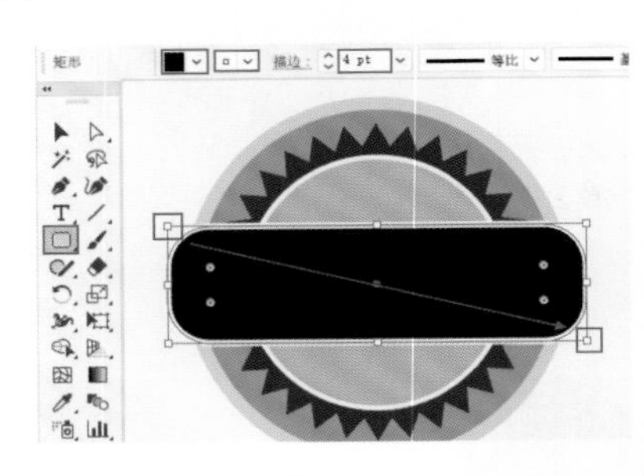

图3-98

⑮ 选中该圆角矩形，在控制栏中设置“圆角半径”为3mm，如图3-99所示。

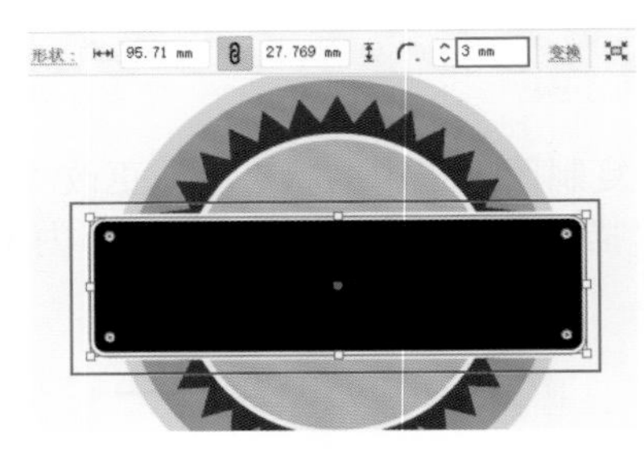

图3-99

⑯ 选择“椭圆工具”，在控制栏中设置“填充”为无，“描边”为白色，“描边粗细”为20pt，设置完成后在图形上按住Shift键拖动绘制一个正圆，如图3-100所示。

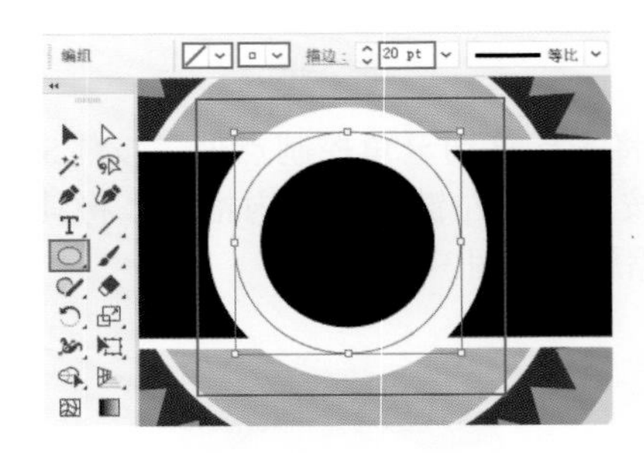

图3-100

⑰ 选择“矩形工具”，在控制栏中设置“填充”为白色，“描边”为无，设置完成后在白色正圆的左侧绘制一个细长的矩形，如图3-101所示。

⑱ 选中该矩形，按住Alt键的同时按住鼠标左键将其向下拖动，至合适位置时释放鼠标，即可快速复制出一份，如图3-102所示。

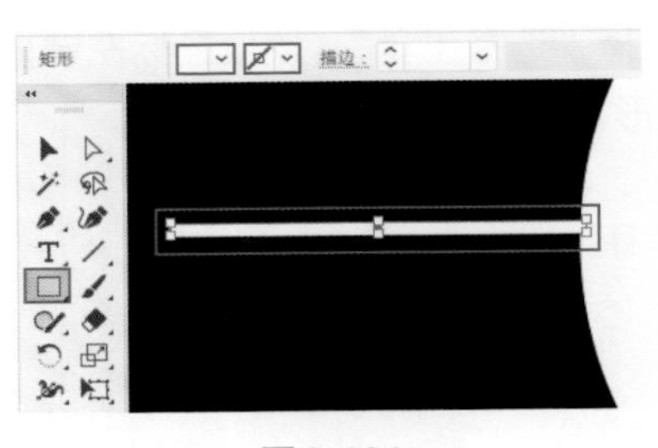

图3-101

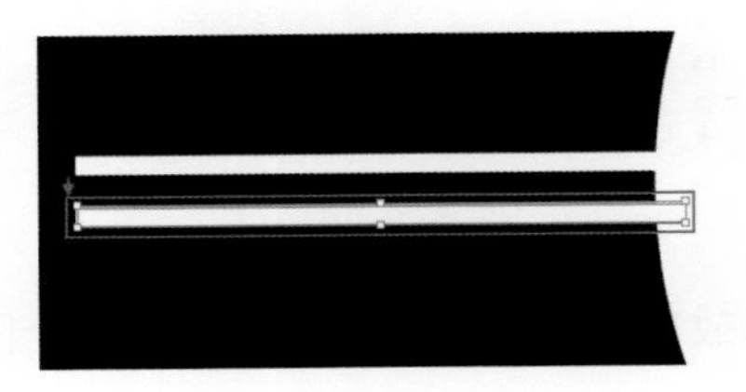

图3-102

⑲ 选中左侧的两个白色矩形，使用同样的方法快速复制出一份，如图3-103所示。

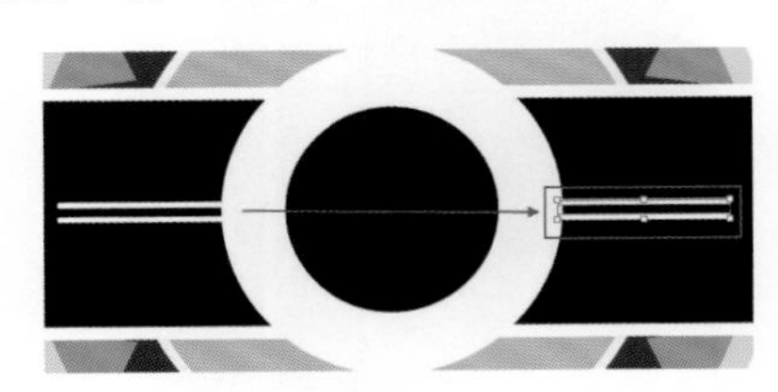

图3-103

⑳ 选择“星形工具”，设置“填充”为黄色，“描边”为无。设置完成后在画面中单击，设置“半径1”为3.3mm，“半径2”为1.7mm，“角点数”为5，设置完成后单击“确定”按钮，如图3-104所示。

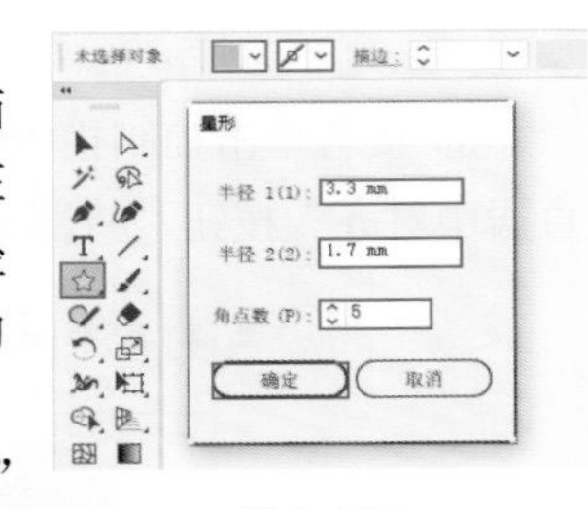

图3-104

㉑ 此时画面中自动出现了一个星形，选中星形，将其移动至白色的圆环上，如图3-105所示。

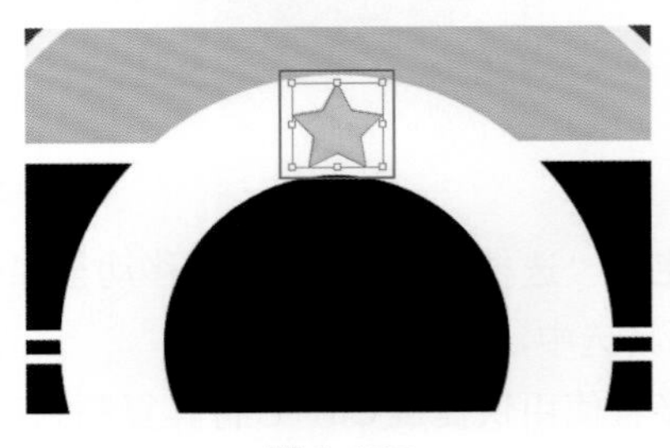

图3-105

㉒ 在左侧按住Shift键的同时按住鼠标左键绘制一个稍小一些的星形，如图3-106所示。

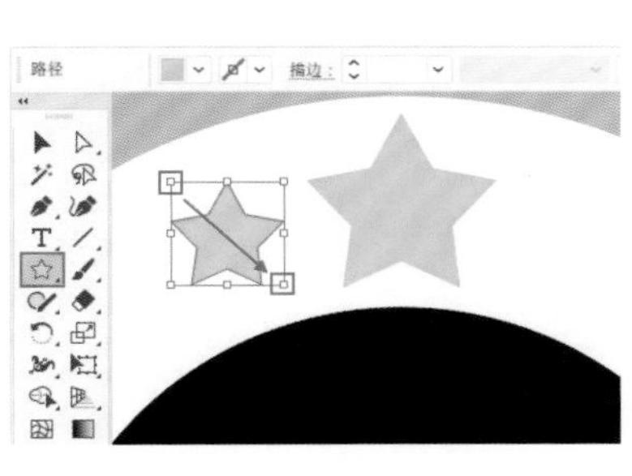
图3-106

㉓ 按住Alt键的同时按住鼠标左键将其向右拖动，至大星形的右侧时释放鼠标，即可将其快速复制出一份，如图3-107所示。

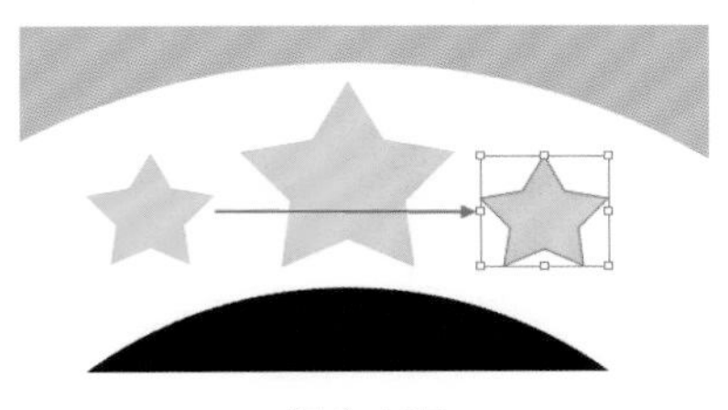
图3-107

㉔ 选中三个星形，使用同样的方法将其复制出一份，放置在下方，如图3-108所示。

图3-108

㉕ 然后移动星形位置并适当进行旋转，如图3-109所示。

图3-109

㉖ 执行“文件＞打开”命令，打开素材1，选中左侧的文字，使用快捷键Ctrl+C将其复制到剪切板中，然后返回当前的操作文档，使用快捷键Ctrl+V将其粘贴到当前画面中，并将其摆放在圆环的中间位置，如图3-110所示。

图3-110

㉗ 选择“选择工具”，选中除背景外的所有图形，按住Shift+Alt键的同时按住鼠标左键将其向右移动，至合适位置时释放鼠标，将其快速复制出一份，如图3-111所示。

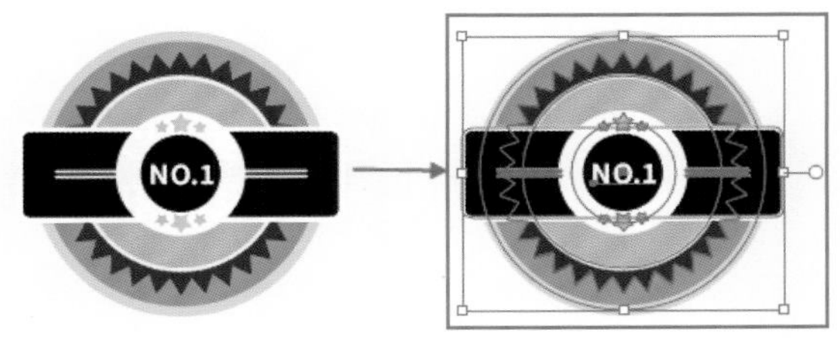

图3-111

㉘ 更改各部分填充颜色可以得到第二款徽章，效果如图3-112所示。

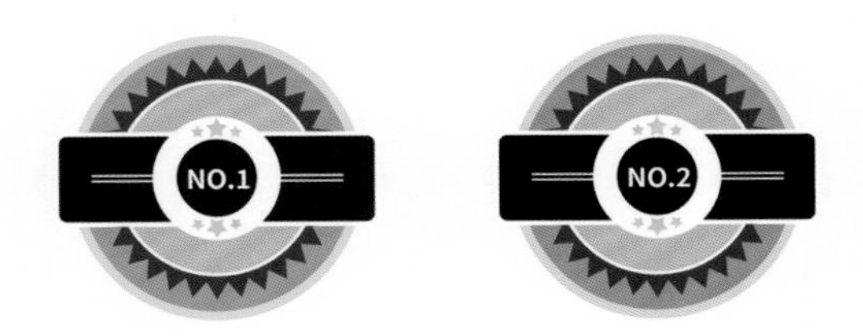

图3-112

本章小结

选择是编辑的开始，选中对象后才能够进行移动、旋转以及其他复杂的编辑操作。在选择对象的基础上，本章中还学习了常用的对象管理操作，例如更改对象的位置、大小、旋转角度等；还学习了复制、粘贴、剪切、编组、隐藏、调整排列顺序等操作。这些操作可以有效提升制图效率。

第4章 尝试简单的排版

平面设计作品中，排版具有举足轻重的作用，合理的版面编排不仅能够使画面变得井然有序，更能够增强版面的审美性。版面的编排中，文字是非常主要的一个部分。在Illustrator中，使用文字工具组中的工具可以创建文字。需要使用少量文字时可以创建“点文字”，当需要使用大段正文时可以创建“段落文字”。在学会创建与编辑文字的基础上，还可以借助标尺、辅助线、对齐与分布、网格等功能对版面元素进行整齐排列。

学习目标

- 熟练掌握创建不同类型文字的方法。
- 熟练掌握编辑文字效果的方法。
- 掌握辅助工具的使用方法。

思维导图

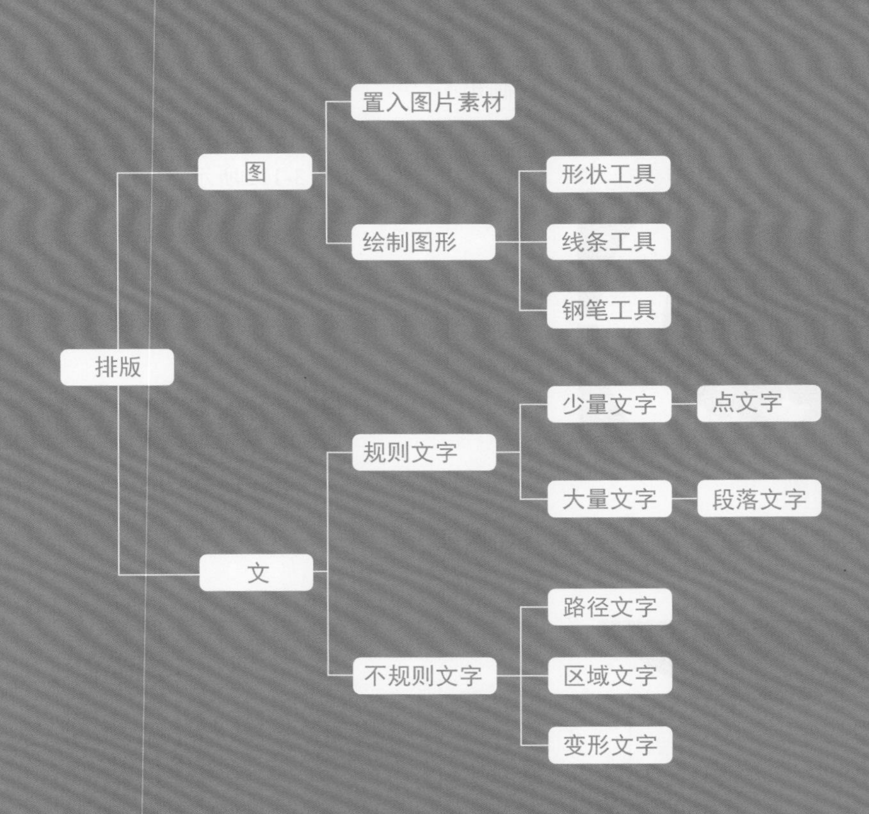

4.1　在画面中添加少量文字

文字是重要的信息传达方式，无论是在海报设计、网页设计还是杂志排版等领域都是不可或缺的一部分。Illustrator中的文字工具组可以创建不同类型的文本，以满足日常设计工作的需要。

“文字工具”可用于创建水平排列的文字，“直排文字工具”可用于创建竖向排列的文字，如图4-1所示。

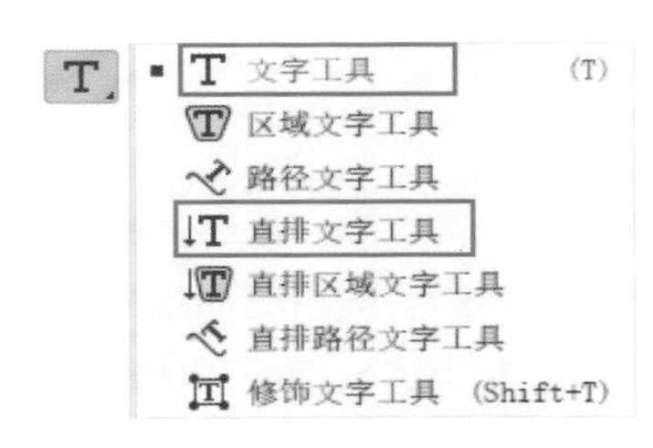

图4-1

4.1.1　认识文字工具

选择工具箱中的“文字工具” T，在控制栏中可以选择一款适合的字体系列，然后设置字体的大小，如果输入多行文字则需要设置对齐方式，如图4-2所示。

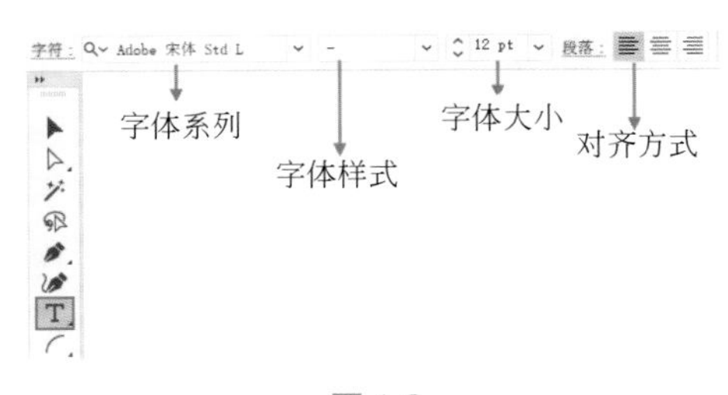

图4-2

重点选项速查

• 字体系列：单击打开下拉列表，选择字体，即可为新文字或所选文本对象设置相应的字体。

• 字体样式：部分字体系列具有不同的字体样式，多为在原有字体基础上的粗体、细体或倾斜体等。

• 字体大小：用来设置新文本或所选文本的字体大小。

• 对齐方式：有左对齐、居中对齐、右对齐三种对齐方式。可以以单击的方式为所选文字或新文字设置合适的对齐方式。

4.1.2　轻松创建少量的文字

在Illustrator中，如果要创建少量文字，可以采取创建“点文字”的方式。“点文字”有一个比较突出的特点，就是换行时需要按下键盘上的Enter键。

① 打开一张背景图，下面将要在空白区域为其添加主题文字，如图4-3所示。

图4-3

② 选择“文字工具” T，接着将光标移动至画面中，然后单击鼠标，如图4-4所示。随即画面中会出现一行占位符，如图4-5所示。

图4-4

图4-5

疑难笔记

占位符的作用是什么？

使用“文字工具”在画面中单击后会自动出现一段文字，并且处于选中的状态。占位符的出现可以方便用户观看到当前字体、字号下文字的效果。在当前状态下重新修改字体、字号、颜色等属性，然后直接输入新的文字内容，即可替换原有的占位符。

如果要取消占位符，可以使用首选项快捷键Ctrl+K，然后单击左侧列表中的“文字”按钮，取消勾选“用占位符文本填充新文字对象”选项，如图4-6所示。

图4-6

③ 在当前占位符选中的状态下，按下键盘上的Delete键将其删除，此时画面中会出现闪烁的光标，如图4-7所示。

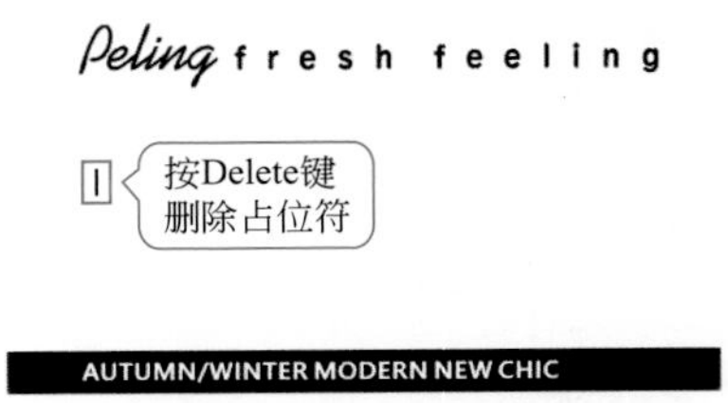

Peling fresh feeling

AUTUMN/WINTER MODERN NEW CHIC

图4-7

④ 接着输入文字，如图4-8所示。

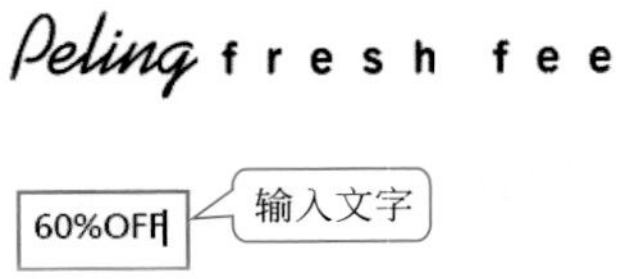

Peling fresh fee

图4-8

重点笔记

如果想要开始下一行文字的输入，可以按下Enter键。

⑤ 输入完成后将光标移动至画面中的空白位置，单击即可结束输入，如图4-9所示。

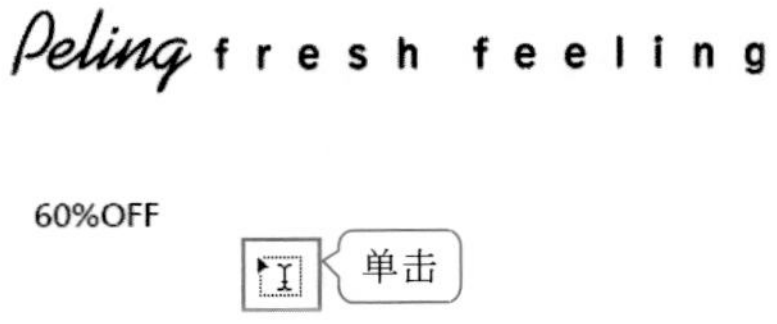

Peling fresh feeling

60%OFF

单击

图4-9

⑥ 接下来调整字号大小。使用"选择工具"选中整个文字，在控制栏中的"字体大小"数值框内输入数值后按下键盘上的Enter键提交操作，如图4-10所示。

图4-10

拓展笔记

在调整字体大小时，还可以使用"选择工具"选中文本，然后拖动控制点进行缩放，快速地调整字号，如图4-11所示。

图4-11

⑦ 选中文字后，单击控制栏中的"字体系列"倒三角按钮，在下拉列表中可以看到电脑系统中安装的字体，列表左侧为字体名称，中间为字体预览效果，将光标移动至字体上方单击即可为选择的文本应用该字体，如图4-12所示。

图4-12

⑧ 如果只想要更改文本中的某个字符，可以使用"文字工具"，将光标移动至所选文字的一侧，按住鼠标左键向另外一侧拖动，被选中的文字呈现高亮显示，如图4-13所示。

⑨ 选中部分字符后，可以进行字体、字号等属性的设置，也可以重新输入内容。设置完成后在画面空白位置单击即可退出编辑状态，如图4-14所示。

图4-13

图4-14

4.1.3　创建垂直排列的文字

“文字工具”是用于创建横向排列的文字的，而使用“直排文字工具”则可以创建垂直排列的文字。

① 新建文档后置入背景素材，接下来将要使用“直排文字工具”在空白处添加竖向排列的文字，如图4-15所示。

图4-15

② 选择“直排文字工具”，在空白处单击，如图4-16所示。

图4-16

③ 此时画面中会自动出现一行垂直排列的占位符，接着在控制栏中更改“填充”为白色，然后选择合适的字体和字号，如图4-17所示。

图4-17

④ 按下键盘上的Delete键删除占位符，重新输入文字，如图4-18所示。

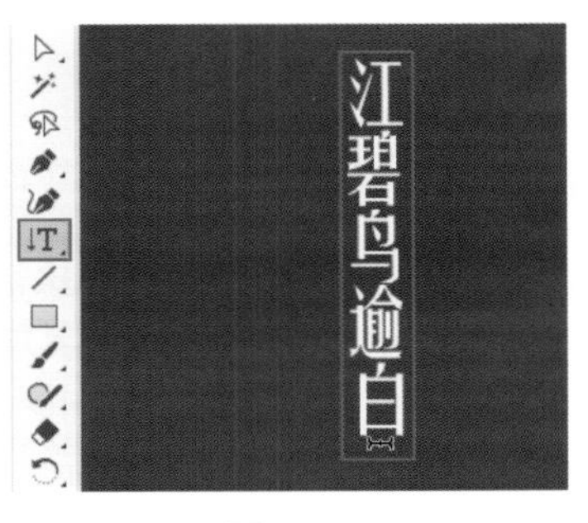

图4-18

⑤ 当前一行文字输入完成后，按下键盘上的Enter键换行，如图4-19所示。

图4-19

⑥ 接着继续输入第二行文字，文字输入完成后在画面中的空白位置单击结束输入，如图4-20所示。

⑦ 接着继续使用同样的方法在该文字的右侧键入文字，如图4-21所示。

图4-20

图4-21

重点笔记

如果创建的文字是横排文字，可以执行“文字>文字方向>垂直”命令，即可将当前文字方向更改为垂直。同样也可以执行“文字>文字方向>水平”命令，将直排文字转换为横排，如图4-22所示。

图4-22

4.1.4 设置文字颜色、字体、字号、对齐方式

① 打开背景素材，接下来将在版面中添加文字，如图4-23所示。

图4-23

② 选择“文字工具”，在画面中单击插入光标，然后删除占位符，接着输入文字。当一行文字输入完成后，按下键盘上的Enter键进行换行，如图4-24所示。

图4-24

③ 继续输入文字，文字输入完成后在画面空白位置单击结束输入，如图4-25所示。

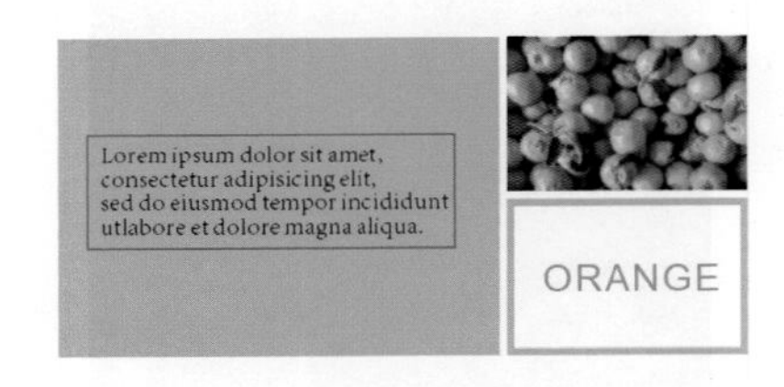

图4-25

④ 使用“选择工具”单击选中文字，在控制栏中设置“填充”为白色，如图4-26所示。

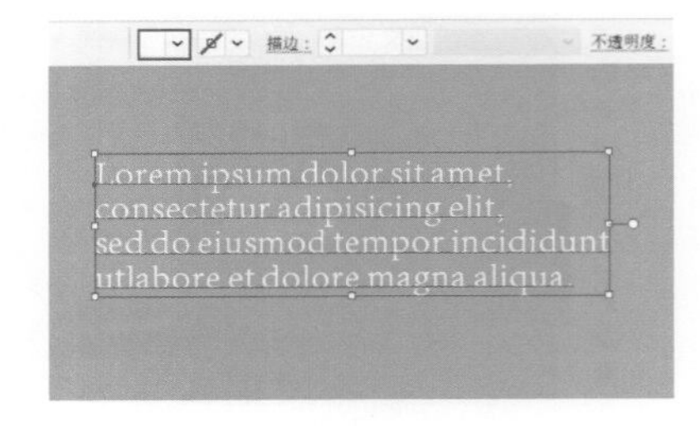

图4-26

⑤ 在选中文字的状态下，在控制栏中单击“字体系列”右侧的倒三角按钮，在打开的下拉列表中单击选择一种字体，如图4-27所示。

图4-27

⑥ 如果想要更改首字母的大小，可以先选择“文字工具”，在第一个字母的后面单击，插入光标，如图4-28所示。

图4-28

⑦ 按住鼠标左键将光标向前拖动，至第一个文字前释放鼠标，即可将字母“L”选中，如图4-29所示。

图4-29

⑧ 然后在控制栏中的“字体大小”数值框内输入数值，输入完成后按下Enter键提交操作，即可更改单个字符的字号，如图4-30所示。

图4-30

重点笔记

除了上述的方法可以更改字号之外，还可以单击右侧的 按钮，在下拉列表中选择一个合适的字号，如图4-31所示。

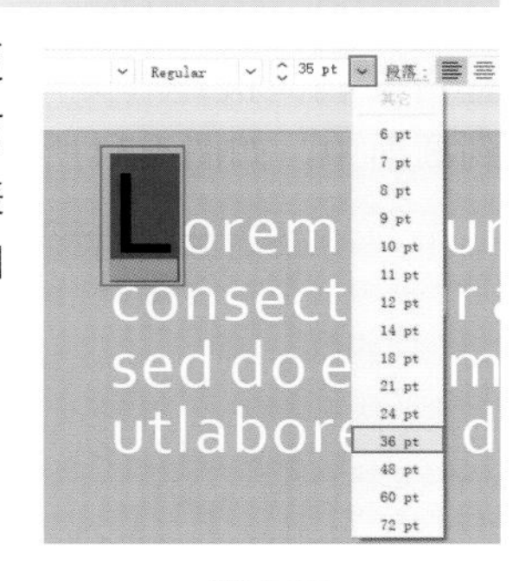

图4-31

⑨ 选中文字，单击控制栏中的“右对齐”按钮，此时多行文字的右侧对齐，左侧不对齐，如图4-32所示。

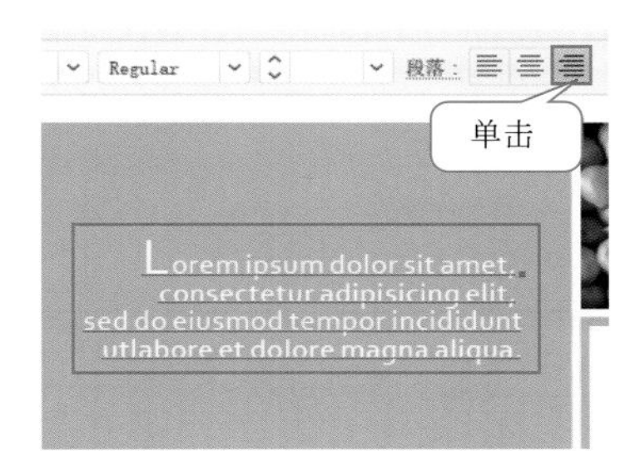

图4-32

4.1.5　实战：多彩的文字标志

文件路径

实战素材/第4章

操作要点

使用“文字工具”为标志添加文字
更改文字的颜色

案例效果

案例效果见图4-33。

图4-33

操作步骤

① 使用快捷键Ctrl+N新建一个大小合适的横向空白文档。执行“文件>置入”命令，将素材置入到画面中，如图4-34所示。

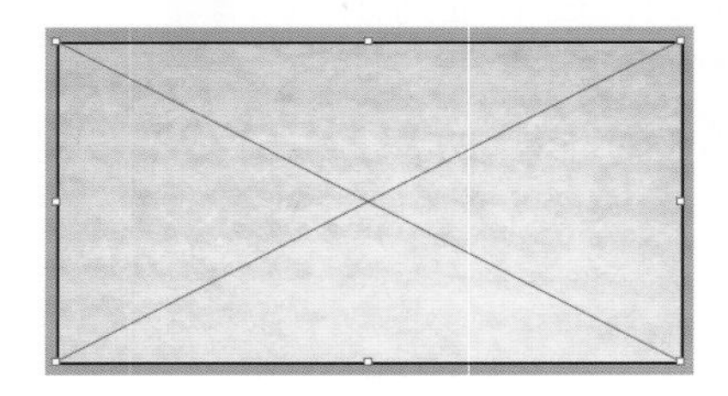

图4-34

② 接着单击控制栏中的“嵌入”按钮，将图片嵌入到当前文档中，如图4-35所示。

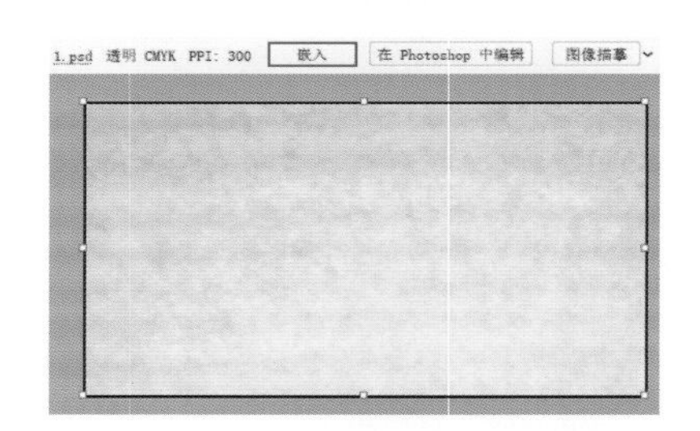

图4-35

③ 执行“文件>打开”命令，将素材2打开，选中图形，使用快捷键Ctrl+C进行复制，然后返回操作文档，使用快捷键Ctrl+V将其粘贴到当前画面中，如图4-36所示。

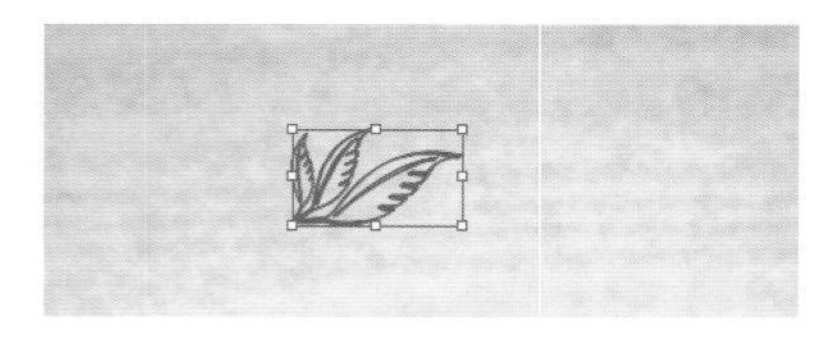

图4-36

④ 选择“文字工具”，在画面中单击，如图4-37所示。随即画面中会自动出现一行占位符，如图4-38所示。

图4-37

图4-38

⑤ 接着按下键盘上的Delete键，删除占位符，如图4-39所示。

图4-39

⑥ 然后输入文字，输入完成后按下键盘上的Ctrl+Enter键结束输入，如图4-40所示。

图4-40

⑦ 选中文字，在控制栏中设置合适的字体与字号，并更改文字的颜色为绿色，如图4-41所示。

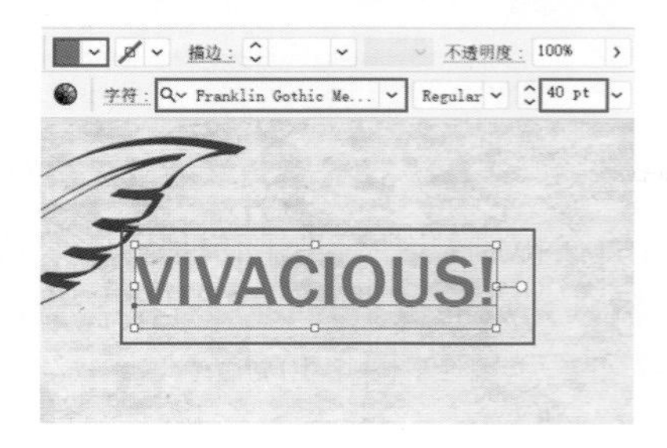

图4-41

⑧ 再次选择该工具，在该文字的下方单击，删除占位符，输入文字，并按下键盘上的Ctrl+Enter键结束输入，如图4-42所示。

⑨ 选中文字，设置“填充”为红色，“描边”为白色，“描边粗细”为1pt，然后在控制栏中设置合适的字体与字号，如图4-43所示。

图4-42

图4-43

⑩ 在使用“文字工具”的状态下，在字母I后面单击，如图4-44所示。

图4-44

⑪ 接着按住鼠标左键向前拖动，将字母I选中，如图4-45所示。

⑫ 然后双击“填色”按钮，在弹出的“拾色器”窗口中拖动滑块选择色相，并在左侧的色域中选择合适的颜色，如图4-46所示。效果如图4-47所示。

图4-45

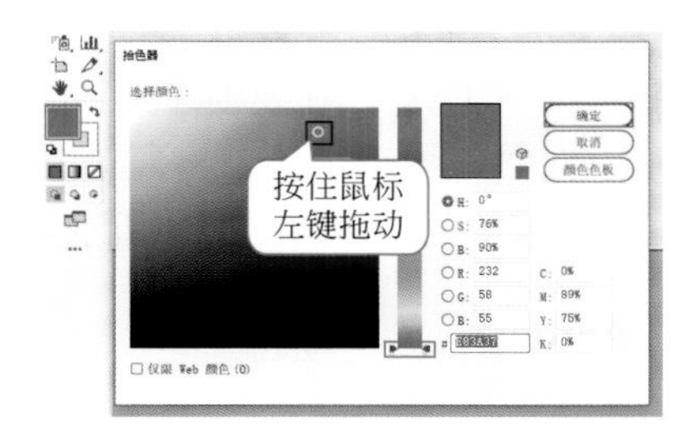

图4-46

图4-47

⑬ 继续使用同样的方法更改其他字母。本案例制作完成，效果如图4-48所示。

图4-48

4.2　书籍排版基础

顾名思义，“段落文字”是指大段大段的文字。尤其是在画册、书籍排版设计中，“段落文字”非常常用，如图4-49所示。

4.2.1　轻松创建大段的文字

① 打开背景文件，接下来将在画面中央空白区域创建作为正文的段落文字，如图4-50所示。

图4-49

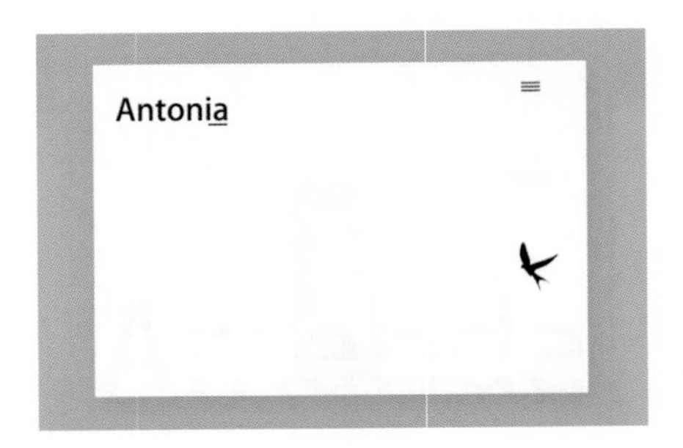

图4-50

② 选择“文字工具”，在要创建文字的区域中按住鼠标由左上向右下拖动，绘制出段落文本框，也就是大段文字出现的范围，如图4-51所示。

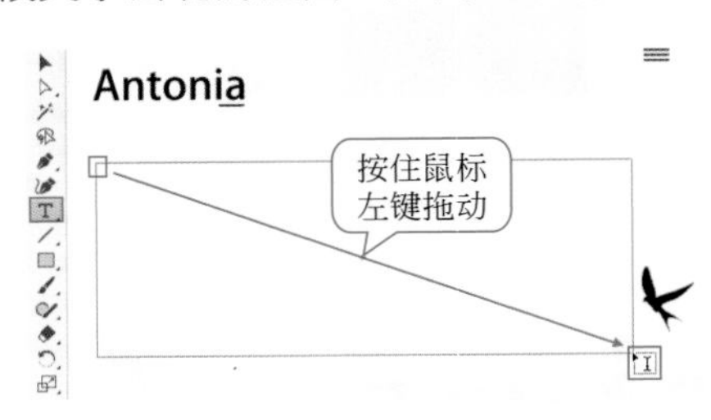

图4-51

③ 释放鼠标，即可完成文本框的绘制，此时在文本框内会显示被选中的占位符，如图4-52所示。

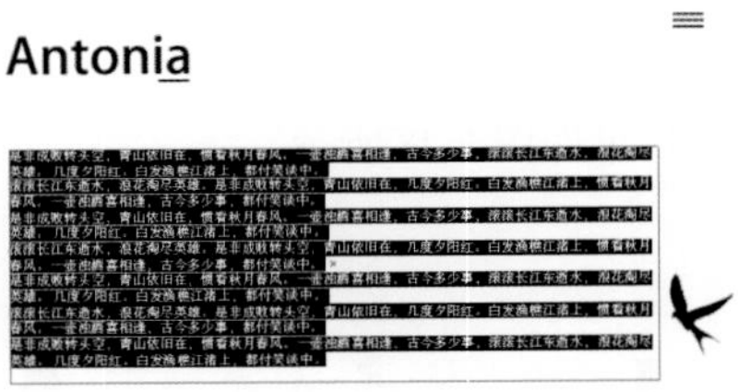

图4-52

④ 按下键盘上的Delete键删除占位符，如图4-53所示。

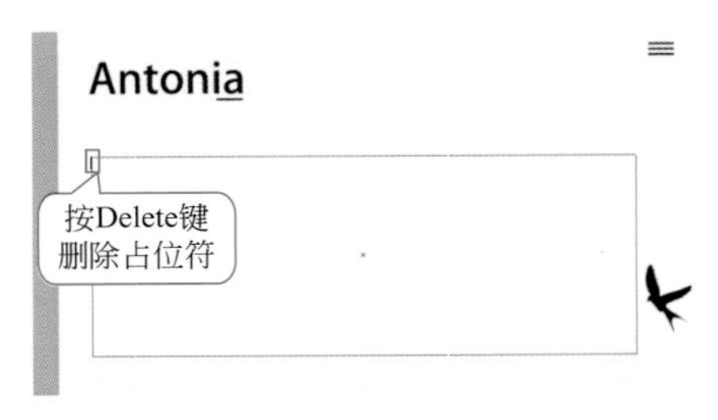

图4-53

⑤ 在文本框内输入文字，在输入文字的过程中，当文字到达文本框边缘时会直接换行，如图4-54所示。

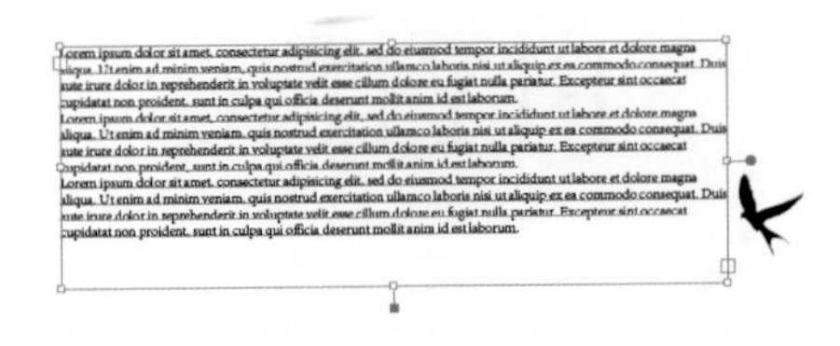

图4-54

⑥ 段落文本的优势在于，如果想要调整一段文字的范围，可以通过调整该段落文本框的大小来实现。使用“选择工具”，将光标移动到文本框一角处，按住鼠标左键拖动段落文本的控制点，即可调整文本框的大小，同时文本框内的文字也会随着文本框的变化而重新自动排列，如图4-55所示。

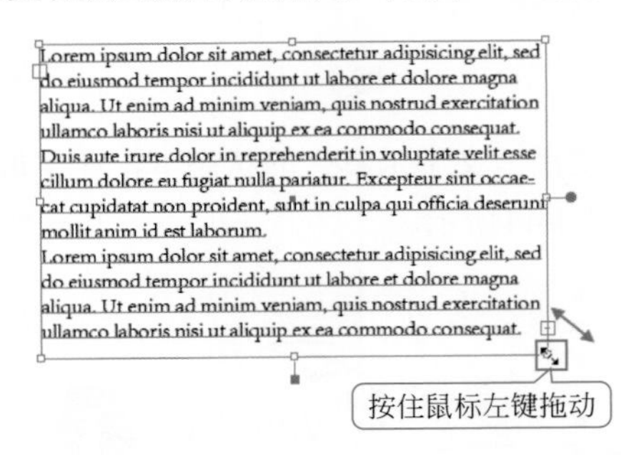

图4-55

⑦ 如果要更改整段文字的属性，可以使用“选择工具”选中文本框，然后在控制栏中设置合适的颜色、字体、字号，在更改的过程中可以发现整段文字都发生了变化，如图4-56所示。

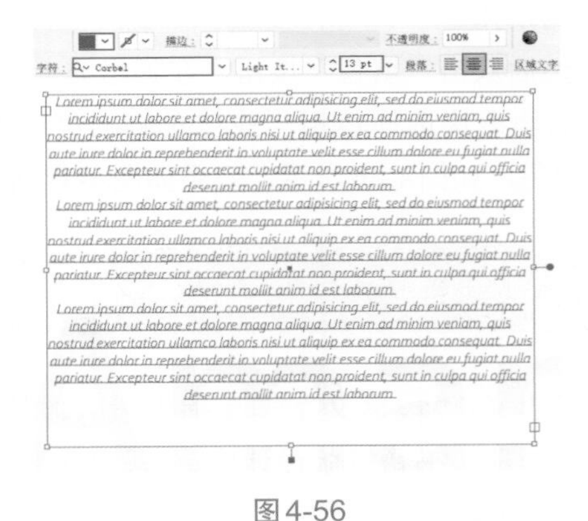

图4-56

4.2.2 串接文本

文本框左上角的□按钮为文本的“入口”，文本框右下角的□按钮为“出口”，如图4-57所示。

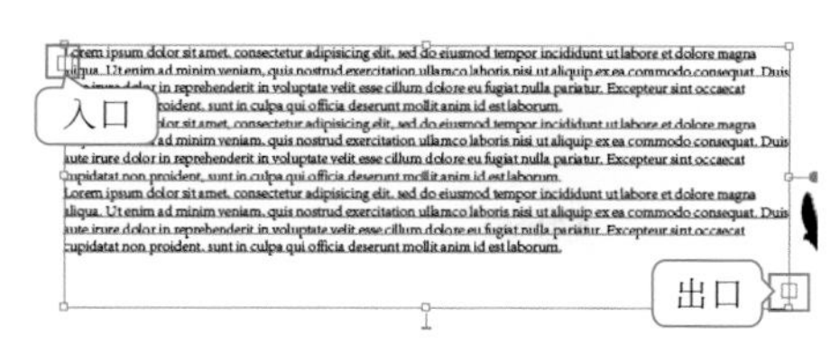

图4-57

当文本框右下角的□按钮为⊞时，表示文字没有完全显示，部分文字被隐藏，这个情况被称为“文本溢出”，如图4-58所示。此时可以通过增大文本框尺寸、调小字号、删除多余文字等方式，显示出隐藏的字符。

图4-58

如果以上方法仍无法解决段落文字显示不全的情况，也可以通过文本“串接”功能，将未显示完全的文字显示在其他文本框中。

① 打开素材，使用“选择工具”选择右侧的大段正文，在这里可以看到文本框的右下角显示⊞，表明文字没有完全显示，如图4-59所示。

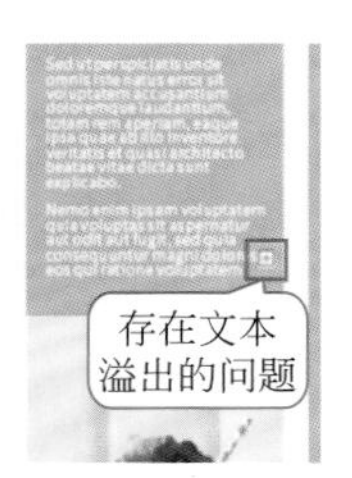

图4-59

② 接着使用“文字工具”在版面底部按住鼠标左键拖动绘制一个文本框，并删除占位符，如图4-60所示。

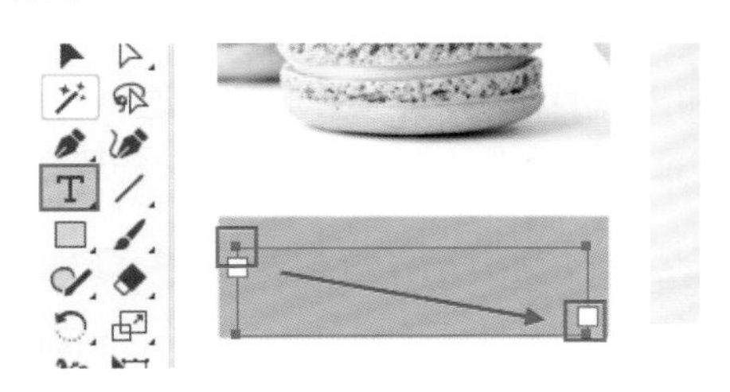

图4-60

③ 使用“选择工具”，按住Shift键加选两个文本框。接着执行“文字>串接文本>创建”命令，即可将加选的文本串接到一起，此时可以看到溢出的文字会自动流入到左下方的文本框内，如图4-61所示。

图4-61

拓展笔记

创建文本串接的另一种方法：单击文本框底部的⊞按钮，然后使用“文字工具”在画面空白位置按住鼠标左键拖动绘制文本框，释放鼠标后文本框中的隐藏字符将流入到刚刚绘制的文本框内，如图4-62所示。

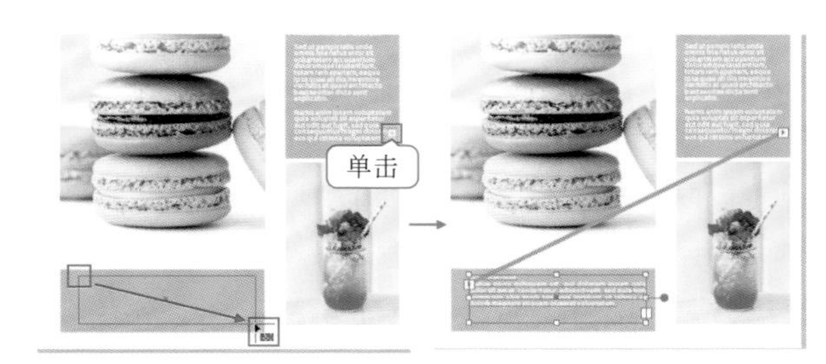

图4-62

④ 如果想要释放串接文本，可以选中一个文本框，接着执行“文字>串接文本>释放所选文字”命令，即可将选中文本框之间的文本串接释放，文字会只显示在一个文本框内，如图4-63所示。

图4-63

⑤ 如果想要移除串接文本，可以执行“文字>串接文本>移去串接文字”命令，即可解除文本框之间的串接关系，使之成为独立的文本框，如图4-64所示。

图4-64

4.2.3 文本绕排

功能速查

“文本绕排”功能可以使所选对象与文字之间不会相互遮挡。

① 想要使用该功能，首先需要有一个用于使用该命令的对象（文字、图像或者矢量图形均可），还要包含一段文字（段落文本、区域文本均可）。当前文档中，图形遮挡住了部分文字，如图4-65所示。

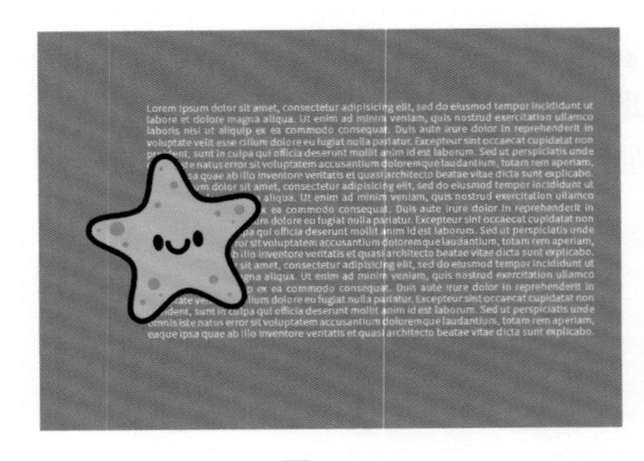

图4-65

② 选择图形对象，执行“对象>文本绕排>建立”命令，此时被图形遮挡的文字位置发生了改变，被遮挡的文字显示出来了，效果如图4-66所示。

③ 移动图片的位置，文本排列方式也会发生改变，如图4-67所示。

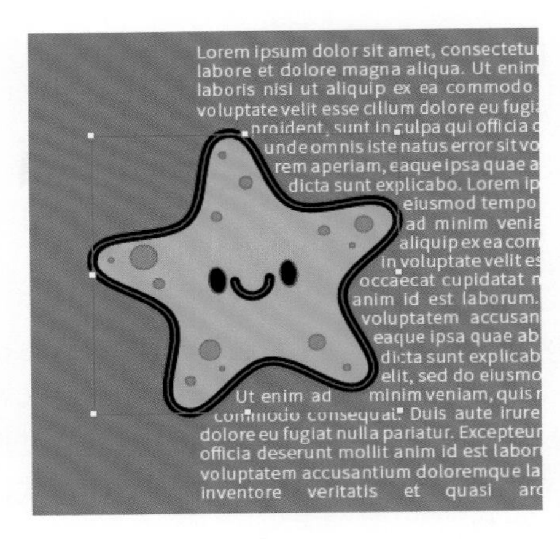

图4-66

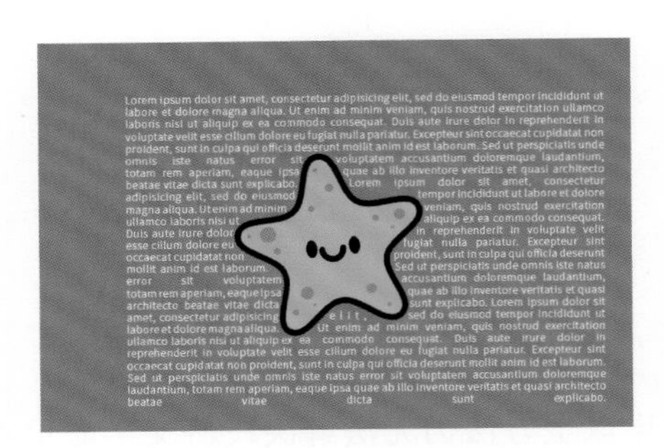

图4-67

④ 选中绕排对象，执行“对象>文本绕排>文本绕排选项”命令，在弹出的“文本绕排选项”窗口中，“位移”选项用来指定文本和绕排对象之间的间距大小，如图4-68所示。单击“确定”按钮可以提交操作。

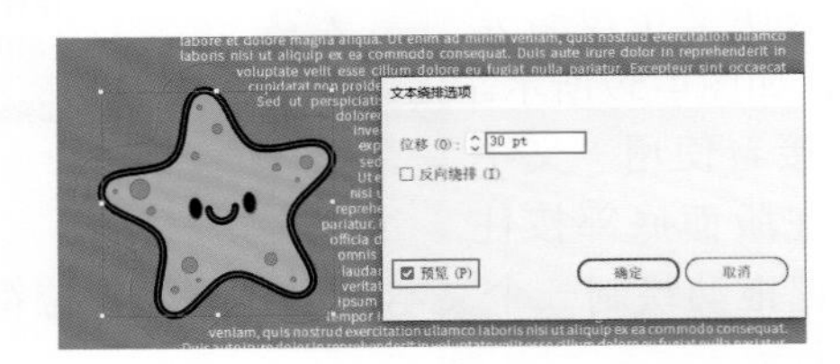

图4-68

⑤ 如果想要释放文本绕排，可以选中之前使用过命令的对象，执行“对象>文本绕排>释放”命令。

4.2.4 实战：制作带有大段文字的书籍内页

文件路径

实战素材/第4章

操作要点

使用“文字工具”添加大段文字
使用“文字工具”添加点文字

案例效果

案例效果见图4-69。

图4-69

操作步骤

① 执行“文件>新建”命令，新建一个大小合适的空白文档，如图4-70所示。

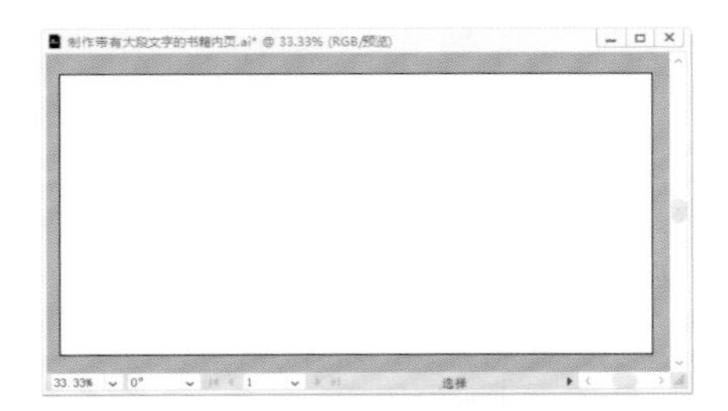

图4-70

② 执行“文件>置入”命令，将素材1置入到当前画面中，如图4-71所示。

图4-71

③ 接着单击控制栏中的“嵌入”按钮，将其嵌入到当前的操作文档中，如图4-72所示。

图4-72

④ 接下来添加标题文字。选择“文字工具”，在人像的左侧单击，删除占位符，此时画面中会出现闪烁的光标，如图4-73所示。

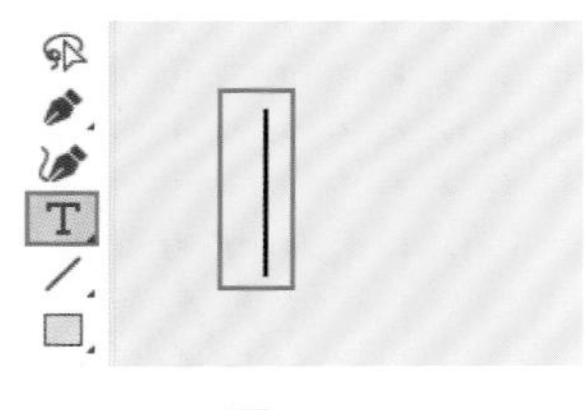

图4-73

⑤ 接着输入文字，文字输入完成后按下Ctrl+Enter键结束操作，如图4-74所示。

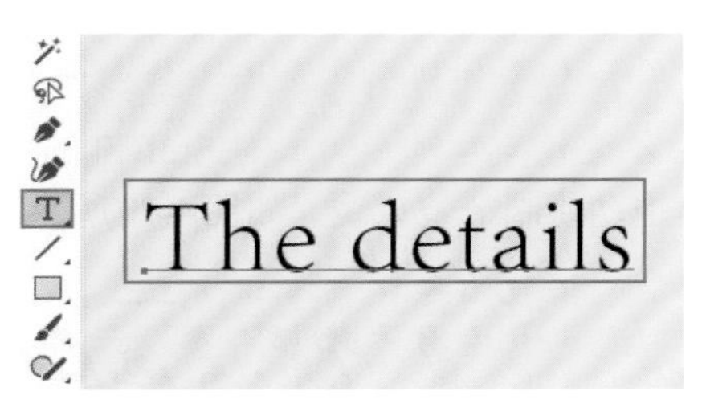

图4-74

⑥ 选中文字，在控制栏中设置合适的字体与字号，如图4-75所示。

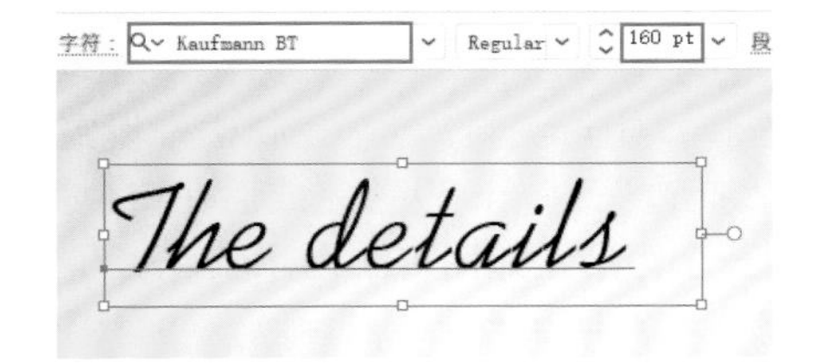

图4-75

⑦ 在使用“文字工具”的状态下，在字母“h”后单击插入光标，如图4-76所示。

图4-76

⑧ 接着按住鼠标左键向前拖动，选中字母“T”与“h”，在控制栏中设置“字号”为264pt，如图4-77所示。

图4-77

⑨ 继续使用同样的方法键入其他文字，如图4-78所示。

图4-78

⑩ 选择“直线段工具”，在控制栏中设置“填充”为无，“描边”为黑色，“描边粗细”为2pt，设置完成后在红色文字的上方按住Shift键的同时按住鼠标左键拖动绘制一条直线，如图4-79所示。

图4-79

⑪ 选择“矩形工具”，在控制栏中设置“填充”为黑色，“描边”为无，设置完成后在白色文字上拖动，绘制一个矩形，如图4-80所示。

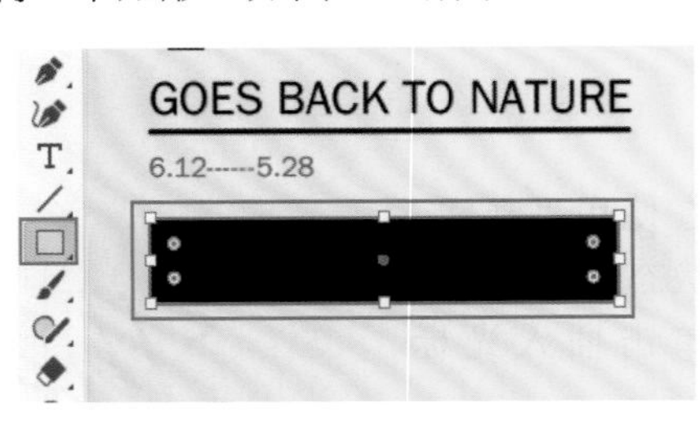

图4-80

⑫ 选中矩形，执行“对象＞排列＞后移一层”命令，将其置于文字的下方，如图4-81所示。

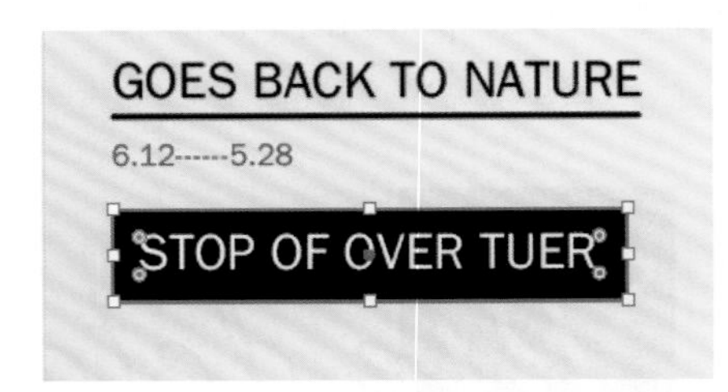

图4-81

⑬ 选择“文字工具”，在画面中按住鼠标左键拖动，绘制一个矩形文本框，如图4-82所示。

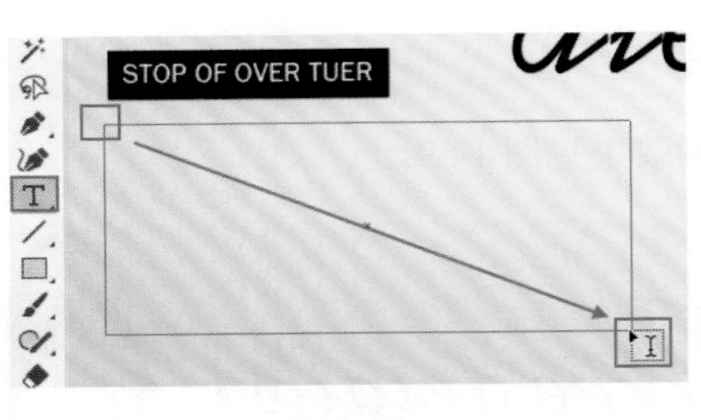

图4-82

⑭ 释放鼠标，即可看到文本框中自动出现了占位符。接着按下键盘上的Delete键删除占位符，输入文字，如图4-83所示。

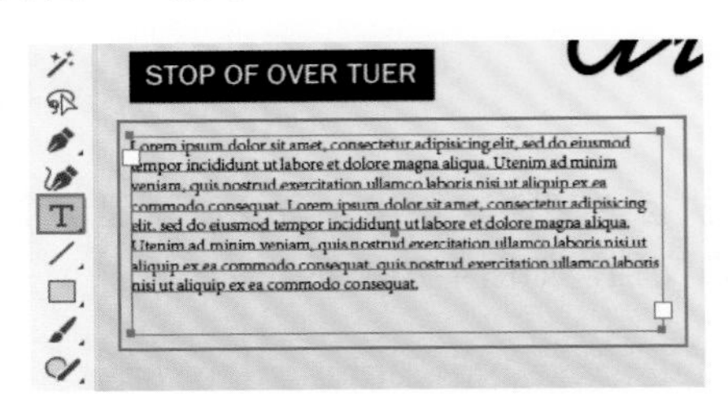

图4-83

⑮ 然后选中文字，在控制栏中设置合适的字体与字号，如图4-84所示。

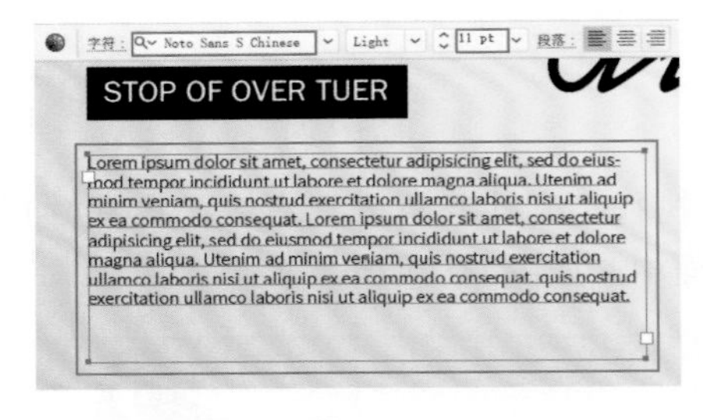

图4-84

⑯ 使用相同的方式添加右侧的文字，如图4-85所示。

图4-85

⑰ 选择“矩形工具”，在控制栏中设置“填充”为黑色，“描边”为无，设置完成后在人物右侧拖动绘制一个矩形，如图4-86所示。

⑱ 选择“文字工具”，在黑色矩形上单击，删除占位符，输入文字，并在控制栏中设置合适的字体、字号与颜色，如图4-87所示。

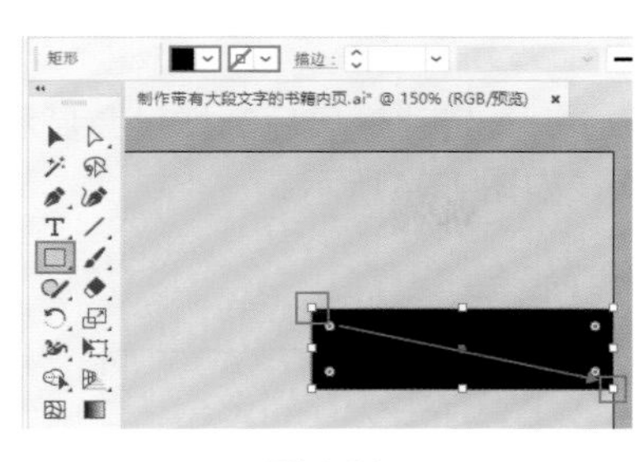

图4-86

图4-87

⑲ 继续使用同样的方法在该文字的右侧键入新的文字，如图4-88所示。本案例制作完成，效果如图4-89所示。

图4-88

图4-89

4.3　整齐排版必备功能

整齐排列的版面不仅美观，也能够更有效地传递信息。在制图过程中，想要更轻松地制作出规整的版面，可以使用一些辅助工具，如网格、参考线、标尺等。这些工具可以帮助我们精准地度量和定位版面中的元素，更轻松地使版面元素整齐排列。

4.3.1　对齐与分布

在进行版面元素的排布时，经常需要将多个对象进行整齐有序的排列，这时就可以利用“对齐与分布”功能。

① 例如此处包含竖向排列的多个等大的对象，如图4-90所示。

② 想要使这些对象整齐排列，可以先使用“选择工具”选中这些对象，单击控制栏中的“水平左对齐”按钮。由于对象等大，所以这些对象快速地排列为一竖排。效果如图4-91所示。

图4-90

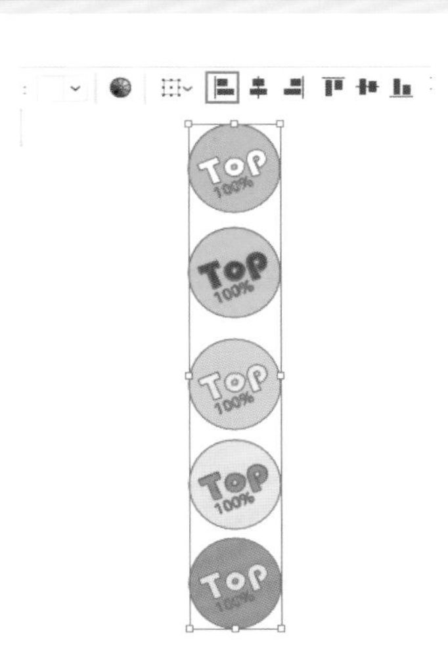

图4-91

重点选项速查

- 水平左对齐 ：以所选对象最左侧的像素为基准进行对齐。
- 水平居中对齐 ：以所选对象最中间的像素为基准进行对齐。
- 水平右对齐 ：以所选对象最右侧的像素为基准进行对齐。

• 垂直顶对齐：以所选对象最顶端的像素为基准进行对齐。

• 垂直居中对齐：以所选对象最中间的像素为基准进行对齐。

• 垂直底对齐：以所选对象最底端的像素为基准进行对齐。

③ 分布是将所选对象之间的距离进行调整，使之分布均匀。例如，选中横向排列的多个对象，如图4-92所示。

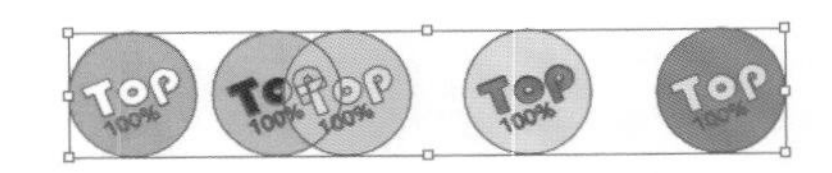

图4-92

④ 接着单击控制栏中的“水平左分布”按钮，可以看到实现了均匀分布。效果如图4-93所示。

图4-93

重点选项速查

• 垂直顶分布：以每个对象的顶部像素为基线，平均基线之间的距离，调整对象的位置。

• 垂直居中分布：以每个对象的水平中心像素为基线，平均基线之间的距离，调整对象的位置。

• 垂直底分布：以每个对象的底部像素为基线，平均基线之间的距离，调整对象的位置。

• 水平左分布：以每个对象的左侧像素为基线，平均基线之间的距离，调整对象的位置。

• 水平居中分布：以每个对象的垂直中心像素为基线，平均基线之间的距离，调整对象的位置。

• 水平右分布：以每个对象的右侧像素为基线，平均基线之间的距离，调整对象的位置。

4.3.2 标尺

功能速查

标尺可以在制图排版中度量对象的位置，也可以精准定位版面中的对象。

① 执行“视图＞标尺＞显示标尺”命令或者使用快捷键Ctrl+R。启动标尺后，标尺会显示在文档的上方和左侧，如图4-94所示。

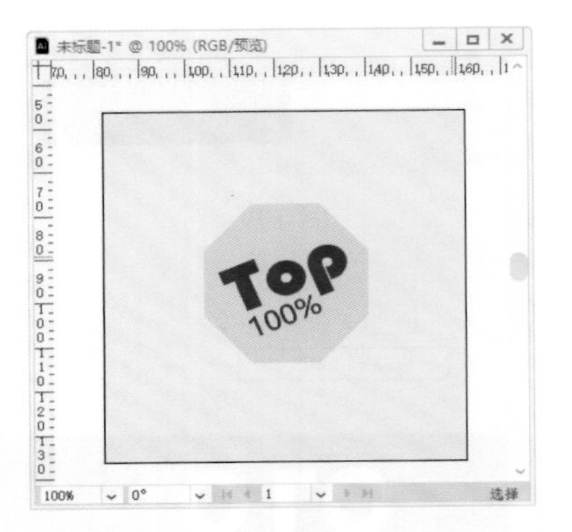

图4-94

② 横、竖两条标尺的零刻度线交叉的位置被称为“原点”，默认情况下“原点”位于画板的左上角。如果想要调整原点的位置，可以将光标移动至原点位置，按住鼠标拖动，如图4-95所示。释放鼠标，光标最后定位的位置，将作为横竖两条标尺的0刻度线，如图4-96所示。例如此时标尺原点位于对象的左上角，那么就可以度量出对象的宽度或高度，如图4-97所示。

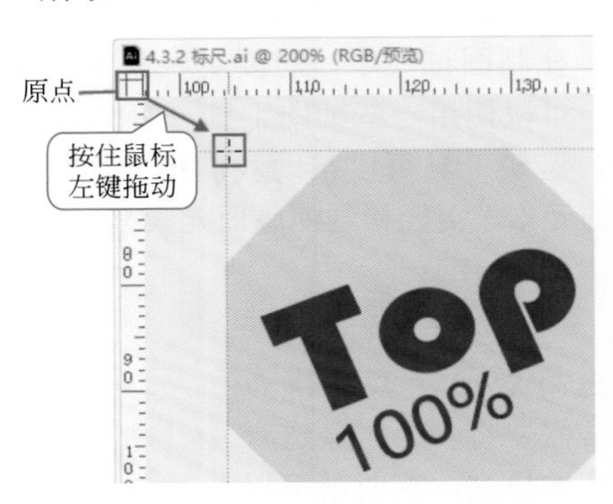

图4-95

图4-96

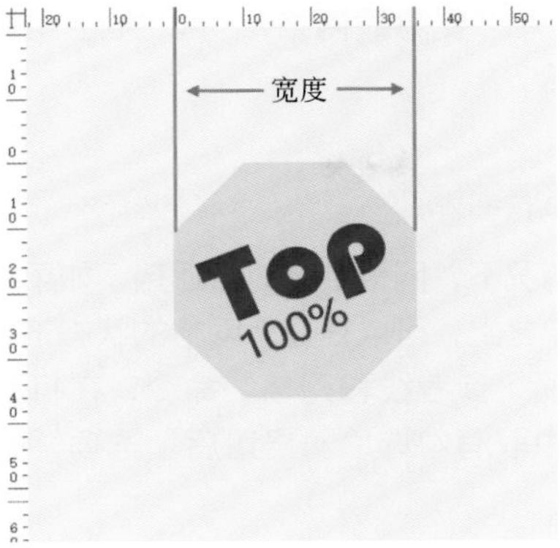

图4-97

③ 如果想要还原默认的原点位置，可以双击原点位置，即可将0刻度线还原到默认位置，如图4-98所示。

图4-98

4.3.3　参考线

功能速查

参考线可以辅助图形精准定位，常在移动、变换、绘图过程中使用。

① 想要创建参考线，首先要有标尺。使用快捷键Ctrl+R调出标尺。将光标移动至画面顶部的水平标尺上方，按住鼠标左键向下拖动，如图4-99所示。释放鼠标即可创建水平方向的参考线，如图4-100所示。

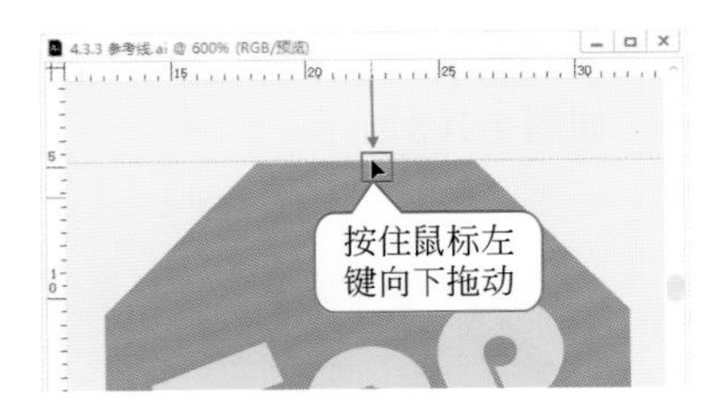

图4-99

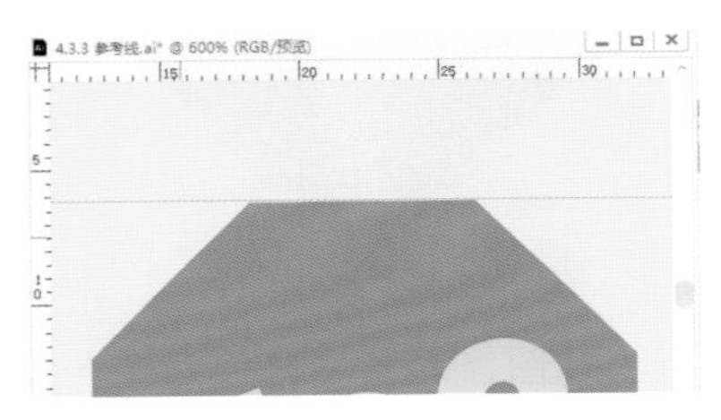

图4-100

② 同理，将光标移动至竖向标尺上方，按住鼠标左键向画面中拖动，释放鼠标即可创建参考线，如图4-101所示。

图4-101

③ 如果想要调整参考线的位置，可以使用"选择工具"选中该参考线，按住鼠标左键将其移动至合适位置，如图4-102所示。

图4-102

④ 如果想要删除参考线，可以先选中参考线，按下键盘上的Delete键，即可将其删除，如图4-103所示。

图4-103

重点笔记

参考线只是一种虚拟的辅助线，它无法被打印输出。

⑤ 如果想要清除画面中的所有参考线，可以执行"视图>参考线>清除参考线"命令。

⑥ 如果想要隐藏或显示创建的参考线，可以执行“视图>参考线>隐藏（显示）参考线”命令。

⑦ 如果想要避免在操作过程中不小心移动参考线，可以锁定参考线。执行“视图>参考线>锁定（解锁）参考线”命令，可将整个画面中的参考线锁定或解锁。

重点笔记

在选择“选择工具”状态下，在参考线上方单击鼠标右键，在弹出的快捷菜单中可以快速进行参考线的编辑操作，如图4-104所示。

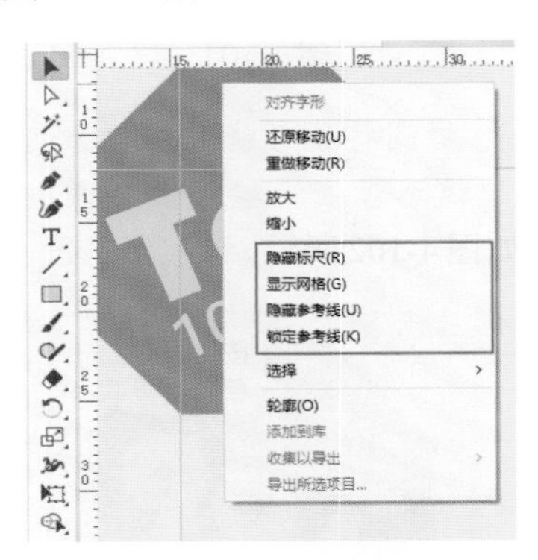

图4-104

4.3.4 网格

功能速查

网格也是较为常用的辅助工具，通过使用网格可以更为精准地绘制图形或者确定绘制对象的位置。

① 执行“视图>显示网格”命令，即可在画面中显示出网格。绘图或者调整对象位置、大小时，都可以网格作为参考，如图4-105所示。

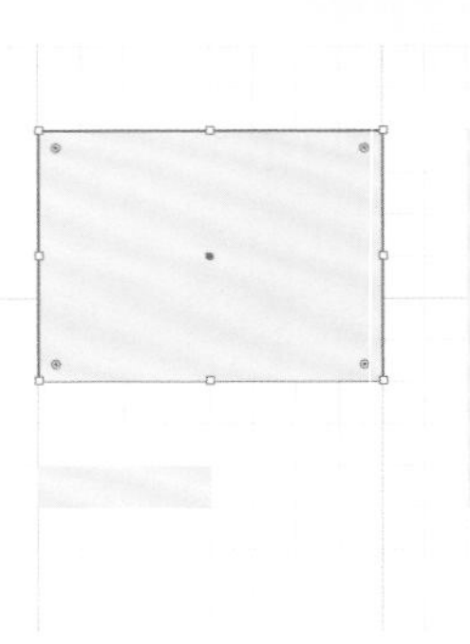

图4-105

② 如果想要隐藏网格，可以执行“视图>隐藏网格”命令。

拓展笔记

默认情况下，网格会被对象遮挡。如果想要使网格显示在对象之上，可以在显示网格的状态下，执行“编辑>首选项>参考线和网格”命令，在打开的“首选项”窗口中取消勾选“网格置后”选项，如图4-106所示。

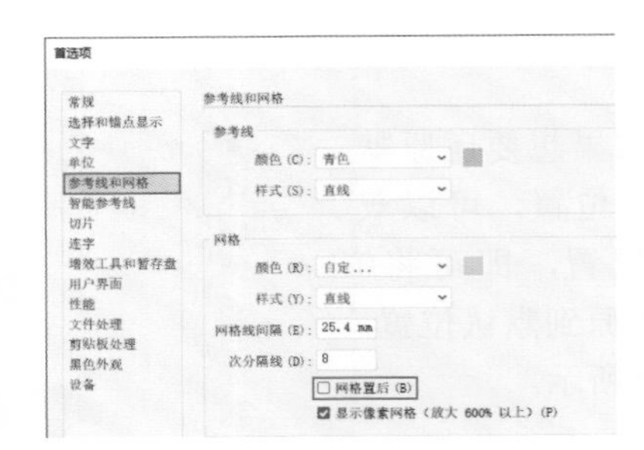

图4-106

4.3.5 对齐设置

在Illustrator中有一些比较常见的对齐设置，如对齐网格、对齐像素、对齐点、对齐字形。这些对齐设置可以在绘制与变换图形时更加精确，如图4-107所示。

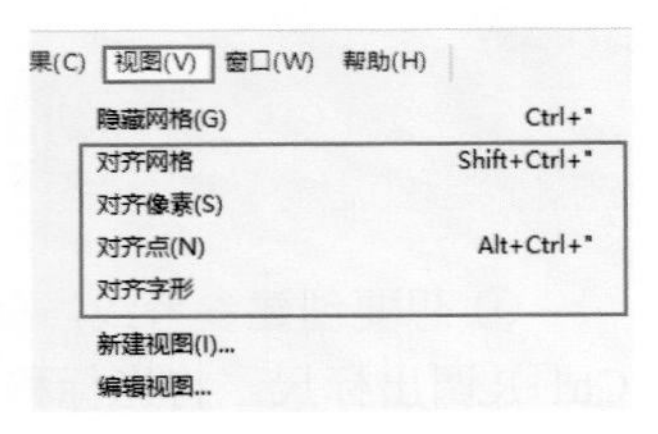

图4-107

① 在这里以“对齐网格”命令的使用为例，进行详细的讲解。首先执行“视图>显示网格”命令，显示出网格，如图4-108所示。

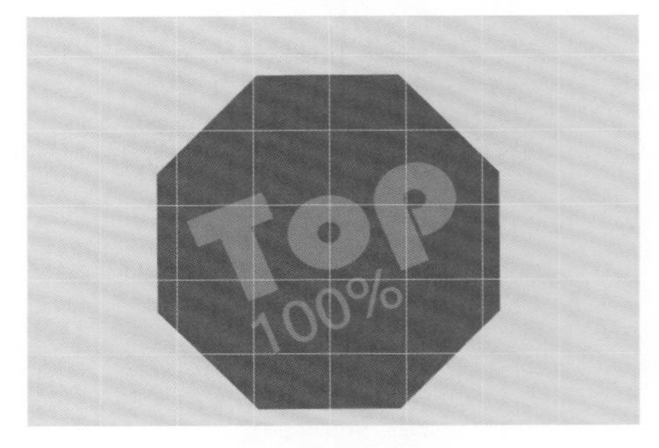

图4-108

② 执行“视图>对齐网格”命令，可以启用该功能，其他的对齐功能也是一样的。随后移动图形

的位置时，图形边缘会很容易“吸附”到网格线的位置，如图4-109所示。

图4-109

4.3.6　实战：制作排列整齐的海报

文件路径

实战素材/第4章

操作要点

使用“文字工具”添加文字
利用对齐功能排列文字

案例效果

案例效果见图4-110。

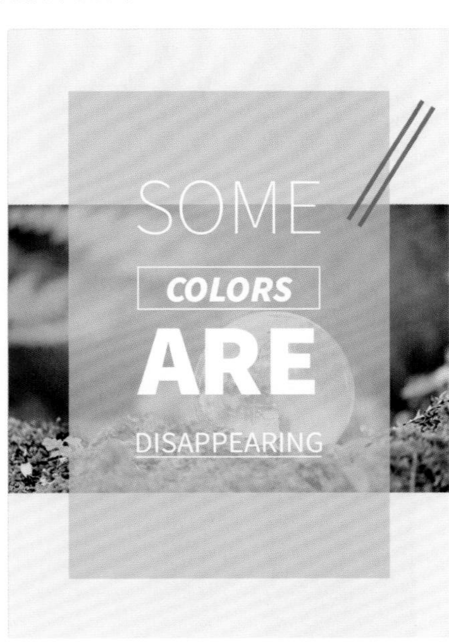

图4-110

操作步骤

① 新建文档，选择“矩形工具”，设置“填充”为米色，“描边”为无，设置完成后在画面中拖动绘制一个与画板等大的矩形，如图4-111所示。

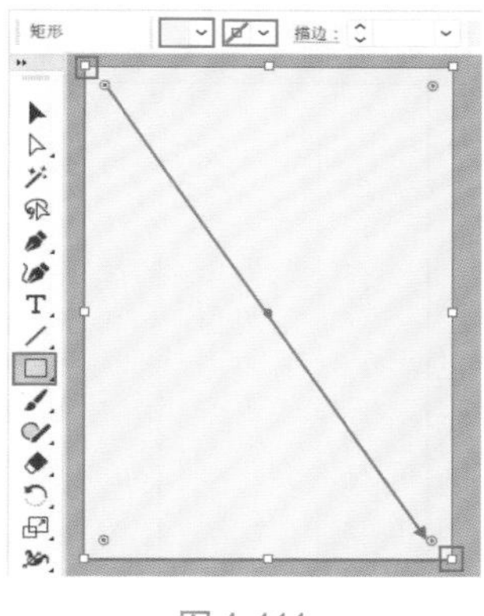

图4-111

② 执行“视图>标尺>显示标尺”命令或者使用快捷键Ctrl+R调出标尺，如图4-112所示。

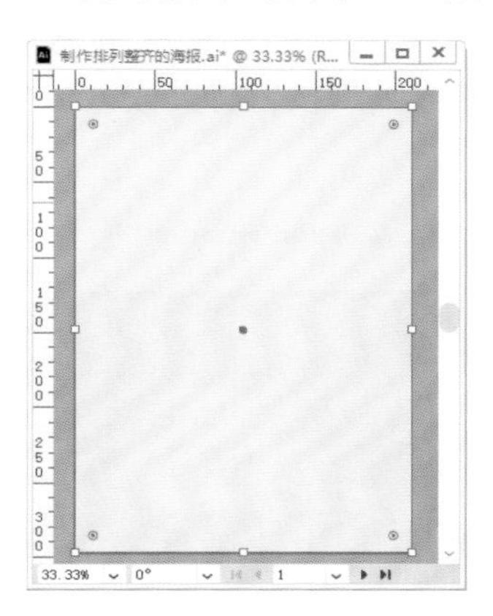

图4-112

③ 将光标移动至画面左侧的竖向标尺上方，按住鼠标左键向右拖动，如图4-113所示。释放鼠标即可创建参考线，如图4-114所示。

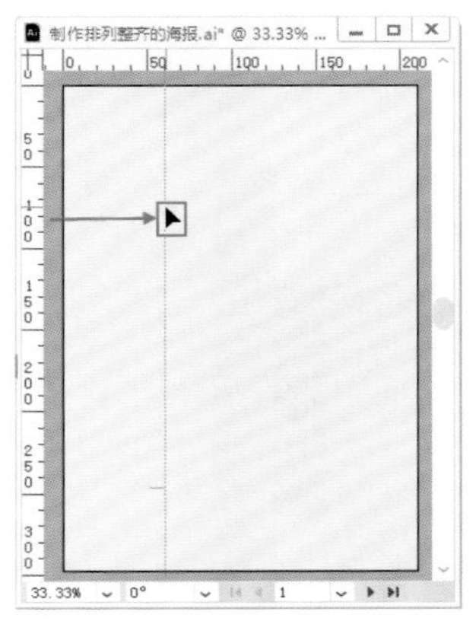

图4-113　图4-114

④ 同理，将光标移动至竖向标尺上方，按住鼠标左键向画面中拖动，释放鼠标即可创建参考线，如图4-115所示。

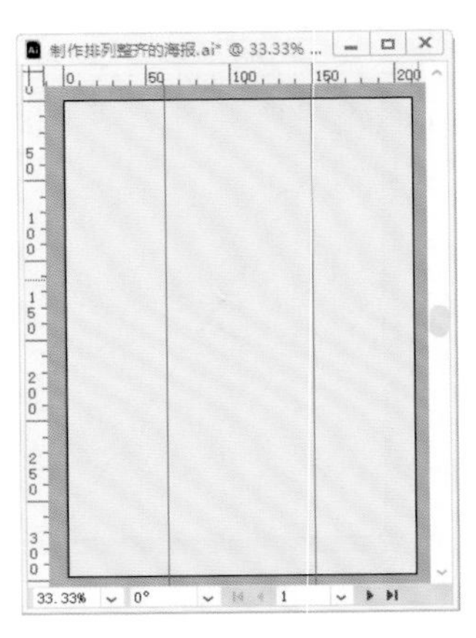

图4-115

⑤ 使用快捷键Ctrl+R隐藏标尺。接着执行“文件＞置入”命令，将素材1置入到画面中，并单击控制栏中的“嵌入”按钮将其嵌入到文档中，如图4-116所示。

图4-116

⑥ 选择“矩形工具”，在画面中间位置按住鼠标左键拖动绘制一个矩形。选中矩形，设置“填充”为绿色，“描边”为无，“不透明度”为75%，如图4-117所示。

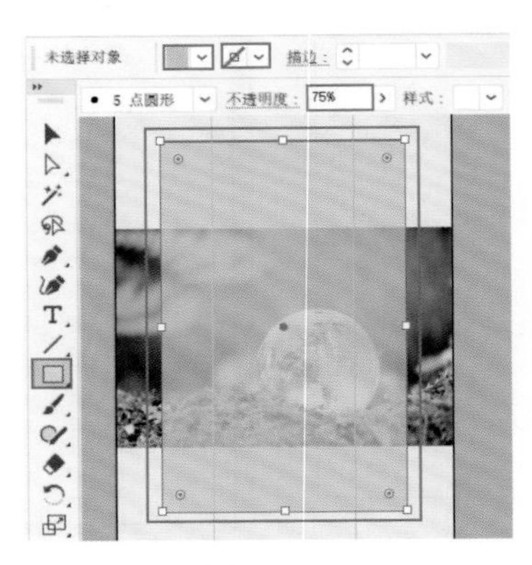

图4-117

⑦ 选择“文字工具”，在参考线之间单击插入光标，接着删除占位符，然后输入文字，输入结束后按下Ctrl+Enter键提交操作，如图4-118所示。

图4-118

⑧ 选中该文字，在控制栏中设置“填充”为白色，然后在控制栏中选择合适的字体，如图4-119所示。

图4-119

⑨ 接着将光标移动至角控制点上，按住Shift键拖动将文字进行中心等比例放大，使文字的两边与两条参考线贴齐，如图4-120所示。

图4-120

⑩ 使用同样的方法在奶绿色矩形上添加其他文字，如图4-121所示。

图4-121

⑪ 选择“矩形工具”，在控制栏中设置“填充”为无，“描边”为白色，“描边粗细”为2pt，设置完成后在第2行文字上绘制一个矩形，如图4-122所示。

图4-122

⑫ 选择“直线段工具”，在控制栏中设置“填充”为无，“描边”为白色，“描边粗细”为2pt，设置完成后在文字的最下方按住Shift键的同时按住鼠标左键拖动绘制一条直线，如图4-123所示。

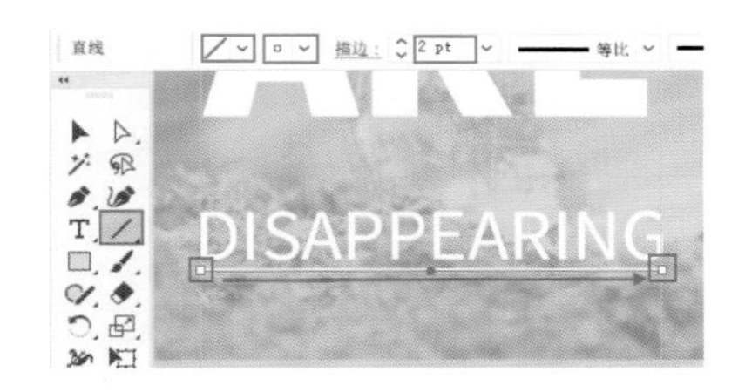

图4-123

⑬ 使用“选择工具”，在两条参考线中间按住鼠标左键拖动进行框选，如图4-124所示。

图4-124

⑭ 接着单击控制栏中的“水平居中对齐”按钮，如图4-125所示。

图4-125

⑮ 选择“矩形工具”，设置“填充”为绿色，“描边”为无，设置完成后在第一行白色文字的右侧绘制一个细长的矩形，如图4-126所示。

⑯ 选择该矩形，按住Shift+Alt键的同时按住鼠标左键将其向下拖动，至合适位置时释放鼠标，即可快速复制出一份，如图4-127所示。

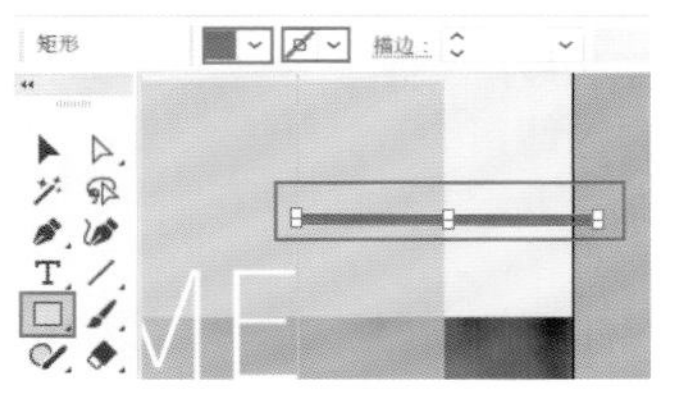

图4-126

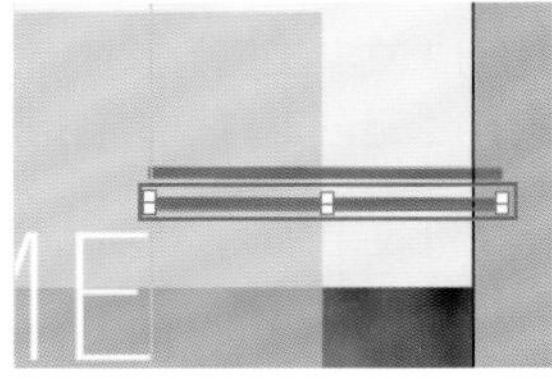

图4-127

⑰ 选中两个矩形，将光标移动至角控制点处，按住鼠标左键拖动，将其旋转至合适的角度，如图4-128所示。本案例制作完成，效果如图4-129所示。

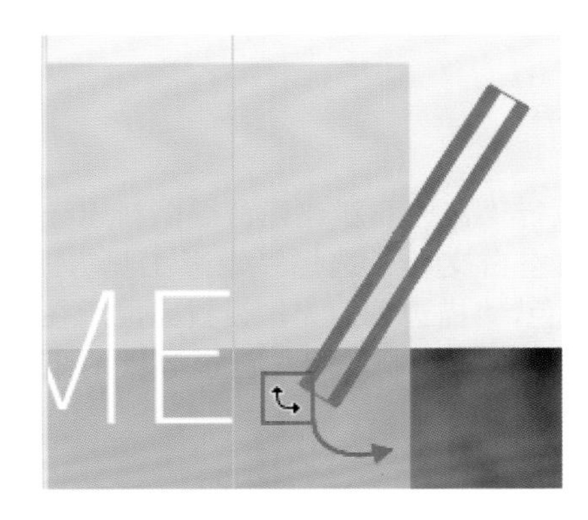

图4-128

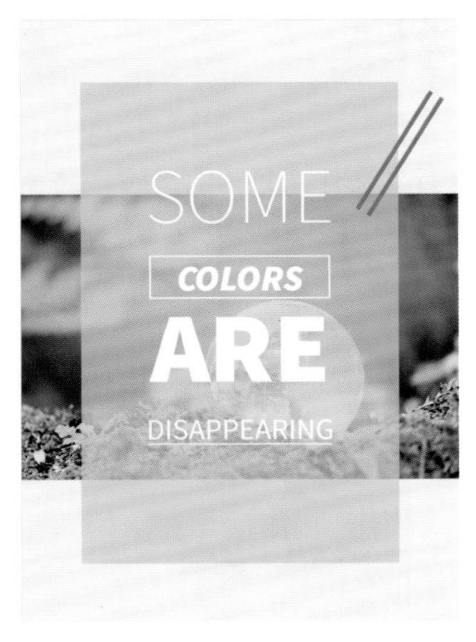

图4-129

4.4　课后练习：制作简单的图文广告

文件路径

实战素材/第4章

操作要点

使用“文字工具”添加点文字和段落文字
使用“矩形工具”绘制矩形作为背景

案例效果

案例效果见图4-130。

图4-130

操作步骤

① 执行“文件＞新建”命令，新建一个大小合适的横向空白文档。选择“矩形工具”，设置“填充”为米色，“描边”为无，设置完成后在画面中按住鼠标左键拖动绘制一个与画板等大的矩形，如图4-131所示。

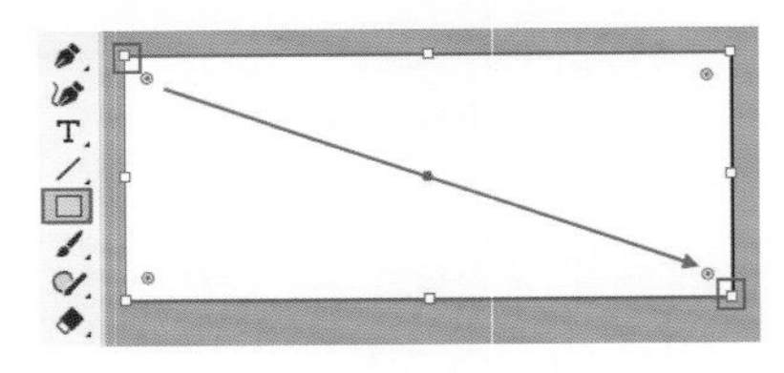

图4-131

② 执行“文件＞置入”命令，将素材1置入到画面中，并单击控制栏中的“嵌入”按钮，如图4-132所示。

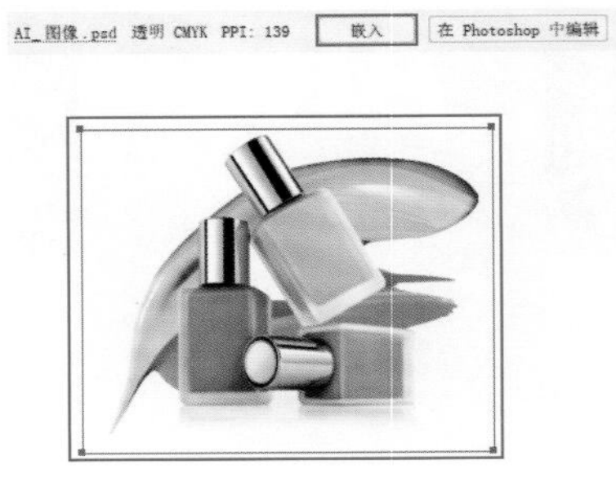

图4-132

③ 选择“文字工具”，在画面中单击，删除占位符，输入文字，如图4-133所示。

图4-133

④ 选中文字，设置其字号为330pt，颜色为浅卡其色，设置完成后将其移动至画面中间位置上，如图4-134所示。

图4-134

⑤ 接着执行“对象＞排列＞后移一层”命令，将其置于化妆品的后方。效果如图4-135所示。

图4-135

⑥ 选择“文字工具”，在画面右侧单击插入光标并删去占位符，接着输入文字，输入完成后选中文字，在控制栏中设置合适的字体、字号与颜色，如图4-136所示。

图4-136

⑦ 使用同样的方法在其下方键入其他文字，如图4-137所示。

图4-137

⑧ 继续使用“文字工具”，在黑色文字的下方按住鼠标左键拖动绘制一个文本框，然后删除占位符，输入文字，如图4-138所示。

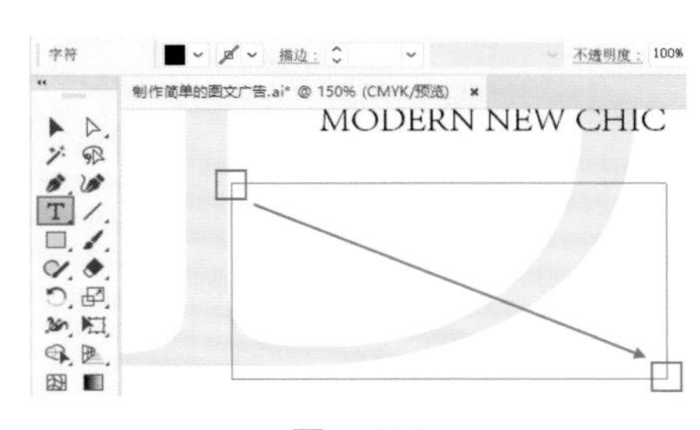

图4-138

⑨ 接着在文本框内添加文字，然后选中文本框，在控制栏中设置合适的字体与字号，并单击“右对齐”按钮，如图4-139所示。本案例制作完成，效果如图4-140所示。

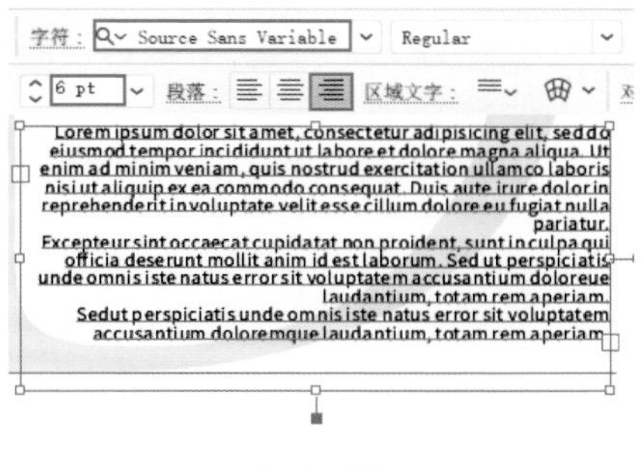

图4-139

图4-140

本章小结

通过对本章的学习不仅可以轻松地在画面中添加简单文字，还可以更有序地排列版面内容。结合前几章所学的知识，可以向画面中添加图像、图形、文字等内容，进行简单的排版练习。

Ai

Ai

高级拓展篇

第5章 高级色彩设置

为了使图形产生更强的视觉感染力，巧妙的颜色设置是不可缺少的。本章将要学习为图形内部填充单色、渐变色、图案的方法，以及为图形设置描边颜色、粗细、效果的方法。本章还介绍了另外两种用于设置图形颜色的功能：网格工具、实时上色工具。除此之外，为对象设置不透明度及混合模式可以使多层次对象产生融合。

学习目标

- 熟练设置填充色、描边色。
- 熟练使用“吸管工具”拾取颜色。
- 掌握渐变颜色的设置方法。
- 熟练设置图形的描边样式。
- 掌握“透明度”面板的使用方法。

思维导图

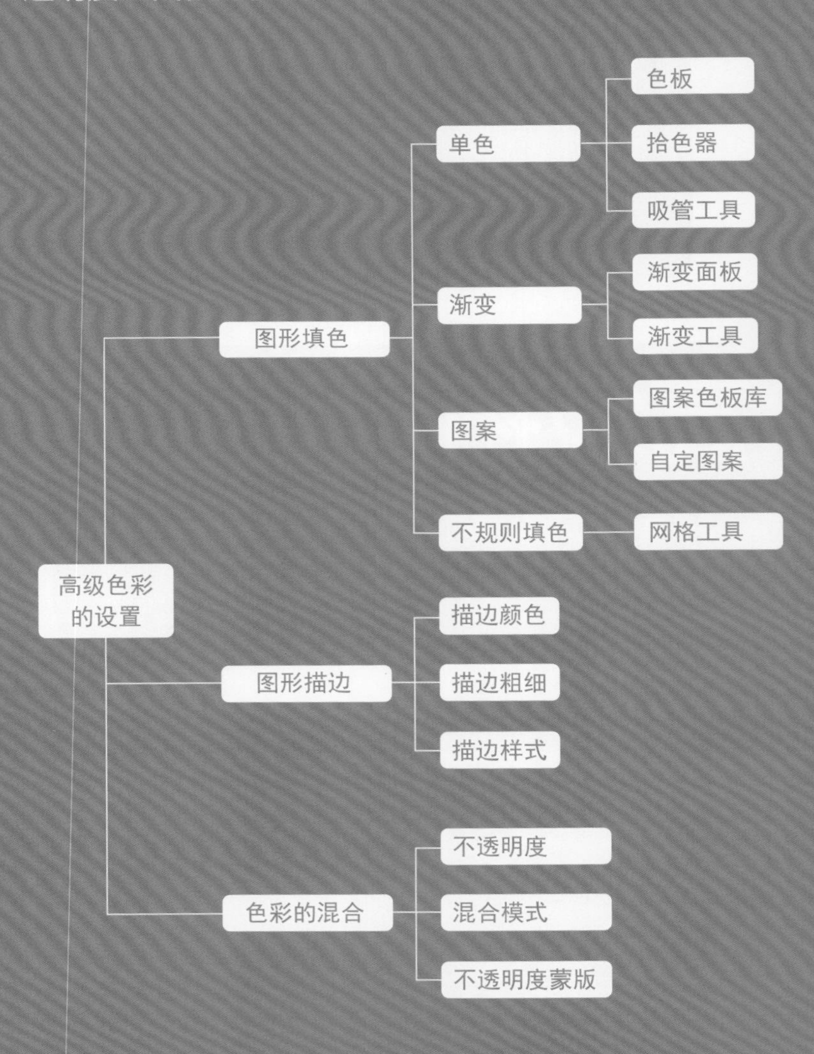

5.1　拾色器：随意选择颜色

通过“拾色器”窗口，可以为矢量图形设置更加丰富的填充色或描边色。

① 使用“选择工具”，单击选择作为背景的矩形图形，接下来将要为这个图形设置颜色，如图5-1所示。

图5-1

② 双击工具箱底部的“填色”按钮，可以打开“拾色器”窗口。在“拾色器”中可以随意选择各种颜色，将其赋予给图形，如图5-2所示。

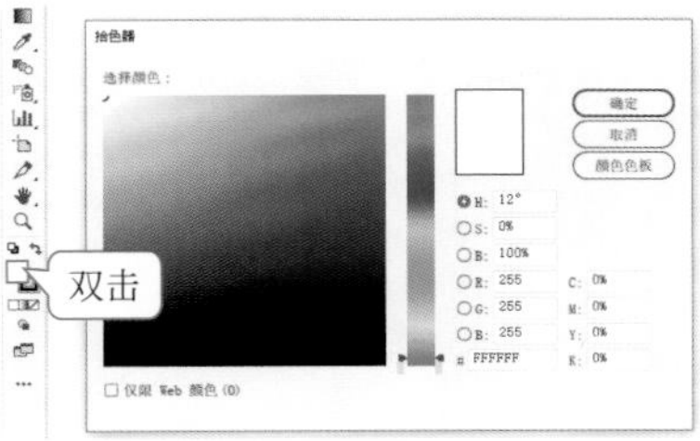

图5-2

③ 想要使用“拾色器”设置颜色，首先要在色谱中选定色相，然后在色域中选择某种颜色；也可以直接在右侧输入颜色的色值或者输入颜色的名称，以选择特定的色彩，如图5-3所示。

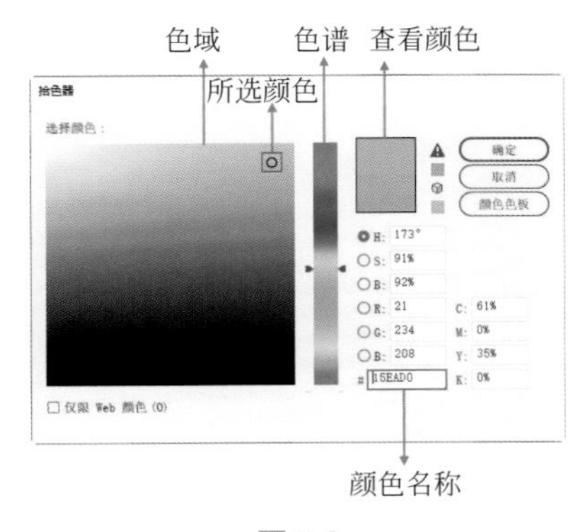

图5-3

④ 在色谱的位置按住鼠标左键拖动滑块，选择一种青色的色相，如图5-4所示。

⑤ 然后在左侧的色域中按住鼠标左键拖动或者单击选择颜色，设置完成后单击“确定”按钮，如图5-5所示。此时可以看到画面中图形被填充上了青色，效果如图5-6所示。

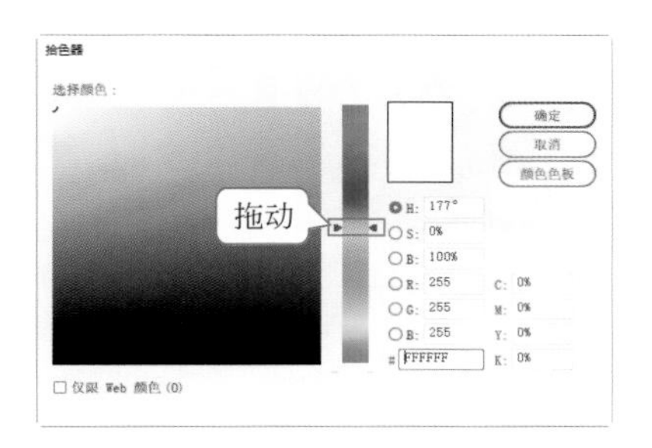

图5-4

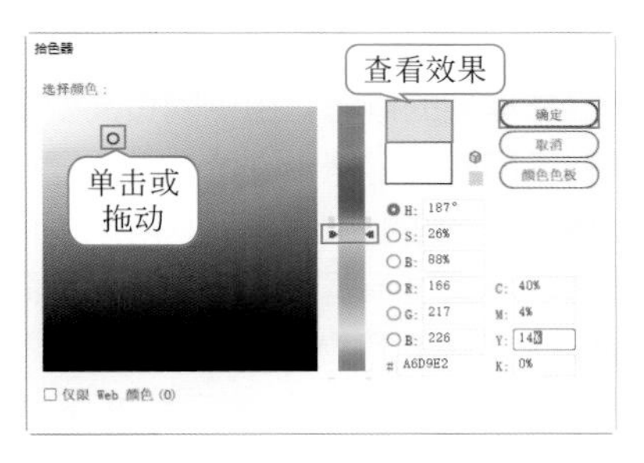

图5-5

⑥ 如果想要为图形填充指定的颜色，可以在RGB或CMYK数值框内输入数值，如图5-7所示。

图5-6

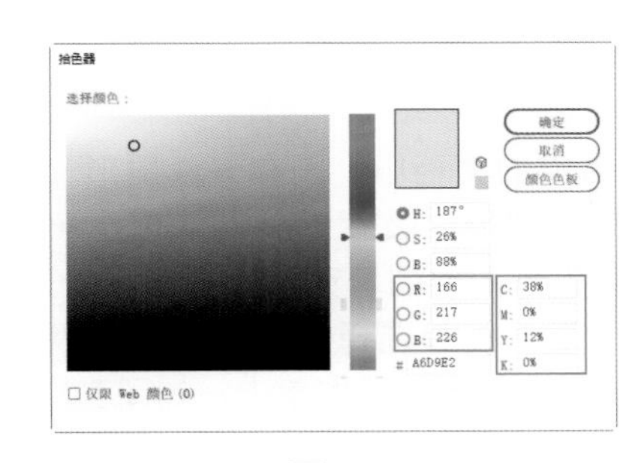

图5-7

重点笔记

如果已经知晓指定颜色的名称，也可以在下方的   中输入名称，为图形赋予颜色。

⑦ 想要设置描边颜色，则需要双击工具箱底部的“描边”按钮，并在“拾色器”中以同样的方法

进行设置，如图5-8所示。

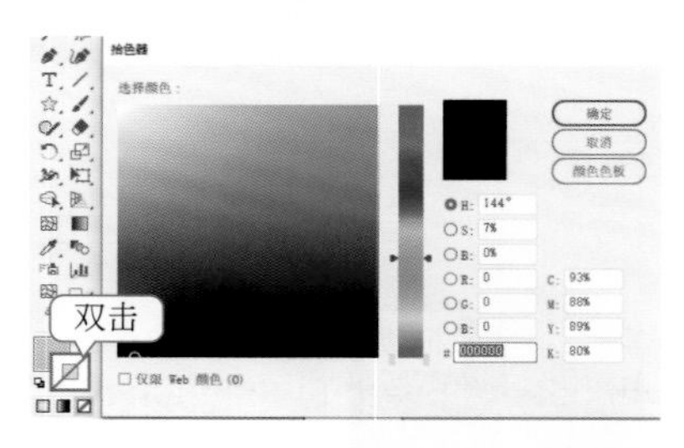

图5-8

拓展笔记

在Web安全色状态下工作："Web安全色"是在网页设计中经常提到的概念。由于网页需要在不同的操作系统下或在不同的显示器中浏览，而不同操作系统或浏览器的颜色会有一些细微的差别，所以确保制作出的网页颜色能够在所有显示器中显示的效果相同，这就需要我们在制作网页时使用"Web安全色"。

打开"拾色器"窗口，勾选窗口左下角的"仅限Web颜色"选项，就可以在安全色模式下选择颜色，如图5-9所示。

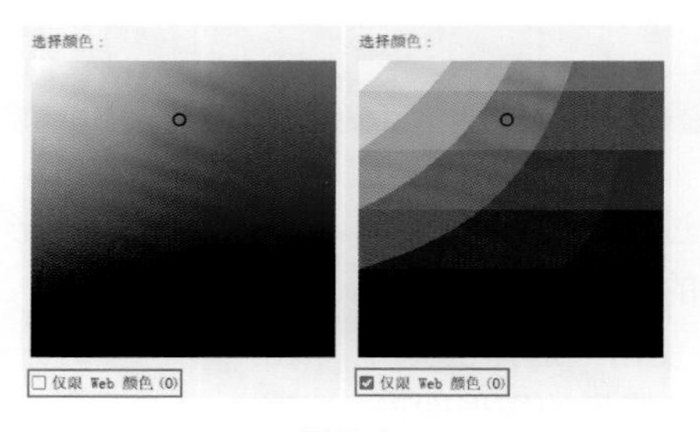

图5-9

在"拾色器"窗口中选择颜色时，如果在所选颜色右侧出现警告图标，就说明当前选择的颜色不是Web安全色。单击该图标，即可将当前颜色替换为与其最接近的Web安全色，如图5-10所示。

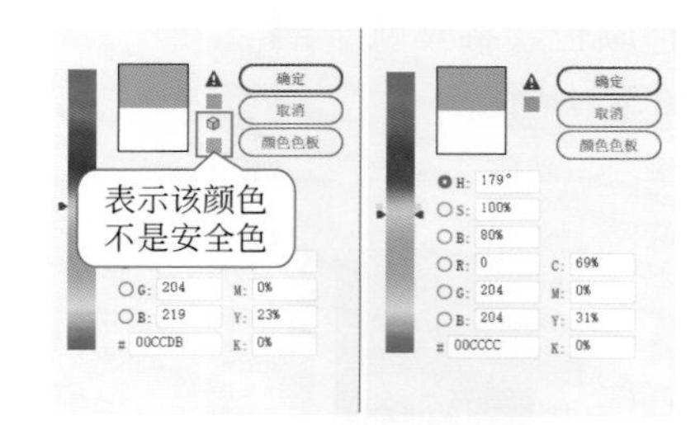

图5-10

5.2 吸管：从画面中提取颜色

功能速查

"吸管工具"有两项功能：一是可以从画面任意位置提取颜色以供使用。二是可以将对象A的颜色属性（填色、描边）赋予给对象B。

① 在当前的文档中，既有矢量图形又有位图照片。接下来将使用"吸管工具"从位图照片中提取颜色，用作矢量图形的填充。首先使用"选择工具"单击选择图形，接着选择工具箱中的"吸管工具"，将光标移动至左侧的图片中单击，如图5-11所示。

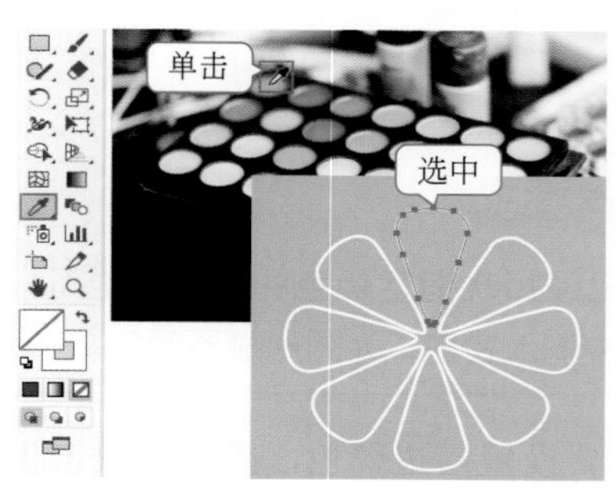

图5-11

② 接着可以看到选中的图形被填充了刚刚单击位置的颜色，如图5-12所示。

③ 继续使用同样的方法从图片中选取颜色，为其他花瓣赋予不同的填充色，效果如图5-13所示。

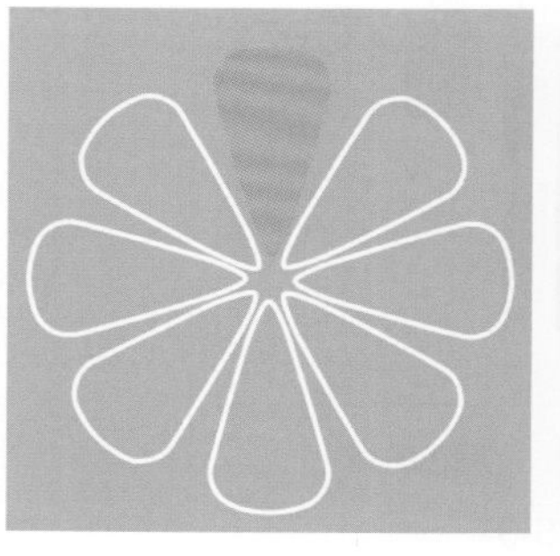

图5-12

图5-13

④ 在使用"吸管工具"时不仅可以从位图中吸取颜色，还可拾取矢量图形的填色和描边属性。例如选择图形，在另一个带有填充和描边的图形上单击，如图5-14所示。释放鼠标即可看到所选图形出现与之相同的填充与描边，如图5-15所示。

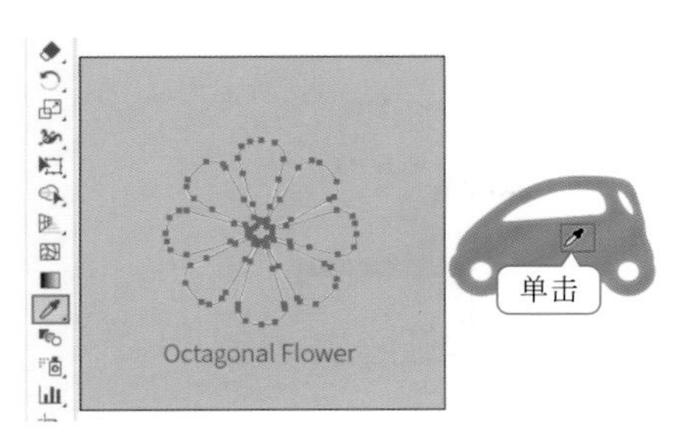

图 5-14

图 5-15

重点笔记

“吸管工具”还可以吸取文字的属性，如字体、字号、颜色、对齐方式等。

① 选中黑色文字，选择“吸管工具”，将光标移动至深红色文字上，单击进行文字属性的拾取，如图5-16所示。

图 5-16

② 此时可以看到黑色的文字样式发生了改变，如图5-17所示。

图 5-17

5.3 使用多彩的渐变

绚丽多彩的渐变色是由多种颜色的过渡与融合形成的。矢量图形的填充和描边都可以设置渐变色。

想要设置渐变，经常需要使用到“渐变”面板。在该面板中不仅可以编辑渐变的颜色，还可以调整渐变的角度、位置等参数，如图5-18所示。

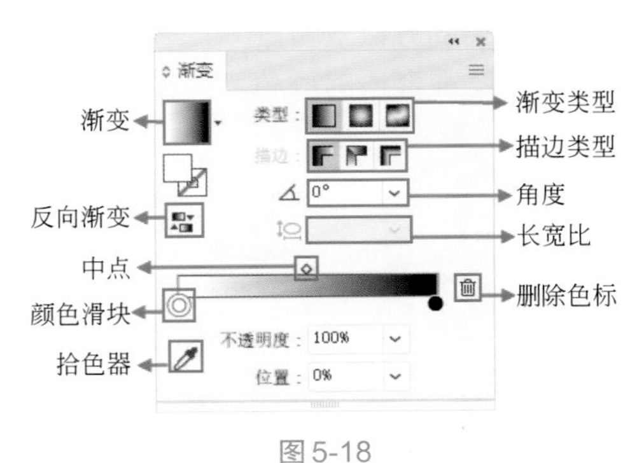

图 5-18

使用“渐变”面板为图形添加渐变，首先要确定是哪种类型的渐变，比如线性渐变、径向渐变、任意形状渐变，如表5-1所示。

表 5-1　不同类型的渐变效果

类型	说明	效果
线性渐变	颜色从一端过渡到另外一端	
径向渐变	颜色从中间向边缘过渡	
任意形状渐变	可在图形任意位置添加颜色，并在颜色之间产生过渡	

高级拓展篇

5.3.1 设置渐变

① 选择需要设置渐变的矢量图形，如图5-19所示。

图5-19

② 双击工具箱中的“渐变工具”或者执行“窗口>渐变”命令，打开“渐变”面板。首先单击填充按钮，接下来的渐变效果会应用到图形的填充中。然后单击“渐变”按钮，即可为矩形填充上默认的渐变色，如图5-20所示。

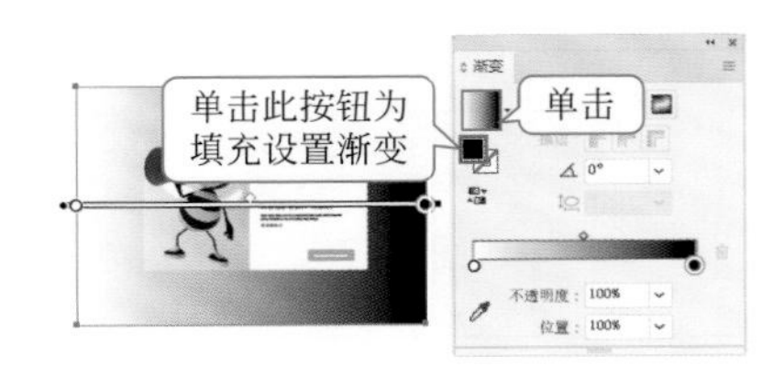

图5-20

重点笔记

使用快捷键Ctrl+F9也可以打开渐变面板。

③ 设置“渐变类型”为线性渐变，双击颜色滑块（也常被称为色标），然后在弹出的窗口中选择一种颜色，如图5-21所示。

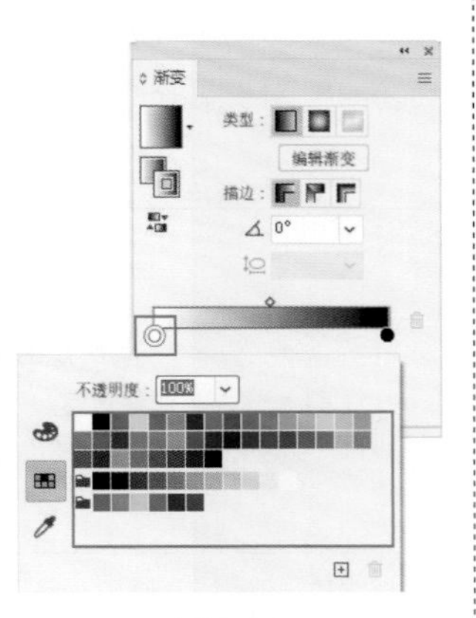

图5-21

④ 如果想要使用其他颜色可以在弹出的窗口左侧单击按钮，随后可以通过调整滑块改变颜色。但目前只有灰度颜色，需要单击窗口右侧的菜单按钮，选择“CMYK”，如图5-22所示。

⑤ 切换至CMYK模式后，可以选择更多色彩，如图5-23所示。

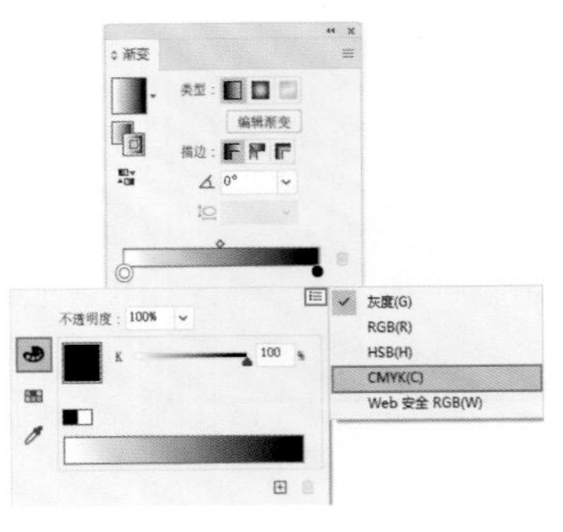

图5-22

⑥ 还可以使用“渐变”面板中的“拾色器”设置颜色滑块的色彩。单击选择右侧的颜色滑块，单击“拾色器”按钮，接着将光标移动至画面中单击，即可更改色标颜色，如图5-24所示。

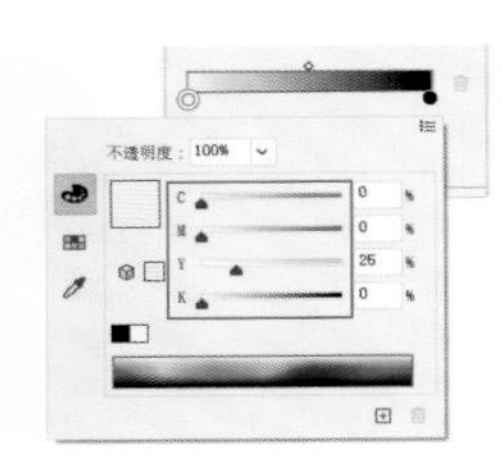

图5-23

图5-24

⑦ 如果需要在渐变中添加更多色彩，就需要添加颜色滑块。将光标移动至渐变滑块的下方，当光标变为▷₊状时，单击即可添加颜色滑块，如图5-25所示。

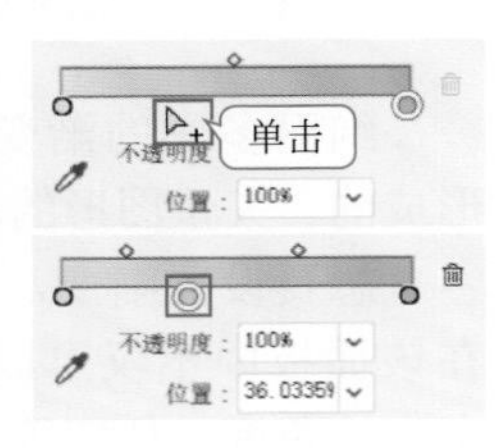

图5-25

⑧ 使用上述的方法双击颜色滑块，为其设置合适的颜色，如图5-26所示。效果如图5-27所示。

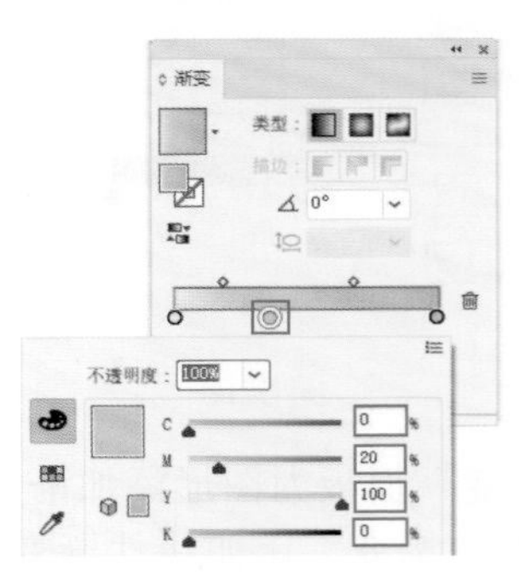

图5-26

图5-27

⑨ 如果添加的颜色滑块过多，想要删除多余的颜色滑块，可以单击选择颜色滑块，单击右侧“删去色标”按钮，或者按下键盘上的Delete键，如图5-28所示。

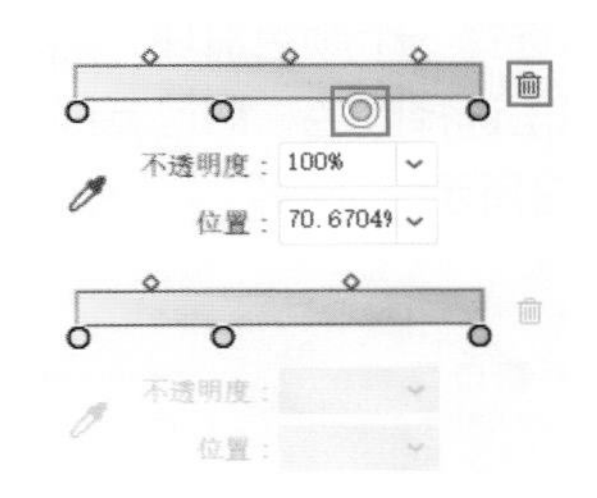

图5-28

⑩ 如果想要调整渐变中各颜色的位置，可以拖动颜色滑块，如图5-29所示。

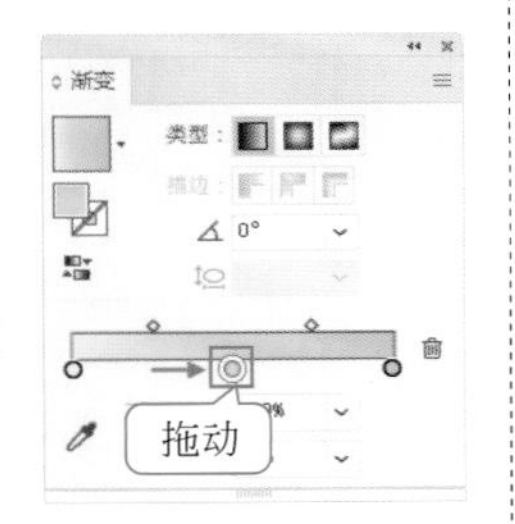

图5-29

⑪ 如果想要调整颜色之间的过渡效果，可以按住鼠标左键左右拖动中点，如图5-30所示。

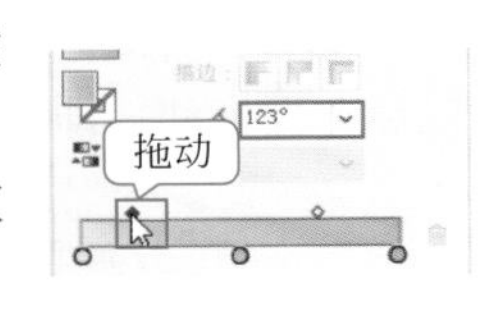

图5-30

⑫ 如果想要设置渐变的角度，可以在“渐变”面板中的“角度”数值框内输入合适的数值，然后按下键盘上的Enter键提交操作即可，如图5-31所示。

⑬ 如果要制作带有透明效果的渐变，可以选中颜色滑块，然后设置下方的“不透明度”数值，如图5-32所示。

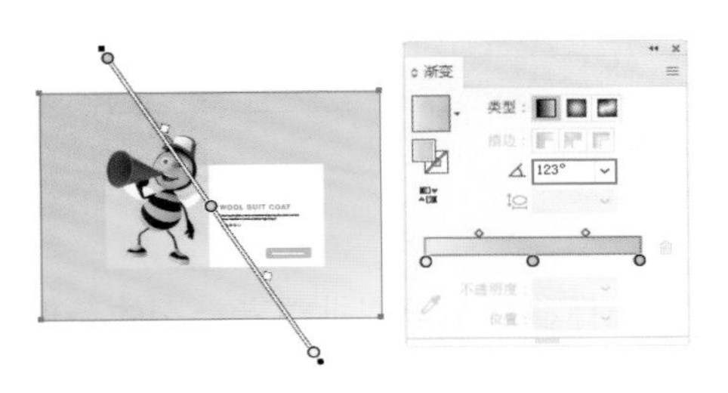

图5-31

⑭ 单击“径向渐变”按钮，即可改变渐变的类型，如图5-33所示。

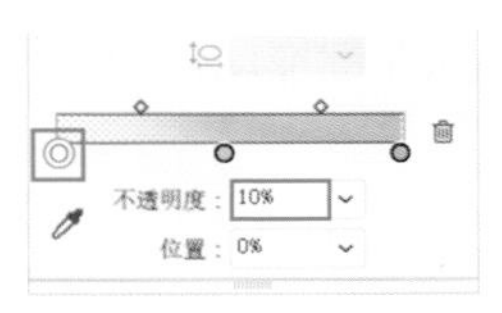

图5-32

⑮ 图形上的渐变呈现出从中心向四周过渡的效果，画面效果如图5-34所示。

⑯ 为了使径向渐变产生“压扁”的效果，可以设置“长宽比”数值，如图5-35所示。

图5-33

⑰ 单击“任意形状渐变”按钮，设置“绘制”为点，图形上会出现多个色标。双击图形上的色标，随后即可设置颜色，如图5-36所示。

图5-34

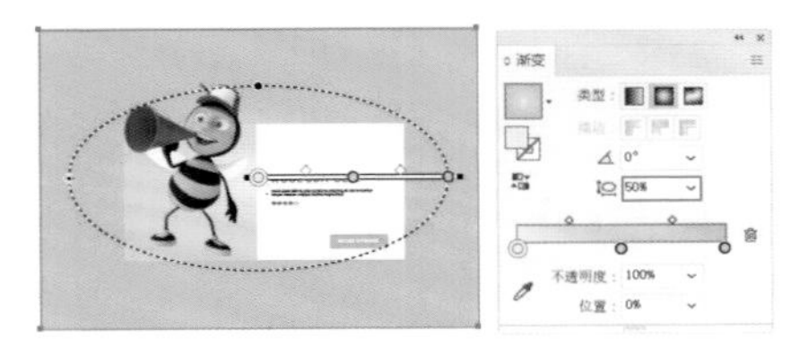

图5-35

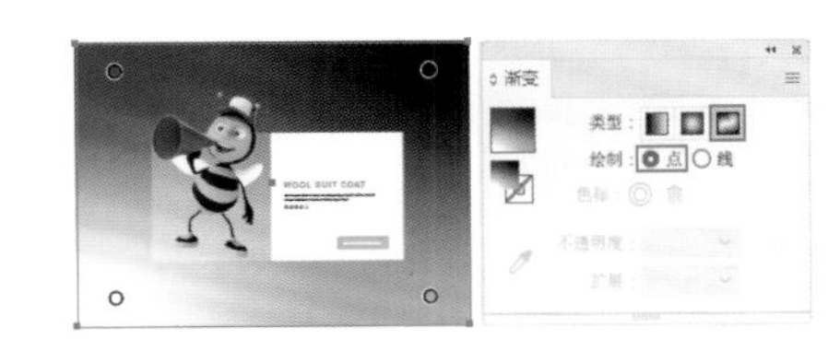

图5-36

⑱ 选中色标，按住鼠标左键拖动虚线上的控制点，可调整该颜色的影响范围，如图5-37所示。

图5-37

⑲ 如果想要改变色标的位置，可以按住鼠

标左键拖动，如图5-38所示。

图5-38

⑳ 将光标移动至图形上方单击，即可添加色标，如图5-39所示。如果想要删除色标，同样可以在选择色标之后按下Delete键删除。

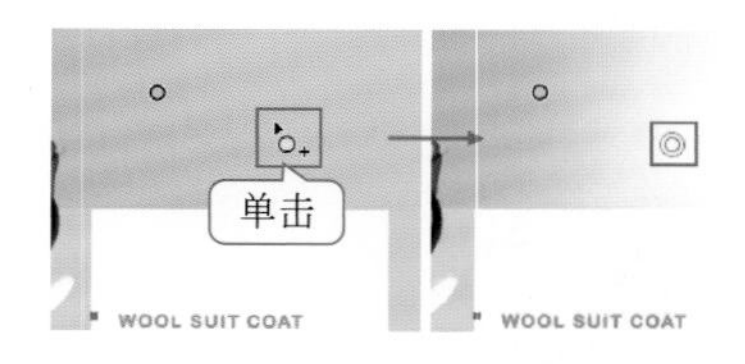

图5-39

㉑ 如果设置“绘制”为线，可以在图形上多次单击添加色标，色标之间会形成连线，颜色的过渡效果也会呈现出相应的线性，如图5-40所示。

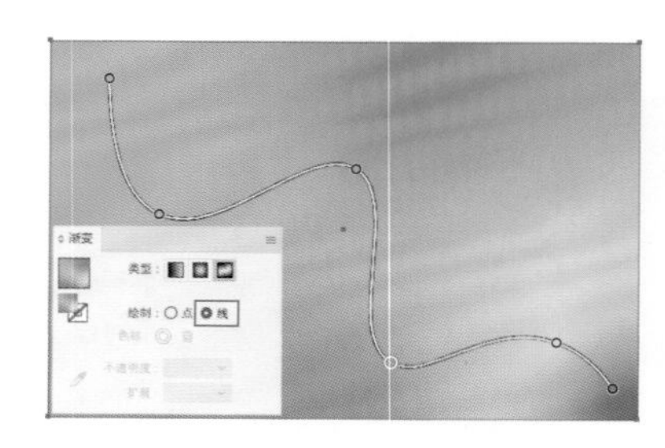

图5-40

㉒ 如果要为描边添加渐变颜色，可以先在“渐变”面板中单击“描边”按钮，接着编辑渐变颜色，如图5-41所示。

图5-41

㉓ 在“渐变”面板中“描边”选项用来设置渐变描边的效果，共有三种效果，如表5-2所示。

表5-2　渐变描边的不同效果

在描边中应用渐变	沿描边应用渐变	跨描边应用渐变

拓展笔记

通过“颜色”面板快速设置颜色滑块的颜色：执行“窗口>颜色”命令打开“颜色”面板。接着在“渐变”面板中单击选择一个颜色滑块，然后在“颜色”面板下方色域中单击选择颜色，即可完成颜色滑块的颜色设置，如图5-42所示。

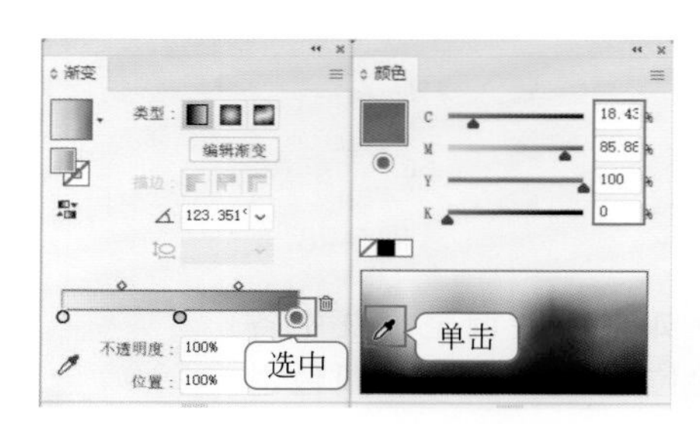

图5-42

5.3.2　使用渐变工具调整渐变效果

① 渐变颜色编辑完成后还可以调整渐变效果。选中渐变图形，单击工具箱中的“渐变工具”，渐变图形上会出现“渐变批注者”，也就是渐变的控制器。按住鼠标左键拖动，即可调整渐变角度，如图5-43所示。

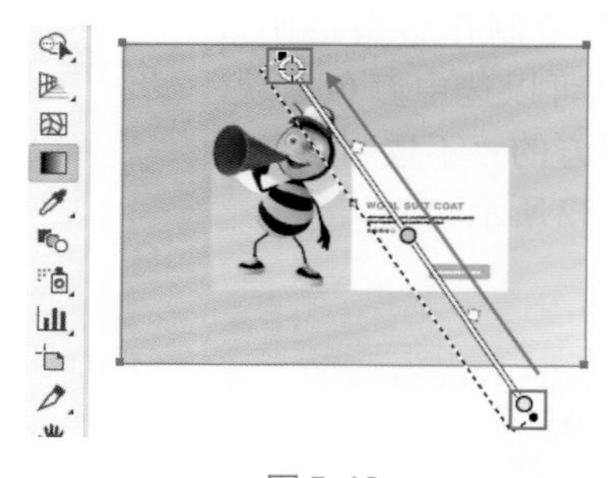

图5-43

② 将光标移动至渐变批注者一端的菱形控制点上，当光标变为↻状时，按住鼠标左键拖动，调整渐变批注者的旋转角度，如图5-44所示。

图5-44

③ 渐变批注者中的大部分功能与“渐变”面板一致，其使用的方法也与之相同，比如单击可添加色标；拖动色标可调整色标位置；拖动中点可更改颜色过渡效果。双击颜色滑块，同样可以进行颜色设置，如图5-45所示。

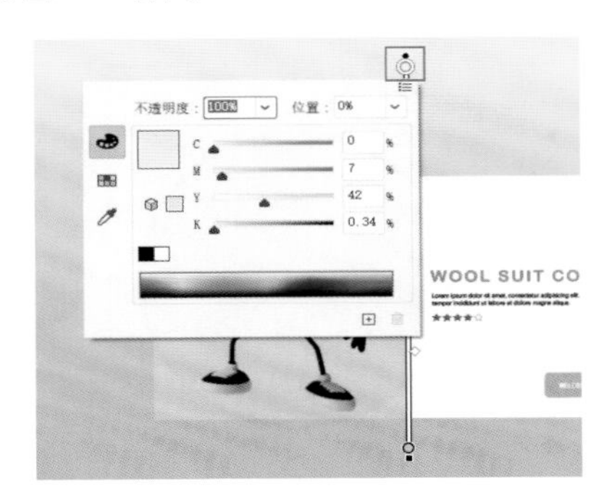

图5-45

④ 如果想要隐藏渐变批注者，可以执行“视图>隐藏渐变批注者”命令，如图5-46所示。再次执行该命令可以将渐变批注者显示出来。

图5-46

5.3.3 使用已有的渐变颜色

Illustrator的色板库内提供了一些漂亮的渐变颜色。执行“窗口>色板库>渐变”命令，在子菜单中包含了多个子命令，执行这些命令可以打开相对应的包含预设渐变的面板，如图5-47所示。这些渐变颜色的应用方法极为简单，只需打开相应名称的面板，单击色块即可为图形赋予渐变色。

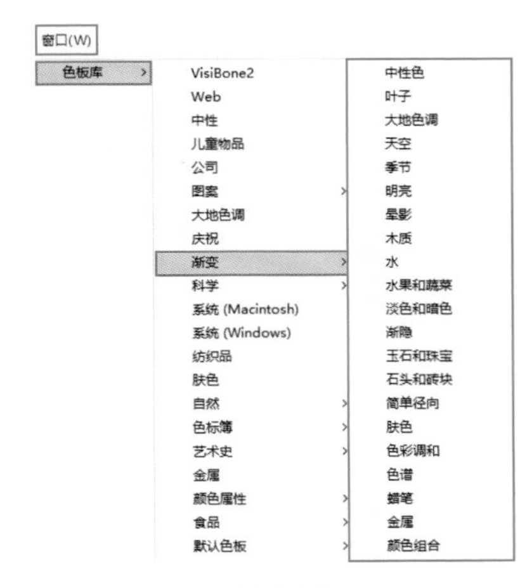

图5-47

① 选择需要设置颜色的矢量图形，如图5-48所示。

图5-48

② 然后执行“窗口>色板库>渐变>肤色”命令，打开“肤色”面板，单击“肤色2”色块，如图5-49所示。

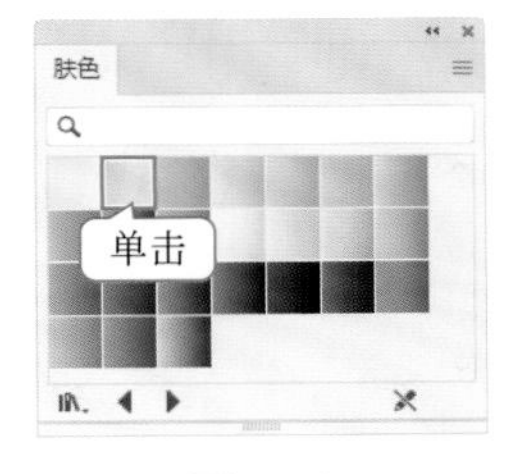

图5-49

③ 此时背景中的矩形出现了相应的渐变颜色，如图5-50所示。

图5-50

④ 接着选中稍小的灰色矩形，执行“窗口>色板库>渐变>渐隐”命令，打开“渐隐”面板，单击“渐隐至中心白色”色块，如图5-51所示。效果如图5-52所示。

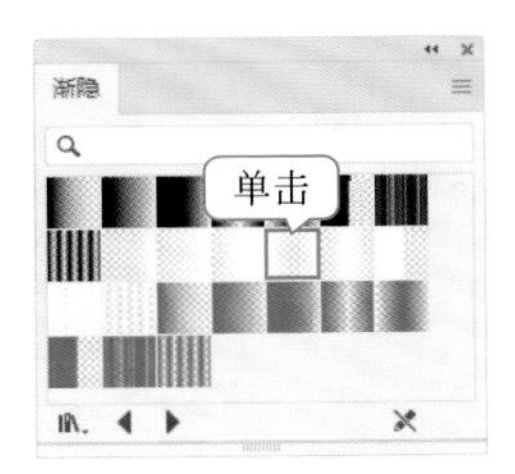

图5-51

图5-52

5.3.4 实战：设置渐变制作按钮

文件路径

实战素材/第5章

操作要点

使用“拾色器”为图形填充纯色
使用“渐变工具”为圆形填充渐变色

案例效果

案例效果见图5-53。

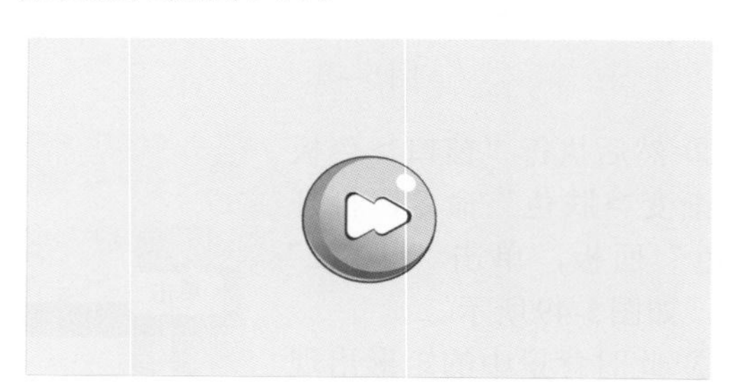

图5-53

操作步骤

① 新建文档，选择“矩形工具”，双击“填色”按钮，在弹出的“拾色器”窗口中拖动滑块选择青色色相，并在左侧的色域中按住鼠标左键拖动选择浅青色，设置完成后单击“确定”按钮，如图5-54所示。

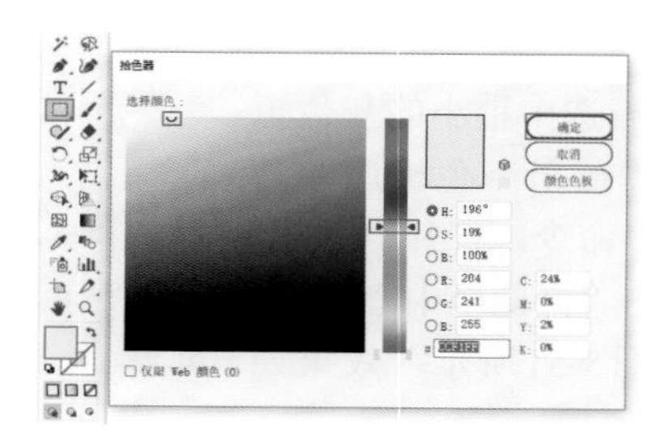

图5-54

② 接着在控制栏中设置“描边”为无，设置完成后在画面中绘制一个与画板等大的矩形，如图5-55所示。

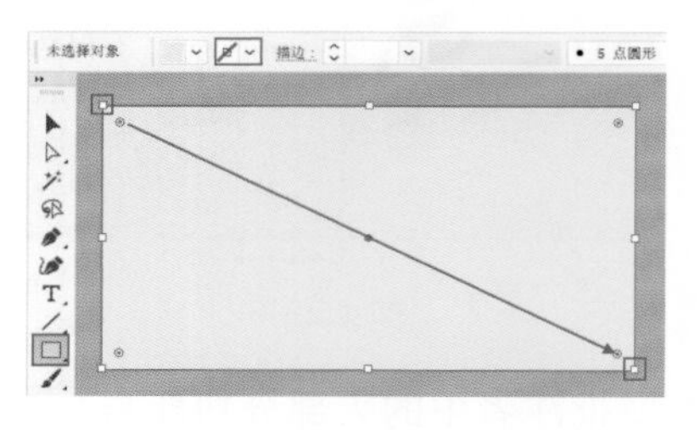

图5-55

③ 选择“椭圆工具”，设置“填充”为青色，“描边”为深青色，“描边粗细”为2pt，设置完成后在画面中按住Shift键绘制一个正圆，如图5-56所示。

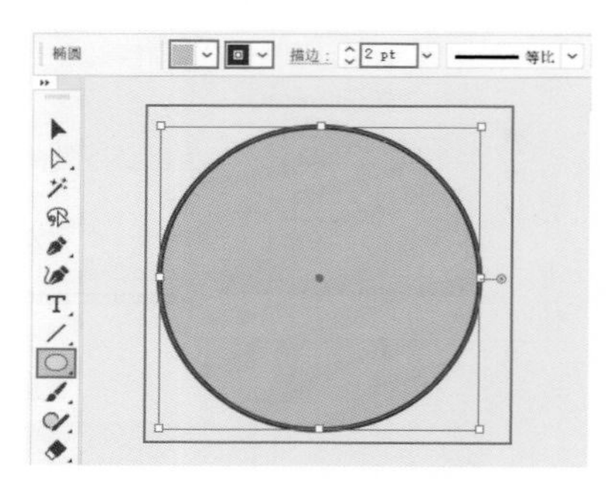

图5-56

④ 在“椭圆工具”使用的状态下，设置“描边”为无，设置完成后在正圆上绘制一个椭圆，并调整其位置，如图5-57所示。

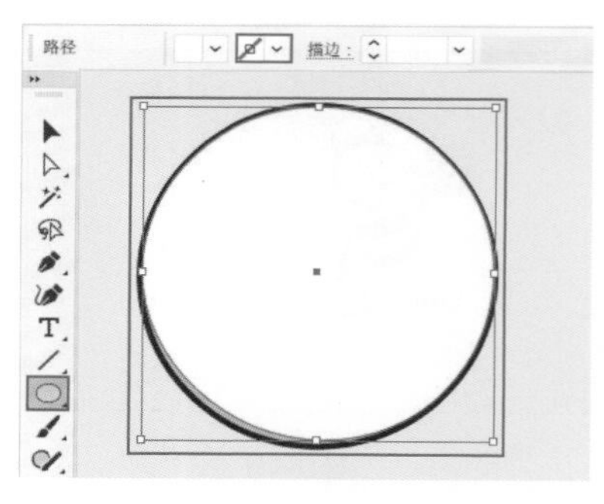

图5-57

⑤ 选中该椭圆，双击工具箱中的“渐变工具”，在弹出的“渐变”面板中设置“类型”为“线性”渐变，“角度”为135°，然后双击左侧的色标，在下拉面板中单击面板菜单按钮☰，选择“RGB”，接着设置颜色，如图5-58所示。

⑥ 接着双击右侧的色标，在下拉面板中设置颜色，如图5-59所示。效果如图5-60所示。

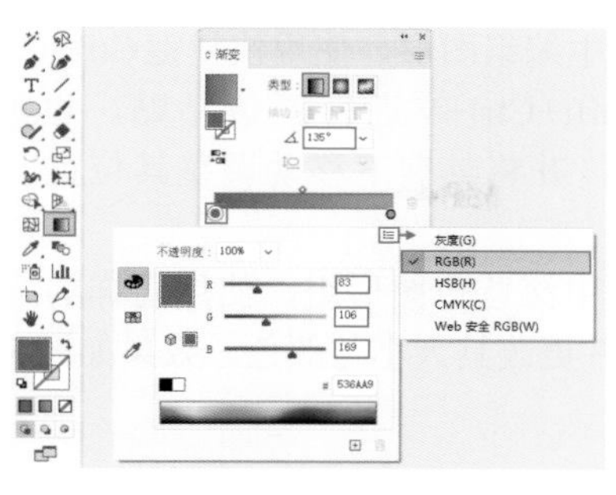

图5-58

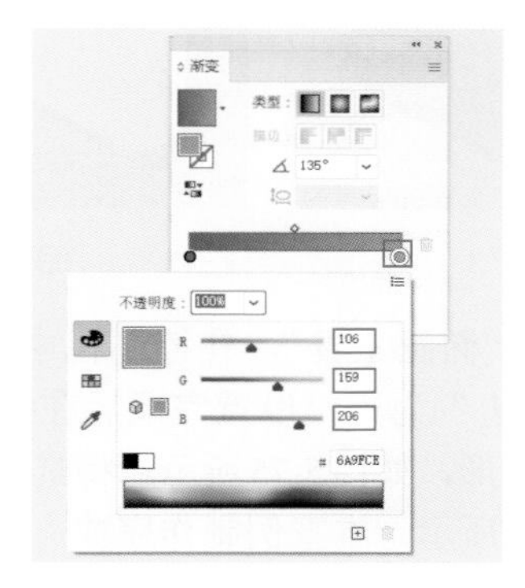

图5-59

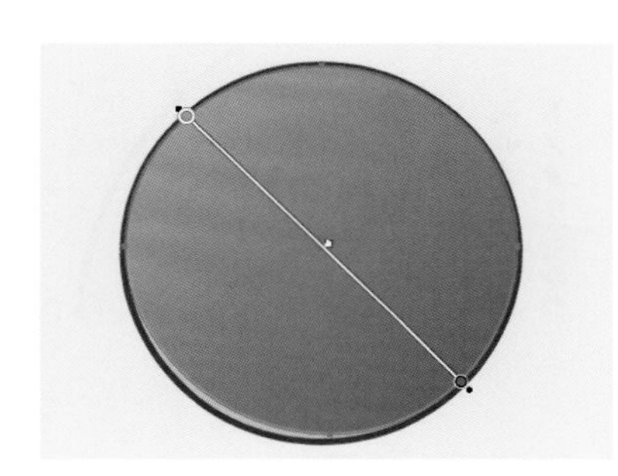

图5-60

⑦ 然后选中左侧色标，按住鼠标左键将其向右移动，再使用同样的方法选中右侧色标，将其向左移动，如图5-61所示。

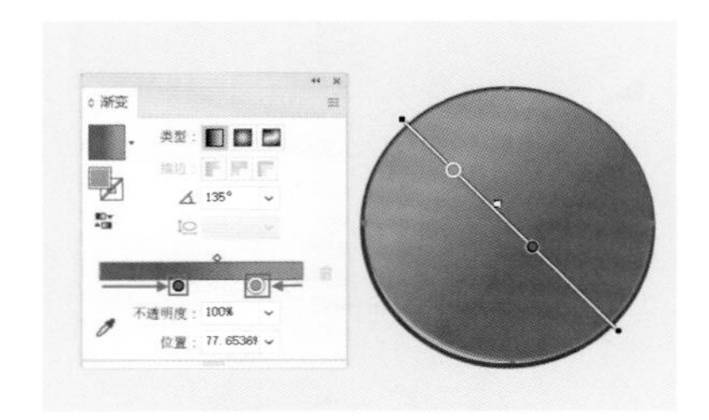

图5-61

⑧ 选择“椭圆工具”，在控制栏中设置“描边”为无，设置完成后在图形上绘制一个椭圆，如图5-62所示。

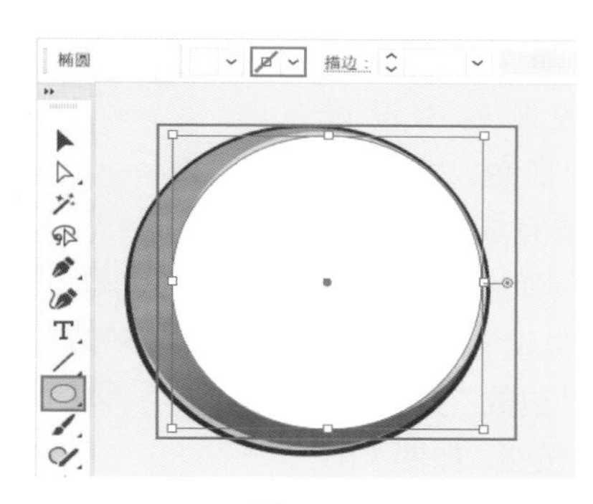

图5-62

⑨ 选中椭圆，选择“直接选择工具”，将光标移动至最上方的锚点处，单击选中锚点，如图5-63所示。

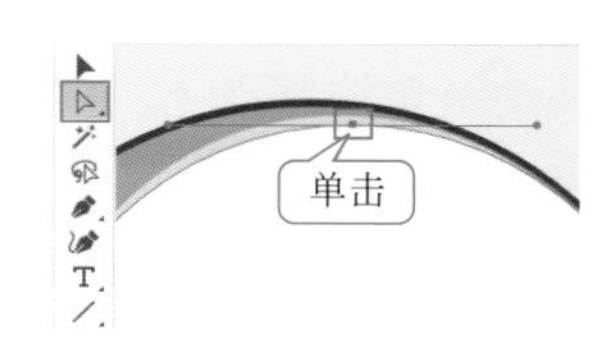

图5-63

⑩ 接着按住鼠标左键将其向上拖动，如图5-64所示。

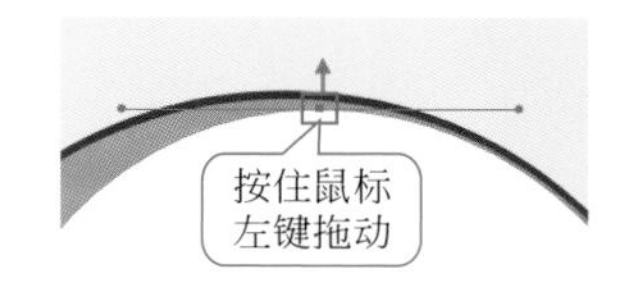

图5-64

⑪ 继续使用同样的方法调整其他锚点，调整椭圆的形态，如图5-65所示。

⑫ 选中该图形，执行“窗口>渐变”命令或者使用快捷键Ctrl+F9打开“渐变”面板，设置“类型”为“线性”渐变，“角度”为-120°，编辑一个浅蓝色系的渐变，如图5-66所示。

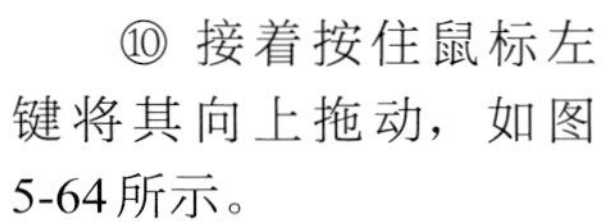

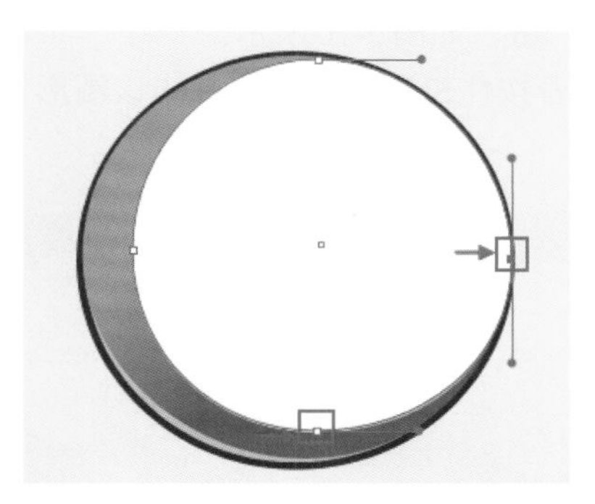

图5-65

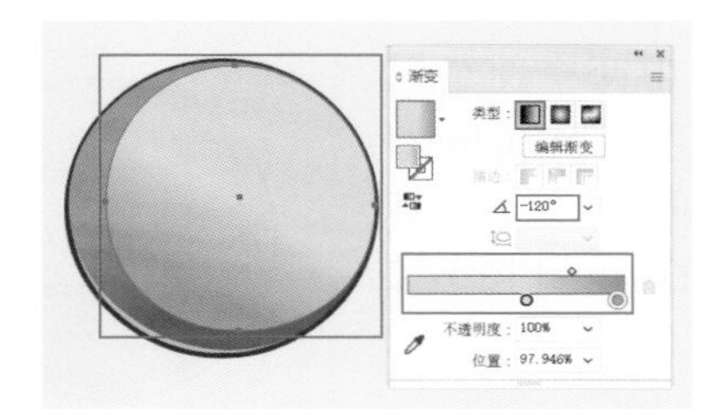

图5-66

⑬ 选择“多边形工具”，在控制栏中设置“填充”为白色，“描边”为无，设置完成后在画面中单击，在弹出的“多边形”窗口中设置“半径”为10mm，“边数”为3，单击“确定”按钮，如图5-67所示。

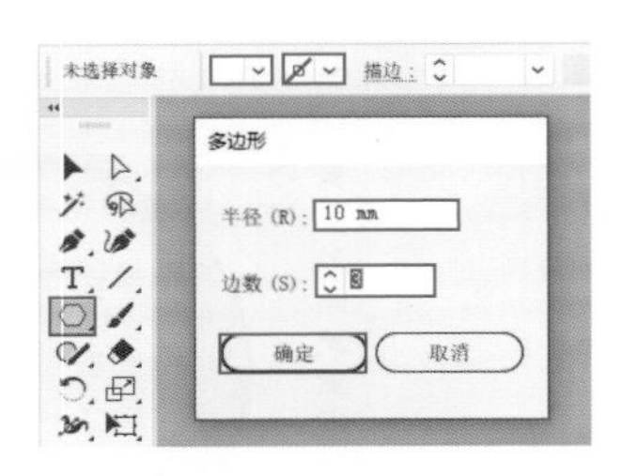

图5-67

⑭ 此时画面中会自动出现一个三角形，将光标移动至角控制点上，按住Shift键的同时按住鼠标左键拖动将其进行旋转，如图5-68所示。

⑮ 接着选择“选择工具”，将光标移动至三角形内部的圆形控制点上，按住鼠标左键将其向内拖动，将其尖角变为圆角，如图5-69所示。

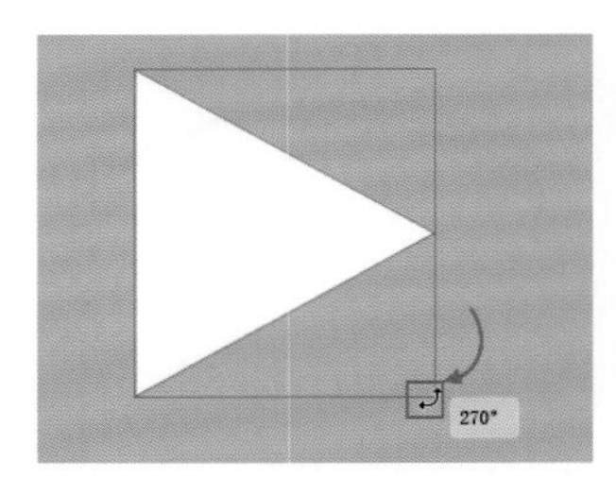

图5-68

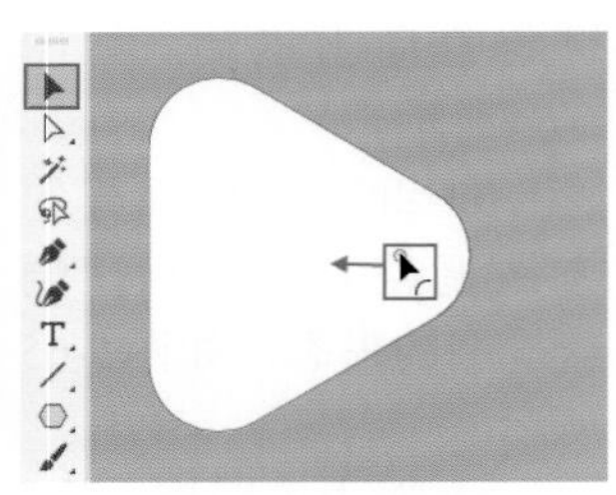
图5-69

⑯ 在图形选中的状态下，按住Alt键的同时按住鼠标左键将其向右拖动，至合适位置时释放鼠标将其复制出一份，如图5-70所示。

⑰ 接着按住Shift键的同时缩小该图形，如图5-71所示。

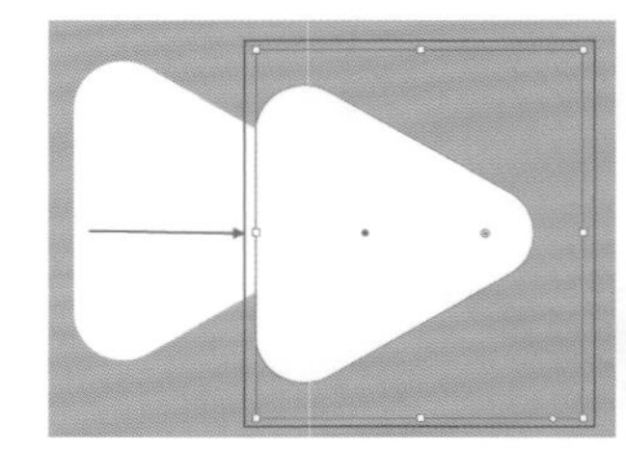
图5-70

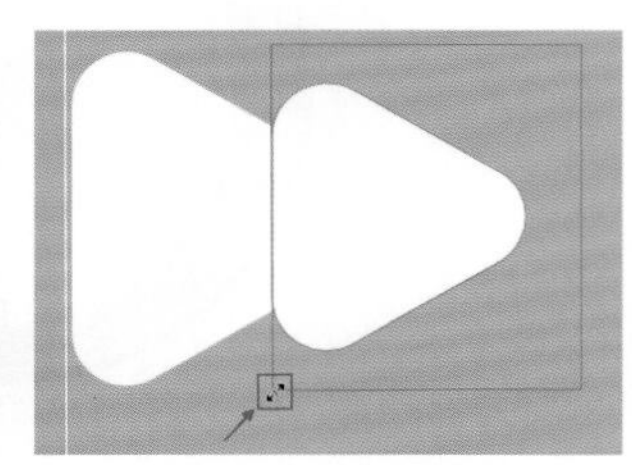
图5-71

⑱ 选中两个圆角三角形，使用快捷键Ctrl+G将其进行编组，然后将其移动至圆形上，如图5-72所示。

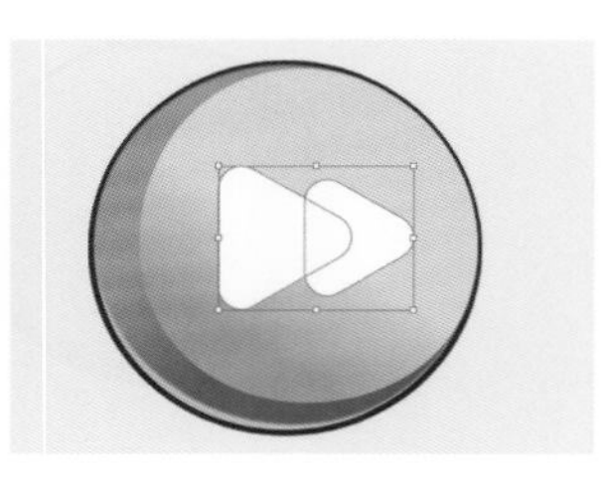
图5-72

⑲ 选中编组图形，使用快捷键Ctrl+C进行复制，快捷键Shift+Ctrl+V进行原位粘贴，更改“填色”为深蓝色，并将其向下移动调整其位置，如图5-73所示。

⑳ 选中深蓝色图形组，使用同样的方法再复制出一份，并更改其大小与颜色。效果如图5-74所示。

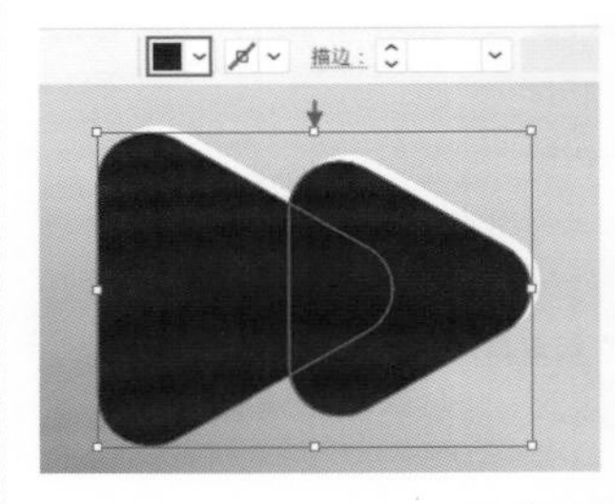

图5-73

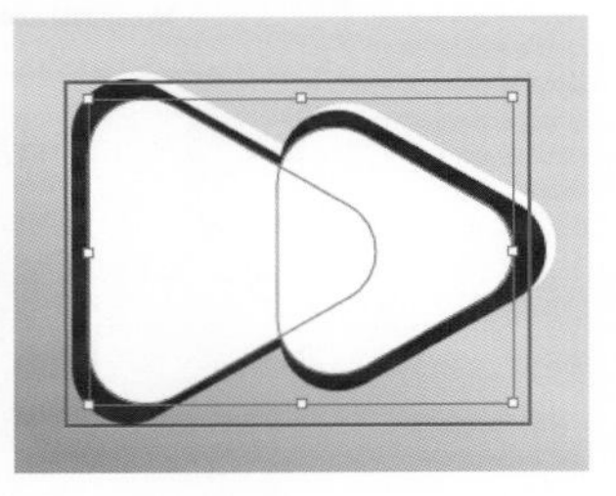
图5-74

㉑ 选择“椭圆工具”，在控制栏中设置“填充”为白色，“描边”为无，设置完成后在按钮的右上角绘制一个椭圆形，如图5-75所示。将其旋转至合适角度，如图5-76所示。本案例制作完成，效果如图5-77所示。

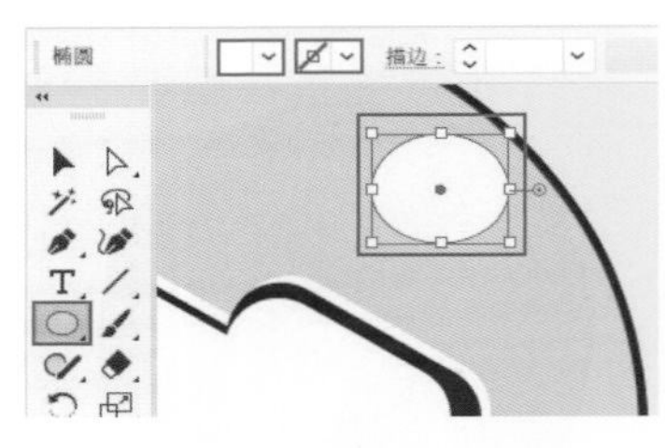

图5-75

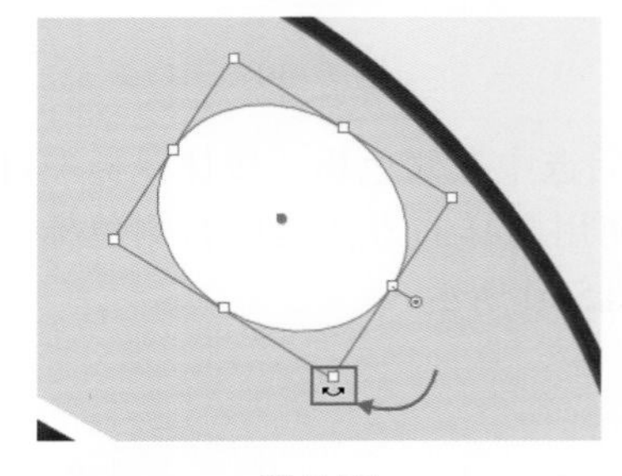
图5-76

图5-77

5.4　使用图案美化版面

“图案”也是一种常用的填充方式，在Illustrator中提供了大量的图案可供填充或进描边使用。这些图案可以在“色板库”中找到。执行“窗口>色板库>图案”命令，可以在子菜单中打开包含图案的面板。

① 选择需要设置填充的矢量图形，如图5-78所示。

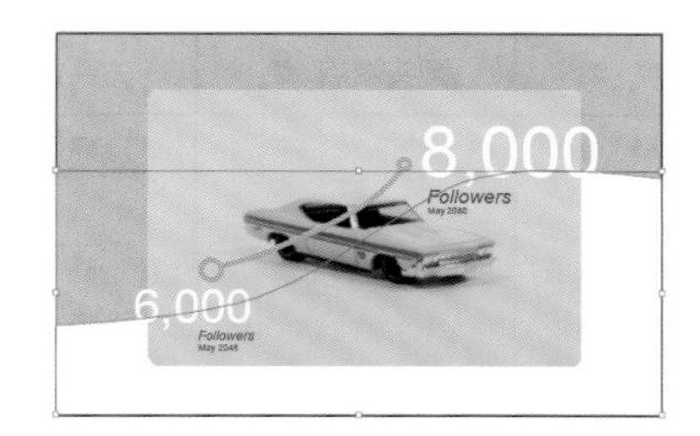

图5-78

② 执行“窗口>色板库>图案>基本图形>基本图形点”命令，打开“基本图形点”面板，单击其中适合的图案，如图5-79所示。

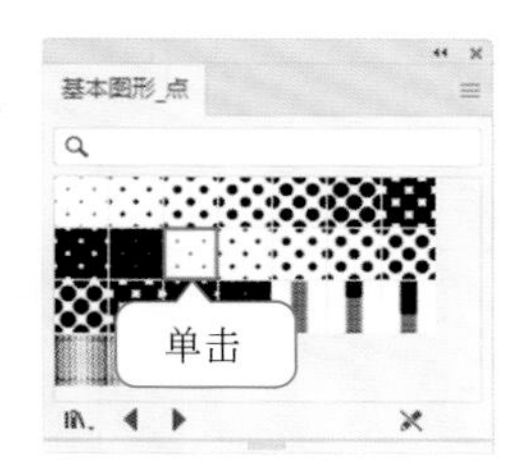

图5-79

③ 可以看到图形被填充为所选的图案，由于该图案带有透明的部分，所以显示出了底层背景的颜色，如图5-80所示。

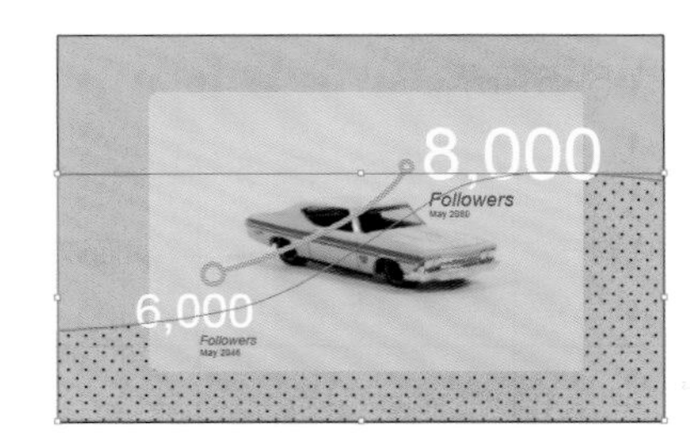

图5-80

④ 接着在控制栏中设置“不透明度”为30%，将图案融入背景中，如图5-81所示。

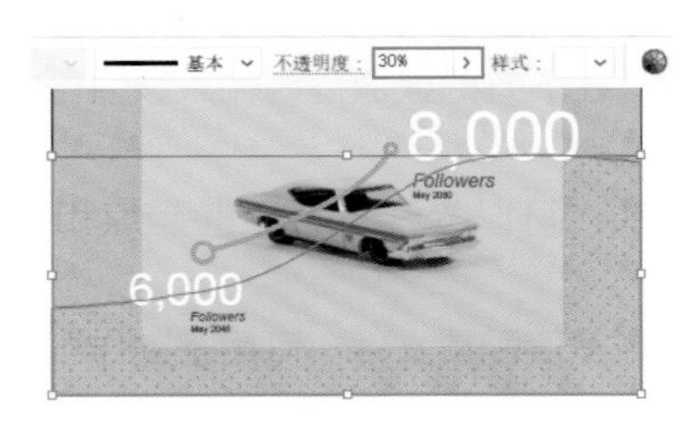

图5-81

拓展笔记

除了使用内置的图案，还可以将自己绘制的图形建立为图案。

① 首先绘制一个图形，如图5-82所示。

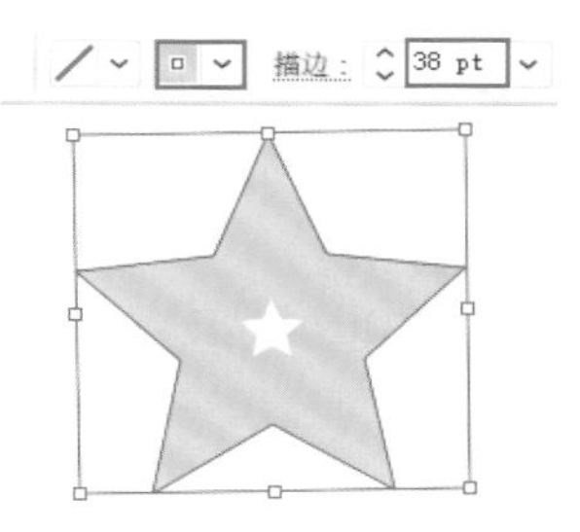

图5-82

② 接着执行“对象>图案>建立”命令，在弹出的对话框内单击“确定”按钮，如图5-83所示。

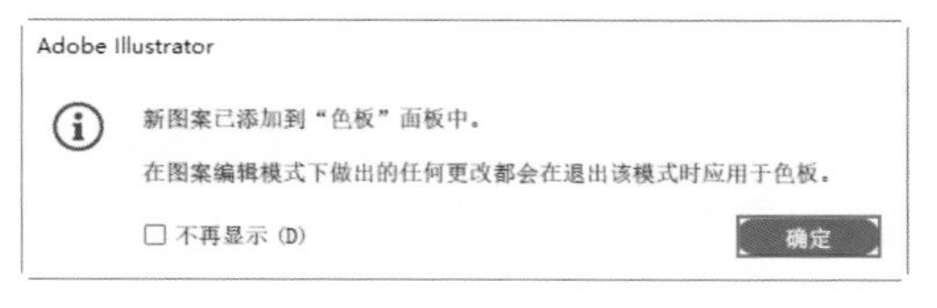

图5-83

③ 在打开的“图案选项”面板中设置图案的宽度、高度、拼贴类型、重叠等选项，如图5-84所示。

图5-84

④ 设置完成后单击“完成”按钮，即可完成新建图案，如图5-85所示。

⑤ 选中需要填充的对象，单击“填充”按钮，在下拉面板中单击色块，即可为图形填充新建立的图案，如图5-86所示。

图5-85

图5-86

5.5 设置与众不同的描边

矢量图形的描边除了可以设置颜色和粗细之外，还可以设置描边相对于路径的位置、边角类型、端点类型、虚线描边、粗细变化，以及为开放的路径添加箭头等。

5.5.1 认识描边面板

选中图形，执行“窗口＞描边”命令或者使用快捷键Ctrl+F10，打开“描边”面板。单击右上角的菜单按钮☰，执行“显示选项”按钮，（如图5-87所示），即可显示完整的“描边”面板，如图5-88所示。

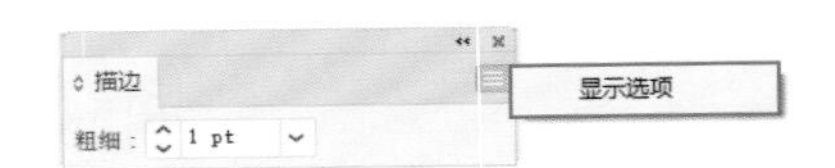

图5-87

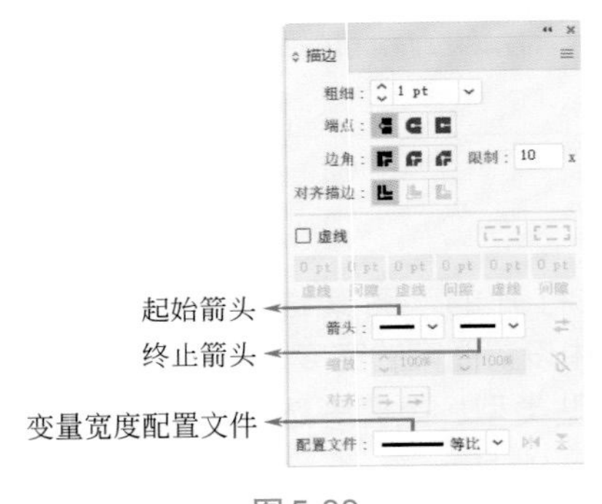

图5-88

重点笔记

选中图形，单击控制栏中的“描边”按钮，也可看到更多“描边”的设置参数，如图5-89所示。

图5-89

重点选项速查

• 粗细：设置描边的粗细。

• 端点：设置开放路径两端的端点类型，包括平头端点、圆头端点、方头端点，如表5-3所示。

表 5-3 不同类型的端点

平头端点	圆头端点	方头端点
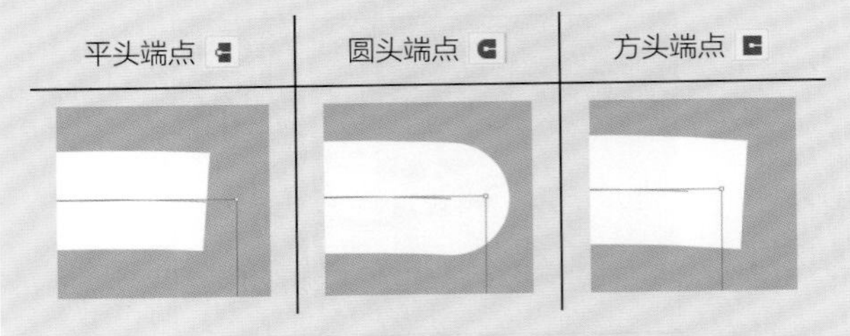		

• 边角：设置图形边角的类型，包含斜接连接、圆角连接、斜角连接，如表5-4所示。

表 5-4 不同类型的边角

斜接连接	圆角连接	斜角连接

• 对齐描边：设置描边与路径的相对位置，包括使描边居中对齐、使描边内侧对齐、使描边外侧对齐，如表5-5所示。

表 5-5 不同类型的对齐描边方式

使描边居中对齐	使描边内侧对齐	使描边外侧对齐

• 虚线：勾选“虚线”按钮，路径的描边变为虚线效果，在下方的数值框内输入数值可以设置虚线的效果。

• 箭头：可以为开放路径的起点和终点添加箭头。

• 变量宽度配置文件：可用于制作不规则粗细的描边效果，如表5-6所示。

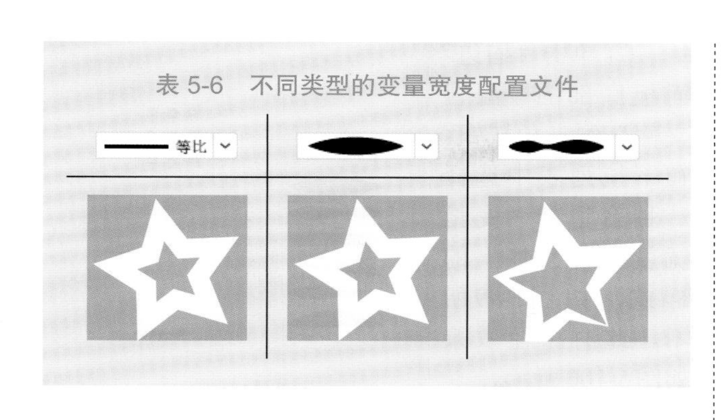

表 5-6　不同类型的变量宽度配置文件

5.5.2　虚线描边效果

默认的描边为实线，为了制作某些特殊效果，需要将图形的描边变为虚线。这时可以在“描边”面板中勾选“虚线”选项，并进行虚线的设置操作。

① 选中图形，使用快捷键Ctrl+F10，打开“描边”面板，如图5-90所示。

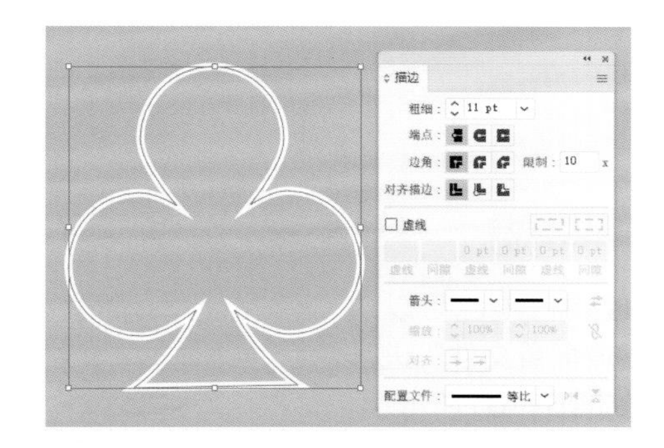

图5-90

② 单击“虚线”按钮，“虚线”选项用来设置线段的长度，“间隙”选项栏用来设置线段与线段之间的距离。将“虚线”和“间隙”设置为10pt，效果如图5-91所示。

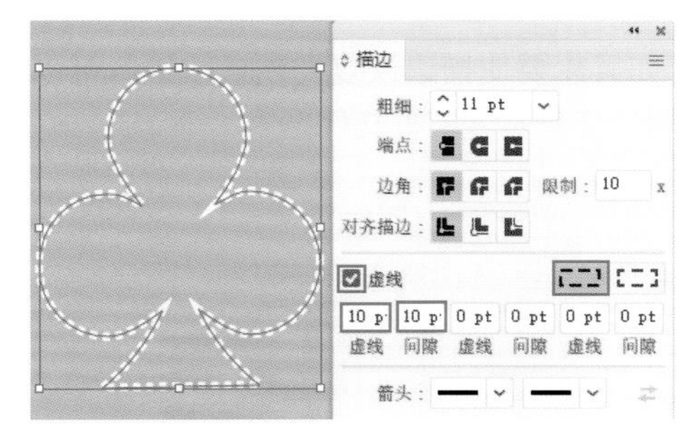

图5-91

③“描边”面板中，1个“虚线”与1个“间隙”为一组，共有三组。继续设置第二组参数，效果如图5-92所示。

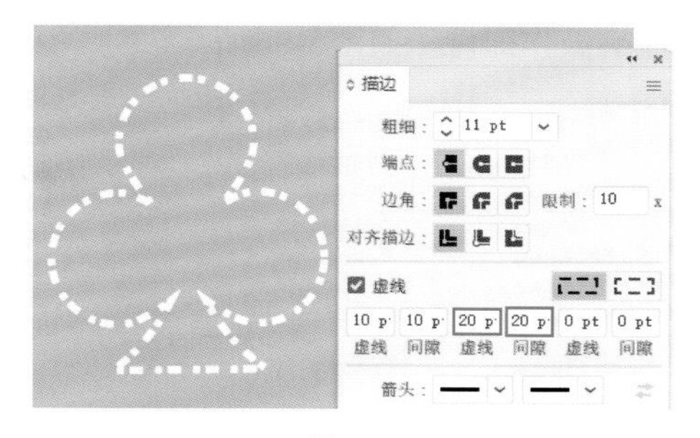

图5-92

5.5.3　带有箭头的描边效果

① 只有开放的路径才可以为其设置带有箭头的描边效果，首先选中一段开放路径，如图5-93所示。

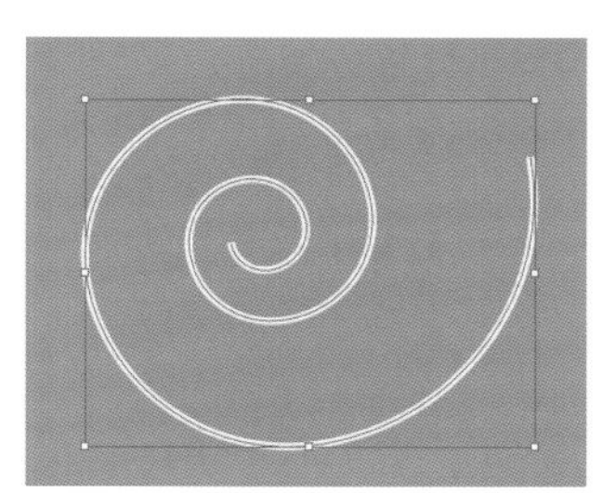
图5-93

② 使用快捷键Ctrl+F10打开“描边”面板，单击左侧的“起始箭头”按钮，在下拉列表中单击选择箭头，此时可以看到路径的起点位置被添加上了箭头，如图5-94所示。

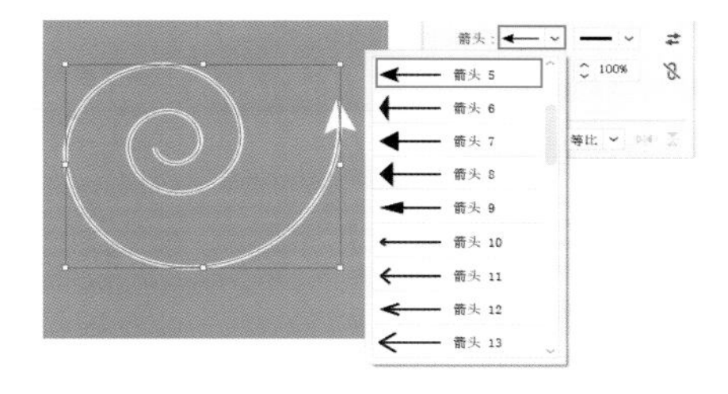

图5-94

③ 同理，在右侧的“终止箭头”列表中选择箭头，可以看到螺旋线的终点位置被添加上了箭头，如图5-95所示。

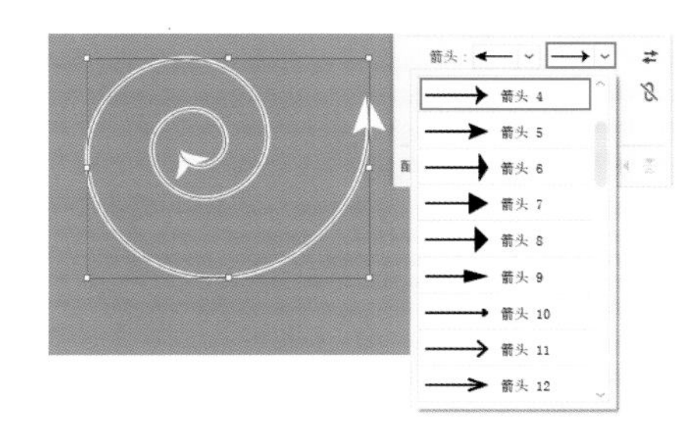

图5-95

④ 如果想要更改起始箭头或终止箭头的大小，可以在面板中的“缩放”数值框内输入数值，按下

Enter键提交操作即可，如图5-96所示。

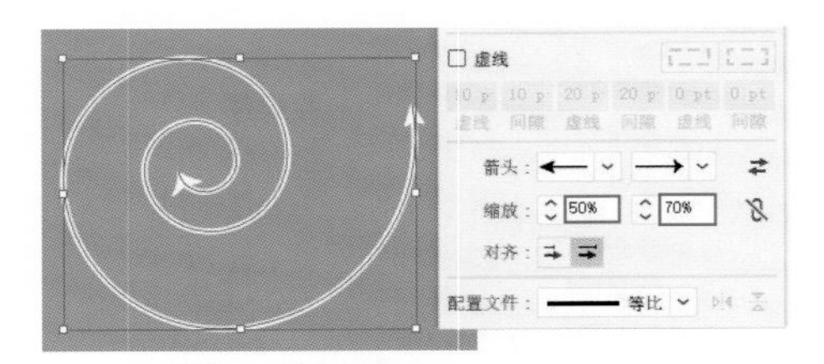

图5-96

⑤ 如果想要互换起始/终止箭头的位置，则可以选中图形，单击“互换箭头起始处和结束处”按钮 ⇄，如图5-97所示。

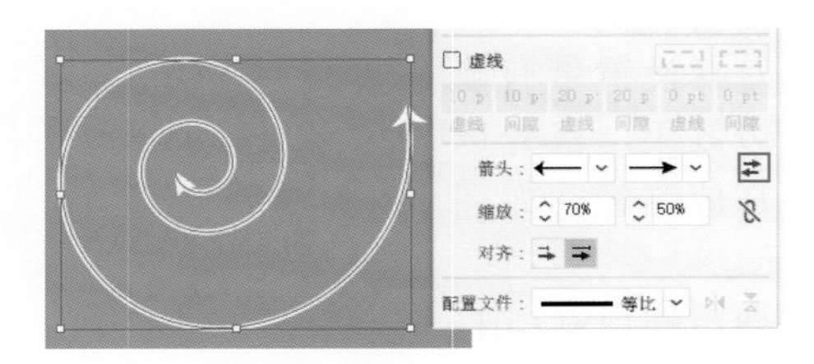

图5-97

⑥“对齐”选项用于设置箭头位于路径终点的位置，如表5-7所示。

表5-7　不同箭头对齐方式

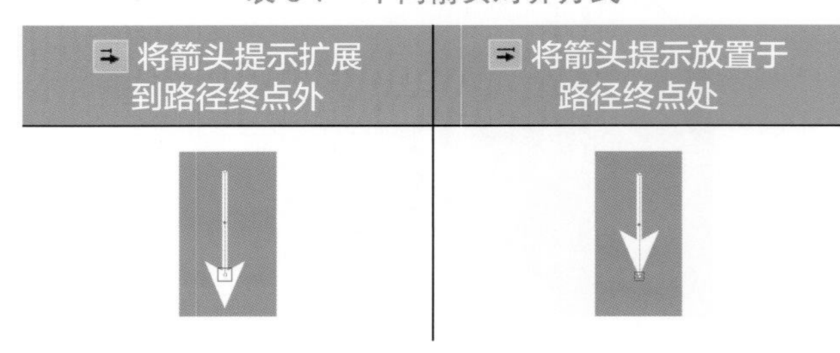

将箭头提示扩展到路径终点外	将箭头提示放置于路径终点处

5.5.4　制作粗细不等的描边

① 默认的描边粗细是均匀的，如果想要得到粗细不均匀的描边则可以设置描边的“配置文件”。首先选中带有描边的图形，如图5-98所示。

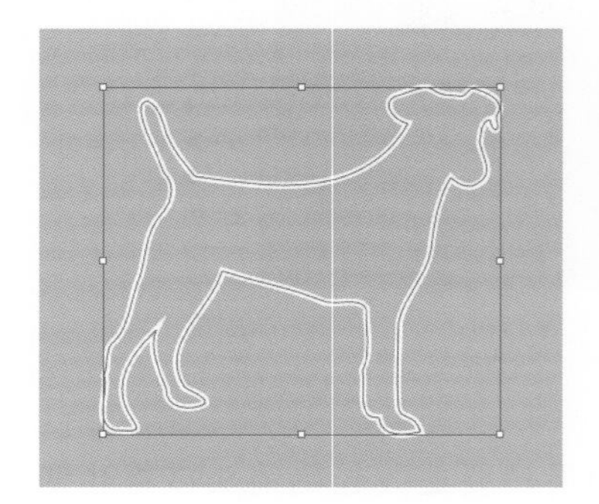

图5-98

② 单击“描边”面板底部的“配置文件”倒三角按钮，在下拉列表中选择一种合适的“变量宽度配置文件”的样式，如图5-99所示。此时路径效果如图5-100所示。

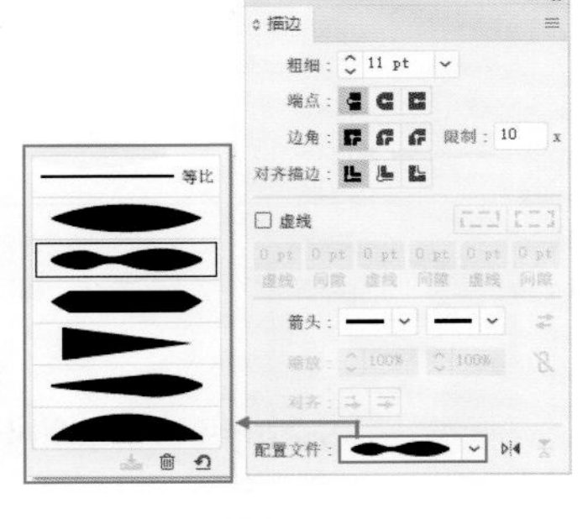

图5-99

图5-100

重点笔记

在控制栏中也可以对“变量宽度配置文件”进行设置，如图5-101所示。

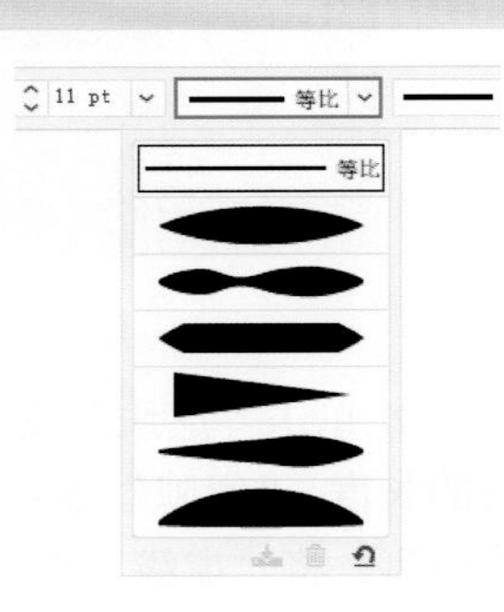

图5-101

③ 如果想要使描边恢复到默认效果，可以在控制栏中设置“变量宽度配置文件”为“等比”，如图5-102所示。

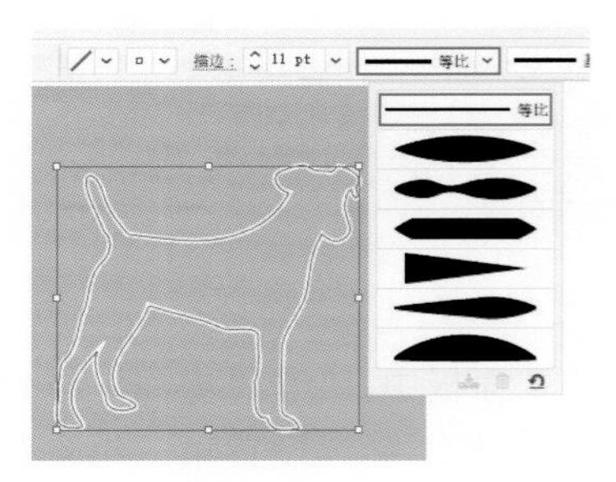

图5-102

5.5.5　制作奇特的描边效果

在Illustrator的画笔库中有各种各样的预设画笔，可以使用“画笔定义”样式，为图形赋予独特且具有美感的描边效果。

① 首先选中矢量图形，如图5-103所示。

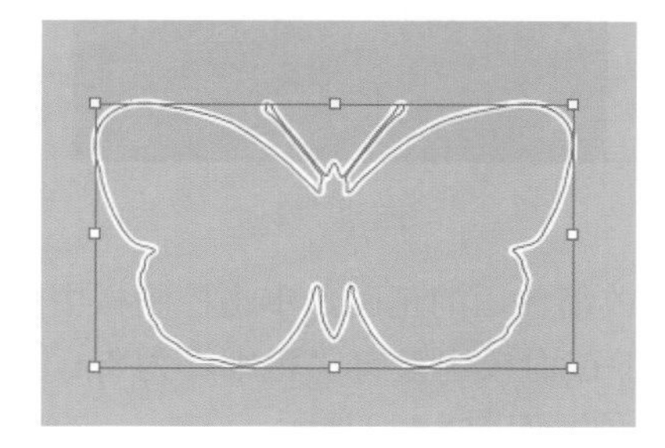

图5-103

② 单击控制栏中的“画笔定义”按钮，在下拉面板中单击选择合适的画笔描边样式，如图5-104所示。

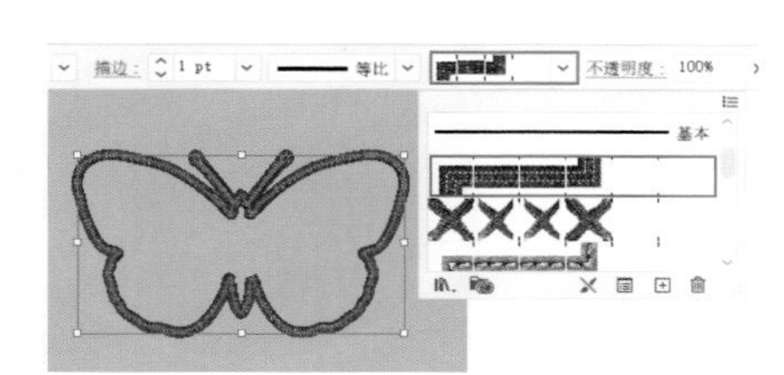

图5-104

③ 也可以执行“窗口>画笔”命令或者使用快捷键F5打开“画笔”面板。在该面板中单击同样可以为图形添加画笔描边样式，如图5-105所示。

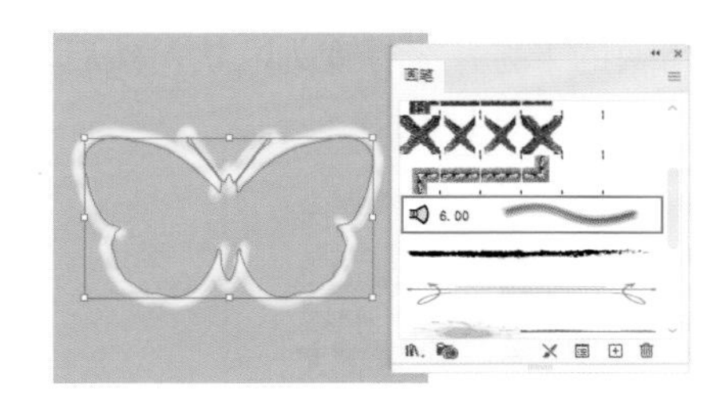

图5-105

④ 如果“画笔”面板中的样式无法满足需求，可以从画笔库中设置更多的其他画笔样式。执行“窗口>画笔库>艺术效果>艺术效果-粉笔炭笔铅笔”命令，打开“艺术效果-粉笔炭笔铅笔”面板。然后单击选中一个画笔样式，如图5-106所示。效果如图5-107所示。

图5-106

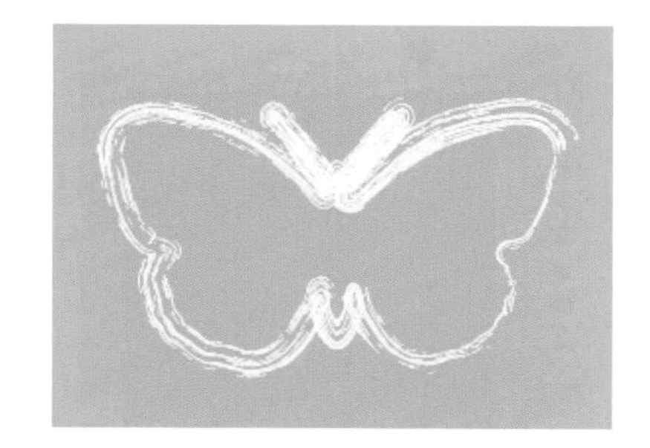

图5-107

5.5.6　实战：制作不同描边效果

文件路径

实战素材/第5章

操作要点

通过“描边”面板制作虚线
使用“渐变”面板为描边添加渐变色

案例效果

案例效果见图5-108。

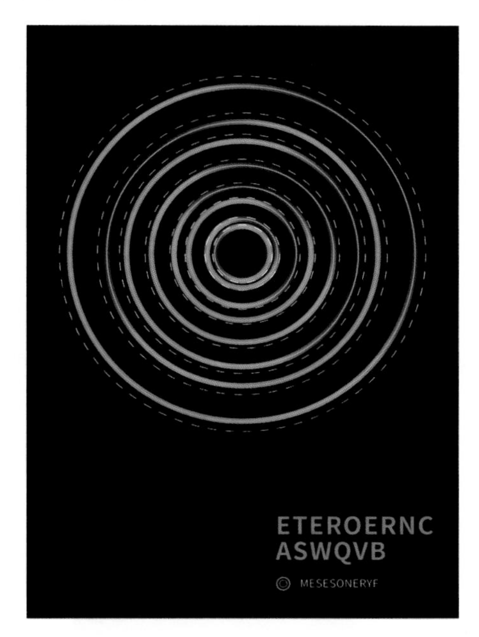

图5-108

操作步骤

① 新建A4尺寸文档，选择“矩形工具”，在控制栏中设置“填充”为黑色，“描边”为无，设置完成后在画面中拖动绘制一个与画板等大的矩形，如图5-109所示。

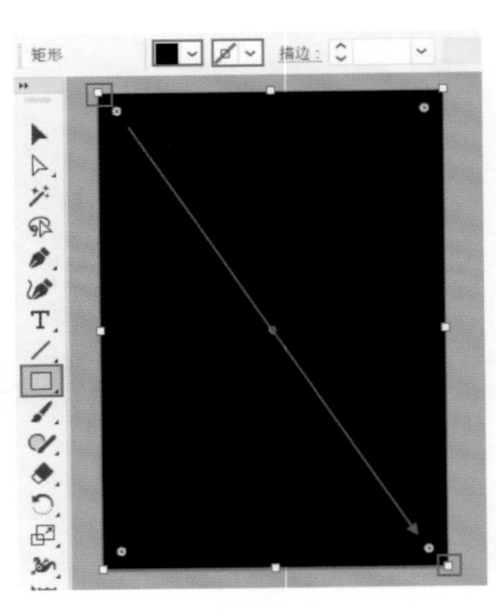

图5-109

② 选择“椭圆工具”，在控制栏中设置“填充”为无，“描边”为白色。单击“描边”按钮，在打开的“描边”面板中设置“粗细”为1pt，勾选“虚线”选项，单击按钮，接着设置虚线的数值，如图5-110所示。

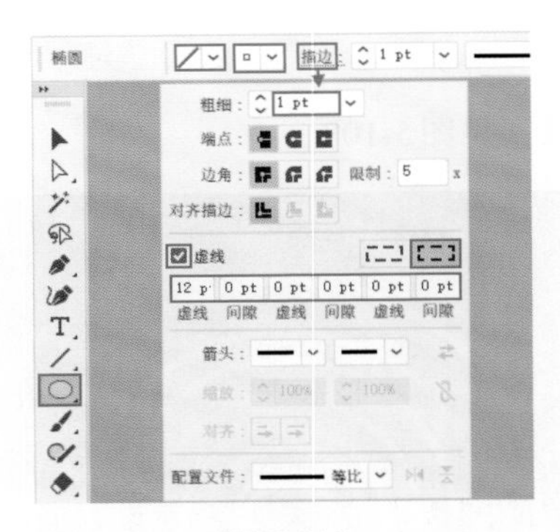

图5-110

③ 按住Shift键的同时按住鼠标左键在画面中由左上向右下拖动，绘制一个正圆，如图5-111所示。

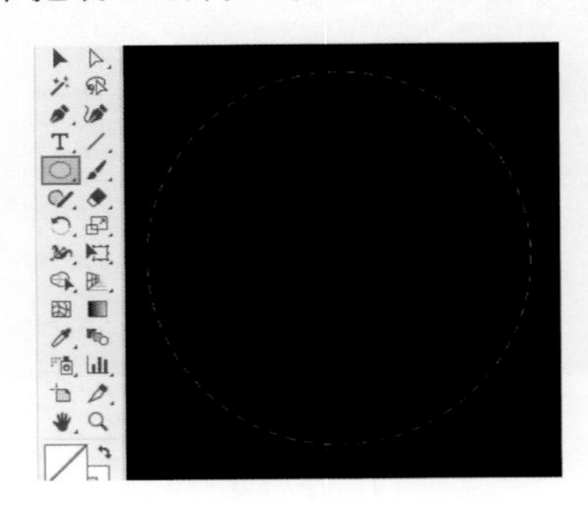

图5-111

④ 选中该正圆，使用快捷键Ctrl+C将其复制到剪切板中，使用快捷键Shift+Ctrl+V将其粘贴在原位，并按住Shift+Alt键同时按住鼠标左键拖动控制点，将其进行中心等比例缩放，如图5-112所示。

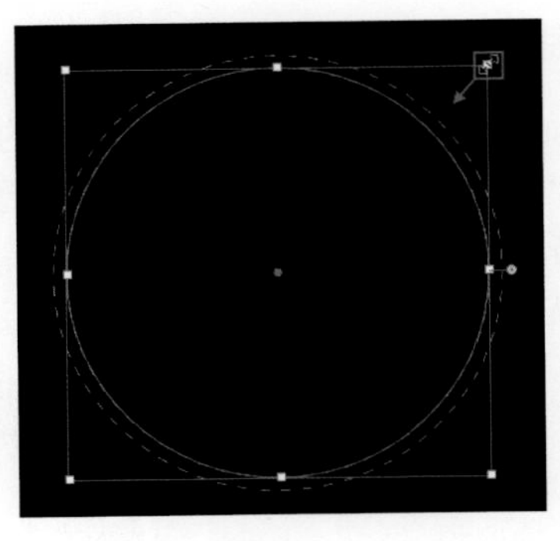

图5-112

⑤ 更改缩放后的正圆，单击控制栏中的“描边”按钮，在下拉面板中设置“粗细”为8pt，取消勾选“虚线”选项，如图5-113所示。

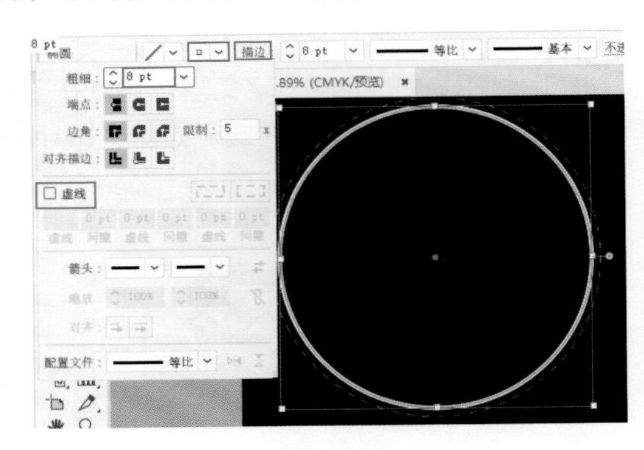

图5-113

⑥ 在该正圆选中的状态下，执行“窗口>渐变”命令，单击“描边”按钮，使其位于前方。接着设置“类型”为线性渐变，“角度”为30°，将光标移动至渐变滑块的下方，光标变为状，然后单击即可添加色标，如图5-114所示。

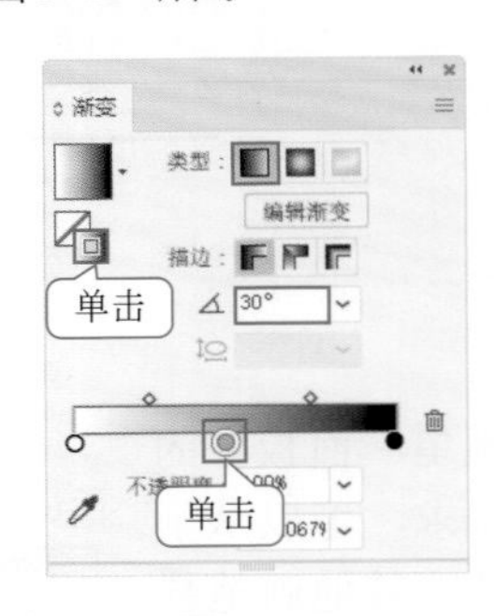

图5-114

⑦ 接着双击最左侧的色标，在下拉面板中单击面板菜单按钮，选择“CMYK”，接着设置颜色，如图5-115所示。

⑧ 使用同样的方法设置另外两个色标的颜色。效果如图5-116所示。

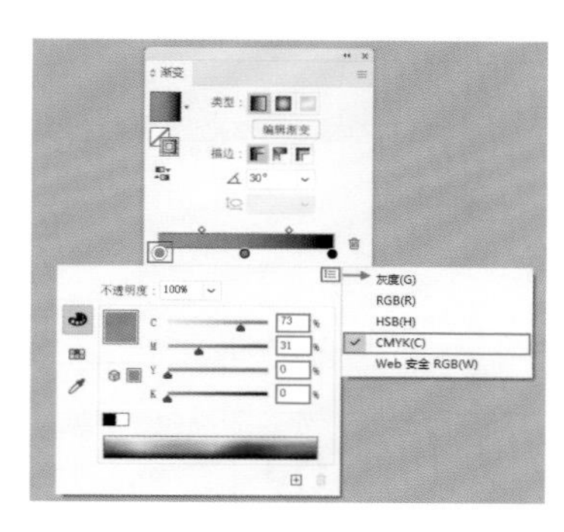

图5-115

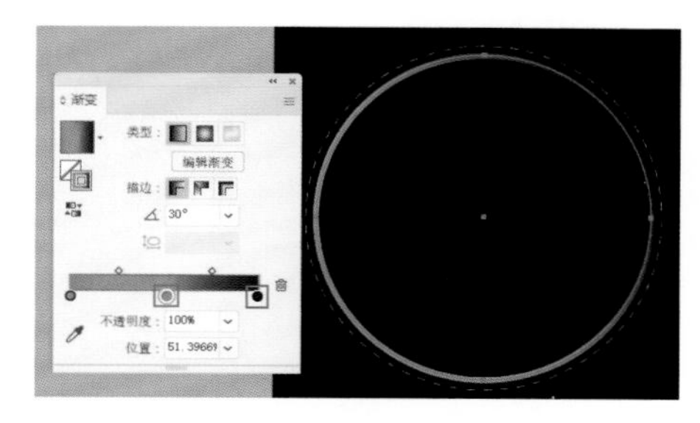

图5-116

⑨ 接着拖动色标调整渐变效果，如图5-117所示。

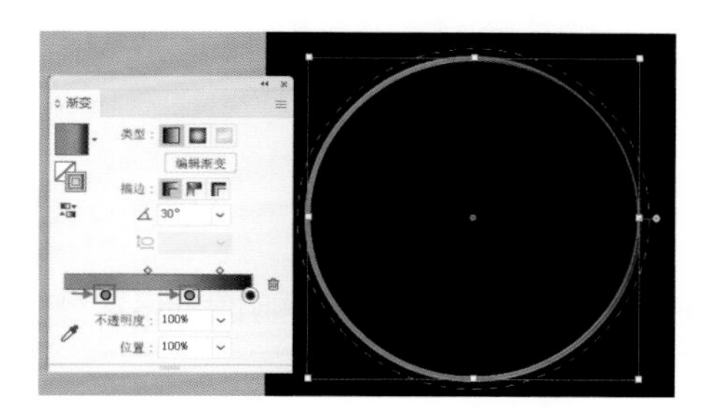

图5-117

⑩ 选中渐变色描边的正圆，使用快捷键Ctrl+C进行复制，使用快捷键Ctrl+F将其粘贴到前方，然后设置描边颜色为青色，描边粗细为2pt，效果如图5-118所示。

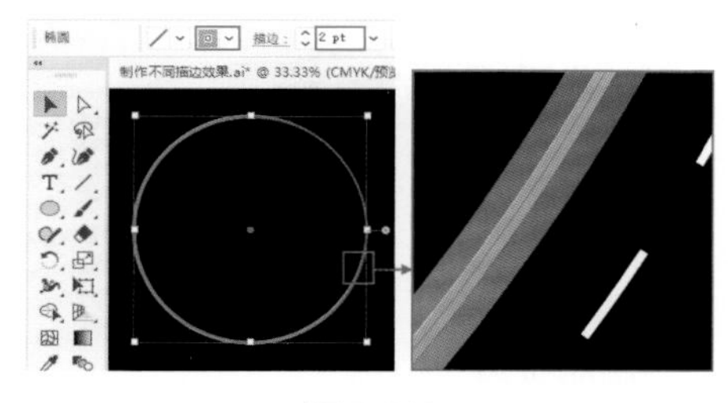

图5-118

⑪ 选择三个正圆，使用快捷键Ctrl+C将其复制，使用快捷键Shift+Ctrl+V将其粘贴到原位，并按住Shift+Alt键同时按住鼠标左键由外向内拖动，调整其大小，如图5-119所示。

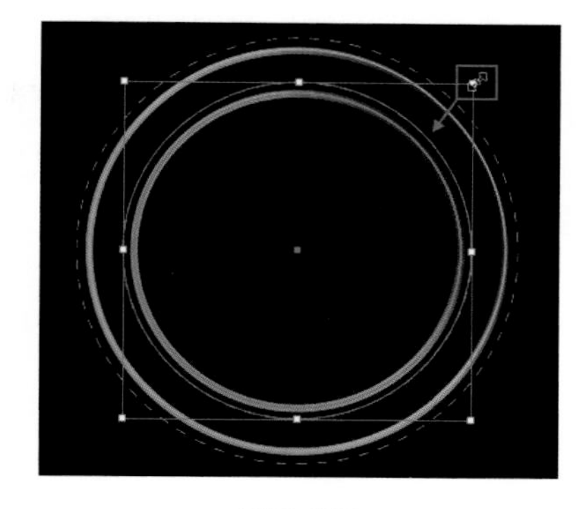

图5-119

⑫ 接着使用同样的方法制作出其他图形，可以在“渐变”面板中适当调整描边渐变色的角度，如图5-120所示。

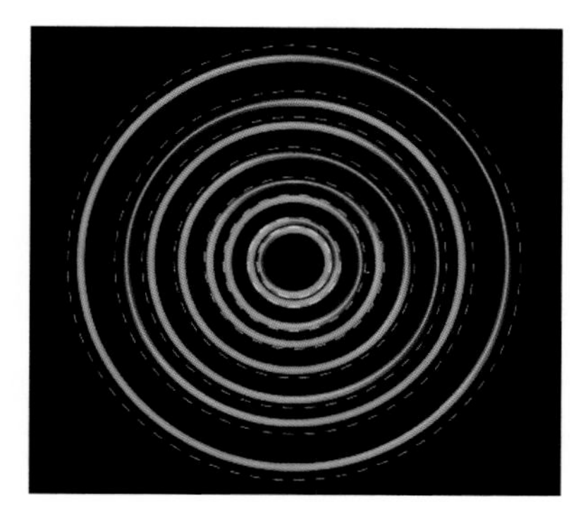

图5-120

⑬ 最后置入文字素材，摆放在右下角，效果如图5-121所示。

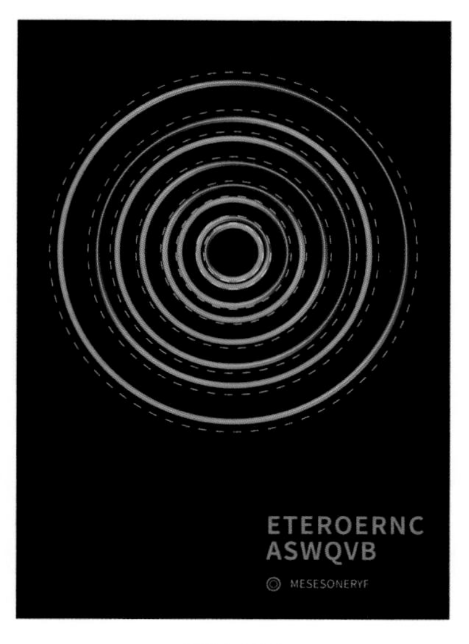

图5-121

5.6 使用透明度面板

“透明度”面板不仅可以为矢量图形、位图图像设置“不透明度”与“混合模式”，还可以为其创建不透明度蒙版，隐藏部分内容。

执行“窗口>透明度”命令，或者使用快捷键Shift+Ctrl+F10打开“透明度”面板，如图5-122所示。

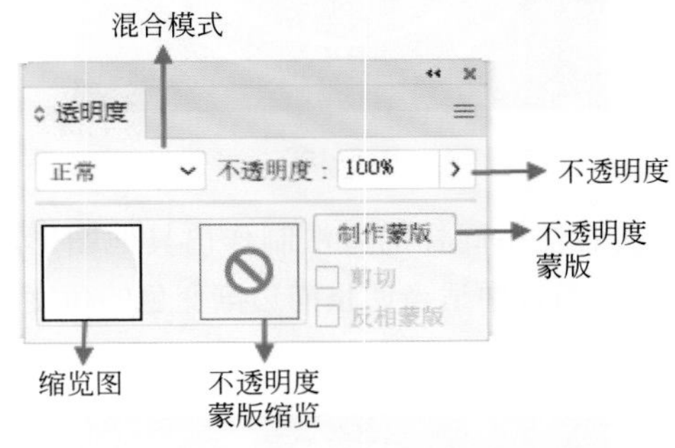

图5-122

5.6.1 设置对象的不透明度

功能速查

“不透明度”数值越大，对象越不透明；数值越小，对象越透明；当数值为0时，对象完全透明；当数值为100时，对象完全显示。

① 选中需要设置不透明度的对象，如图5-123所示。

图5-123

② 执行“窗口>透明度”命令，打开“透明度”面板。在“不透明度”数值框内输入数值，输入完成后按下键盘上的Enter键提交操作，如图5-124所示。此时对象产生了半透明的效果，如图5-125所示。

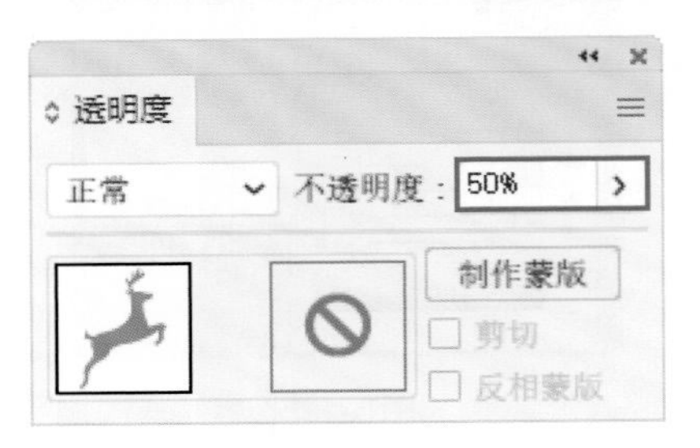

图5-124

图5-125

重点笔记

在控制栏中同样可以进行不透明度的设置 。

5.6.2 设置对象的混合模式

“混合模式”可以将选中的对象与下方图像进行颜色之间的混合，可以起到融合多个对象、改变画面色调、制作特殊效果的功能。“混合模式”既可对矢量图形使用，也可对位图对象使用。

① 选中需要设置混合模式的对象，打开“透明度”面板，单击左侧的“混合模式”按钮，在下拉列表中即可看到多个“混合模式”，如图5-126所示。

图5-126

重点笔记

如果要快速查看混合效果，可以选中图形后，将光标移动至混合模式处，滚动鼠标中轮即可快速查看混合效果，如图5-127所示。混合模式效果见表5-8。

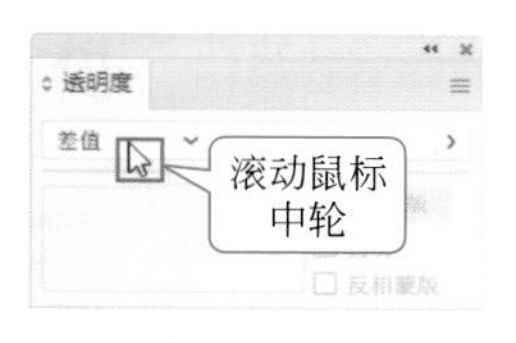

图5-127

表5-8 图层混合模式效果速查

正常	变暗	正片叠底
颜色加深	变亮	滤色
颜色减淡	叠加	柔光
强光	差值	排除
色相	饱和度	混色
明度		

② 选择其中一种，可以直观地看到效果，例如设置“混合模式”为正片叠底，效果如图5-128所示。

图5-128

重点笔记

单击控制栏中的“不透明度”按钮，在下拉面板中同样可以设置混合模式，如图5-129所示。

图5-129

5.6.3 实战：设置混合模式与不透明度制作相机广告

文件路径

实战素材/第5章

操作要点

使用“渐变”面板编辑渐变颜色
通过“混合模式”更改照片颜色

案例效果

案例效果见图5-130。

图5-130

操作步骤

① 新建文档，选择“矩形工具”，在控制栏中设置“描边”为无，在画面中绘制一个与画板等大的矩形，如图5-131所示。

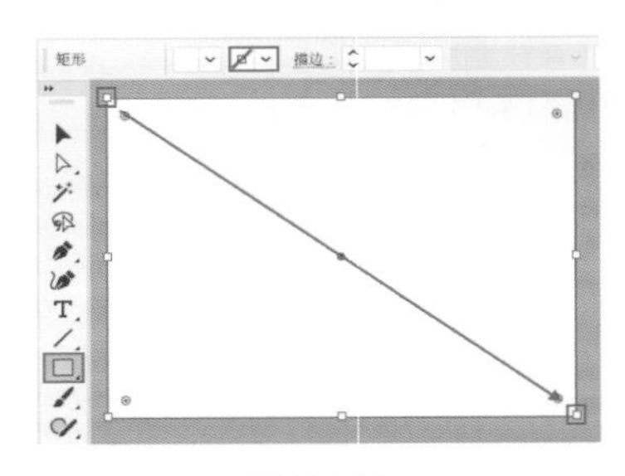

图5-131

② 选中该矩形，双击工具箱中的“渐变工具”，在弹出的“渐变”面板中设置“类型”为“线性”渐变，“角度”为-38°，编辑一个浅棕色系的渐变，如图5-132所示。

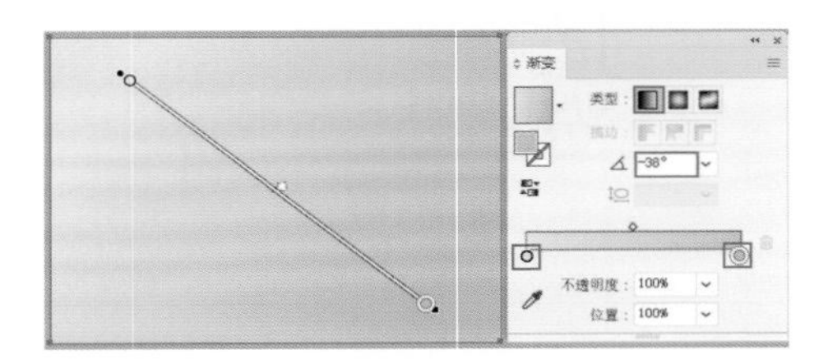

图5-132

③ 选择“矩形工具”，在控制栏中设置“填充”为白色，“描边”为无，设置完成后在画面中绘制一个矩形，如图5-133所示。

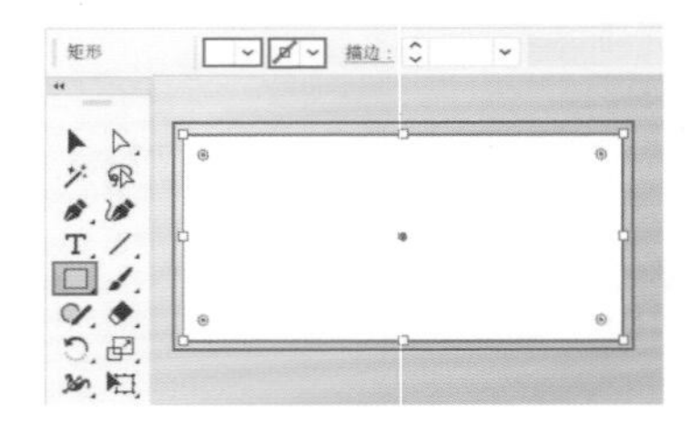

图5-133

④ 执行“文件＞置入”命令，将素材1置于白色矩形的右侧，如图5-134所示。

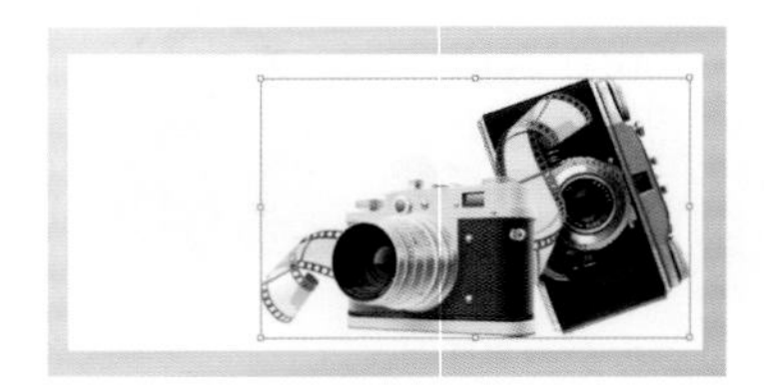

图5-134

⑤ 选择“矩形工具”，设置“填充”为棕色，“描边”为无，设置完成后在相机上绘制一个矩形，如图5-135所示。

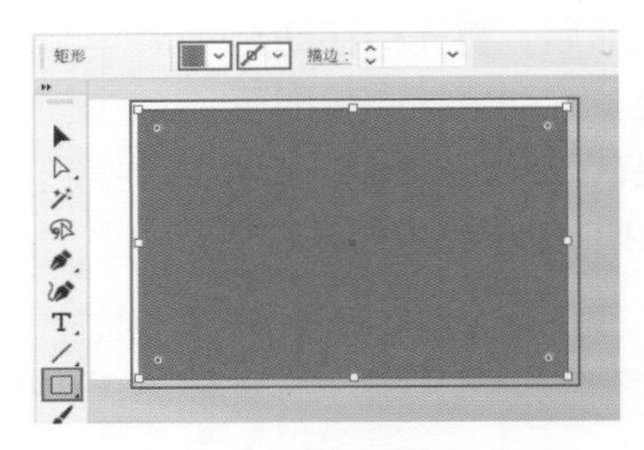

图5-135

⑥ 接着执行“窗口＞透明度”命令，在打开的“透明度”面板中设置“混合模式”为“色相”，此时相机变为了复古色调，如图5-136所示。

图5-136

⑦ 在软件中打开素材2，选中数字“20”，如图5-137所示。使用快捷键Ctrl+C进行复制，回到当前操作文档，使用快捷键Ctrl+V进行粘贴。

图5-137

⑧ 选择“矩形工具”，在数字“20”上绘制一个矩形，如图5-138所示。

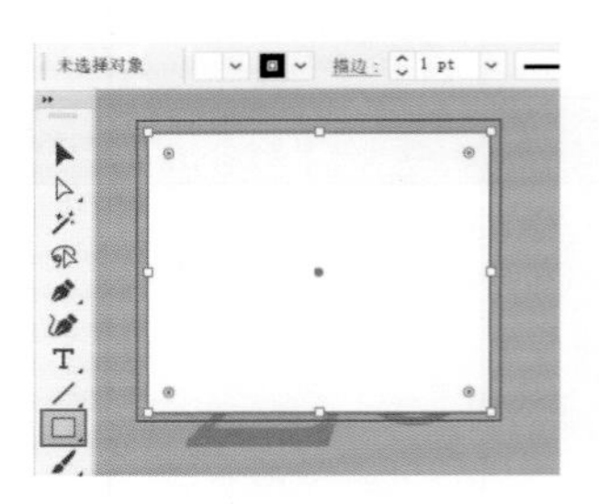

图5-138

⑨ 选择数字与矩形，使用快捷键Ctrl+7创建剪切蒙版，然后将其移动至相机上。效果如图5-139所示。

图5-139

⑩ 接着执行“窗口>透明度”命令，在打开的“透明度”面板中设置“混合模式”为“正片叠底”，“透明度”为80%，如图5-140所示。

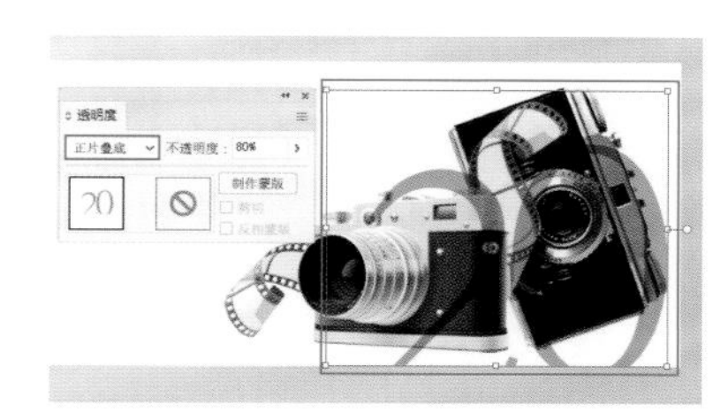

图5-140

⑪ 继续在素材2中选中剩余的文字，如图5-141所示。

图5-141

⑫ 复制并粘贴到当前文档中，移动到左侧，如图5-142所示。

图5-142

⑬ 接下来制作底部的轮播按钮。选择“椭圆工具”，设置“填充”为棕色，“描边”为无，设置完成后按住Shift键绘制一个正圆，如图5-143所示。

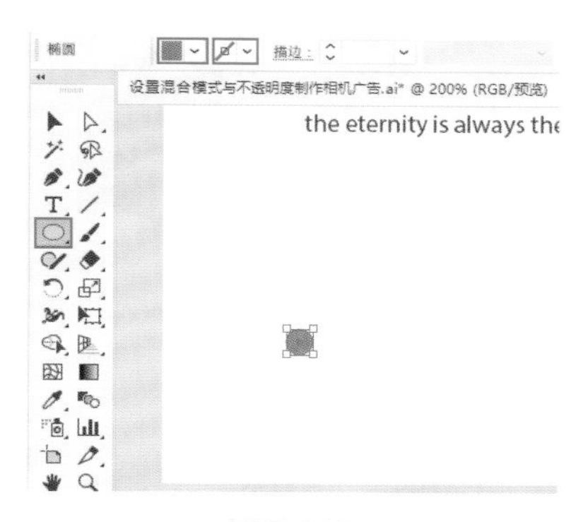

图5-143

⑭ 选中该正圆，按住Shift+Alt键的同时按住鼠标左键将其向右拖动，将其快速复制出一份，如图5-144所示。

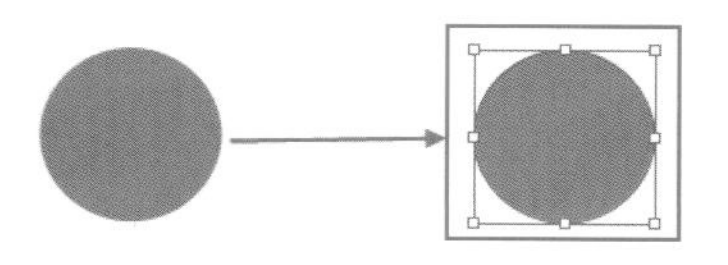

图5-144

⑮ 多次使用再制快捷键Ctrl+D快速复制出几份，如图5-145所示。

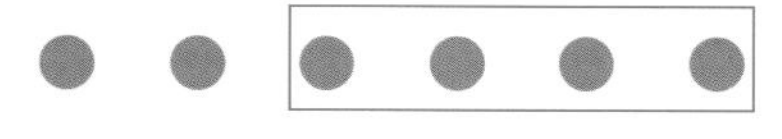

图5-145

⑯ 选中后五个正圆，双击“填色”按钮，在打开的“拾色器”窗口中拖动滑块选择合适的色相，在色域中选择合适的颜色，如图5-146所示。效果如图5-147所示。

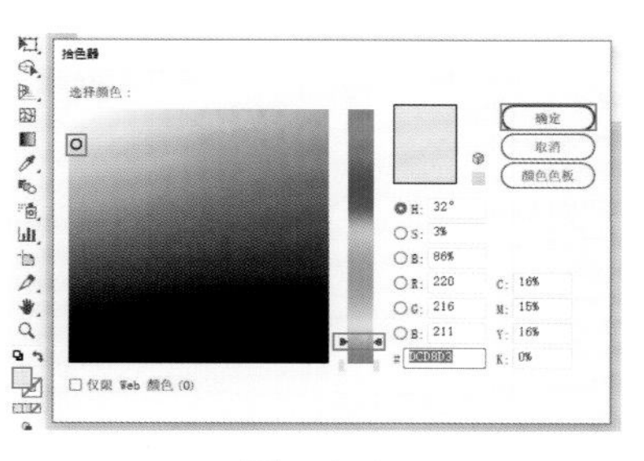

图5-146

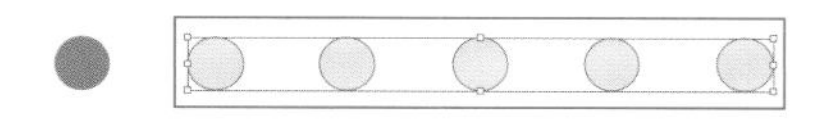

图5-147

本案例制作完成，效果如图5-148所示。

图5-148

5.6.4 不透明度蒙版：隐藏对象局部

功能速查

“不透明度蒙版”可以通过蒙版中的黑与白，控制对象的显示或隐藏，常用于制作对象从透明过渡到不透明的效果。

① 打开素材，接下来将对风景图添加不透明度蒙版，如图5-149所示。

图5-149

② 选择“矩形工具”，在画面中按住鼠标左键拖动，绘制一个与风景图相同大小的矩形，如图5-150所示。

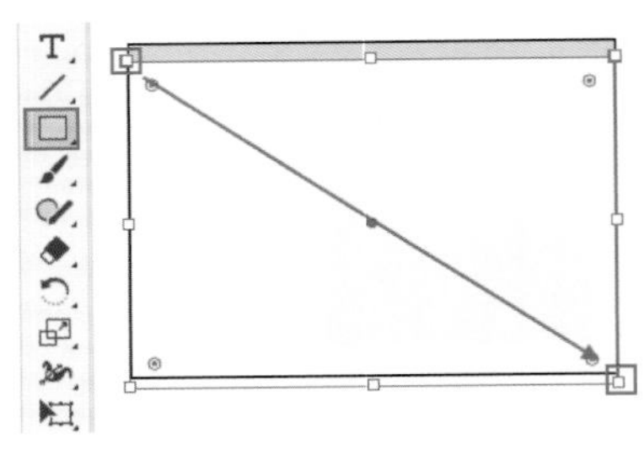

图5-150

③ 执行“窗口>渐变”命令，打开“渐变”面板，单击“填色”按钮使其位于前方，设置“类型”为“线性”渐变，“角度”为90°，编辑一个由白色到黑色的线性渐变。此时矩形被填充了由白色到黑色的渐变颜色，如图5-151所示。

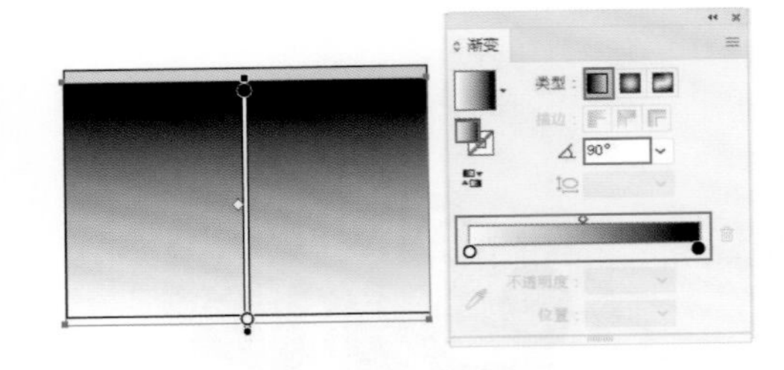

图5-151

④ 多次执行“对象>排列>向后一层”命令，将其置于风景图的前方，如图5-152所示。

图5-152

⑤ 加选风景图与渐变矩形，打开“透明度”面板，单击“制作蒙版”按钮，如图5-153所示。

图5-153

⑥ 蒙版中的黑色区域对应透明，灰色区域对应半透明，白色区域对应不透明。此时可以看到风景图呈现出由透明到不透明的效果，如图5-154所示。

图5-154

⑦ 如果要更改不透明度蒙版，可以双击“不透明度蒙版缩略图”按钮，进入蒙版编辑状态。例如

调整蒙版中渐变的颜色，扩大黑色的范围，则可以看到风景图中的透明区域扩大了，如图5-155所示。

图5-155

⑧ 蒙版内容编辑完成后，单击左侧的缩览图，退出编辑状态，如图5-156所示。

图5-156

⑨ 选中不透明度蒙版，单击“透明度”面板中的“反相蒙版”按钮，即可将蒙版中黑白翻转。相对应地，风景图中的透明区域与不透明区域也互换了。如图5-157所示。

图5-157

⑩ 如果想要取消不透明度蒙版，可以单击“透明度”面板中的“释放”按钮，随后蒙版中的内容会被还原回来，如图5-158所示。

图5-158

5.6.5　实战：音乐播放器

文件路径

实战素材/第5章

操作要点

使用“渐变”面板为图形设置渐变色
使用“透明度”面板将图片融入背景中

案例效果

案例效果见图5-159。

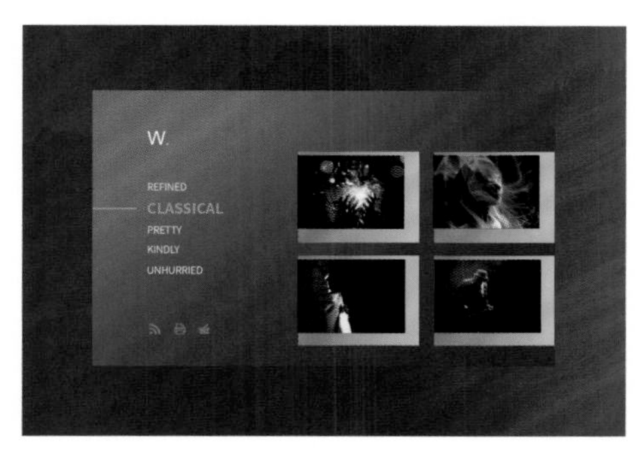

图5-159

操作步骤

① 新建一个大小合适的横向空白文档，选择“矩形工具”，在控制栏中设置“描边”为无，设置完成后在画面中绘制一个与画板等大的矩形，如图5-160所示。

图5-160

② 选中该矩形，双击工具箱中的“渐变工具”，在打开的“渐变”面板中设置“类型”为“线性渐变”，将光标移动至渐变滑块的下方，光标变为▷₊状时单击，添加色标，如图5-161所示。

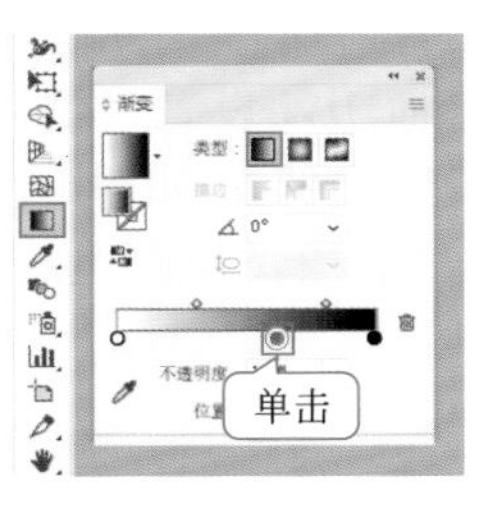

图5-161

③ 双击左侧的色标，在下拉面板中单击面板菜单按钮☰，选择“CMYK”，接着设置颜色，如图5-162所示。

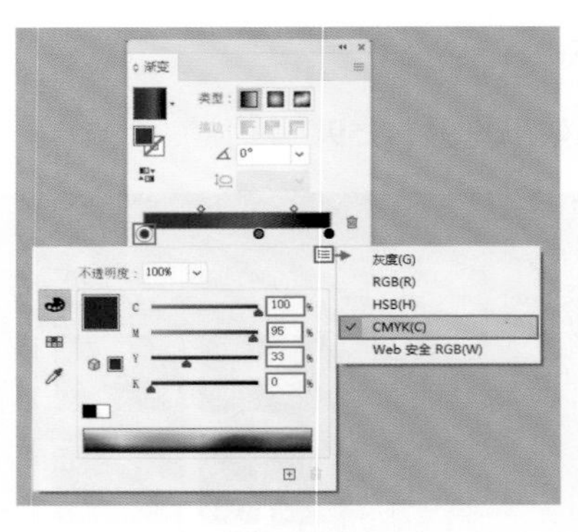

图5-162

④ 使用同样的方法设置另外两个色标的颜色，如图5-163所示。

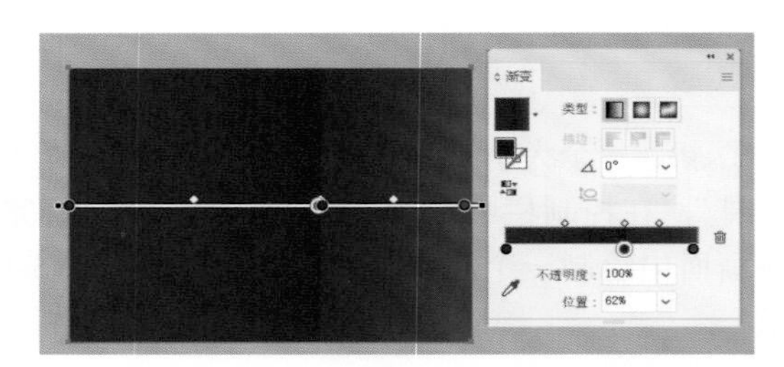

图5-163

⑤ 执行“文件＞置入”命令，将素材1置入画面中，并单击属性栏中的“嵌入”按钮，如图5-164所示。

图5-164

⑥ 选中该图片，执行“窗口＞透明度”命令，打开“透明度”面板，设置“混合模式”为“变亮”，“不透明度”为10%，如图5-165所示。此时风景图片融入了渐变背景，使画面效果更加丰富，如图5-166所示。

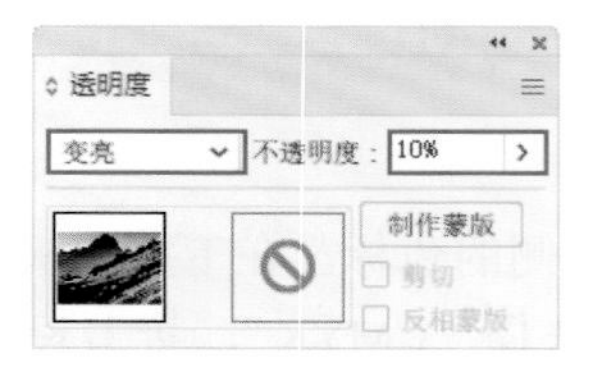

图5-165

图5-166

⑦ 选择工具箱中“矩形工具”，在控制栏中设置“描边”为无，设置完成后在画面中间位置拖动，绘制一个矩形，如图5-167所示。

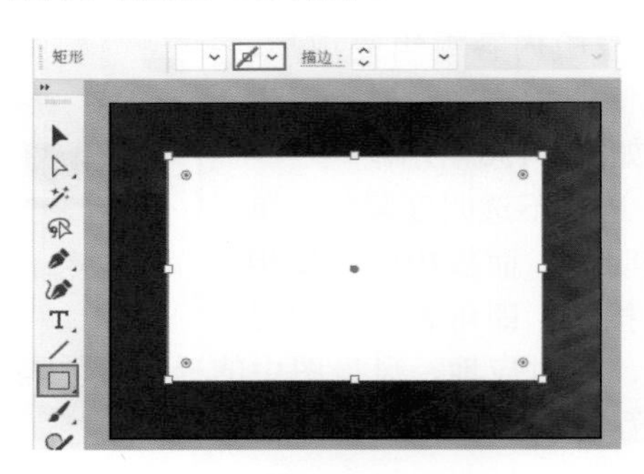

图5-167

⑧ 执行“窗口＞渐变”命令，打开“渐变”面板，设置“渐变类型”为“线性渐变”，“角度”为–50°，设置完成后编辑一个青色到蓝色的渐变，如图5-168所示。渐变效果如图5-169所示。

图5-168

⑨ 执行“文件＞打开”命令，打开素材6，选择所有内容，使用快捷键Ctrl+C进行复制，回到当前操作文档，使用快捷键Ctrl+V进行粘贴，并将其移动至合适的位置，如图5-170所示。

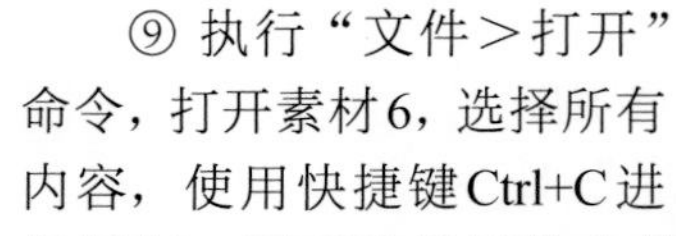

图5-169

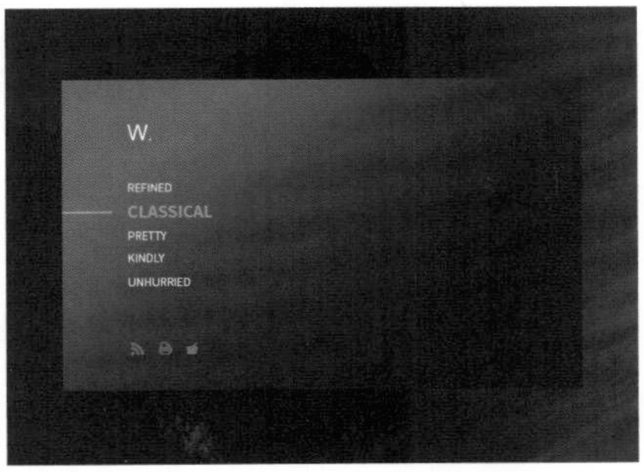

图5-170

⑩ 选择“矩形工具”，在控制栏中设置“描边”为无，设置完成后在画面的右上方绘制一个矩形，如图5-171所示。

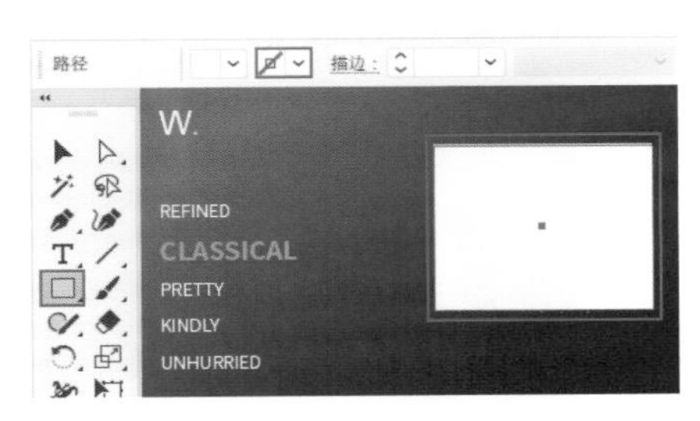

图5-171

⑪ 选择矩形，在打开的“渐变”面板中设置“渐变类型”为“线性渐变”，设置完成后编辑一个橙色系的渐变，如图5-172所示。

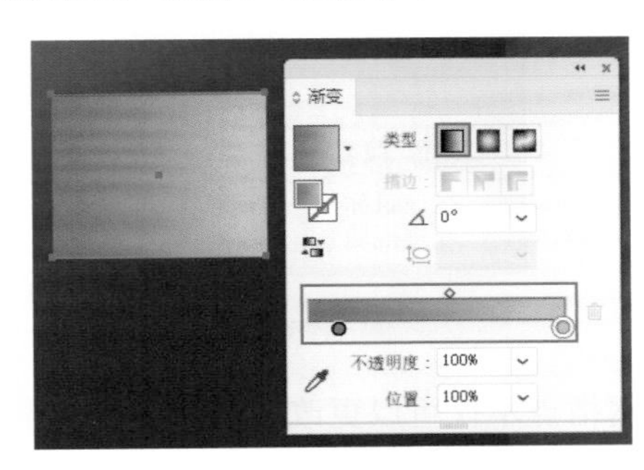

图5-172

⑫ 选择渐变矩形，按住Shift+Alt键的同时按住鼠标左键将其向右拖动，至合适位置释放鼠标，即可快速复制出一份，如图5-173所示。

图5-173

⑬ 选择两个渐变矩形，按住Shift+Alt键的同时按住鼠标左键将其向下拖动，至合适位置释放鼠标，即可快速复制出一份，如图5-174所示。

图5-174

⑭ 执行“文件＞置入”命令，将素材3置入画面中，并将其嵌入文档内，如图5-175所示。

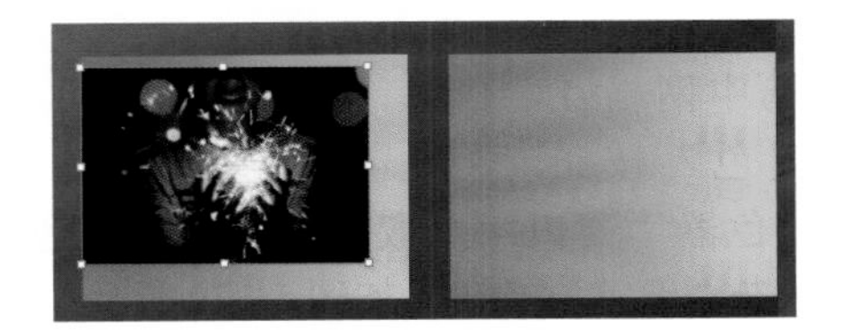

图5-175

⑮ 继续使用同样的方法在矩形上添加图片，并将其嵌入文档中，效果如图5-176所示。本案例制作完成，效果如图5-177所示。

图5-176

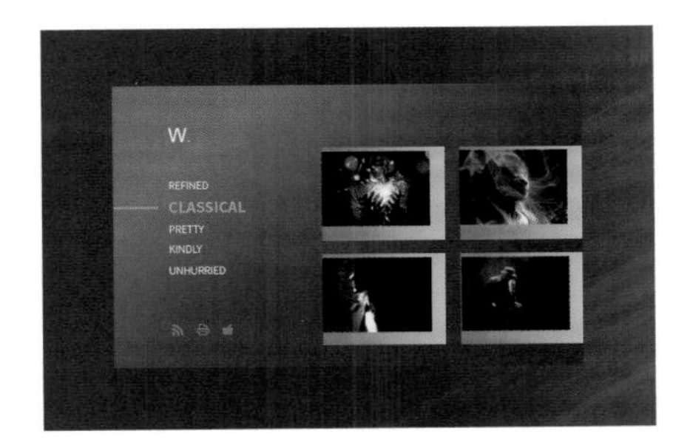

图5-177

高级拓展篇

5.7 网格工具

功能速查

“网格工具”是一种可以使图形上产生不规则颜色填充的工具。

“网格工具”可以在图形中添加网格，更改网格点的颜色与位置，调整颜色之间的过渡效果，从而制作出丰富多彩的填充效果。

① 选择背景中的矩形，单击工具箱中的“网格工具”，将光标移动至画面中单击，创建网格，如图5-178所示。

图5-178

② 选中网格点，双击“填色”按钮，打开“拾色器”窗口，选取一个合适的颜色，设置完成后单击“确定”按钮，如图5-179所示。

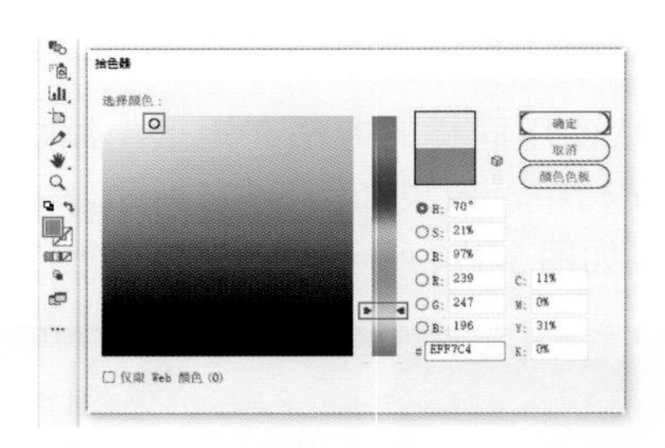

图5-179

③ 随后网格点上出现了设置的颜色，且该颜色与周围的颜色之间产生了自然的过渡效果，如图5-180所示。

图5-180

④ 网格点可以添加多个，而且还可以在“色板”面板中设置网格点的颜色。执行“窗口＞色板”命令，可以打开“色板”面板，如图5-181所示。

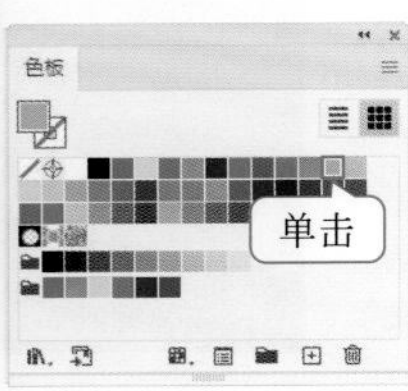

图5-181

⑤ 单击网格点将其选中，按住鼠标左键拖动，即可移动网格点的位置。随着网格点位置的移动，颜色之间的过渡效果也发生了改变，如图5-182所示。

图5-182

⑥ 拖动网格点的控制柄，也可改变网格填色的效果，如图5-183所示。

图5-183

⑦ 网格点不仅可以更改颜色，还可以单独设置不透明度，如图5-184所示。

图5-184

⑧ 如果想要删除多余的网格点，可以按住Alt键，当光标变为状后单击网格点。

5.8　实时上色工具

功能速查

"实时上色工具"既可以为独立图形上色，也可以在多个图形交叉区域上色，使之成为独立的图形。

图5-185

① 在当前的文档中有多个独立的图形，在使用实时上色工具之前，首先要选中全部图形，如图5-185所示。

② 单击工具箱中的"实时上色工具"，在控制栏上设置合适的填充颜色，然后将光标移动至线条之间形成的闭合区域上单击，如图5-186所示。这部分区域被填充为所选颜色，如图5-187所示。

③ 这部分区域已经成为独立的图形，但目前还无法单独操作。需要选择实时上色组，执行"对象>实时上色>扩展"命令。扩展后图形为编组状态，选中图形单击鼠标右键执行"取消编组"命令，如图5-188所示。取消编组后每个颜色将形成一个独立的图形，如图5-189所示。

④ 如果想要释放实时上色，可以选中实时上色组，执行"对象>实时上色>释放"命令。释放后的图形将还原为0.5磅宽的黑色描边的路径。

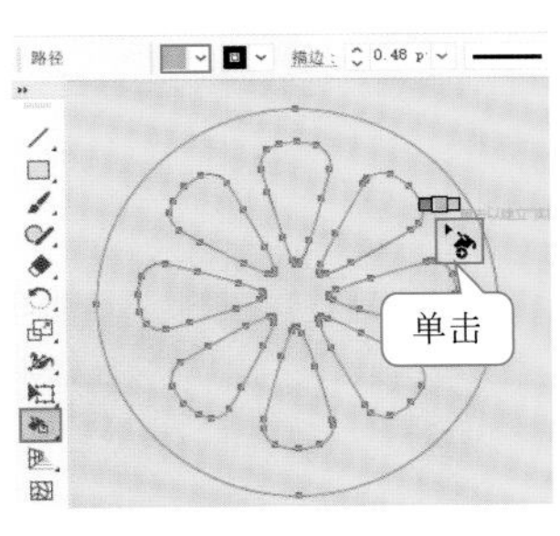

图5-186

图5-187

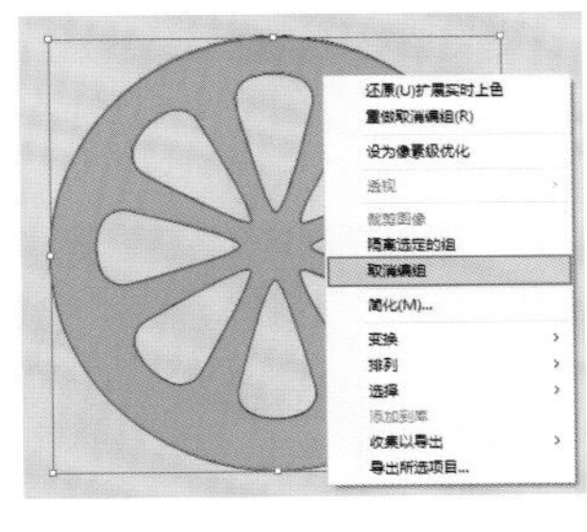

图5-188

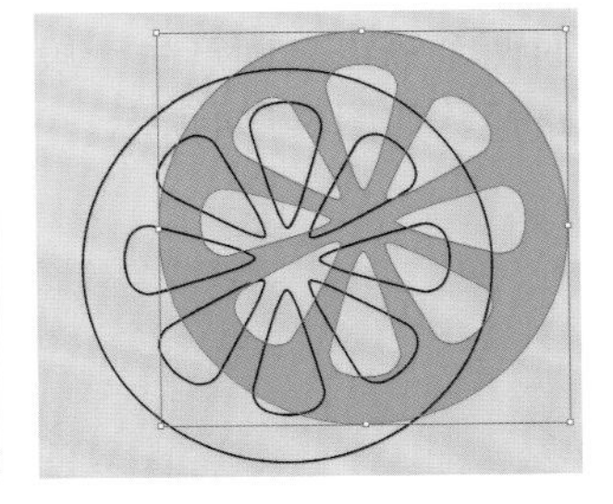

图5-189

5.9　课后练习：活力感人物创意海报

文件路径

实战素材/第5章

操作要点

为图形设置不同的颜色
通过"透明度"选项调整图形透明度

案例效果

案例效果见图5-190。

图5-190

操作步骤

① 新建文档，选择"矩形工具"，设置"填充"为绿色，"描边"为无，在画面中绘制一个与画板等大的矩形，如图5-191所示。

② 选择“椭圆工具”，设置“填充”为黄绿色，“描边”为无，设置完成后在矩形的中间位置按住Shift键拖动绘制一个正圆，如图5-192所示。

③ 选择“钢笔工具”，在控制栏中设置“填充”为白色，“描边”为无，设置完成后将光标移动至矩形的左下侧位置，按住鼠标左键单击，确定路径的起点，如图5-193所示。

④ 继续移动光标，至合适位置时单击鼠标左键，添加第二个锚点，此时两个锚点之间产生一段路径，如图5-194所示。

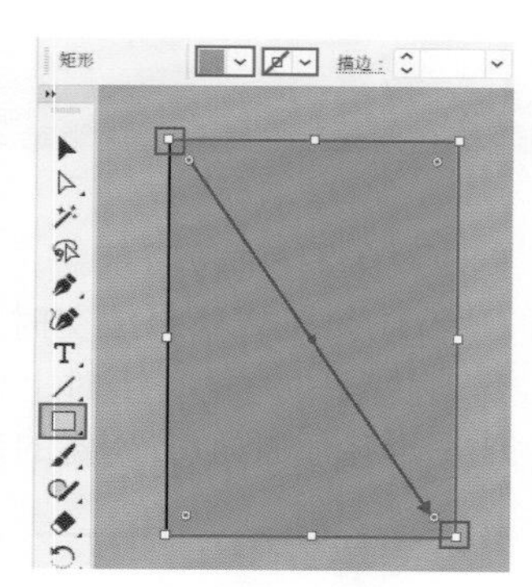

图5-191

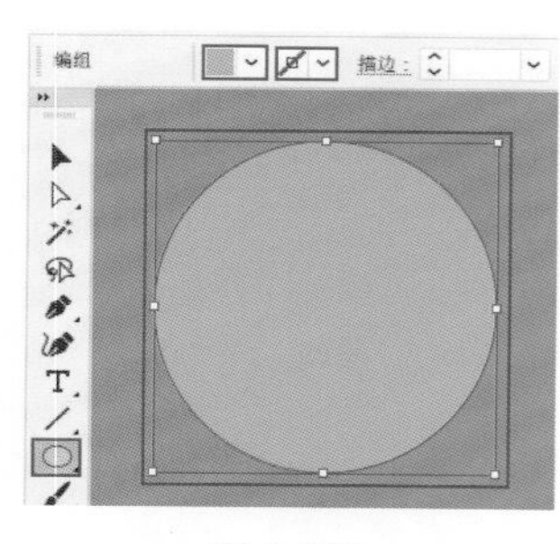

图5-192

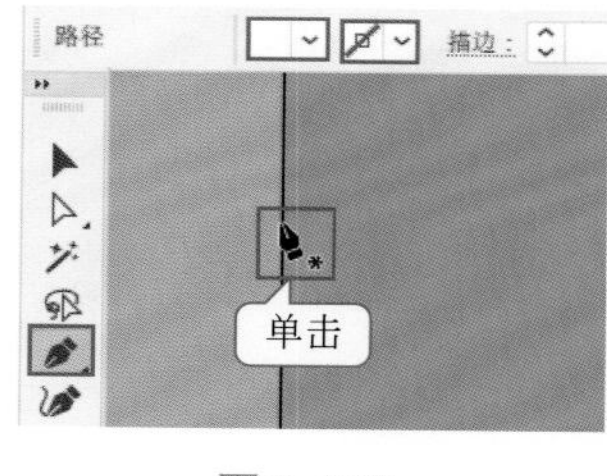

图5-193

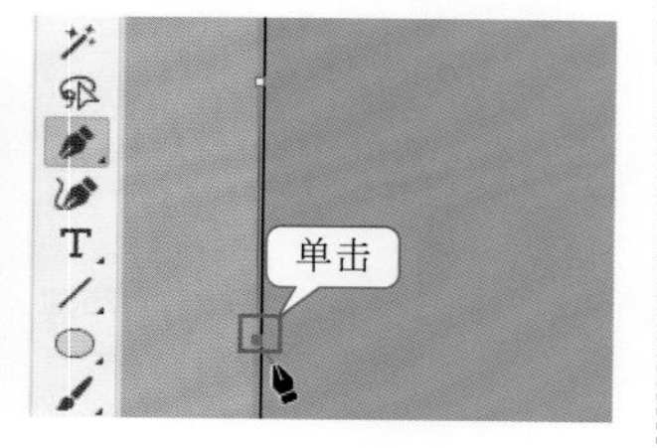

图5-194

⑤ 可以继续以单击的方式进行绘制，将光标移动至起始锚点位置时，光标变为♦。状，如图5-195所示。

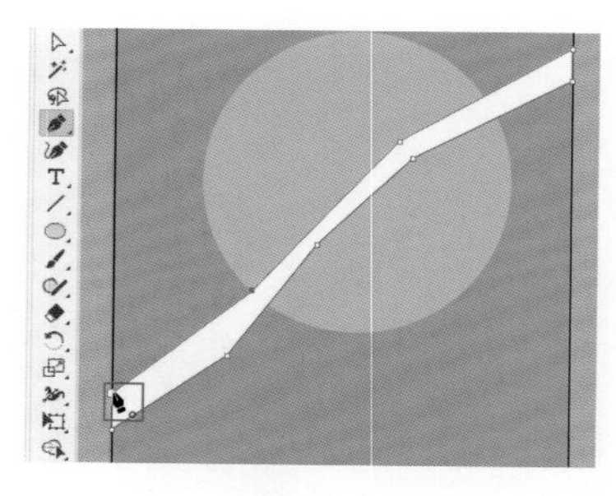

图5-195

⑥ 再次单击即可将路径闭合，得到一个图形，如图5-196所示。

⑦ 接着选择“直接选择工具”，单击选中尖角锚点，接着单击控制栏中的“将所选锚点转换为平滑”按钮，即可将尖角锚点转换为平滑锚点，如图5-197所示。

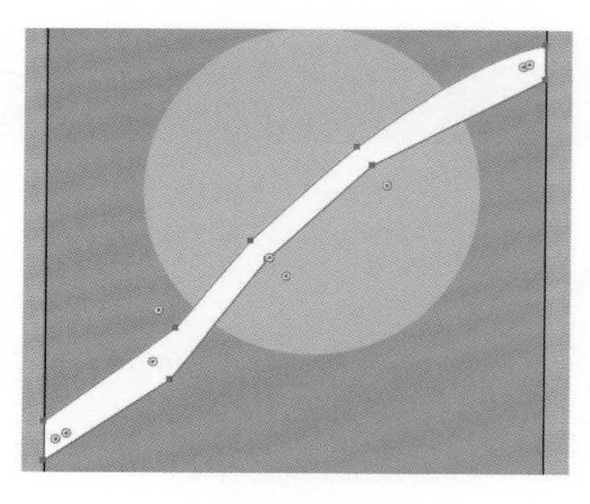

图5-196

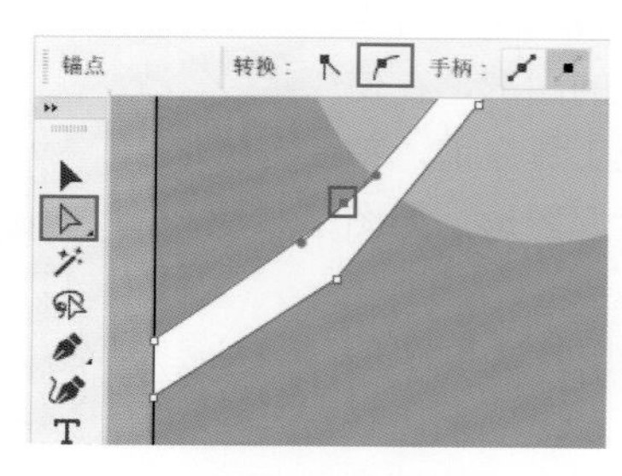

图5-197

⑧ 接着使用“直接选择工具”拖动单侧的控制柄去调整方向线，改变路径，如图5-198所示。

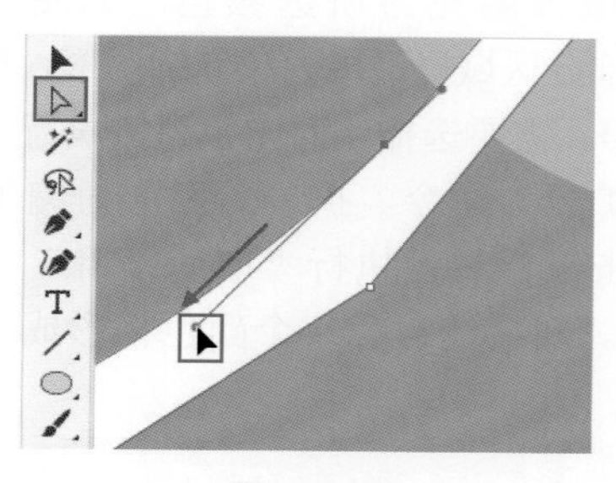

图5-198

⑨ 使用同样的方法调整其他锚点，更改图形的形态，如图5-199所示。

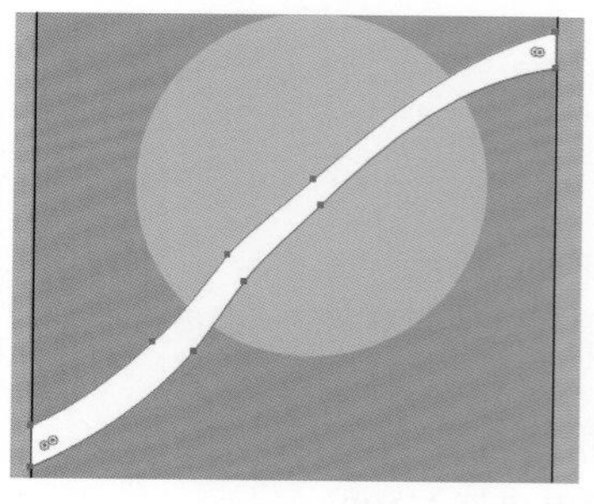

图5-199

⑩ 选中该图形，在控制栏中设置“不透明度”为50%，如图5-200所示。

⑪ 继续使用同样的方法制作出另外一条不透明度为40%的黄色图形，如图5-201所示。

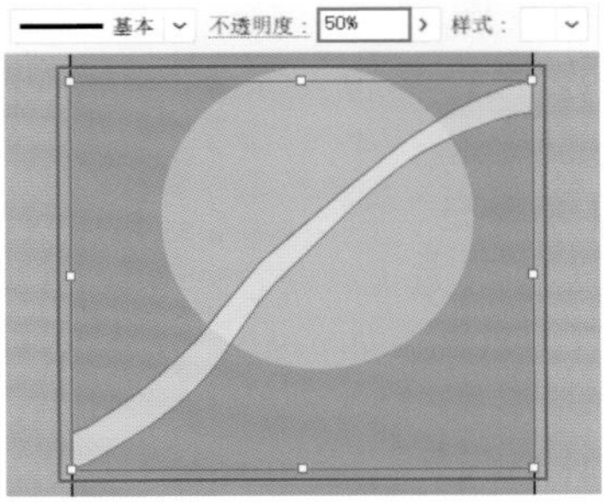

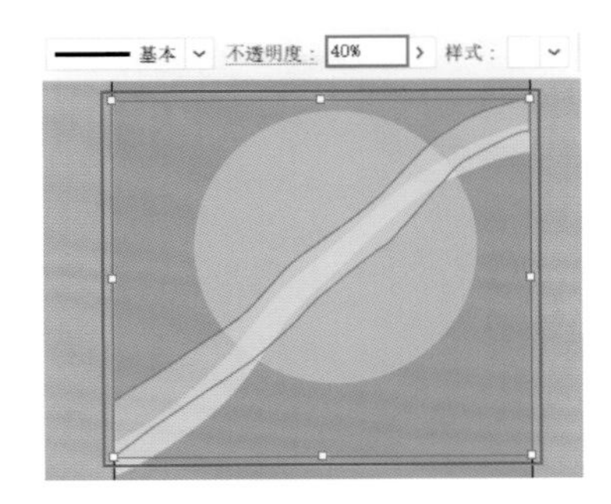

图5-200

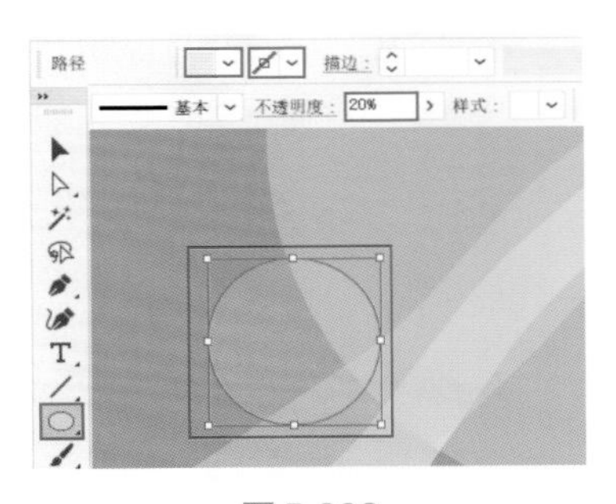

图5-201

⑫ 接着使用“椭圆工具”按住Shift键的同时按住鼠标左键拖动绘制一个正圆。接着设置其“填充”为淡黄绿色，“描边”为无，“不透明度”为20%，如图5-202所示。

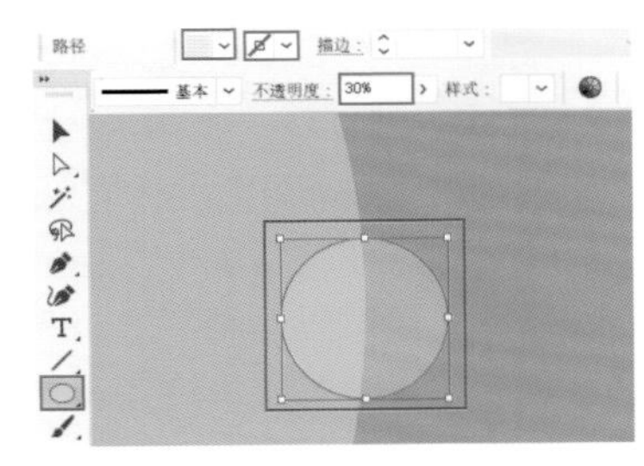

图5-202

⑬ 继续使用该工具，在画面中按住Shift键绘制一个正圆，更改“不透明度”为30%，如图5-203所示。

图5-203

⑭ 使用同样的方法绘制出另外一个黄绿色正圆，并更改不透明度，如图5-204所示。

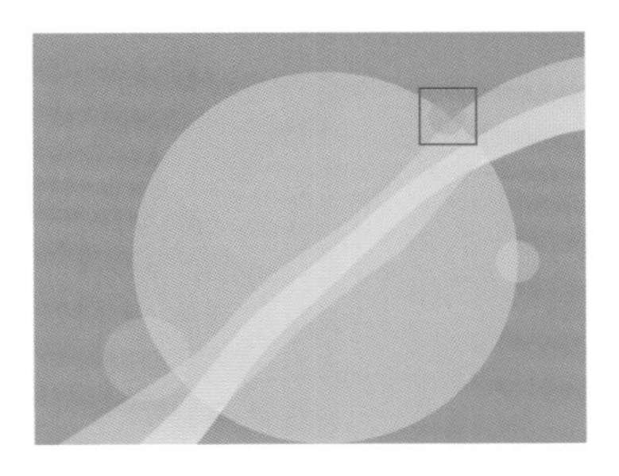

图5-204

⑮ 执行“文件>置入”命令，将素材2置入画面中，如图5-205所示。

图5-205

⑯ 再次置入并嵌入素材1，使用快捷键Ctrl+C进行复制，然后返回当前操作文档，使用快捷键Ctrl+V进行粘贴，并将其摆放在合适位置上，如图5-206所示。

图5-206

⑰ 选中该图形，按住Alt键的同时按住鼠标左键将其向下拖动，快速复制出一份，如图5-207所示。

⑱ 接着按住鼠标左键拖动角控制点，将其旋转至合适的角度，如图5-208所示。

图5-207

图5-208

⑲ 使用同样的方法复制出另外一个图形，并调整其大小与旋转角度，如图5-209所示。

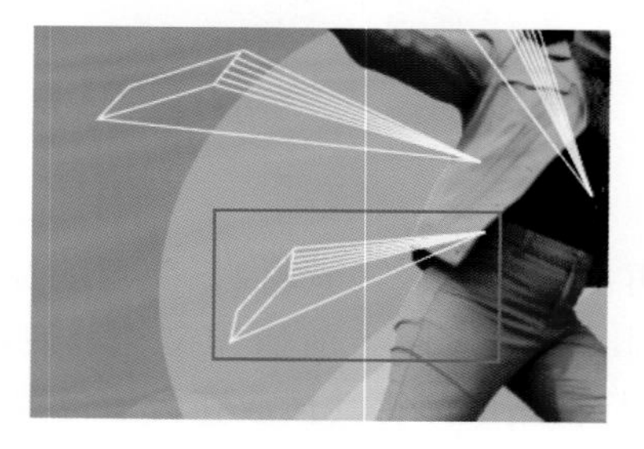
图5-209

⑳ 选中三个图形，执行“对象>排列>后移一层”命令，将其置于人像的下方。效果如图5-210所示。

图5-210

㉑ 选择“椭圆工具”，在人像的右腿位置按住Shift键绘制一个正圆，设置“填充”为苹果绿，“描边”为无，“不透明度”为80%，如图5-211所示。

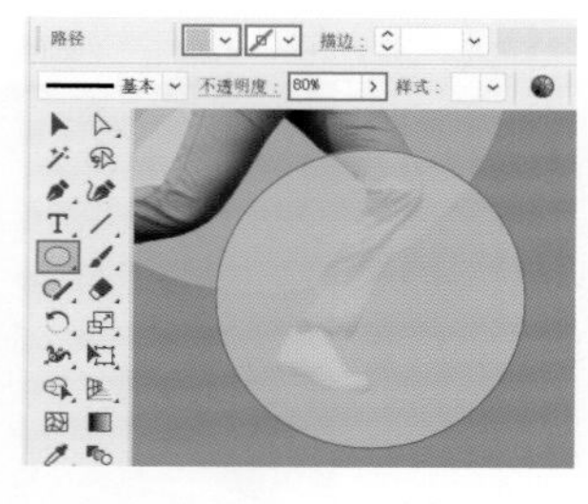
图5-211

㉒ 使用同样的方法再次绘制一个不透明度为50%的青绿色正圆。效果如图5-212所示。

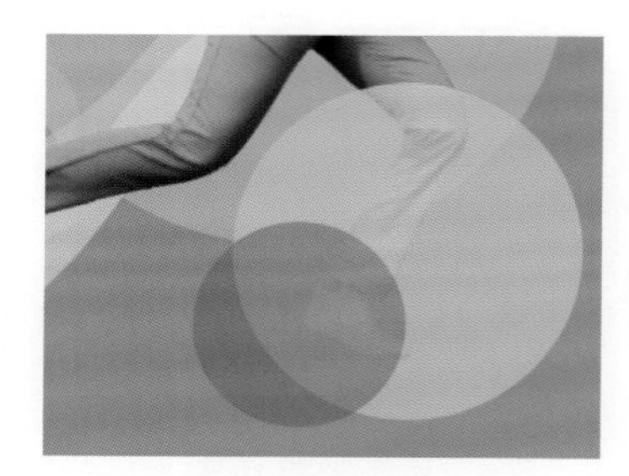
图5-212

㉓ 置入文字素材3，缩放到合适大小，摆放在这两个圆形上，效果如图5-213所示。

图5-213

本章小结

本章学习的内容集中于图形色彩的设置。利用本章学习的工具，可以使矢量图形产生各种漂亮的单色、渐变、图案，还可以运用不透明度与混合模式制作出多图融合效果。掌握了这些功能，可以得到更加丰富、更加绚丽的画面效果。

第6章 高级绘图

在Illustrator中，绘图的方式有很多种。之前学习的工具可以制作一些由简单图形构成的作品，而本章将要学习钢笔工具、画笔工具、橡皮擦、剪刀等可供绘制复杂图形的工具。还将学习使用路径查找器、形状生成器、混合工具以及描摹功能制作矢量图形的方法。

学习目标

- 熟练使用钢笔工具绘图。
- 掌握擦除部分矢量图形的方法。
- 熟练使用路径查找器制作图形。
- 掌握符号的使用方法。

思维导图

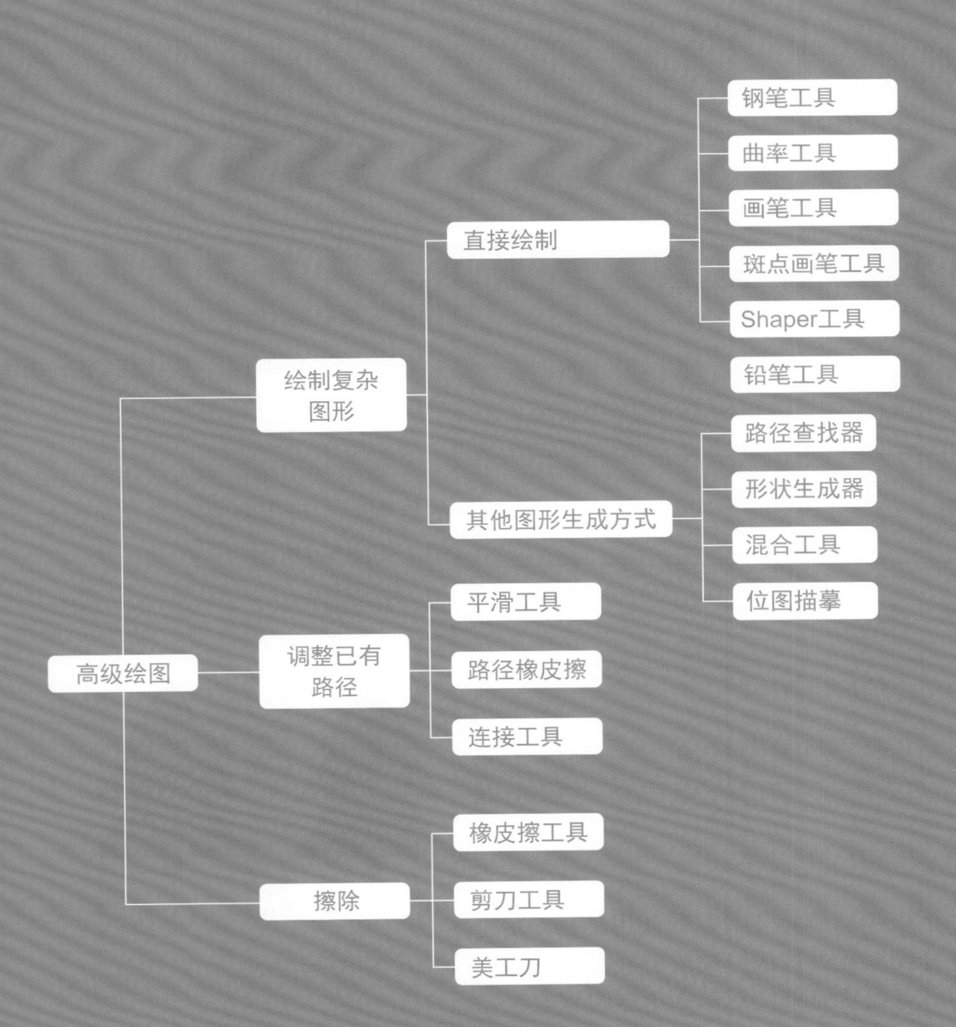

6.1 使用钢笔绘图

钢笔绘图指的是综合运用钢笔工具组中的多种工具绘制矢量图形。“钢笔工具”是一种既可以绘制简单图形又可以绘制复杂图形的工具。此工具灵活度高，熟练掌握后能够帮助用户完成绝大多数图形的制作。

使用“钢笔工具”绘制复杂图形时，可以一边绘制一边进行调整；也可以先绘制出图形的大致轮廓，然后配合钢笔工具组中的工具进行调整。

6.1.1 认识钢笔工具组

打开钢笔工具组，其中包括钢笔工具、添加锚点工具、删除锚点工具和锚点工具。其中“钢笔工具”用于绘制矢量对象，另外三种工具用于编辑矢量对象的形态，如图6-1所示。各工具功能见表6-1。

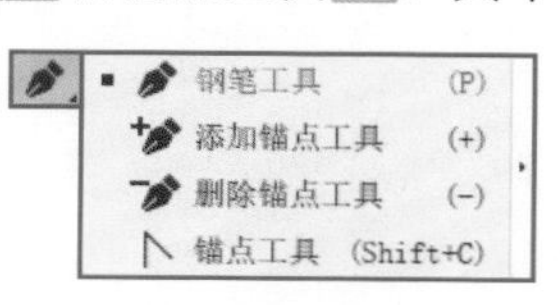

图6-1

表6-1 钢笔工具组功能速查

工具名称	工具概述	图示
钢笔工具	用于创建精确路径对象的工具	
添加锚点工具	用于在路径上添加新的锚点	
删除锚点工具	用于删除路径上已有的锚点	
锚点工具	用于将尖角锚点转换为平滑锚点，或将平滑锚点转换为尖角锚点	

6.1.2 绘制直线组成的图形

对于初学者来说，“钢笔工具”的使用是有一定难度的，但是直线以及由直线组成的折线是非常容易绘制出来的。可以从简单的图形入手学习钢笔工具的使用。

① 选择工具箱中的“钢笔工具”，在控制栏中设置“填充”为无，“描边”为黑色，然后在画面中单击，接着在下一个位置单击，两个锚点之间产生一段直线路径，如图6-2所示。

图6-2

② 继续将光标移动至下一个位置单击，三个锚点之间产生了一段折线路径，如图6-3所示。

③ 在绘制的过程中，如果想要水平方向的绘制路径，可以按住Shift键，如图6-4所示。

图6-3

图6-4

重点笔记

按住Shift键不仅可以绘制水平线条，还可以绘制垂直线条以及斜45° 线条。

④ 继续以单击的方式进行绘制。想要完成图形的绘制时，可以将光标移动至起始点，单击完成绘制，如图6-5所示。

⑤ 如果要绘制开放的路径，按下键盘上的Esc键即可退出路径的绘制，如图6-6所示。

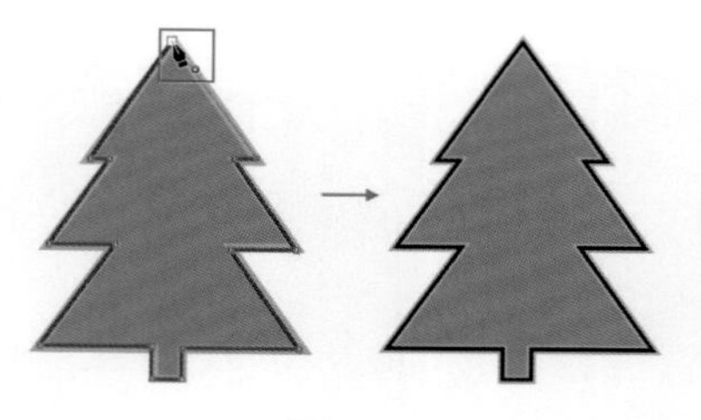

图6-5

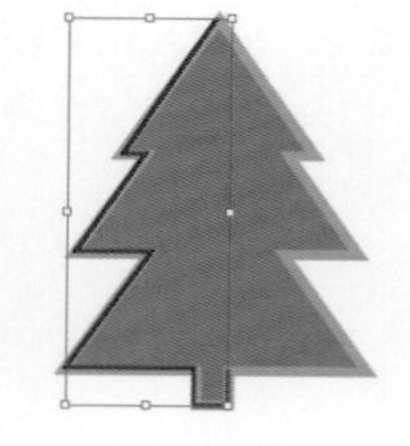

图6-6

6.1.3 绘制带有弧度的图形

使用“钢笔工具”绘制曲线或带有弧度的图形的难度要稍大一些，主要难点在于弧度的控制。

① 选择“钢笔工具”，在画面中单击创建第一个锚点。接着将光标移动至另外一个位置，按住鼠标左键并拖动，此时出现的锚点是带有弧度的，随着拖动会看到方向线（也称控制柄）。拖动方向线可以控制路径的走向，如图6-7所示。

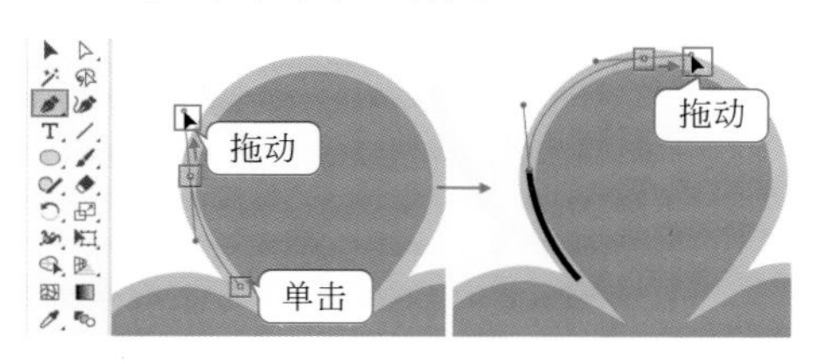

图6-7

② 继续沿着图形边缘，以按住鼠标左键拖动的方式绘制带有弧度的路径，如图6-8所示。

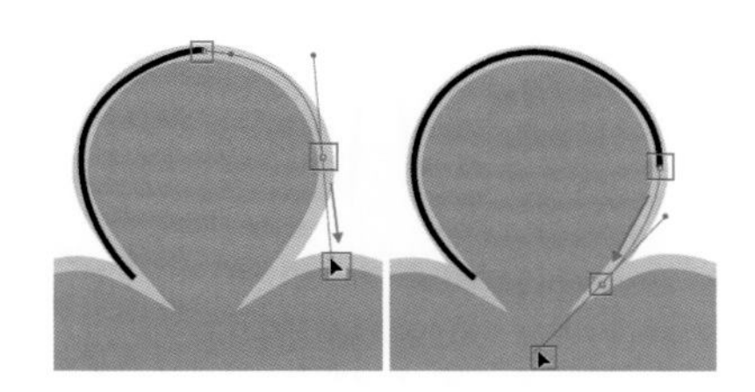

图6-8

③ 当绘制到尖角转折的位置时，可以单击鼠标左键，此时出现的点为尖角的点，如图6-9所示。

④ 继续通过按住鼠标左键并拖动的方式绘制平滑的点，如图6-10所示。

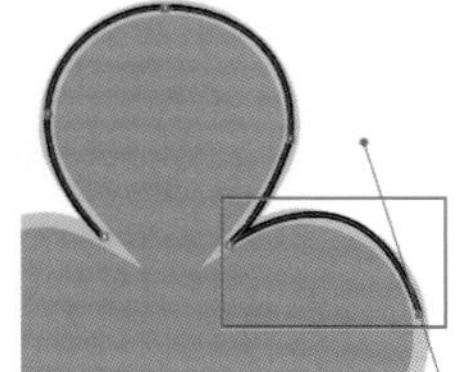

图6-9　　图6-10

⑤ 在绘制的过程中如果要移动锚点的位置，可按住Ctrl键，“钢笔工具”会切换到“直接选择”工具。拖动锚点或拖动控制柄都可以对路径进行调整，如图6-11所示。

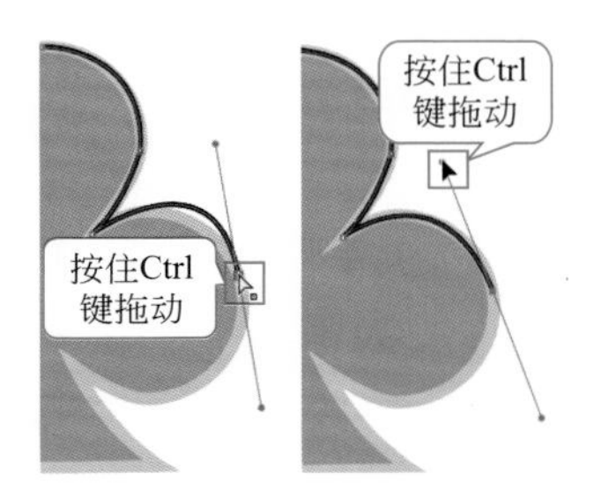

图6-11

⑥ 继续沿着图形边缘进行路径的绘制，绘制至起始锚点位置时，按住鼠标左键拖动完成路径的绘制操作，如图6-12所示。（在此过程中难免有绘制得不美观的地方，可以在学习了下一节的工具后进行修饰。）

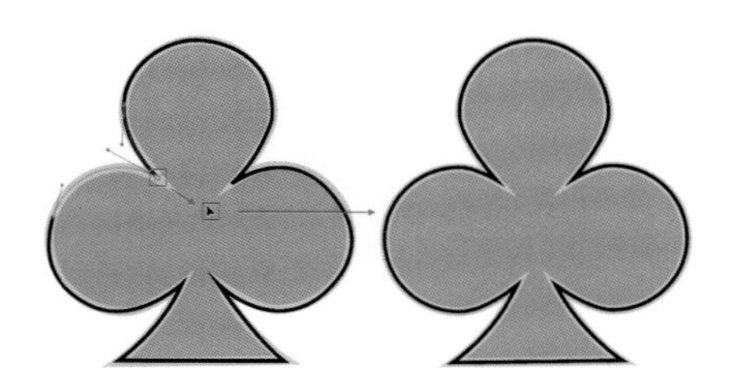

图6-12

6.1.4　编辑图形的形态

初学者使用“钢笔工具”绘图经常会遇到绘制不标准的情况。可先完成大致图形的绘制，随后运用“直接选择工具”“转换点工具”“添加锚点工具”“删除锚点工具”来美化路径。

除此之外，在绘制较为复杂的图形时，也可以先勾勒出图形的大致轮廓，然后再去更改路径的细节形态。

① 选择“钢笔工具”，然后沿着图形的边缘，以单击的方式勾勒出图形的大致轮廓，如图6-13所示。

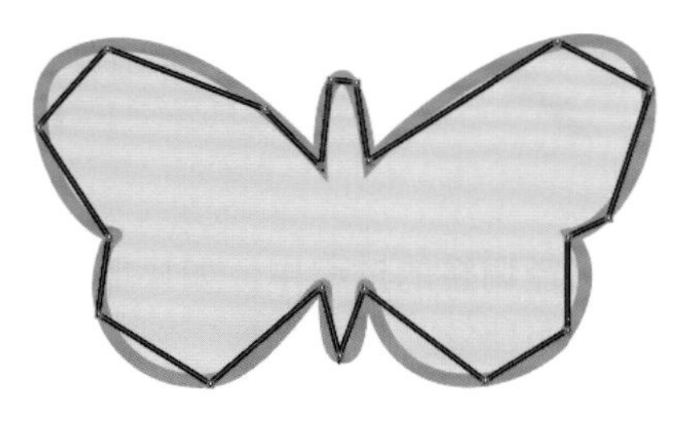

图6-13

② 接下来调整路径的形状。选择“直接选择工具”，单击选择一个锚点。该点是尖角锚点，需要先将其转换为平滑锚点。单击控制栏中的“将所选锚点转换为平滑”按钮，此时选择的锚点将转换为平滑锚点。拖动锚点和控制柄调整路径，如图6-14所示。

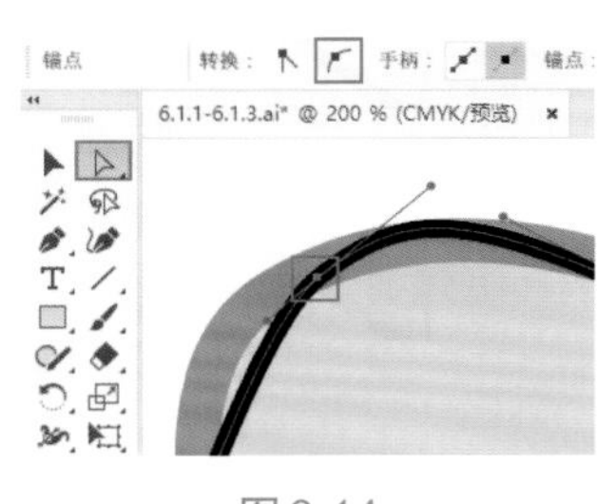

图6-14

③ 使用“直接选择工具”，按住鼠标左键拖动锚点，可以移动锚点

的位置。拖动控制柄可以调整路径的走向，如图6-15所示。

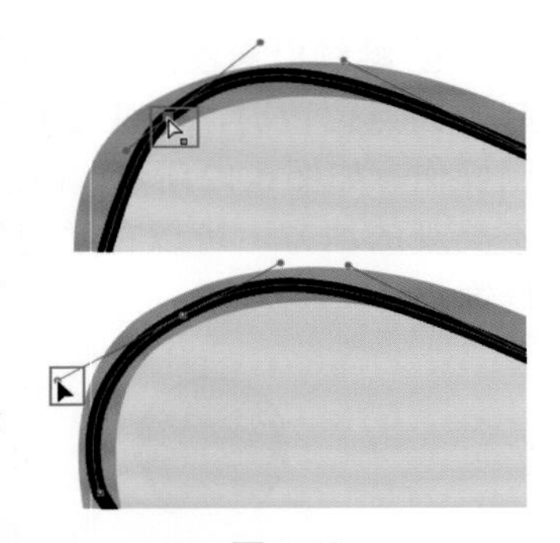

图6-15

④ 想要将尖角锚点转化为平滑锚点，可以选择“锚点工具”，在尖角锚点上按住鼠标左键拖动，即可将尖角锚点转换为平滑锚点，同时路径变为曲线，如图6-16所示。

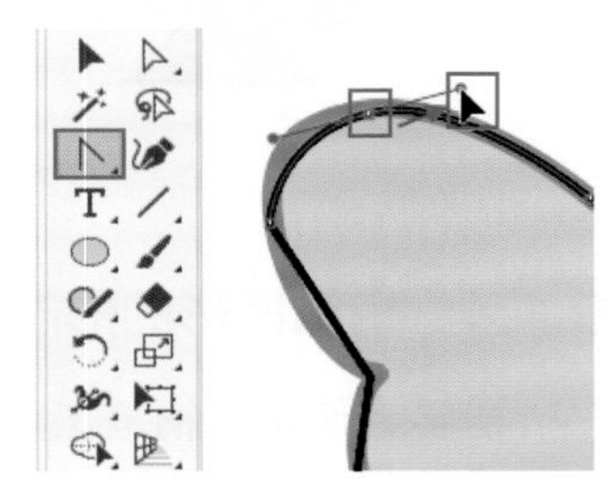

图6-16

⑤ 使用“直接选择工具”，将光标移动至路径上方，光标变为状后按住鼠标左键拖动可以更改路径的走向，如图6-17所示。

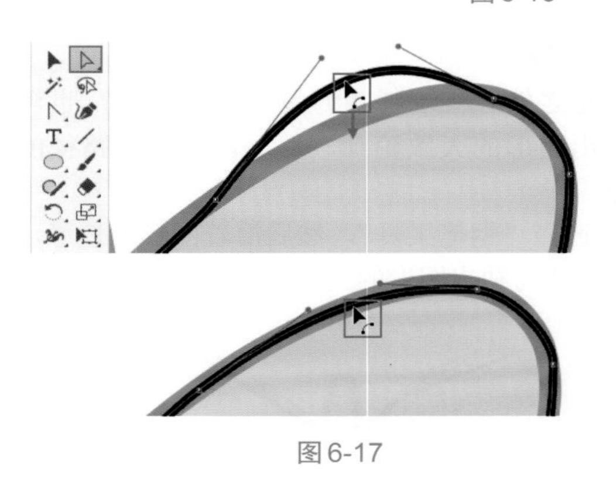

图6-17

⑥ 在对路径调整的过程中，如果需要添加锚点，可以选择“添加锚点工具”，在路径上方单击，如图6-18所示。

⑦ 添加锚点后，可使用“直接选择工具”选中并调整锚点，如图6-19所示。

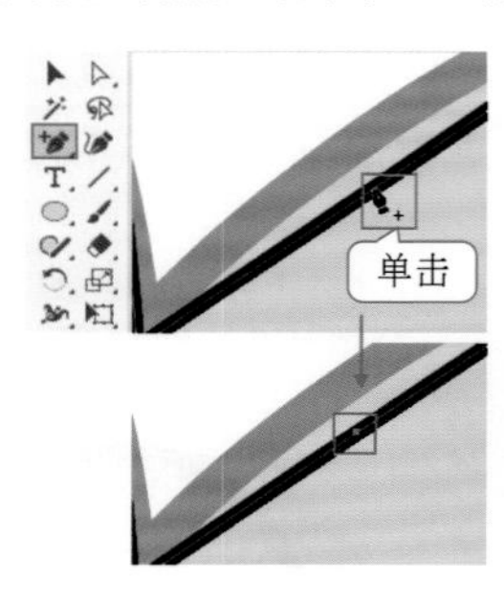

图6-18

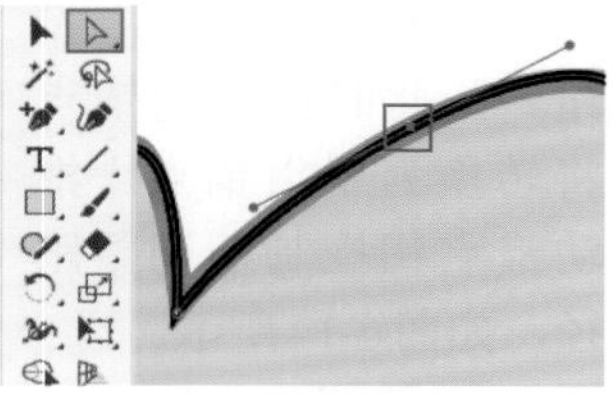

图6-19

⑧ 如果要删除锚点，可以选择“删除锚点工具”，在锚点上单击，如图6-20所示。

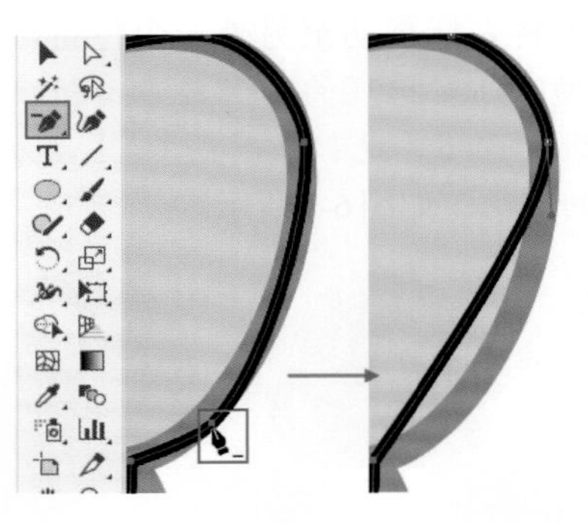

图6-20

⑨ 继续使用以上方法可以对路径形态进行调整，如图6-21所示。

图6-21

拓展笔记

在使用“钢笔工具”的状态下可以添加或删除锚点。

① 选择“钢笔工具”，将光标移动至路径上方，光标变为状后单击即可添加锚点，如图6-22所示。

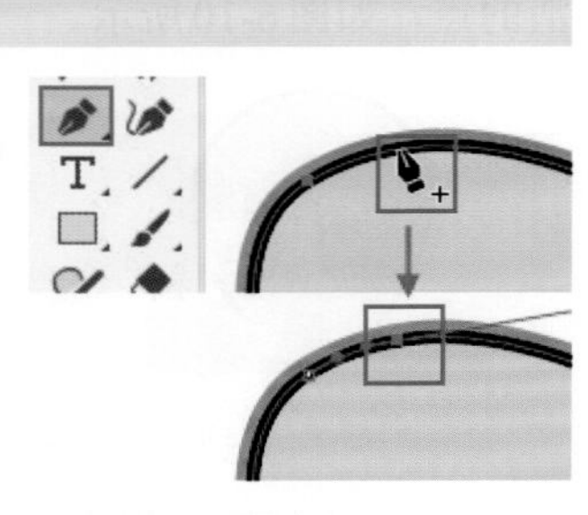

图6-22

② 在使用“钢笔工具”的状态下，将光标移动至锚点上方，光标变为状后单击，即可删除锚点，如图6-23所示。

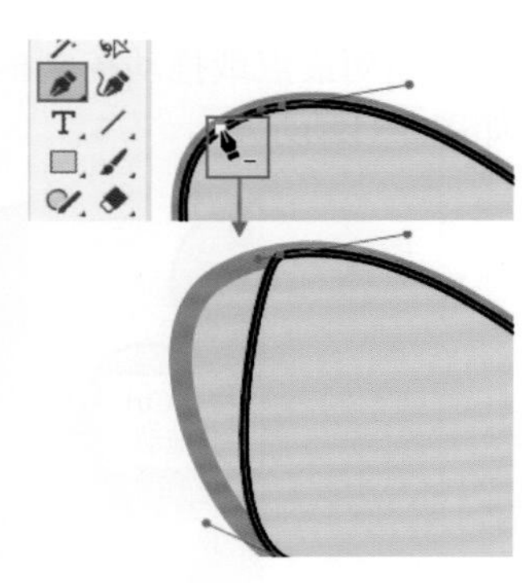

图6-23

6.1.5　实战：绘制不规则文字

文件路径

实战素材/第6章

操作要点

使用“椭圆工具”绘制正圆
使用“钢笔工具”绘制不规则文字

案例效果

案例效果见图6-24。

图6-24

操作步骤

① 新建文档。选择“矩形工具”，设置“填充”为灰绿色，“描边”为无，设置完成后按住鼠标左键拖动绘制一个与画板等大的矩形，如图6-25所示。

② 选择“椭圆工具”，设置“填充”为浅绿色，“描边”为无，设置完成后在矩形上按住Shift键绘制一个正圆，如图6-26所示。

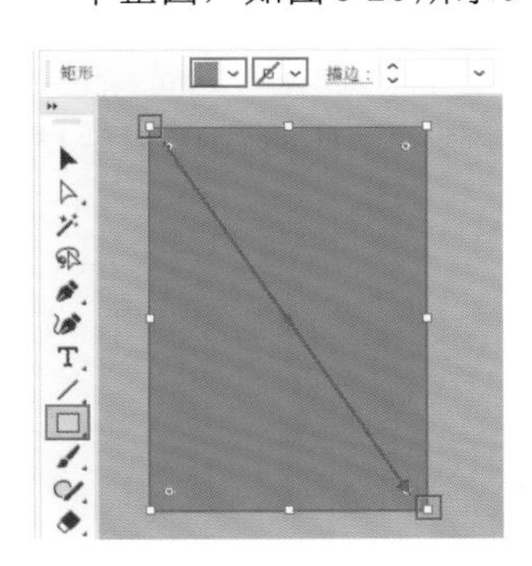

图6-25　　图6-26

③ 使用同样的方法在画面中绘制其他正圆，效果如图6-27所示。

④ 选择“矩形工具”，在画面中绘制一个与画板等大的矩形，如图6-28所示。

图6-27　　图6-28

⑤ 框选所有图形，执行“对象＞剪切蒙版＞建立”命令，创建剪切蒙版，如图6-29所示。

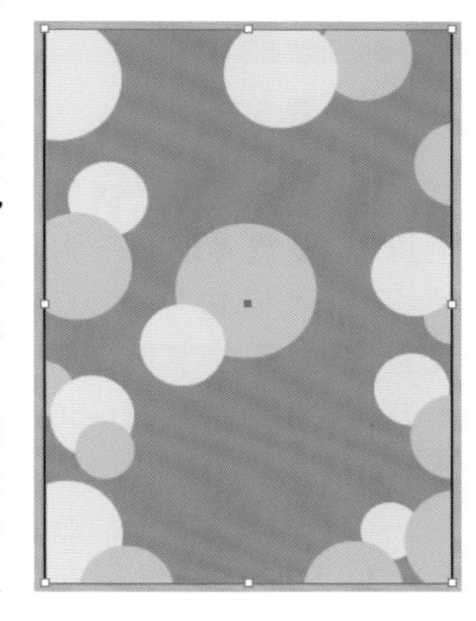

图6-29

⑥ 选择“钢笔工具”，在控制栏中设置“填充”为白色，“描边”为无，在画板以外的空白位置单击，确定路径起点，如图6-30所示。

⑦ 接着将光标移动至合适的位置单击添加锚点，此时可以看到两个锚点之间连接成了一条直线，如图6-31所示。

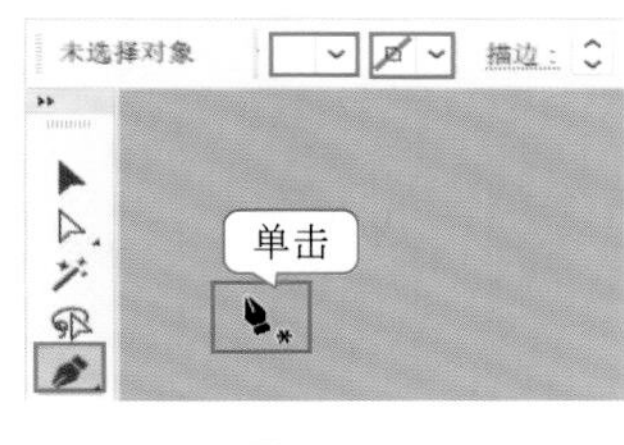

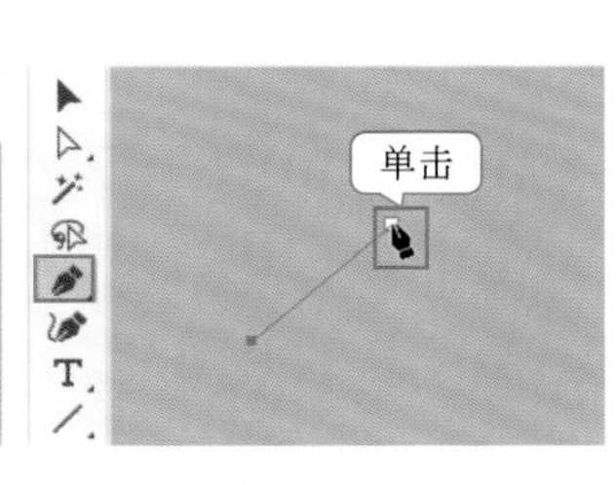

图6-30　　图6-31

⑧ 继续使用同样的方法移动光标，按照字母T的形态在合适位置单击，添加其他锚点，如图6-32所示。

图6-32

⑨ 接着将光标移动至起点位置，此时可以看到光标变为![]状，如

图6-33所示。

⑩ 单击起点，即可闭合路径，得到一个封闭的图形，如图6-34所示。

⑪ 使用同样的方法制作其他文字，如图6-35所示。

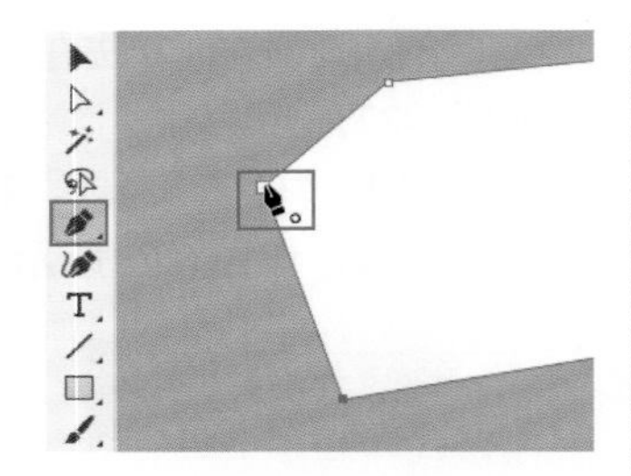

图6-33

图6-34

图6-35

⑫ 继续使用“钢笔工具”，设置“填充”为浅绿色，“描边”为无，设置完成后在字母O上单击确定起点，如图6-36所示。

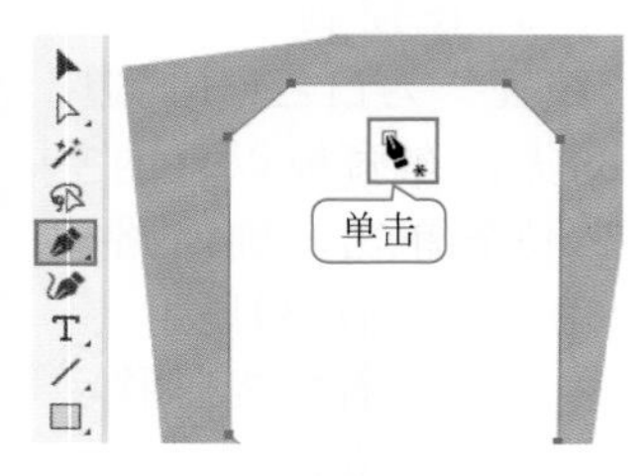

图6-36

⑬ 接着移动光标，至合适位置时按住鼠标左键拖动不放，控制路径的走向，如图6-37所示。

⑭ 继续使用同样的方法绘制曲线，如图6-38所示。

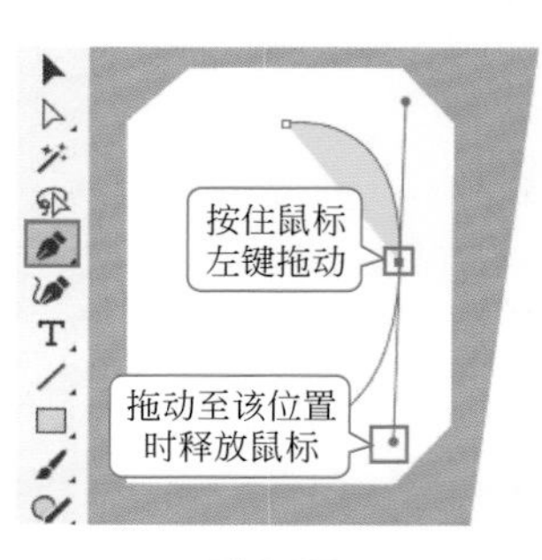

图6-37

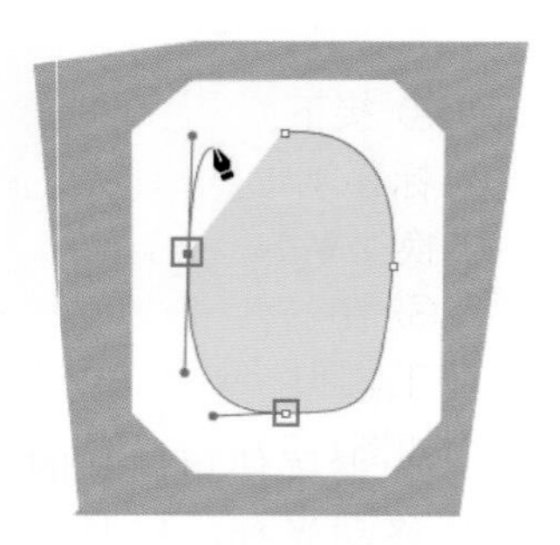

图6-38

⑮ 将光标移动至起点位置按住鼠标左键拖动，调整曲线的形态，得到一个封闭的图形，如图6-39所示。

⑯ 使用同样的方法在字母P上绘制出另外一个图形，如图6-40所示。

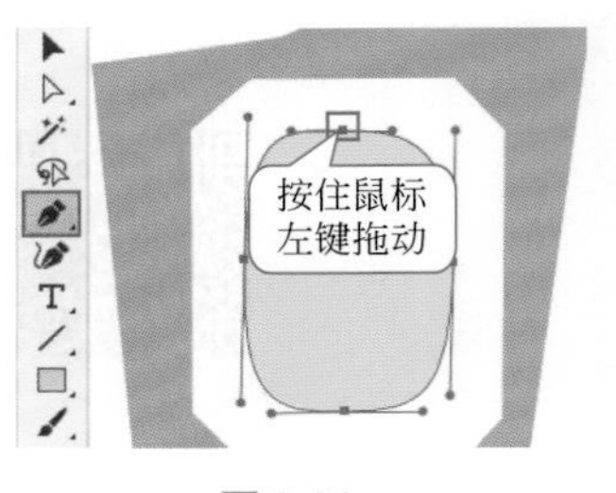

图6-39

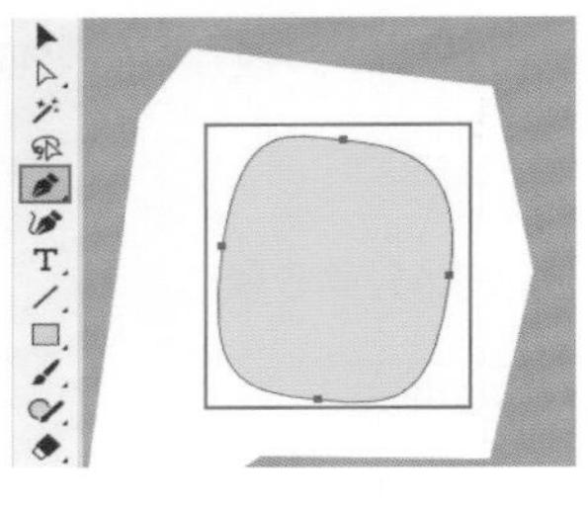

图6-40

⑰ 选中所有文字图形，使用快捷键Ctrl+G进行编组，并将其移动至画面中，如图6-41所示。

图6-41

⑱ 选择“文字工具”，在主文字的下方单击，输入文字，并在控制栏中设置合适的字体、字号与颜色，同时将文字居中对齐，如图6-42所示。

图6-42

⑲ 选择“矩形工具”，设置“填充”为黄绿色，“描边”为无，在左上方绘制一个矩形，如图6-43所示。

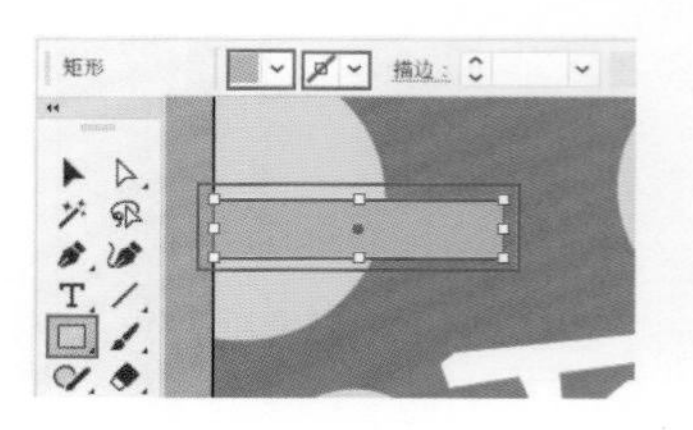

图6-43

⑳ 继续使用同样的方法在画面中添加其他文字。效果如图6-44所示。

图6-44

6.1.6　实战：使用钢笔工具绘制不规则图形标志

文件路径

实战素材/第6章

操作要点

使用“钢笔工具”制作不规则图形
使用“锚点工具”调整路径的形态

案例效果

案例效果见图6-45。

图6-45

操作步骤

① 新建文档，选择“矩形工具”，设置“填充”为浅青色，“描边”为无，在画面中绘制一个与画板等大的矩形，如图6-46所示。

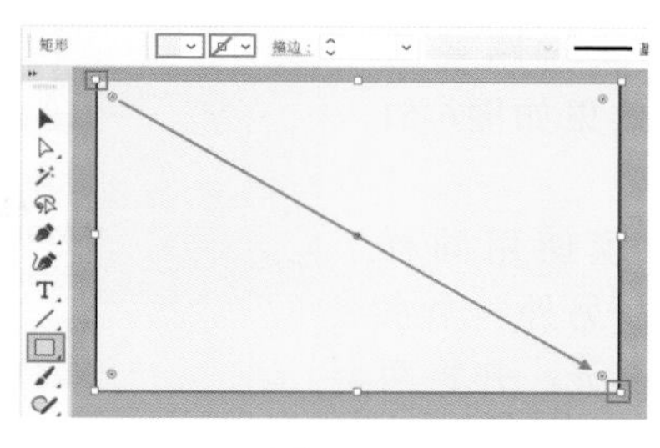

图6-46

② 接下来绘制水花图案。首先选择“钢笔工具”，设置“填充”为青色，描边为无，然后在画板外以单击的方式绘制水花的轮廓，如图6-47所示。

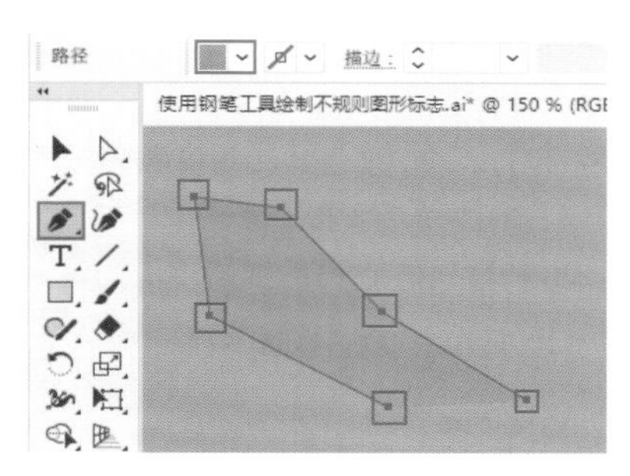

图6-47

③ 继续进行绘制，至起始锚点位置后单击，得到一个闭合图形，如图6-48所示。

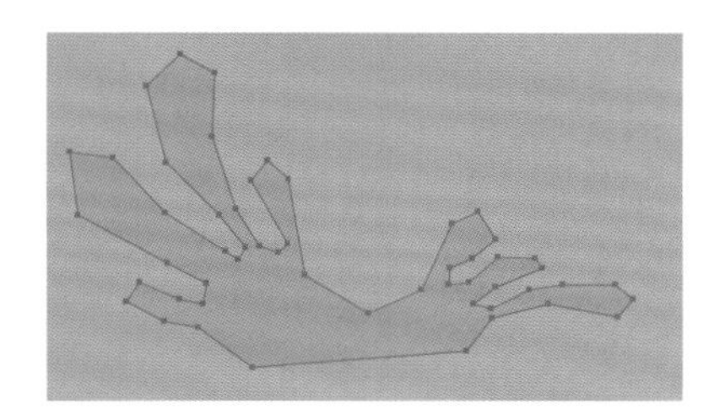

图6-48

④ 接下来对路径进行调整。选择“锚点工具”，将光标移动至锚点上方按住鼠标左键拖动即可将角点转换为平滑点，如图6-49所示。

⑤ 在调整锚点的过程中，需要配合使用“直接选择工具”，拖动锚点或控制柄可以调整路径的走向，如图6-50所示。

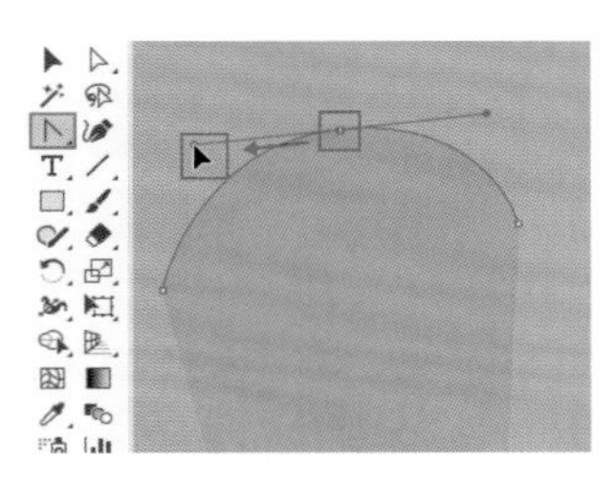

图6-49

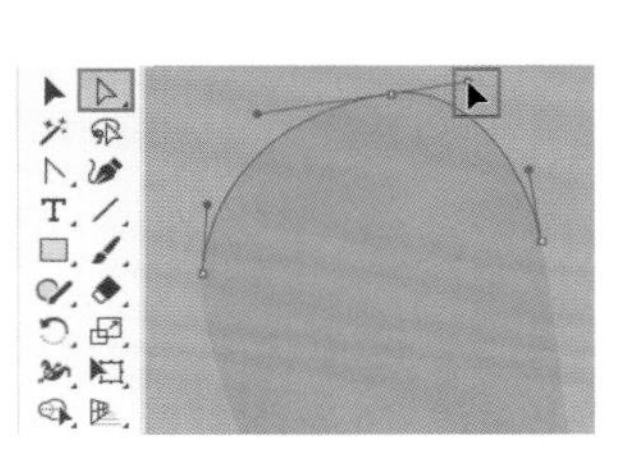

图6-50

⑥ 继续对路径进行调整，效果如图6-51所示。

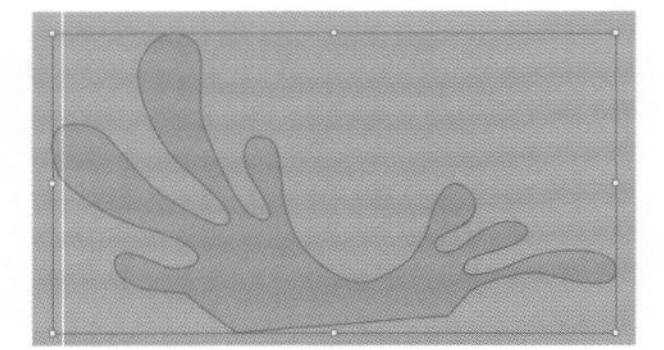
图6-51

⑦ 继续使用同样的方法绘制另外一个水花图形与高光，并将两组水花图形分别进行编组，如图6-52所示。

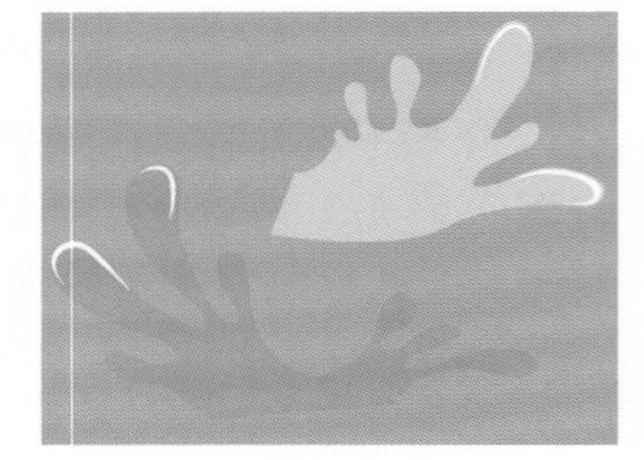
图6-52

⑧ 接着选择浅蓝色的水花，将其移动至蓝色水花的右侧，并执行“对象＞排列＞后移一层”命令，将其置于蓝色水花的下方，如图6-53所示。

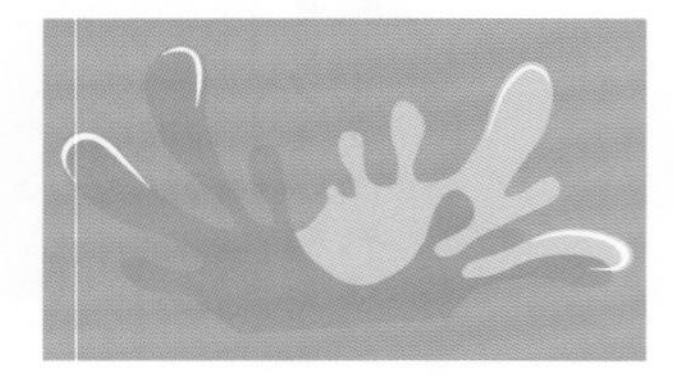
图6-53

⑨ 选择“椭圆工具”，设置“填充”为黄色，“描边”为无，设置完成后在水花图形上按住鼠标左键拖动绘制一个椭圆，如图6-54所示。

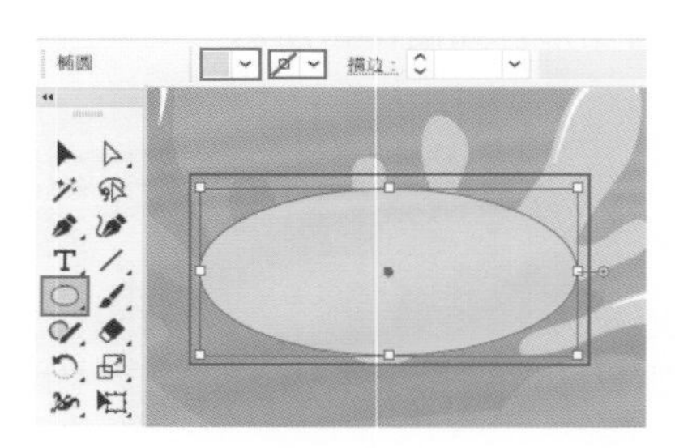

图6-54

⑩ 接着移动光标，按住鼠标左键拖动角控制点，将其旋转至合适角度，如图6-55所示。

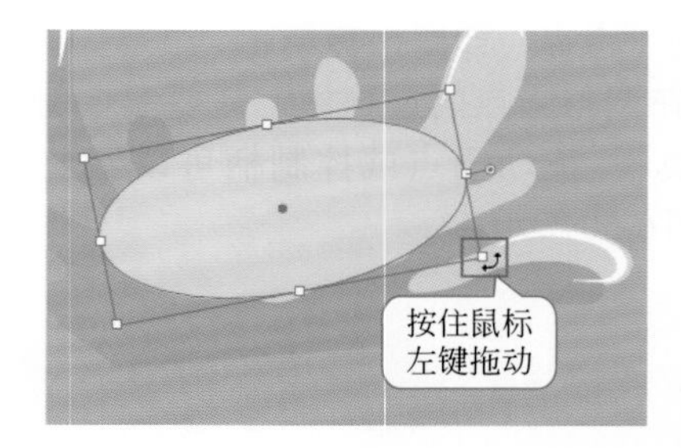

图6-55

⑪ 选择“钢笔工具”，设置“填充”为琥珀色，“描边”为无，设置完成后在画面的空白位置以单击的方式绘制图形，如图6-56所示。

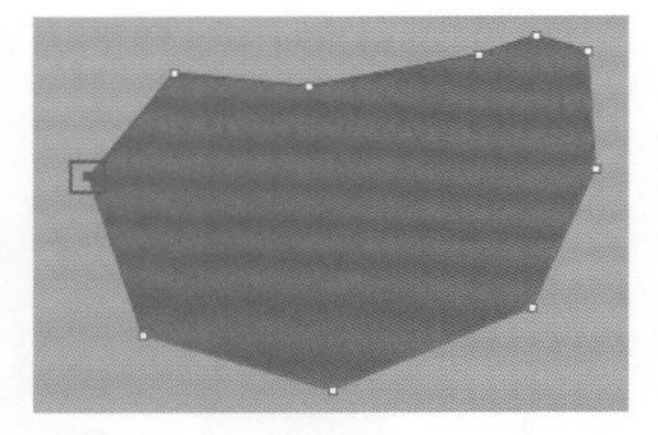
图6-56

⑫ 选择“锚点工具”，将光标移动至锚点上，按住鼠标左键拖动方向线，调整曲线的弧度，如图6-57所示。

⑬ 使用同样的方法调整其他锚点，更改图形的形态，如图6-58所示。

图6-57

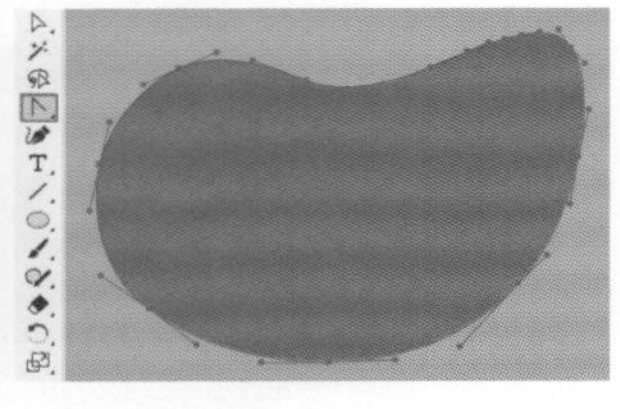
图6-58

⑭ 继续使用“钢笔工具”在空白位置绘制出铬黄色的图形，并使用“锚点工具”调整该图形的形态，如图6-59所示。

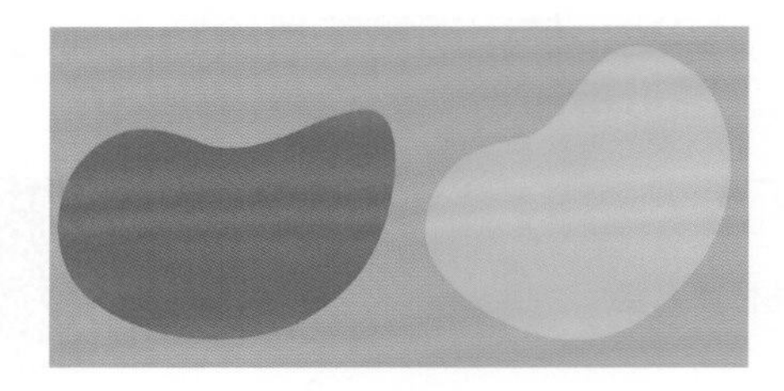
图6-59

⑮ 接着将这两个图形移动至水花图形上，并调整图层的顺序。效果如图6-60所示。

⑯ 执行“文件＞置入”命令，将素材1置入到当前画面中，并单击控制栏中的“嵌入”按钮将其嵌入，如图6-61所示。

图6-60

图6-61

⑰ 选择“文字工具”，在琥珀色的图形上输入文字，并在控制栏中设置合适的字体、字号与颜色，如图6-62所示。

图6-62

⑱ 选中文字，按住鼠标左键拖动角控制点，将其旋转至合适角度，如图6-63所示。

图6-63

⑲ 继续使用“文字工具”在主文字的下方键入文字，并将其旋转至合适角度，如图6-64所示。

⑳ 选择“钢笔工具”，在两行文字之间绘制一个白色图形，如图6-65所示。

图6-64

图6-65

㉑ 接着选中所有标志图形与文字，将其移动至画面的中间位置。本案例制作完成，效果如图6-66所示。

图6-66

6.2　擦除或切分矢量图形

在Illustrator中可以使用橡皮擦工具、剪刀工具与美工刀工具擦除或切分矢量图形，如图6-67所示。这三种工具的用法略有不同，如表6-2所示。

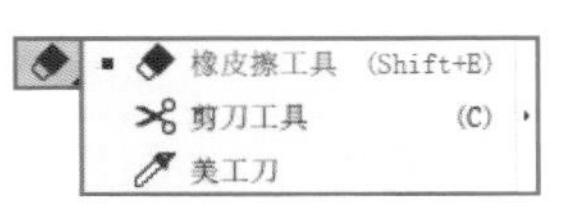

图6-67

表6-2　擦除工具组功能速查

工具	功能概述	图例
橡皮擦工具	使用该工具可以擦除图形的部分区域	
剪刀工具	可以分割图形或路径	
美工刀工具	可以将图形切分为若干个独立的对象，且切割处会自动生成路径，闭合图形	

6.2.1　橡皮擦：擦除图形的局部

功能速查

使用“橡皮擦工具”可以擦除矢量图形的部分区域。

① 选择一个图形，单击工具箱中的“橡皮擦工具”，接着在图形上方按住鼠标左键拖动，如图6-68所示。释放鼠标后，选定对象中光标经过的位置被擦除，如图6-69所示。

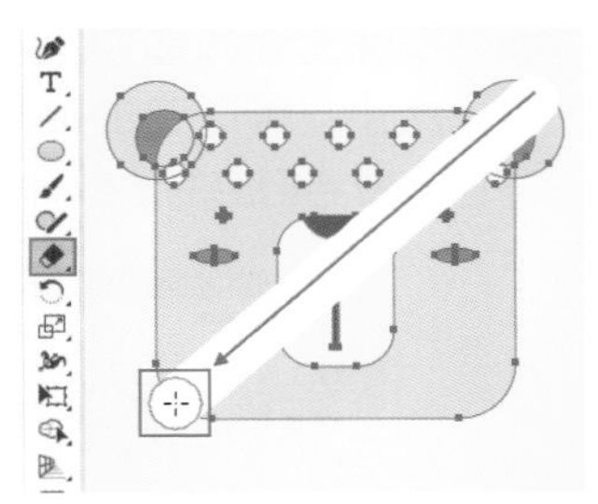

图6-68

图6-69

高级拓展篇

重点笔记

如果没有选中特定图形，那么使用“橡皮擦工具”进行擦除后，光标经过区域的矢量图形都会被擦除。

② 如果想要擦除矩形的范围，可以选择“橡皮擦工具”，在图形上按住Alt键的同时按住鼠标左键拖动，如图6-70所示。

图6-70

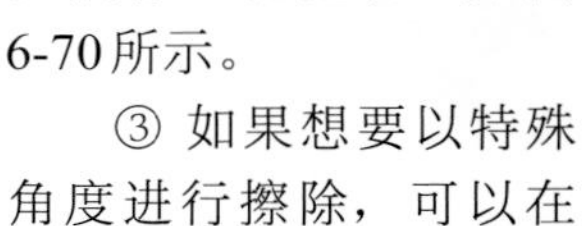

③ 如果想要以特殊角度进行擦除，可以在使用“橡皮擦工具”的同时按住Shift键拖动，可以沿45°角或90°角进行擦除。效果如图6-71所示。

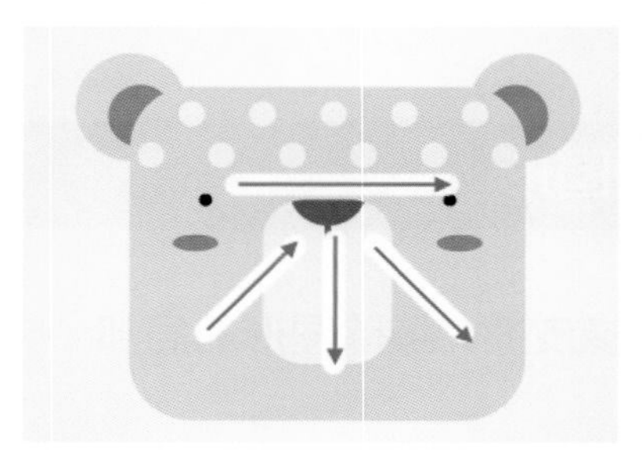

图6-71

重点选项速查

如果想要调整“橡皮擦工具”笔尖的角度、圆度、大小，可以双击工具箱中的“橡皮擦工具”，随后可看到相应的参数，如图6-72所示。

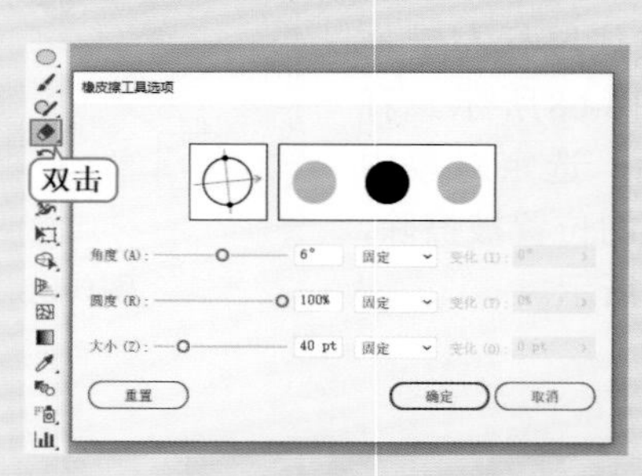

图6-72

- 角度：设置橡皮擦笔尖的旋转角度。当圆度小于100%时，调整此选项可产生效果。
- 圆度：笔尖的圆度数值越大，橡皮擦越接近正圆；数值越小，橡皮擦越扁。
- 大小：调整橡皮擦笔尖的大小。

重点笔记

按下键盘上的“[”键，可以调小笔尖直径；按下键盘上的“]”键，可调大笔尖直径。

6.2.2 剪刀：剪断路径

功能速查

“剪刀工具”可以在图形或路径上进行切断，使其成为若干个独立的对象，且切割处维持原状。

① 首先选择一个图形，如图6-73所示。

图6-73

② 选择“剪刀工具”✂，接着将光标移动至路径上单击，接着移动光标至下一位置时再次单击，如图6-74所示。

图6-74

③ 选择“选择工具”，可以选择并移动其中一个部分，即可查看到分割效果，如图6-75所示。

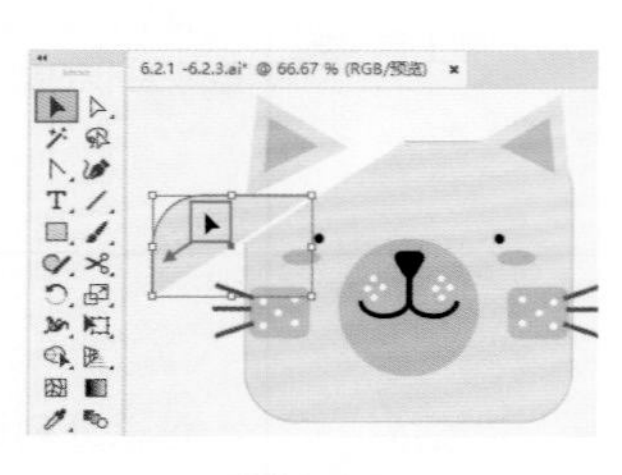

图6-75

④ 如果想要断开一条开放的路径，可以使用“剪刀工具”，在路径上方单击，即可将路径切分为两段。移动其位置可查看效果，如图6-76所示。

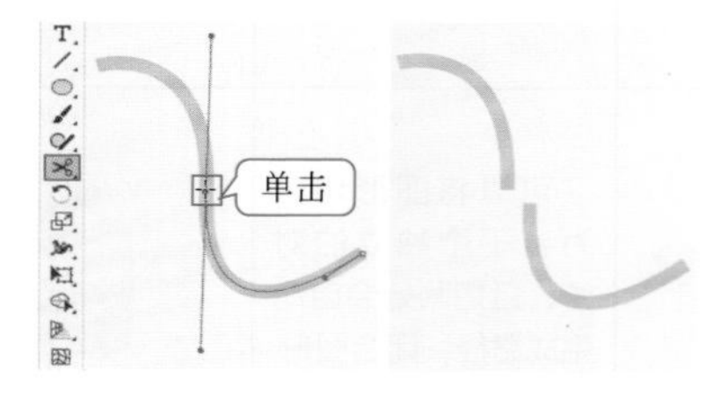

图6-76

疑难笔记

在使用“剪刀工具”单击时是任意位置都可以的吗？

不是。使用“剪刀工具”必须在路径上或锚点位置点击。如果没在这两者上，就会弹出警告对话框，此时单击“确定”按钮即可关闭对话框重新进行单击，如图6-77所示。

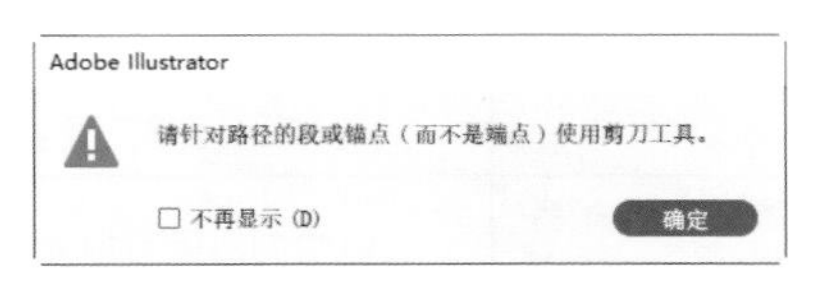

图6-77

6.2.3　美工刀：分割图形

功能速查

“美工刀工具”可以将图形切分为若干个独立的对象，且切割处会自动生成路径，闭合图形。

① 选择一个矢量图形，如图6-78所示。

图6-78

② 选择“美工刀工具”，在选中对象的一端按住鼠标左键任意拖动到图形的另外一端，如图6-79所示。

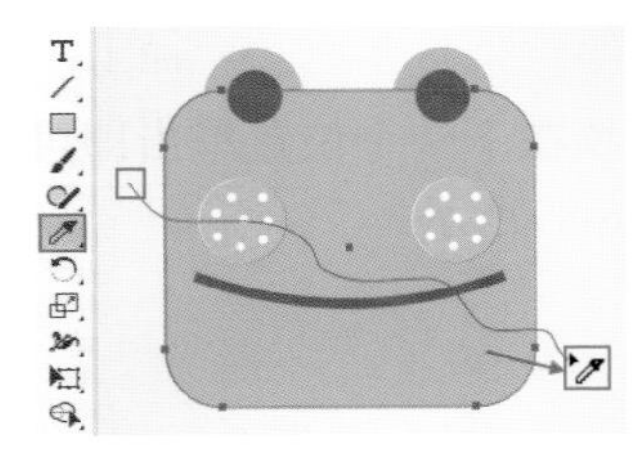

图6-79

③ 释放鼠标，即可将图形沿着拖动的路径分割成两部分。此时图形还处于编组的状态，可以选中图形，单击鼠标右键，执行“取消编组”命令，将图形取消编组，如图6-80所示。

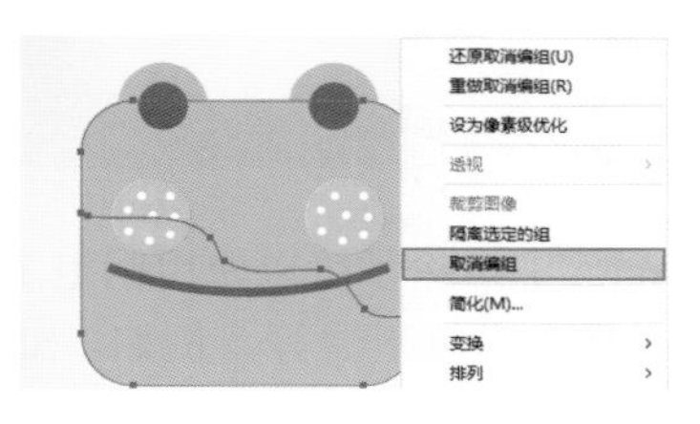

图6-80

④ 取消编组后，可以移动图形位置，查看效果，如图6-81所示。

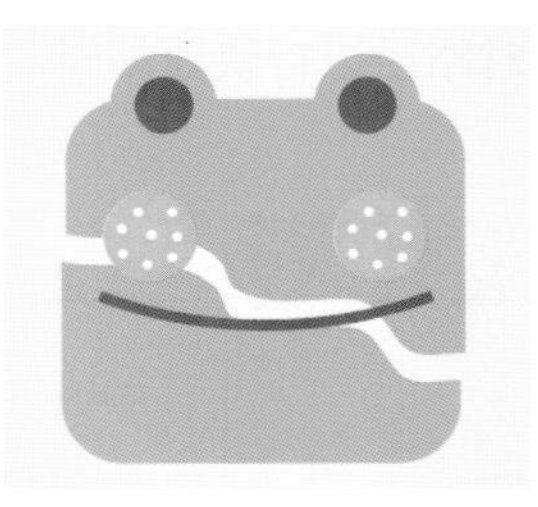

图6-81

⑤ 如果想要以直线的方式对图形进行分割，可以使用“美工刀工具”在按住Alt键的同时按住鼠标左键拖动。取消编组后移动图形位置可以查看效果，如图6-82所示。

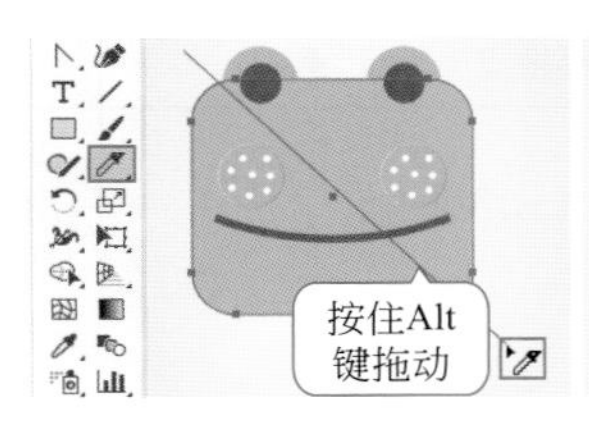

图6-82

⑥ 如果分割的图形带有描边，使用“美术刀工具”进行分割后，描边会自动闭合，如图6-83所示。

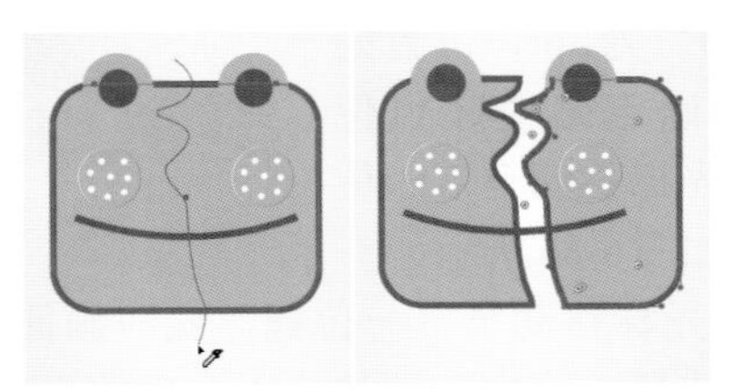

图6-83

重点笔记

如果没有选中对象，使用“美工刀工具”会切分光标覆盖到的全部矢量图形，如图6-84所示。

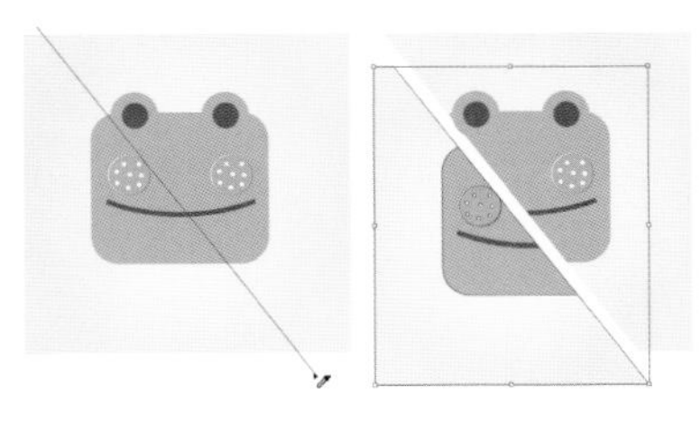

图6-84

高级拓展篇

6.3 其他绘图工具

在Illustrator中，除了可以使用钢笔工具绘制复杂路径外，还可以使用曲率工具、画笔工具、斑点画笔工具、Shaper工具、铅笔工具等。例如，Shaper工具可以精准地绘制出几何图形与直线；画笔工具、铅笔工具与曲率工具可以绘制出随意的线条与图形；斑点画笔工具可以绘制出带有填充的形状。这些绘图工具都是比较常见的，且使用方法都较为简单。本节还将学习平滑工具、路径橡皮擦工具、连接工具，这些工具常用于对路径进行快速编辑。以上绘图工具功能见表6-3。

表6-3　其他绘图工具功能速查

工具	曲率工具	画笔工具	斑点画笔工具
功能概述	常用于创建带有弧度的路径或图形	常用于绘制随意的路径或图形。也可以配合“画笔定义”与“变量宽度配置文件”选项绘制出带有特殊描边效果的路径	可以绘制出带有填充的线条状图形，也可用于合并图形
工具	Shaper工具	铅笔工具	平滑工具
功能概述	即使随意一画，也会得到标准的几何图形。也可以对多个图形进行运算	可以随意绘制出开放路径与闭合路径，还可以对绘制的路径进行更改	可以在尽可能保持原有路径的形态下，快速平滑所选路径
工具	路径橡皮擦工具	连接工具	
功能概述	可以擦除部分路径	可以将两条开放的路径连接起来，还可以在保持路径原有形状的前提下删去多余路径，以简化路径	

6.3.1 曲率工具

① 选择“曲率工具”，在控制栏中设置“填充”为无，“描边”为白色，“描边粗细”为3pt，设置完成后单击确定路径起点位置，再将光标移动至下一位置单击，如图6-85所示。

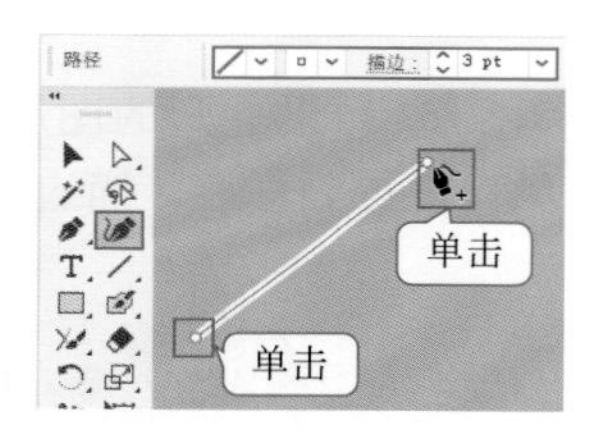

图6-85

② 将光标移动至下一位置，此时画面中出现一段蓝色的线段，这部分被称为“橡皮筋”。通过查看“橡皮筋”的位置可以预览曲线的走向，根据“橡皮筋”的位置移动光标调整曲线走向，单击鼠标左键即可由三个点创建一段曲线，如图6-86所示。

③ 继续以单击的方式绘制曲线，当绘制至起始点时，单击即可闭合路径，如图6-87所示。

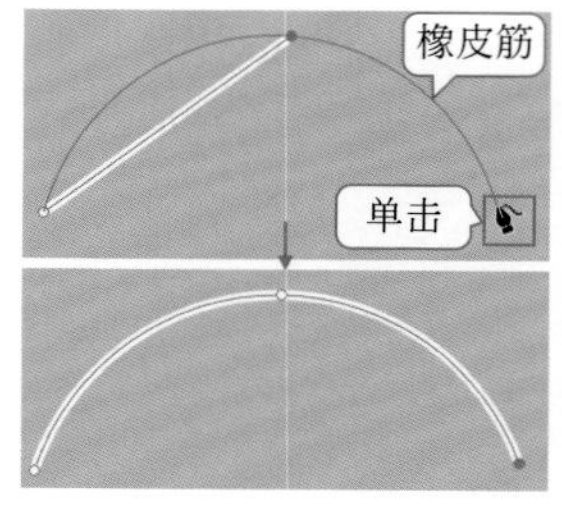

图6-86

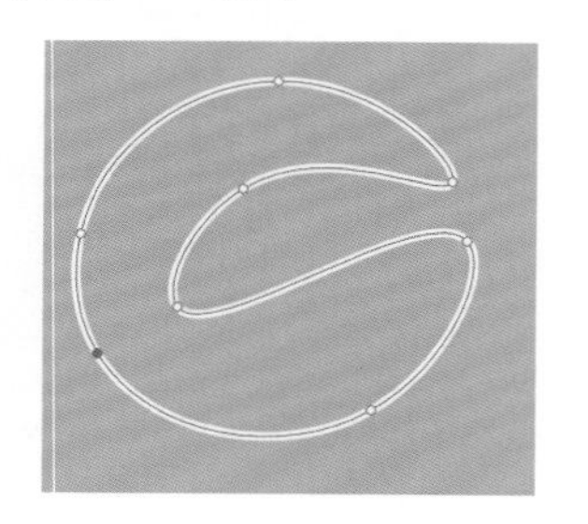
图6-87

重点笔记

如果想要结束路径的绘制可以按下键盘上的Esc键。

④ 如果想要编辑路径，可以将“曲率工具”移动至路径上任意位置，按住鼠标左键拖动，即可调整图形形状，如图6-88所示。

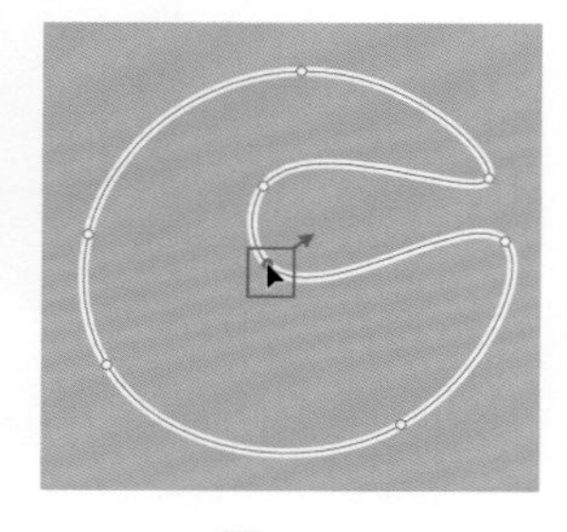
图6-88

⑤ 在绘制的过程中，如果想要绘制直线，可以按住Alt键在锚点的位置单击，创建出的点为尖角的点。继续在下一个位置单击即可绘制一段直线路径，如图6-89所示。

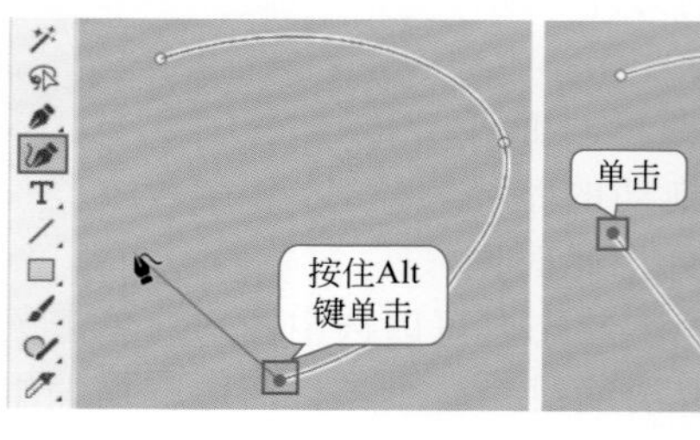

图6-89

⑥ 如果想要添加锚点，可以将光标移动至路径上，当光标变为 状时单击，即可添加锚点，如图6-90所示。

⑦ 如果想要将平滑锚点与尖角锚点相互转换，可以将光标移动至锚点处，双击或按住Alt键单击即可，如图6-91所示。

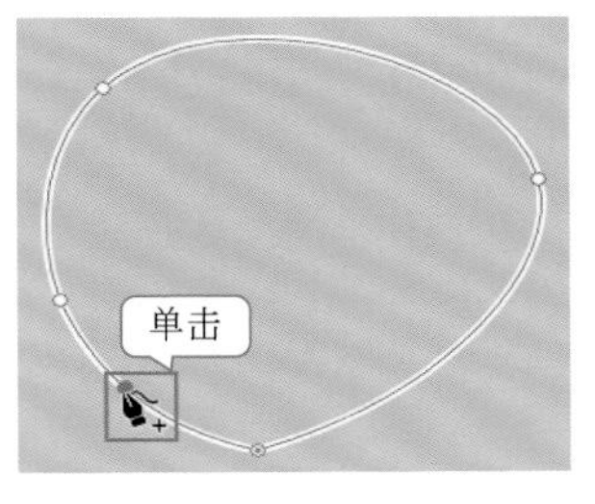

图6-90

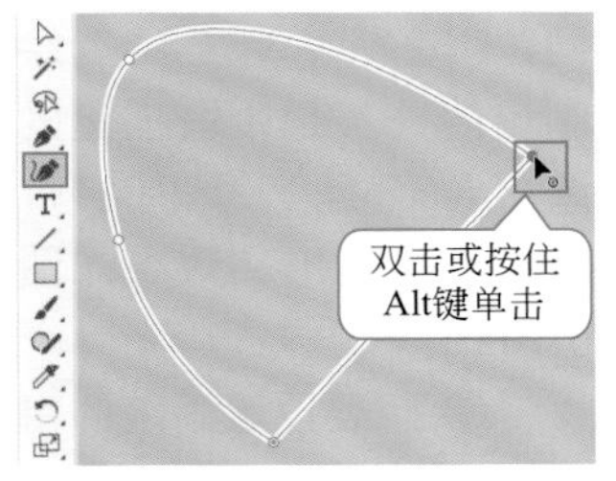

图6-91

6.3.2 画笔工具

① 选择“画笔工具” ，在控制栏中设置“填充”为无，“描边”为白色，“描边粗细”为1pt，设置完成后在画面中按住鼠标左键拖动，如图6-92所示。释放鼠标即可完成绘制，效果如图6-93所示。

② 如果想要绘制出水平线、垂直线与斜45°线，可以按住Shift键的同时在画面中拖动，如图6-94所示。

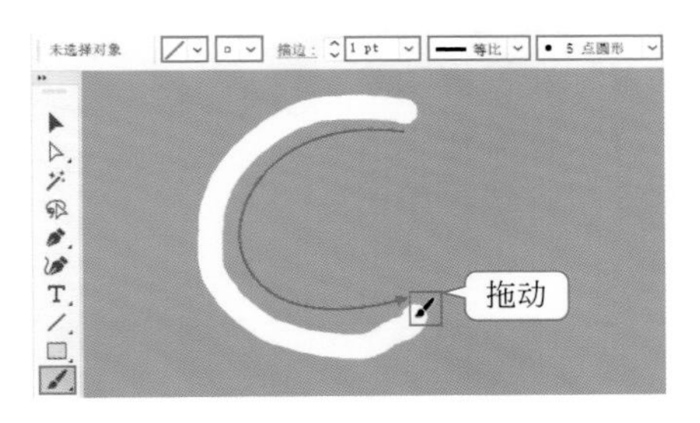

图6-92

图6-93

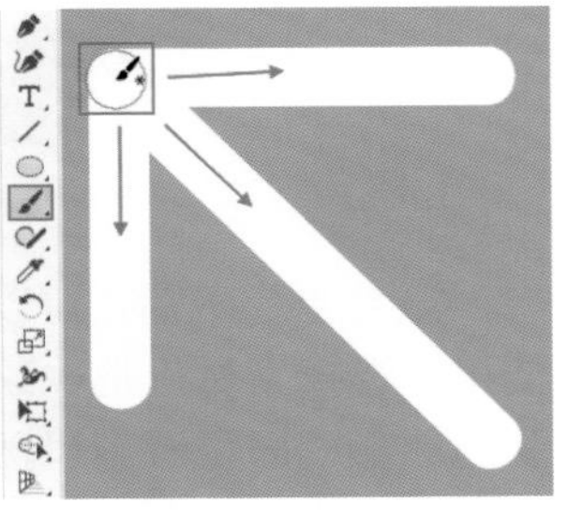

6-94

③“画笔定义”选项可以选择画笔描边样式。先设置合适的描边颜色，接着单击“画笔定义”按钮，在下拉面板中可以看到多种画笔描边样式，单击选择一种样式，然后按住鼠标左键拖动进行绘制，如图6-95所示。

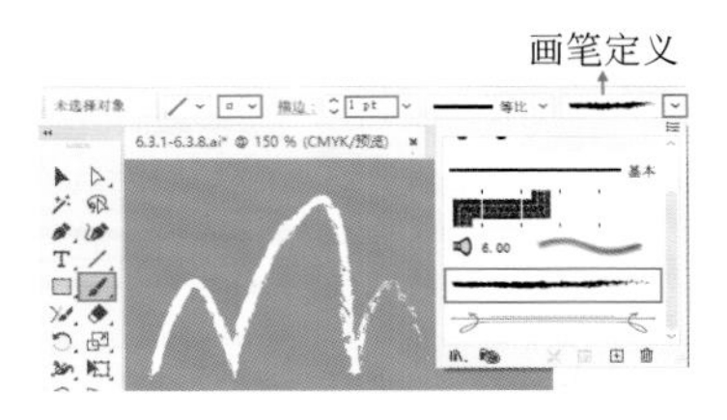

图6-95

④“变量宽度配置文件”可以控制线条的粗细变化。首先选择合适的画笔描边样式，接着单击“变量宽度配置文件”倒三角按钮，在下拉列表中单击选择合适的样式，然后进行绘制。如图6-96所示为相同画笔描边，不同“变量宽度配置文件”的对比效果。

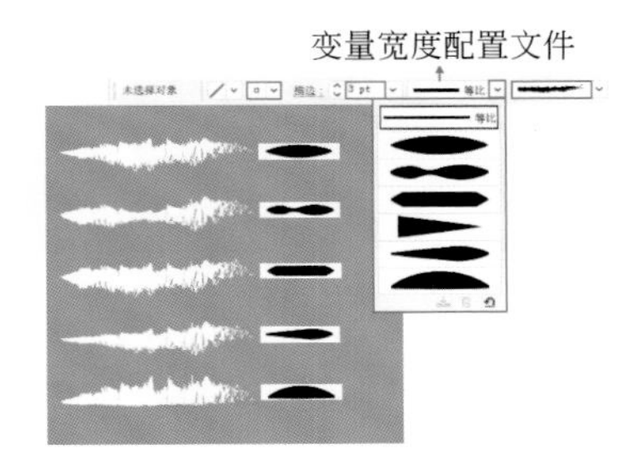

图6-96

重点笔记

当使用圆形的画笔描边样式时，设置“变量宽度配置文件”是无法看到效果变化的。

⑤ 选中路径，在控制栏中单击“画笔定义”按钮，在下拉面板中单击“移去画笔描边” 按钮，即可去除特殊的画笔描边效果，如图6-97所示。

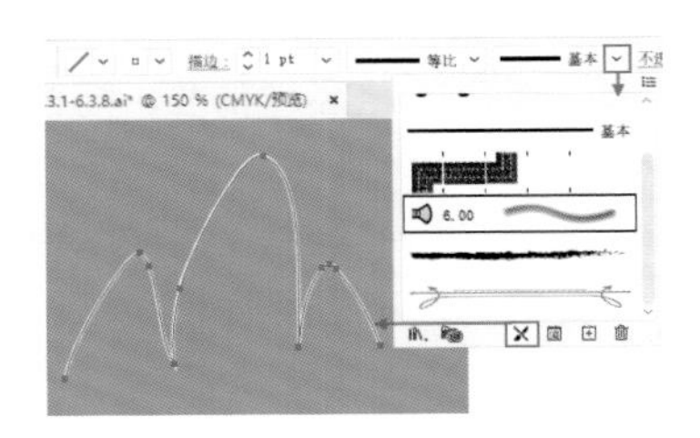

图6-97

⑥ 在“画笔库”中包含了多种预设的画笔样式。例如执行“窗口>画笔库”命令，在子菜单中包括多个命令。选择一段路径，例如执行“窗口>画笔库>艺术效果>艺术效果_油墨”命令，在打开的

“艺术效果_油墨”面板中单击即可应用画笔样式，如图6-98所示。

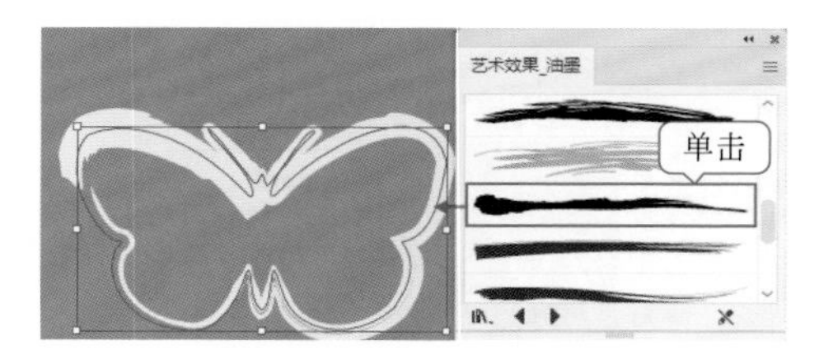

图6-98

⑦ 如果想要将画笔描边转换为图形，可以选中添加画笔描边的路径，接着执行“对象＞扩展外观”命令，即可将其转换为图形，如图6-99所示。

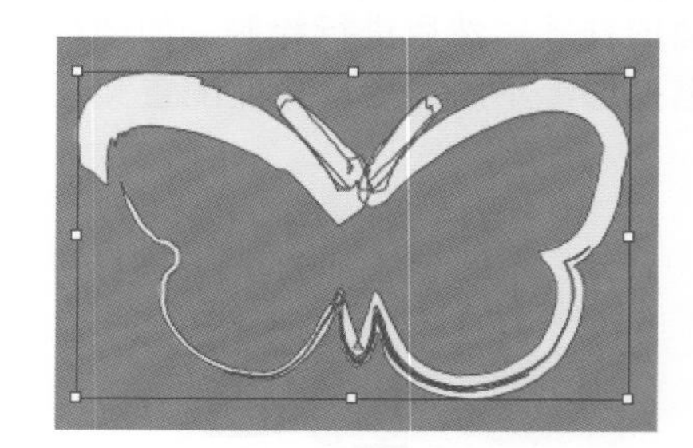

图6-99

⑧ 如果想要对“画笔工具”进行设置，可以双击工具箱中的“画笔工具”，在弹出的“画笔工具选项”窗口中可以看到相关的参数，如图6-100所示。

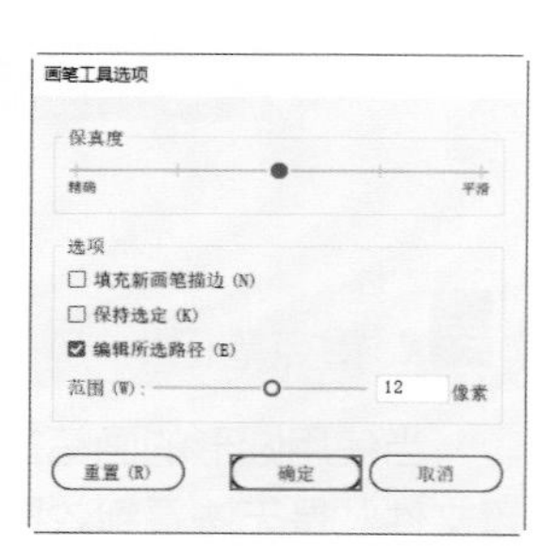

图6-100

重点选项速查

• 保真度：可以设置画笔工具绘制路径的精准度。向左拖动，绘制的路径越精准；向右拖动，绘制的路径越平滑。

• 范围：设置使用“画笔工具”编辑路径需要满足的条件（光标与现有路径相距多大距离之内）。

拓展笔记

使用“钢笔工具”等绘图工具绘制路径后，也可以在控制栏中更改“画笔定义”和“变量宽度配置文件”，以得到独特的效果。

6.3.3 斑点画笔工具

① 选择“斑点画笔工具”，在画面中按住鼠标左键拖动，如图6-101所示。

图6-101

② 与“画笔工具”不同，“斑点画笔工具”绘制出的并不是带有描边的路径，而是一个内部带有填充的图形。效果如图6-102所示。

图6-102

③ 想要设置画笔的粗细，需要双击该工具，打开“斑点画笔工具选项”窗口，如图6-103所示。

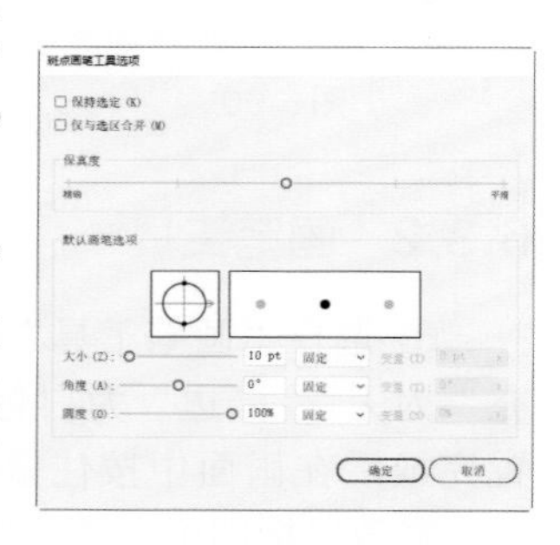

图6-103

④ 通过拖动“大小”滑块或在数值框内输入数值设置笔尖的大小。数值越大，笔尖越大，如图6-104所示。

图6-104

⑤ 使用“斑点画笔工具”还可以合并图形。以绘制字母A为例。选择“斑点画笔工具”，在画面中按住鼠标左键拖动绘制一段折线。接着在中间位置绘制一段直线，如图6-105所示。

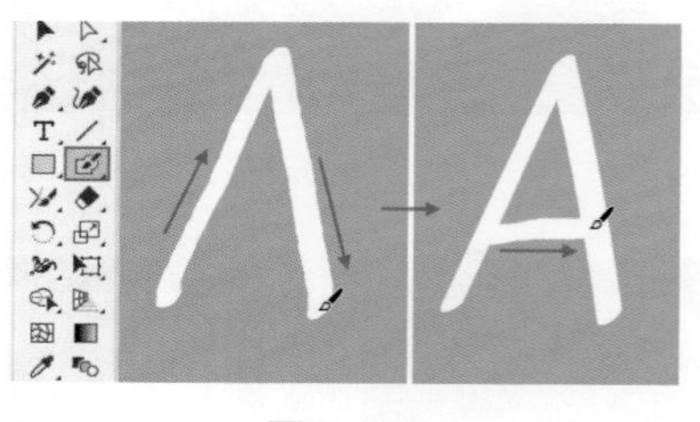

图6-105

⑥ 绘制完成后，可以使用“选择工具”选中绘制的图形，即可看到虽然分为两个步骤绘制了字母A，但是这两部分被自动合并为一个图形了，如图6-106所示。

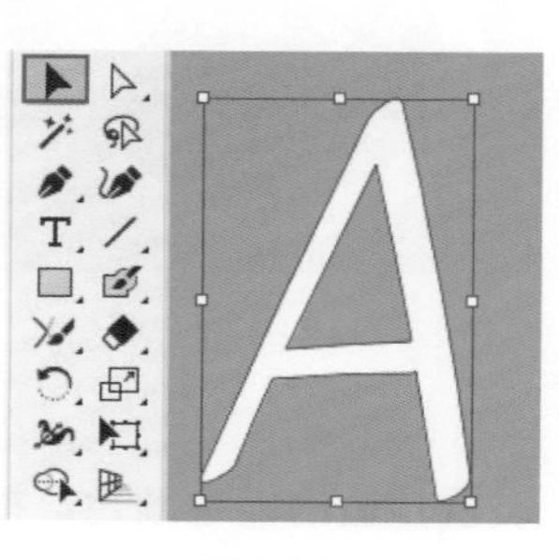

图6-106

6.3.4 Shaper工具

①“Shaper工具”可以自动将用户绘制的不标准的几何图形转换为标准的图形。选择“Shaper工具”，在画面中按住鼠标左键拖动，绘制一个矩形的大致形态，如图6-107所示。释放鼠标，此时可以看到绘制的形状自动转换为规则且标准的几何形状。效果如图6-108所示。

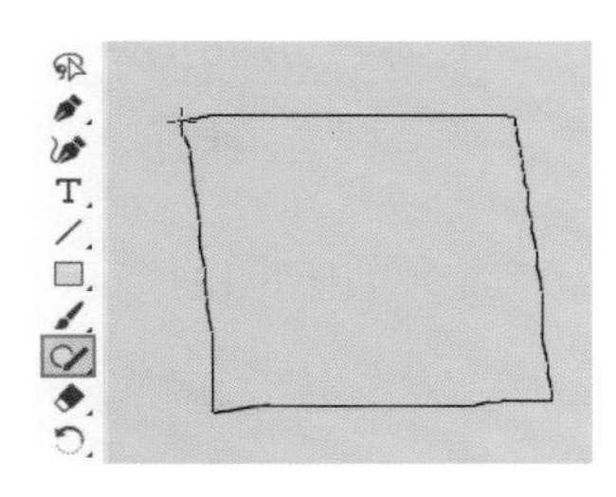

图6-107

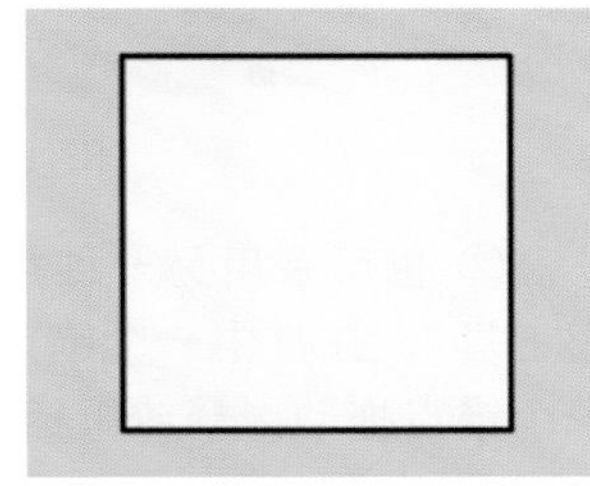

图6-108

② 如果想要绘制出其他几何图形，同样可以使用“Shaper工具”绘制。效果如图6-109所示。

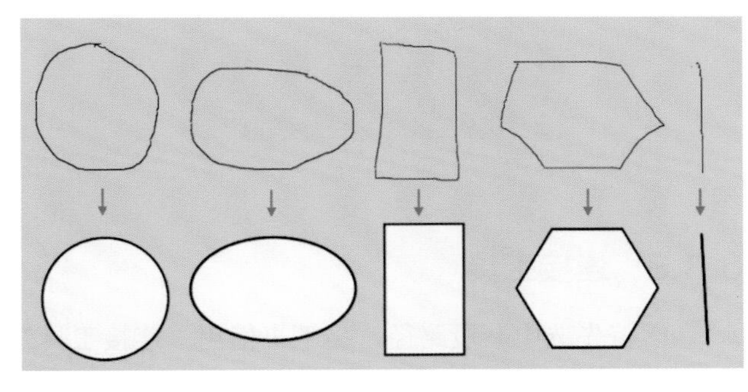

图6-109

③“Shaper工具”也可以进行图形的删减。例如如果删去深灰绿色图形的非重叠区域，如图6-110所示。

图6-110

④ 选择“Shaper工具”，将光标移动至图形上，此时可以看到重叠图形的外轮廓上出现虚线，接着按住鼠标左键拖动，如图6-111所示。释放鼠标即可看到中间部分被删去，如图6-112所示。

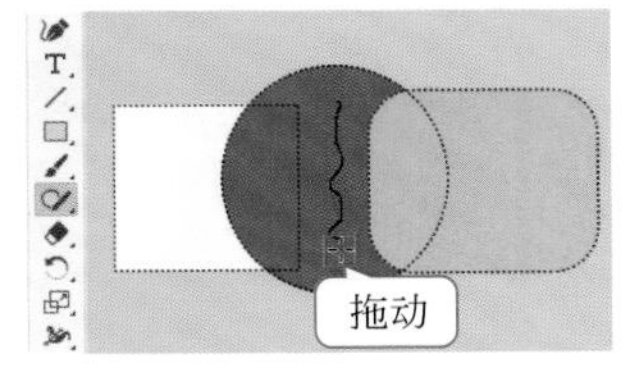

图6-111

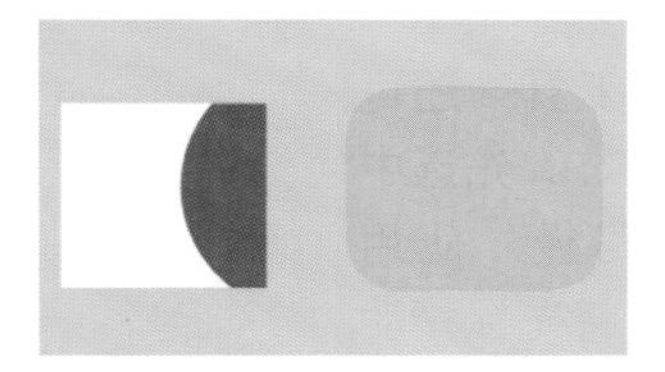

图6-112

⑤ 如果想要切去重叠区域，可以使用“Shaper工具”在重叠区域进行涂抹，释放鼠标即可看到重叠区域被切去，如图6-113所示。

⑥“Shaper工具”还可以进行图形的合并。使用“Shaper工具”从正圆向圆角矩形进行涂抹，释放鼠标后可以看到正圆与圆角矩形合二为一，如图6-114所示。

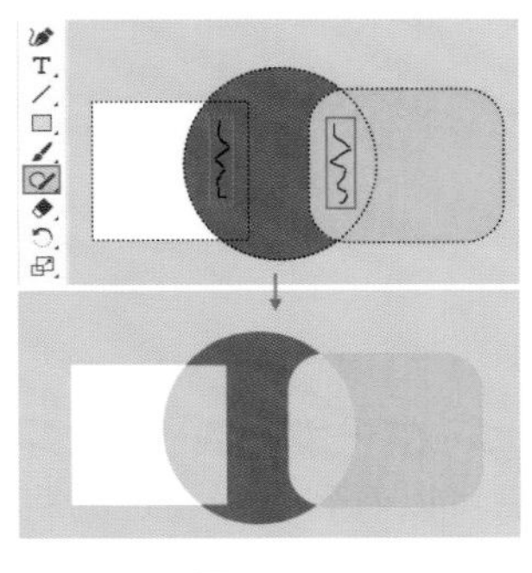

图6-113

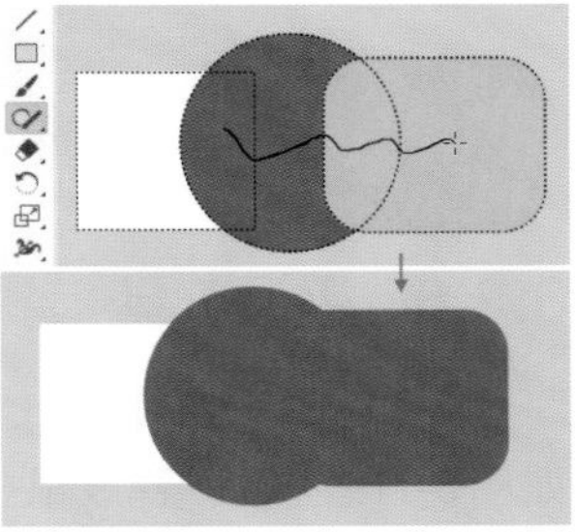

图6-114

6.3.5 铅笔工具

①“铅笔工具”的绘图方式与“画笔工具”非常相似，在画面中按住鼠标左键拖动即可，如图6-115所示。

② 如果想要绘制特殊角度的直线，可以按住Shift键，此时光标显示为状，按住鼠标左键在画面中拖动，即可绘制出0°、45°或90°的直线段，如图6-116所示。

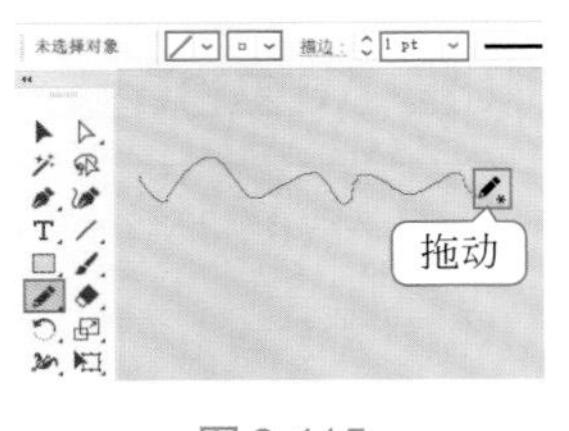

图6-115

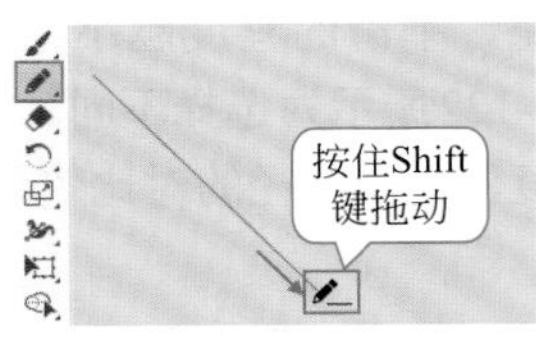

图6-116

③“铅笔工具”可以连接两条路径。可以先选中两条路径，使用“铅笔工具”，从一条路径的端点上，按住鼠标左键向另一条路径的端点位置拖动，

释放鼠标即可连接，如图6-117所示。

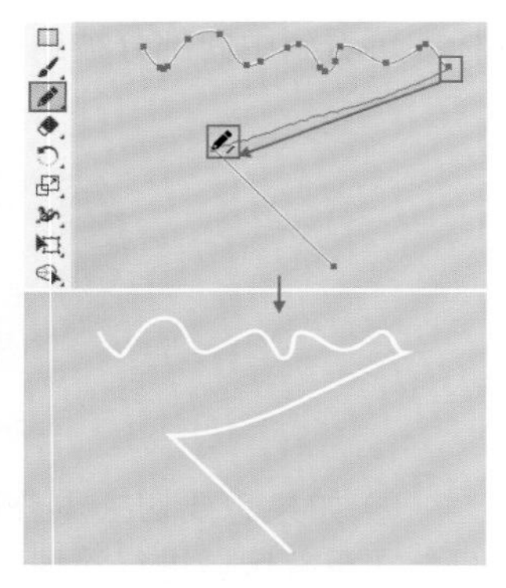

图6-117

④“铅笔工具”还可以更改路径形态。先选中需要编辑的路径，使用“铅笔工具”，将光标移动至路径上方，当光标变为✎状时，按住鼠标左键拖动，至路径合适位置时释放鼠标，即可更改原有路径的形态，如图6-118所示。

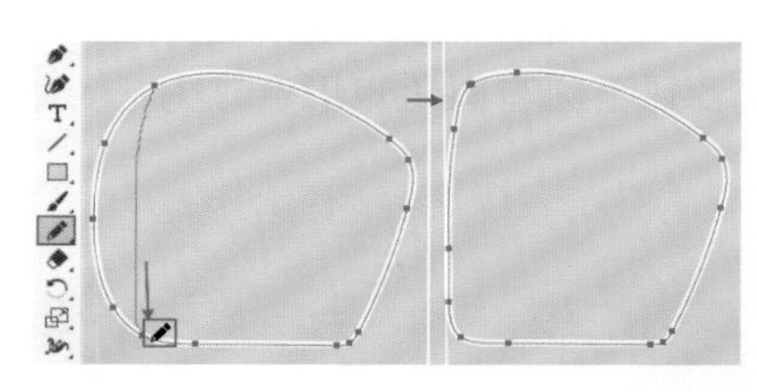

图6-118

6.3.6 平滑工具

① 选择“平滑工具”，在一段折线上涂抹，如图6-119所示。释放鼠标后可以看到光标经过的路径变得较为平滑，如图6-120所示。

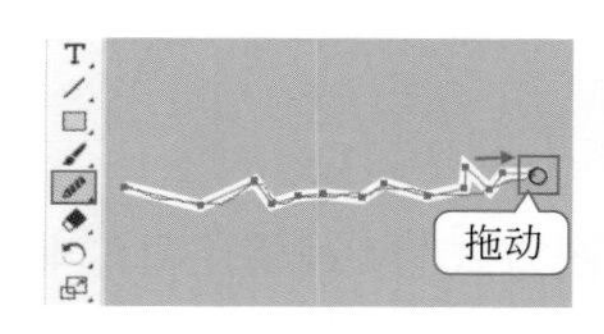

图6-119

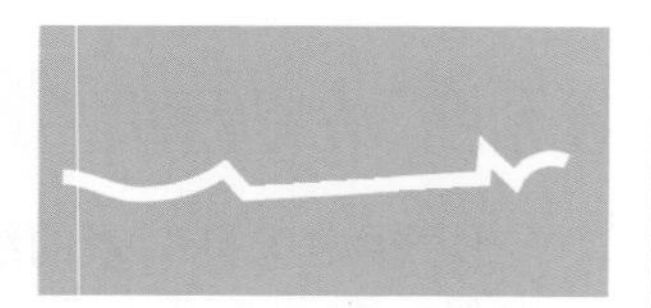

图6-120

② 如果想要平滑的效果更加明显，可以双击工具箱中的“平滑工具”，在打开的“平滑工具选项”窗口中拖动滑块设置“保真度”，如图6-121所示。越向右，平滑的程度越大；越向左，平滑的程度越小。如图6-122所示为选择不同“保真度”平滑路径的对比效果。

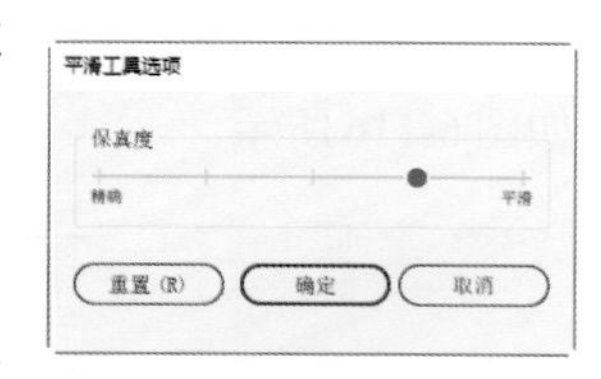

图6-121

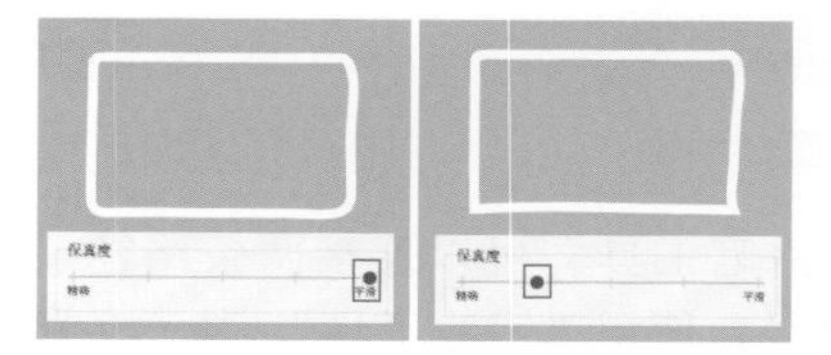

图6-122

6.3.7 路径橡皮擦工具

①“路径橡皮擦工具”可用于擦除部分路径。选择“路径橡皮擦工具”，然后沿着路径走向按住鼠标左键拖动，释放鼠标即可看到光标经过的路径被删除，如图6-123所示。

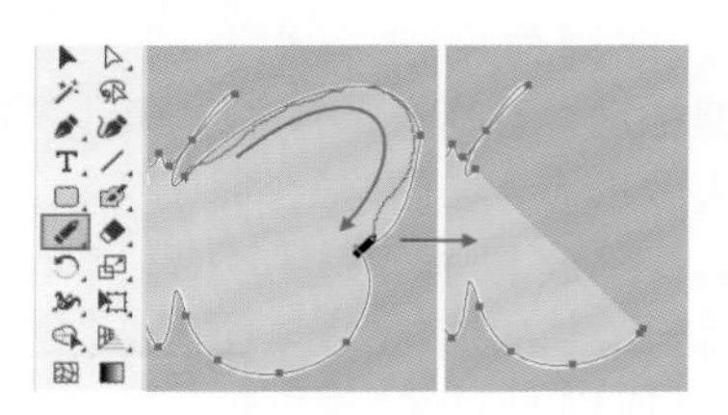

图6-123

② 也可采用另一种擦除方式。使用“路径橡皮擦工具”，在其中一个锚点处，按住鼠标左键向另外一个锚点拖动，释放鼠标后即可删除两点间的路径，如图6-124所示。

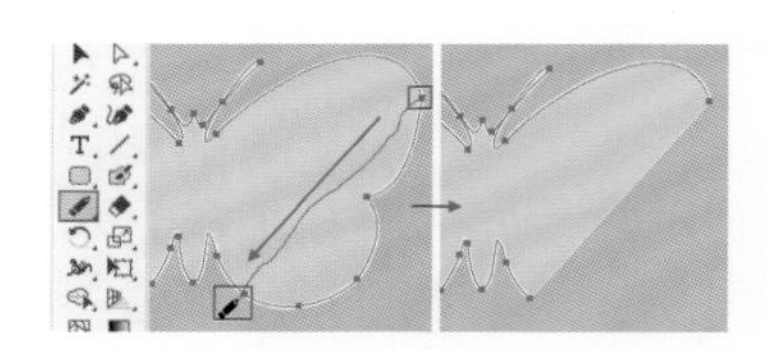

图6-124

6.3.8 连接工具

① 首先选中一段路径，接下来使用“连接工具”使路径闭合，如图6-125所示。

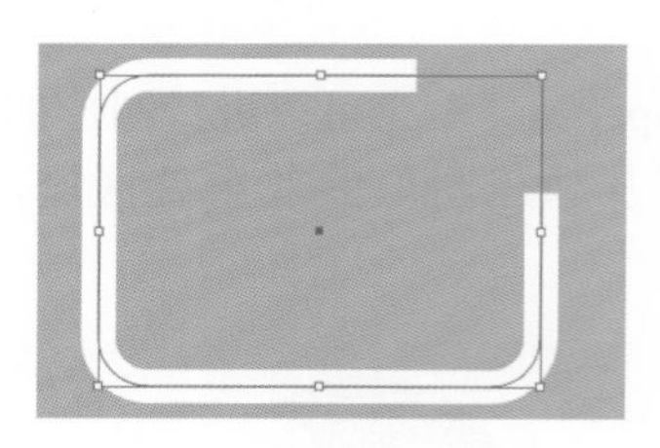

图6-125

② 选择“连接工具”，将光标移动至路径的一端，按住鼠标左键向另一端拖动，如图6-126所示。释放鼠标即可连接路径，效果如图6-127所示。

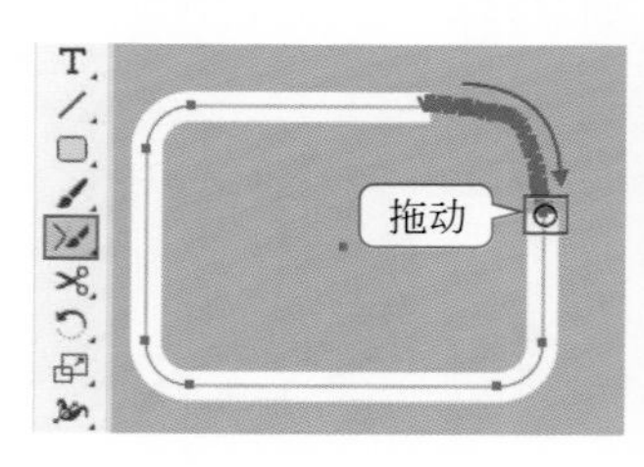

图6-126

图6-127

③ 如果想要删去多余的路径，可以先选中路径，如图6-128所示。

图6-128

④ 选择“连接工具”，将光标移动至上半部分，按住鼠标左键拖动，如图6-129所示。释放鼠标可以看到上半部分的路径被删去，下半部分的路径连接在一起，如图6-130所示。

图6-129

图6-130

6.3.9 实战：使用画笔库制作手写感文字

文件路径

实战素材/第6章

操作要点

将文字“扩展”为图形
使用“画笔库”为文字添加手写感

案例效果

案例效果见图6-131。

图6-131

操作步骤

① 执行“文件＞打开”命令，将素材1打开，如图6-132所示。

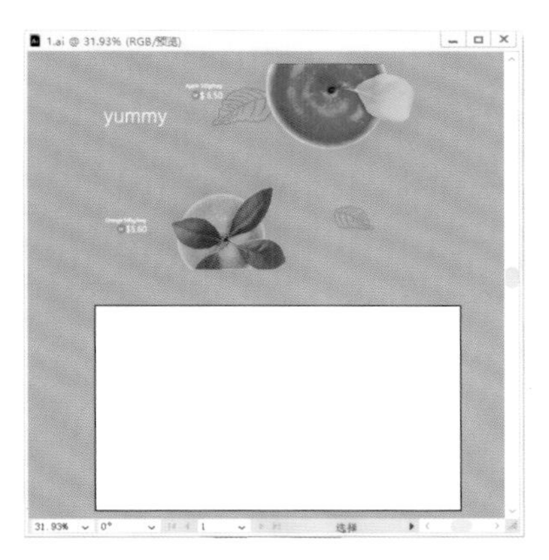

图6-132

② 选择“矩形工具”，设置“填充”为黄绿色，“描边”为无，在画面中绘制一个与画板等大的矩形，如图6-133所示。

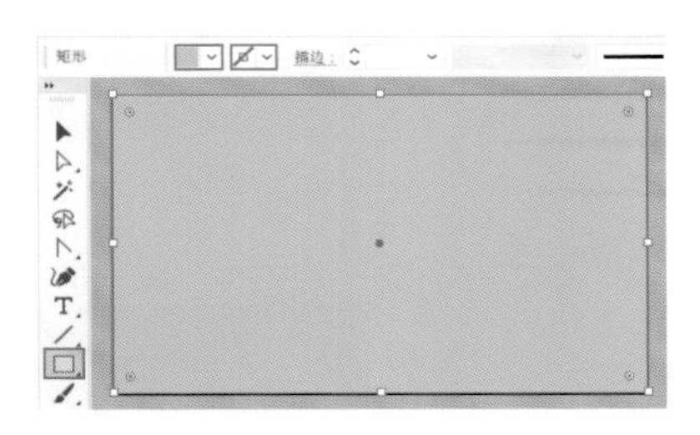

图6-133

③ 选中画板外的所有元素，将其移动至画板上方，并执行“对象＞排列＞置于顶层”命令，将其放置在黄绿色矩形上层，如图6-134所示。

图6-134

④ 选择“文字工具”，在画板以外的区域单击，输入文字，并在控制栏中设置合适的字体、字号与颜色，如图6-135所示。

图6-135

图6-136

⑤ 选中文字，执行“对象>扩展”命令，在弹出的“扩展”窗口中单击“确定”按钮，如图6-136所示。效果如图6-137所示。

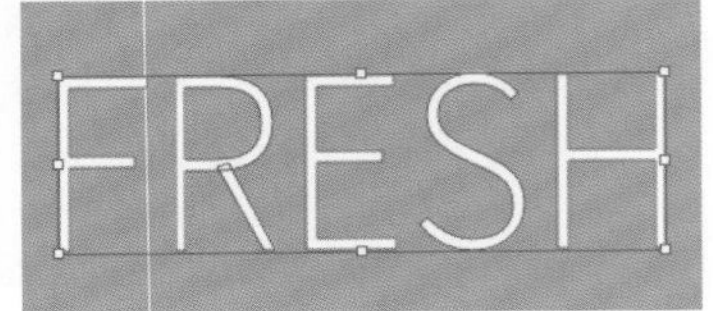

图6-137

⑥ 选中文字，执行“窗口>画笔库>艺术效果>艺术效果_粉笔炭笔铅笔”命令，在打开的面板中单击选择一种合适的画笔，如图6-138所示。此时文字效果如图6-139所示。

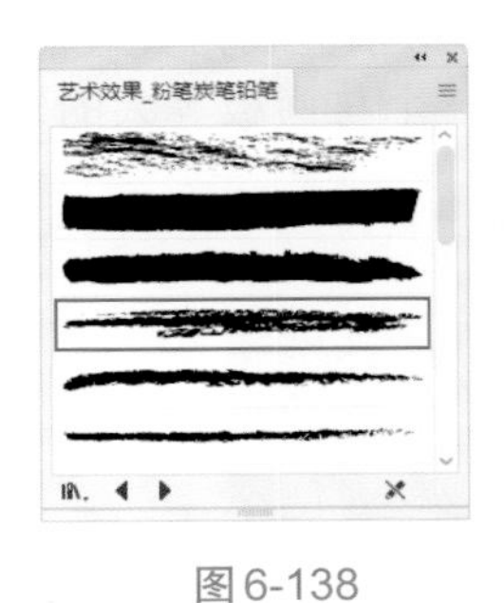

图6-138

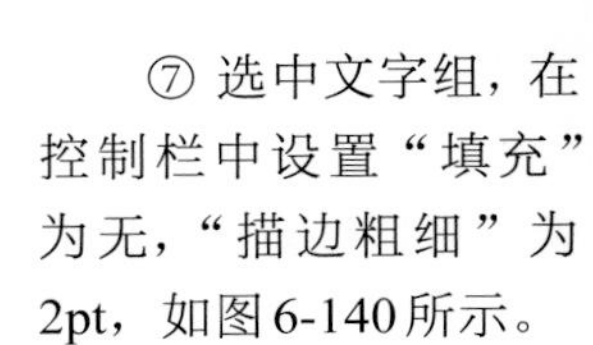

图6-139

⑦ 选中文字组，在控制栏中设置“填充”为无，“描边粗细”为2pt，如图6-140所示。

图6-140

⑧ 接着将文字移动至画面中，效果如图6-141所示。

图6-141

⑨ 然后单击鼠标右键，执行“排列>后移一层”命令，将其置于素材的下方，如图6-142所示。本案例制作完成，效果如图6-143所示。

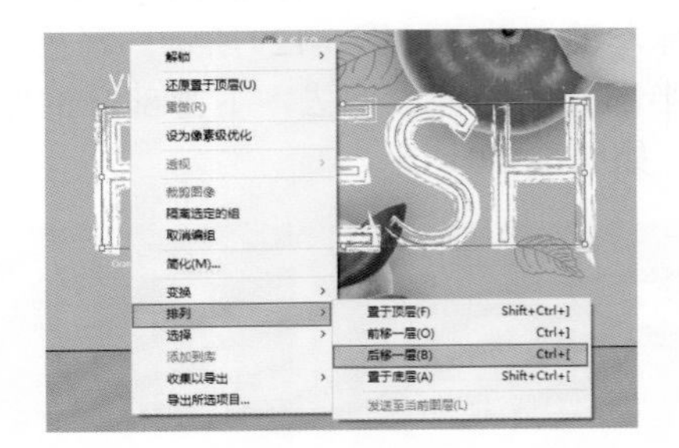

图6-142

图6-143

6.4 另类的绘图方法

想要得到矢量图形，不仅可以绘制，还可以通过一些“另类”方式获得，例如通过多个图形之间的组合获得新的图形，借助工具制作具有准确透视效果的图形，或将位图转换为矢量图形等。另类绘图功能见表6-4。

表6-4　另类绘图功能速查

工具	路径查找器	形状生成器	混合工具
功能概述	使用“路径查找器”可以将多个图形以特定的方式组合在一起，生成新的形状	使用“形状生成器”工具可以合并或删除不同路径，生成新的形状	使用“混合工具”可以在两个或多个对象（图形、路径）之间平均分布形状或颜色，创建出连续图形
工具	透视网格工具	图像描摹	
功能概述	使用“透视网格工具”可以建立透视网格，用户可在透视网格中创建出带有真实透视感的对象	使用“图像描摹”可以将位图转换为矢量图	

6.4.1 路径查找器

使用“路径查找器”可以将多个矢量图形以特定的方式组合，从而生成新的矢量图形。

①“路径查找器”作用于矢量图形，首先选中用于操作的多个图形。执行“窗口＞路径查找器”命令，打开“路径查找器”面板，如图6-144所示。

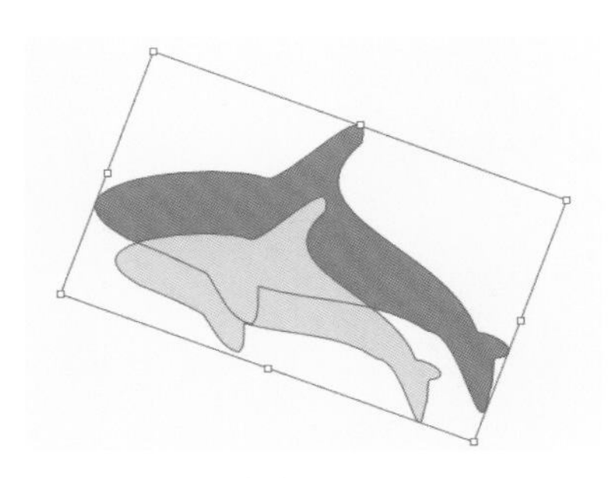

图6-144

②“路径查找器”面板中包括多种路径操作模式：“联集”“减去顶层”“交集”“差集”“分割”“修边”“合并”“裁剪”“轮廓”“减去后方对象”，如图6-145所示。

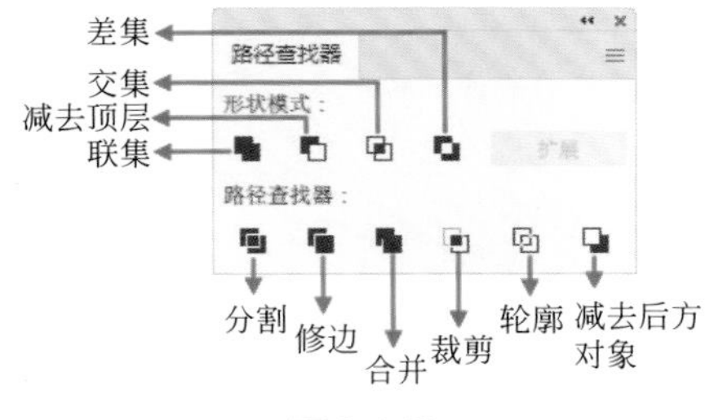

图6-145

③ “联集”模式可以将所选对象合并为一个图形，合并后的图形使用顶层图层的颜色。在“路径查找器”面板中单击“联集”按钮，即可查看效果，如图6-146所示。

图6-146

④ “减去顶层”模式可以从底层图形中减去顶层图形，只保留下方对象中未重叠的部分，如图6-147所示。

图6-147

⑤ “交集”模式只保留两个图形的重叠区域，其他部分被去除，如图6-148所示。

图6-148

⑥ “差集”可以将图形之间的重叠区域去除，只保留未重叠区域，如图6-149所示。

图6-149

⑦ “分割”可以用顶层图形去分割底层图形，将图形分割成多个部分。操作后适当移动位置，即可查看效果，如图6-150所示。

图6-150

⑧ “修边”可以用顶层图形减去底层图形，并删去底层图形中被隐藏的重叠区域。操作后取消编组，适当移动位置，即可查看效果，如图6-151所示。

图6-151

⑨ “合并”可以合并相同颜色的相邻或重叠的对象，如图6-152所示。

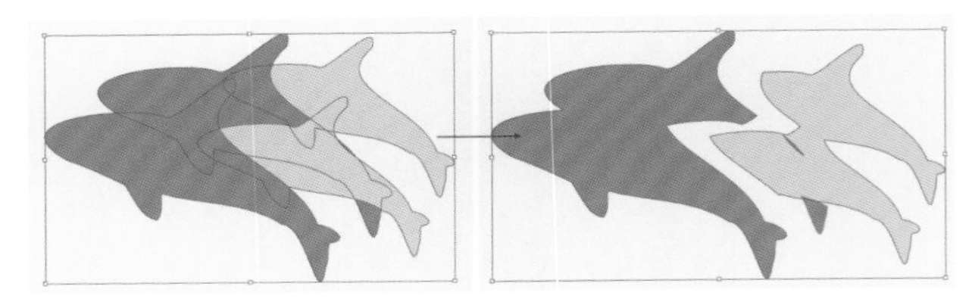

图6-152

⑩ “裁剪”可以用顶层图形去分割底层图形，删去底层图形中落在顶层图形之外的区域，同时删除所有描边，保留顶层图形的路径，如图6-153所示。

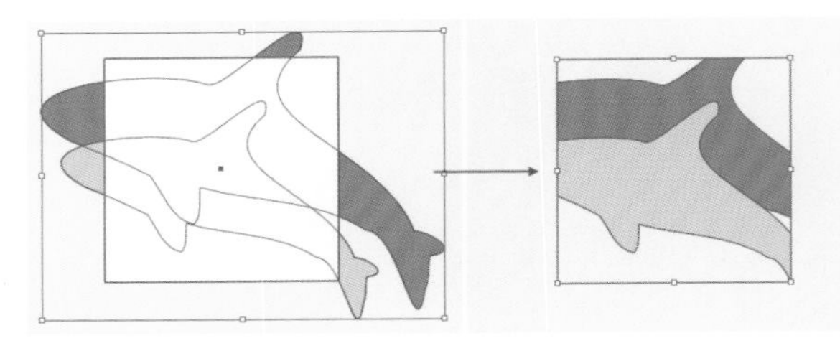

图6-153

⑪ “轮廓”可以将所选对象分割为多段线条。操作后取消编组，适当移动位置，即可查看效果，如图6-154所示。

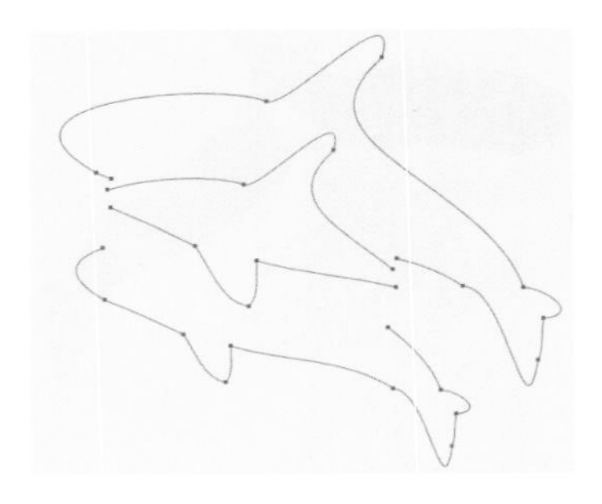

图6-154

⑫ “减去后方对象”可以从顶层图形中减去底层图形，如图6-155所示。

图6-155

6.4.2 形状生成器

功能速查

“形状生成器”通过合并或删除多个图形之间的路径，生成新的形状。

① 打开素材，然后将图形复制一份，如图6-156所示。

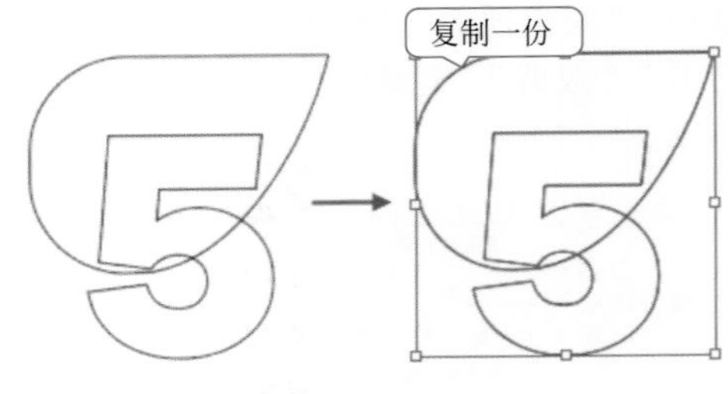

图6-156

② 选择“形状生成器”或者使用快捷键Shift+M选择该工具，此时光标为状，这表示此时该工具是合并模式。接着将光标移动至图形上，此时可以看到光标所在的选区被突出显示，接着单击鼠标左键，如图6-157所示。

③ 接着使用“选择工具”，再单击图形边缘将其选中，移动到外部，可以看到得到了新的图形，如图6-158所示。

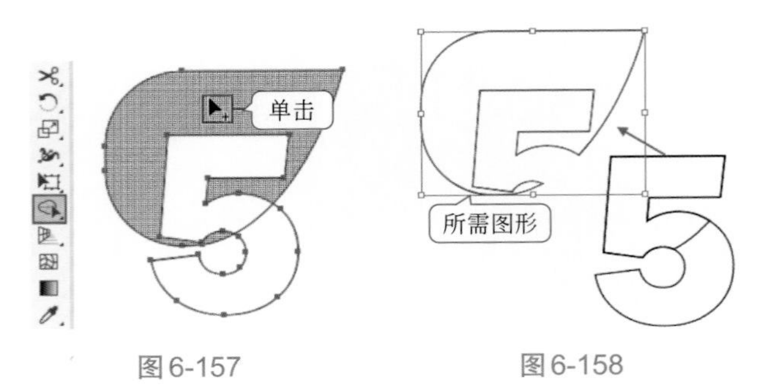

图6-157　　图6-158

④ 接下来编辑复制另外一个图形。继续使用“形状生成器”工具，按住Alt键，光标变为▶̲状，此时为删除模式。接着在需要删除的图形上方按住鼠标左键拖动，释放鼠标后可以看到光标经过区域的图形被删除了，如图6-159所示。

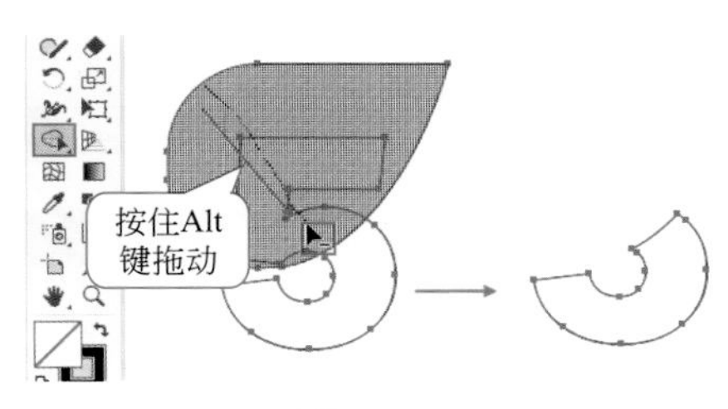

图6-159

⑤ 将得到的两个图形填充为渐变颜色，如图6-160所示。

⑥ 接着移动图形的位置，完成标志的制作，如图6-161所示。

图6-160

图6-161

⑦ 如果想要合并多个图形，可以选中图形，使用“形状生成器”工具按住鼠标左键从一个图形拖动至另一个图形上。释放鼠标，可以看到光标经过的区域合并成了一个新的图形，如图6-162所示。

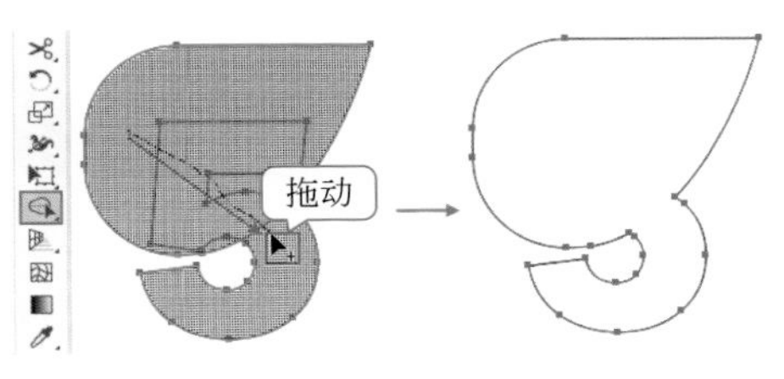

图6-162

⑧ 如果想要删除路径，可以使用“形状生成器”工具，按住Alt键光标变为▶̲状，接着将光标移动至路径上，当路径变为红色高亮显示后单击，随即路径被删除，效果如图6-163所示。

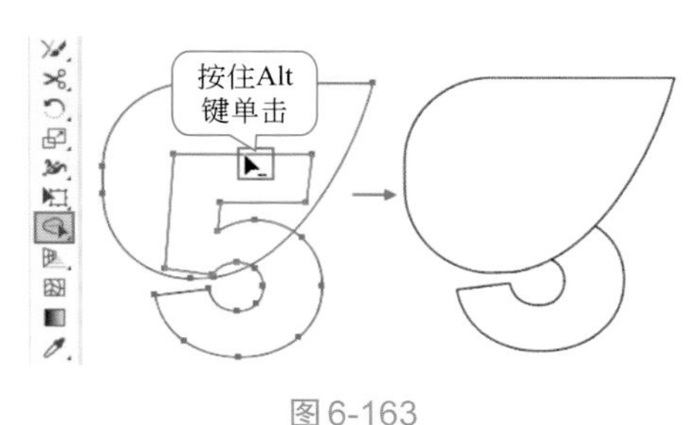

图6-163

6.4.3 混合工具创建连续图形

功能速查

使用“混合工具”可以在多个矢量对象之间按照平均分布形状或平均分布颜色的方式，创建出连续的图形。

① 混合效果需要作用于两个或多个矢量对象，例如此处有两个圆形，选择“混合工具”，在第一个图形上方单击，然后在另外一个图形上方单击，随即两个图形之间会产生连续的图形，如图6-164所示。

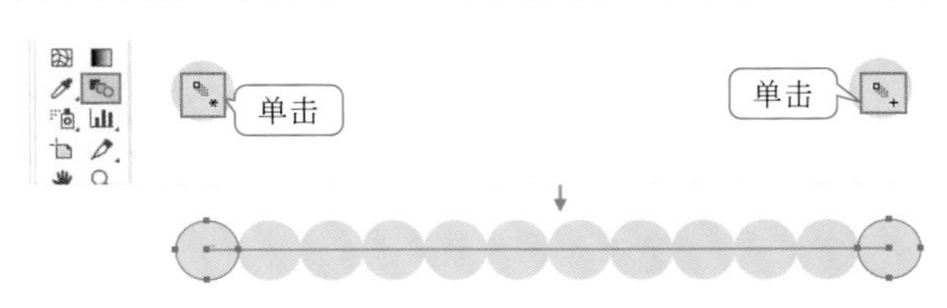

图6-164

② 也可以加选两个需要创建混合的图形，执行“对象＞混合＞建立”命令或使用快捷键Atl+Ctrl+B创建对象的混合，如图6-165所示。

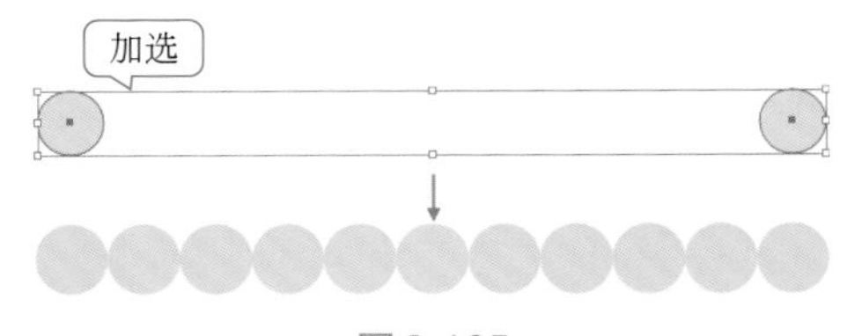

图6-165

③ 不同形状、颜色、大小的图形都可以创建混合。不同形状的混合会在两个图形之间产生过渡形状的图形；而不同颜色的图形之间，还会产生颜色的过渡，如图6-166所示。

图6-166

重点笔记

注意使用“混合工具”单击的位置不同，创建的混合效果也会有所不同，如图6-167所示。

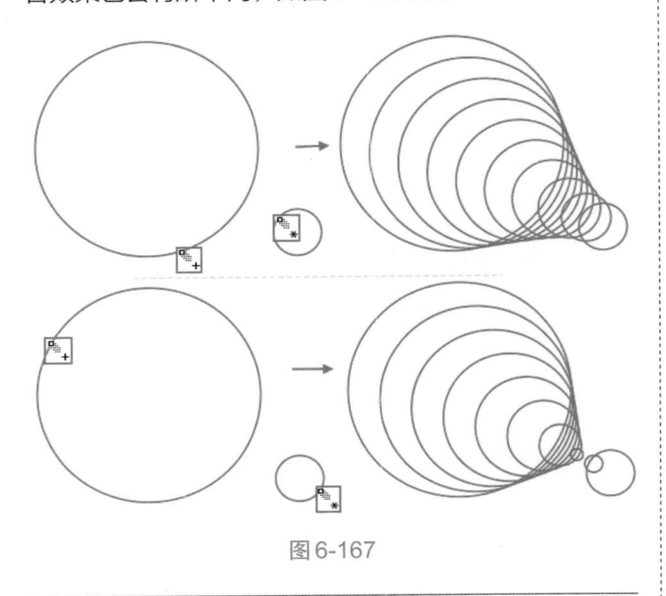

图6-167

④ 双击工具箱中的“混合工具”或者执行“对象＞混合＞混合选项”命令，可以打开“混合选项”窗口，在该窗口中可以对混合效果进行设置。“间距”用于定义对象之间的混合方式。共提供了3种混合方式，分别是“平滑颜色”“指定的步数”和“指定的距离”，如图6-168所示。

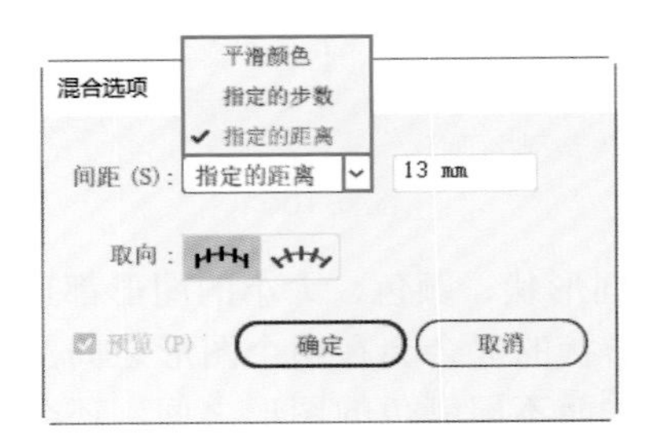

图6-168

重点选项速查

- 平滑颜色：如果用于混合的对象颜色不同，使用该方法可以自动添加合适数量的图形，以使两部分图形之间产生平滑的颜色过渡，如图6-169所示。

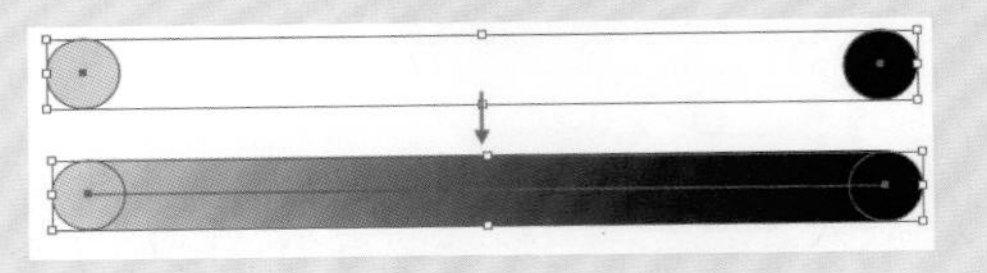

图6-169

- 指定的步数：可以新增特定数量的图形，如图6-170所示。

图6-170

- 指定的距离：可以设置新增图形之间的距离，如图6-171所示。

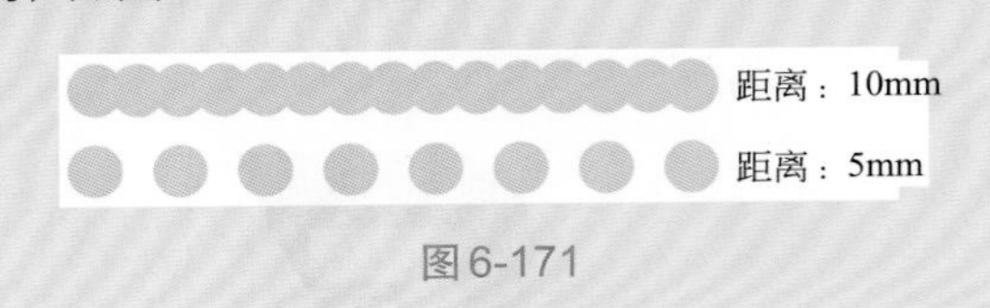

图6-171

重点笔记

“取向”选项用于设置混合对象的方向。对于圆形之间的混合效果不明显。

⑤ 多个图形之间也可以创建混合。使用“混合工具”在第一个图形上单击，然后在第二个图形上单击即可创建两个图形之间的混合，继续在第三个图形上单击即可完成三个图形之间的混合，如图6-172所示。

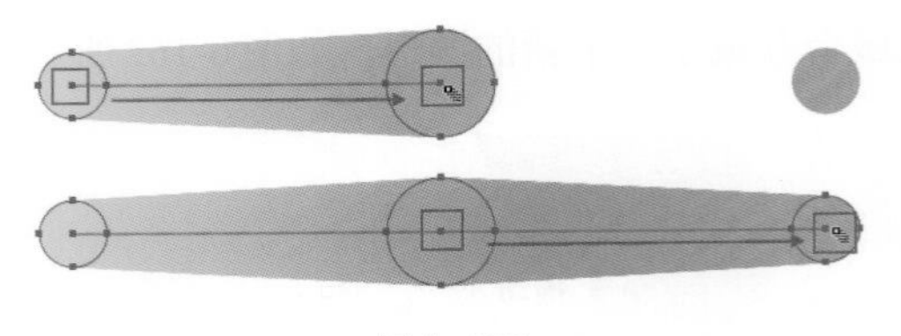

图6-172

⑥ 如果想要编辑混合对象，可以选择“直接选择工具”单击选择其中一个图形，更改描边、填充、

形状、位置等属性后，混合效果也会发生改变，如图6-173所示。

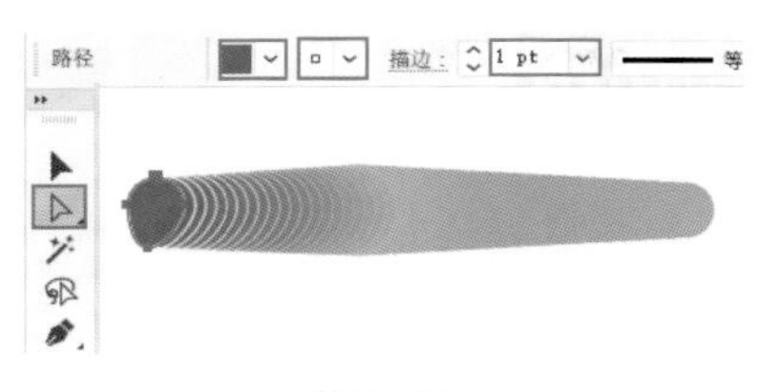

图6-173

⑦ 默认情况下，图形之间会以直线作为混合轴。如果想要编辑混合轴，可以先选中混合对象，此时可以看到图形中间的混合轴，如图6-174所示。

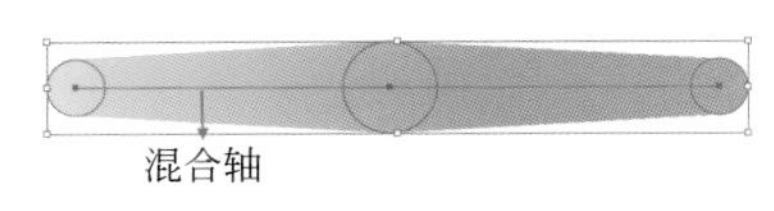

图6-174

⑧ 选择“直接选择工具”，将光标移动至锚点上，按住鼠标左键拖动，即可调整锚点。混合轴位置发生改变，混合效果也会发生改变，如图6-175所示。

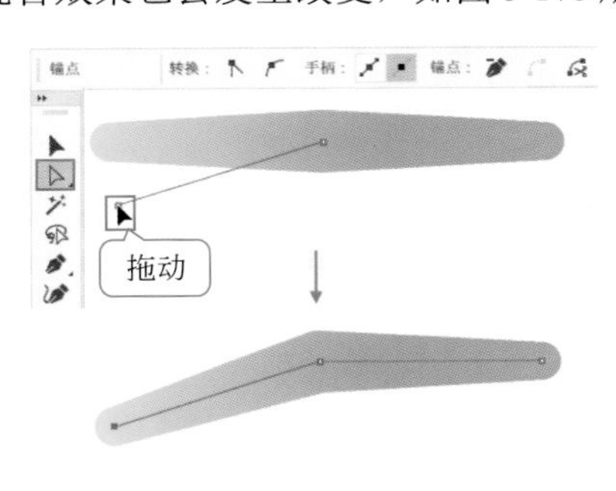

图6-175

⑨ 还可以用绘制的路径替换原来的混合轴。先绘制一段路径，接着加选新路径和混合对象，如图6-176所示。

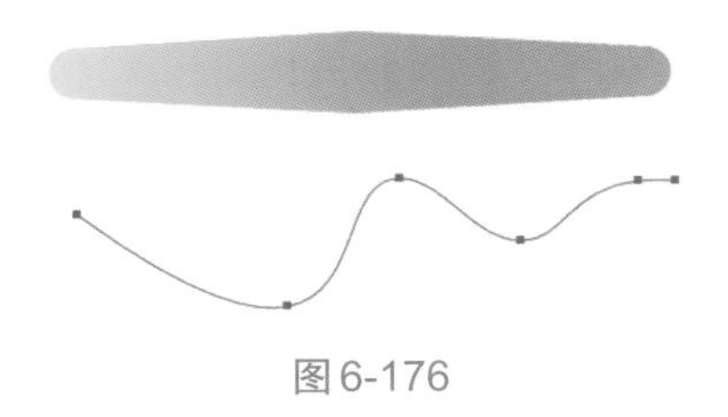

图6-176

⑩ 接着执行“对象＞混合＞替换混合轴”命令，混合轴将被替换为所选路径，且混合效果也会发生相应的变化，如图6-177所示。

⑪ 选中混合对象，执行“对象＞混合＞反向混合轴”命令，可以调整混合对象的顺序。

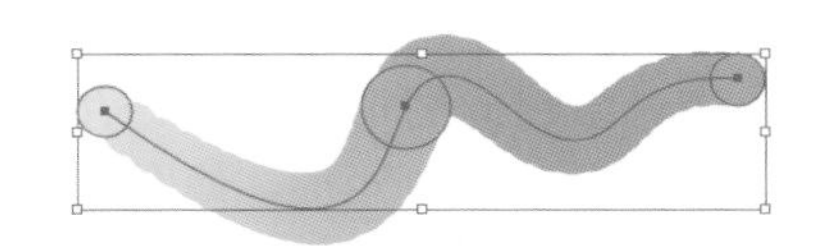

图6-177

⑫ 可以选中混合对象，执行“对象＞混合＞扩展”命令，混合对象就会变成一组连续的图形。扩展后的混合对象处于编组状态，使用快捷键Shift+ Ctrl+G取消编组，使用“选择工具”就可以选中单独的图形。

⑬ 选中混合对象，执行“对象＞混合＞释放”命令，可以将混合对象恢复到原始状态。

6.4.4 制作透视感的图形

功能速查

使用“透视网格工具”可以建立透视网格，用户可在透视网格中创建出具有透视感的图形。

单击工具箱中的“透视网格工具”按钮或者使用快捷键Shift+P，可以看到在画面中显示出透视网格。该网格作为辅助绘图的工具，并不会在打印或输出中体现出来，如图6-178所示。

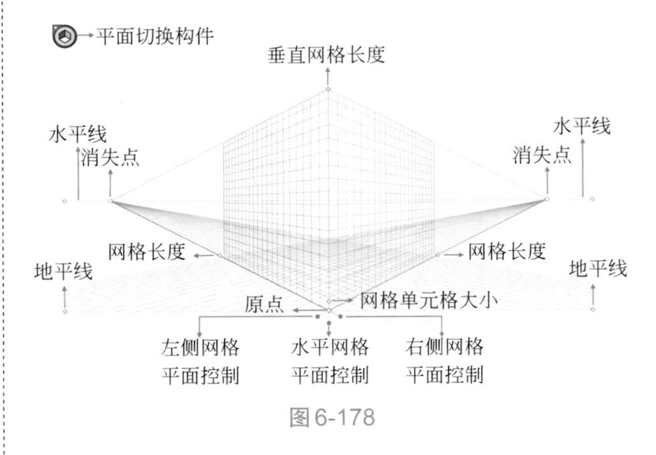

图6-178

在“平面切换构件”中，可以通过单击选择需要操作的平面，如图6-179所示、

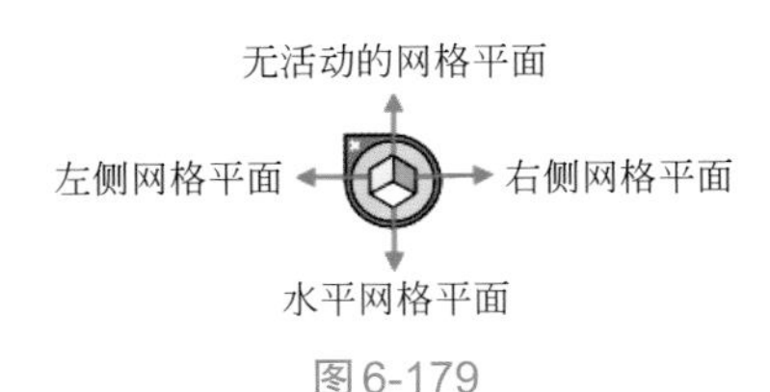

图6-179

① 打开素材，单击“透视网格工具”，画面中会显示出透视网格。将光标移动至“平面切换构件”

上，单击某一网格平面，如“左侧网格平面”，如图6-180所示。此时绘制的图形会自动产生透视效果。例如在左侧网格平面中绘制矩形，如图6-181所示。

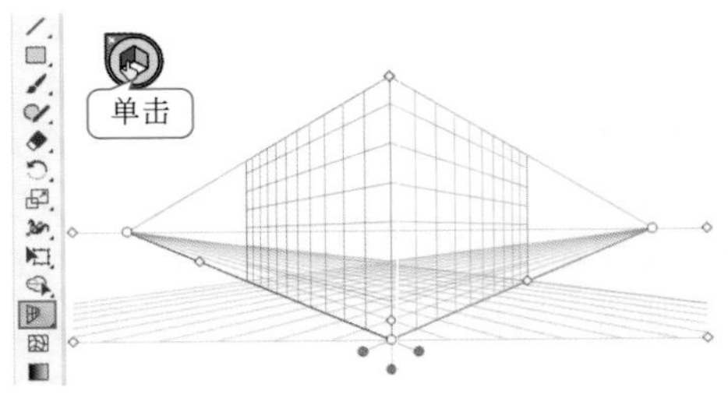

图6-180

② 如果想要将已有的对象添加到透视网格中，可以先在“平面切换构件”中选择要添加的平面，例如单击右侧网格平面，如图6-182所示。

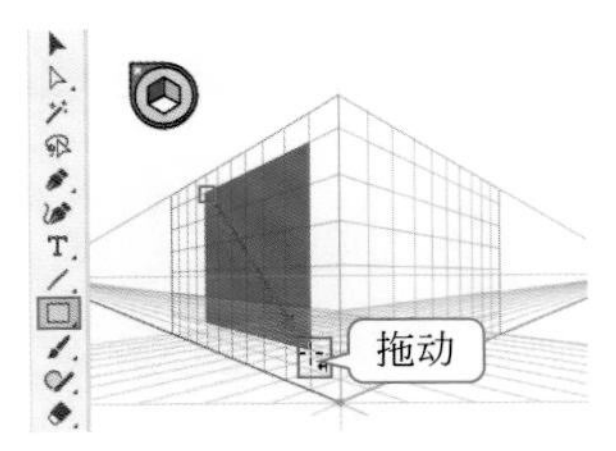

图6-181

③ 选择“透视选区工具”，将光标移动至要置入的对象上，按住鼠标左键将其向右侧网格平面中拖动，如图6-183所示。释放鼠标即可将其添加至透视网格中，且所选对象将会带有透视效果，如图6-184所示。

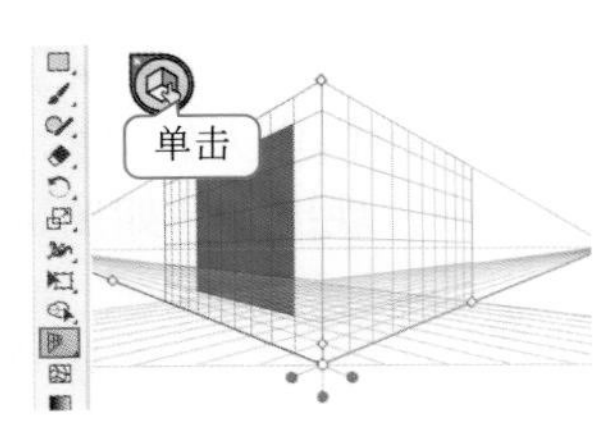

图6-182

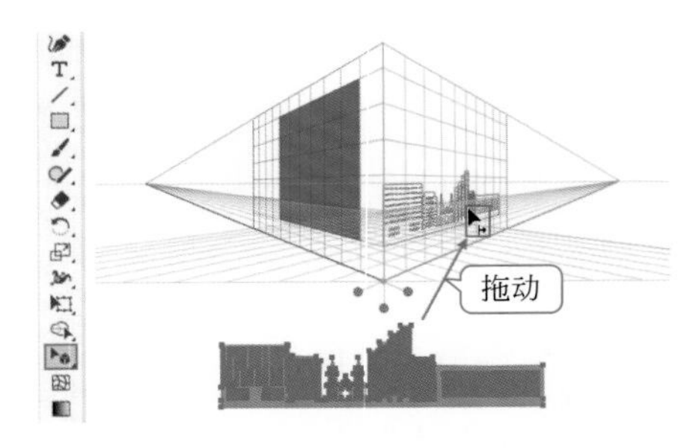

图6-183

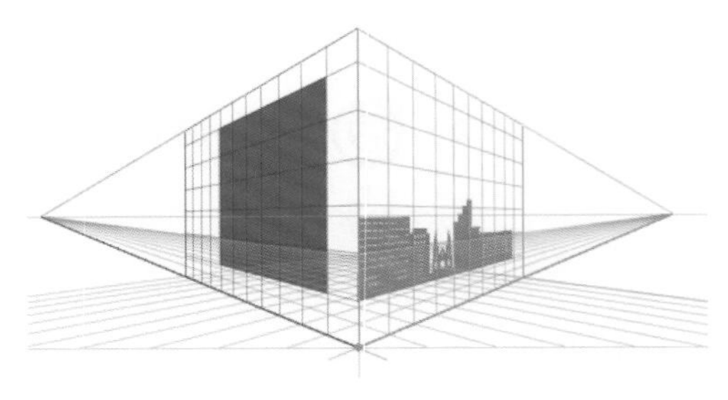

图6-184

④ 如果想要缩放添加的对象，可以选中对象，按住鼠标左键拖动控制点，将其进行适当的缩放，如图6-185所示。

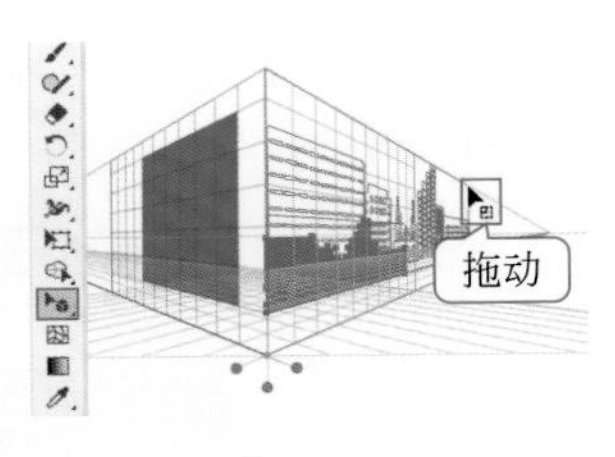

图6-185

⑤ 如果想要隐藏透视网格，可以执行“视图>透视网格>隐藏网格”命令，或单击“平面切换构件”中左上角的按钮，如图6-186所示。随后绘制的图形不再会产生透视效果。

图6-186

重点笔记

执行“视图>透视网格”命令，在子菜单中可以看到3种不同的透视方式，即“一点透视”“两点透视”“三点透视”，如图6-187所示。

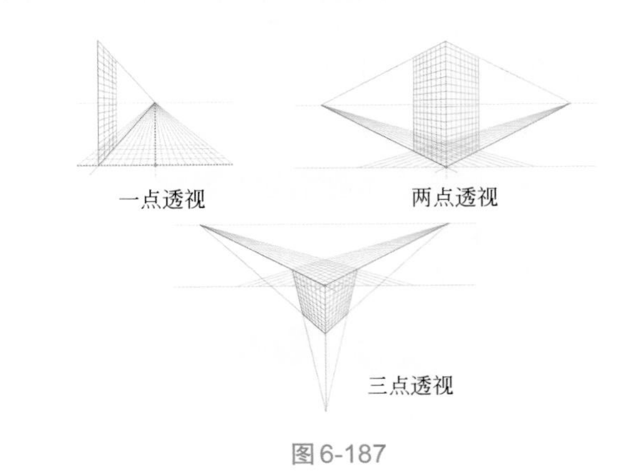

图6-187

6.4.5 将位图转换为矢量图

功能速查

使用“图像描摹”可以利用已有的位图，创建出与之非常相似的矢量图。

① 选中图像，单击控制栏中的“图像描摹”按钮，如图6-188所示。

② 位图照片会自动变为黑白两色的矢量图，如图6-189所示。

图6-188

图6-189

③ 如果想要创建其他不同的描摹效果，可以单击控制栏中“图像描摹”右侧的倒三角按钮，可以看到有多种不同的描摹方式，例如在这里选择“6色”，如图6-190所示。

图6-190

如表6-5所示为不同描摹效果。

表6-5　不同描摹效果

高保真度照片	低保真度照片	3色
6色	16色	灰阶
黑白徽标	素描图稿	剪影
线稿图	技术绘图	

④ 如果要删除矢量图中的部分图形，需要先将其进行扩展。选中描摹对象，单击控制栏中的“扩展”按钮或者执行“对象>图像描摹>扩展”命令，如图6-191所示。

图6-191

⑤ 扩展以后会显示路径，此时的图形处于编组状态，如图6-192所示。

图6-192

⑥ 使用快捷键Shift+Ctrl+G取消编组，取消编组后可以选中不需要的图形，然后按下键盘上的Delete键删除。最后将保留的图形应用到作品中，完成效果如图6-193所示。

图6-193

⑦ 如果想要取消描摹效果，可以选中未扩展的描摹对象，执行“对象>图像描摹>释放”命令，随即该图像将恢复到位图状态。

6.4.6　实战：使用路径查找器制作信息按钮

文件路径

实战素材/第6章

操作要点

使用“路径查找器”合并多个图形
使用“路径查找器”分割图形

案例效果

案例效果见图6-194。

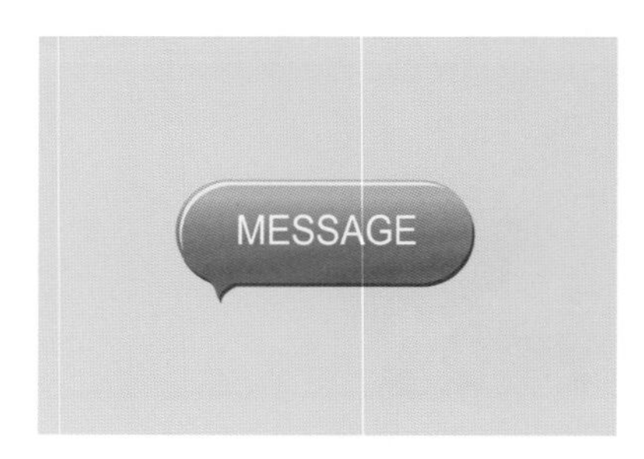

图6-194

操作步骤

① 新建文档。选择“矩形工具”，设置“填充”为浅绿色，“描边”为无，设置完成后在画面中绘制一个与画板等大的矩形，如图6-195所示。

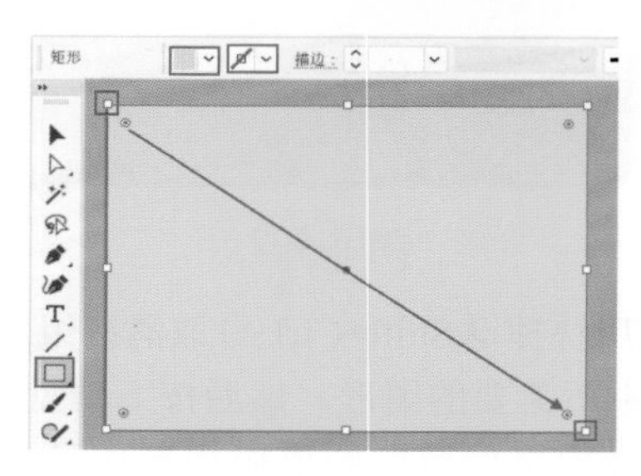

图6-195

② 选择“圆角矩形工具”，在画板以外的空白位置按住鼠标左键拖动，绘制一个圆角矩形，如图6-196所示。

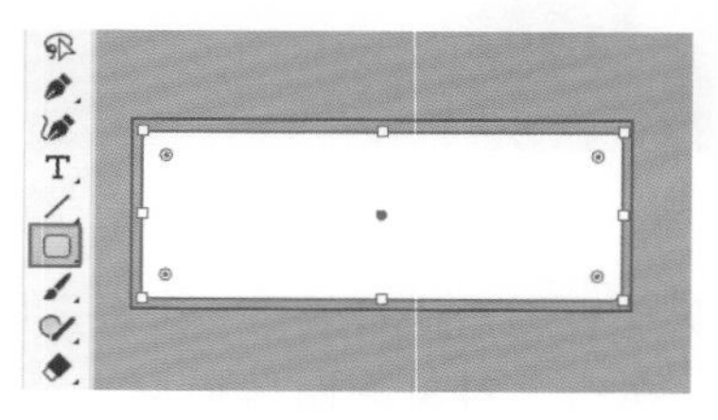

图6-196

③ 接着按住鼠标左键由外向内拖动圆形控制点，调整圆角半径，如图6-197所示。然后释放鼠标，即可得到一个圆角矩形，如图6-198所示。

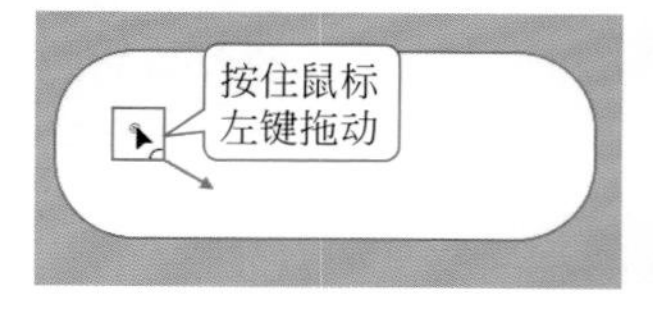

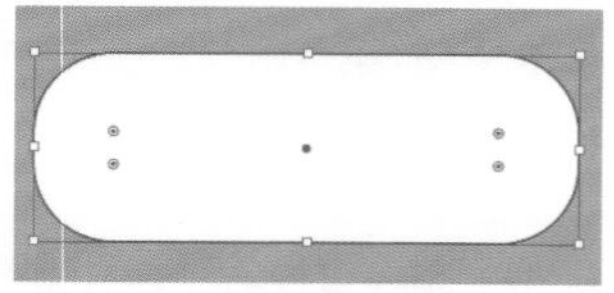

图6-197　图6-198

④ 使用快捷键Ctrl+C将其复制到剪切板中，并使用快捷键Ctrl+V将其粘贴到画面中，摆放在合适的位置上，如图6-199所示。（复制的圆角矩形在制作高光时会使用到，可以移动到不妨碍操作的位置，以备后面使用。）

⑤ 选择“钢笔工具”，在圆角矩形的左下角位置单击绘制一个箭头图形，如图6-200所示。

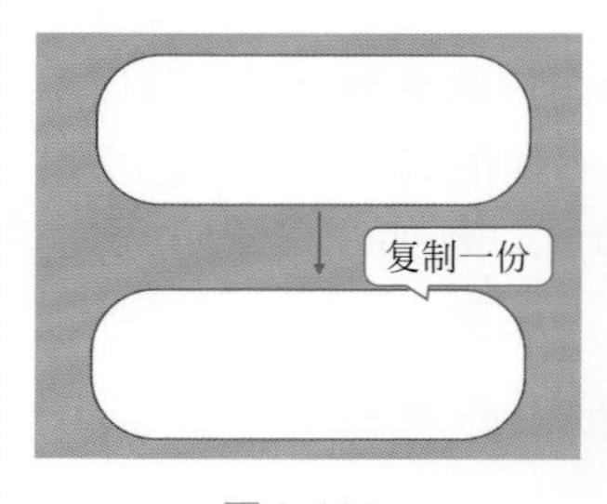

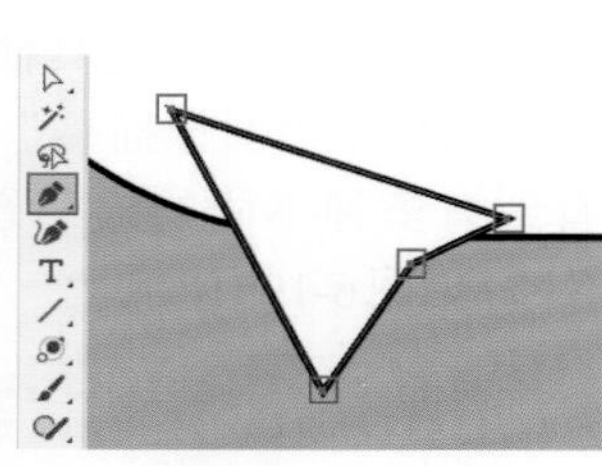

图6-199　图6-200

⑥ 选择“锚点工具”，在锚点上按住鼠标左键拖动，调整方向线的长度与角度，更改曲线的弧度。接着释放鼠标，完成曲线的调整，如图6-201所示。

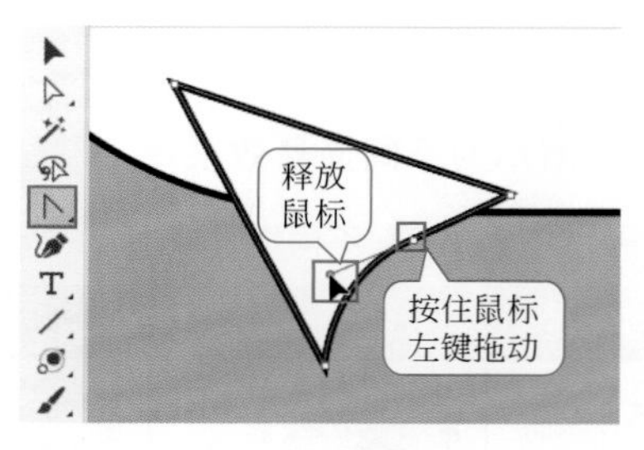

图6-201

⑦ 选中圆角矩形与箭头图形，执行“窗口>路径查找器”命令，打开“路径查找器”面板，单击“联集”按钮，将两个图形合并为一体，如图6-202所示。

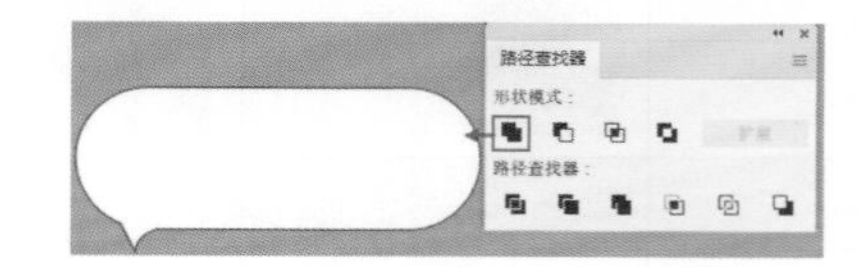

图6-202

⑧ 选择该图形，设置“填充”为深青色，“描边”为无，效果如图6-203所示。

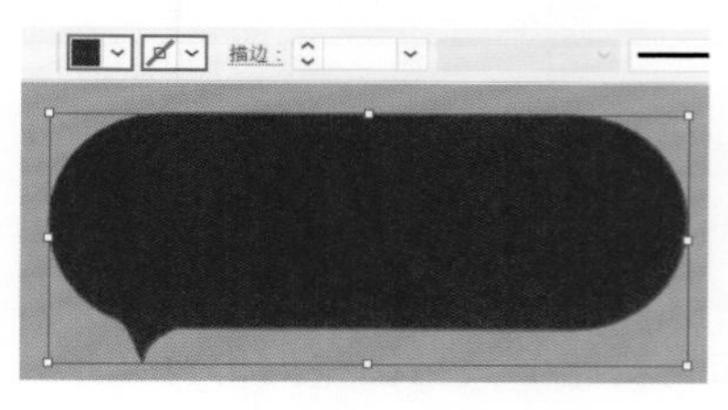

图6-203

⑨ 选中图形，按住Alt键向上拖动，将图形复制一份，如图6-204所示。

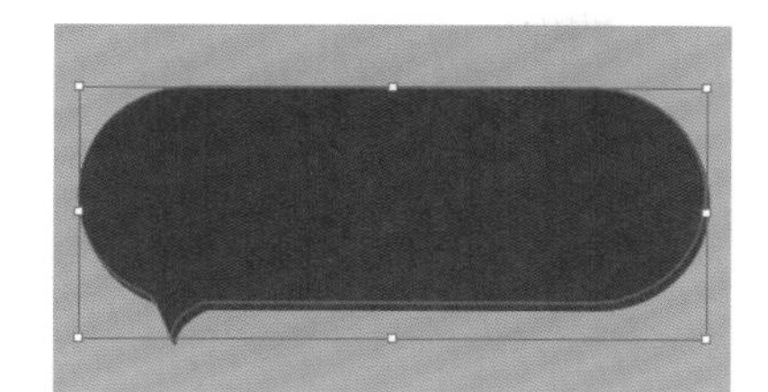

图6-204

⑩ 选中位于顶部的图形，双击工具箱中的“渐变工具”，在弹出的“渐变”面板中，设置“类型”为“线性渐变”，“角度”为–90°，设置完成后编辑一个青色系的渐变，如图6-205所示。此时按钮基本图形制作完成，效果如图6-206所示。

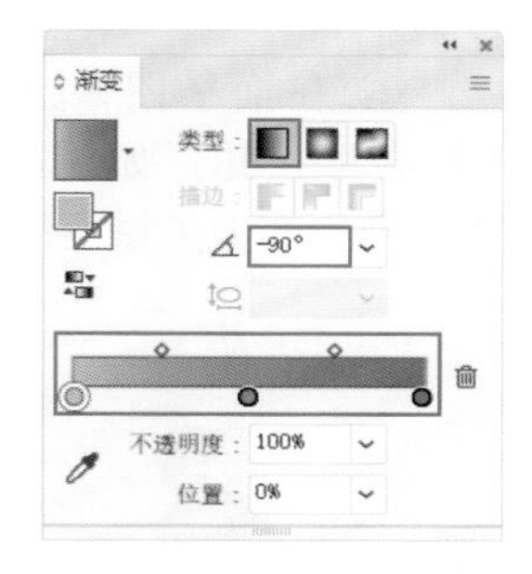

图6-205

图6-206

⑪ 接下来制作按钮的高光。选择复制的圆角矩形，再次复制出一份，并调整其位置，如图6-207所示。

图6-207

⑫ 接着选中两个圆角矩形，在“路径查找器”面板中单击“剪去顶层”按钮，如图6-208所示。

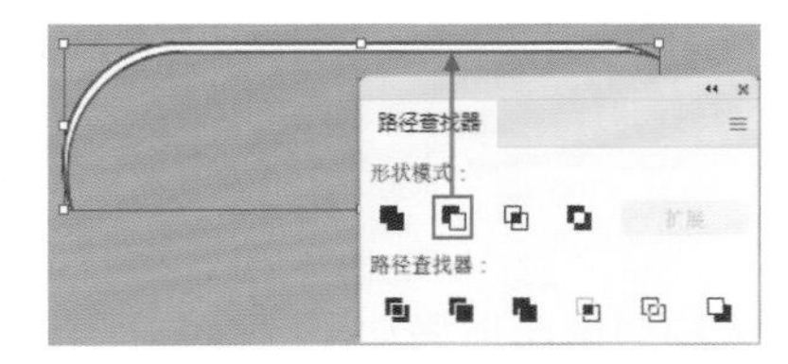

图6-208

⑬ 然后设置“填充”为浅青色，“描边”为无，并将其移动至按钮图形左上方。效果如图6-209所示。

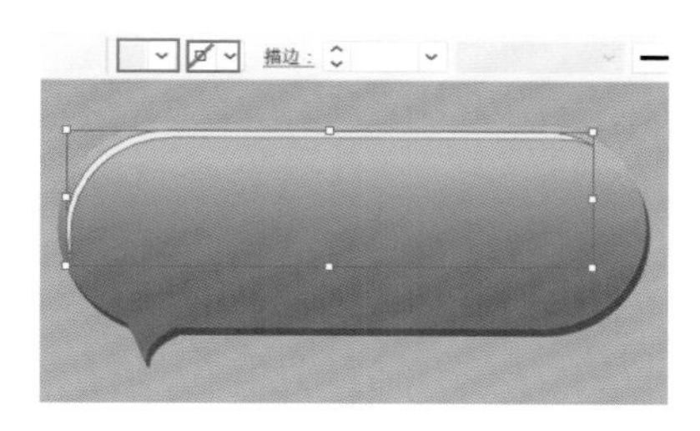

图6-209

⑭ 选择“文字工具”，在按钮上输入文字，并在控制栏中设置合适的字体、字号与颜色，如图6-210所示。

图6-210

⑮ 选择所有图形与文字，将其移动至画板中。本案例制作完成，效果如图6-211所示。

图6-211

6.4.7　实战：使用路径查找器制作正负形标志

文件路径

实战素材/第6章

操作要点

使用“图像描摹”将位图转换为矢量图
使用“路径查找器”制作镂空图形

案例效果

案例效果见图6-212。

高级拓展篇

图6-212

操作步骤

① 新建一个空白文档。接着选择“矩形工具”，设置“填充”为深灰色，“描边”为无。设置完成后绘制一个与画板等大的矩形，如图6-213所示。

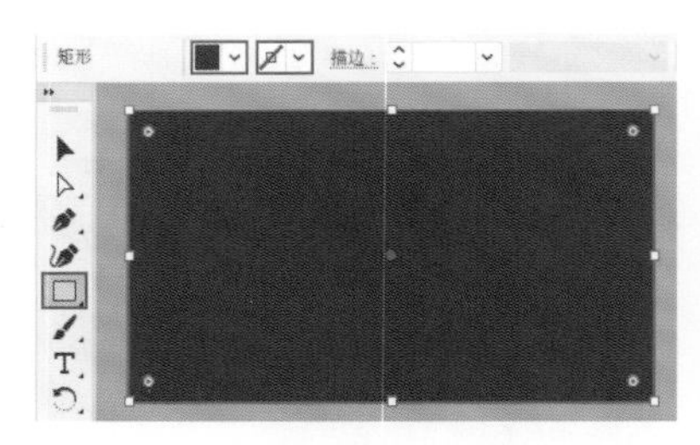

图6-213

② 接着制作人像剪影图案。执行“文件＞置入”命令，将人像素材1置入文档中，然后单击控制栏中的“嵌入”按钮进行嵌入，如图6-214所示。

图6-214

③ 将素材选中，在控制栏中单击“图像描摹”右侧的倒三角按钮，在下拉菜单中选择“素描图稿”选项，如图6-215所示。

图6-215

④ 位图转换为矢量图，且白色背景被去除，效果如图6-216所示。

图6-216

⑤ 在描摹图像选中状态下，在控制栏中单击“扩展”按钮，如图6-217所示。此时通过扩展后，人物剪影变为矢量图形，如图6-218所示。

图6-217

图6-218

⑥ 下面绘制彩色背景。选择“钢笔工具”，设置“填充”为青色，“描边”为无。设置完成后在文档空白位置绘制图形，如图6-219所示。

⑦ 继续使用“钢笔工具”，在已有图形右侧和底部绘制另外两个浅草绿色的不规则图形，如图6-220所示。

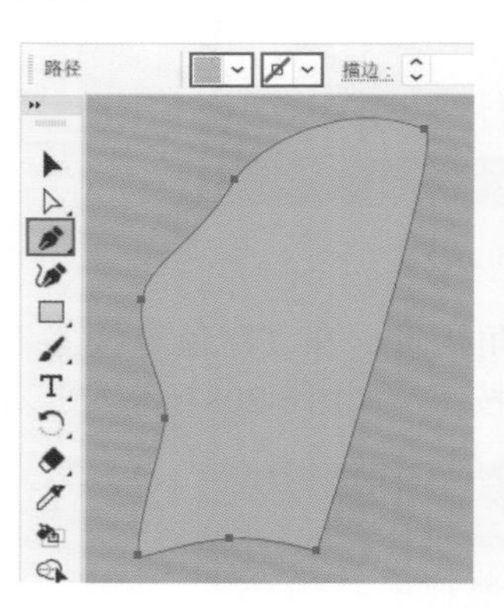

图6-219

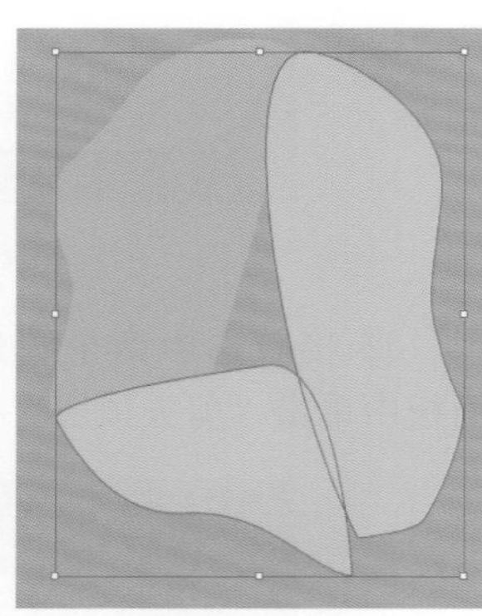

图6-220

⑧ 将人物剪影图形移动至图形中间，适当缩放。然后执行“对象＞排列＞置于顶层”命令即可将人物

剪影图形移动至画面的最上方，如图6-221所示。

⑨ 将人物剪影图形以及底部三个不规则图形选中，执行“窗口>路径查找器”命令，在弹出的“路径查找器”面板中单击“合并”按钮，如图6-222所示。

⑩ 将图形进行合并，效果如图6-223所示。

⑪ 将合并图形选中，单击右键执行“取消编组”命令。然后将顶部的人物剪影图形选中，按下键盘上的Delete键将其删除，即可得到人像镂空效果，如图6-224所示。

图6-221

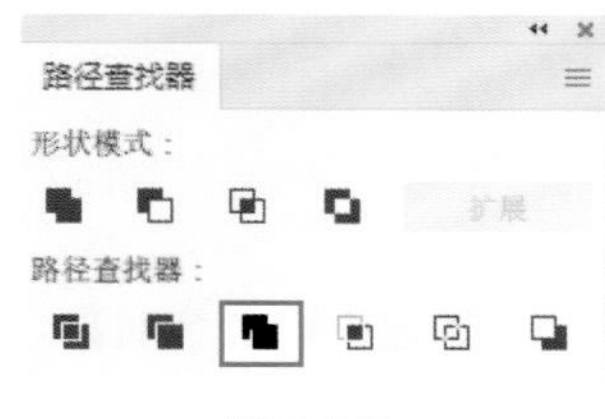

图6-222

图6-223

图6-224

⑫ 下面制作主标题文字。选择“文字工具”，在文档空白位置单击，输入文字，接着设置文字“填充”为“青色”，“描边”为无，同时设置合适的字体、字号，如图6-225所示。

图6-225

⑬ 接着对部分文字的填充颜色进行更改。使用“文字工具”将第一个单词选中，设置“填充”为浅草绿色，如图6-226所示。

图6-226

⑭ 接下来对文字进行适当的倾斜。将文字选中，单击鼠标右键执行“变换>倾斜”命令，在弹出的“倾斜”窗口中设置“倾斜角度”为10°。设置完成后单击“确定”按钮，如图6-227所示。效果如图6-228所示。

图6-227

图6-228

⑮ 最后将图形与文字移动至深灰色矩形中间位置，最终效果如图6-229所示。

图6-229

6.4.8 实战：可爱风格优惠标签

文件路径

实战素材/第6章

操作要点

使用“混合工具”制作奇特线条

使用“路径查找器”切分图形

案例效果

案例效果见图6-230。

图6-230

操作步骤

① 新建一个空白文档。选择“矩形工具”，设置“填充”为浅绿色，“描边”为无。设置完成后绘制一个与画板等大的矩形，如图6-231所示。

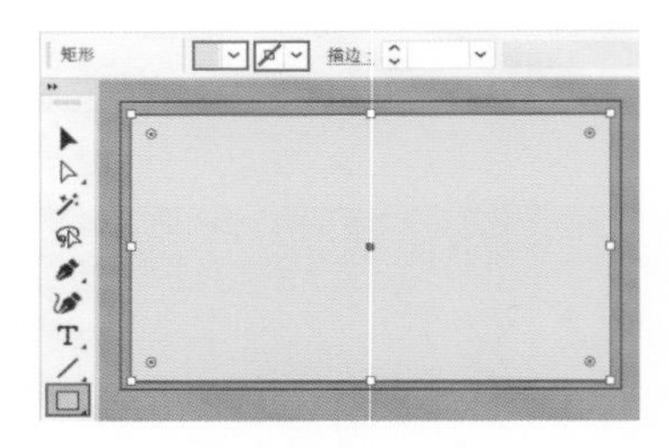

图6-231

② 选择“钢笔工具”，设置“填充”为无，“描边”为青色，“描边粗细”为0.5pt，设置完成后在画板以外的空白位置绘制一条曲线，如图6-232所示。

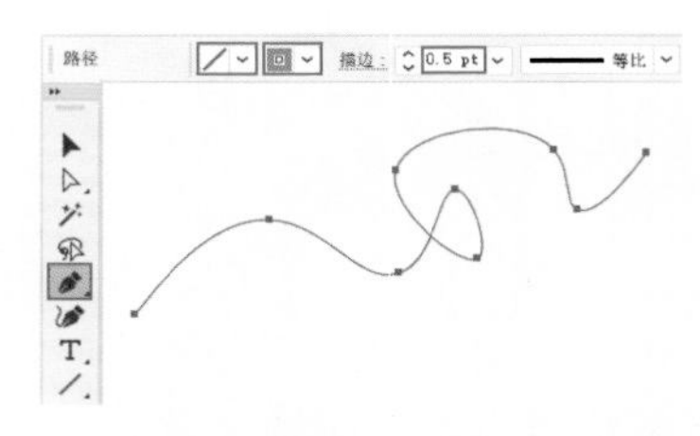

图6-232

③ 继续使用同样的方法绘制出另外一条“描边粗细”为0.5pt的嫩绿色曲线。效果如图6-233所示。

图6-233

④ 双击工具箱中的“混合工具”，在打开的“混合选项”窗口中设置“间距”为“平滑颜色”，然后单击“确定”按钮，如图6-234所示。

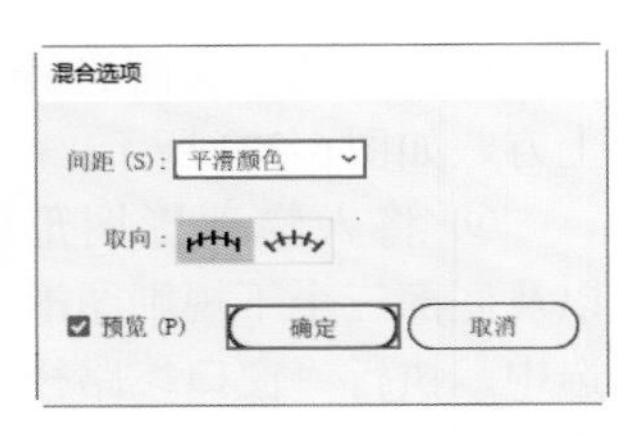

图6-234

⑤ 选中两条曲线，使用快捷键Alt+Ctrl+B创建混合。效果如图6-235所示。

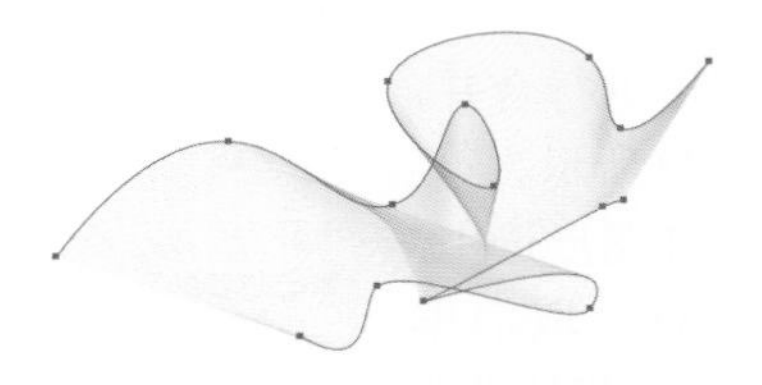

图6-235

⑥ 选中该混合对象，将其移动至画面的左上角，如图6-236所示。

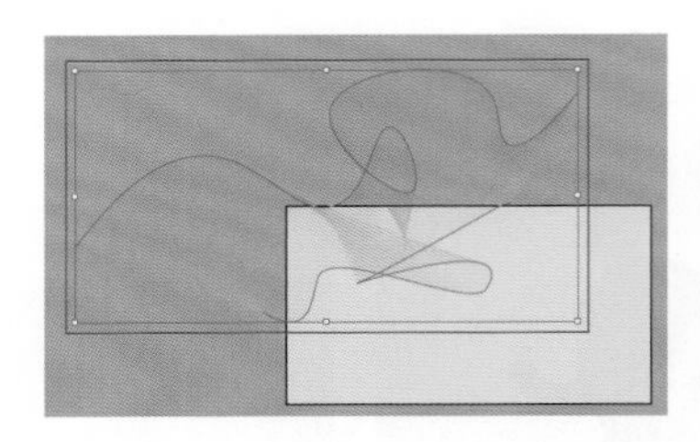

图6-236

⑦ 接着使用快捷键Ctrl+C进行复制，使用快捷键Ctrl+V进行粘贴，然后将其移动至画面的右下角，如图6-237所示。

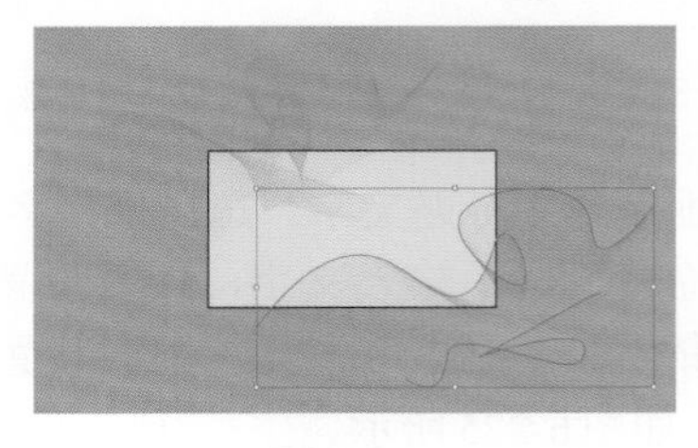

图6-237

⑧ 选择“矩形工具”，绘制一个与画板等大的矩形，如图6-238所示。

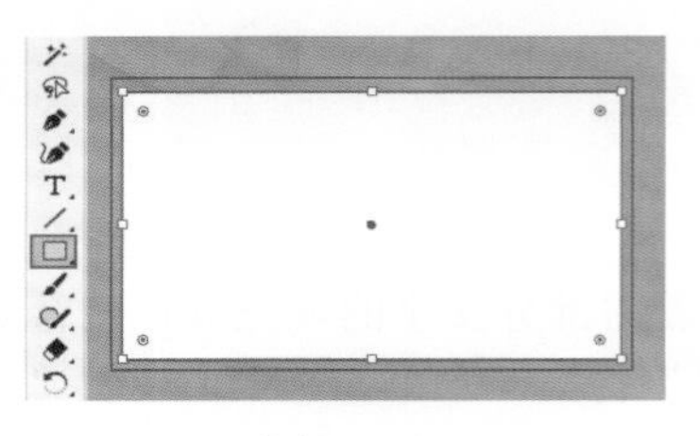

图6-238

⑨ 选中混合对象与矩形，执行“对象＞剪切蒙版＞建立”命令创建剪切蒙版，如图6-239所示。

图6-239

⑩ 选择“圆角矩形工具”，设置“填充”为白色，“描边”为无，设置完成后在画面中绘制一个圆角矩形，如图6-240所示。

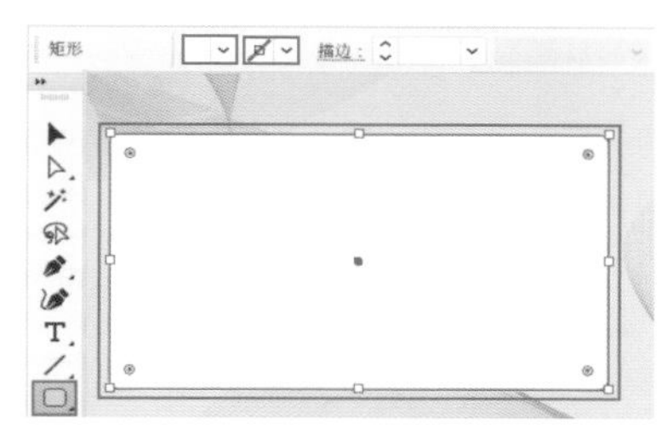

图6-240

⑪ 接着按住鼠标左键向内拖动圆形控制点，调整圆角半径，如图6-241所示。

图6-241

⑫ 选中白色圆角矩形，使用快捷键Ctrl+C进行复制，使用快捷键Ctrl+F将圆角矩形粘贴到画面的前方，然后将图形填充设置为青蓝色，如图6-242所示。

图6-242

⑬ 接着使用“矩形工具”在青蓝色圆角矩形上方绘制一个白色矩形，如图6-243所示。

图6-243

⑭ 加选青蓝色圆角矩形和白色矩形，执行“窗口＞路径查找器”命令，打开“路径查找器”面板，单击“减去顶层”按钮，如图6-244所示。

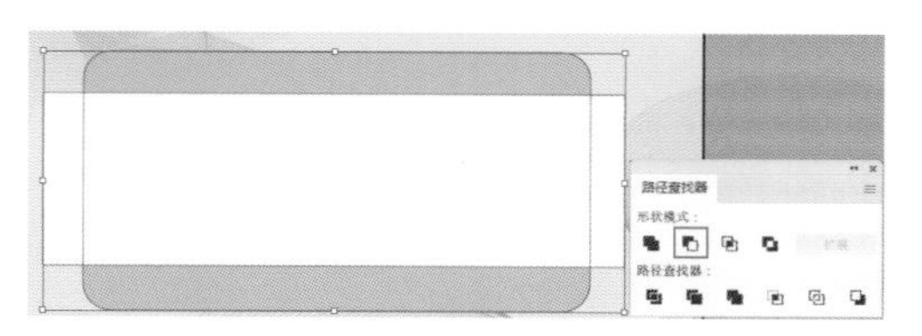

图6-244

⑮ 经过运算，此时只保留了青蓝色图形的顶部和底部，如图6-245所示。

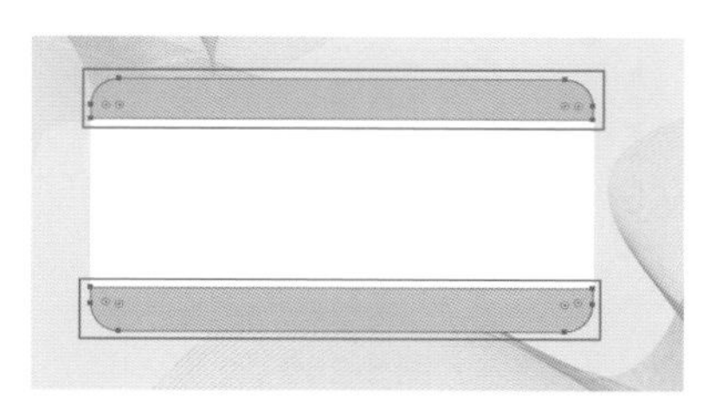

图6-245

⑯ 选择“椭圆工具”，设置“填充”为青蓝色，“描边”为无，设置完成后在画面中按住Shift键绘制一个正圆，如图6-246所示。

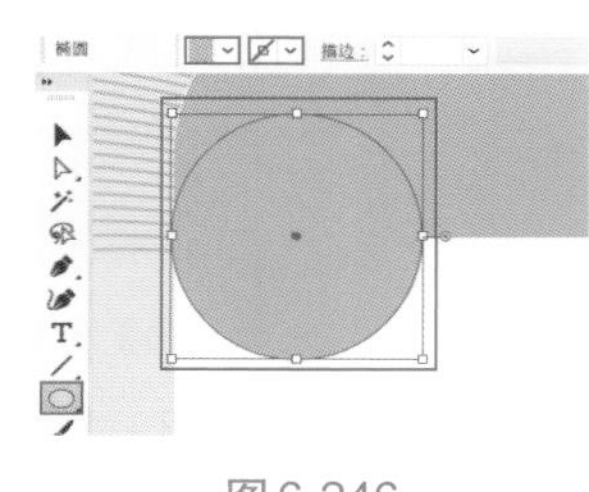

图6-246

⑰ 选中该正圆，按住Shift+Alt键的同时将其向右拖动，至圆角矩形的右侧边缘位置释放鼠标，即可快速复制出一个相同的正圆，如图6-247所示。

图6-247

⑱ 选中两个正圆，双击工具箱中的“混合工具”，在打开的“混合选项”窗口中设置“间距”为“指定的步数”，步数为10，然后单击“确定”按钮，如图6-248所示。

⑲ 加选两个正圆，使用“混合工具”分别在两个正圆上单击创建混合，或者直接使用快捷键Alt+ Ctrl+B创建混合。效果如图6-249所示。

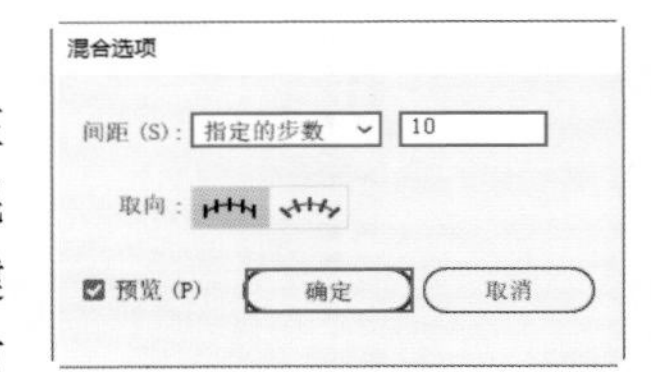

图6-248

图6-249

⑳ 选择“文字工具”，在圆角矩形上单击，输入文字。并选中文字，设置合适的字体、字号与颜色，如图6-250所示。

图6-250

㉑ 继续使用同样的方法在画面中键入其他的文字。本案例制作完成，效果如图6-251所示。

图6-251

6.4.9 实战：形状生成器制作数字海报

文件路径

实战素材/第6章

操作要点

使用“形状生成器”制作数字图形

案例效果

案例效果见图6-252。

图6-252

操作步骤

① 新建文档，选择“矩形工具”，设置“填充”为白色，“描边”为无，在画面中绘制一个与画板等大的矩形，如图6-253所示。

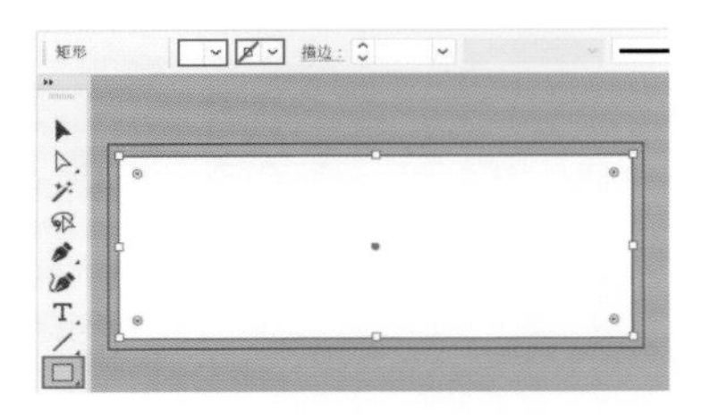

图6-253

② 选中该矩形，双击工具箱中的“渐变工具”，在弹出的“渐变”面板中设置“类型”为“线性渐变”，“角度”为160°，并在下方编辑一个由青色到紫色的渐变，如图6-254所示。效果如图6-255所示。

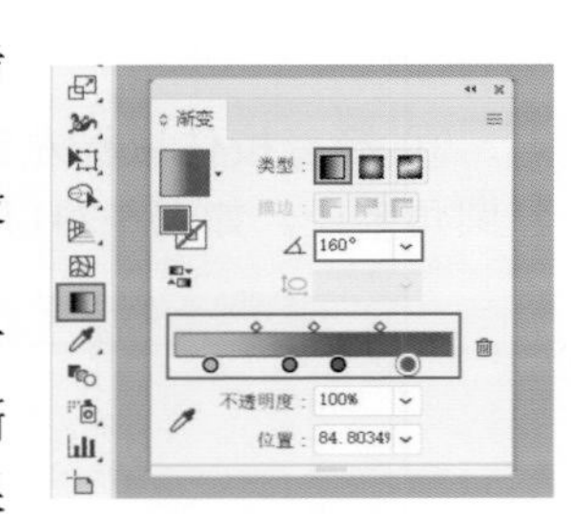

图6-254

图6-255

③ 选择“椭圆工具”，设置“填充”为无，按住Shift键在画板以外的空白区域绘制一个正圆，如图6-256所示。

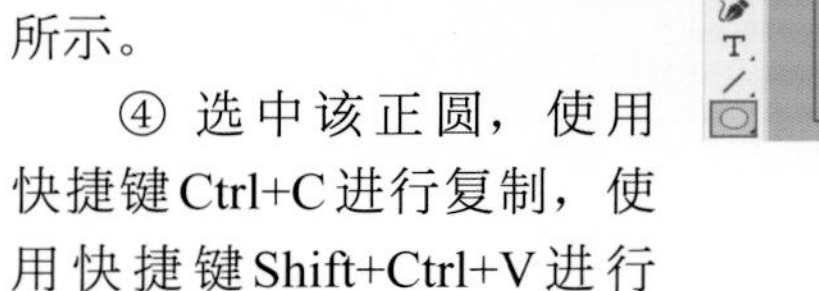

图6-256

④ 选中该正圆，使用快捷键Ctrl+C进行复制，使用快捷键Shift+Ctrl+V进行原位粘贴，并按住Shift+Alt键拖动控制点以中心等比放大，如图6-257所示。

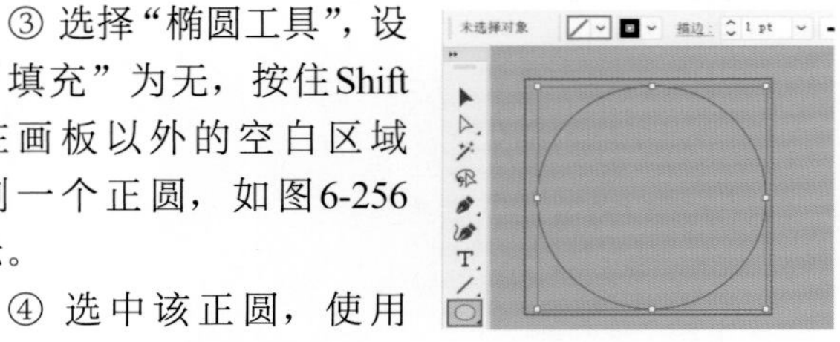

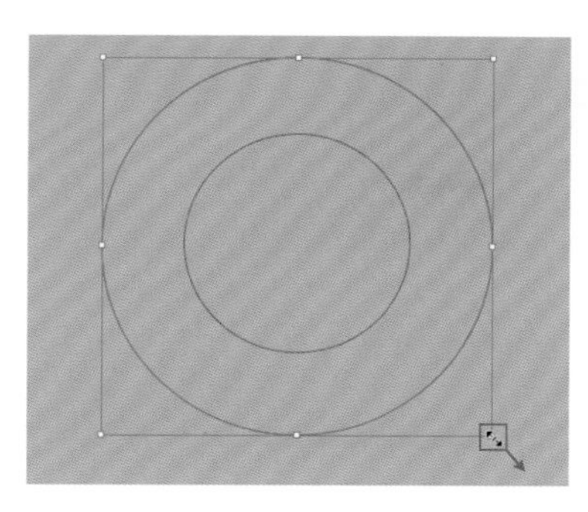

图6-257

⑤ 接着选择“矩形工具”，设置“填充”为无，在正圆上绘制一个矩形，如图6-258所示。

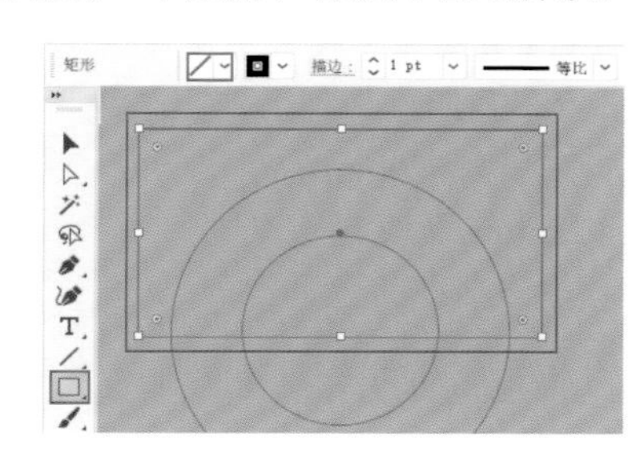

图6-258

⑥ 继续使用“矩形工具”，在正圆上绘制出另外一个矩形，如图6-259所示。

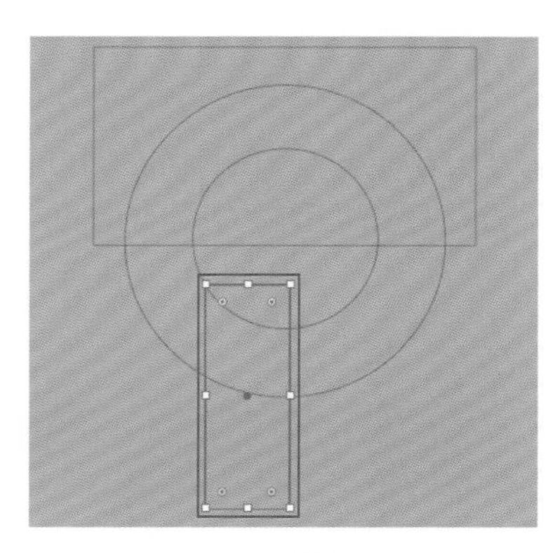

图6-259

⑦ 选中该矩形，选择“倾斜工具”，按住鼠标左键向下拖动，将中心点移动至矩形的底部，如图6-260所示。

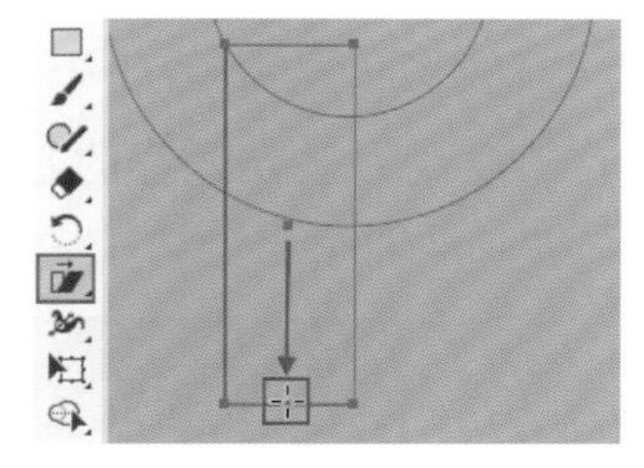

图6-260

⑧ 接着将光标移动至矩形的顶部，按住鼠标左键向右拖动，将图形进行水平方向上的倾斜，如图6-261所示。效果如图6-262所示。

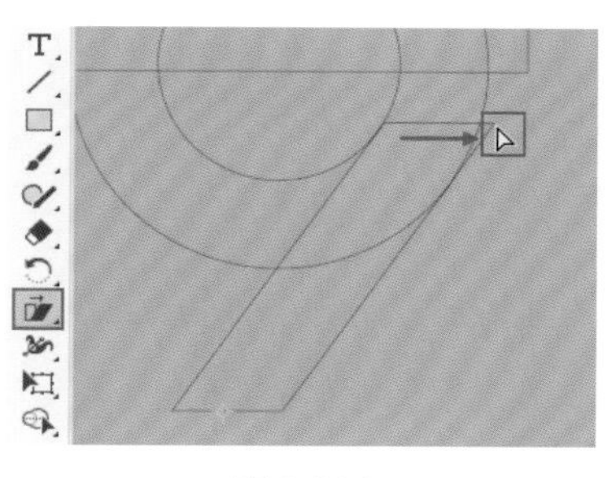

图6-261

图6-262

⑨ 选中所有图形，选择“形状生成器”工具，设置“填充”为白色，“描边”为无，设置完成后在右侧图形上按住鼠标左键拖动，如图6-263所示。

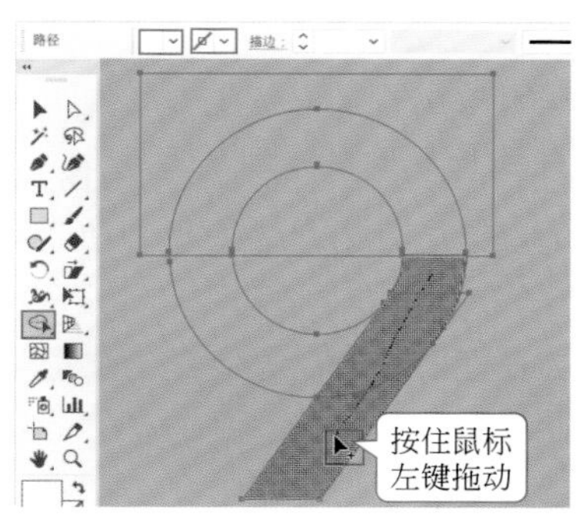

图6-263

⑩ 接着将光标移动至左下方的不规则半圆上，按住鼠标左键单击，如图6-264所示。此时两个图形被填充为白色，如图6-265所示。

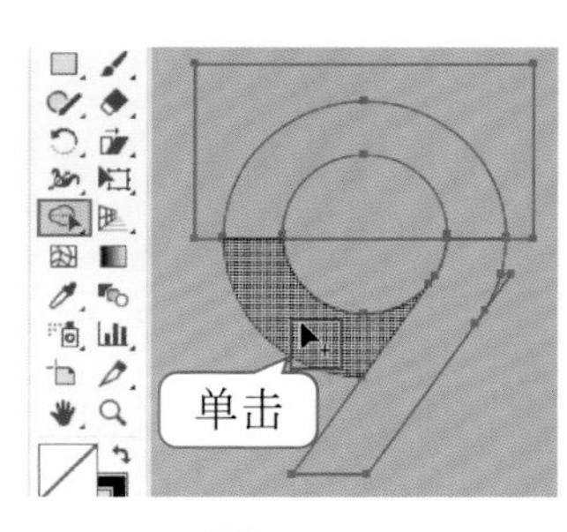

图6-264

高级拓展篇

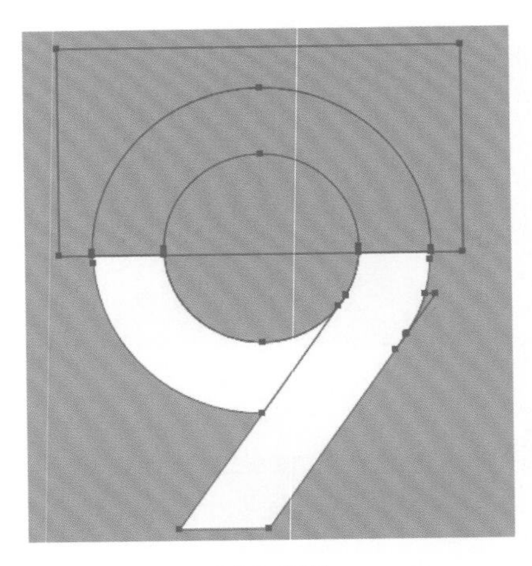

图6-265

⑪ 然后加选两个图形，将其移动至画面中，如图6-266所示。

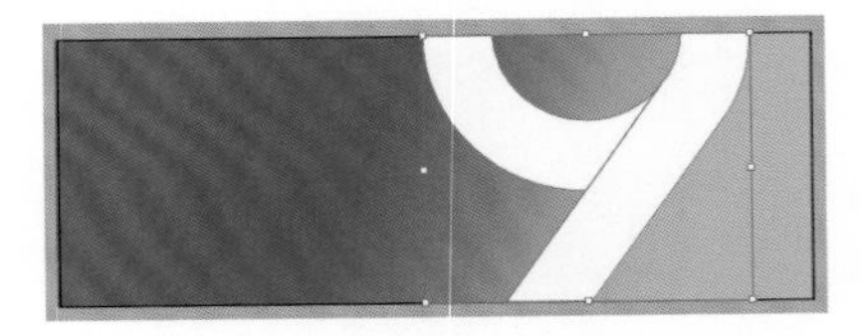

图6-266

⑫ 选中右侧的白色图形，双击工具箱中的“渐变工具”，在弹出的“渐变”面板中设置“类型”为“任意形状渐变”，“绘制”为点，如图6-267所示。

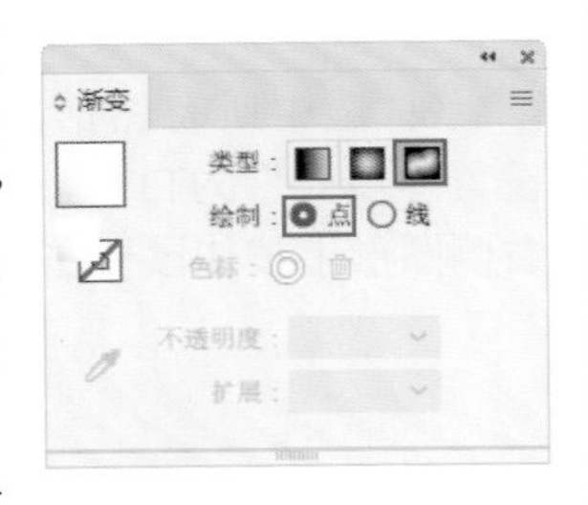

图6-267

⑬ 接着按住鼠标左键拖动控制点，调整其位置，如图6-268所示。

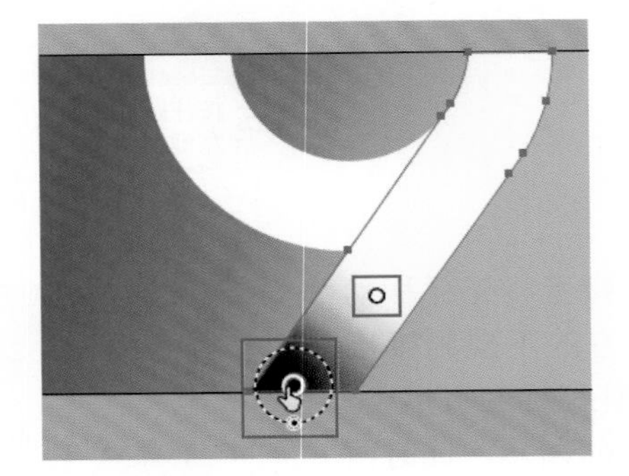

图6-268

⑭ 双击黑色控制点，在弹出的下拉面板中单击列表按钮，选择“RGB”，然后设置一种浅青色，并设置“不透明度”为90%，如图6-269所示。

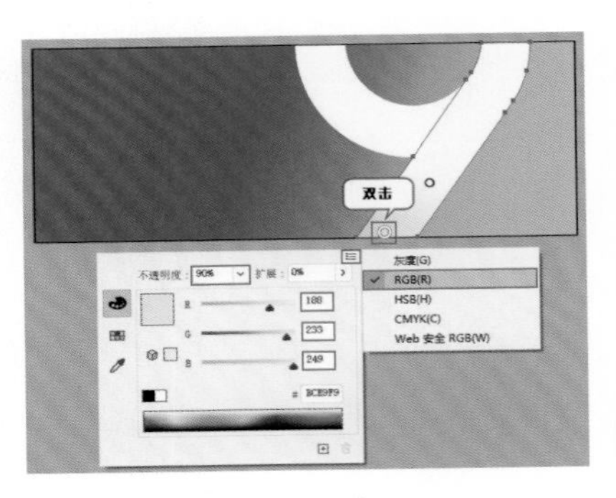

图6-269

⑮ 接着执行“效果>风格化>投影”命令，在弹出的“投影”窗口中设置“模式”为强光，“不透明度”为20%，“X位移”为-20mm，“Y位移”为2.5mm，“模糊”为10mm，颜色为深青色，如图6-270所示。效果如图6-271所示。

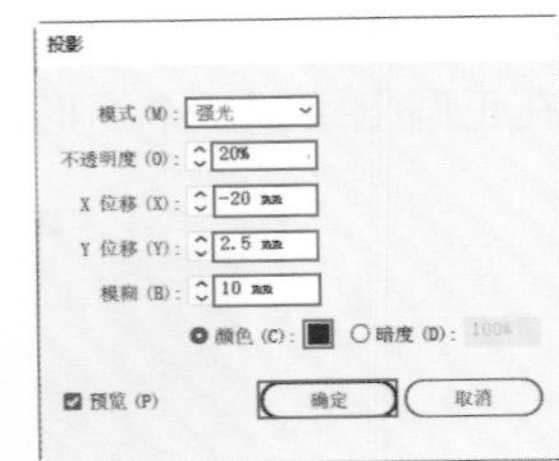

图6-270

图6-271

⑯ 选择“文字工具”，在画面左侧位置单击，输入文字，并设置合适的字体、字号与颜色，如图6-272所示。

图6-272

⑰ 继续使用同样的方法在左侧画面中添加其他文字，如图6-273所示。

图6-273

⑱ 选择“圆角矩形工具”，在蓝紫色文字上按住鼠标左键绘制一个圆角矩形。选中图形，设置“填充”为白色，“描边”为无，“圆角半径”为8mm，如图6-274所示。

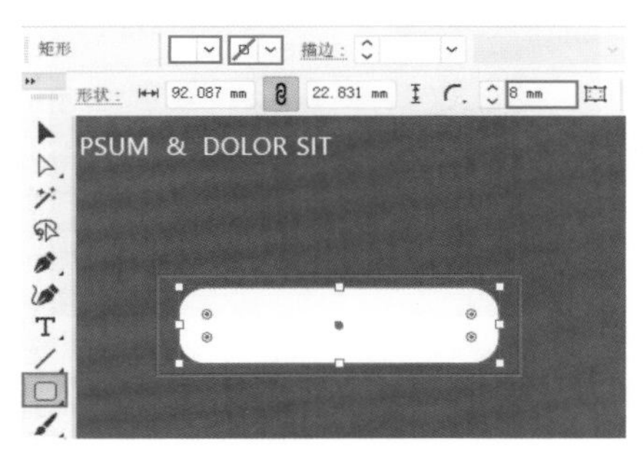

图6-274

⑲ 选中该圆角矩形，执行“对象>排列>后移一层”命令，将其置于文字的下方，如图6-275所示。本案例制作完成，效果如图6-276所示。

图6-275

图6-276

6.5　符号对象的使用

在日常设计中，经常会碰到需要在画面中添加大量相同或相似对象的情况，逐一创建过于耗时。用Illustrator中的“符号”功能，可以方便地将大量重复的元素添加到画面中。

Illustrator中的“符号”面板与符号库提供一些可用的“符号”，但是这些“符号”是有限的，如果想要使用其他样式的符号，可以创建新的符号。除此之外，本节还将学习如何利用符号工具组中的工具对符号形态进行大小、位置、间距、旋转角度、颜色、透明度、样式的调整。

6.5.1　使用已有符号

① 执行“窗口>符号”命令，打开“符号”面板。将光标移动至需要使用的符号上，按住鼠标左键将其向画面中拖动，如图6-277所示。

② 释放鼠标即可在画面中添加符号，按住鼠标左键将其调整至合适大小，如图6-278所示。

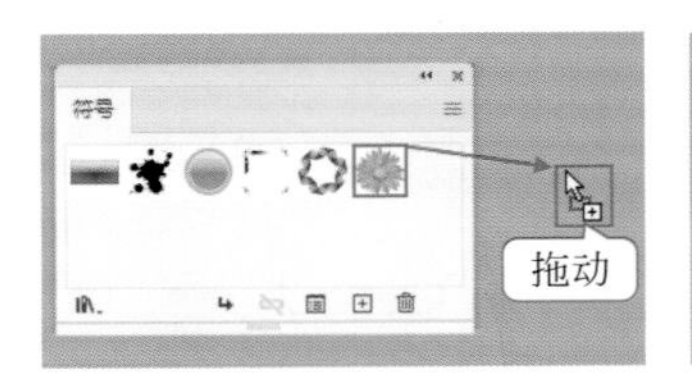

图6-277

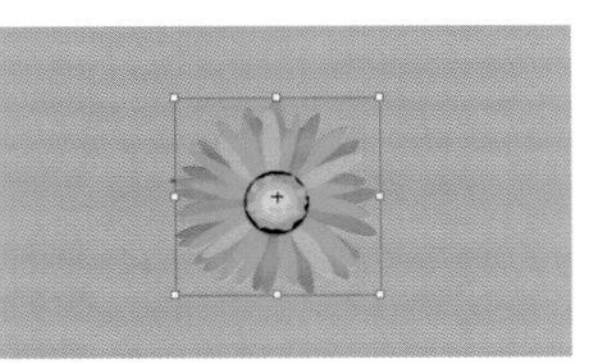

图6-278

③ 如果想要替换符号，可以选中一个符号，单击控制栏中的“替换”按钮，在弹出的下拉面板中单击选择一种符号，如图6-279所示。随即“非洲菊”符号就被替换为了“丝带”符号。效果如图6-280所示。

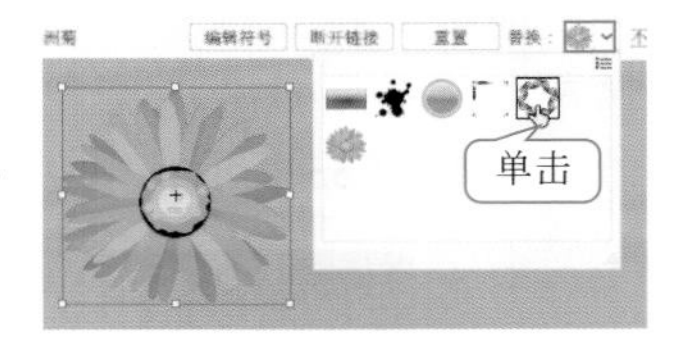

图6-279

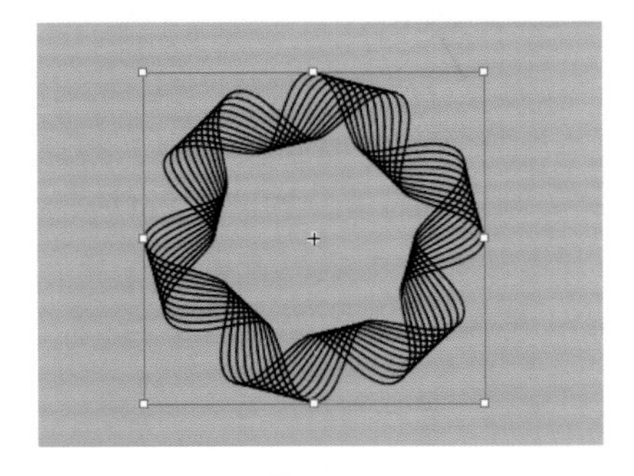

图6-280

重点笔记

如果想要重置任何应用到符号上的变换，可以选中符号，单击控制栏中的“重置”按钮，即可将选中的符号还原为初始状态，如图6-281所示。

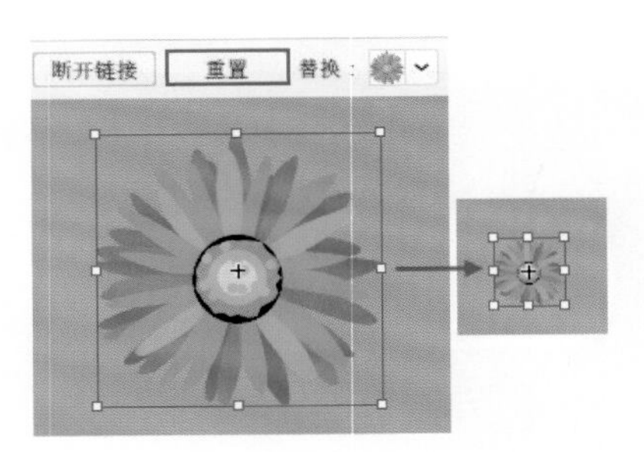

图6-281

④ 单击“符号”面板底部的“符号库菜单”按钮，可以看到不同类型的符号库，如图6-282所示。

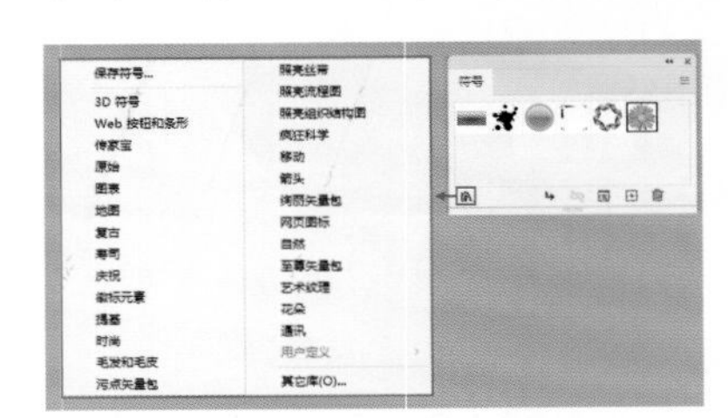
图6-282

⑤ 执行“网页图标”命令，即可打开“网页图标”面板。将光标移动至“音乐”符号上，按住鼠标左键将其向黄色的圆角矩形上拖动，为其添加符号，如图6-283所示。

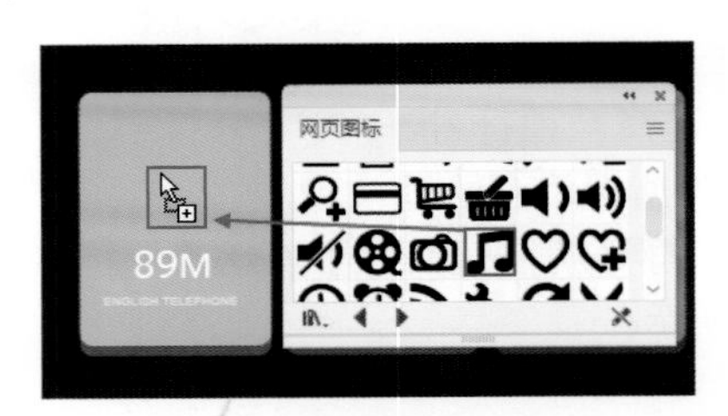

图6-283

⑥ 选中符号，单击控制栏中的“断开链接”按钮，将其转换为图形对象，如图6-284所示。

⑦ 断开链接后，可以更改颜色，并适当调整其位置与大小，如图6-285所示。

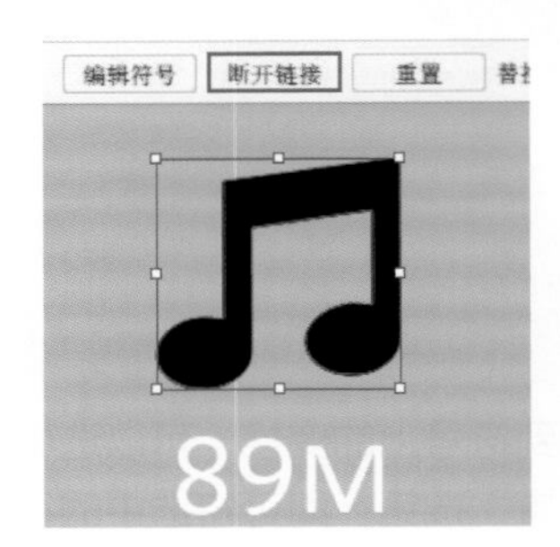

图6-284

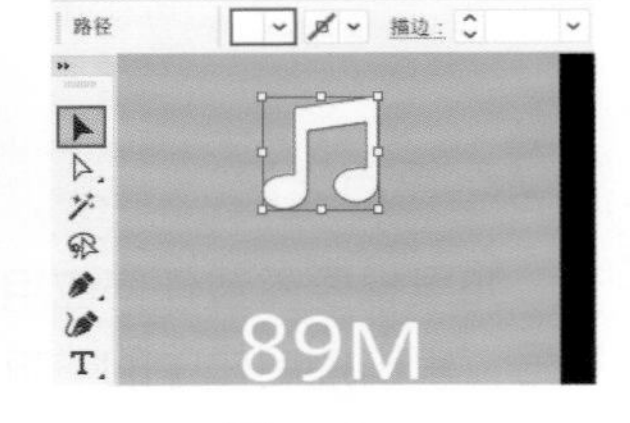

图6-285

⑧ 继续使用同样的方法在圆角矩形上添加其他符号，并将其转换为图形，更改其位置、大小与颜色。效果如图6-286所示。

图6-286

6.5.2 创建自定义符号

功能速查

Illustrator提供的符号是有限的。无法满足需要时，可以利用“符号”面板将已有图形创建为符号，以便使用。

① 选中图形，如图6-287所示。

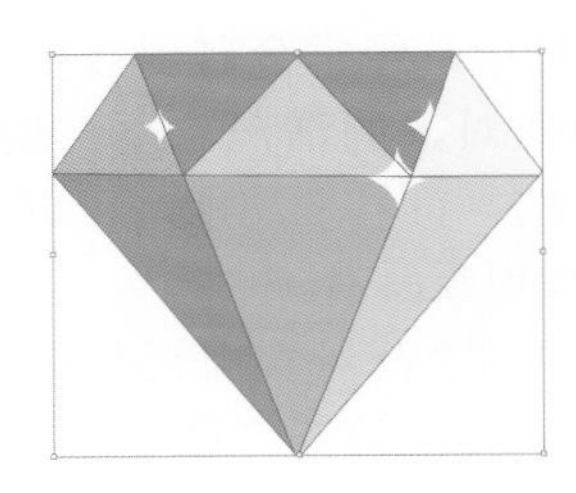
图6-287

② 在“符号”面板中，单击底部的“新建符号”按钮，如图6-288所示。

③ 在弹出的“符号选项”窗口中设置合适的名称，设置“导出类型”为图形，“符号类型”为静态符号，设置完成后单击“确定”按钮，如图6-289所示。此时可以看到“符号”面板中出现了新添加的符号，且画面中的图形也转换为了符号，如图6-290所示。

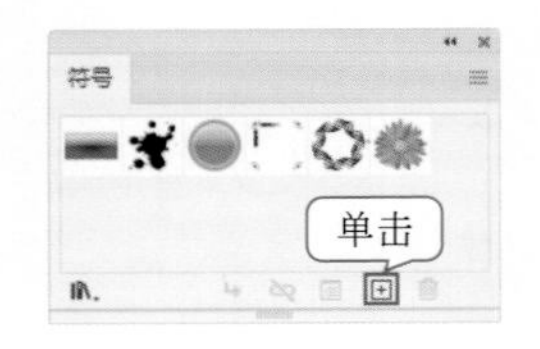

图6-288

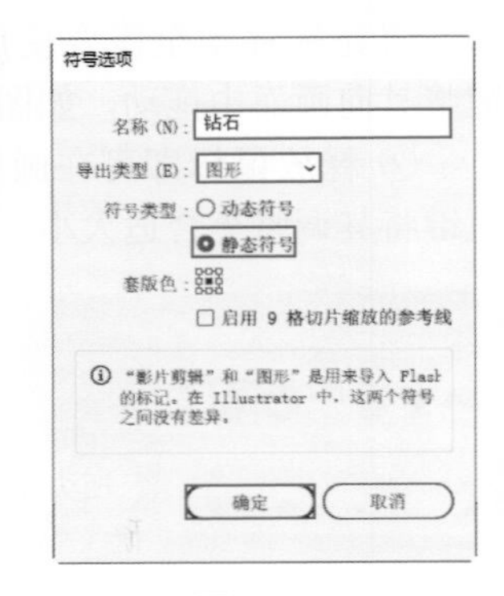

图6-289

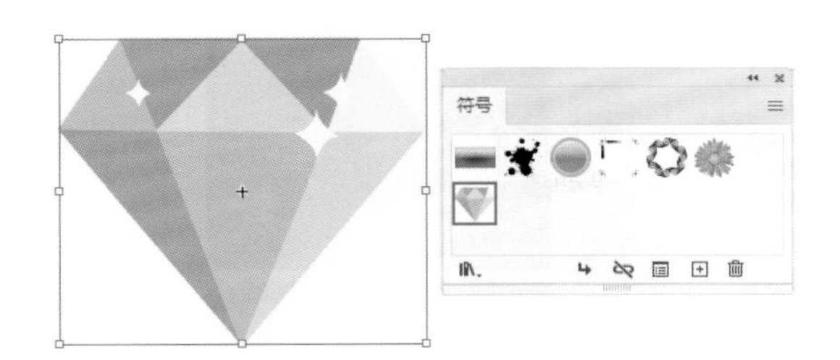

图6-290

重点笔记

创建新符号，还可选中图形，按住鼠标左键将其向“符号”面板中拖动。释放鼠标，在弹出的“符号选项”面板中设置相关选项，单击“确定”按钮，即可将其创建为新符号，如图6-291所示。

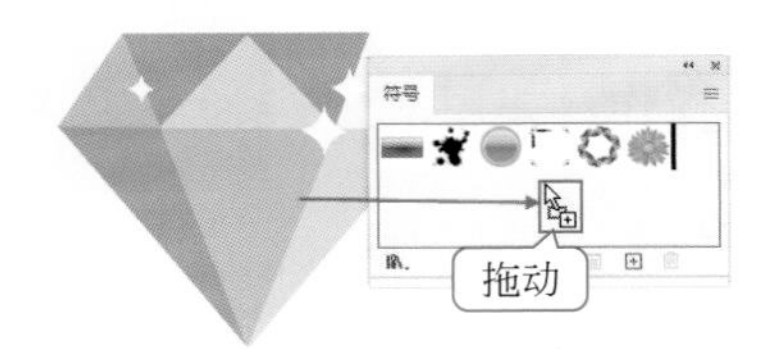

图6-291

6.5.3　符号工具组的使用

符号工具组包含8种工具，包括“符号喷枪工具”“符号移位器工具”“符号紧缩器工具”“符号缩放器工具”“符号旋转器工具”“符号着色器工具”“符号滤色器工具”“符号样式器工具”。

这些工具可以快速在画面中创建大量的符号，并且对符号的位置、间距、大小、角度、颜色、透明度、样式进行调整，如图6-292所示。

图6-292

① 执行“窗口>符号库>自然”命令，在打开的“自然符号库”面板中单击选择“雪花1”符号，如图6-293所示。

图6-293

② 双击工具箱中的“符号喷枪工具”按钮，即可打开“符号工具选项”窗口，“直径”用来设置笔尖的大小，设置“直径”为100pt。设置完成后单击“确定”按钮，如图6-294所示。

图6-294

重点选项速查

• 强度：可以设置更改的速率。数值越大，更改的速率越快。

• 符号组密度：可以设置符号组的密度。数值越大，符号实例堆积的密度越大。

③ 将光标移动至画面中单击，可以添加一个符号，如图6-295所示。

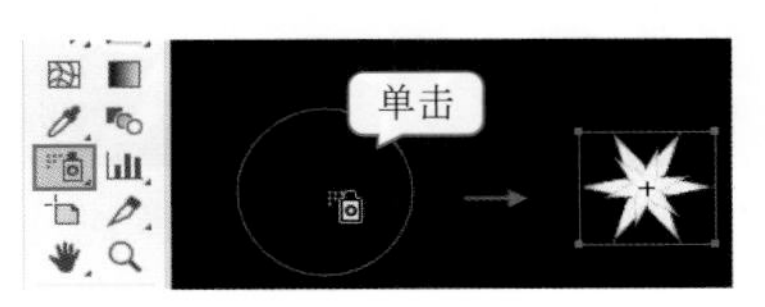

图6-295

④ 如果要添加大量的符号，可以在画面中按住鼠标左键拖动，释放鼠标即可将符号添加至画面中，此时所有符号均在一个实例框中，称之为实例组。效果如图6-296所示。

图6-296

⑤“符号移位器工具”可以移动符号实例的位置。选择符号实例组，选择“符号移位器工具”，在符号上按住鼠标左键拖动，即可移动已有符号，如图6-297所示。

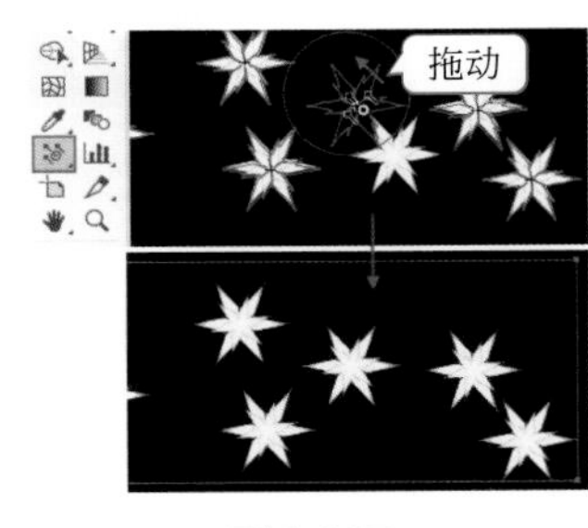

图6-297

重点笔记

使用“符号移位器工具”，按住Shift键单击符号可以将符号实例对象前移一层，如图6-298所示。

图6-298

使用“符号移位器工具”，按住Shift+Alt键可以将符号实例对象后移一层，如图6-299所示。

图6-299

---

⑥“符号紧缩器工具”可以缩小或增加符号之间的距离。选中符号实例组，选择“符号紧缩器工具”，在符号上涂抹。涂抹的时间越长，符号实例的收缩幅度越大。释放鼠标可以看到实例对象的间距被缩小。效果如图6-300所示。如果要增加符号之间的距离，按住Alt键的同时使用“符号紧缩器工具”。

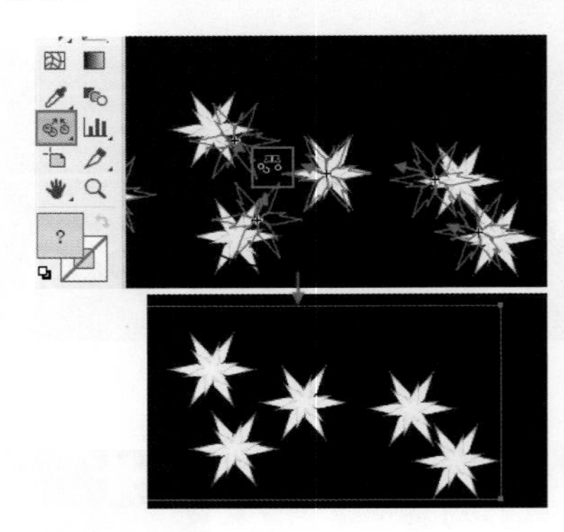

图6-300

⑦“符号缩放器工具”可以更改符号实例的大小。选中符号实例组，使用“符号缩放器工具”在符号上单击或按住鼠标左键拖动，即可放大符号对象，如图6-301所示。按住Alt键的同时使用“符号缩放器工具”可以缩小符号。

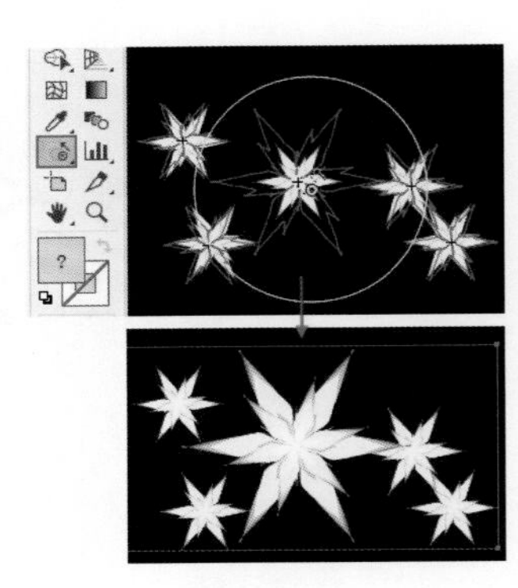

图6-301

⑧“符号旋转器工具”可以使符号实例旋转。在符号上按住鼠标左键拖动，可以看见蓝色的箭头，释放鼠标后完成旋转操作，如图6-302所示。

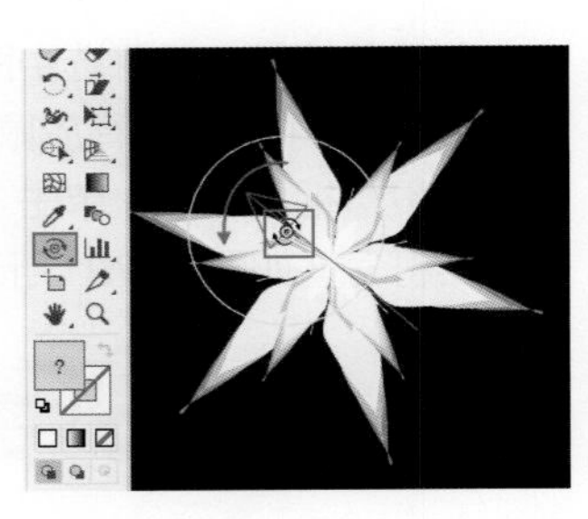

图6-302

重点笔记

可以选中实例组，选择“符号旋转器工具”，按住Alt键的同时按住鼠标左键拖动，释放鼠标即可以逆时针旋转实例对象，如图6-303所示。

图6-303

---

⑨使用“符号着色器工具”可以更改符号实例的颜色。选中符号实例组，选择“符号着色器工具”，然后设置合适的填充颜色，将光标移动至实例对象上单击或按住鼠标左键拖动，即可为符号重新着色，如图6-304所示。

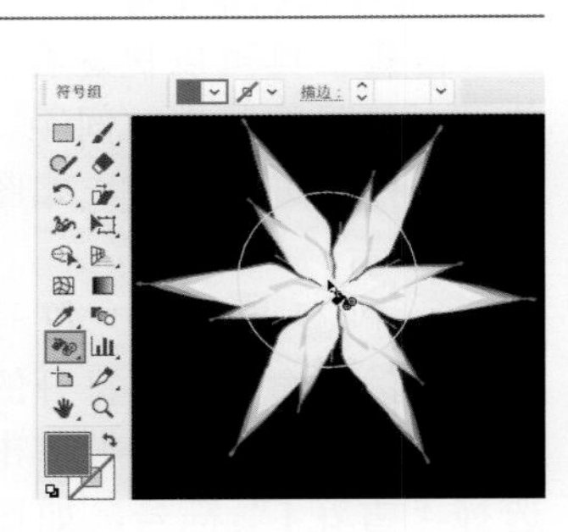

图6-304

重点笔记

使用“符号着色器工具”时，按住Alt键的同时单击或按住鼠标左键拖动，释放鼠标即可将实例对象的着色效果退去。

⑩“符号滤色器工具” 可以更改符号实例的透明度，如图6-305所示。

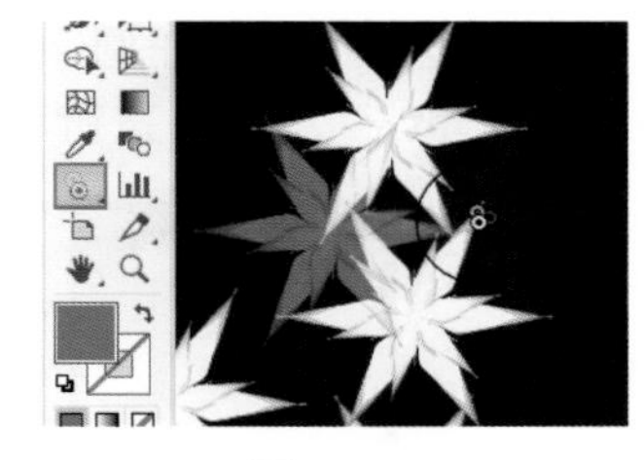

图6-305

重点笔记

使用“符号滤色器工具”时，按住Alt键的同时单击或按住鼠标左键拖动，释放鼠标即可提高实例对象的透明度。

⑪使用“符号样式器工具” 可以为符号实例添加图形样式。执行“窗口＞图形样式”命令，选择一个合适的样式，如图6-306所示。

⑫选中符号实例组，将光标移动至实例对象上单击或按住鼠标左键拖动，释放鼠标后光标经过的符号将被添加上样式，如图6-307所示。

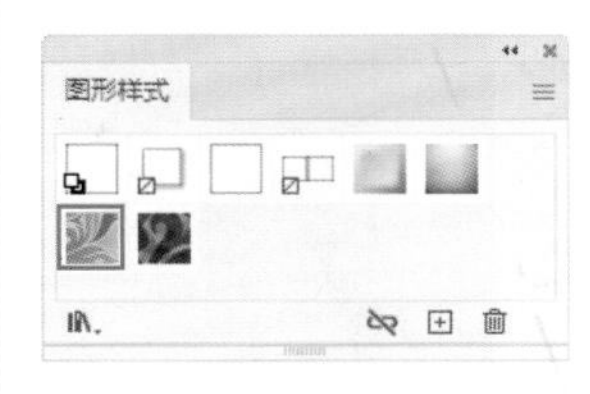

图6-306

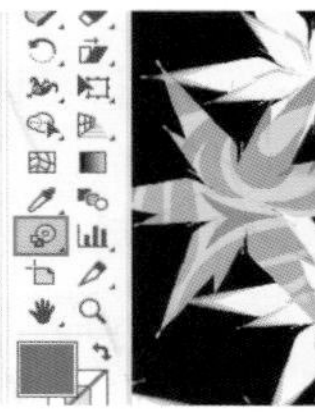

图6-307

重点笔记

使用“符号样式器工具”，按住Alt键的同时单击或按住鼠标左键拖动，释放鼠标即可将实例对象添加的样式效果退去。

6.6 课后练习：音乐专辑宣传海报

文件路径

实战素材/第6章

操作要点

使用符号为背景添加装饰
编辑符号的效果

案例效果

案例效果见图6-308。

图6-308

操作步骤

①首先执行“文件＞新建”命令，新建一个空白文档。选择“矩形工具”，设置“填充”为蓝黑色，“描边”为无。在画面中按住鼠标左键拖动绘制一个与画板等大的矩形，如图6-309所示。

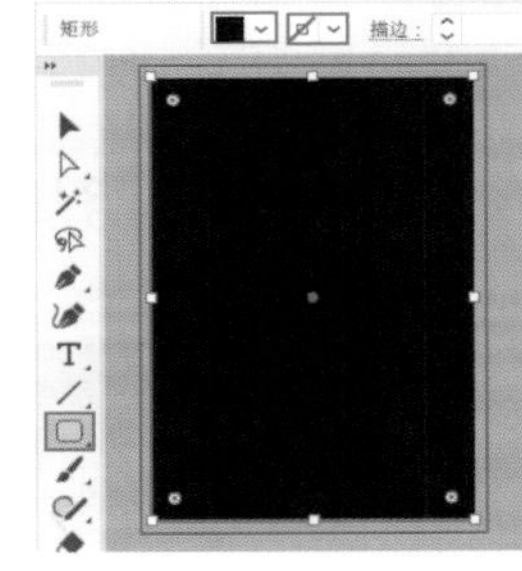

图6-309

②执行“窗口＞符号库＞自然”命令，打开“自然”面板，选择“雪花”符号。选择完成后，使用工具箱中的“符号喷枪工具”，按住鼠标左键拖动添加符号，如图6-310所示。

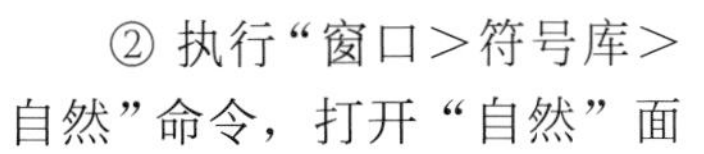

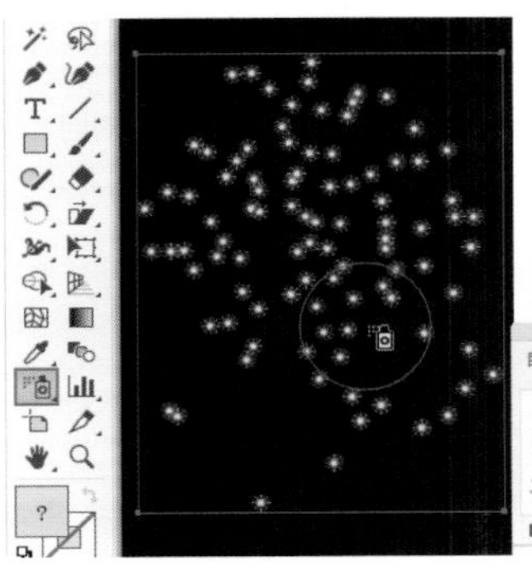

图6-310

③ 接下来调整符号的大小。选中符号实例，选择“符号缩放器工具”，按住Alt键在符号上单击，将部分符号缩小，如图6-311所示。

图6-311

④ 选中符号实例，然后选择“符号滤色器工具”，按住鼠标左键拖动，调整符号的透明度，如图6-312所示。

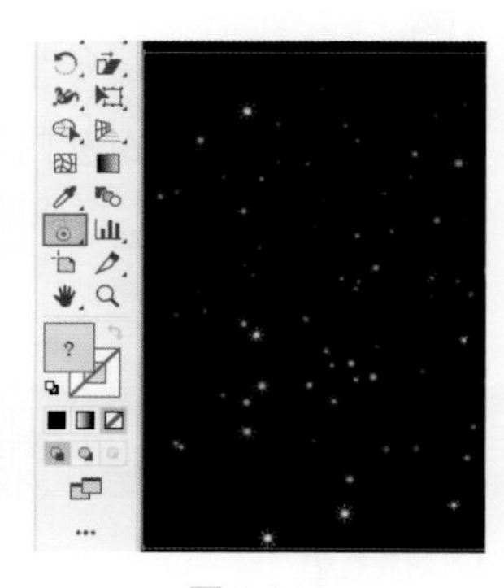
图6-312

⑤ 选择“椭圆工具”，设置“填充”为浅金黄色，“描边”为无，设置完成后在画面的下方位置按住Shift键的同时按住鼠标左键拖动，绘制一个正圆，如图6-313所示。

⑥ 接着选中正圆，使用快捷键Ctrl+C进行复制，使用快捷键Shift+Ctrl+V进行原位粘贴，然后按住Shift+Alt键的同时按住鼠标左键由外向内拖动控制点，将其进行等比缩小，并将其颜色更改为稍深一些的黄色，如图6-314所示。

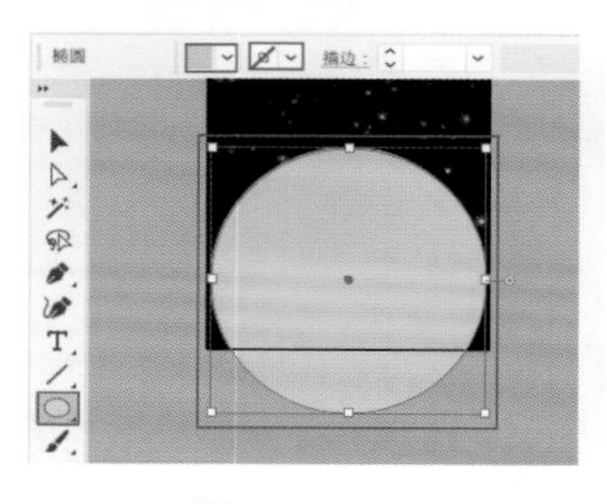
图6-313

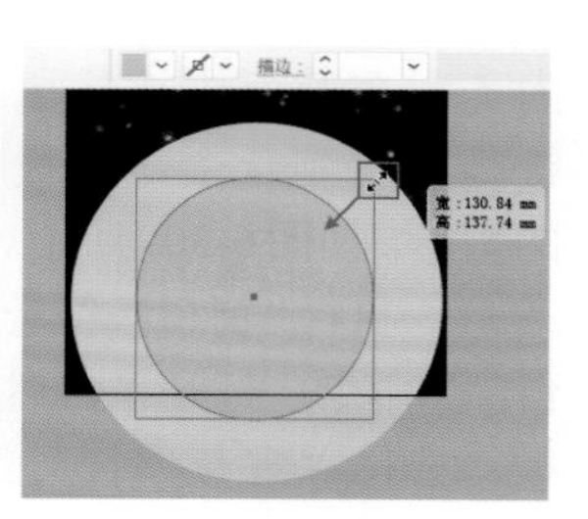
图6-314

⑦ 继续使用同样的方法制作出另外一个正圆，如图6-315所示。

⑧ 接着选择“矩形工具”，在正圆上绘制一个矩形，如图6-316所示。

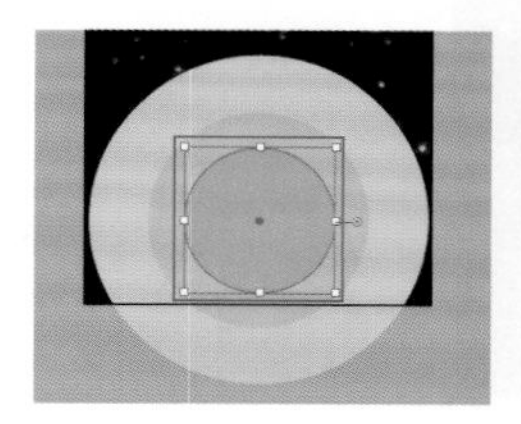
图6-315

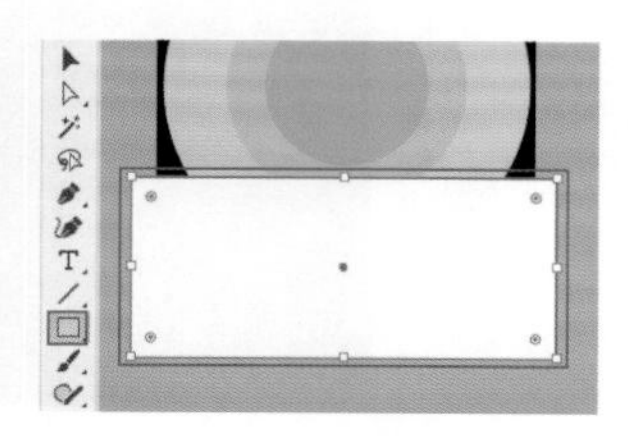
图6-316

⑨ 选中矩形与正圆，执行“窗口>路径查找器”命令，单击“分割”按钮，如图6-317所示。

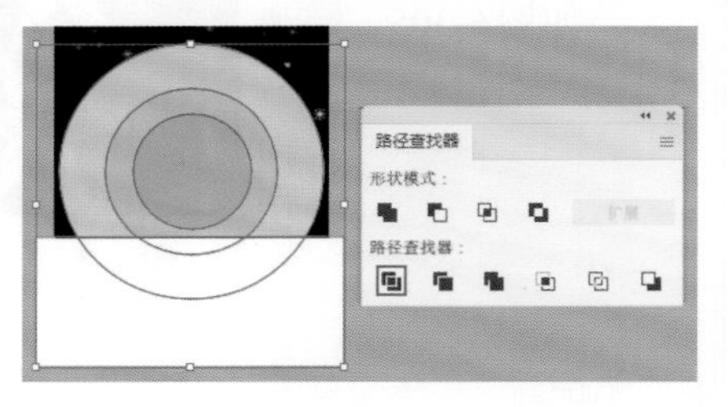

图6-317

⑩ 接着单击鼠标右键，执行“取消编组”命令，并选中超出画板以外的图形，使用键盘上的Delete键将其删除，如图6-318所示。

图6-318

⑪ 选择“文字工具”，在画面中间位置单击，输入文字，并在控制栏中设置合适的字体、字号与颜色，如图6-319所示。

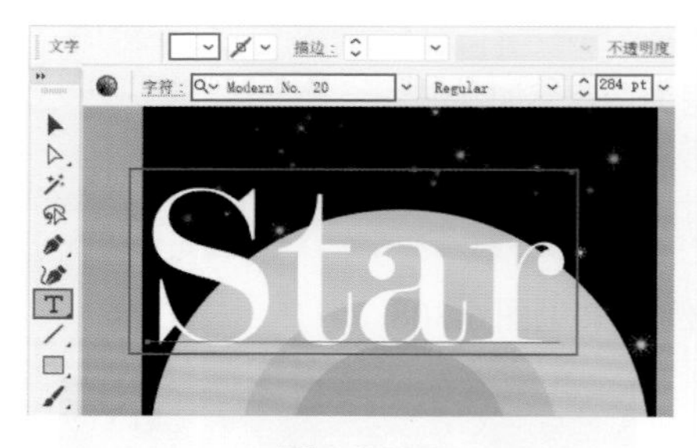

图6-319

⑫ 接着在字母S的后方单击，并向字母S拖动，将其选中，在控制栏中设置“字体大小”为397pt，如图6-320所示。

图6-320

⑬ 选中文字，执行“对象＞扩展”命令，在弹出的“扩展”窗口中单击“确定”按钮，即可将文字转换为矢量对象，如图6-321所示。效果如图6-322所示。

图6-321

图6-322

⑭ 选择“直接选择工具”，单击选中锚点，单击“删除所选锚点”按钮，将其删除，如图6-323所示。

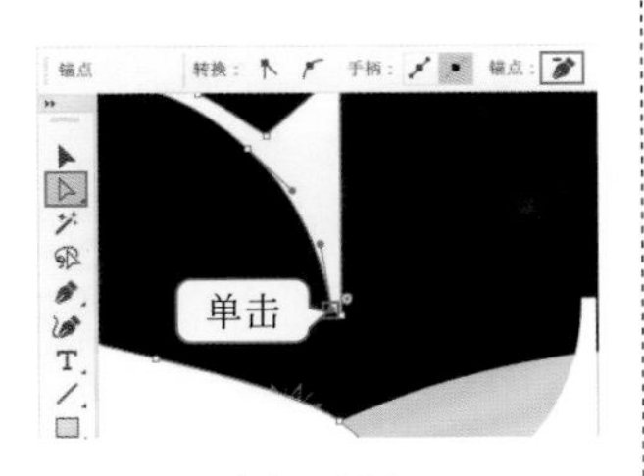

图6-323

⑮ 接着再次单击锚点，按住鼠标左键拖动方向线，调整曲线的弧度，如图6-324所示。

⑯ 继续使用同样的方法调整该文字的其他锚点。效果如图6-325所示。

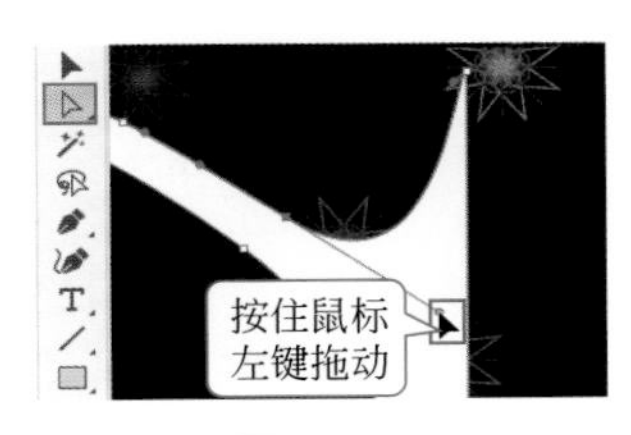

图6-324

图6-325

⑰ 再次使用工具箱中的“直接选择工具”调整其他文字的形态，如图6-326所示。

图6-326

⑱ 选择“直接选择工具”选中字母t，按住Shift键的同时按住鼠标左键将其向左移动，如图6-327所示。

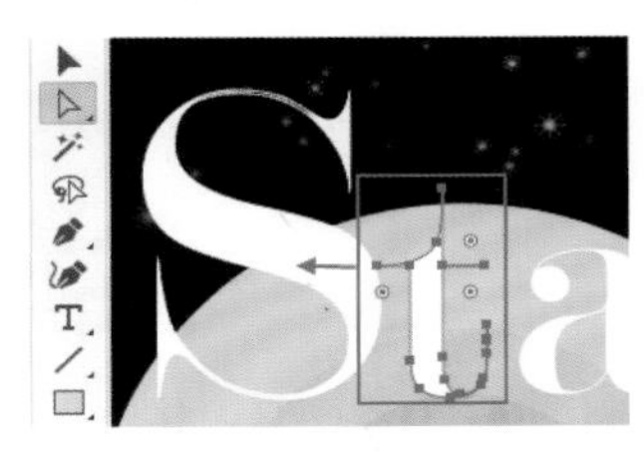
图6-327

⑲ 使用同样的方法调整其他文字的位置，并多次执行“对象＞排列＞后移一层”命令，将其置于橘黄色正圆的后方。效果如图6-328所示。

图6-328

⑳ 选择“文字工具”，在画面顶端单击，输入文字，并在控制栏中设置合适的字体、字号与颜色，并适当调整字间距，如图6-329所示。

图6-329

㉑ 使用同样的方法在画面中键入其他文字，如图6-330所示。

㉒ 执行“文件＞置入”命令，将素材1置入画面中，并按住鼠标左键拖动角控制点，调整羽毛的旋转角度，如图6-331所示。

图6-330

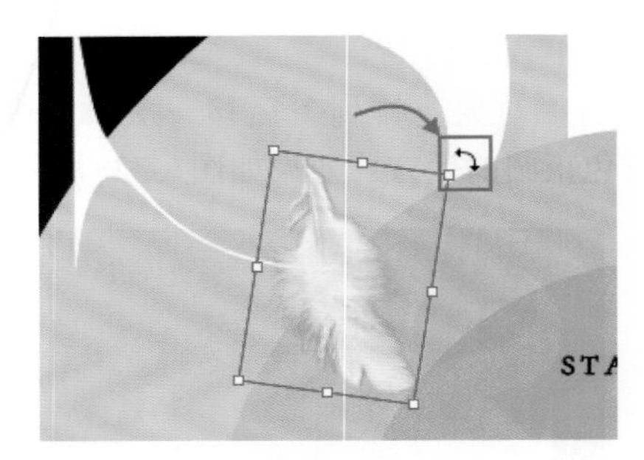

图6-331

㉓ 选中羽毛，执行“窗口＞透明度”命令，在弹出的“透明度”面板中设置“混合模式”为强光，如图6-332所示。

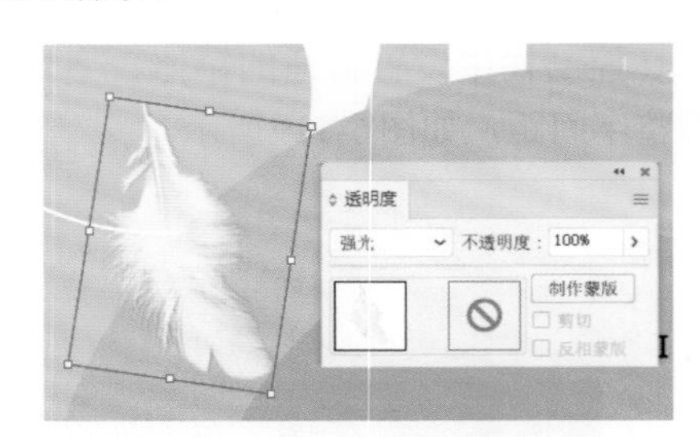

图6-332

㉔ 接着使用快捷键Ctrl+C进行复制，使用快捷键Shift+Ctrl+V进行原位粘贴，并适当调整其位置、大小与旋转角度，效果如图6-333所示。本案例制作完成，效果如图6-334所示。

图6-333

图6-334

本章小结

本章围绕如何绘制复杂图形进行学习，使用“钢笔工具”可以绘制复杂而精准的图形，并且可以进行编辑。利用“橡皮擦工具”“剪刀工具”和“美工刀”工具可以将简单的图形通过修剪使其变得复杂。“曲率工具”“画笔工具”“斑点画笔工具”“铅笔工具”“平滑工具”“路径橡皮擦工具”“连接工具”可以通过拖动绘制的方式创建复杂图形。还有一些比较特殊的创建复杂图形的方法，比较重要的是“路径查找器”和“形状生成器”两个功能，在制作图标、标志等复杂图形时经常使用到。“符号”也是一种图形，通过符号面板配合“符号工具”可以将图形快速、大量地添加到画面中，并且配合符号工具组中的工具进行大小、位置、颜色、透明度、样式的编辑操作。

第7章 变换与变形

图形的变换与变形有多种方式，本章主要学习如何使用工具进行变换与变形，如旋转工具、倾斜工具、变形工具、扇贝工具等等，这些工具的操作方法简单直观，但是一经使用就无法再还原回原图。本章还会学习一些可逆的改变对象外形的工具，如封套扭曲、剪切蒙版。

学习目标

- 掌握旋转、缩放、倾斜对象的方法。
- 掌握改变矢量图形外形的方法。
- 掌握封套扭曲的使用方法。
- 熟练剪切蒙版的使用方法。

思维导图

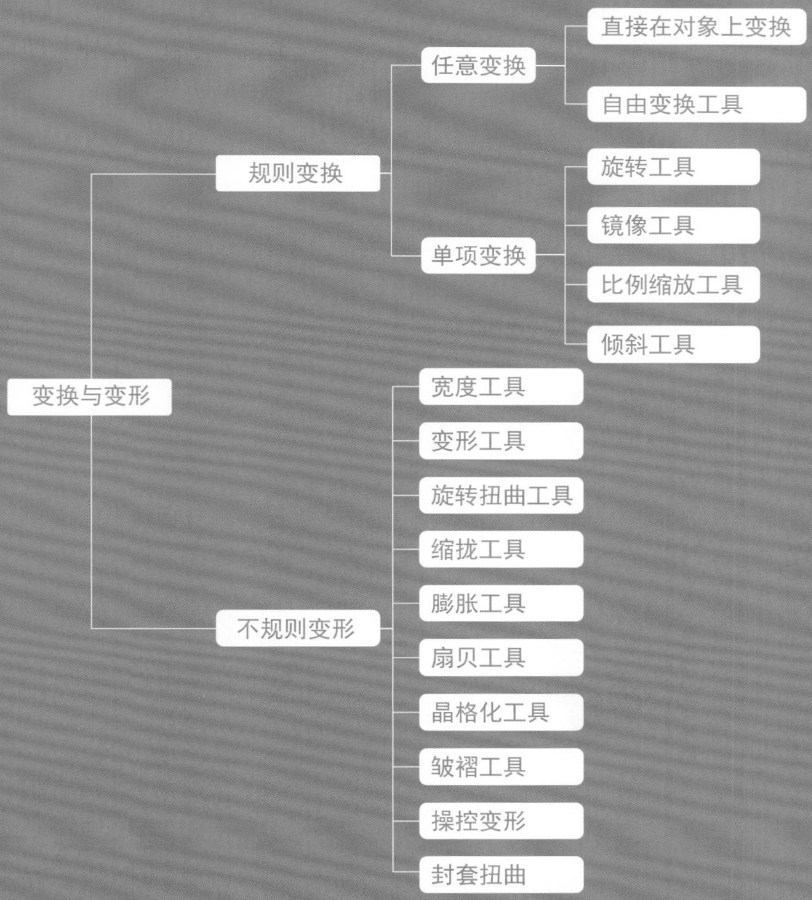

- 变换与变形
  - 规则变换
    - 任意变换
      - 直接在对象上变换
      - 自由变换工具
    - 单项变换
      - 旋转工具
      - 镜像工具
      - 比例缩放工具
      - 倾斜工具
  - 不规则变形
    - 宽度工具
    - 变形工具
    - 旋转扭曲工具
    - 缩拢工具
    - 膨胀工具
    - 扇贝工具
    - 晶格化工具
    - 皱褶工具
    - 操控变形
    - 封套扭曲

7.1 对象的变换

在Illustrator中，可以轻松进行移动、旋转、镜像、缩放、倾斜以及自由变换等操作。想要进行这些操作，可以在工具箱中找到相应的工具。变换类工具功能见表7-1。

表 7-1 变换类工具功能速查

功能名称	功能简介
旋转工具	可围绕固定点旋转对象。矢量对象、位图对象皆可
镜像工具	可围绕固定轴翻转对象。矢量对象、位图对象皆可
比例缩放工具	可围绕固定点调整对象大小。矢量对象、位图对象皆可
倾斜工具	可围绕固定轴倾斜对象。矢量对象、位图对象皆可
自由变换工具	可缩放、旋转、倾斜、透视、扭曲所选对象。文字以及位图无法使用

7.1.1 旋转

功能速查

使用“旋转工具”可使对象围绕固定点旋转。

① 使用“选择工具”选择图形对象，如图7-1所示。

② 选择工具箱中的“旋转工具”或者使用快捷键R。将光标移动至画面中的合适位置单击，确定中心点的位置，如图7-2所示。

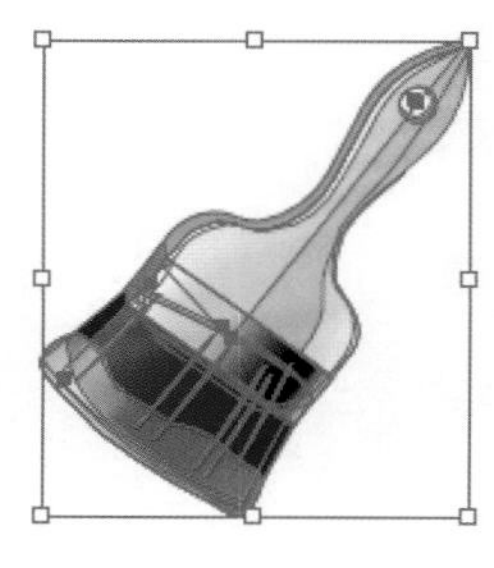
图7-1

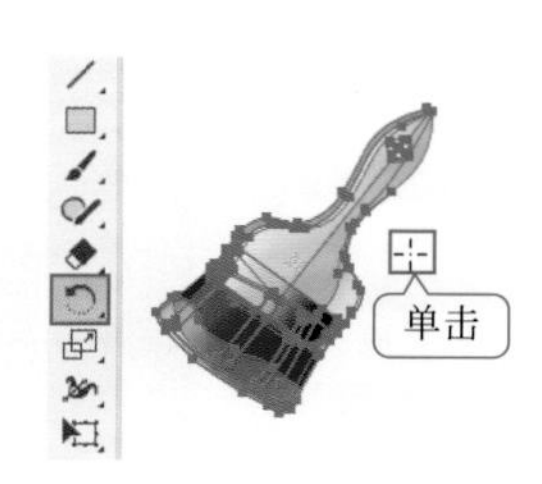

图7-2

重点笔记

将光标移动至中心点上方，按住鼠标左键拖动也可以改变中心点的位置。

③ 将光标放置在对象外侧，按住鼠标左键拖动，即可将其围绕中心点进行旋转，至合适角度时释放鼠标，如图7-3所示。

④ 如果想要以45°的倍数值旋转对象，可以按住Shift键的同时按住鼠标左键拖动，如图7-4所示。

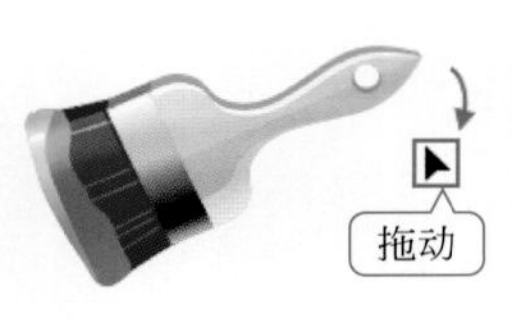

图7-3

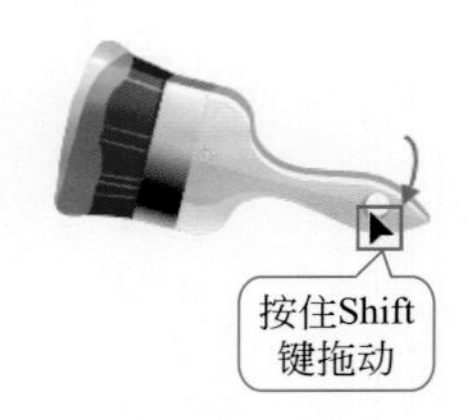

图7-4

⑤ 如果想要设置精确的旋转角度，可以选中图形对象，双击旋转工具，打开“旋转”窗口，设置合适的角度，单击“确定”按钮，如图7-5所示。

⑥ 单击“复制”按钮，即可在旋转的基础上复制一份，如图7-6所示。

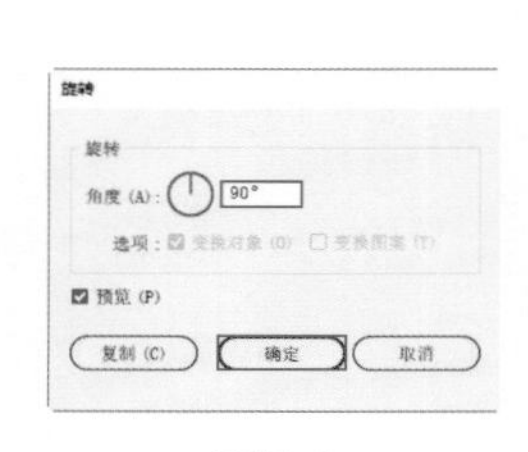

图7-5

图7-6

7.1.2 镜像

功能速查

使用“镜像工具”可按照特定轴线翻转对象。

① 选中图形对象，如图7-7所示。

图7-7

② 单击“镜像工具”或者使用快捷键O。接着将光标移动至合适的位置单击，确定中心点的位置，如图7-8所示。

图7-8

③ 再次移动光标单击，确定两个点会连接为一条轴线。如图7-9所示。此时图形会围绕定义的轴进行镜像翻转。效果如图7-10所示。

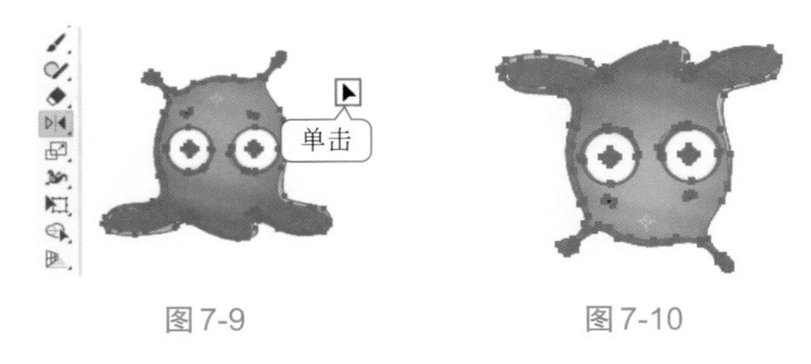

图7-9　　图7-10

④ 如果想要精确地对对象进行镜像操作，可以在选中对象后，双击“镜像工具”，打开“镜像”窗口，如图7-11所示。

图7-11

⑤ 勾选“水平”可以进行水平方向的镜像操作；勾选“垂直”可以进行垂直方向的镜像操作，如图7-12所示。

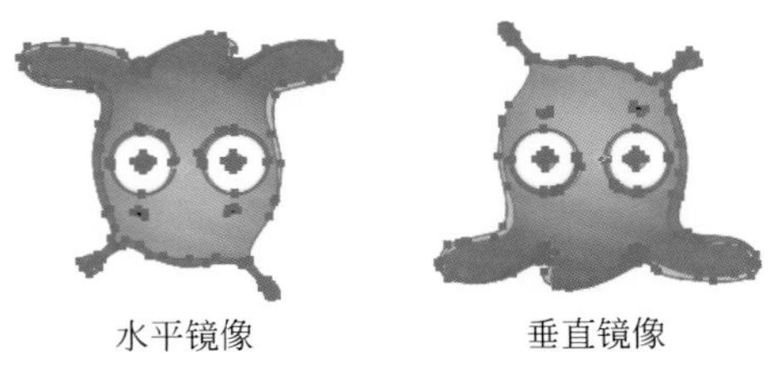

图7-12

7.1.3　比例缩放

功能速查

使用“比例缩放工具”可围绕固定点调整对象大小。

① 选中对象，如图7-13所示。

② 单击“比例缩放工具”或者使用快捷键S。接着在画面中单击确定中心点位置，如图7-14所示。

③ 按住鼠标左键拖动，即可以中心点随意缩放对象，如图7-15所示。（拖动过程中不仅可以缩放对象，还可以翻转对象。）

图7-13

图7-14　　图7-15

④ 如果想要精确缩放对象，可以双击工具箱中的“比例缩放工具”，在打开的“比例缩放”窗口中进行参数的设置，如图7-16所示。

图7-16

重点选项速查

- 等比：勾选该选项后，输入数值，可以使对象在保持原有长宽比的基础上进行缩放。
- 不等比：可以分别在“水平”与“垂直”数值框内输入数值进行不等比缩放。
- 缩放圆角：勾选该选项，可以在缩放过程使图形的圆角产生相应比例的缩放。
- 比例缩放描边和效果：勾选该选项，可以在缩放对象时同时缩放对象的描边与添加的效果。

7.1.4 倾斜

功能速查

使用“倾斜工具”可围绕固定轴倾斜、偏移对象。

① 选中图形对象，如图7-17所示。

② 单击“倾斜工具”或者使用快捷键V。按住鼠标左键拖动，对象会产生倾斜变形的效果，如图7-18所示。

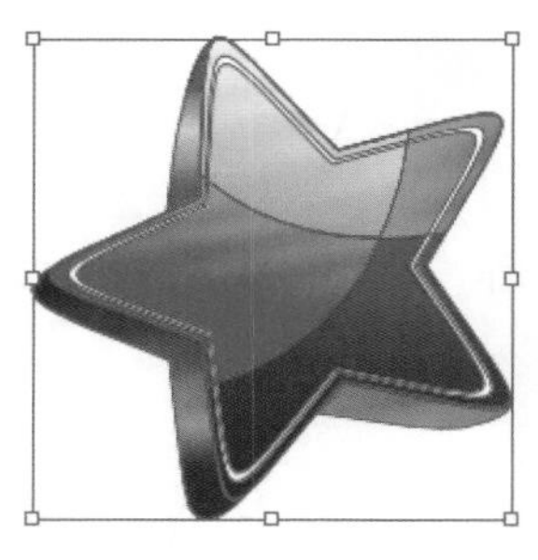

图7-17

图7-18

③ 如果想要精准倾斜对象，可以选中对象，双击“倾斜工具”，在弹出的“倾斜”窗口中进行倾斜角度、轴的设置。例如设置“倾斜角度”为30°，“轴”为垂直。效果如图7-19所示。

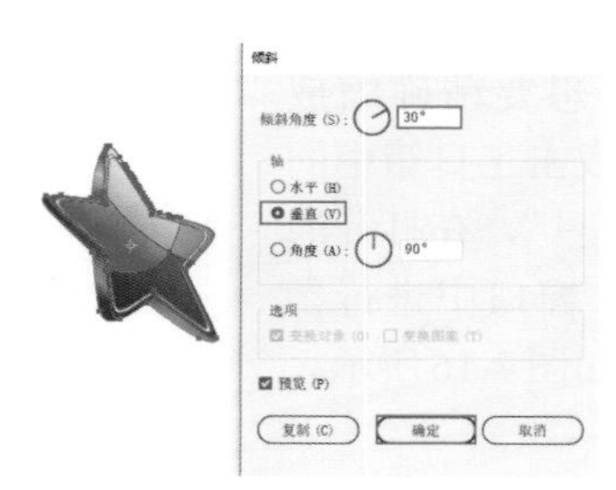

图7-19

7.1.5 自由变换

功能速查

使用“自由变换工具”既可以进行缩放、旋转、倾斜操作，还可以透视、扭曲所选对象。

① 选中图形对象，如图7-20所示。

② 单击工具箱中的“自由变换工具”按钮。接着会出现悬浮的工具组，其中包括四个按钮：限制、自由变换、透视扭曲和自由扭曲，如图7-21所示。

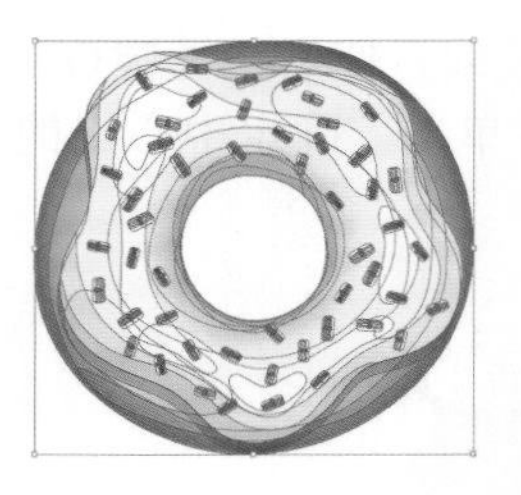

图7-20

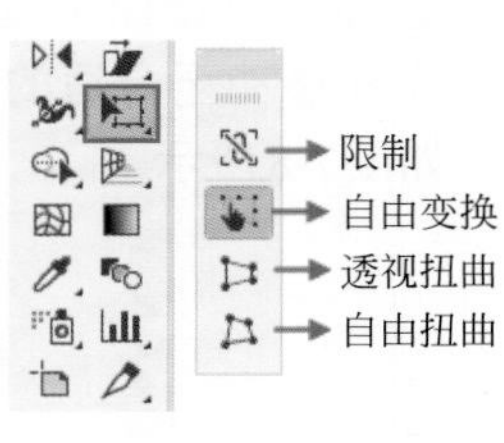

图7-21

③“自由变换”可以缩放、旋转、倾斜所选对象，矢量对象、位图对象皆可。单击该按钮，接着将光标移动至图形外侧，按住鼠标左键拖动，可旋转对象，如图7-22所示。

④ 若在角控制点处拖动，可缩放对象，如图7-23所示。

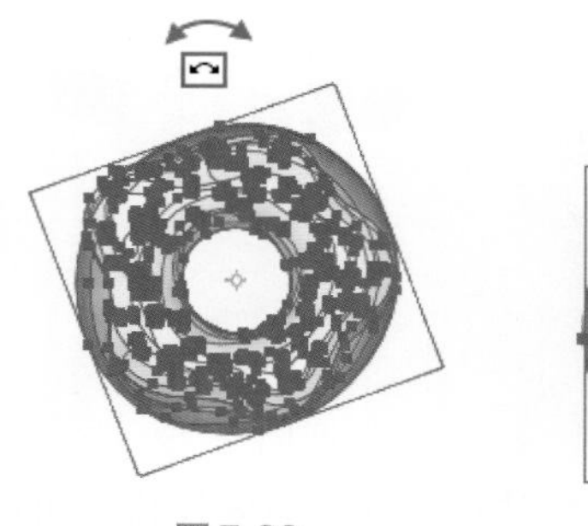

图7-22

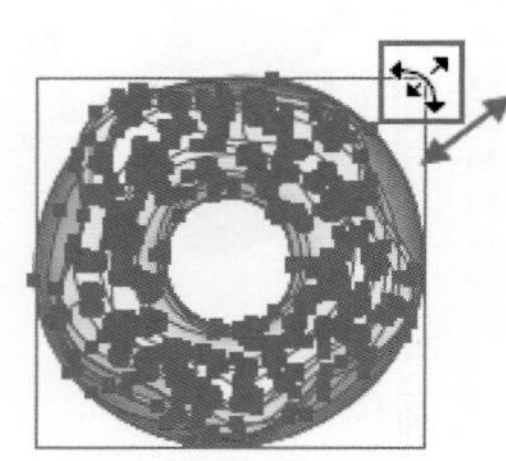

图7-23

⑤ 若在定界框中央控制点处拖动，可倾斜对象，如图7-24所示。

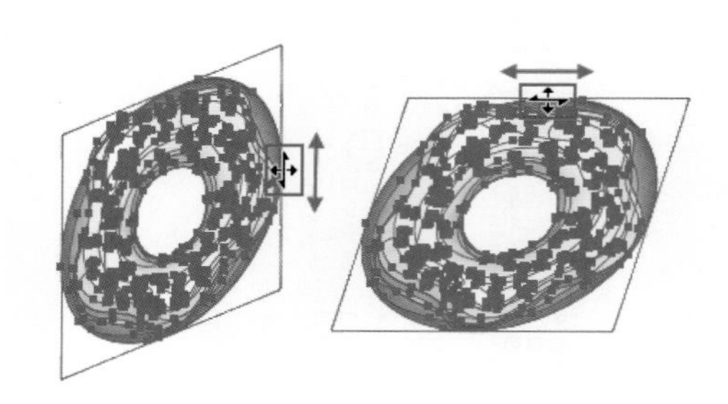

图7-24

⑥“限制”选项可对自由变换、透视扭曲、自由扭曲等操作产生一定的限制。如进行缩放时单击“限制”按钮，可以对其进行等比缩放；若进行旋转，会以45°为增量进行旋转；若进行倾斜，会沿水平或垂直方向进行倾斜。自由变换工具按钮功能见表7-2。

⑦“透视扭曲”可以对所选对象进行透视变换，但只可作用于矢量对象。选择图形后单击“透视扭曲”按钮，按住鼠标左键拖动角控制点，即可使图形产生透视效果，如图7-25所示。

表 7-2　自由变换工具按钮功能速查

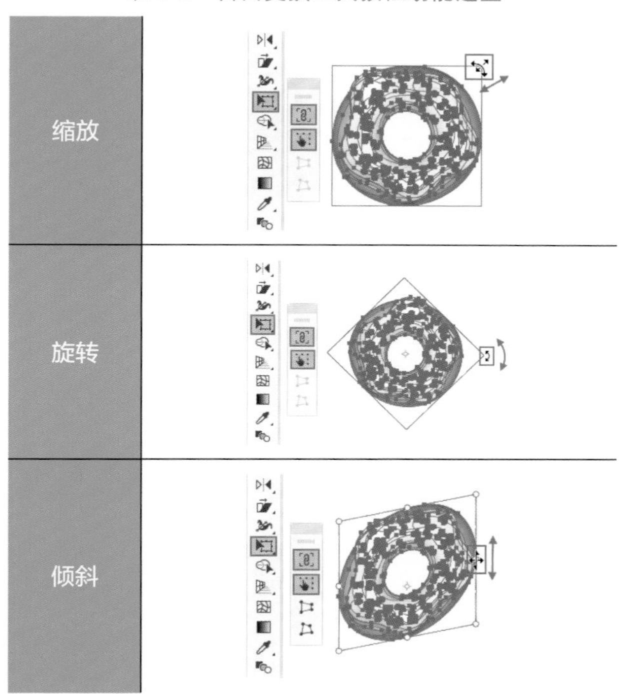

缩放
旋转
倾斜

⑧“自由扭曲”可对所选对象四个控制点进行随意调整，但只可作用于矢量对象。选择图形后单击“自由扭曲”按钮，接着按住鼠标左键拖动角控制点，即可使图形产生自由扭曲变形效果，如图 7-26 所示。

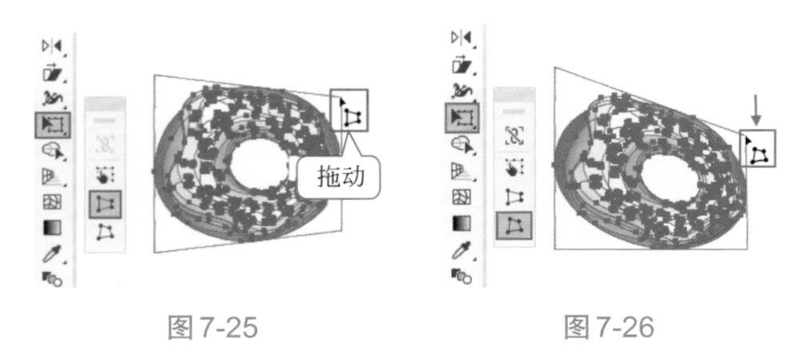

图 7-25　　　图 7-26

重点笔记

选中图形，执行“窗口 > 变换”命令，打开“变换”面板，可以进行精准的位移、旋转、缩放、倾斜操作，与“属性”面板的使用方法一致。如图7-27所示为倾斜45°的效果。

图 7-27

7.1.6　实战：使用分别变换制作旋涡彩点

文件路径

实战素材/第7章

操作要点

使用“旋转”工具旋转并复制图形

使用“分别变换”进行图形的复制并变换操作

案例效果

案例效果见图 7-28。

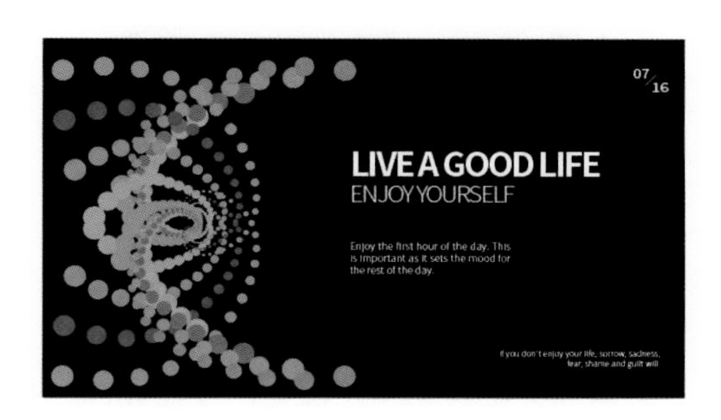

图 7-28

操作步骤

① 新建文档，单击“矩形工具”，在控制栏中设置“填充”为白色，“描边”为无，在画面中绘制一个与画板等大的矩形，如图 7-29 所示。

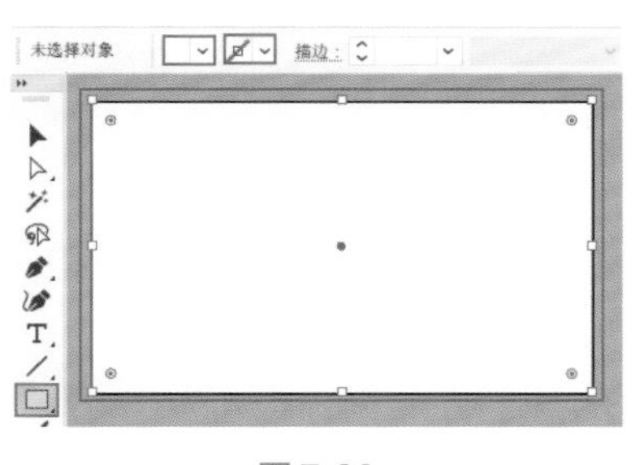

图 7-29

② 继续使用同样的方法在画面中绘制一个稍小一些的黑色矩形，如图 7-30 所示。

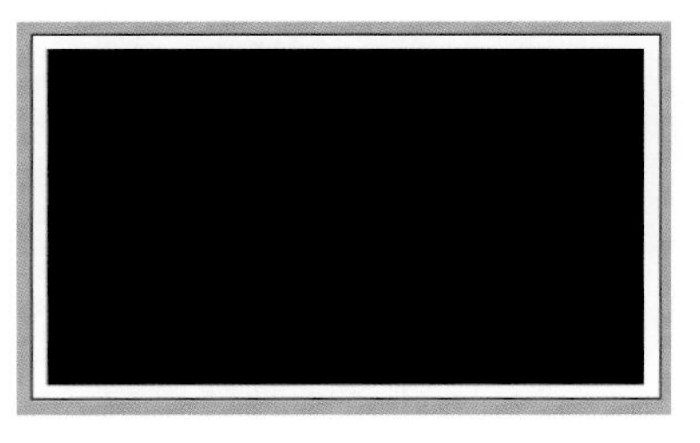

图 7-30

③ 单击“椭圆工具”，设置“填充”为浅绿色，“描边”为无，设置完成后在画板以外的空白位置按住Shift键的同时按住鼠标左键绘制一个正圆，如图7-31所示。

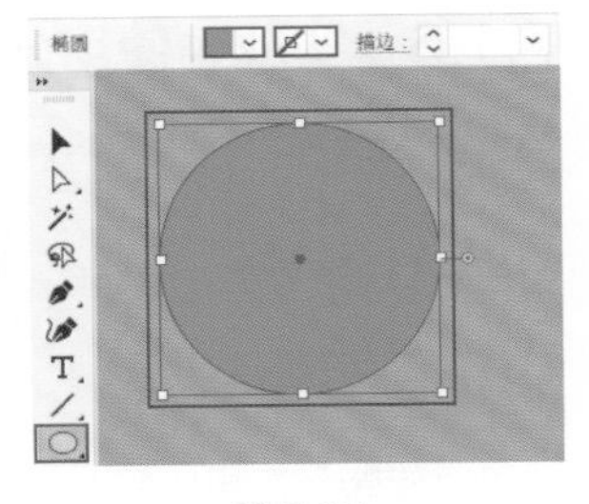
图7-31

④ 选中该正圆，单击“旋转工具”，将光标移动至合适位置单击，确定旋转中心点的位置，如图7-32所示。

图7-32

⑤ 接着将光标移动至正圆上，按住Alt键的同时按住鼠标左键拖动，将正圆以中心点进行旋转并复制，如图7-33所示。

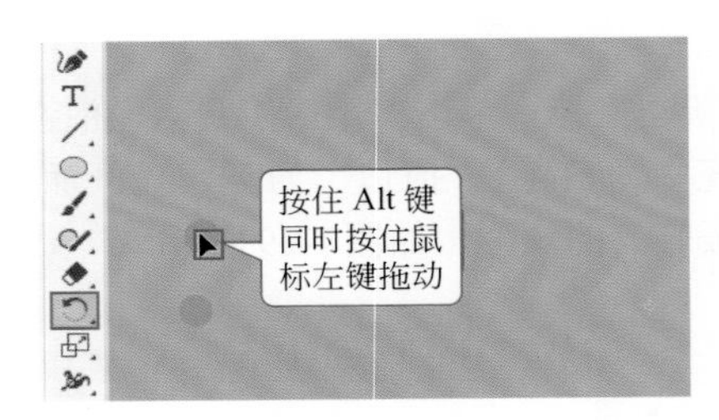

图7-33

⑥ 接着使用再制快捷键Ctrl+D以相同的角度进行旋转复制。效果如图7-34所示。

⑦ 接着选中第二个正圆，更改其“填充”为绿色，如图7-35所示。

图7-34

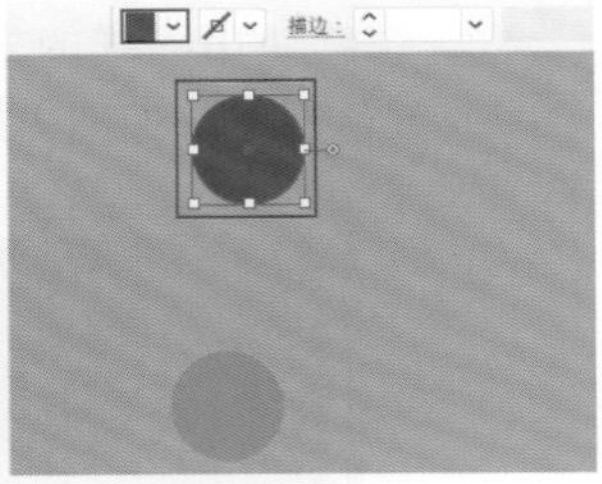

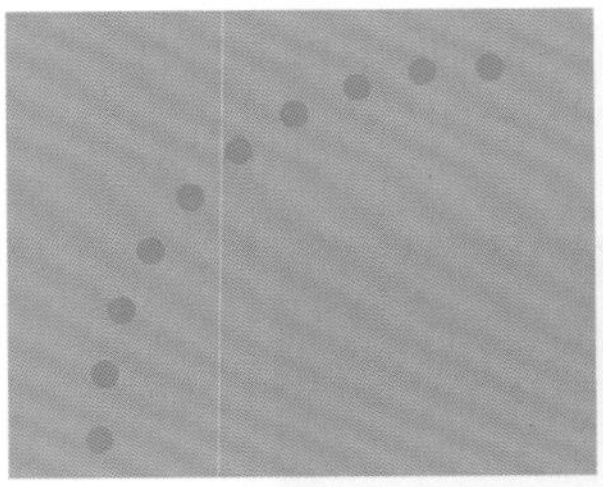

图7-35

⑧ 使用同样的方法更改其他正圆的颜色，并使用快捷键Ctrl+G进行编组，如图7-36所示。

⑨ 选中该图形组，执行“对象＞变换＞分别变换”命令，在弹出的“分别变换”窗口中设置“缩放”中的“水平”为90%，“垂直”为90%，并设置“旋转”中的“角度”为10°，设置完成后单击“复制”按钮，如图7-37所示。效果如图7-38所示。

图7-36

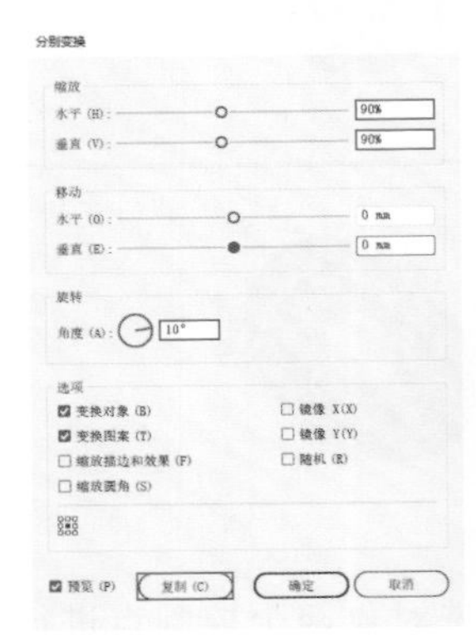
图7-37

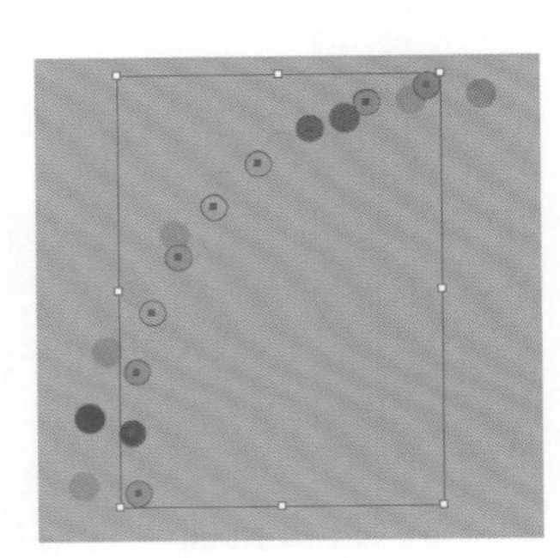
图7-38

⑩ 接着使用再制快捷键Ctrl+D将其以相同的参数复制出一份，如图7-39所示。

⑪ 然后多次重复使用快捷键Ctrl+D。效果如图7-40所示。

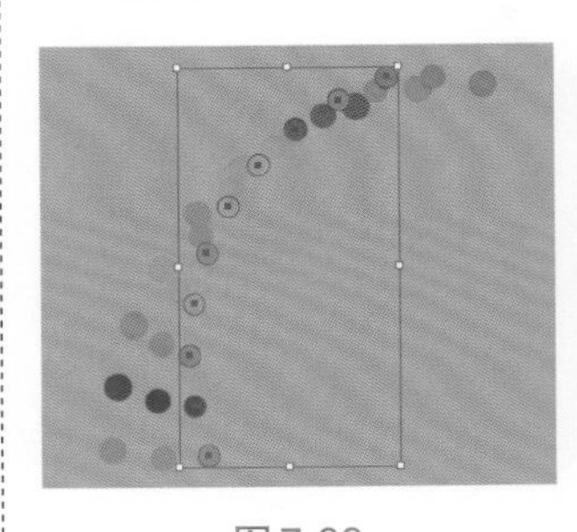
图7-39

图7-40

⑫ 选中该旋涡彩点图案，使用快捷键Ctrl+G进行编组，并将其移动至画面的左侧位置，如图7-41所示。

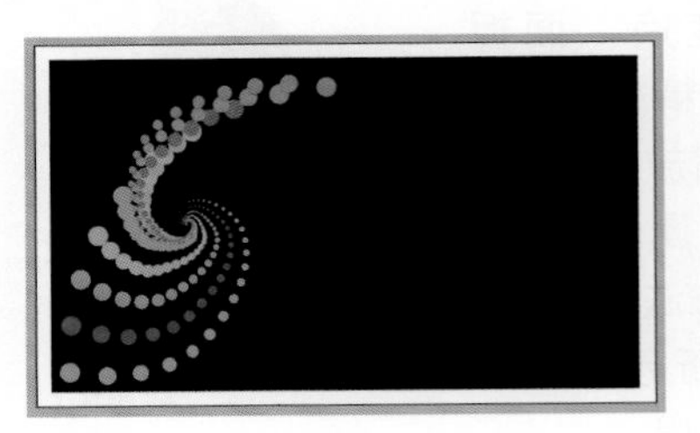
图7-41

⑬ 然后执行“对象＞变换＞镜像”命令，在弹出的“镜像”窗口中设置“轴”为“水平”，设置完成后单击“复制”按钮，如图7-42所示。效果如图7-43所示。

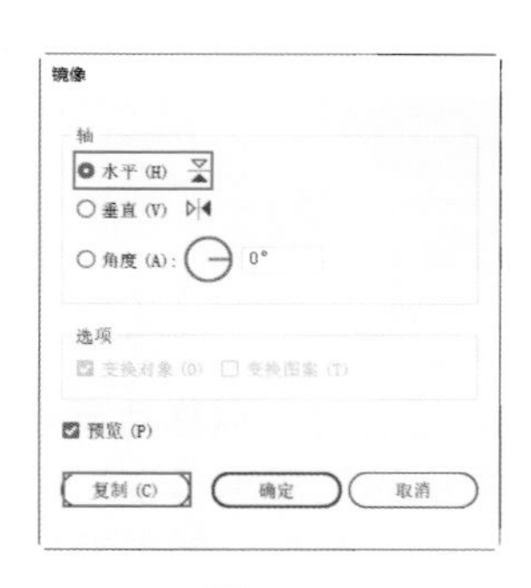

图7-42

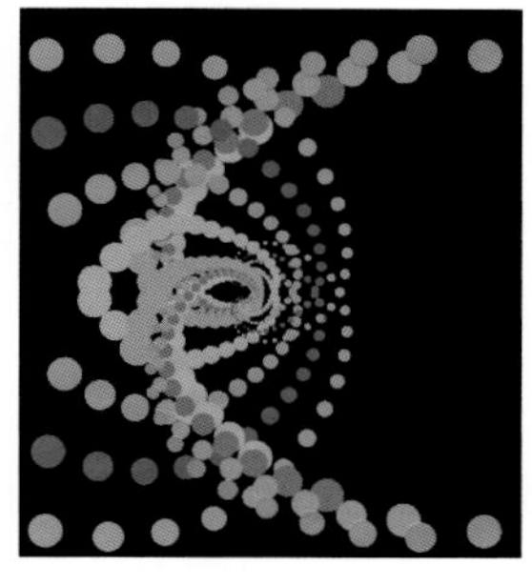

图7-43

⑭ 执行“文件＞打开”命令，将素材1打开，接着选中素材1中的所有文字，使用快捷键Ctrl+C进行复制，返回操作文档，使用快捷键Ctrl+V进行粘贴，并将其摆放在画面中的合适位置上。本案例制作完成，效果如图7-44所示。

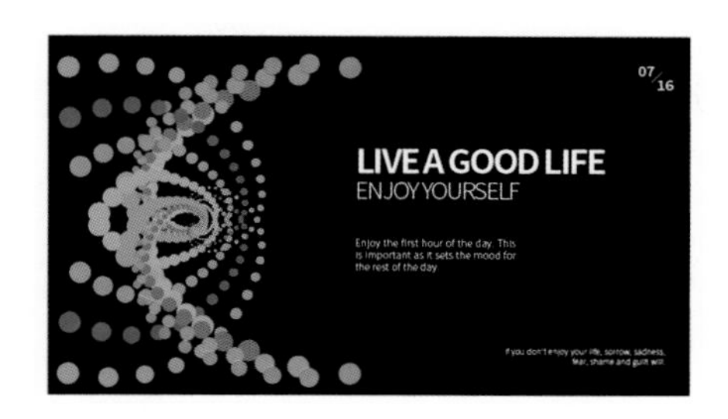

图7-44

7.2 对象的变形

在Illustrator中，还可以进行更加高级的变形操作，如调整矢量图形局部边缘的宽度，使对象产生变形、旋转扭曲、收缩、膨胀，改变对象边缘效果等。这些工具可以通过工具箱中的工具实现，各工具功能见表7-3。

表7-3　变形工具功能速查

功能名称	宽度工具	变形工具	旋转扭曲工具
功能简介	可用于调整矢量图形局部边缘的粗细。只作用于矢量对象	可随光标的移动塑造对象的形状。矢量对象与位图对象皆可	可使对象产生螺旋旋转的扭曲变形效果。矢量对象与位图对象皆可
图示			
功能名称	缩拢工具	膨胀工具	扇贝工具
功能简介	使对象向光标的方向收缩聚拢。矢量对象与位图对象皆可	使对象向远离光标方向膨胀扩张对象。矢量对象与位图对象皆可	可以向对象的轮廓添加随机弯曲的细节。矢量对象与位图对象皆可
图示			
功能名称	晶格化工具	皱褶工具	操控变形工具
功能简介	可以向对象的轮廓添加随机锥化的细节。矢量对象与位图对象皆可	可以向对象的轮廓添加类似于褶皱的细节。矢量对象与位图对象皆可	可以在图形上设定多个控制点，通过拖动控制点改变图形的形态。只作用于矢量对象
图示			

7.2.1 宽度工具

功能速查

“宽度工具”可用于调整路径线段局部区域的变量宽度。

① 选中图形对象，如图7-45所示。

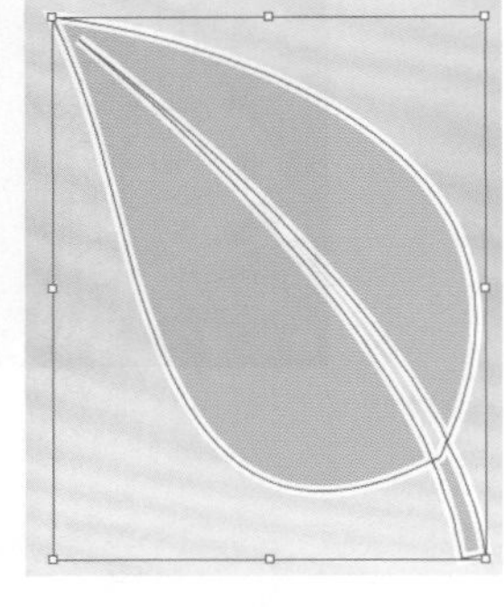

图7-45

② 单击“宽度工具”，将光标移动至锚点上，按住鼠标左键拖动，拖动的距离越远，路径的宽度越宽，如图7-46所示。释放鼠标，即可看到该区域内的路径宽度发生了变化。效果如图7-47所示。

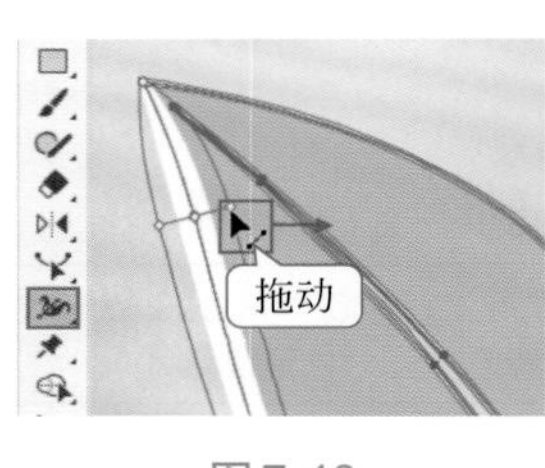

图7-46

图7-47

③ 若要指定路径某段的精确宽度，可以选择“宽度工具”，将光标移动至锚点上双击，如图7-48所示。

④ 在弹出的“宽度点数编辑”窗口中可以进行精确的设置，如图7-49所示。

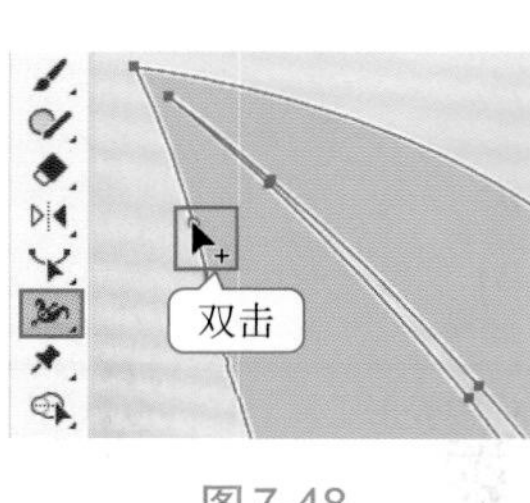

图7-48

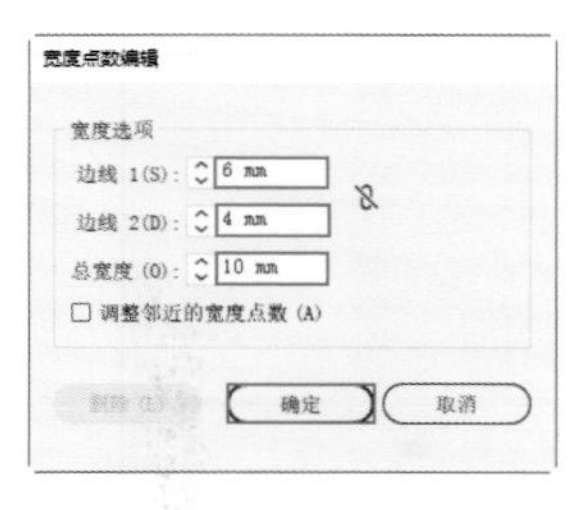

图7-49

7.2.2 变形工具

功能速查

“变形工具”可随光标的移动塑造对象的形状。

① 选中图形对象，如图7-50所示。

图7-50

② 单击“变形”工具，接着将光标移动至对象上，按住鼠标左键拖动，拖动的距离越远变形的程度越强，如图7-51所示。释放鼠标后，即可看到鼠标所经过的图形部分发生了相应的变化，如图7-52所示。

图7-51

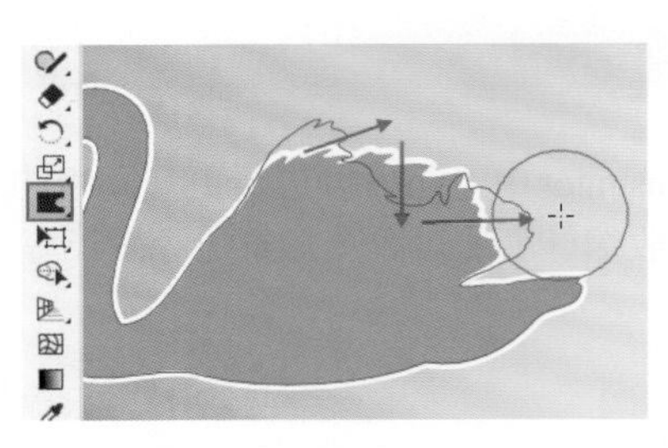

图7-52

③ 如果想要调整笔尖的大小以及形态，可以选中“变形工具”，按住Alt键的同时按住鼠标左键拖动，即可随意缩放画笔笔尖大小和比例，如图7-53所示。

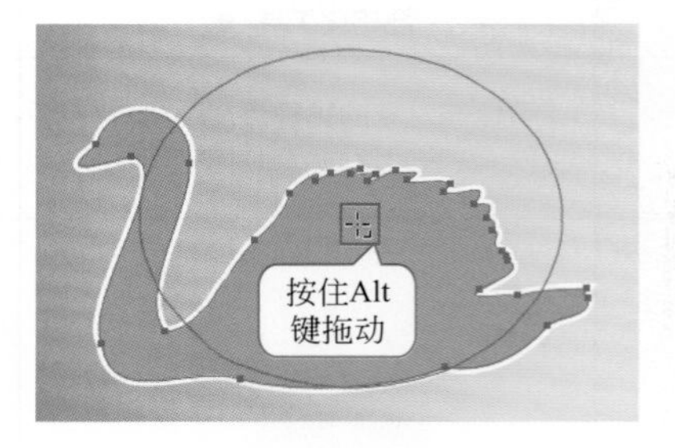

图7-53

④ 双击工具箱中的“变形工具”，在弹出的“变形工具选项”窗口中可以对画笔的宽度、高度、角度与强度进行设置，也可以对变形的细节、简化进行调节。

重点选项速查

- 强度：可以设置扭曲的改变速度。参数越大，改变的速度越快。
- 细节：可以指定引入对象轮廓的各点间的间距。数值越大，间距越小。
- 简化：可以指定减少多余点的数量，而不会影响图形的整体外观。

7.2.3 旋转扭曲工具

功能速查

“旋转扭转工具”可以在对象中创建螺旋旋转的扭曲变形。

① 选中图形对象，如图7-54所示。

图7-54

② 单击“旋转扭转工具”，将光标移动至对象上。按住鼠标左键，此时图形会产生螺旋状的扭曲变形效果，如图7-55所示。释放鼠标后，即可完成变形操作，如图7-56所示。

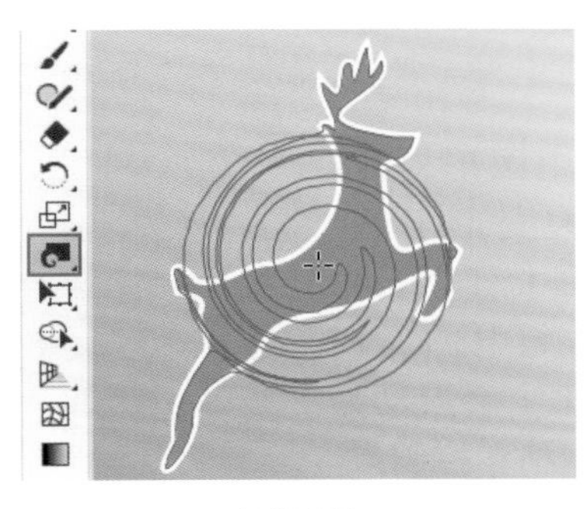

图7-55

图7-56

③ 双击工具箱中的“旋转扭转工具”，在弹出的“旋转扭曲工具选项”窗口中可以对画笔的属性进行设置，也可以对旋转扭曲的速率、细节与简化进行调节。

7.2.4 缩拢工具

功能速查

“缩拢工具”可通过向光标方向移动控制点的方式缩拢对象。

选中图形对象，单击“缩拢工具”。将光标移动至图形上，按住鼠标左键可以使对象收缩变形，如图7-57所示。释放鼠标后，缩拢变形效果如图7-58所示。

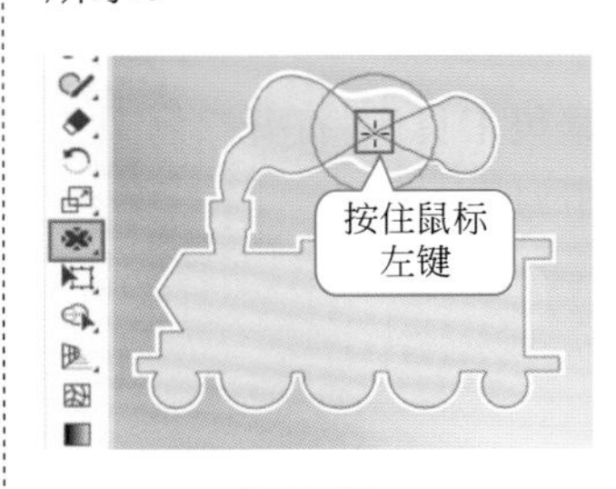

图7-57

图7-58

7.2.5 膨胀工具

功能速查

“膨胀工具”可向远离光标方向移动控制点，扩张对象。

选中图形对象，单击“膨胀工具”，将光标移动至图形上，按住鼠标左键进行膨胀变形，如图7-59所示。释放鼠标后，膨胀变形效果如图7-60所示。

图7-59

图7-60

7.2.6 扇贝工具

功能速查

“扇贝工具”可以向对象的轮廓添加随机弯曲的细节。

① 选中图形对象，单击“扇贝工具”，将光标移动至图形上，按住鼠标左键拖动，可沿着鼠标扫过的区域进行扇贝锯齿状的收缩变形，如图7-61所示。释放鼠标后可以看到变形效果，如图7-62所示。

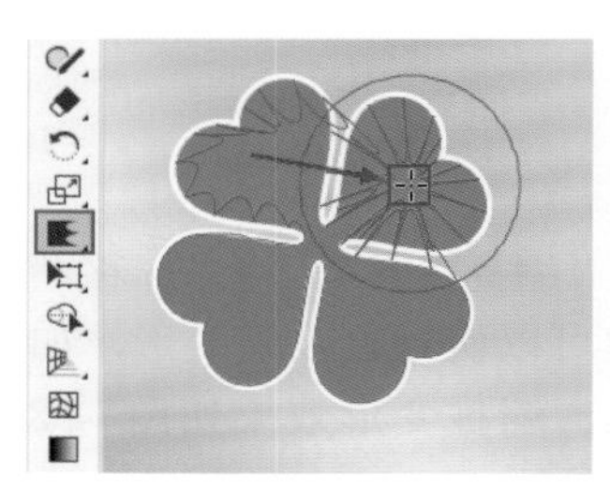

图7-61

图7-62

② 双击工具箱中的“扇贝工具”，打开“扇贝工具选项”窗口，可以进行相应的设置。

7.2.7 晶格化工具

功能速查

“晶格化工具”可以向对象的轮廓添加随机锥化的细节。

选中图形对象，单击“晶格化工具”，将光标移动至图形上，按住鼠标左键拖动，如图7-63所示。释放鼠标后可以查看变形效果，如图7-64所示。

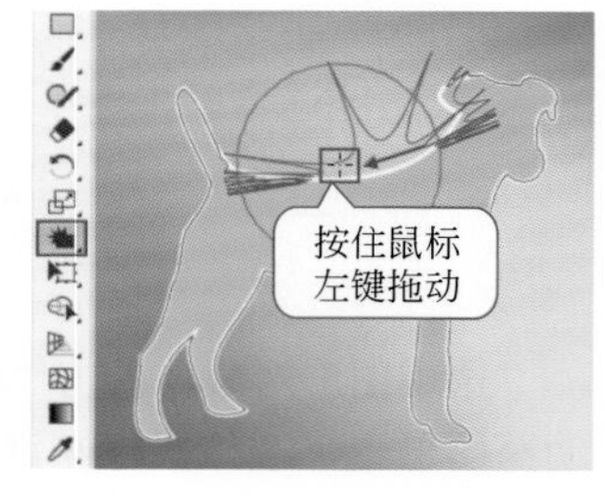

图7-63

图7-64

7.2.8 皱褶工具

功能速查

“皱褶工具”可以向对象的轮廓添加类似于褶皱的细节。

选中图形对象，单击“皱褶工具”。将光标移动至图形上，按住鼠标左键拖动，如图7-65所示。释放鼠标，即可看到此时画笔覆盖的图形边缘呈现波浪起伏状，表现出参差不齐的褶皱效果，如图7-66所示。

图7-65

图7-66

7.2.9 操控变形工具

功能速查

“操控变形工具”可以在对象上设定多个控制点，然后通过拖动控制点的方式改变图形的形态。

① 选中图形对象，单击“操控变形工具”（该工具位于“自由变换工具”组中），此时选中的对象上会自动显示出变形网格和控制点，如图7-67所示。

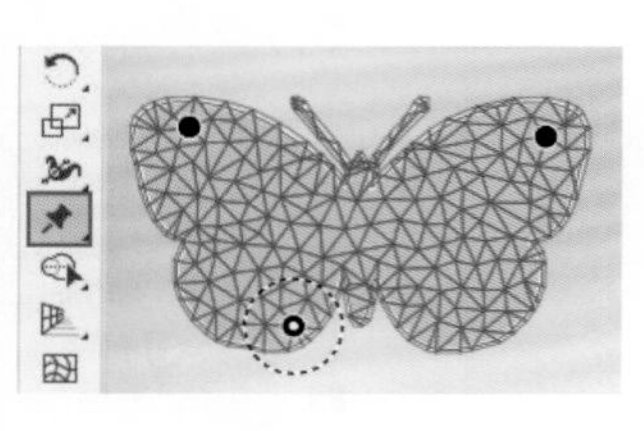

图7-67

② 将光标移动至控制点上方，按住鼠标左键拖动，即可进行操控变形，如图7-68所示。（在属性栏中取消“显示网格”选项即可隐藏网格。）

③ 在控制点上方单击即可将其选中，然后将光标移动至控制点外侧的虚线位置，此时光标会变为▶↺状，按住鼠标左键拖动可以对该控制点进行旋转，如图7-69所示。

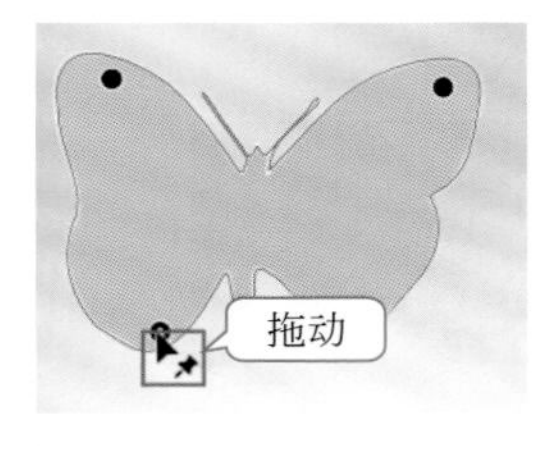

图7-68

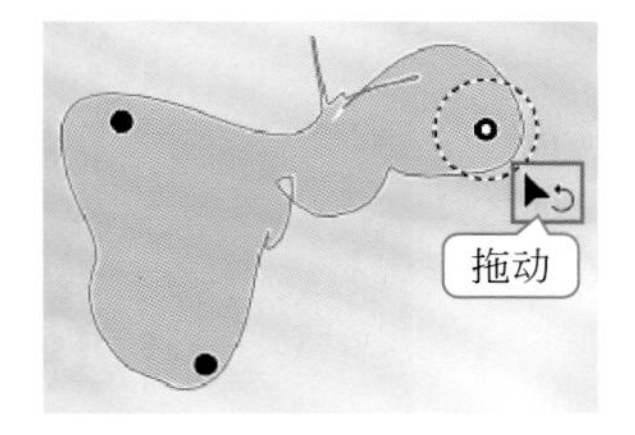

图7-69

④ 如果想要添加控制点，可以在图形上移动光标，至合适位置时单击，如图7-70所示。

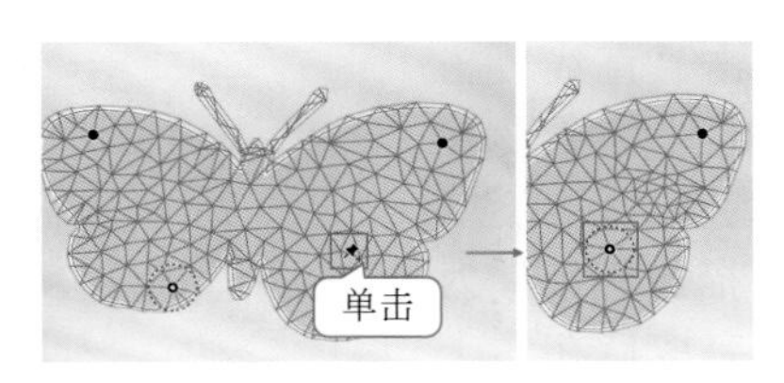

图7-70

⑤ 如果想要删除多余控制点，可以单击选中控制点，按下键盘上的Delete键即可。

7.2.10　实战：对文字变形制作艺术字

文件路径

实战素材/第7章

操作要点

使用“对象>扩展”命令将文字转为图形
使用“变形工具”对文字进行变形

案例效果

案例效果见图7-71。

图7-71

操作步骤

① 新建文档，单击“矩形工具”，在控制栏中设置“填充”为红色，“描边”为无，在画面中绘制一个与画板等大的矩形，如图7-72所示。

② 单击“文字工具”，在画面中单击插入光标，接着输入文字，并在控制栏中设置合适的字体、字号与颜色，如图7-73所示。

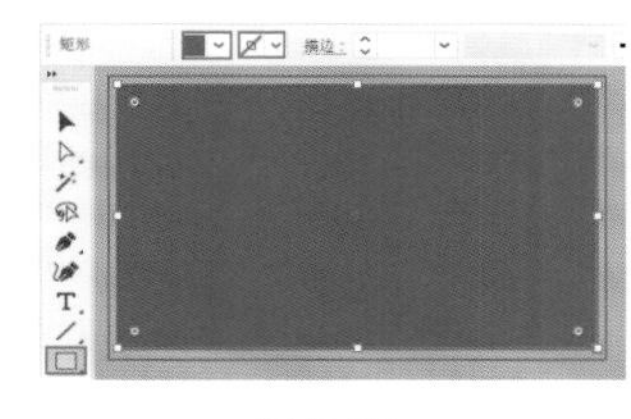

图7-72

图7-73

③ 选中文字，执行“对象>扩展”命令，在弹出的“扩展”窗口中单击“确定”按钮，如图7-74所示。

④“扩展”后文字属性消失，图形边缘会显示锚点，如图7-75所示。

⑤ 在文字选中的状态下，设置“填充”为青色，“描边”为深蓝色，同时单击“描边”按钮，在打开的下拉面板中设置“粗细”为11pt，“边角”为圆角，“对齐描边”为“使描边外侧对齐”，如图7-76所示。效果如图7-77所示。

图7-74

图7-75

图7-76

图7-77

⑥ 在文字选中的状态下，双击工具箱中的“变形工具”，在弹出的“变形工具选项”窗口中设置“宽度”为10mm，“高度”为10mm，设置完成后单击“确定”按钮，如图7-78所示。

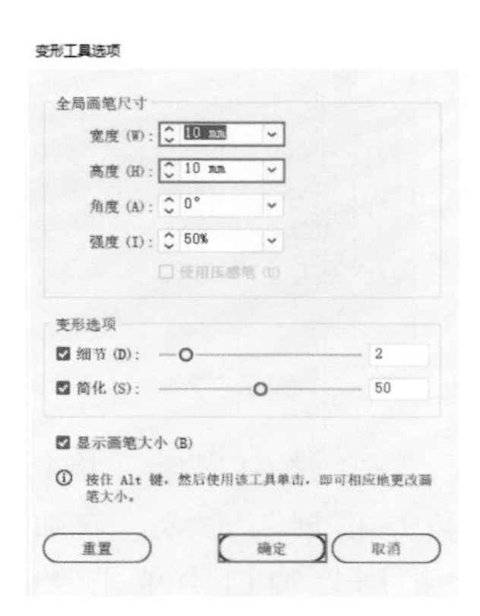

图7-78

⑦ 接着将光标移动至文字右侧的顶端位置，按住鼠标左键由右向左拖动，将前四个字母进行变形，如图7-79所示。

图7-79

⑧ 然后将光标移动至字母y的上方，按住鼠标左键将其由左向右拖动，将字母y进行变形，如图7-80所示。

⑨ 选择工具箱中“椭圆工具”，在文字的右上角位置按住Shift键的同时按住鼠标左键拖动绘制一个正圆，如图7-81所示。

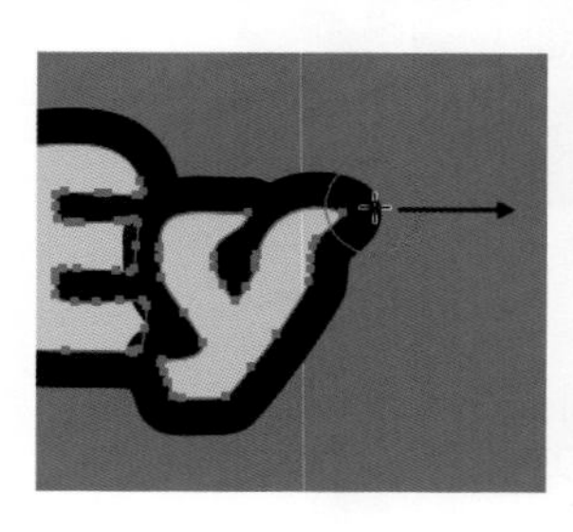

图7-80

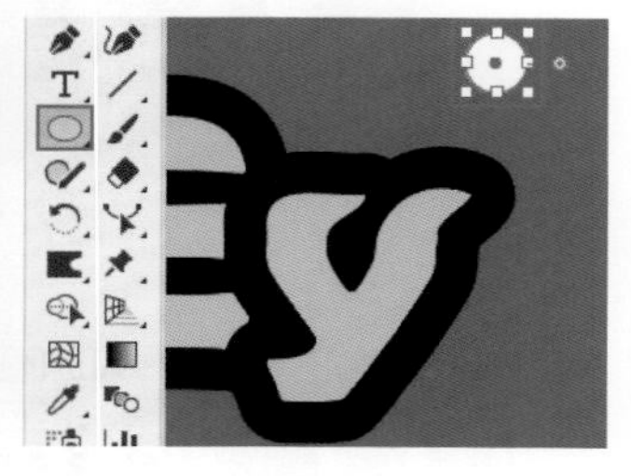

图7-81

⑩ 选中正圆，单击“吸管工具”，然后在文字上方单击拾取其属性，正圆效果如图7-82所示。

⑪ 继续使用“文字工具”在画面的左上角和右下角添加文字，如图7-83所示。

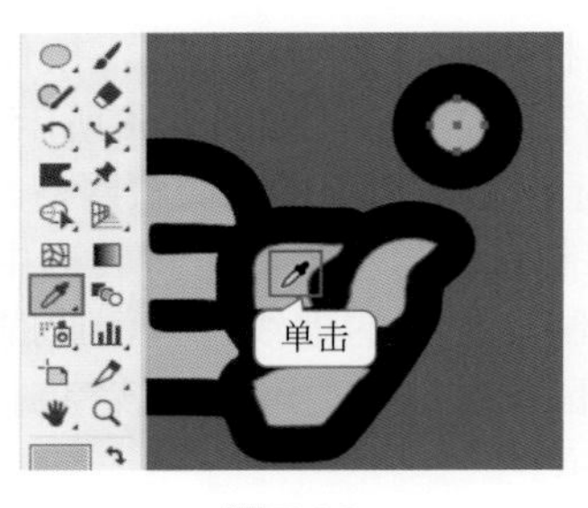

图7-82

图7-83

⑫ 单击“直线段工具”，在控制栏中设置“填充”为无，“描边”为白色，“描边粗细”为2pt，设置完成后在左上角的文字左侧按住Shift键由上向下拖动绘制一条直线，如图7-84所示。本案例制作完成，效果如图7-85所示。

图7-84

图7-85

7.2.11 实战：使用皱褶工具与变形工具制作优惠券

文件路径

实战素材/第7章

操作要点

使用“皱褶工具”使图形边缘产生锯齿

使用特殊的画笔笔触制作多彩图案

案例效果

案例效果见图7-86。

图7-86

操作步骤

① 新建文档，单击“矩形工具”，设置“填充”为浅紫色，“描边”为无，在画面中绘制一个与画板等大的矩形，如图7-87所示。

图7-87

② 单击“矩形工具”，在控制栏中设置“填充”为白色，“描边”为无，设置完成后在画面中绘制一个矩形，如图7-88所示。

③ 选中该矩形，双击工具箱中的“皱褶工具”，在弹出的“皱褶工具选项”窗口中设置“全局画笔尺寸”组中的“宽度”为15mm，“高度”为15mm，“皱褶选项”组中的“垂直”为70%，设置完成后单击“确定”按钮，如图7-89所示。

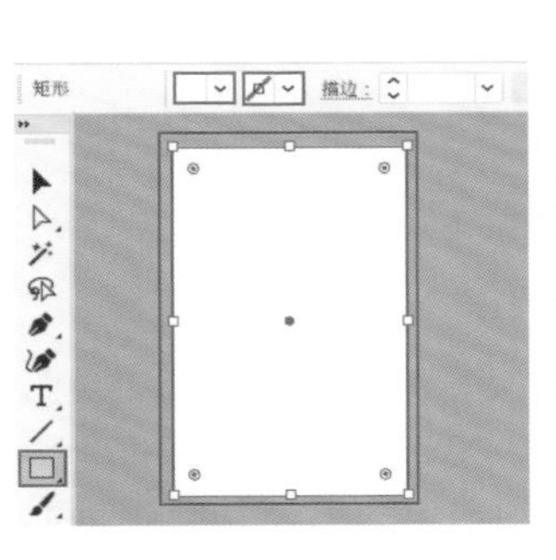

图7-88

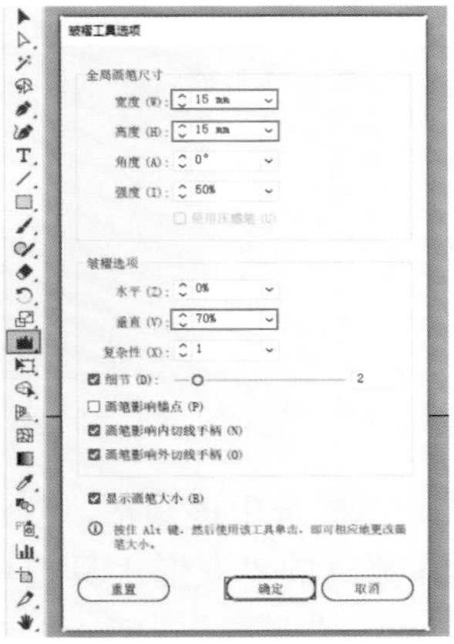

图7-89

④ 接着将光标移动至矩形的顶端，按住鼠标左键由左向右拖动，如图7-90所示。释放鼠标后，即可将矩形的顶端进行变形，使其产生褶皱效果，如图7-91所示。

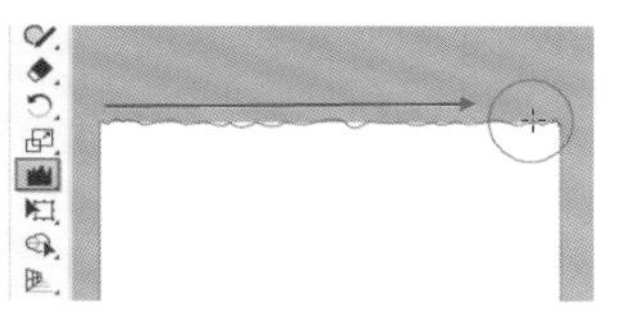

图7-90

图7-91

⑤ 多次重复按住鼠标左键由左向右进行拖动，调整褶皱的效果，如图7-92所示。

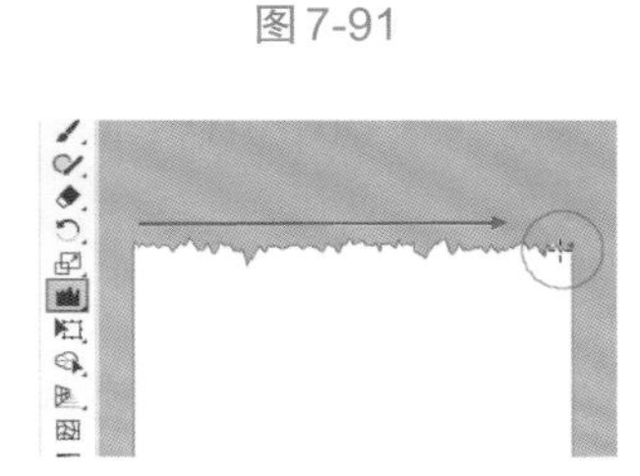

图7-92

⑥ 使用同样的方法对矩形的底端进行变形。效果如图7-93所示。

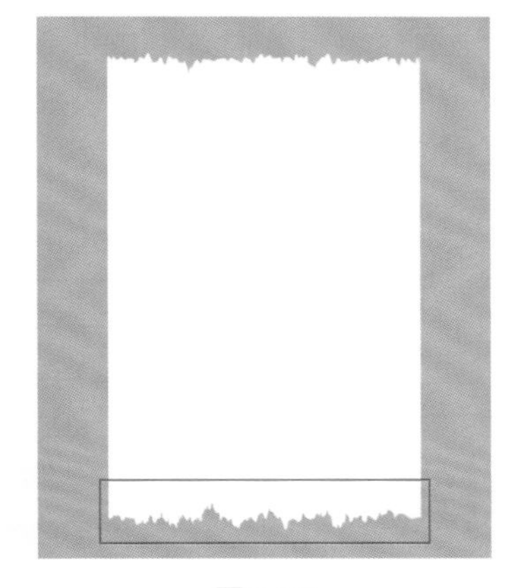

图7-93

小技巧

在使用“皱褶工具”时，可以以按住鼠标左键拖动的方式对图形进行变形，通常在图形上拖动的时间越长，褶皱效果越明显。释放鼠标后，如果褶皱效果不理想，可以重复多次在图形上进行拖动，使褶皱效果更加明显。

⑦ 单击“文字工具”，在矩形的上方位置单击，输入文字，并设置合适的字体、字号与颜色，如图7-94所示。

图7-94

⑧ 继续使用“文字工具”，在画面中输入其他文字，如图7-95所示。

⑨ 单击“直线段工具”，在控制栏中设置“填充”为无，“描边”为黑色，“描边粗细”为2pt，设置完成后在文字之间按住Shift键的同时按住鼠标左键拖动绘制一条直线，如图7-96所示。

图7-95

图7-96

⑩ 接着选中该直线，按住Shift+Alt键的同时按住鼠标左键将其向下拖动，至黑色文字的下方位置释放鼠标，即可将其快速复制出一份，如图7-97所示。

⑪ 执行“窗口＞画笔库＞矢量包＞颓废画笔矢量包”命令，在打开的“颓废画笔矢量包”面板中单击，选择合适的画笔，如图7-98所示。

Coupon

图7-97

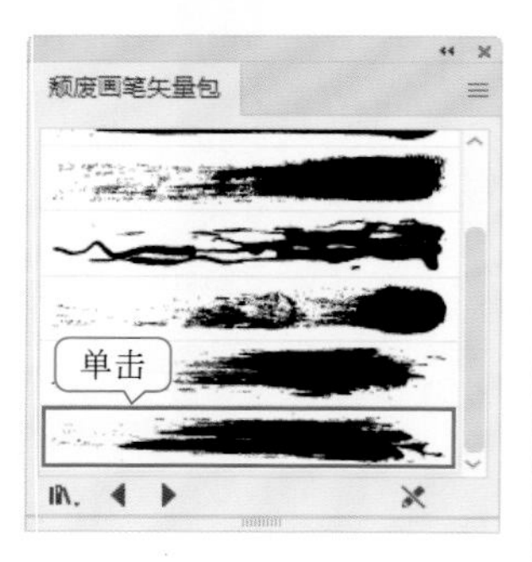

图7-98

⑫ 单击“画笔工具”，设置“填充”为无，“描边”为绿色，“描边粗细”为0.5pt，设置完成后在画板以外的空白区域按住鼠标左键拖动进行绘制，如图7-99所示。至合适位置时释放鼠标。此时画面效果如图7-100所示。

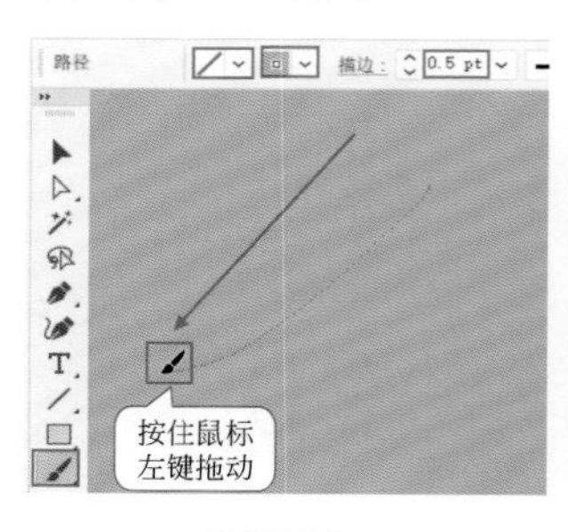

图7-99

图7-100

⑬ 继续使用同样的方法绘制其他颜色与粗细不同的笔触，得到一个彩色的图案。效果如图7-101所示。

图7-101

重点笔记

在使用“画笔工具”进行绘制时，可能无法一次就绘制出想要的效果，这时可以继续使用“画笔工具”在绘制出的笔触上再次进行绘制，即可更改画笔的笔触效果，如图7-102所示。

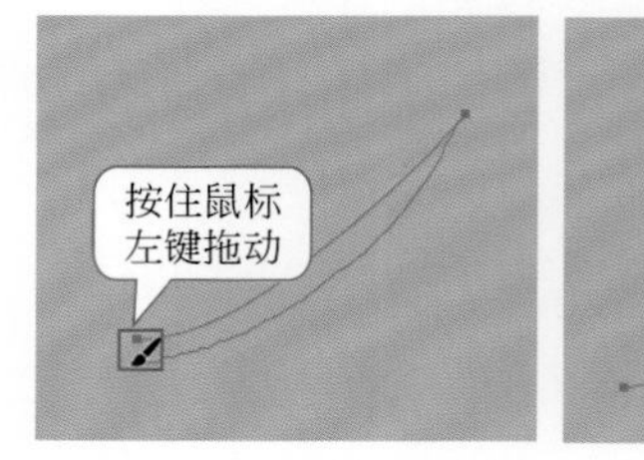

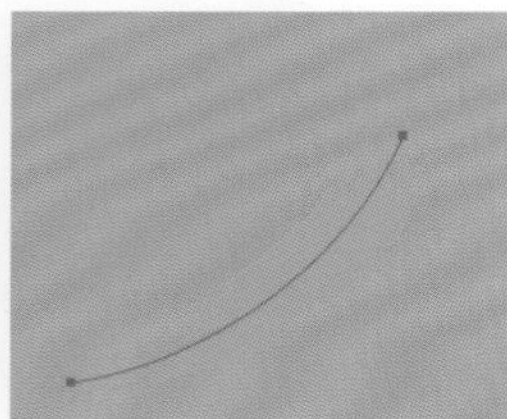

图7-102

当然还可以按住鼠标左键拖动控制点，对其进行旋转或缩放。

⑭ 单击“矩形工具”，设置“填充”为白色，“描边”为无，在彩色图案上绘制一个矩形，如图7-103所示。

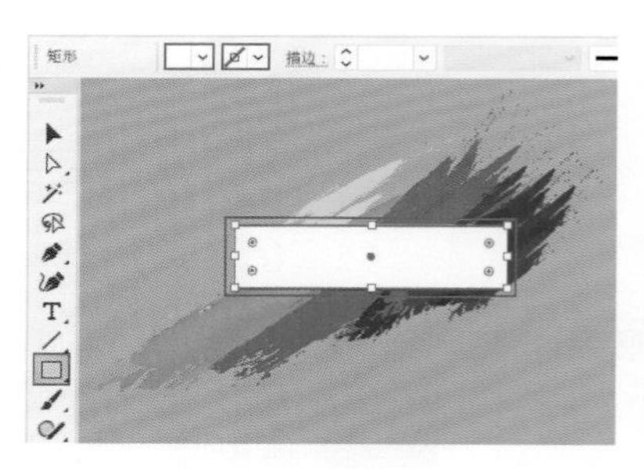

图7-103

⑮ 选中该矩形，双击工具箱中的“变形工具”，在弹出的“变形工具选项”窗口中设置“宽度”为5mm，“高度”为5mm，“细节”为4，“简化”为1，设置完成后单击“确定”按钮，如图7-104所示。

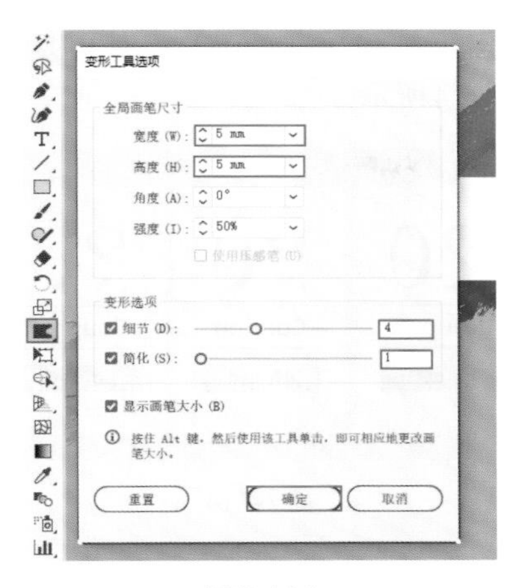

图7-104

⑯ 接着将光标移动至矩形的左上角，按住鼠标左键进行拖动，如图7-105所示。然后释放鼠标，即可将矩形的尖角变为较为平滑的角。效果如图7-106所示。

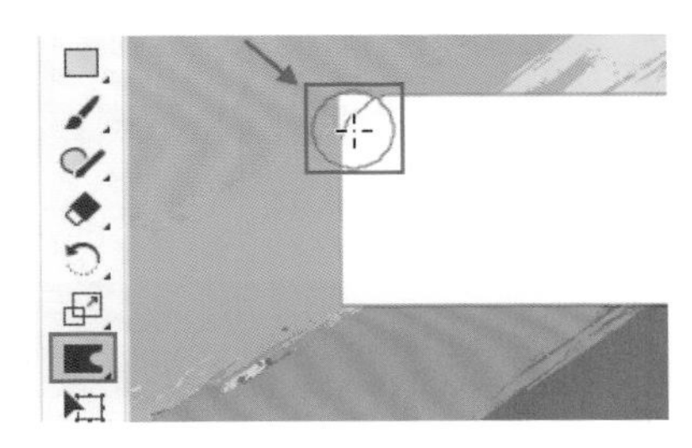

图7-105

图7-106

⑰ 继续按住鼠标左键在矩形的左上角处进行拖动，对其进行变形，如图7-107所示。

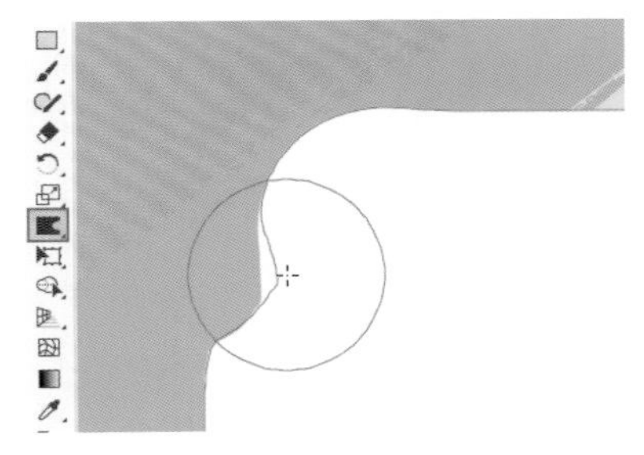

图7-107

⑱ 继续使用同样的方法对白色矩形的其他位置进行拖动，调整矩形的外形。效果如图7-108所示。

图7-108

⑲ 选中彩色图案与白色的图形，执行“对象＞剪切蒙版＞建立”命令，创建剪切蒙版，将超出图形以外的部分隐藏，如图7-109所示。

图7-109

⑳ 接着将其移动至画面的白色矩形上。效果如图7-110所示。

图7-110

㉑ 单击“文字工具”，在彩色图形上输入文字，如图7-111所示。

图7-111

㉒ 选中文字，使用快捷键Ctrl+C进行复制，快捷键Shift+Ctrl+V进行粘贴，接着为文字设置合适的颜色，并向左上方移动，如图7-112所示。

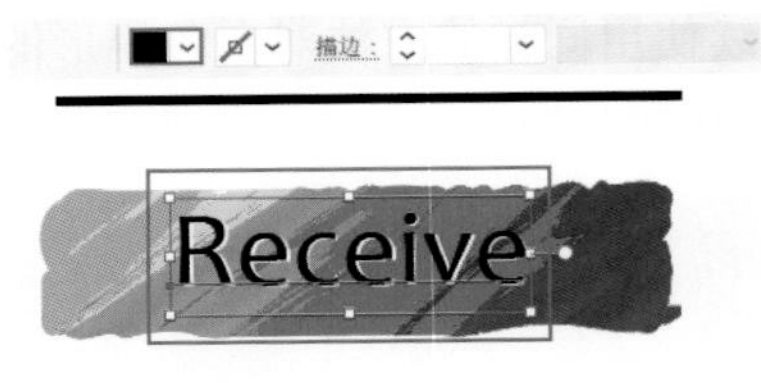

图7-112

㉓ 选中白色矩形与其上的所有元素，按住Shift+Alt键将其向右拖动，至合适位置释放鼠标将其复制出一份，如图7-113所示。

图7-113

㉔ 使用再制快捷键Ctrl+D将其再复制出一份。效果如图7-114所示。

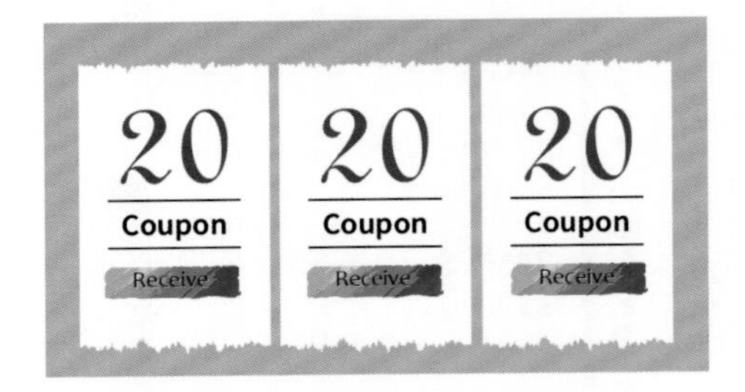

图7-114

㉕ 单击“文字工具”，更改模块中的数字。本案例制作完成，效果如图7-115所示。

图7-115

7.3 封套扭曲

封套扭曲功能的原理可以理解为：先为对象添加“封套”，然后通过改变封套的形态，影响其内部对象显示的形态。而一旦去除了封套，对象将会恢复到原始效果。

封套扭曲的使用对象是有限制的，如图表、参考线或链接对象，这些都无法使用。

选中对象，执行“对象>封套扭曲”命令，在菜单中可以看到3种创建封套扭曲的方法，即“用变形建立”“用网格建立”“用顶层对象建立”，如图7-116所示。

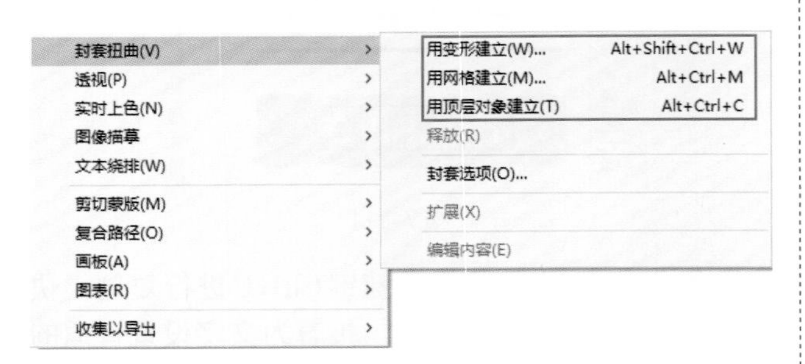

图7-116

7.3.1 用变形建立

功能速查

“用变形建立”可以使对象按照软件内置的多种扭曲方式进行扭曲，并可以通过设置参数改变扭曲效果。

① 选中需要进行变形的对象，如图7-117所示。

图7-117

② 执行“对象>封套扭曲>用变形建立”命令，

在弹出的“变形选项”窗口中首先需要设置合适的“样式”，并对其他选项进行相应的设置，单击“确定”按钮，如图7-118所示。此时可以看到对象的外形发生了相应的改变。效果如图7-119所示。

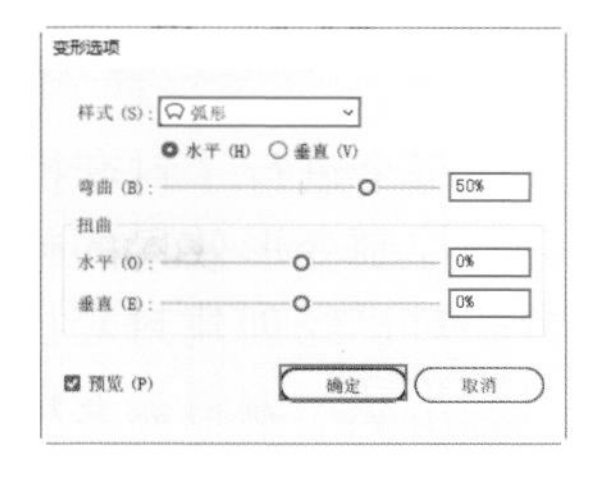

图7-118

图7-119

重点选项速查

• 样式：在该下拉列表中可以选择不同的变形样式，如弧形、下弧形、上弧形、拱形、鱼眼等。具体效果如表7-4所示。

表7-4　不同封套样式效果对比

弧形 	下弧形 	上弧形 
拱形 	凸出 	凹壳 
凸壳 	旗形 	波形 
鱼形 	上升 	鱼眼 
膨胀 	挤压 	扭转 

• 弯曲：可以设置变形对象的弯曲程度，数值越高，变形程度越强。

• 扭曲：可以设置水平或垂直方向的扭曲变化程度。

7.3.2　用网格建立

功能速查

“用网格建立”是为对象添加一系列网格控制点，通过调整控制点的位置改变网格的形态，从而改变对象的形态。

① 选中需要进行变形的对象，如图7-120所示。

图7-120

② 执行“对象＞封套扭曲＞用网格建立”命令，在弹出的“封套网格”窗口中设置网格的行数和列数，单击“确定”按钮，如图7-121所示。

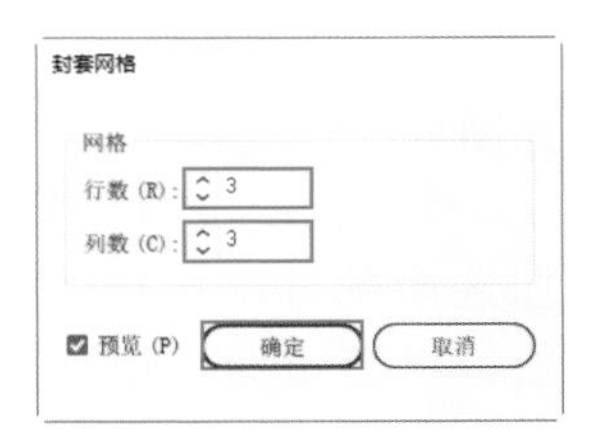

图7-121

③ 使用“直接选择工具”，单击选择网格点，然后按住鼠标左键拖动，可以调整所选对象的扭曲效果，如图7-122所示。

④ 也可以按住鼠标左键拖动控制柄，调整网格线的弧度，如图7-123所示。

图7-122

图7-123

⑤ 如果想要删除网格点，可以使用“直接选择工具”选中该网格点，然后按下键盘上的Delete键。

重点笔记

若要向网格添加锚点，可以使用“网格”工具在网格上单击，如图7-124所示。

图7-124

7.3.3 用顶层对象建立

功能速查

“用顶层对象建立”方式可以利用上层矢量图形的形态，扭曲下方对象。

① 首先准备好需要扭曲的对象，然后在上方绘制一个矢量图形，例如此处绘制一个星形，如图7-125所示。

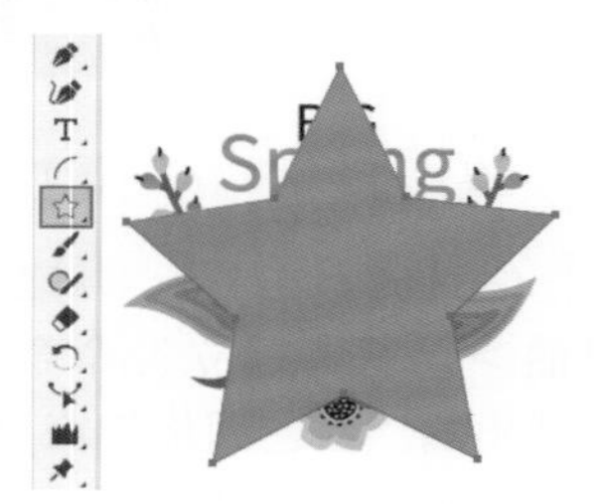

图7-125

② 使用“选择工具”加选两部分，执行“对象＞封套扭曲＞用顶层对象建立”命令或者使用快捷键Alt+Ctrl+C，即可按照星形的形状对所选对象进行变形，如图7-126所示。

图7-126

7.3.4 编辑封套扭曲

每个进行了封套扭曲的对象其实都包含两个部分：控制变形效果的封套以及受变形影响的内容部分。对已经创建封套扭曲的对象，还可以再次编辑封套形状，编辑被变形的对象，以及释放封套、扩展封套、设置封套选项等。

① 选择使用了“用变形建立”命令变形过的对象，单击控制栏中的“编辑封套”按钮，在控制栏中可以更改封套扭曲的样式、水平、垂直、弯曲等属性，如图7-127所示。

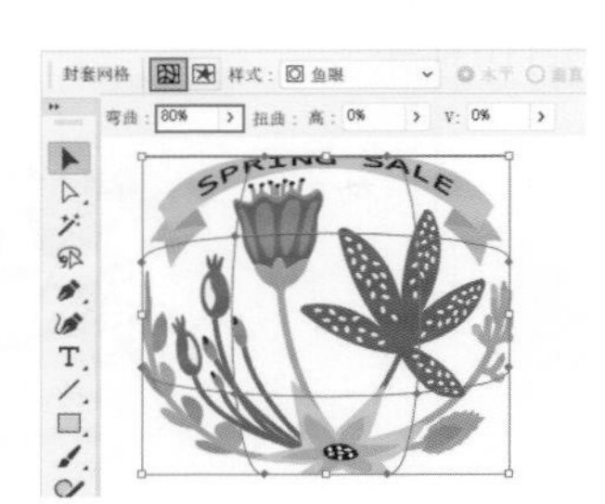

图7-127

② 单击控制栏中的“编辑内容”按钮，可以更改被变形对象的效果，如图7-128所示。

图7-128

③ 如果想要释放封套扭曲对象，可以选择封套扭曲对象，执行“对象＞封套扭曲＞释放”命令，即可将变形对象恢复到原始状态，并且还会保留封套部分，如图7-129所示。

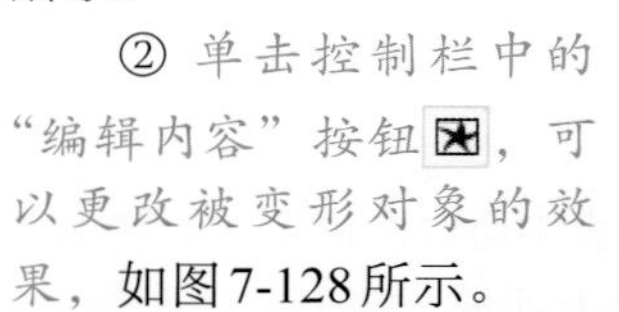
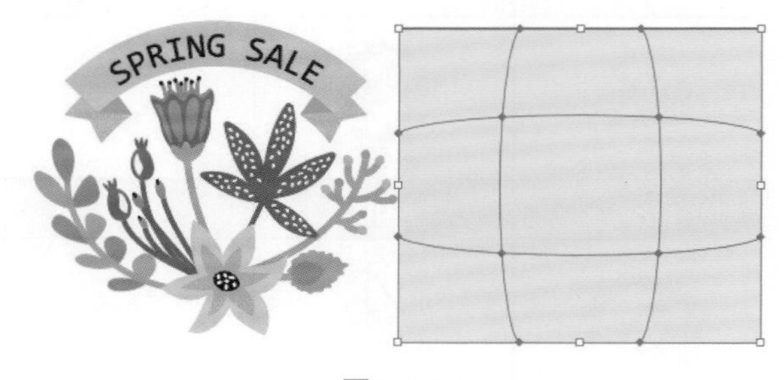

图7-129

④ 执行“对象＞封套扭曲＞扩展”命令，即可将该封套对象转换为普通对象，如图7-130所示。

图7-130

7.3.5　实战：使用封套功能制作产品主图

文件路径

实战素材/第7章

操作要点

使用“封套扭曲”制作变形线条

案例效果

案例效果见图7-131。

图7-131

操作步骤

① 执行“文件＞新建”命令新建一个空白文档。单击“矩形工具”，设置“填充”为黄绿色，“描边”为无，设置完成后在画面中绘制一个矩形，如图7-132所示。

② 选中该矩形，按住Shift+Alt键将其向右拖动，至画板最右侧时释放鼠标，将其快速复制出一份，并更改其颜色，如图7-133所示。

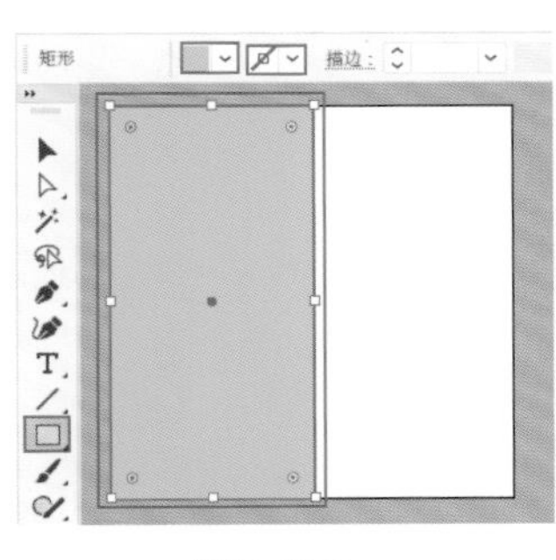

图7-132　图7-133

③ 单击“矩形工具”，在控制栏中设置“填充”为白色，“描边”为无，设置完成后在画面的顶端绘制一个矩形，如图7-134所示。

④ 选中该矩形，按住Shift+Alt键将其向右拖动，至合适位置时释放鼠标，将其快速复制出一份，如图7-135所示。

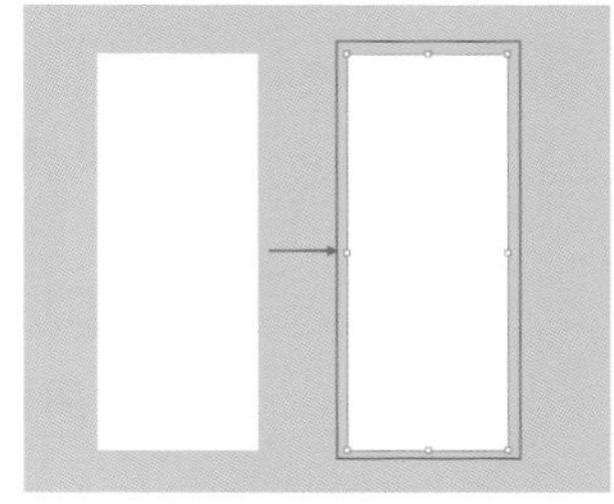

图7-134　图7-135

⑤ 接着多次使用再制快捷键Ctrl+D进行复制，并选中所有矩形，使用快捷键Ctrl+G进行编组。效果如图7-136所示。

图7-136

⑥ 单击“文字工具”，在矩形组的下方输入文字，并在控制栏中设置合适的字体、字号与颜色，如图7-137所示。

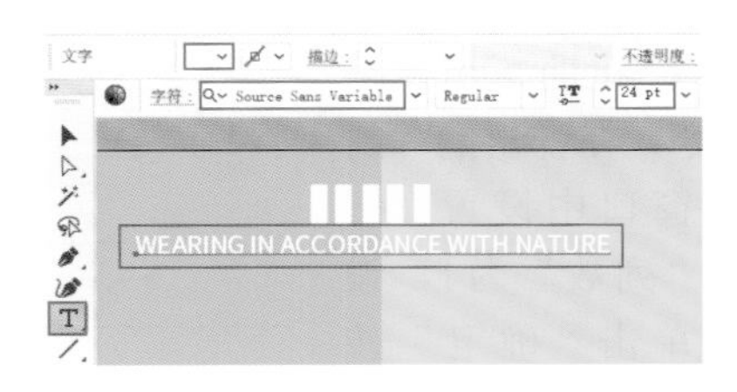

图7-137

⑦ 使用同样方法在该文字下方输入新的文字，如图7-138所示。

图7-138

⑧ 选中矩形组，按住Alt键将其向下拖动，至合适位置时释放鼠标，将其快速复制出一份，如图7-139所示。

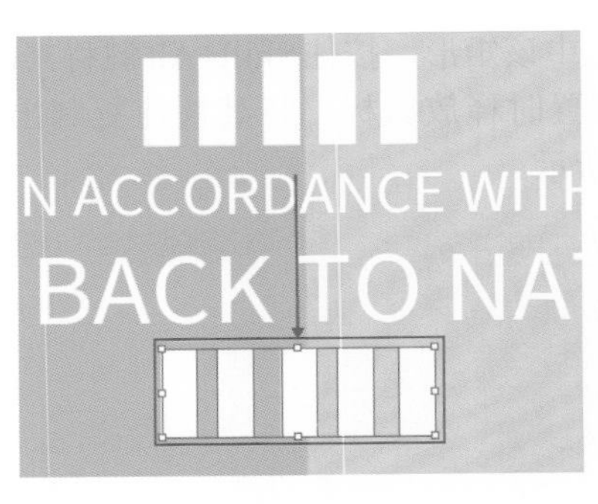

图7-139

⑨ 接着按住鼠标左键拖动中间的控制点，至画板底部时释放鼠标，将其进行不等比的放大，如图7-140所示。

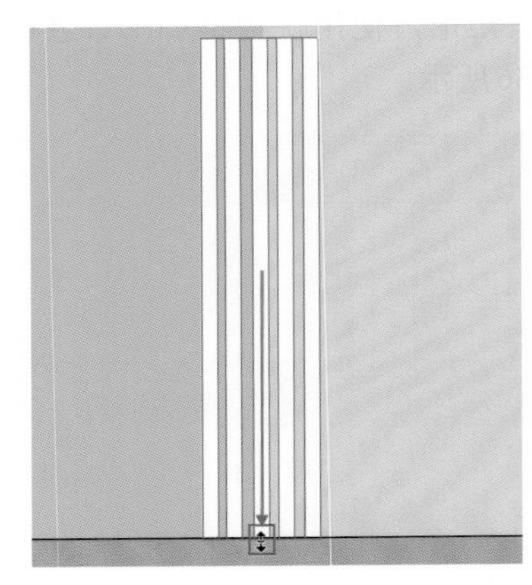

图7-140

⑩ 选中该图形，执行“对象＞封套扭曲＞用网格建立”命令，在弹出的“封套网格”窗口中设置“行数”为2，“列数”为1，设置完成后单击“确定”按钮，如图7-141所示。

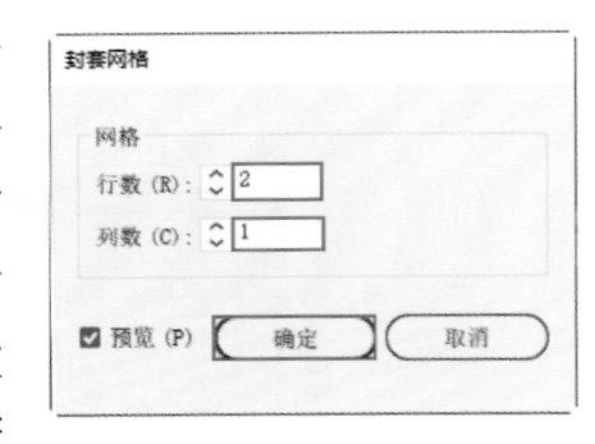

图7-141

⑪ 单击“直接选择工具”，选中左下角的网格点，按住鼠标左键将其向左拖动，至画面的左下角位置时释放鼠标即可，如图7-142所示。

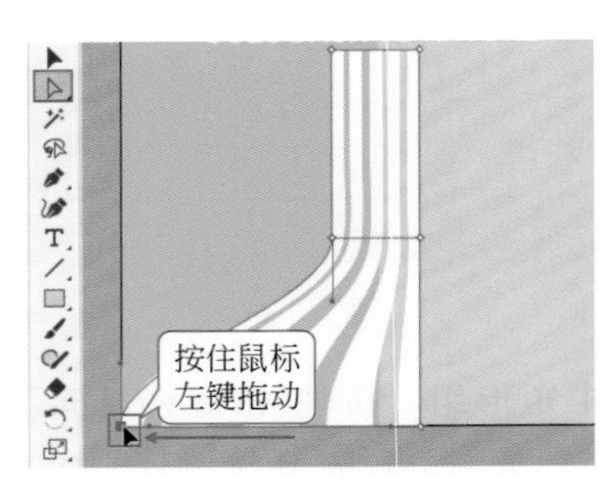

图7-142

⑫ 使用同样方法选中右下角的网格点，将其拖动至画板的右下角，如图7-143所示。

⑬ 单击左侧中间的网格点，将其选中，并按住鼠标左键将其向左拖动，如图7-144所示。

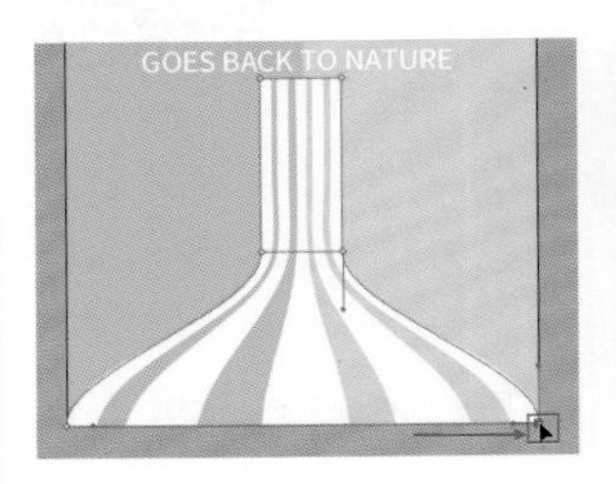

图7-143

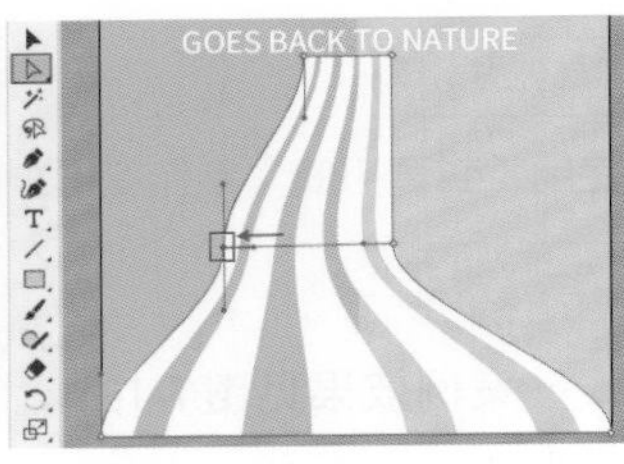

图7-144

⑭ 接着将光标移动至控制柄上，按住鼠标左键拖动，调整曲线的弧度，如图7-145所示。

图7-145

⑮ 使用同样的方法调整右侧中间的网格点，如图7-146所示。

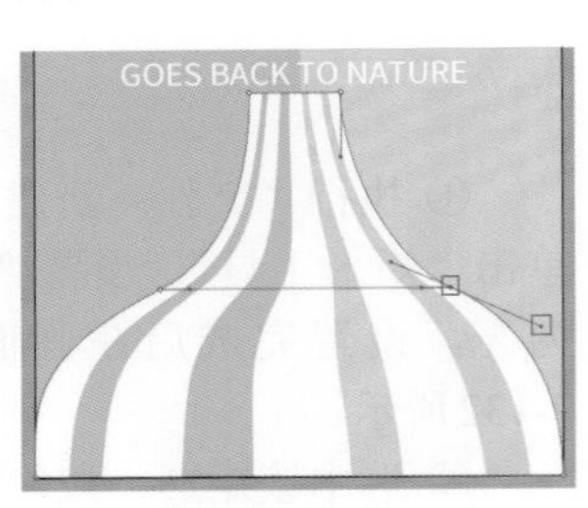

图7-146

⑯ 执行“文件＞置入”命令，置入素材1，并将其嵌入到当前文档中。本案例制作完成，效果如图7-147所示。

图7-147

7.4　剪切蒙版

“剪切蒙版”功能是用一个图形形状来控制另一对象显示的内容。位于图形形状范围内的内容显示，而位于图形形状之外的内容则被遮盖住。简单来说，就是将图稿裁剪为蒙版的形状。

剪切蒙版包括两部分：一是被隐藏的对象；二是蒙版对象。前者既可以是一个或多个对象，也可以是一个组或图层中的所有对象；而后者则只能为矢量图形或文字。

无论蒙版对象具有的属性如何，在创建剪切蒙版后都会变成一个无填充无描边的对象。

7.4.1　使用剪切蒙版

① 在当前画面中包含多个圆形以及上方的字母，接下来将用上方字母的形态来控制下方圆形的显示范围。使用“选择工具”加选字母G与圆形，如图7-148所示。

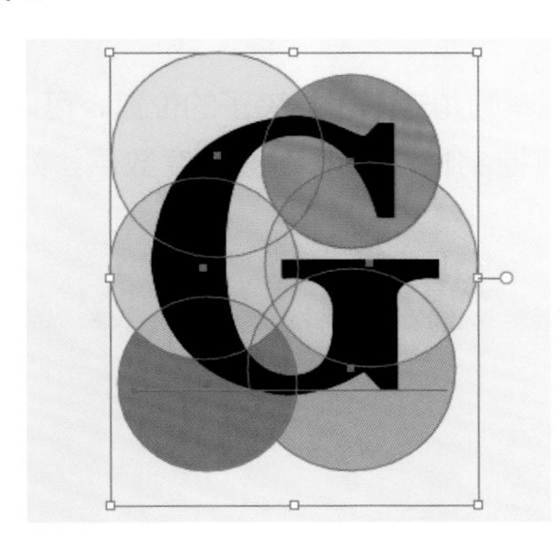

图7-148

② 执行“对象＞剪切蒙版＞建立”命令或者使用快捷键Ctrl+7，即可创建剪切蒙版，此时可以看到字母G以外的圆形被隐藏了，如图7-149所示。

图7-149

③ 选中剪切对象，在控制栏中还可以设置合适的描边颜色、描边粗细与不透明度，如图7-150所示。

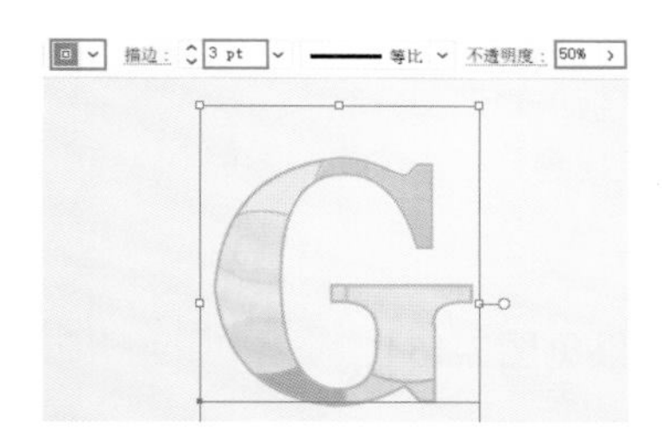

图7-150

④ 更改顶层作为蒙版对象的图形形态，可以直接改变剪切蒙版组的效果。单击“直接选择工具”，接着拖动锚点，即可调整剪切路径的形态，更改剪切蒙版的效果，如图7-151所示。

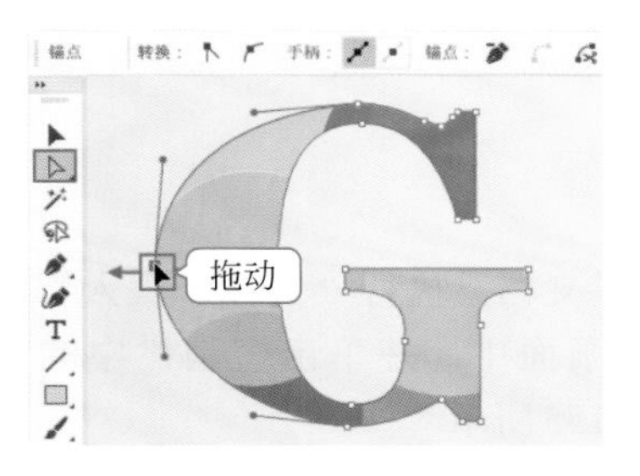

图7-151

⑤ 单击控制栏中的“编辑内容”按钮⊙，可以更改内部对象的属性。例如在控制栏中可以进行填充、描边、描边粗细、不透明度的设置与移动、缩放、旋转等编辑操作，如图7-152所示。

⑥ 如果想要释放剪切蒙版，可以执行“对象＞剪切蒙版＞释放”命令，释放后恢复到最开始的状态，如图7-153所示。

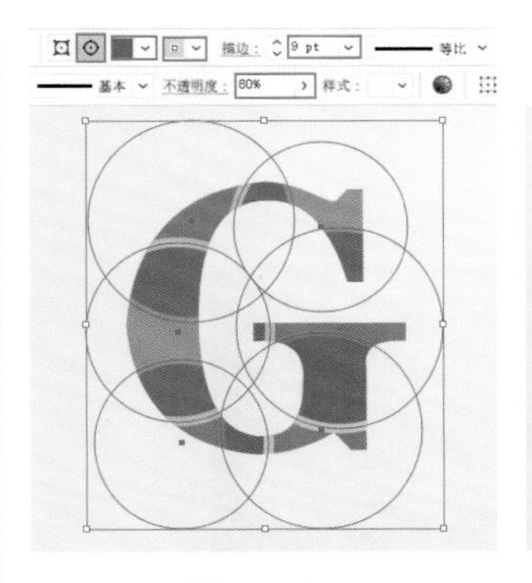

图7-152

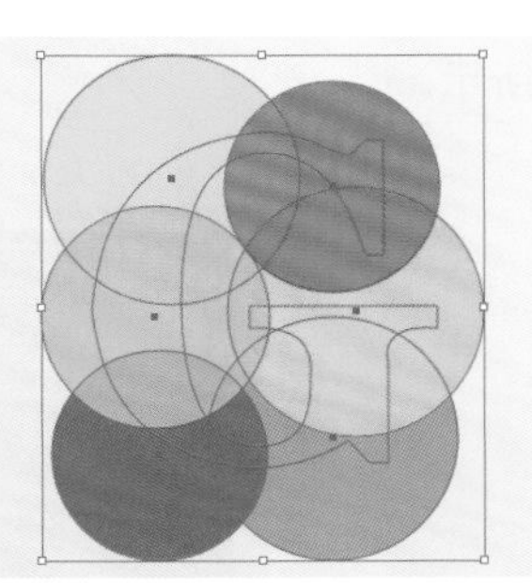

图7-153

7.4.2　实战：使用剪切蒙版制作广告牌

文件路径

实战素材/第7章

操作要点

使用“剪切蒙版”隐藏部分图像
使用“路径查找器”制作广告牌图形

案例效果

案例效果见图7-154。

图7-154

操作步骤

① 新建文档，执行“文件>置入”命令，将素材1置入到画面中，并单击控制栏中的“嵌入”按钮，如图7-155所示。

图7-155

② 接下来绘制广告牌的图形。单击“矩形工具”，然后参照广告牌的大小绘制矩形，如图7-156所示。

图7-156

③ 将光标移动至矩形内的圆形控制点上，按住鼠标左键将其向内拖动，将圆角更改为与素材中的圆角大小接近即可，如图7-157所示。

图7-157

④ 继续使用“矩形工具”，在圆角矩形的顶部绘制两个与黑色夹子相同大小的矩形，如图7-158所示。

图7-158

重点笔记

为了观察圆角矩形后侧夹子的位置，可以将圆角矩形选中，在控制栏中降低不透明度数值，如图7-159所示。

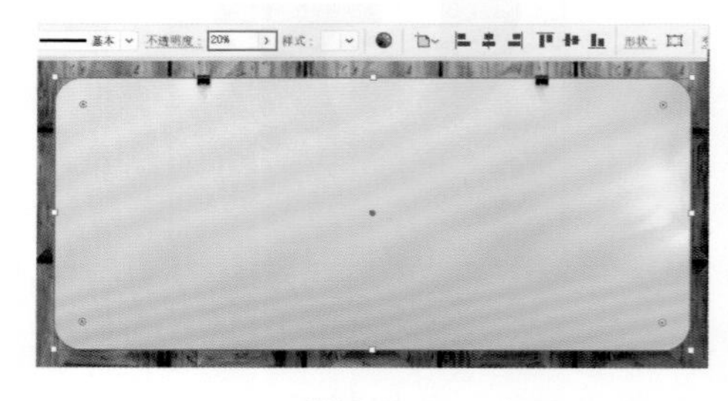

图7-159

⑤ 选中圆角矩形与两个矩形，执行“窗口>路径查找器”命令，在弹出的“路径查找器”面板中单击“减去顶层”按钮，如图7-160所示。此时效果如图7-161所示。

图7-160

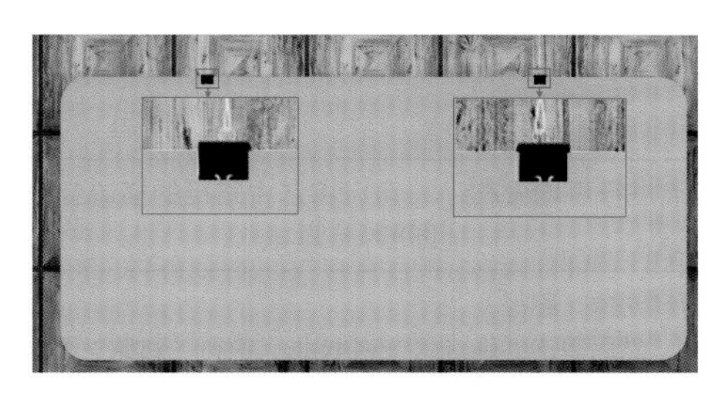

图7-161

⑥ 执行“文件＞置入”命令，将素材2置入到画面中，并将其嵌入到文档中，如图7-162所示。

图7-162

⑦ 选中该图片，执行“对象＞排列＞后移一层”命令，将其置于橙色图形的下方，如图7-163所示。

图7-163

⑧ 接着选中图形与图片，执行“对象＞剪切蒙版＞建立”命令或者按下快捷键Ctrl+7，创建剪切蒙版，隐藏超出图形的部分，效果如图7-164所示。

图7-164

图7-165

⑨ 然后执行“窗口＞透明度”命令，在打开的“透明度”面板中设置“混合模式”为“正片叠底”，如图7-165所示。本案例制作完成，效果如图7-166所示。

图7-166

7.5 路径编辑命令

7.5.1 使用命令处理路径

提到矢量图形，就不可避免地要提到路径。而在Illustrator中，除了使用“钢笔工具”“直接选择工具”等对路径直接进行外形的编辑外，还可以应用“对象＞路径”菜单中的相关命令对路径进行编辑，如连接路径上断开的锚点、平均分布锚点的位置、将描边转换为图形、偏移路径、反转路径方向、简化路径、添加或移去锚点、分割下方对象等，如图7-167所示。路径编辑命令介绍见表7-5。

图7-167

表 7-5　路径编辑命令速查

功能名称	连接	平均	轮廓化描边
功能简介	可将两个断开锚点连接在一起	可将选中的多个锚点进行平均分布操作	可以将选中路径的描边变为独立的图形
操作方式	选择断开的锚点，执行“对象＞路径＞连接”命令，断点之间出现路径	选中部分锚点，执行“对象＞路径＞平均”命令，设置“轴”，然后单击“确定”按钮，选中的锚点会沿着所选轴进行平均分布	选中图形，执行“对象＞路径＞轮廓化描边”命令，即可将路径转换为轮廓
效果	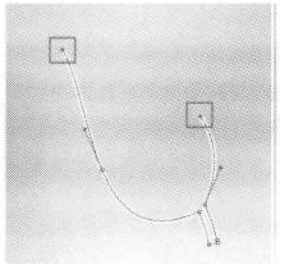 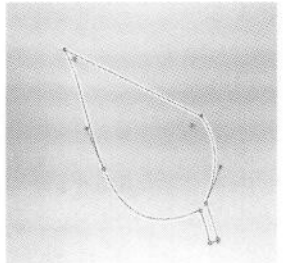	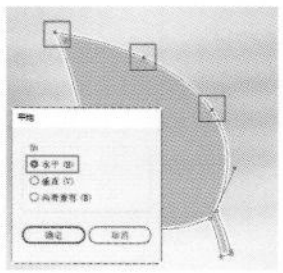 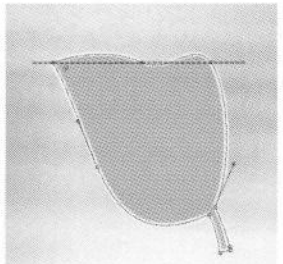	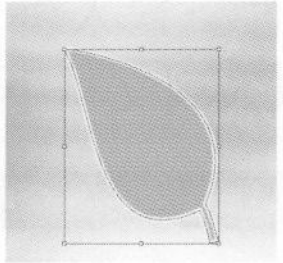 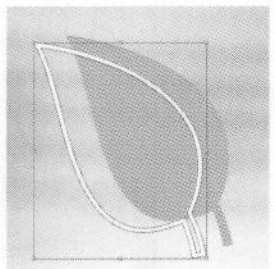
功能名称	偏移路径	反转路径方向	简化
功能简介	可将路径向内或向外进行偏移，创建新的路径	可以将路径的起点与终点进行反转	可以删除不必要的锚点，在保持原始路径形状的同时生成简化的最佳路径
操作方式	选中图形，执行“对象＞路径＞偏移路径”命令，设置“位移”数值、“连接”方式以及“斜接限制”，单击“确定”按钮，即可出现新的路径	选中路径，执行“对象＞路径＞反转路径方向”命令，将路径的起点与终点进行反转。设置过“变量宽度配置文件”的路径可以看到较为明显的效果	选中图形，执行“对象＞路径＞简化”命令，在“简化”控件中拖动滑块控制锚点的数量，图形的锚点有所减少，形状仅发生了微小的变化
效果	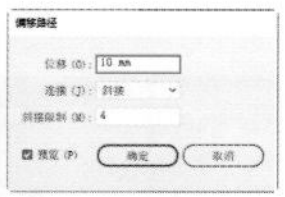 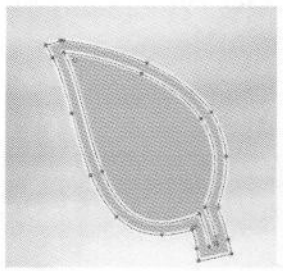	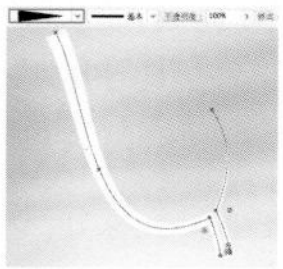 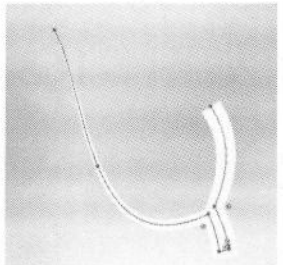	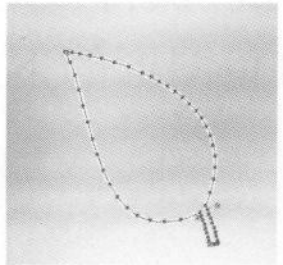 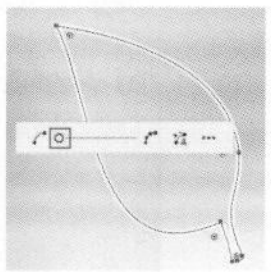
功能名称	添加锚点	移去锚点	分割下方对象
功能简介	可以在路径上成倍添加锚点	可以删除选中的锚点	可以用上方的路径将下方对象分割为若干个部分
操作方式	选中图形，执行“对象＞路径＞添加锚点”命令，图形形态不变，但锚点成倍增加	选中部分锚点，执行“对象＞路径＞移去锚点”命令，即可将选中的锚点删去	在已有图形上绘制另一个图形，选中上方图形，执行“对象＞路径＞分割下方对象”命令，即可分割图形
效果	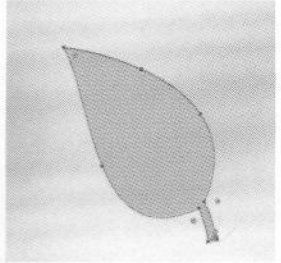 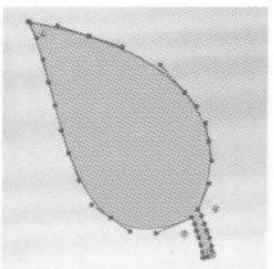	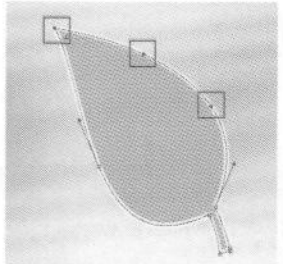 	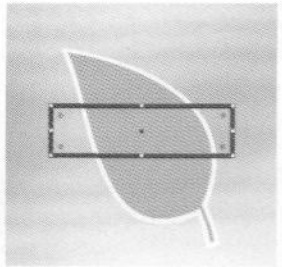 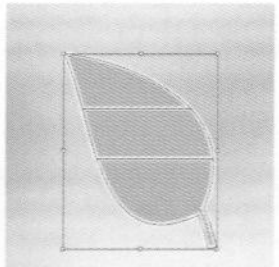
功能名称	分割为网格	清理	
功能简介	可以将封闭对象转换为网格	可以清理画板中的游离点、未上色对象以及空文本等对象	
操作方式	选中图形，执行“对象＞路径＞分割为网格”命令，设置分割的行数和列数等参数，随后原有图形就会变为相应参数的网格对象	执行“对象＞路径＞清理”命令，在弹出的“清理”窗口中设置要清理的对象，单击“确定”按钮，即可将这些对象清理掉	
效果	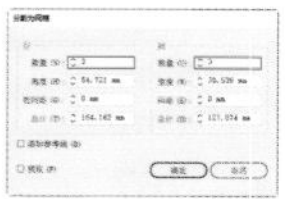 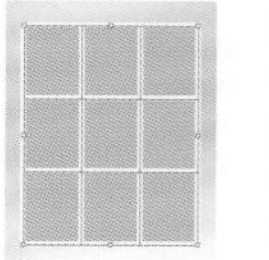	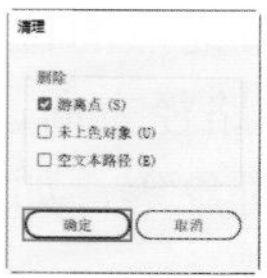	

7.5.2 实战：轮廓化描边制作海报

文件路径

实战素材/第7章

操作要点

使用“轮廓化描边”制作出边框图形
使用“路径查找器”分割图形

案例效果

案例效果见图7-168。

图7-168

操作步骤

① 新建一个大小合适的纵向空白文档，单击“矩形工具”，设置“填充”为浅青色，“描边”为无，设置完成后在画面中绘制一个与画板等大的矩形，如图7-169所示。

② 执行“文件>置入”命令，将素材1置入画面中，并将其嵌入文档中，如图7-170所示。

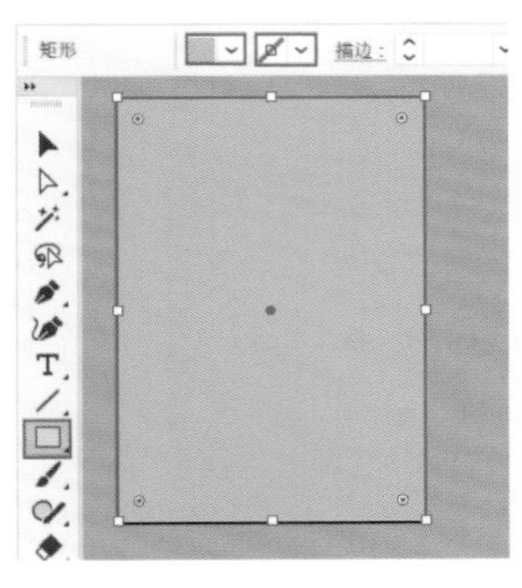

图7-169　　图7-170

③ 单击“圆角矩形工具”，在控制栏中设置“填充”为无，“描边”为黑色，“描边粗细”为25pt，设置完成后在画板以外的空白区域拖动，绘制一个圆角矩形，如图7-171所示。

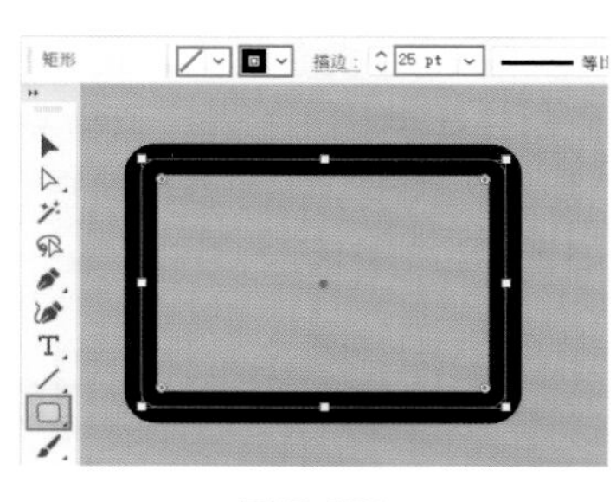

图7-171

④ 将光标移动至圆角矩形内部的圆形控制点上，按住鼠标左键将其向内拖动，将圆角半径调整至最大，如图7-172所示。

⑤ 选中圆角矩形，执行“对象>路径>轮廓化描边”命令，将路径描边进行轮廓化处理，如图7-173所示。

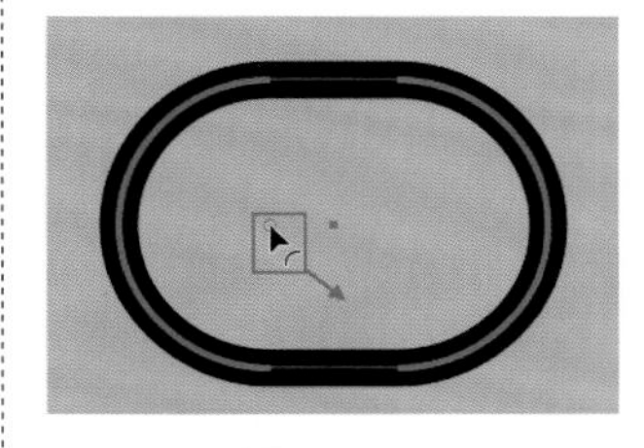

图7-172　　图7-173

⑥ 选择“矩形工具”，在控制栏中设置“填充”为无，“描边”为黑色，在圆角矩形的左侧绘制一个矩形，如图7-174所示。

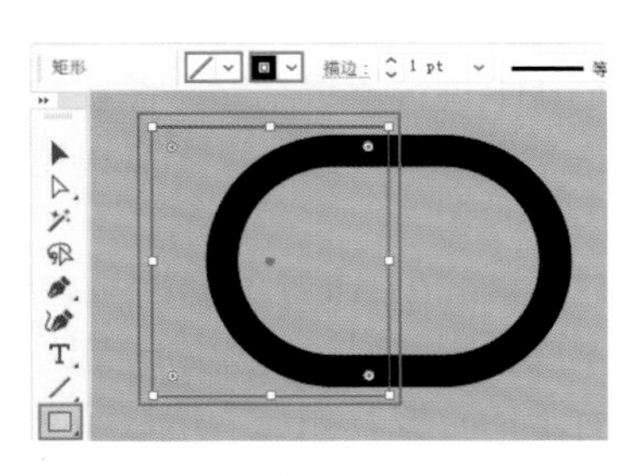

图7-174

⑦ 选中矩形与圆角矩形，执行“窗口>路径查找器”命令，单击“减去顶层”按钮，如图7-175所示。

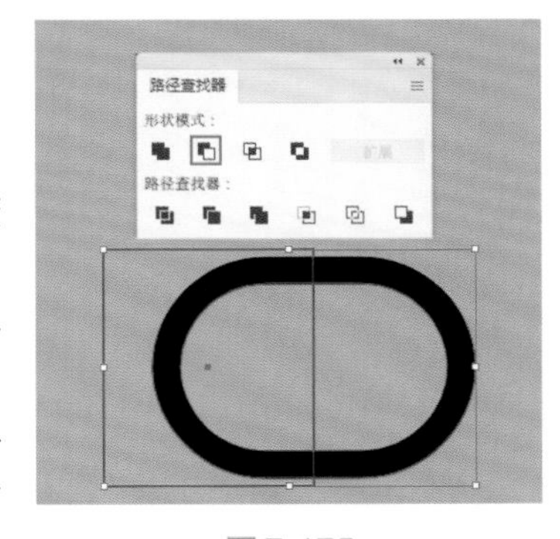

图7-175

⑧ 此时可以得到圆角矩形的一半图形，选中该图形，将其“填充”更改为黄色，如图7-176所示。

⑨ 选中黄色图形，使用快捷键Ctrl+C进行复制，使用快捷键Ctrl+F进行原位粘贴，并在控制栏中设置“填充”为无，“描边”为白色，“描边粗细”为3pt，如图7-177所示。

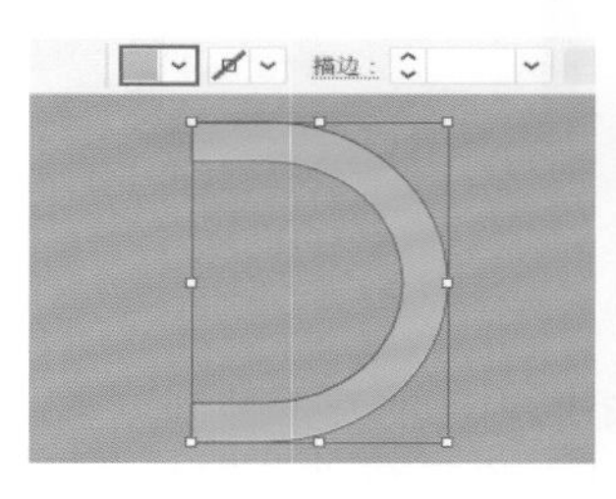

图7-176

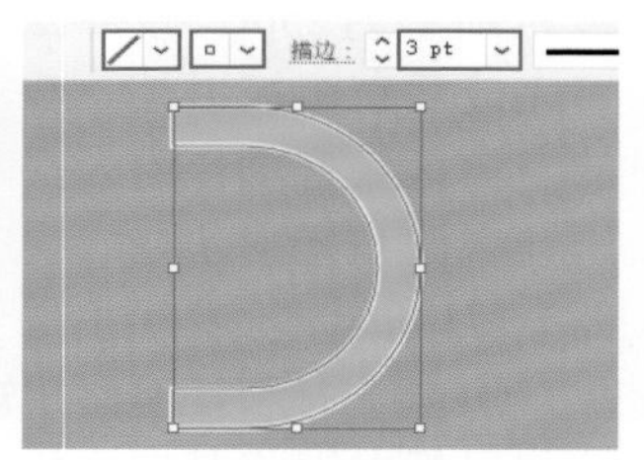

图7-177

⑩ 接着按住Shift键的同时按住鼠标左键拖动右上角的控制点，将其缩小，如图7-178所示。

⑪ 继续使用同样的方法拖动控制点，调整图形的大小与形态，并移动其位置，如图7-179所示。

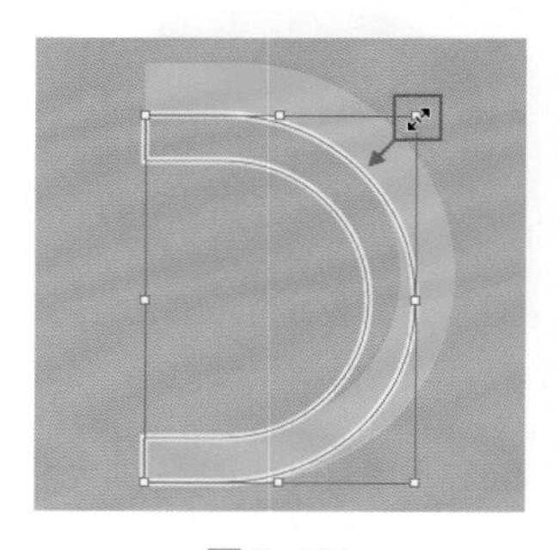

图7-178

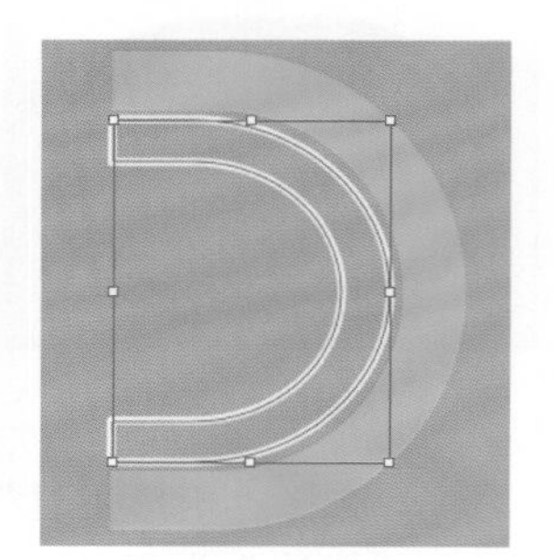

图7-179

⑫ 选中黄色图形，使用快捷键Ctrl+C进行复制，使用快捷键Ctrl+F进行原位粘贴，并在控制栏中设置“填充”为无，“描边”为白色，“描边粗细”为3pt，如图7-180所示。

⑬ 接着按住Shift+Alt键的同时按住鼠标左键拖动右上角的控制点，将其进行中心等比例缩小，并将其移动至合适的位置，如图7-181所示。

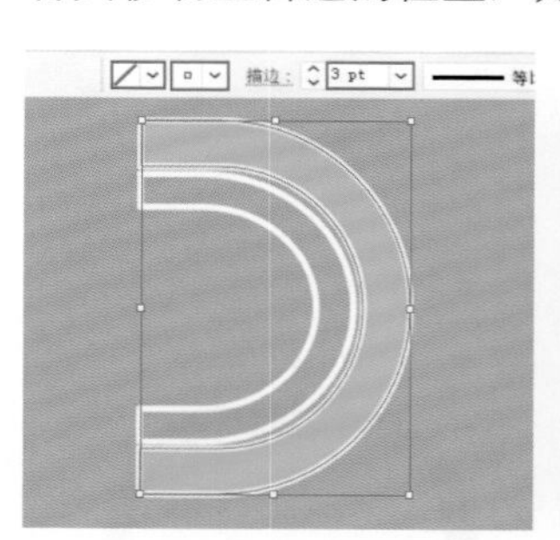

图7-180

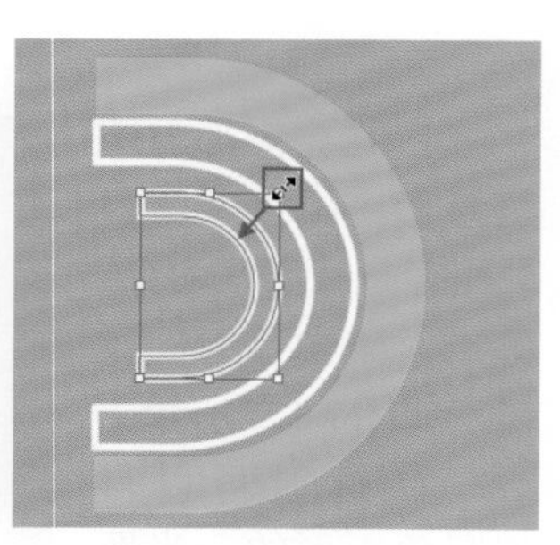

图7-181

⑭ 单击“矩形工具”，在控制栏中设置“填充”为无，“描边”为白色，“描边粗细”为3pt，设置完成后在画面中绘制一个矩形，如图7-182所示。

⑮ 选中所有图形，使用快捷键Ctrl+G进行编组。此时字母“D”制作完成，效果如图7-183所示。

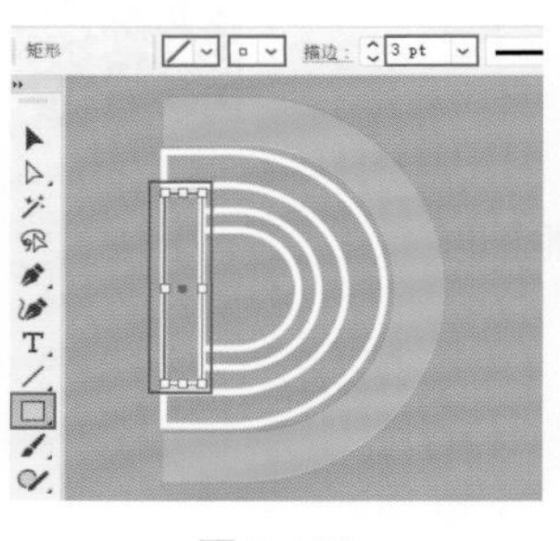

图7-182

图7-183

⑯ 使用之前制作圆角矩形的方法再次制作一个圆角矩形，如图7-184所示。

⑰ 选中圆角矩形，执行“对象>路径>轮廓化描边”命令，将路径描边进行轮廓化，如图7-185所示。

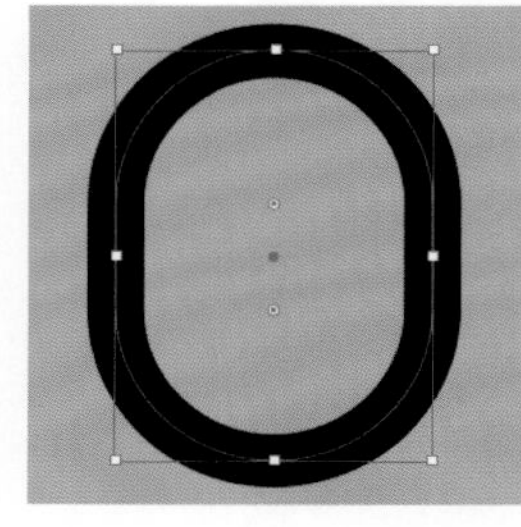

图7-184

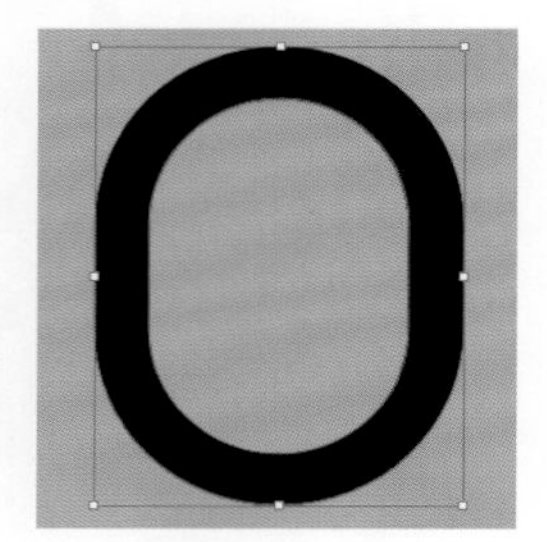

图7-185

⑱ 使用“矩形工具”，在控制栏中设置“填充”为无，“描边”为黑色，设置完成后在圆角矩形的左侧绘制一个矩形，如图7-186所示。

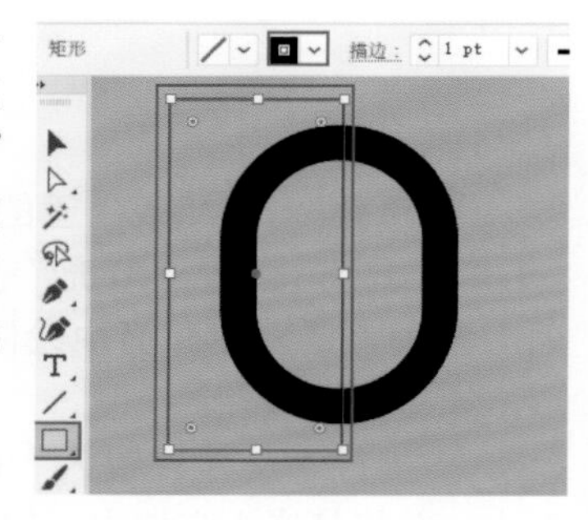

图7-186

⑲ 选中矩形与圆角矩形，在打开的“路径查找器”面板中单击“减去顶层”按钮，如图7-187所示。

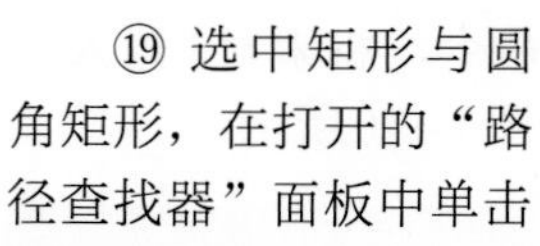

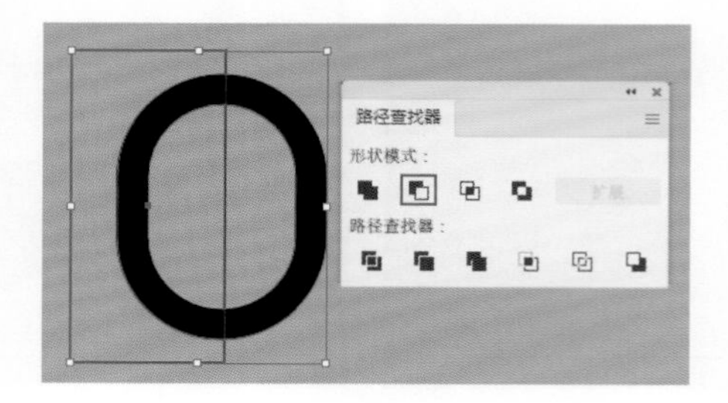

图7-187

⑳ 此时可以得到圆角矩形的一半，选中该图形，将其“填充”更改为黄色，如图7-188所示。

㉑ 选中黄色图形，使用快捷键Ctrl+C进行复制，使用快捷键Ctrl+F进行原位粘贴，并在控制栏中设置“填充”为无，“描边”为白色，“描边粗细”为3pt，如图7-189所示。

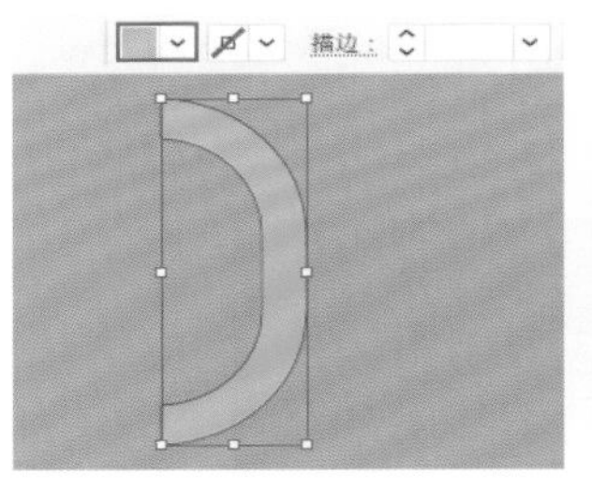

图7-188

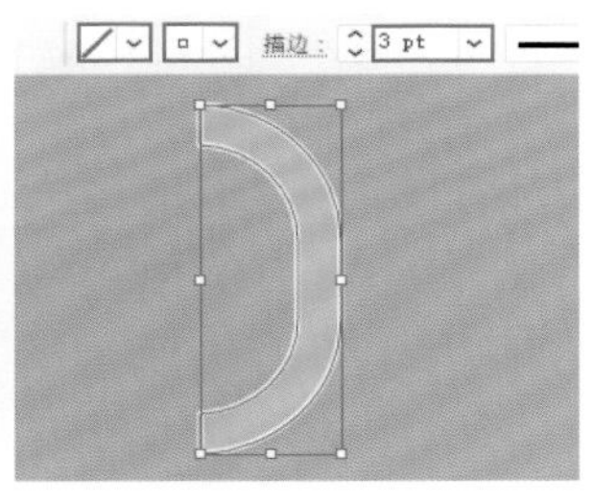

图7-189

㉒ 选中描边对象，按住鼠标左键拖动控制点，调整其大小。效果如图7-190所示。

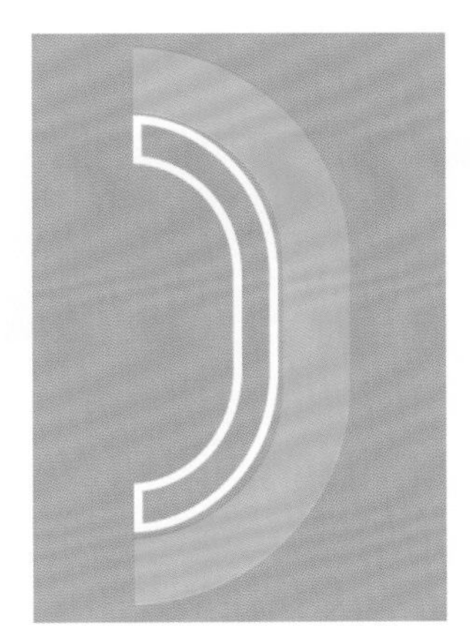

图7-190

㉓ 选中黄色图形，执行“对象>变换>镜像”命令，在打开的“镜像”窗口中设置“轴”为垂直，单击“复制”按钮，如图7-191所示。此时效果如图7-192所示。

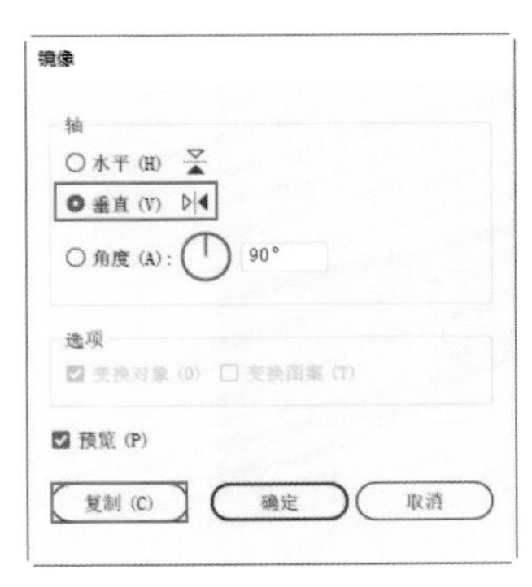

图7-191

图7-192

㉔ 选中复制的图形，将其向左移动，并在控制栏中设置“填充”为无，“描边”为白色，“描边粗细”为3pt，如图7-193所示。

㉕ 选中所有图形，使用快捷键Ctrl+G进行编组。此时字母“O”制作完成，效果如图7-194所示。

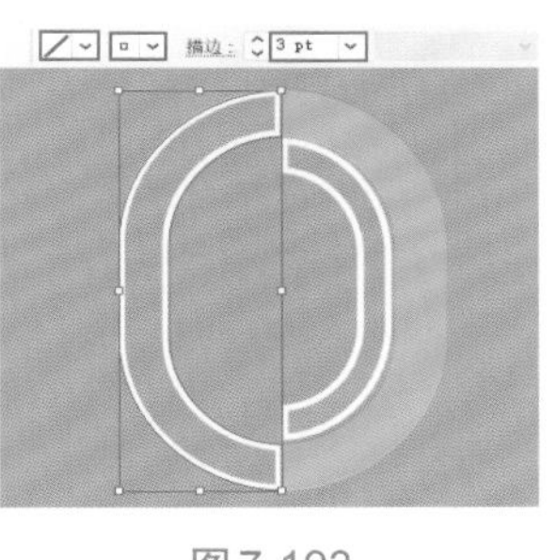

图7-193

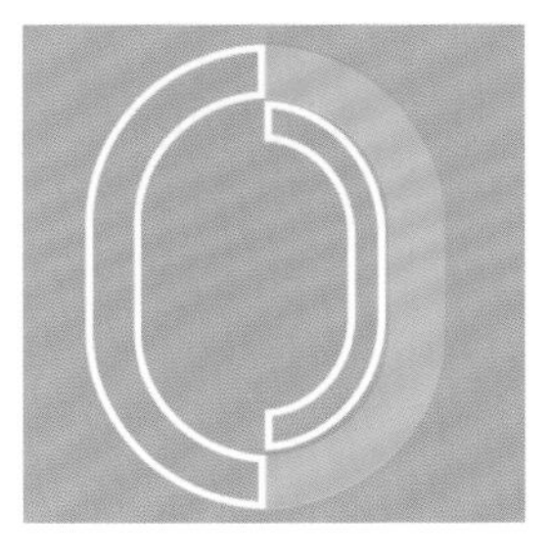

图7-194

㉖ 单击“钢笔工具”，在画板以外的空白区域绘制出字母“i”。效果如图7-195所示。

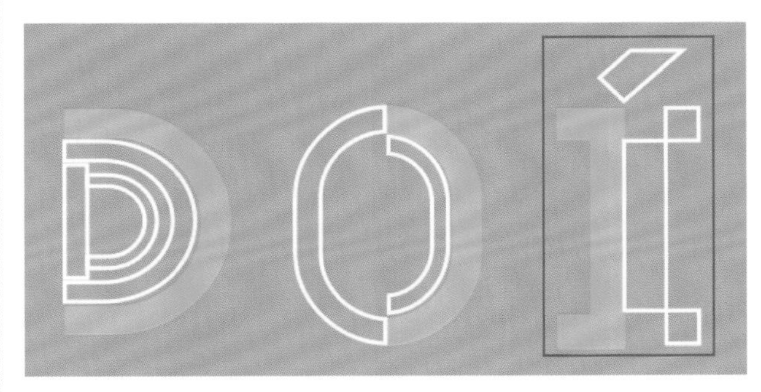

图7-195

㉗ 依次选中文字，将其移动至画面中的合适位置上。效果如图7-196所示。

㉘ 选中字母“O”，多次执行“对象>排列>后移一层”命令，将其置于图片之后。效果如图7-197所示。

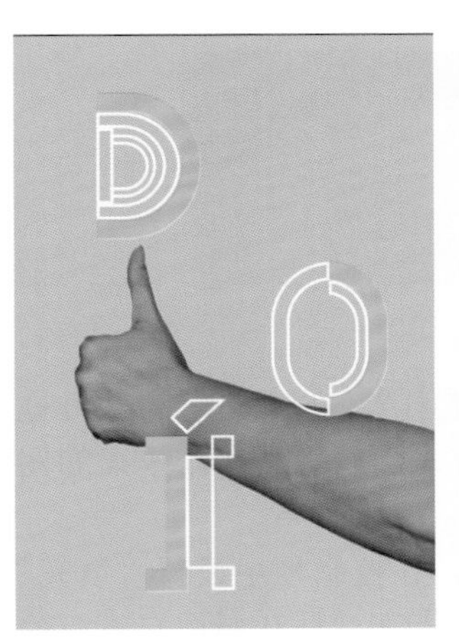

图7-196

图7-197

㉙ 单击“文字工具”，在画面的右上角单击，输入文字，并在控制栏中设置合适的字体、字号与颜色，如图7-198所示。

图7-198

㉚ 选中字母“D”和“O”，使用快捷键Ctrl+C进行复制，使用快捷键Ctrl+V进行粘贴，执行“对象＞路径＞轮廓化描边”命令，将路径描边进行轮廓化。并将其移动至右上角的文字下方，缩放至合适大小。效果如图7-199所示。

图7-199

㉛ 单击“文字工具”，在字母“i”的左侧输入文字，并在控制栏中设置合适的字体、字号与颜色，如图7-200所示。

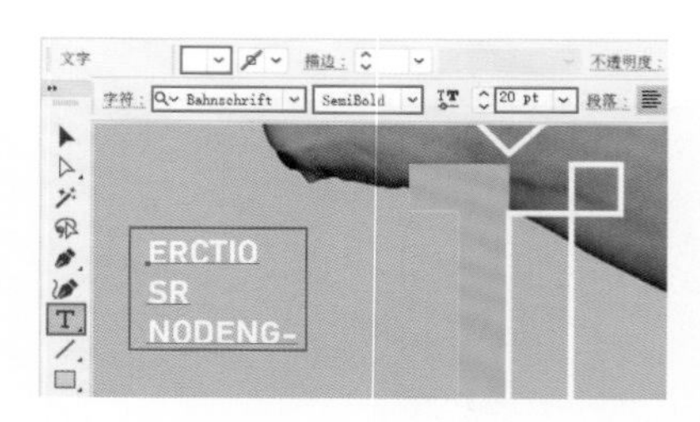

图7-200

㉜ 继续使用“文字工具”，在该文字的下方拖动绘制一个文本框，并输入合适的文字。效果如图7-201所示。

㉝ 单击“矩形工具”，在控制栏中设置“填充”为红色，“描边”为无，设置完成后在画面右下方绘制一个矩形，如图7-202所示。

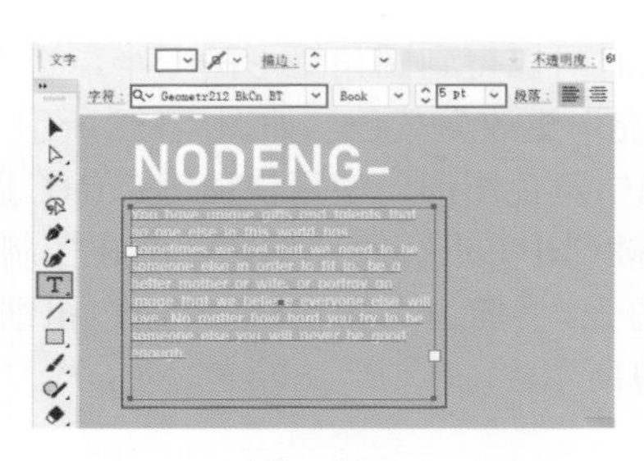

图7-201

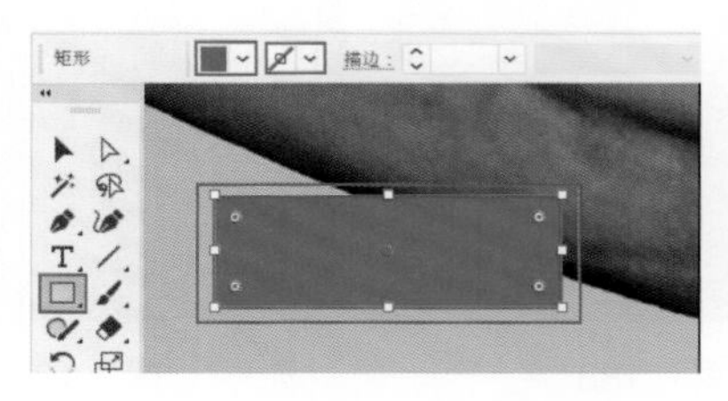

图7-202

㉞ 选择“文字工具”，在右侧画面中输入合适的文字。效果如图7-203所示。本案例制作完成，效果如图7-204所示。

图7-203

图7-204

7.6 课后练习：卡通风格海报

文件路径

实战素材/第7章

操作要点

使用“剪切蒙版”隐藏部分内容
使用“位移路径”制作文字多重描边

案例效果

案例效果见图7-205。

图7-205

操作步骤

① 执行“文件>新建”命令新建一个大小为“A4”、“方向”为“纵向”的文档。为了便于操作，执行“窗口>控制”命令，使“控制栏”处于启用状态。单击“矩形工具”，绘制一个与画板等大的矩形，去除填充和描边，保持选中状态，如图7-206所示。

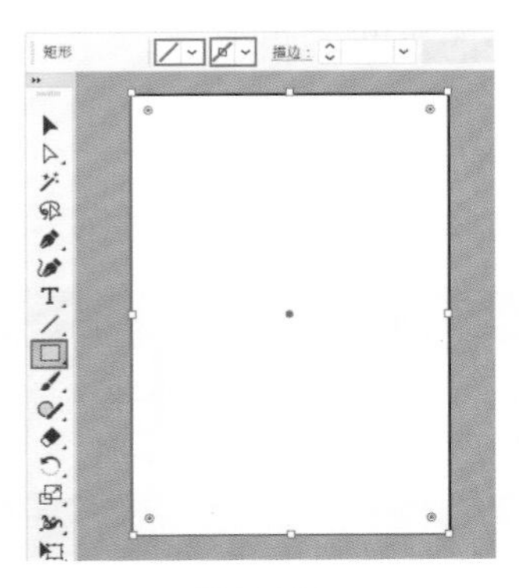

图7-206

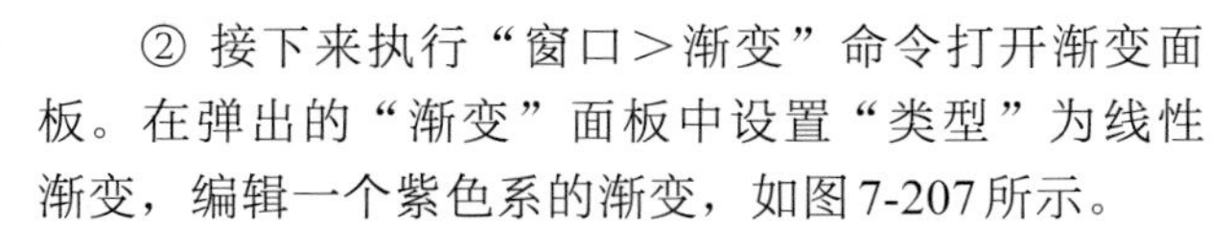

② 接下来执行“窗口>渐变”命令打开渐变面板。在弹出的“渐变”面板中设置“类型”为线性渐变，编辑一个紫色系的渐变，如图7-207所示。

③ 单击“渐变工具”，调整合适的渐变角度，效果如图7-208所示。

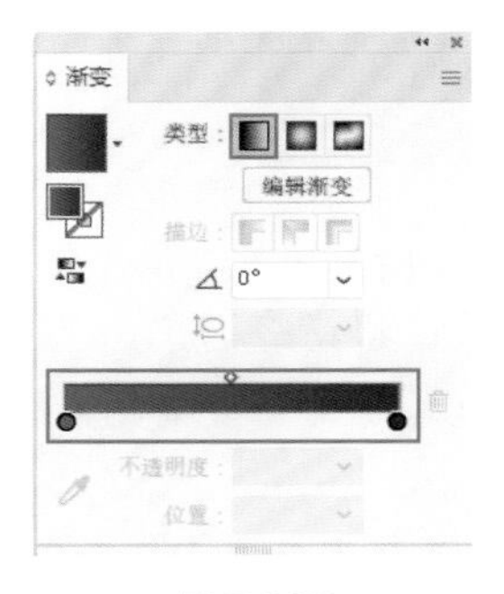

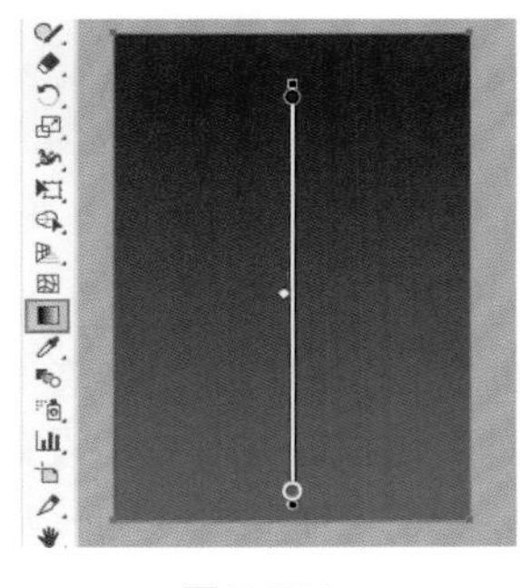

图7-207　　图7-208

④ 执行“文件>打开”命令，打开素材1。框选所有素材，使用复制快捷键Ctrl+C，回到当前操作的文档中，使用快捷键Ctrl+V粘贴，适当缩放其大小并移动到相应位置，如图7-209所示。

⑤ 使用“矩形工具”绘制一个与画板等大的矩形，如图7-210所示。

图7-209　　图7-210

⑥ 选中矩形与糖果图案，单击鼠标右键执行“建立剪切蒙版”命令，隐藏图案超出画板以外的部分。效果如图7-211所示。

图7-211

⑦ 制作版面左上角的标志。单击“钢笔工具”，在控制栏中设置“填充”为白色，“描边”为无，绘制一个不规则图形，如图7-212所示。

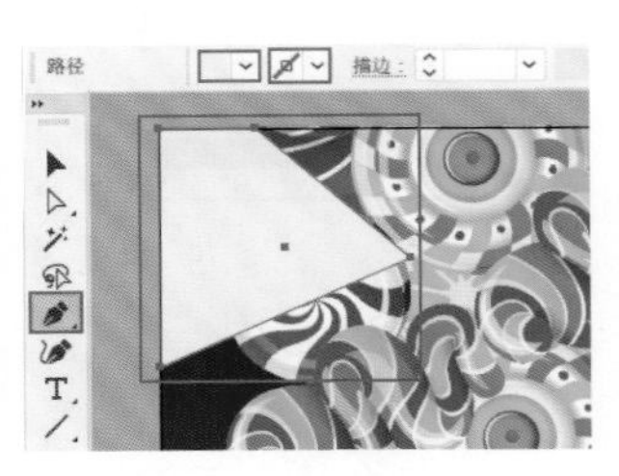

图7-212

⑧ 使用“钢笔工具”绘制三个彩色图形，如图7-213所示。

图7-213

⑨ 单击“文字工具”，在彩色图形下方输入文字。接着选中文字设置文字颜色为蓝色，“描边”为无，选择一种合适的字体，设置“字体大小”为21pt。如图7-214所示。

⑩ 制作主体文字。单击“文字工具”，输入文字。设置文字颜色为蓝色，“描边”为无，选择一种合适的字体，设置“字体大小”为150pt，如图7-215所示。

图7-214

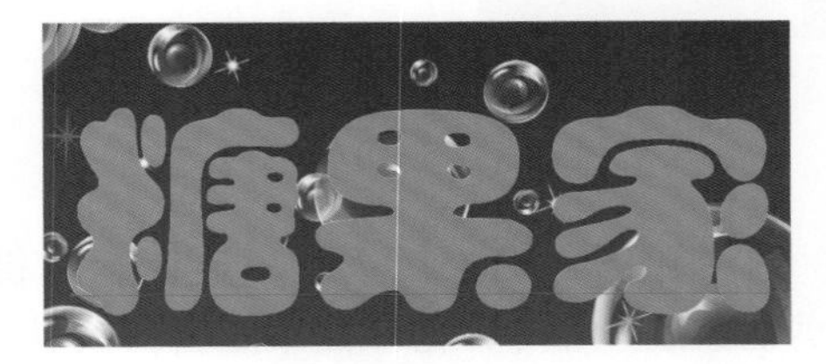

图7-215

⑪ 选中文字，执行“效果>路径>偏移路径”命令，在弹出的“偏移路径”窗口中设置“位移”为6mm，“连接”为圆角，“斜接限制”为4，单击“确定”按钮，如图7-216所示。此时效果如图7-217所示。

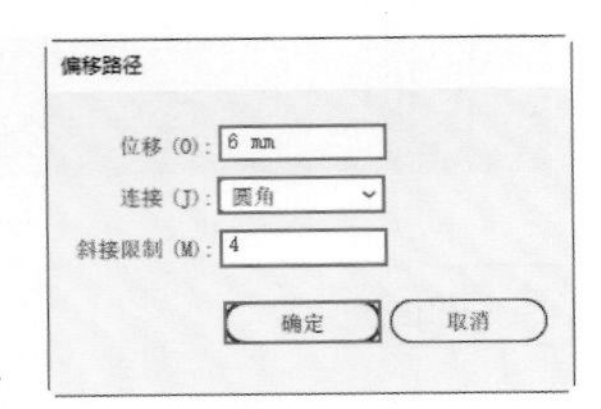

图7-216

图7-217

⑫ 选中文字，使用快捷键Ctrl+C进行复制，使用快捷键Ctrl+F将复制的对象贴在前面，更改填充颜色为深蓝色，并适当移动其位置，如图7-218所示。

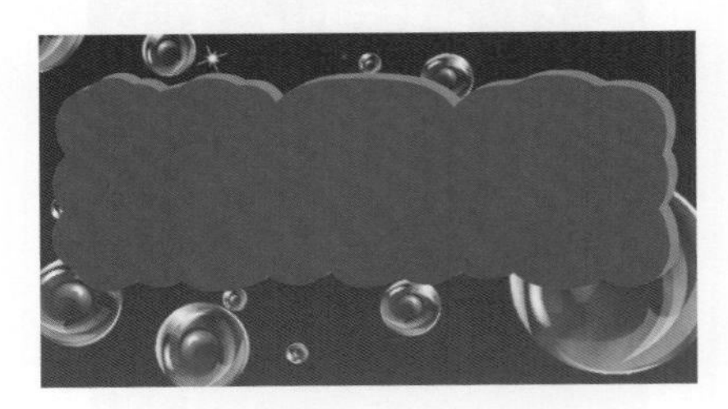

图7-218

⑬ 选中深蓝色文字，使用快捷键Ctrl+C进行复制，使用快捷键Ctrl+F将复制的对象贴在前面。接着执行“窗口>外观”命令，在弹出的“外观”面板中单击选择“偏移路径”一栏，单击“删除所选项目”按钮，去除偏移路径的效果，如图7-219所示。

图7-219

⑭ 文字恢复正常的粗细，然后更改填充颜色为白色，如图7-220所示。

图7-220

⑮ 选中白色文字，单击鼠标右键执行“创建轮廓”命令。双击工具箱中的“晶格化工具”按钮，在弹出的“晶格化工具选项”窗口中设置“全局画笔尺寸”的“宽度”为10mm，“高度”为10mm，设置完成后单击“确定”按钮，如图7-221所示。

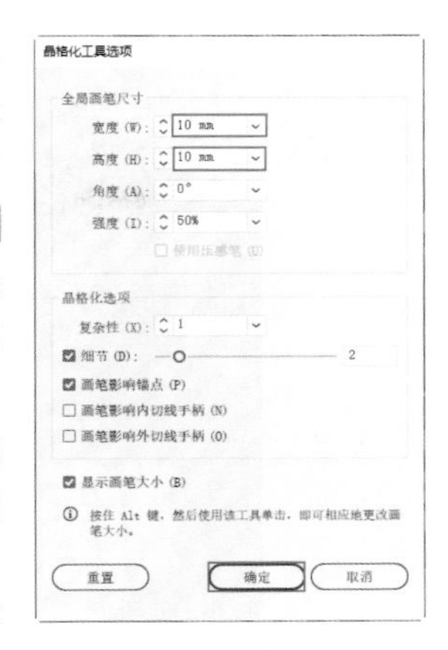

图7-221

⑯ 将光标移动到文字上，单击鼠标左键对文字进行变形，如图7-222所示。

图7-222

⑰ 使用上述方法，继续添加其他标题文字，如图7-223所示。

图7-223

⑱ 打开素材1，选中糖果素材，使用快捷键Ctrl+C将其复制，回到当前操作的文档中，使用快捷键Ctrl+V进行粘贴，调整其大小并移动到相应位置，如图7-224所示。

图7-224

⑲ 单击“文字工具”，在画面中输入文字，设置文字颜色为深蓝色，“描边”为无，选择一种合适的字体，设置“字体大小”为24pt，如图7-225所示。

图7-225

⑳ 选中文字，执行“效果＞路径＞偏移路径”命令，在弹出的“偏移路径”窗口中设置“位移”为4mm，“连接”为“斜接”，“斜接限制”为4，单击“确定”按钮，如图7-226所示。此时效果如图7-227所示。

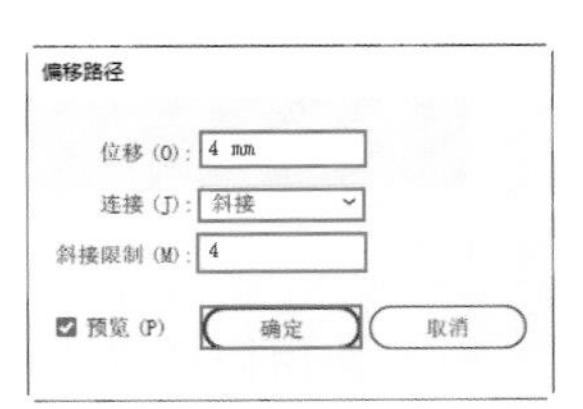

图7-226

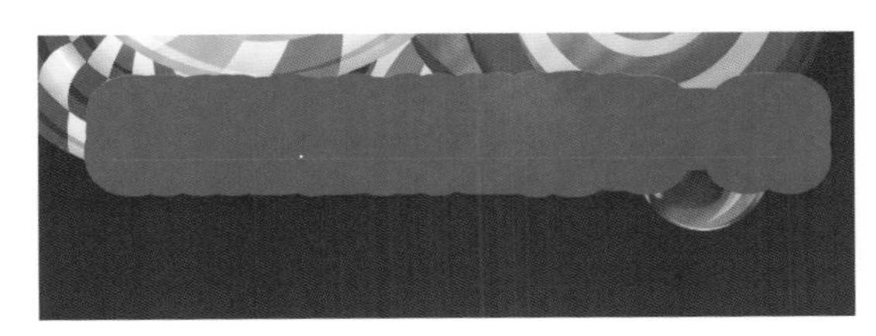

图7-227

㉑ 选中文字，使用快捷键“Ctrl+C”进行复制，使用快捷键“Ctrl+F”将复制的对象贴在前面，去除偏移路径效果，更改填充颜色为白色，如图7-228所示。

图7-228

㉒ 选中下方文字，执行“对象＞封套扭曲＞用变形建立”命令，在弹出的“变形选项”窗口中设置“样式”为“弧形”，选择“水平”，设置“弯曲”的数值大小为19%，单击“确定”按钮，如图7-229所示。此时文字效果如图7-230所示。

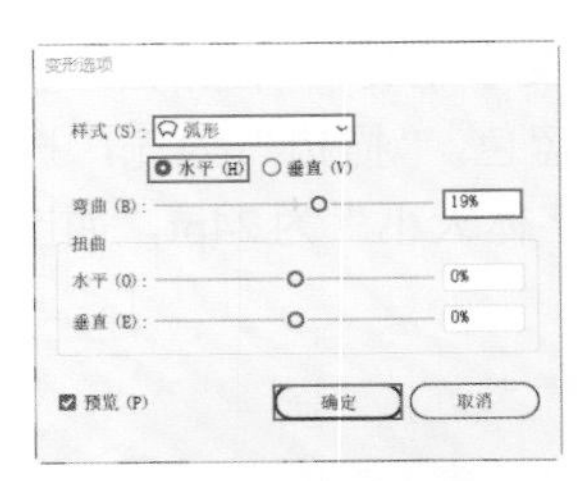

图 7-229

图 7-230

㉓ 使用同样方法继续制作另外一组文字。效果如图 7-231 所示。完成效果如图 7-232 所示。

图 7-231

图 7-232

本章小结

本章主要学习了图形变换与变形的操作，例如进行随意的调整、膨胀、收缩变形，还可以通过封套扭曲进行变形等。除了变形，还学习了使用“剪切蒙版”限制图形的显示范围，这个功能强大且实用。运用本章所学习的知识，可以更加轻松地对图形进行形态的调整。

第8章 文字的高级应用

在前面的章节中简要地学习了点文字和段落文字的创建方法，本章将要学习一些特殊文字的创建方法，如在不规则的区域内创建文字、创建沿弯曲路径排列的文字、创建不规则排列的文字、创建变形的文字等。除此之外，想要制作出精美的版面，仅仅创建出文字是远远不够的，往往还需要设置文字的属性，本章还将学习如何通过“字符”和“段落”面板编辑文字。

学习目标

- 掌握创建路径文字、区域文字的方法。
- 学会变形文字的制作方法。
- 掌握“字符”面板、“段落”面板的使用方法。
- 掌握将文字转换为图形并进一步编辑的方法。

思维导图

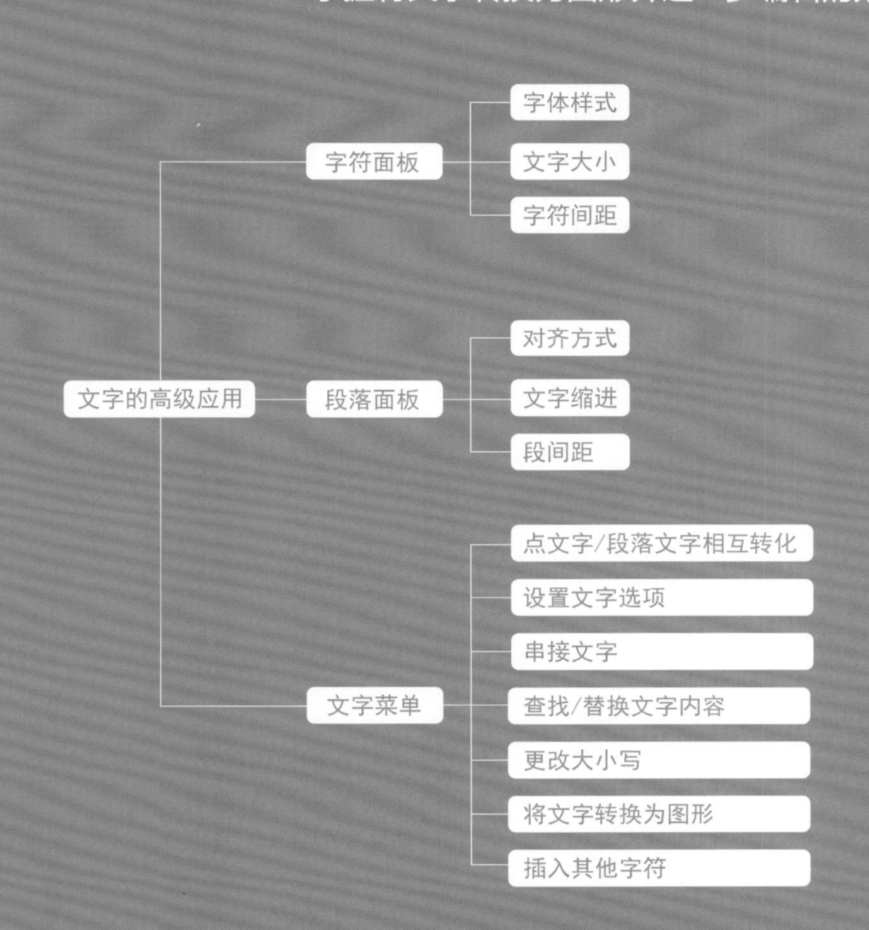

高级拓展篇

8.1 制作不规则排列的文字

在Illustrator中，除了可以使用“文字工具”“直排文字工具”创建少量点文字以及段落文字外，还可以使用“区域文字工具”“路径文字工具”“直排路径文字工具”“直排区域文字工具”以不同的形式创建出不同的文字效果。

除此之外，还可以利用“修饰文字工具”调整字符的排列方式，或者使用“变形选项”窗口制作出带有一定特殊变形的文字。

8.1.1 使用区域文字工具

功能速查

“区域文字工具”是在闭合路径中创建的文字，路径的形态决定整段文字的外形。

① 选择工具箱中的“钢笔工具”，在控制栏中设置“填充”为无，“描边”为无，设置完成后以单击的形式绘制一个闭合路径，如图8-1所示。

② 选择工具箱中的“区域文字工具”，将光标移动至闭合路径的内部，光标变为状后单击，如图8-2所示。

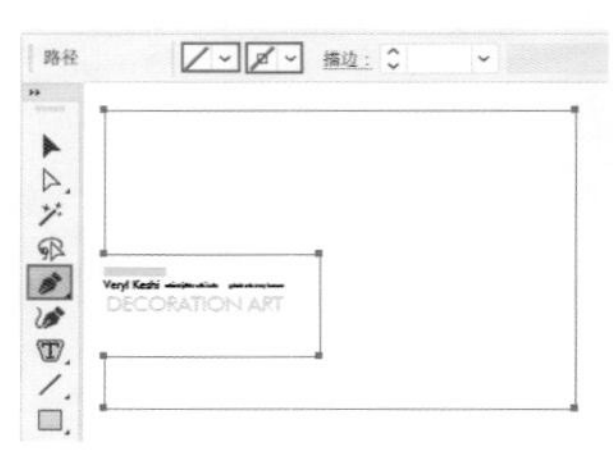

图8-1

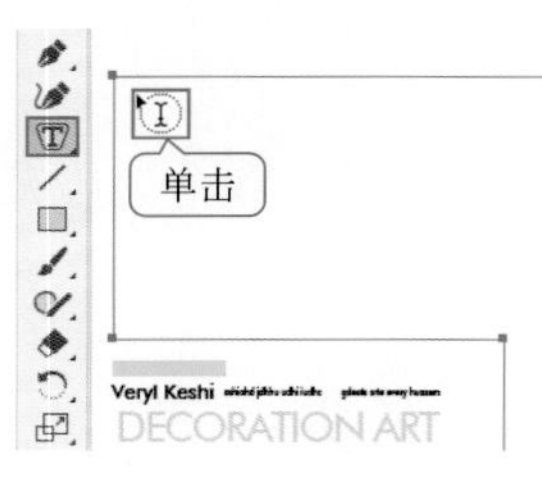

图8-2

③ 接着输入文字，文字会自动水平排列在路径的内部，如图8-3所示。

图8-3

④ 如果想要在闭合路径内创建直排的文字，则可以使用“直排区域文字工具”，以同样的方式输入文字，如图8-4所示。

图8-4

重点笔记

调整路径的形状后，区域文字的外形也会发生变化，如图8-5所示。

图8-5

8.1.2 使用路径文字工具

功能速查

“路径文字工具”可以创建按路径走向排列的文字行。改变路径的形态，即可改变文字的排列方式。

① 创建路径文字之前需要绘制路径，如图8-6所示。

② 选择工具箱中的“路径文字工具”，将光标移动至路径上方，光标变为状后单击，如图

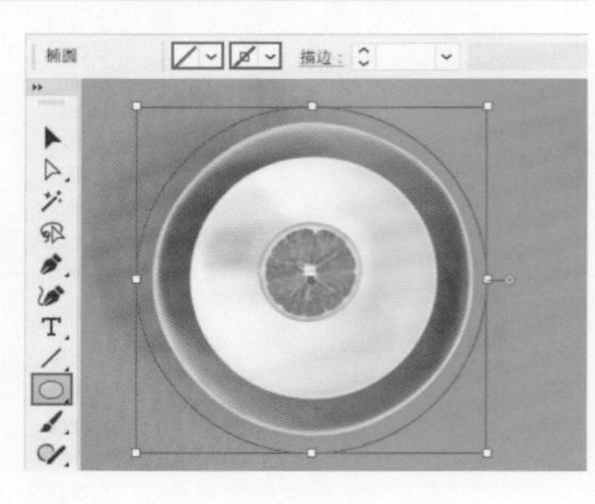

图8-6

8-7所示。

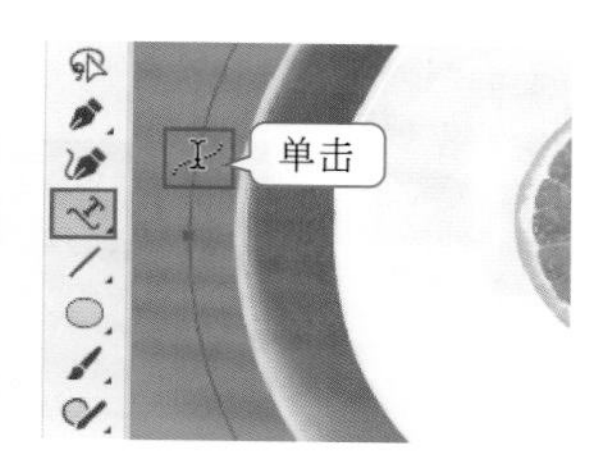

图8-7

③ 输入文字，即可看到文字自动按照路径的走向进行排列，如图8-8所示。

④ 如果想要在路径上创建直排的文字，可以使用“直排路径文字工具”，以同样的方法输入，如图8-9所示。

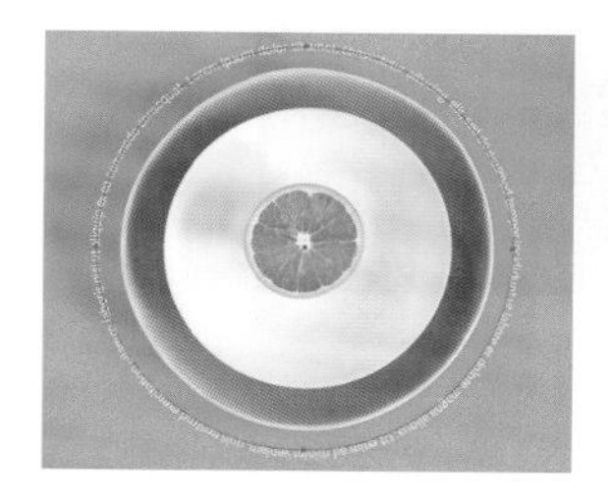

图8-8

图8-9

⑤ 路径发生变化时，文字的排列也会发生变化。例如使用“直接选择工具”拖动路径锚点的位置，可以看到路径发生变化后文字的排列也会发生改变，如图8-10所示。

⑥ 如果想要更改文字相对于路径的位置，可以选中路径，将光标移动至路径的位置，当光标变为状时，按住鼠标左键拖动即可将原本排列在路径外部的文字移动至路径内部，如图8-11所示。

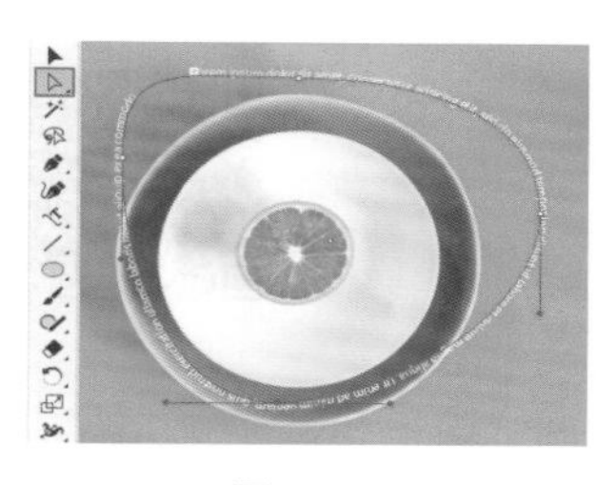

图8-10

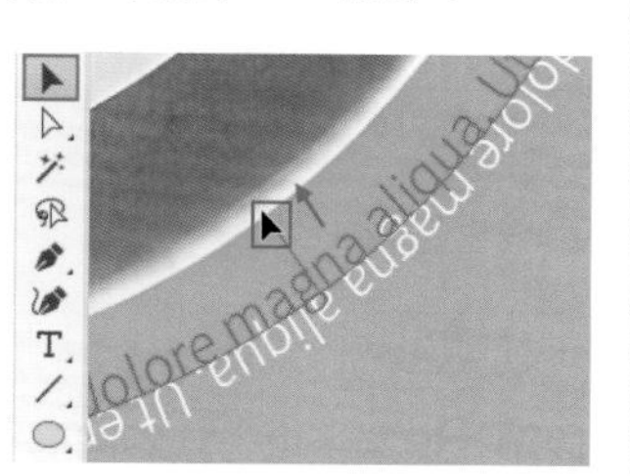

图8-11

8.1.3　使用修饰文字工具

功能速查

“修饰文字工具”可以选中单个字符，并对其进行缩放、位移、旋转与字符属性的更改。

① 选择工具箱中的“修饰文字工具”，在文字上单击，选中单个字符，如图8-12所示。

图8-12

② 将光标移动至控制点上，按住鼠标左键拖动，即可缩放文字的大小，如图8-13所示。

图8-13

③ 如果想要调整文字的旋转角度，可以将光标移动至控制框上方外侧的控制点上，当光标变为状时，按住鼠标左键拖动，即可旋转该字符，如图8-14所示。

图8-14

④ 如果想要位移文字，可以按住鼠标左键拖动，移动其位置，如图8-15所示。

图8-15

⑤ 此时也可单独更改被选中字符的某些文字属性，例如在控制栏中设置合适的字体、字号与颜色等，如图8-16所示。

图8-16

8.1.4　制作变形文字

① 首先使用“文字工具”在画面中添加文字，如图8-17所示。

图8-17

② 选中一组文字，单击控制栏中的“制作封套”按钮，如图8-18所示。（该功能相当于将“封套”功能应用于文字对象。）

图8-18

③ 在弹出的“变形选项”窗口中选择合适的样式，并设置相关选项。例如设置“样式”为“弧形”，选择“水平”，“弯曲”设置为30%，设置完成后单击“确定”按钮，如图8-19所示。此时可以看到文字发生了变形扭曲。效果如图8-20所示。

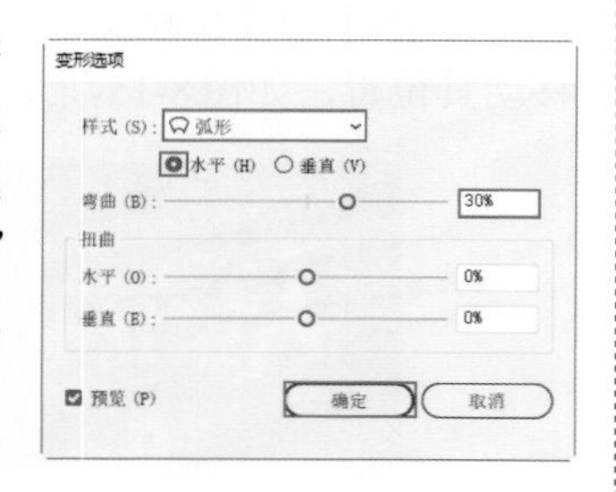

图8-19

图8-20

④ 如果想要更改变形效果，可以在选中变形文字后，再次单击“编辑封套”按钮。在控制栏中更改相关选项的设置。如更改“样式”为下弧形，“弯曲”为10%，如图8-21所示。

⑤ 如果想要修改文字内容，需要单击“编辑内容”按钮，随后进行文字本身属性的更改，如图8-22所示。

图8-21

图8-22

⑥ 如果想要去除文字变形，可以执行“对象>封套扭曲>释放”命令，如图8-23所示。

图8-23

8.1.5 实战：文字变形制作咖啡标志

文件路径

实战素材/第8章

操作要点

使用“钢笔工具”绘制图形
使用“文字工具”输入文字
为文字添加变形效果

案例效果

案例效果见图8-24。

图8-24

操作步骤

① 新建文档，选择工具箱中的“矩形工具”，设置“填充”为黄色，“描边”为无，设置完成后在画面中绘制一个与画板等大的矩形，如图8-25所示。

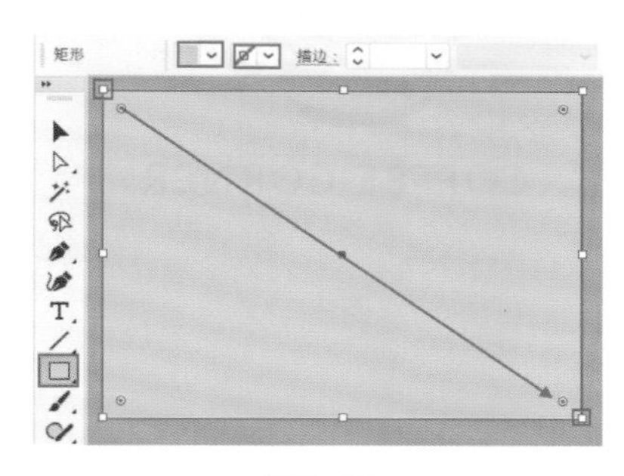

图8-25

② 选择工具箱中的“钢笔工具”，设置“填充”为褐色，“描边”为无，在画面中绘制半颗咖啡豆的图形，如图8-26所示。

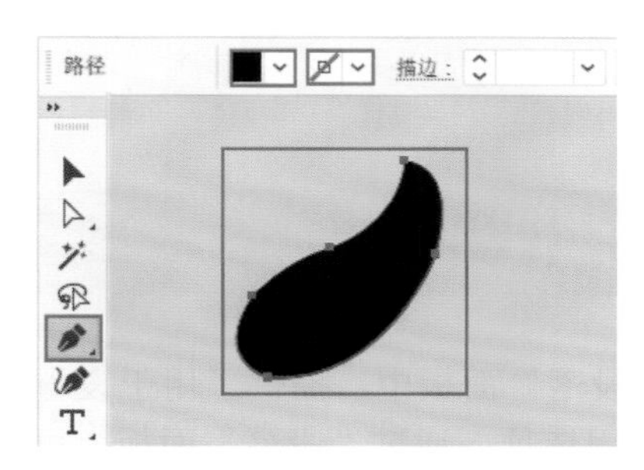

图8-26

③ 选中该图形，使用快捷键Ctrl+C进行复制，使用快捷键Ctrl+V进行粘贴，并将其移动至该图形的左侧位置，如图8-27所示。

④ 将其旋转至合适的角度，使其与右侧的图形恰好契合为一个完整的咖啡豆图案，如图8-28所示。

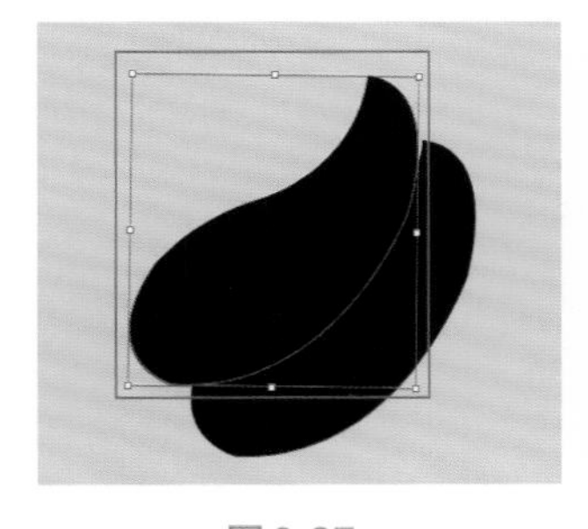

图8-27

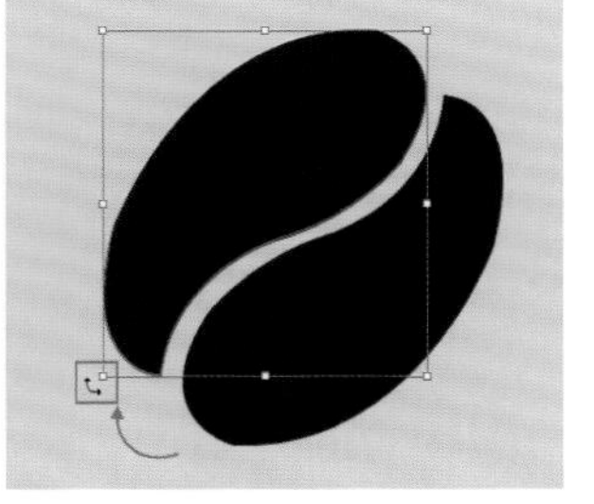

图8-28

⑤ 使用同样的方法在画面中绘制出另外一个完整的咖啡豆图案，并使用钢笔工具绘制半个咖啡豆图案，如图8-29所示。

⑥ 使用“钢笔工具”，在咖啡豆的下方绘制一个弯曲的图形，作为杯子的杯沿，如图8-30所示。

图8-29

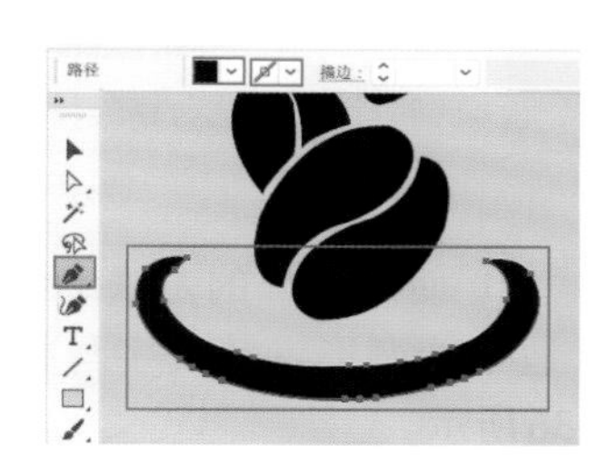

图8-30

⑦ 继续使用同样的方法绘制出杯底与杯把，如图8-31所示。

⑧ 选择工具箱中的“文字工具”，在画面中输入文字，并设置合适的字体、字号与颜色，如图8-32所示。

图8-31

图8-32

⑨ 选中文字，单击控制栏中的“制作封套”按钮，如图8-33所示。

图8-33

⑩ 在弹出的“变形选项”窗口中设置“样式”为弧形，单击“水平”按钮，并设置“弯曲”为–35%，如图8-34所示。此时效果如图8-35所示。

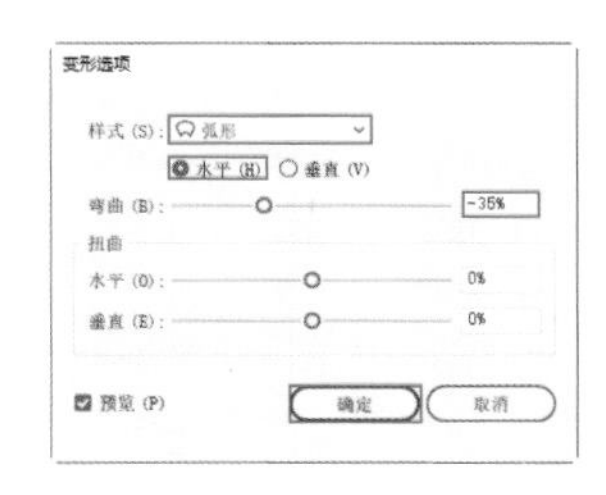

图8-34

图8-35

⑪ 使用同样的方法继续输入文字，并对文字进行适当的变形，使文字与杯子的弧度相符合，如图8-36所示。

图8-36

⑫ 选择工具箱中的“文字工具”，在标志图形的下方输入文字，如图8-37所示。本案例制作完成，效果如图8-38所示。

图8-37

图8-38

8.2 设置更多的文字属性

通过前面章节的学习，我们了解到可以在控制栏中设置文字的字体、字号、颜色、对齐方式等常用的属性。但Illustrator对于文字属性的设置还不止于此。想要设置更多的文字属性，可以利用“字符”面板与“段落”面板。

“字符”面板与控制栏中的参数相比，还可以设置如行距、字距、垂直缩放、水平缩放等选项，如图8-39所示。

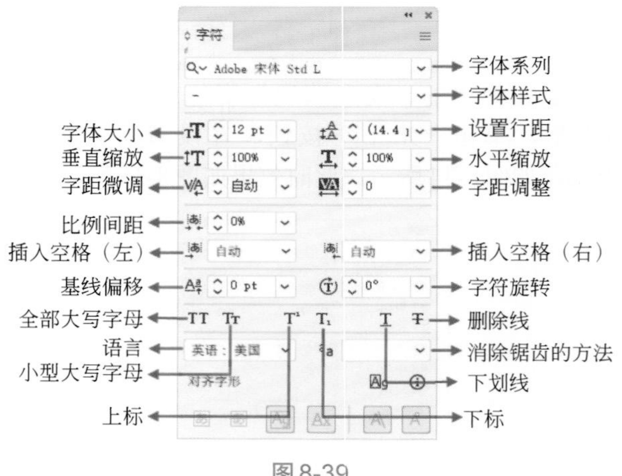

图8-39

在“段落”面板中，提供了用于设置段落编排格式的常用选项。通过“段落”面板，可以设置段落文本的对齐方式和缩进量等参数，如图8-40所示。

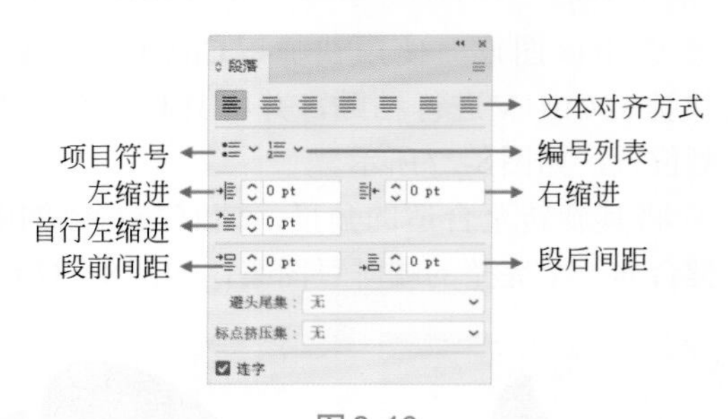

图8-40

8.2.1 字符面板

功能速查

“字符”面板中包含了更多的文字编辑选项，以应对更复杂的文字编辑。

① 选中需要修改属性的文字，执行“窗口>文字>字符”命令，打开“字符”面板，如图8-41所示。

图 8-41

重点笔记

打开“字符”面板，单击菜单按钮 ≡，执行“显示选项”命令，即可显示“字符”面板的全部选项，如图8-42所示。

图 8-42

② 单击“字体系列”倒三角按钮，在下拉列表会显示字体名称。将光标移动至字体名称上方，即可查看预览效果。单击即可选择该字体，如图8-43所示。

图 8-43

③“字体大小” 选项用来设置文字的大小。单击“字体大小”倒三角按钮，在下拉列表中可以选择预设的字号，也可以在数值框内输入数值设置字号，如图8-44所示。

④“设置行距” 选项用来设置文字的行距。单击“设置行距”倒三角按钮，在下拉列表中可以选择预设的行距，也可以在数值框内输入数值设置行距。如图8-45所示。

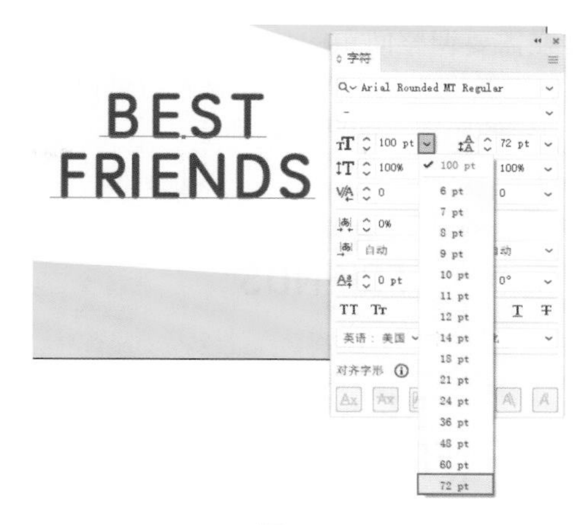

图 8-44

图 8-45

⑤“垂直缩放” 选项可以调整文字的高度，默认数值为100%。当数值大于100%时，文字变高；当数值小于100%时，文字变矮。如图8-46所示为不同参数的对比效果。

垂直缩放：125%　　垂直缩放：75%

图 8-46

⑥“水平缩放” 选项可以调整文字的宽度，默认数值为100%。当数值大于100%时文字变宽，当数值小于100%时文字变窄。如图8-47所示为不同参数的对比效果。

水平缩放：125%　　水平缩放：75%

图 8-47

⑦ 在需要调整间距的位置单击插入光标，接着调整“字距微调” ，将数值调大后可以看到字符产生了一定的距离，如图8-48所示。

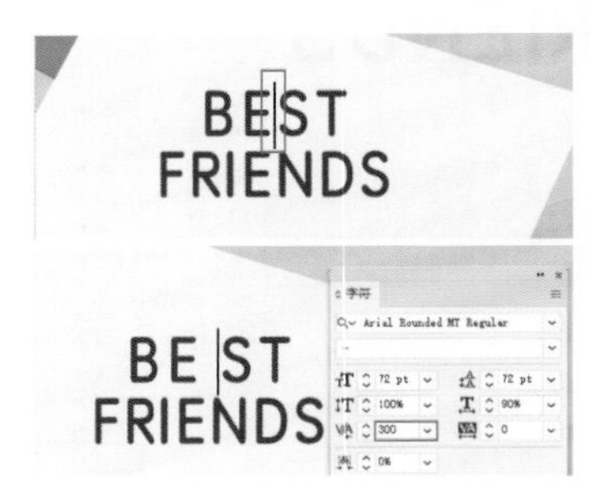

图8-48

⑧“字距调整” 选项能够调整字符与字符之间的距离，默认数值为0。字符之间的距离越小，视觉效果越紧凑；距离越大，视觉效果越松散。如图8-49所示为不同参数的对比效果。

字距调整：100%　　字符调整：-100%

图8-49

⑨“基线偏移” 选项能够设置文字与文字基线之间的距离。当数值大于0时，相对于文字基线，文字会上移；当数值小于0时，文字则会下移。如图8-50所示为不同参数的对比效果。

基线偏移：12pt　　基线偏移：-12pt

图8-50

⑩“字符旋转” 选项可以调整字符的旋转角度。当数值在0°～180°时，字符逆时针旋转；当数值在0°～-180°时，字符顺时针旋转。如图8-51所示为不同参数的对比效果。

⑪ 文字样式包括全部大写字母、小型大写字母、上标、下标、下划线、删除线，见表8-1。只需在选中文字的状态下，单击按钮即可为文字添加相应的文字样式。

字符旋转：30°　　字符旋转：-30°

图8-51

表8-1　不同文字样式

全部大写字母 TT	小型大写字母 Tr
BEST friends	BEST friends
上标 T¹	下标 T₁
BEST friends	BEST friends
下划线 T	删除线 T
best friends	best friends

8.2.2　段落面板

功能速查

“段落”面板常用于设置大段文字的属性，例如对齐方式、缩进数值、段落间距等。

① 首先创建大段的段落文字，如图8-52所示。

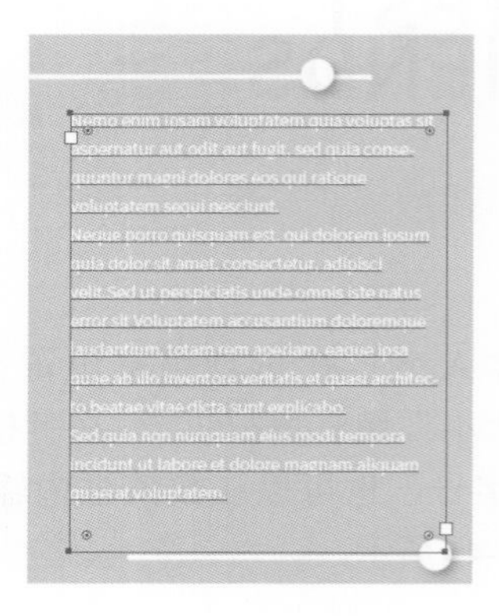

图8-52

② 执行“窗口>文字>段落”命令，打开“段落”面板，如图8-53所示。

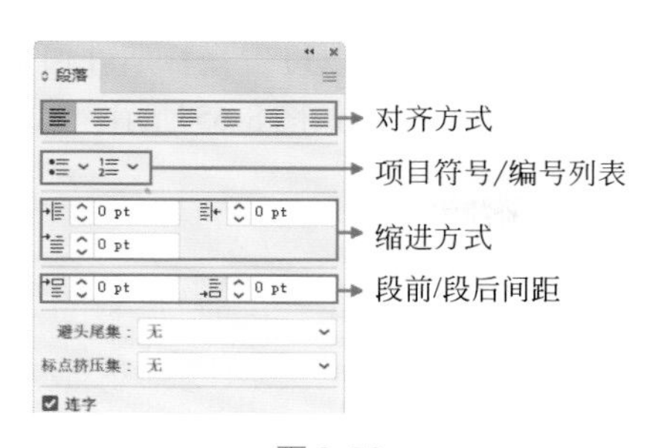

图8-53

③“左对齐文本”效果如图8-54所示。

④“居中对齐文本”效果如图8-55所示。

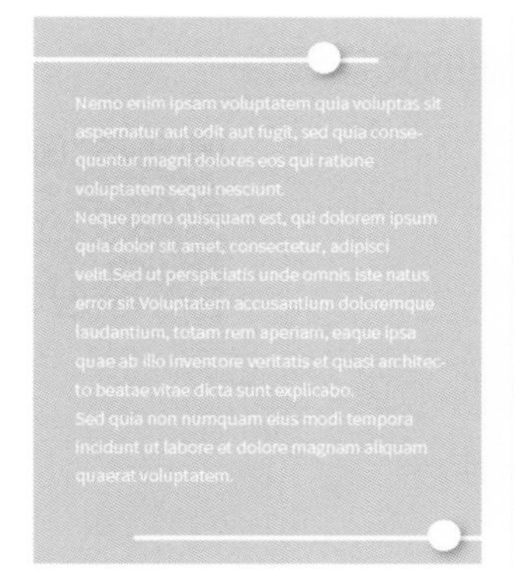

图8-54　　图8-55

⑤“右对齐文本”效果如图8-56所示。

⑥ 单击“两端对齐，末行左对齐”按钮，可以使段落文本两侧对齐，最后一行左对齐，如图8-57所示（点文字无法使用这种对齐方式）。

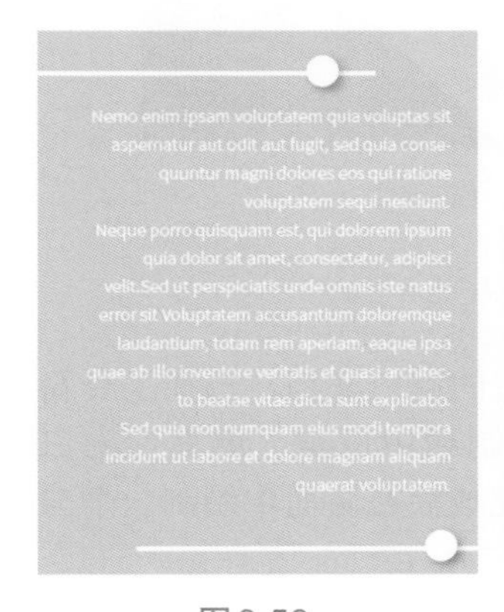

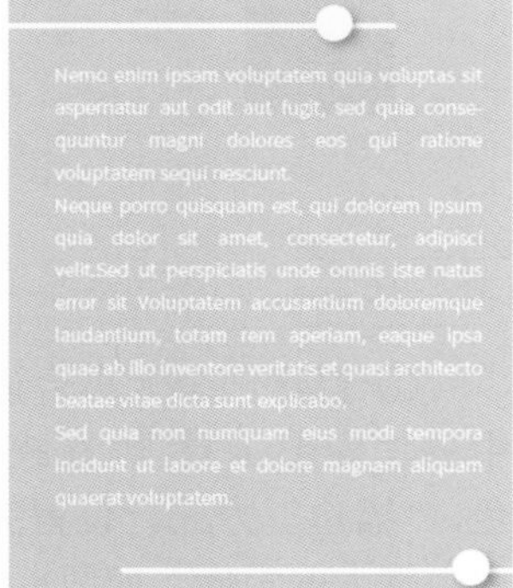

图8-56　　图8-57

⑦ 单击“两端对齐，末行居中对齐”按钮，可以使段落文本两侧对齐，最后一行居中对齐，如图8-58所示（点文字无法使用这种对齐方式）。

⑧ 单击“两端对齐，末行右对齐”按钮，可以使段落文本两侧对齐，最后一行右对齐，如图8-59所示（点文字无法使用这种对齐方式）。

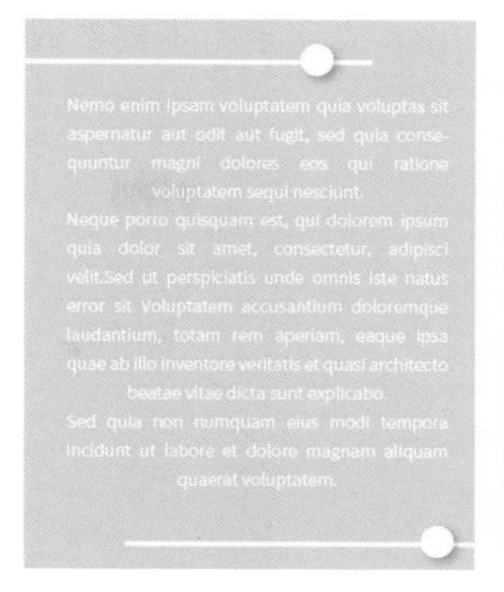

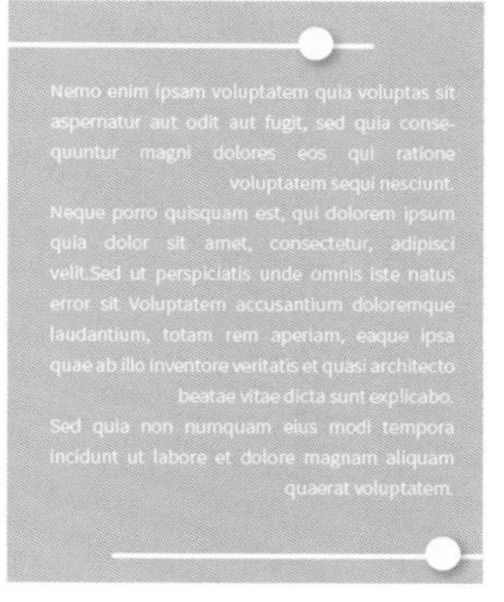

图8-58　　图8-59

⑨ 单击“全部两端对齐”按钮，可以看到段落文本强制左右两端对齐，如图8-60所示（点文字无法使用这种对齐方式）。

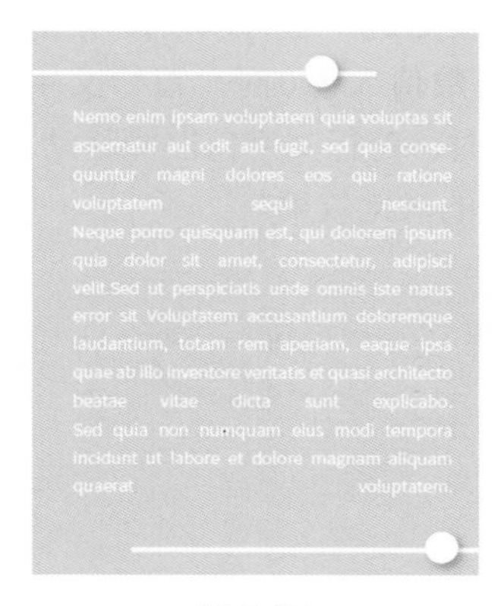

图8-60

⑩ 左缩进能调整段落文本左侧的缩进量。当数值大于0时，段落文字向右侧移动；当数值小于0时，段落文字向左侧移动。如图8-61所示为不同参数的对比效果。

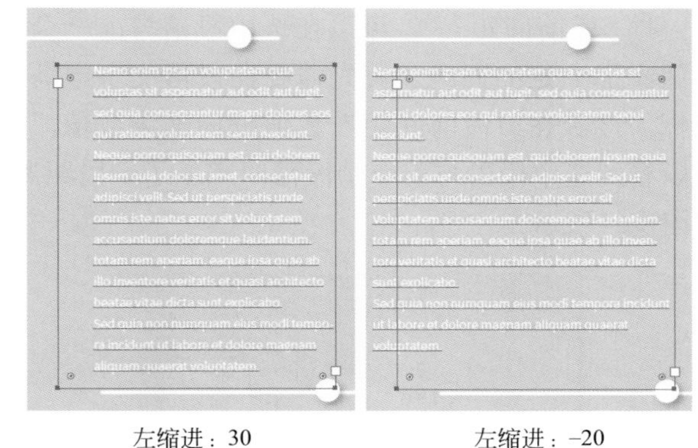

图8-61

⑪ 右缩进用于设置段落文本右侧的缩进量。当数值大于0时，文本右侧向左移动；当数值小于0

时，文本右侧向右移动。如图8-62所示为不同参数的对比效果。

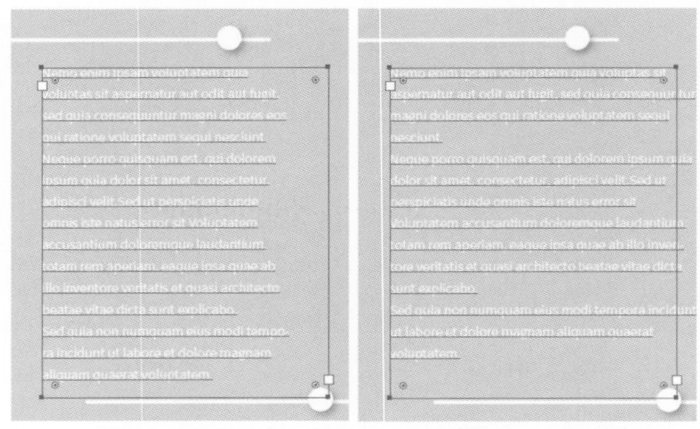

右缩进：30　　右缩进：-20

图8-62

⑫“首行左缩进”可以设置段落首行文字左侧的缩进量。当数值大于0时，首行文字向右侧移动；当数值小于0时，首行文字向左侧移动。如图8-63所示为不同参数的对比效果。

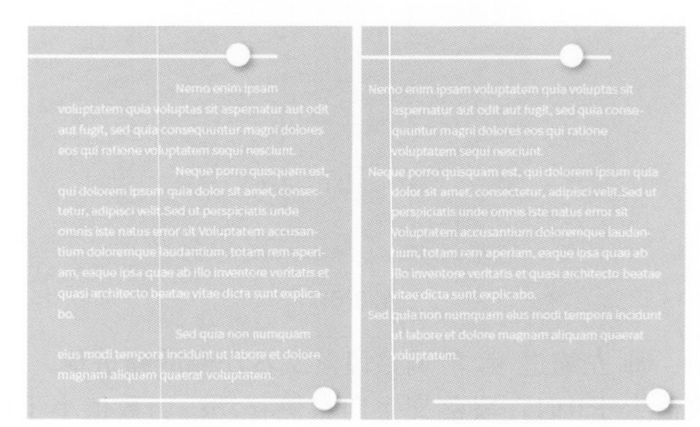

首行左缩进：100　　首行左缩进：-20

图8-63

⑬“段前间距”可以在选中段落与前一个段落间添加一定的间距。首先需要在段落文字中插入光标，接着在“段前间距”数值框内输入数值，就可以看到选中段落与前一个段落间产生了一段距离，如图8-64所示。

图8-64

⑭“段后间距”可以设置光标所在段落与后一个段落之间的间隔距离，如图8-65所示。

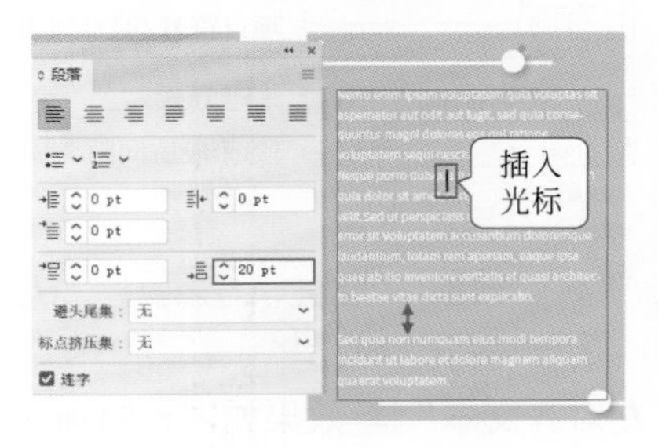

图8-65

8.2.3 实战：设置详细的文字属性

文件路径

实战素材/第8章

操作要点

调整段落文字的区域形态

使用“字符”面板设置文字属性

案例效果

案例效果见图8-66。

图8-66

操作步骤

① 新建一个大小合适的空白文档，选择工具箱中的“矩形工具”，在控制栏中设置“填充”为白色，“描边”为无，设置完成后在画面中绘制一个与画板等大的矩形，如图8-67所示。

图8-67

② 执行“文件＞置入”命令，置入素材1，并将其嵌入画面中，如图8-68所示。

图8-68

③ 选择工具箱中的“矩形工具”，在画板的最左侧绘制一个矩形，如图8-69所示。

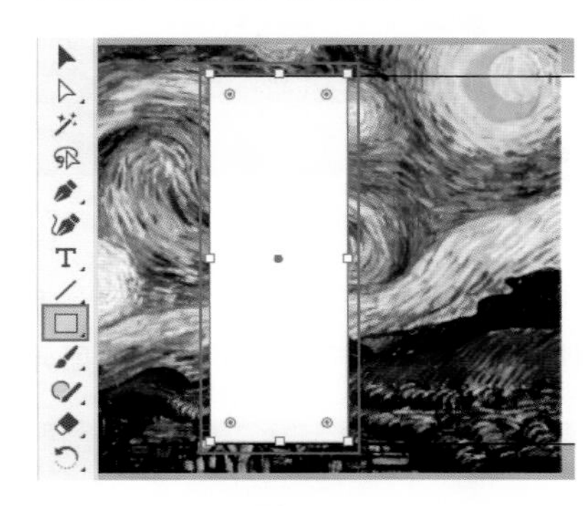

图8-69

④ 接着选中矩形与图片，执行“对象＞剪切蒙版＞建立”命令，创建剪切蒙版，隐藏超出矩形以外的部分，如图8-70所示。

图8-70

⑤ 选择工具箱中的“钢笔工具”，设置“填充”为蓝色，“描边”为无，在画板右侧绘制一个三角形，如图8-71所示。

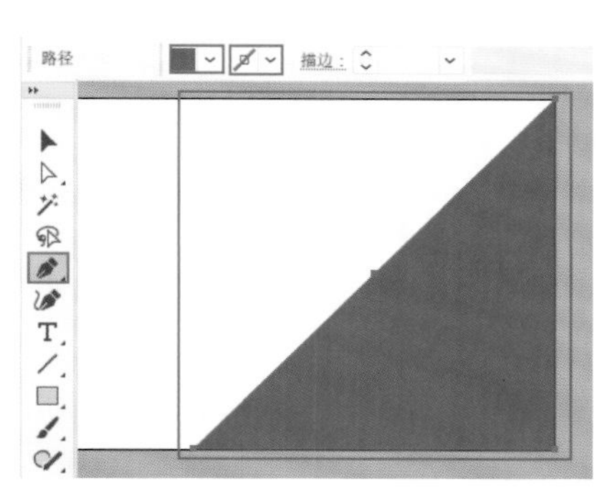

图8-71

⑥ 选择工具箱中的“矩形工具”，设置“填充”为蓝色，“描边”为无，设置完成后在图片的右上方位置绘制一个矩形，如图8-72所示。

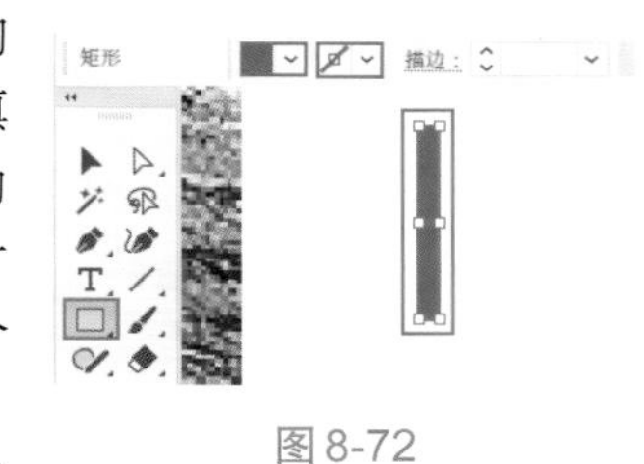

图8-72

⑦ 选择工具箱中的“文字工具”，在白色区域的左侧位置单击插入光标，接着输入文字，文字输入完成后选中文字，在控制栏中设置合适的字体、字号，对齐方式为左对齐，如图8-73所示。

图8-73

⑧ 选中文字，执行“窗口＞文字＞字符”命令，在打开的“字符”面板中设置“行间距”为128pt，如图8-74所示。

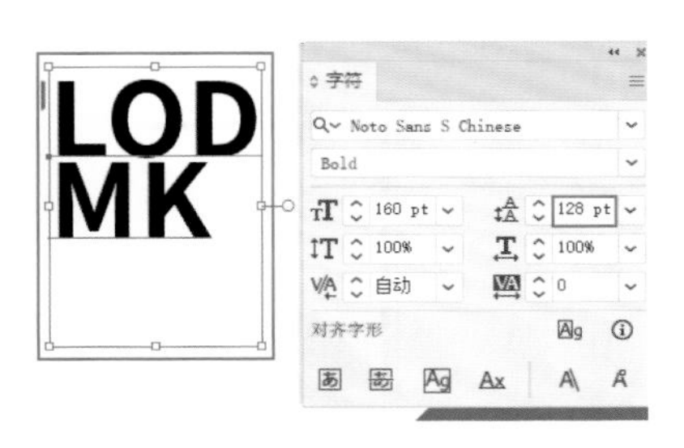

图8-74

⑨ 使用同样的方法在该文字的右下方输入新的文字，如图8-75所示。

图8-75

⑩ 选择“文字工具”，在画面中按住鼠标左键拖动绘制一个文本框，接着输入文字，选中文本框，在控制栏中设置合适的字体与字号，如图8-76所示。

图8-76

⑪ 接着选择“直接选择工具”，单击右下角的锚点，按住鼠标左键将其向左拖动，将矩形变为梯形，如图8-77所示。

图8-77

⑫ 选择“矩形工具”，在控制栏中设置“填充”为无，“描边”为黑色，“描边粗细”为4pt，设置完成后在画面右上角按住Shift键绘制一个正方形，如图8-78所示。

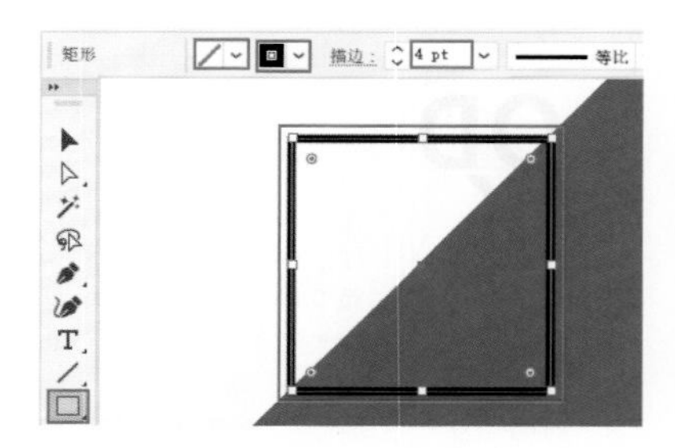

图8-78

⑬ 选择“文字工具”，在画面中输入文字，如图8-79所示。

图8-79

⑭ 选择工具箱中“矩形工具”，在控制栏中设置“填充”为黑色，“描边”为无，设置完成后在下方的文字上绘制一个矩形，如图8-80所示。

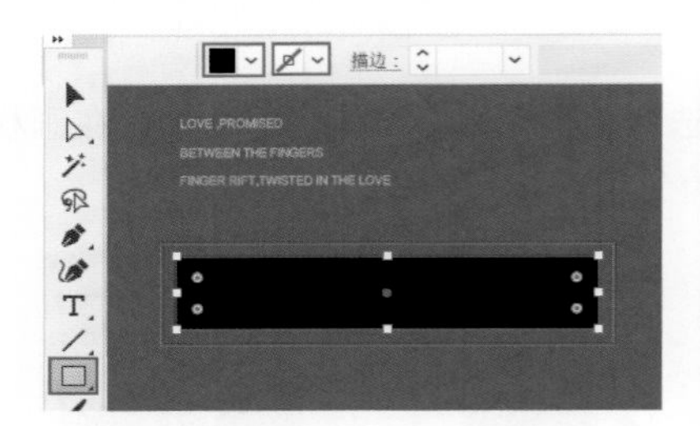

图8-80

⑮ 选中矩形，执行“对象＞排列＞后移一层”命令，将其置于文字的下方，如图8-81所示。

图8-81

⑯ 选择“文字工具”，在画面的底部输入文字，在控制栏内设置合适的字体、字号，设置“不透明度”为50%，如图8-82所示。

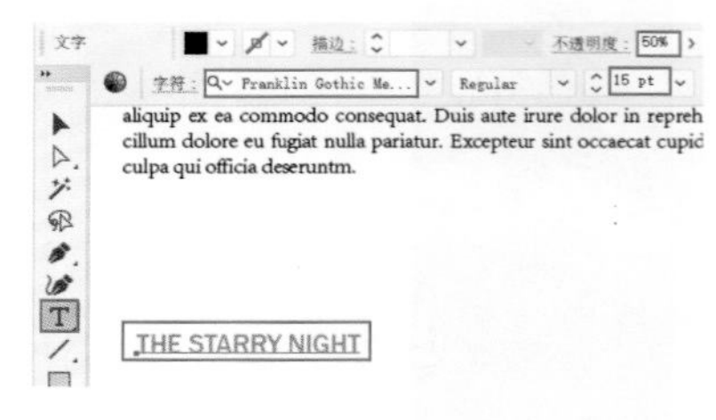

图8-82

⑰ 选中文字，在打开的“字符”面板中设置“字间距”为4500，如图8-83所示。此时底部文字间距被拉大，如图8-84所示。本案例制作完成，效果如图8-85所示。

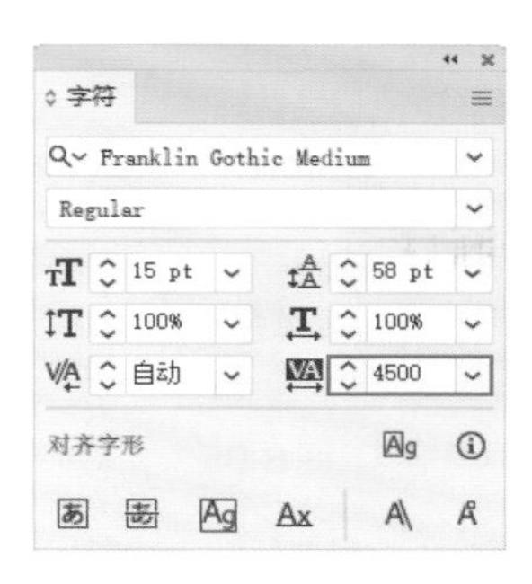

图8-83

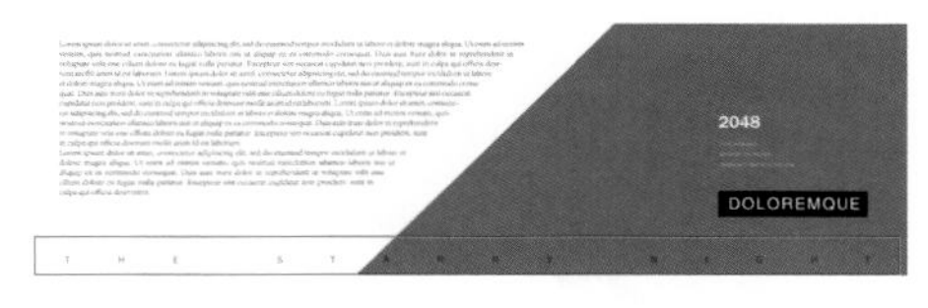

图8-84

图8-85

8.2.4　实战：杂志版面设计

文件路径

实战素材/第8章

操作要点

使用"文字工具"制作文章标题及正文
使用"字符"面板调整文字的行距
使用"段落"面板调整文字的段前间距与对齐方式

案例效果

案例效果见图8-86。

图8-86

操作步骤

① 新建一个A4大小的横向空白文档。执行"文件>置入"命令，将素材1置入画面中，并将其嵌入文档中，如图8-87所示。

图8-87

② 选中图片，按住鼠标左键拖动控制点，将图片进行拉长，如图8-88所示。

图8-88

③ 选择"矩形工具"，设置"填充"为浅橙色，"描边"为无，设置完成后在画板右侧绘制一个矩形，如图8-89所示。

图8-89

④ 选择"钢笔工具"，在画板左上角绘制一个三角形，并设置"描边"为无，"填充"为稍深一些的橙色，如图8-90所示。

⑤ 选择该三角形，执行"窗口>透明度"命令，在打开的"透明度"面板中设置"混合模式"为"正片叠底"，"不透明度"为60%，如图8-91所示。

图8-90

图8-91

⑥ 继续使用同样的方法绘制其他图形，如图8-92所示。

图8-92

⑦ 选择“矩形工具”，在控制栏中设置“填充”为橘色，“描边”为无，设置完成后在左侧画面底部绘制一个矩形，如图8-93所示。

⑧ 执行“文件＞置入”命令，将素材2置入画面中，并将其嵌入文档中，如图8-94所示。

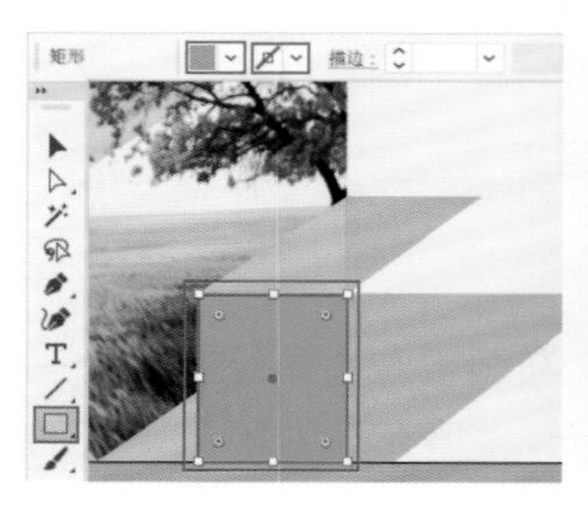

图8-93

图8-94

⑨ 选中花纹素材，在打开的“透明度”面板中设置“混合模式”为“柔光”，如图8-95所示。

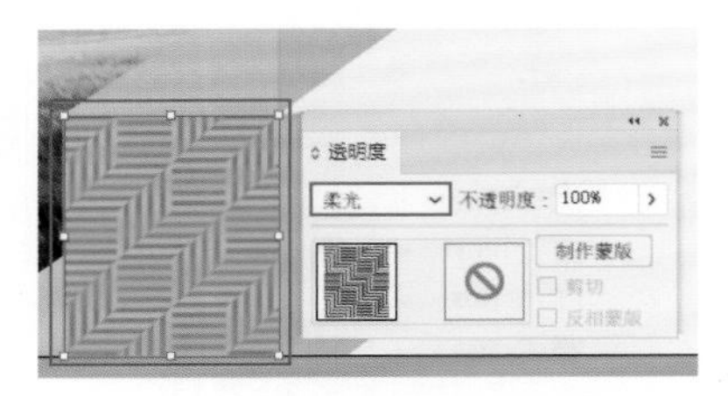

图8-95

⑩ 选择“文字工具”，在画面的左下方单击，输入文字，在控制栏中设置合适的字体、字号与颜色，如图8-96所示。

图8-96

⑪ 继续使用“文字工具”，在画面的右上方输入文字，如图8-97所示

图8-97

⑫ 选中文字，执行“窗口＞文字＞字符”命令，在打开的“字符”面板中设置“行距”为50pt，如图8-98所示。

图8-98

⑬ 继续使用同样的方法在该文字的下方输入一行小文字，如图8-99所示。

图8-99

⑭ 选择“文字工具”，按住鼠标左键拖动绘制一个文本框，接着在文本框内输入文字，在控制栏中设置合适的字体、字号与不透明度，如图8-100所示。

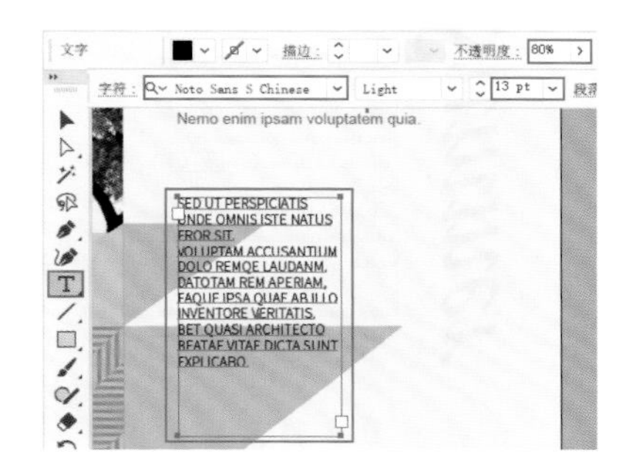

图8-100

⑮ 选中文字，执行“窗口＞文字＞段落”命令，打开“段落”面板，设置“段前间距”为10pt，如图8-101所示。

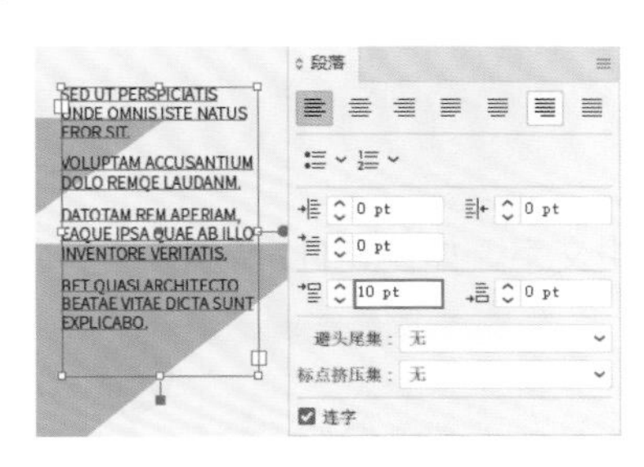

图8-101

⑯ 继续使用“文字工具”，在该段落文字的右下方绘制一个文本框，输入合适的文字，如图8-102所示。

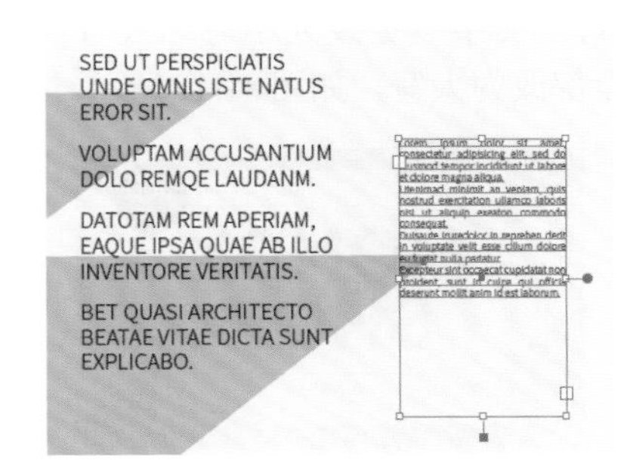

图8-102

⑰ 选中右侧的段落文字，在打开的“段落”面板中单击“两端对齐，末行左对齐”按钮，并设置“段前间距”为10pt，如图8-103所示。

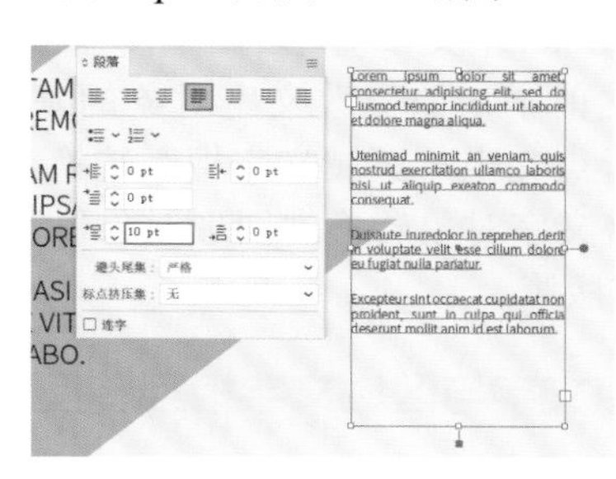

图8-103

⑱ 选中左侧画面的数字，使用快捷键Ctrl+C进行复制，使用快捷键Ctrl+V进行粘贴，并将其颜色更改为浅橙色，如图8-104所示。

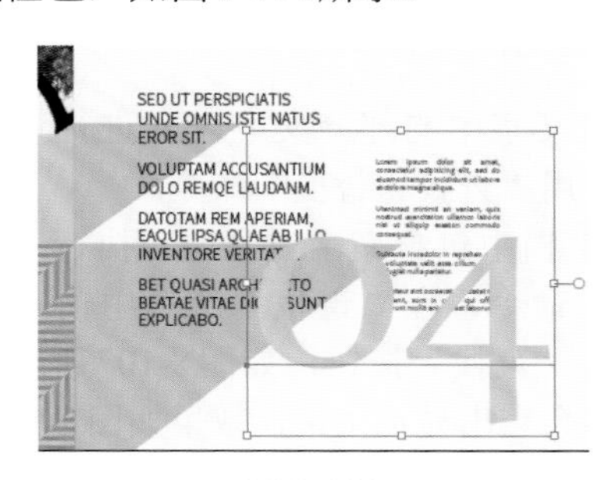

图8-104

⑲ 接着按住Shift键的同时按住鼠标左键拖动控制点，将其缩放至合适大小，并移动至合适位置，如图8-105所示。本案例制作完成，效果如图8-106所示。

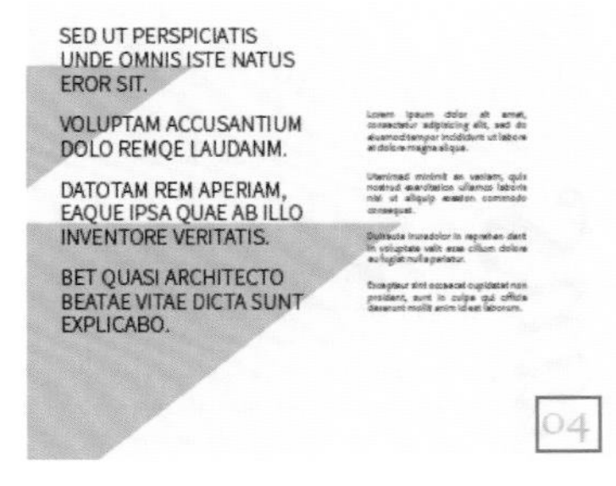

图8-105

图8-106

8.3 文字对象的编辑操作

在Illustrator中文字对象的编辑功能是非常强大的，除去之前学习的更改文字对象的基本属性外，还可以进行点文字与区域文字相互转换、更改字母大小写、将文字对象转换为图形对象以及应用文字样式快速排版等。

8.3.1 点文字与区域文字相互转换

① 选中段落文字，执行“文字>转换为点状文字”命令，即可将其转换为点文字。

② 选择点文字，执行“文字>转换为区域文字”命令，即可将其转换为区域文字。

8.3.2 查找和替换文字内容

对大量文字中的部分文字内容进行查找和替换时，可以使用“查找和替换”命令。

① 当文档中包含文字对象时，执行“编辑>查找和替换”命令，在“查找”选项中输入要查找的文字，单击“查找”按钮，如图8-107所示。此时搜索到的文字会突出显示出来，效果如图8-108所示。

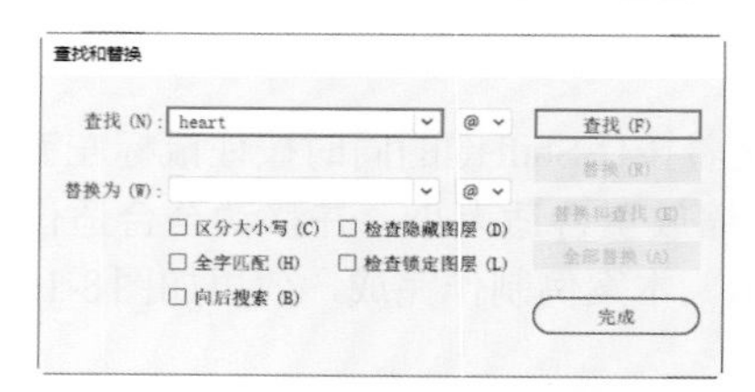

图8-107

图8-108

② 接着在“替换为”选项中输入要替换的文字，单击“全部替换”按钮，在弹出的对话框中单击“确定”按钮，如图8-109所示。效果如图8-110所示。

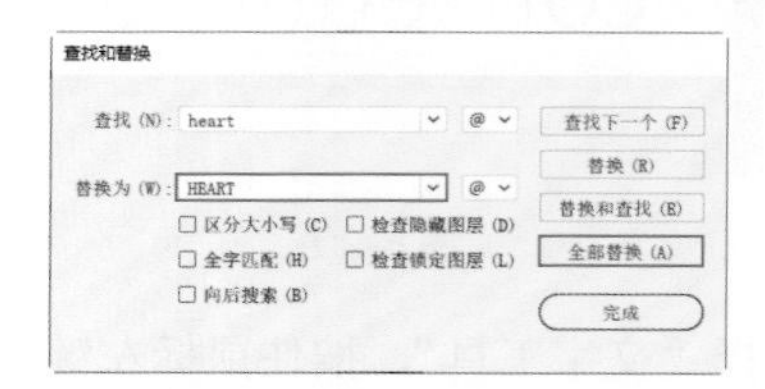

图8-109

图8-110

8.3.3 更改大小写

功能速查

“文字>更改大小写”下拉菜单中包含着更改文字大小写的命令，如大写、小写、词首大写、句首大写。

① 选中文字，如图8-111所示。

图8-111

② 执行“文字>更改大小写>大写”命令，即可将字符全部改为大写，如图8-112所示。

图8-112

③ 执行“文字＞更改大小写＞小写”命令，即可将字符全部改为小写，如图8-113所示。

图8-113

④ 执行“文字＞更改大小写＞词首大写”命令，即可将单词的首字母改为大写，如图8-114所示。

图8-114

⑤ 执行“文字＞更改大小写＞句首大写”命令，即可将句子的首字母改为大写，如图8-115所示。

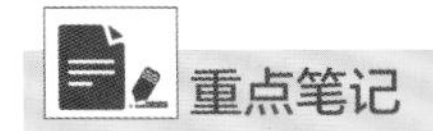

图8-115

8.3.4 将文字转变为图形

功能速查

可以通过“创建轮廓”命令，将文字转变为图形，此时文字将失去文字属性，无法再进行字体、字号的更改，但是可以进行路径调整等操作。

① 选中文字，如图8-116所示。

图8-116

② 执行“文字＞创建轮廓”命令或者使用快捷键Shift+Ctrl+O，将文字转换为图形，如图8-117所示。

图8-117

③ 选择“直接选择工具”可以直接框选字母d的部分锚点，接着按住鼠标左键拖动锚点即可更改文字的形状，如图8-118所示。

图8-118

重点笔记

为文字创建轮廓不仅在需要对文字进行变形时使用。当制作好的AI文件需要传输到其他设备使用时，为避免其他设备没有相对应的字体，而造成字体被更换的情况，也需要将画面中的全部文字“创建轮廓”。

8.3.5 应用文字样式快速排版

功能速查

利用“字符样式”与“段落样式”面板可以快速为指定的文字赋予相同的文字样式。

① 选中点文字，如图8-119所示。

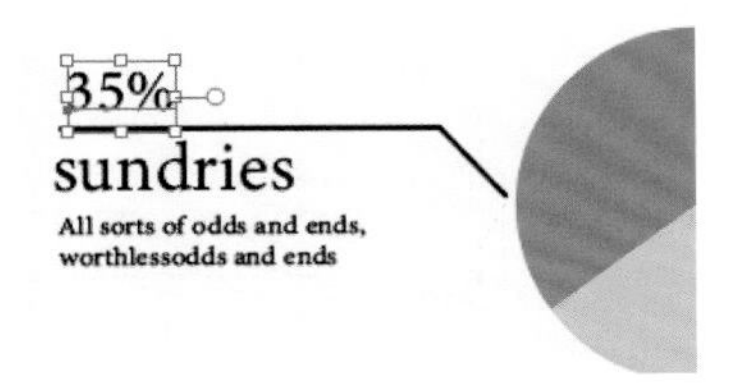

图8-119

② 执行“窗口＞文字＞字符样式”命令，打开“字符样式”面板，单击“创建新样式”⊞按钮，将该文本的字符样式保存至面板中，如图8-120所示。

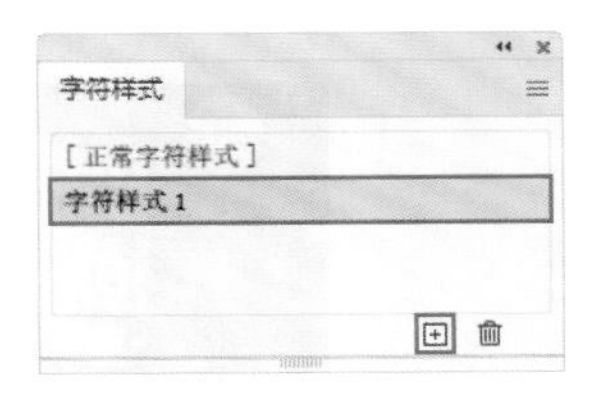

图8-120

高级拓展篇

③ 选中其他点文字，单击“字符样式”面板中的“字符样式1”，如图8-121所示，即可将新建的样式应用至选中的文本中。

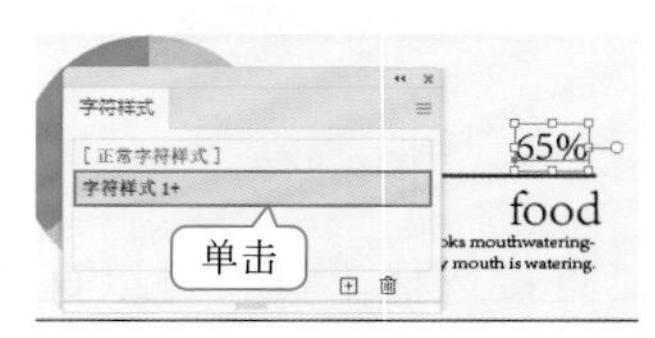

图8-121

④“段落样式”面板也是相同的。例如选择段落文本，执行“窗口＞文字＞段落样式”命令，打开“段落样式”面板。单击“创建新样式”按钮，将该文本的段落样式保存至面板中，如图8-122所示。

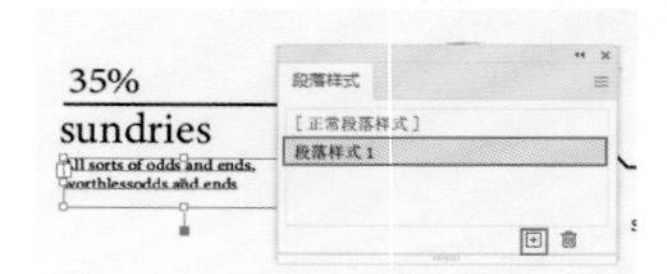

图8-122

⑤ 接着选中其他样式不同的段落文本，单击“段落样式”面板中的“段落样式1”，如图8-123所示，即可将新建的样式应用至选中的文本中。

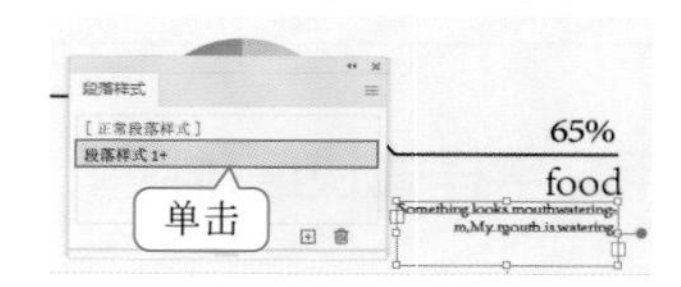

图8-123

8.3.6 实战：创意文字横栏广告

文件路径

实战素材/第8章

操作要点

扩展文字制作艺术字
运用不透明度及模糊效果制作丰富的图形效果

案例效果

案例效果见图8-124。

图8-124

操作步骤

① 新建文档，选择“矩形工具”，在控制栏中设置“填充”为黑色，“描边”为无，设置完成后在画面中绘制一个与画板等大的矩形，如图8-125所示。

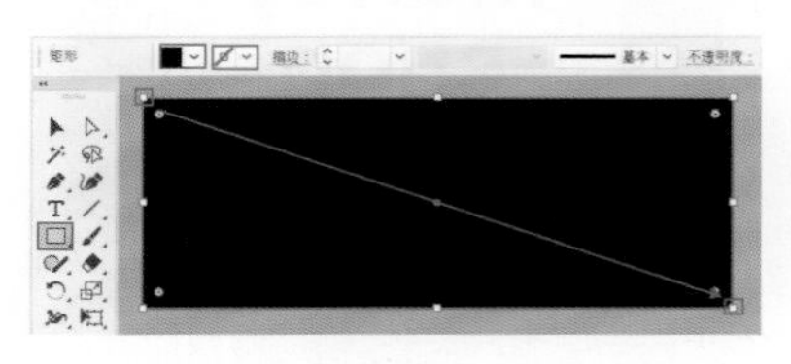
图8-125

② 选择“椭圆工具”，设置“填充”为米色，“描边”为无，设置完成后在画面中按住Shift键绘制一个正圆，如图8-126所示。

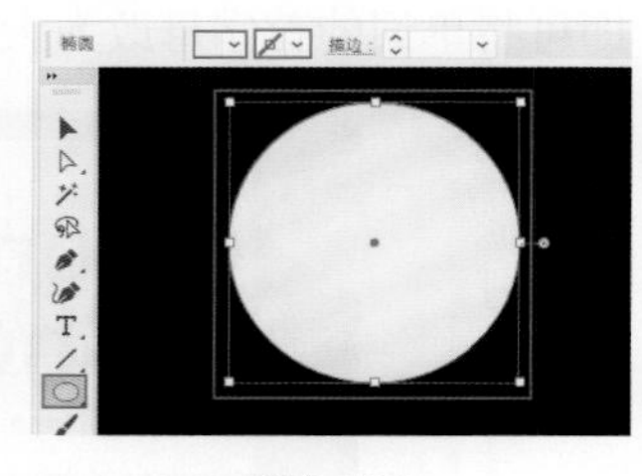
图8-126

③ 继续使用同样的方法绘制其他正圆，如图8-127所示。

图8-127

④ 选择“多边形工具”，在画面中单击，在弹出的“多边形”窗口中设置“半径”为15mm，“边数”为3，设置完成后单击“确定”按钮，如图8-128所示。

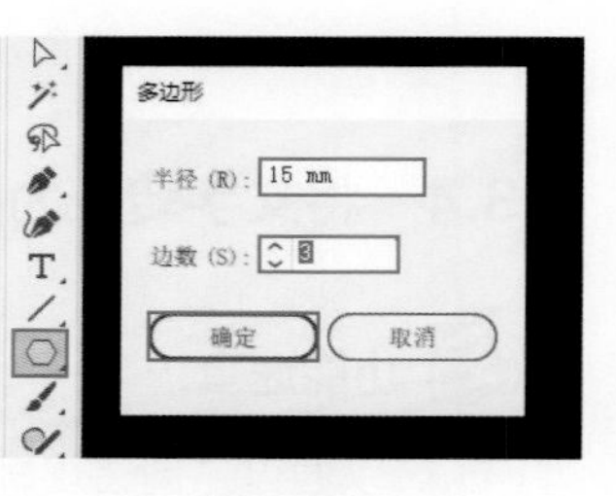

图8-128

⑤ 接着在画面中会自动出现一个三角形，选中该三角形，将其移动至合适的位置，如图8-129所示。

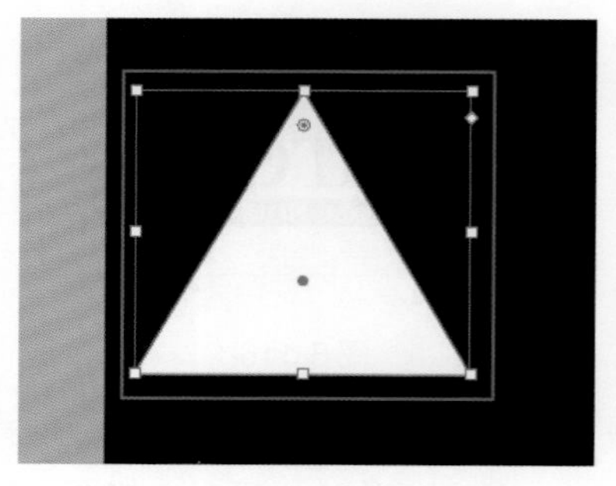
图8-129

⑥ 继续使用“多边形工具”在画面中绘制其他的三角形，如图8-130所示。

图8-130

⑦ 选择“直线段工具”，在控制栏中设置“填充”为无，“描边”为白色，“描边粗细”为1pt，设置完成后在画面中绘制一条直线，如图8-131所示。

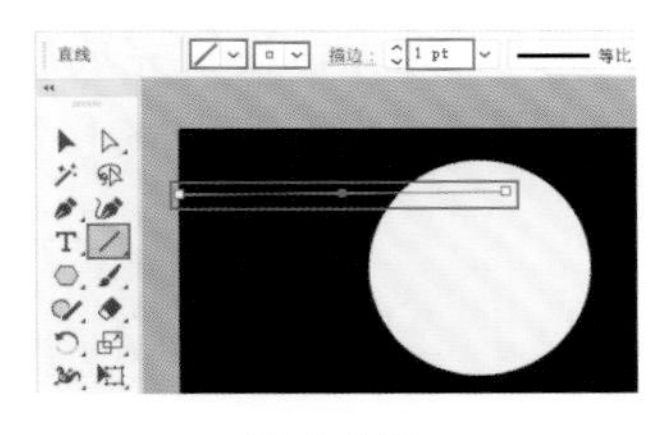

图8-131

⑧ 继续使用同样的方法在画面中绘制其他直线段，如图8-132所示。

图8-132

⑨ 选中所有直线，使用快捷键Ctrl+G进行编组，并在控制栏中设置“不透明度”为23%，如图8-133所示。

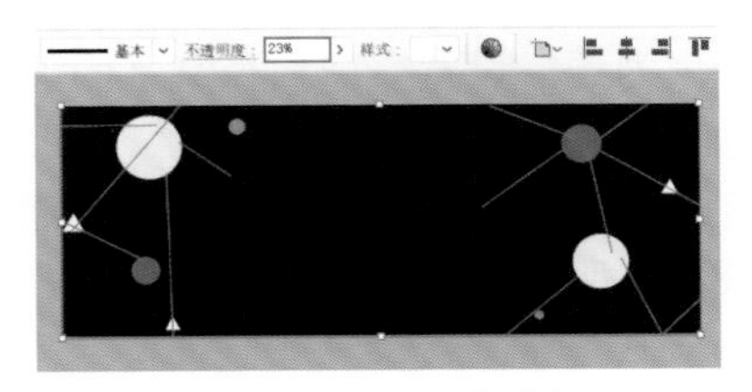

图8-133

⑩ 选择“椭圆工具”，在控制栏中设置“填充”为白色，“描边”为无，设置完成后按住Shift键绘制一个正圆，选中正圆在控制栏中设置“不透明度”为73%，如图8-134所示。

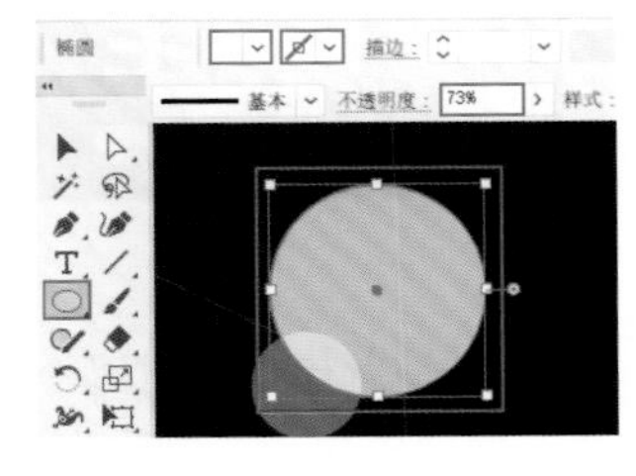

图8-134

⑪ 选中该正圆，执行“效果>模糊>高斯模糊”命令，在弹出的窗口中设置“半径”为90像素，单击“确定”按钮，如图8-135所示。

⑫ 选中该正圆，按住Alt键的同时按住鼠标左键将其向右上方拖动，至合适位置时释放鼠标，快速将其复制出一份，如图8-136所示。

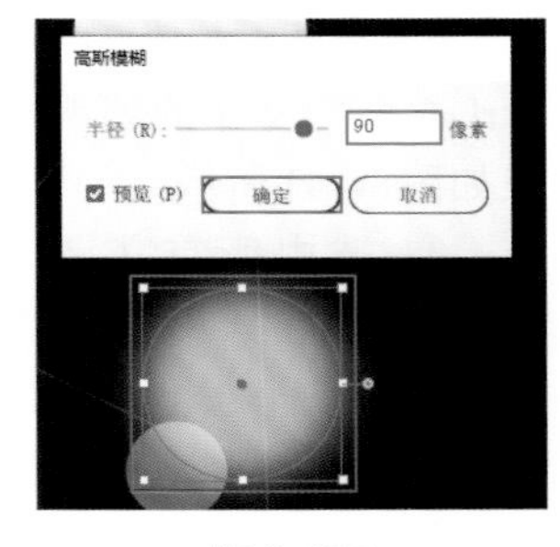

图8-135

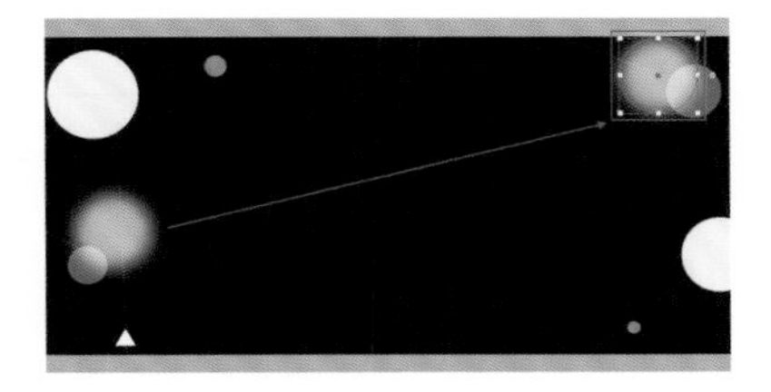

图8-136

⑬ 选择“椭圆工具”，设置“填充”为洋红色，“描边”为无，设置完成后在画面中间位置按住Shift键绘制一个正圆，如图8-137所示。

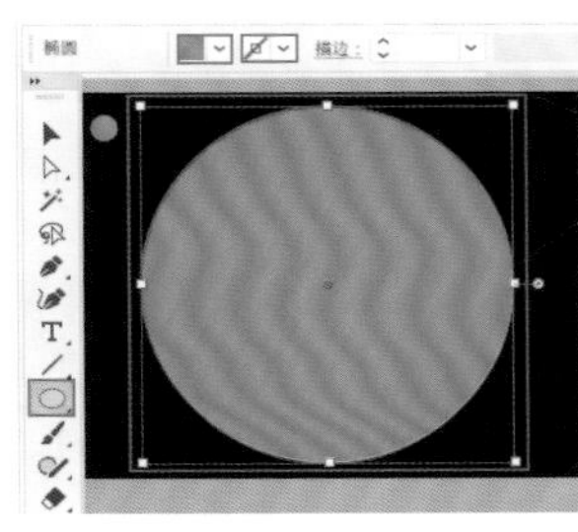

图8-137

⑭ 选择“文字工具”，在画板以外的区域输入文字，如图8-138所示。

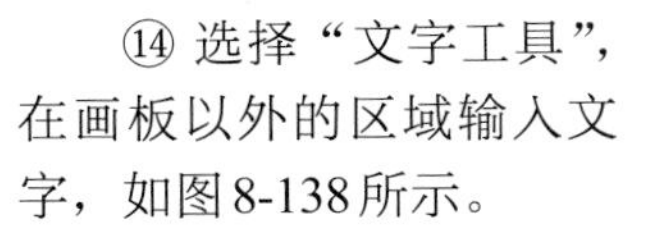

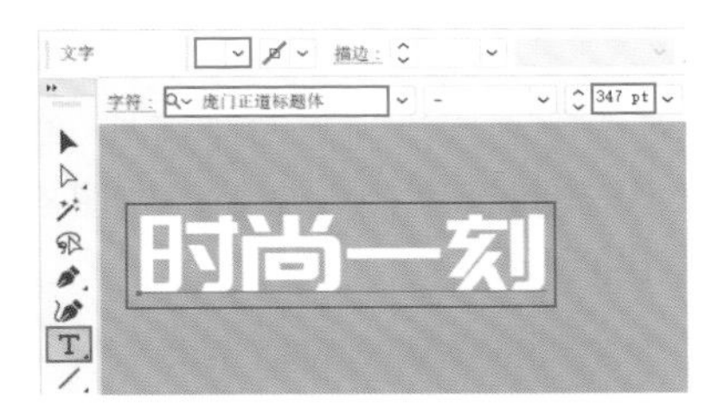

图8-138

⑮ 使用同样的方法在该文字的下方输入第二行文字，如图8-139所示。

图8-139

⑯ 选中文字，执行“对象>扩展”命令，在弹出的“扩展”窗口中单击“确定”按钮，如图8-140所示。

⑰ 使用快捷键Shift+Ctrl+G取消文字的编组。效果如图8-141所示。

⑱ 选中所有文字，选择工具箱中的“倾斜工具”，将光标移动至左上角的文字上按住鼠标左键拖动，将其进行垂直方向上的倾斜，如图8-142所示。

图8-140

图8-141

图8-142

⑲ 接着选中文字“尚”与“周”，单击鼠标右键，执行“释放复合路径”命令，如图8-143所示。效果如图8-144所示。

图8-143

图8-144

⑳ 接着选中文字中的部分图形，按下Delete键将其删除，如图8-145所示。

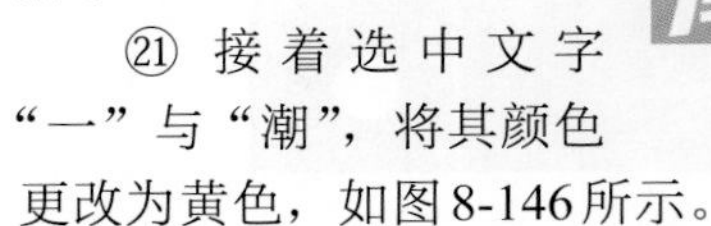

图8-145

㉑ 接着选中文字“一”与“潮”，将其颜色更改为黄色，如图8-146所示。

㉒ 选择“椭圆工具”，设置“填充”为深绿色，“描边”为无，设置完成后在文字“尚”与“周”上绘制两个正圆，如图8-147所示。

图8-146

图8-147

㉓ 接着选中所有文字，使用快捷键Ctrl+G将其进行编组，并将其移动至洋红色的正圆上，如图8-148所示。

图8-148

㉔ 选择“矩形工具”，设置“填充”为较浅的颜色，“描边”为无，设置完成后在文字的下方绘制一个矩形，如图8-149所示。

㉕ 选择“文字工具”，在矩形上输入深绿色的文字，如图8-150所示。

图8-149

图8-150

㉖ 接着执行“对象>扩展”命令，在弹出的“扩展”窗口中单击“确定”按钮。效果如图8-151所示。

图8-151

㉗ 选择文字与矩形，选择“倾斜工具”，将光标移动至右侧，按住鼠标左键向上拖动，将其进行垂直方向上的倾斜，如图8-152所示。

图8-152

㉘ 选择“矩形工具”，设置“填充”为洋红色，“描边”为无，设置完成后按住Shift键绘制正方形，放在深绿色文字右侧，如图8-153所示。

㉙ 接着按住Shift键的同时按住鼠标左键拖动角控制点，将其向右旋转45°，如图8-154所示。

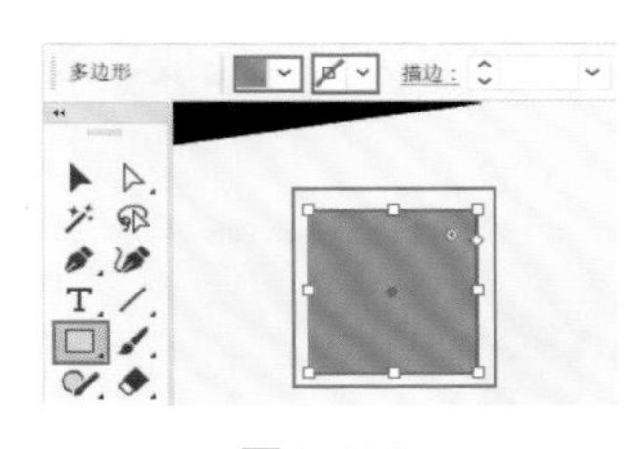

图8-153

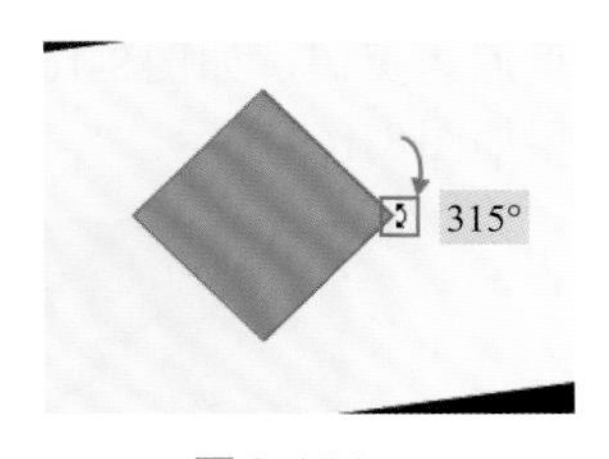

图8-154

㉚ 然后选择该图形，使用快捷键Ctrl+C进行复制，并多次使用快捷键Ctrl+V进行粘贴，将其复制出三份，并调整其位置。效果如图8-155所示。

图8-155

㉛ 执行“文件>置入”命令，置入素材1，并将其嵌入画面中，案例完成效果如图8-156所示。

图8-156

8.4　课后练习：图文结合的杂志内页排版

文件路径

实战素材/第8章

操作要点

使用“文字工具”制作标题文字及段落文字

案例效果

案例效果见图8-157。

图8-157

操作步骤

① 新建一个大小合适的文档，执行“文件>置入”命令置入素材1，并将其嵌入文档中，如图8-158所示。

图8-158

② 制作主标题。选择“文字工具”，在画面右侧单击，输入文字，并在控制栏中设置合适的字体与字号，如图8-159所示。

③ 制作副标题。选择“矩形工具”，设置“填充”为深蓝色，“描边”为无。在数字的下方绘制一个矩形，如图8-160所示。

图8-159

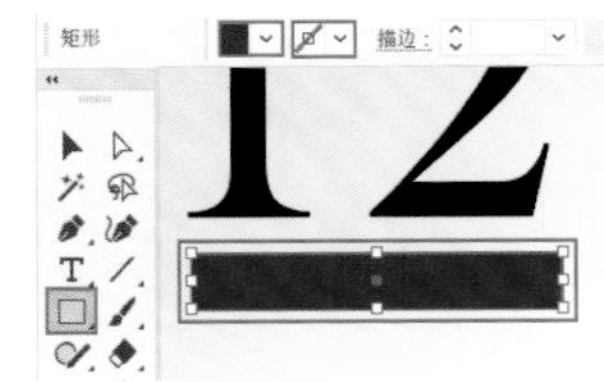

图8-160

高级拓展篇

④ 选择“文字工具”，输入文字，并在控制栏中设置合适的字体、字号与颜色，移动到矩形上方，如图8-161所示。

图8-161

⑤ 选中文字，执行“窗口>文字>字符”命令，在打开的“字符”面板中设置“字间距”为200，如图8-162所示。

图8-162

⑥ 使用同样的方法在画面中输入其他文字，如图8-163所示。

图8-163

⑦ 继续使用“文字工具”，在标题的下方按住鼠标左键拖动绘制一个矩形文本框，如图8-164所示。

⑧ 接着在文本框中输入文字，并在打开的“字符”面板中设置合适的字体、字号与行间距，如图8-165所示。

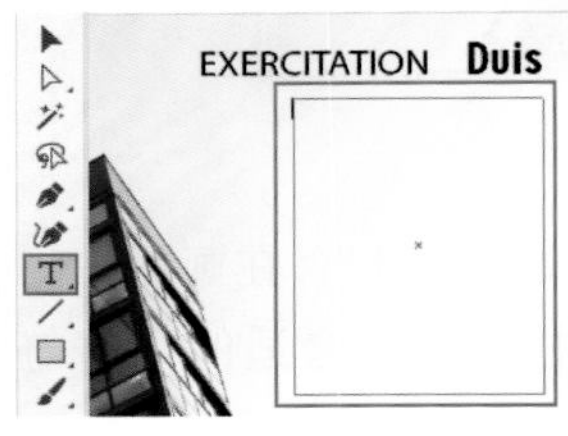

图8-164

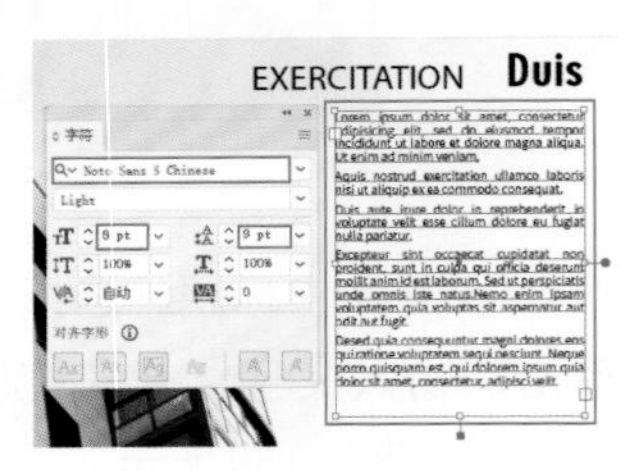

图8-165

⑨ 选择“文字工具”，在右侧画面的顶端输入文字，如图8-166所示。

⑩ 选择“直线段工具”，在控制栏中设置“填充”为无，“描边”为白色，“描边粗细”为1pt，设置完成后在该文字的下方绘制一条直线，如图8-167所示。

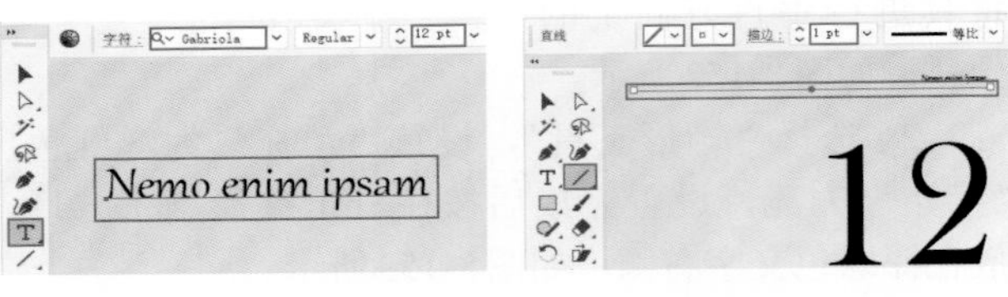

图8-166　　图8-167

⑪ 选择“文字工具”，在画面的底端输入合适的页眉与页码，如图8-168所示。本案例制作完成，效果如图8-169所示。

图8-168

图8-169

本章小结

通过本章的学习，可以创建多种“奇特”的文字，如路径文字、区域文字、变形文字。通过“字符”面板、“段落”面板可以为文字设置复杂的属性，以便得到更加准确的文字排版效果。

第9章
效果与图形样式

Illustrator中的“效果”功能非常强大，主要用于使矢量图形或位图产生特殊效果，而且此项功能并不会影响对象本身，是附加在对象外观中可随时更改或删除的“非破坏性的”功能。Illustrator中的“效果”菜单中可以看到很多效果组，这些效果组可大致分为两大类，即Illustrator效果与Photoshop效果。Illustrator效果主要用于矢量对象形态的调整，而Photoshop效果则主要用于为图形或位图制造特殊的视觉效果。

学习目标

- 掌握效果的添加方法。
- 熟练掌握“外观”面板的使用方法。
- 掌握“样式”面板和“样式库”的应用方法。

思维导图

9.1 常用的Illustrator效果

“效果”菜单的上半部分为Illustrator效果，这部分功能主要用于矢量对象形态的调整，但部分命令也可应用于位图，如图9-1所示。

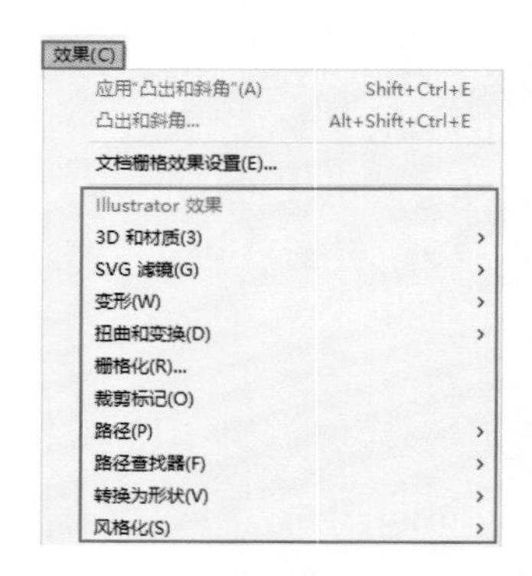

图9-1

9.1.1 如何使用Illustrator效果

在Illustrator中包含了丰富的效果，虽然效果菜单中包含了多个命令，但这些命令的操作思路是大致相同的。添加效果后，如对效果不满意还可以通过“外观”面板编辑效果。

① 选中需要编辑的对象，如图9-2所示。

图9-2

② 接下来为图形添加效果。执行“效果>扭曲和变换>粗糙化”命令，打开“粗糙化”窗口。勾选“预览”选项，勾选该选项后可以一边调整参数，一边查看效果。接下来就需要调整效果，拖动参数滑块可以调整数值，随着数值的调整，对象也产生了相应的变化，调整完成后单击“确定”按钮提交操作，如图9-3所示。此时效果如图9-4所示。

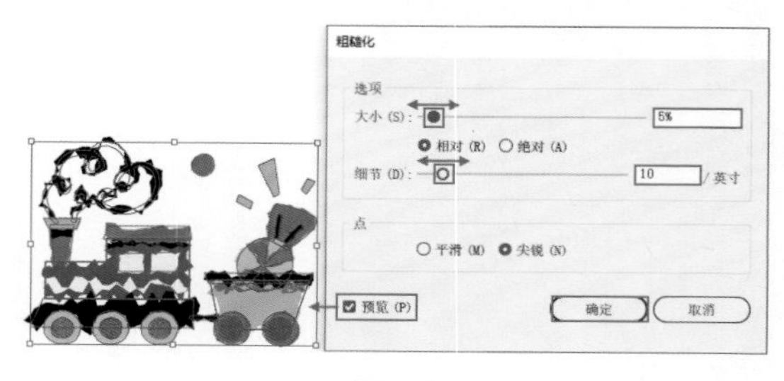

图9-3

图9-4

③“效果”是一种依附于对象外观的功能，通过“外观”面板可以编辑效果。选中添加效果的对象，执行“窗口>外观”命令，打开“外观”面板。在“外观”面板中可以看到添加效果的名称，单击名称会打开相对应的窗口，随后可以重新对参数进行编辑，如图9-5所示。

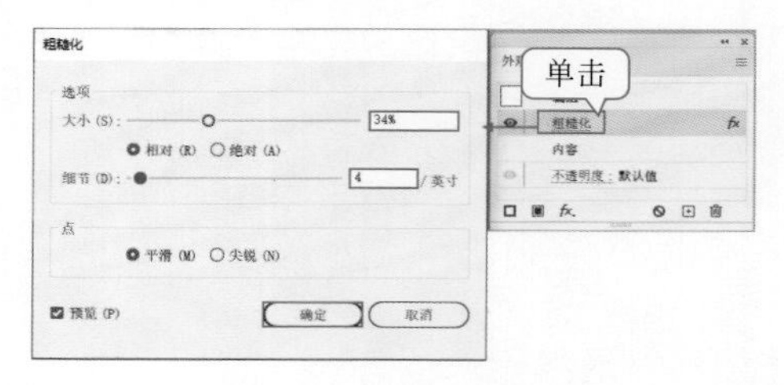

图9-5

9.1.2 3D和材质

功能速查

通过“3D和材质”效果可以创建逼真的三维对象。

① 首先选择一个图形，如图9-6所示。

② 接着执行“效果>3D和材质>凸出和斜角”命令，随即选中的图形会产生立体效果，同时会弹出“3D和材质”面板，如图9-7所示。

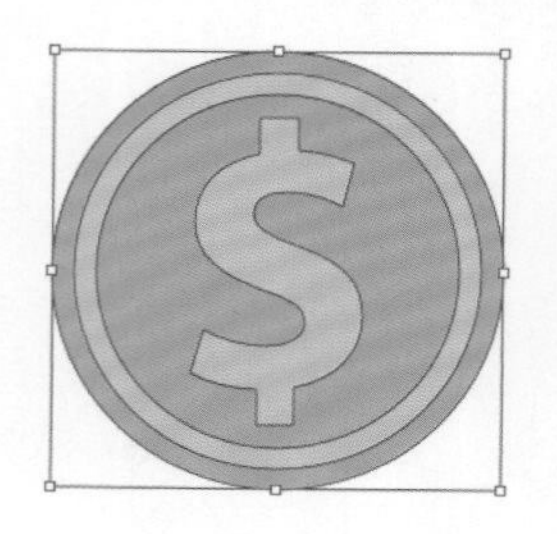

图9-6

图9-7

③ 单击“3D和材质”面板中的“平面”按钮，即可创建扁平的3D对象。在图形上方按住鼠标左键拖动可以调整三维效果，如图9-8所示。

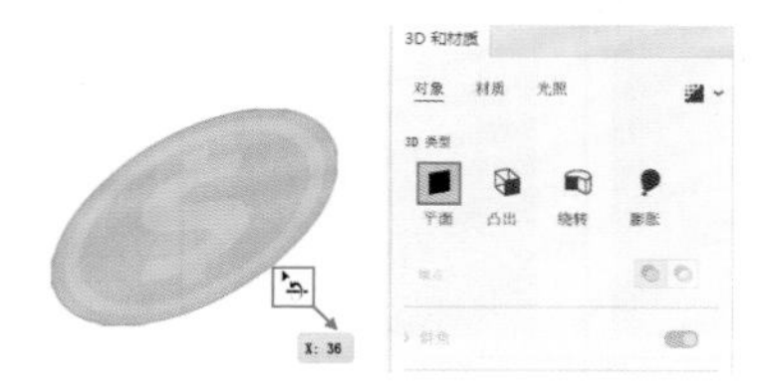

图9-8

④ 单击“绕转”按钮或者执行“效果＞3D和材质＞绕转”命令，即可使图形做圆周运动，使2D图形产生3D效果，如图9-9所示。

图9-9

⑤ 单击“3D和材质”面板中的“膨胀”按钮或者执行“效果＞3D和材质＞膨胀”命令，可以使图形产生有斜角的边缘，如图9-10所示。

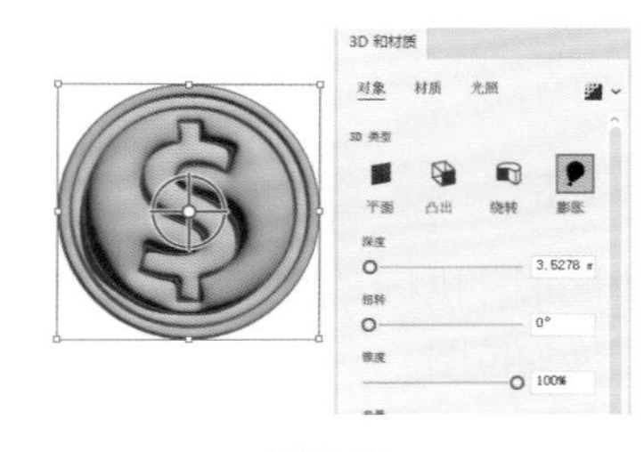

图9-10

⑥ 在“凸出”选项页面中，“深度”选项用来设置三维对象的厚度，如图9-11所示。

图9-11

⑦ 单击“斜角”选项组右侧的 按钮，启用该功能，对象的边缘会产生斜角效果。展开“斜角”选项组，在其中可以对“斜角形状”“宽度”“高度”“重复”“空格”“内部斜角”进行设置，如图9-12所示。

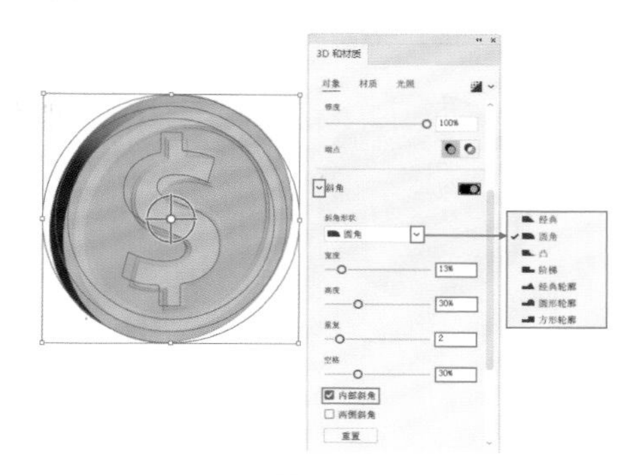

图9-12

⑧ 接下来为三维对象添加材质。选择三维对象，单击“3D和材质”面板顶部的“材质”按钮，切换到材质选项页面。单击“基本材质”左侧的三角形按钮展开选项，可以看到当前使用的是“默认”材质，如图9-13所示。

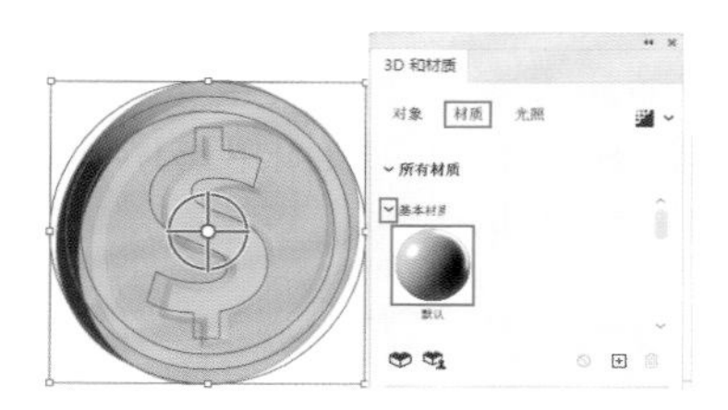

图9-13

⑨ 如果要为三维对象添加其他材质，可以展开“Adobe Substance材质”选项，接着单击材质球，选择相应的材质。在面板底部的“材质属性”选项中可以对材质进行调整，如图9-14所示。

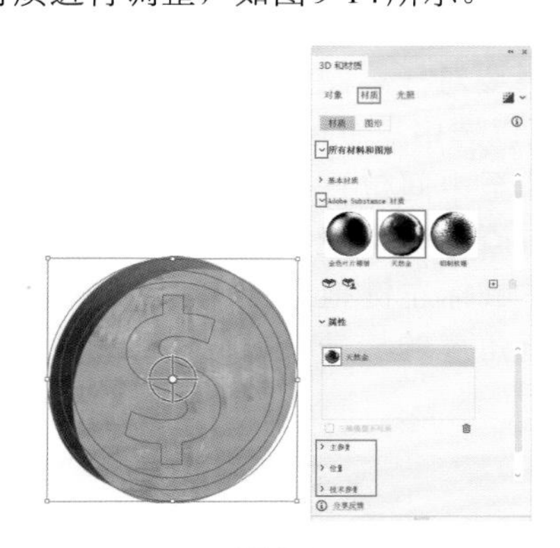

图9-14

⑩ 选中三维对象，单击面板顶部的“光照”按钮，在“光照”选项页面中可以设置三维对象的光照。在“预设”选项中可以选择一种预设的光照效果。还可以在下方参数区域调整灯光的“颜色”“强度”“高度”“软化度”“环境光”等参数，如图9-15所示。

图9-15

⑪ 到这里虽然可以看到基本成型的3D对象，但是为了使3D对象的效果更接近真实，还需要对3D场景进行渲染。单击“3D和材质”面板右上角的“使用光线追踪进行渲染”按钮可以进行渲染。如果要对渲染进行设置，可以单击按钮，在打开的面板中对渲染的品质等参数进行设置，设置完成后单击“渲染”按钮开始渲染，如图9-16所示。渲染完成后，效果如图9-17所示。

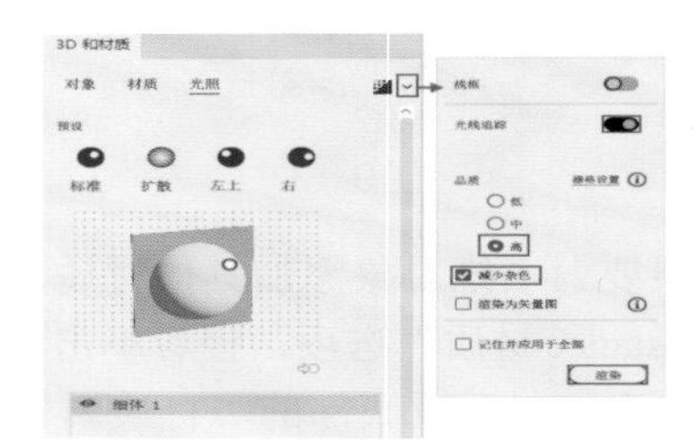

图9-16

⑫ 如果要对三维图形进行旋转，可以选中三维图形，将光标移动至中间位置圆形控制点上方，光标变为状后，按住鼠标左键拖动即可进行任意角度的旋转，如图9-18所示。

图9-17

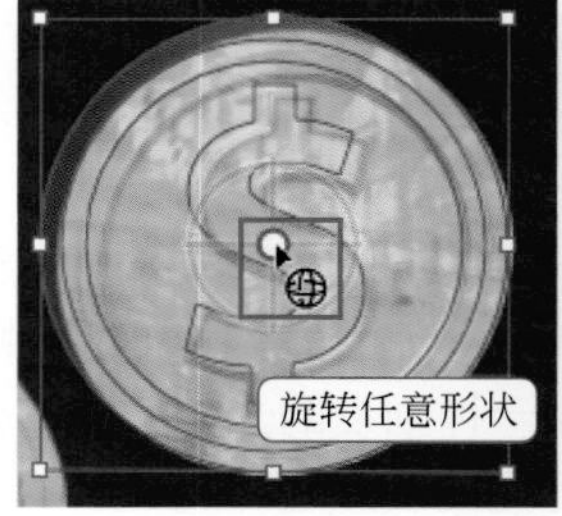

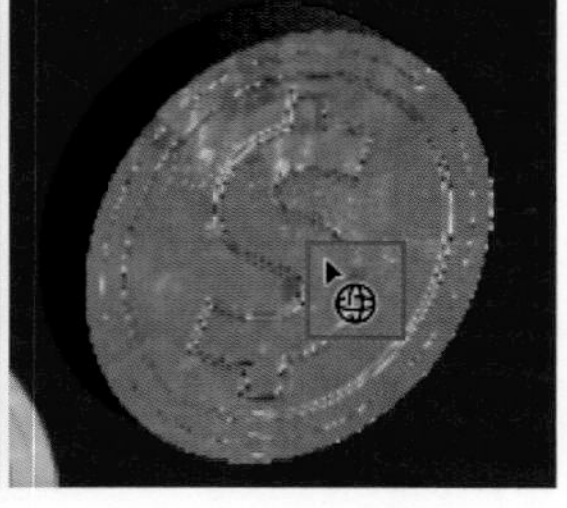

图9-18

⑬ 除此之外，还可以拖动X轴、Y轴、Z轴对三维对象进行旋转。如表9-1所示。

表9-1 不同轴向旋转效果

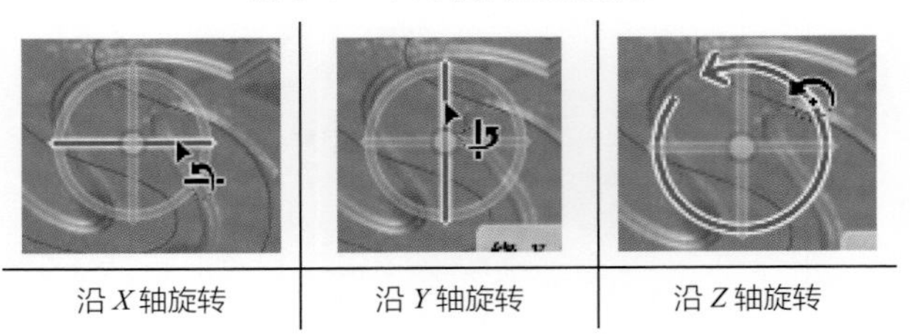

沿X轴旋转	沿Y轴旋转	沿Z轴旋转

⑭ 将三维图形进行复制，适当地调整旋转角度。效果如图9-19所示。

图9-19

拓展笔记

选中三维图形，执行“对象>扩展外观”命令即可将三维图形转换为位图。

9.1.3 SVG滤镜

选中需要添加滤镜的对象（部分效果也可应用于位图），如图9-20所示。执行“效果>SVG滤镜”命令，在打开的子菜单中可以看到多种不同的滤镜效果，无需参数设置，执行命令后即可应用效果，如图9-21所示。SVG滤镜效果见表9-2。

图9-20

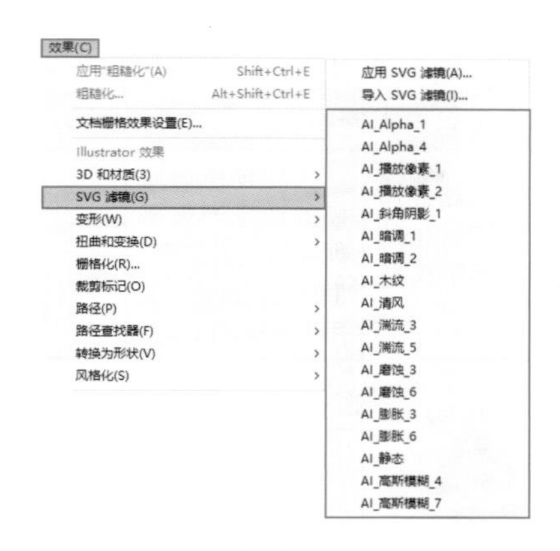

图9-21

表9-2　SVG滤镜效果速查

AI_Alpha_1	AI_Alpha_4	AI_播放像素_1
AI_播放像素_2	AI_斜角阴影_1	AI_暗调_1
AI_暗调_2	AI_木纹	AI_清风
AI_湍流_3	AI_湍流_5	AI_磨蚀_3
AI_磨蚀_6	AI_膨胀_3	AI_膨胀_6
AI_静态	AI_高斯模糊_4	AI_高斯模糊_7

9.1.4　变形

选中需要变形的对象，矢量图形或位图均可，如图9-22所示。

图9-22

执行“效果＞变形”命令，在打开的子菜单中可以看到弧形、下弧形、上弧形、拱形、凸出、凹壳等15种不同的变形效果，如图9-23所示。

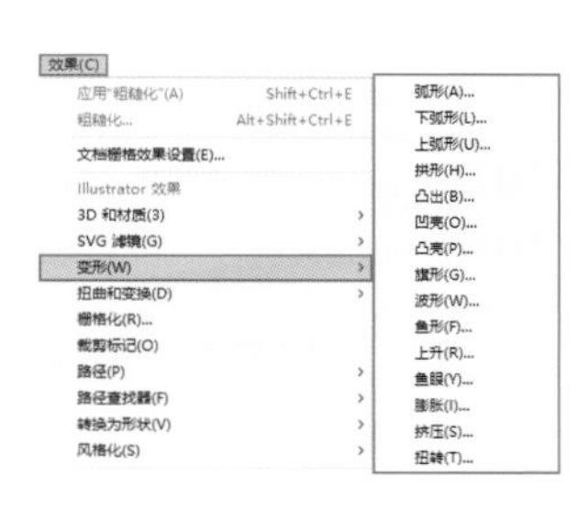

图9-23

变形效果与封套中的“用变形建立”命令的使用方法基本一致，只需在弹出的“变形选项”窗口中设置合适的样式，并对其他选项进行相应的设置，单击“确定”按钮，即可对所选对象进行相应的变化，如图9-24所示。

图9-24

随后在“外观”面板中可以看到相应的条目，单击即可重新修改参数，如图9-25所示。

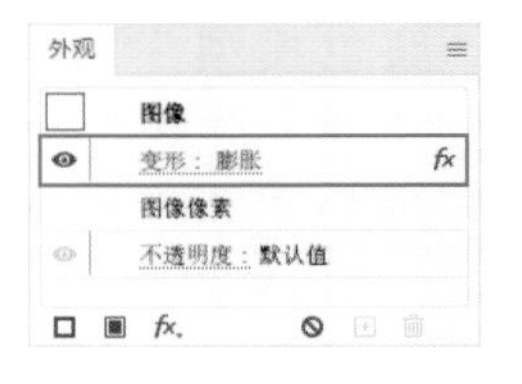

图9-25

9.1.5　扭曲和变换

选中需要操作的对象，如图9-26所示。执行“效果＞扭曲和变换”命令，在打开的子菜单中可以看到变换、扭拧、扭转、收缩和膨胀、波纹效果、粗糙化等7种不同的扭曲和变换效果，如图9-27所示。扭曲和变换效果见表9-3。

图9-26

表 9-3　扭曲和变换效果速查

变换	扭拧	扭转	收缩和膨胀	波纹效果	粗糙化	自由扭曲
可以将所选对象进行旋转、缩放、移动、对称操作。矢量图形、位图均可	可以创建出随机向外或向内的扭曲效果。仅用于矢量图形	可以顺时针或逆时针扭转对象。仅用于矢量图形	可以为图形添加向内收缩或向外膨胀的变形效果。仅用于矢量图形	可以让路径边缘产生波纹化效果。仅用于矢量图形	可以使所选对象的边缘产生不规则的锯齿效果，使其变得粗糙。仅用于矢量图形	可以通过拖动控制点的方式随意扭转所选对象。仅用于矢量图形

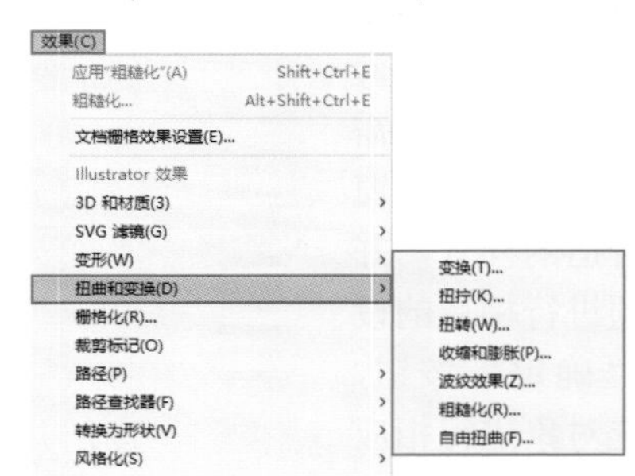

图 9-27

9.1.6　栅格化

① 选中矢量对象，如图9-28所示。

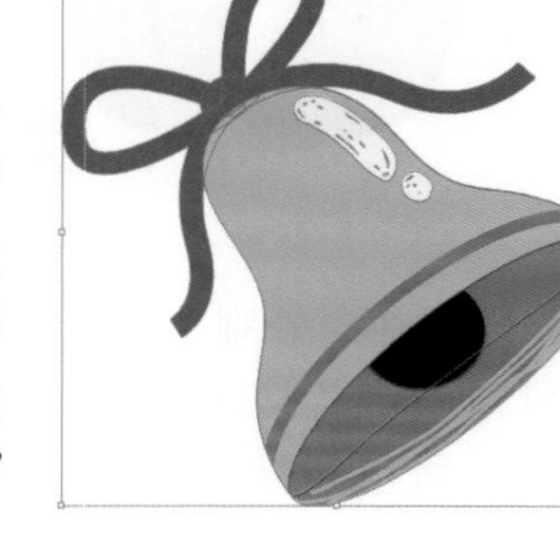

图 9-28

② 执行"效果＞栅格化"命令，在打开的"栅格化"窗口中设置"颜色模型""分辨率""背景"等参数，设置完成后单击"确定"按钮，如图9-29所示。

③ 对象出现了位图特有的"像素块"组成的效果。细节效果如图9-30所示。此处仅是为矢量对象添加了转变为位图的"效果"，在"外观"面板中可以关闭该效果。

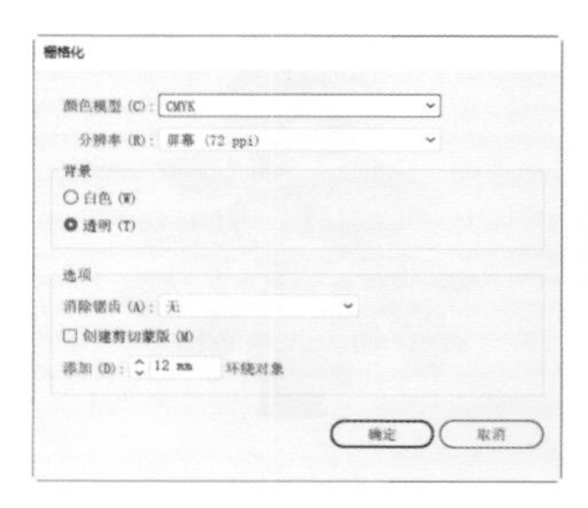

图 9-29

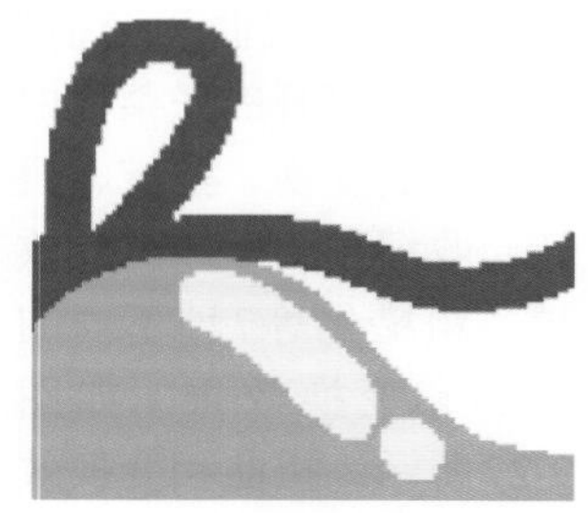

图 9-30

9.1.7　裁剪标记

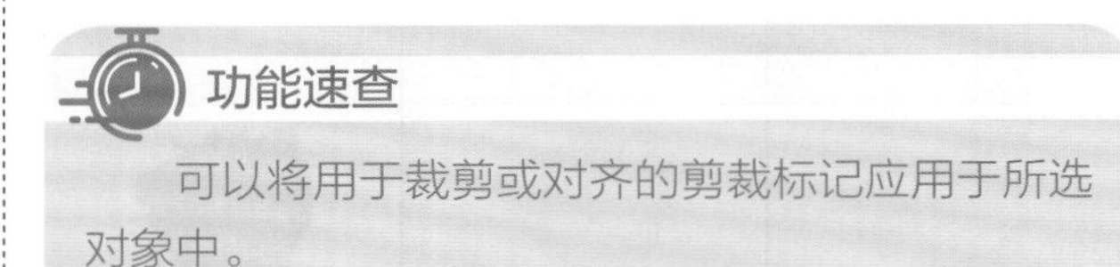
功能速查

可以将用于裁剪或对齐的剪裁标记应用于所选对象中。

选中对象，执行"效果＞裁剪标记"命令，随即可以看到剪裁标记被应用于图片四角处。效果如图9-31所示。

图 9-31

9.1.8　路径

执行"效果＞路径"命令，在打开的子菜单中可以看到偏移路径、轮廓化对象、轮廓化描边3项命令。其中"偏移路径"与"轮廓化描边"与"对象＞路径"菜单下的命令效果相同。接下来学习"轮廓化对象"命令的使用方法。

①"轮廓化对象"命令可以为位图赋予填色或描边。选中位图对象，如图9-32所示。

图 9-32

② 在“外观”面板中单击底部的“添加新描边”按钮，如图9-33所示。

③ 接着为位图设置填充和描边颜色，但此时位图上并不会产生填充或描边效果，如图9-34所示。

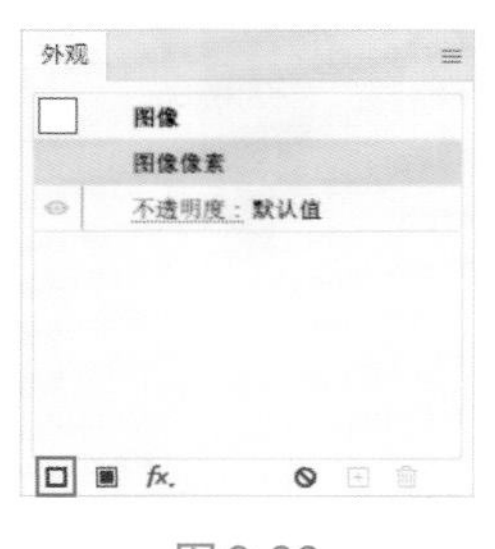

图9-33

图9-34

④ 在“外观”面板选中图像条目，执行“效果>路径>轮廓化对象”命令，随后填充和描边效果出现在位图上，如图9-35所示。

图9-35

9.1.9 路径查找器

“效果>路径查找器”中的命令与“路径查找器”面板的功能相同，但“效果”菜单中的功能并不会对图形本身产生影响，添加效果之后还可以在“外观”面板修改或删除。

① 加选两个图形，然后使用快捷键Ctrl+G将其编组，编组后才可以添加“路径查找器”效果，如图9-36所示。

图9-36

② 接着执行“效果>路径查找器”命令，在打开的子菜单中可以看到相加、交集、差集、相减、减去后方对象等13种不同的效果，如图9-37所示。

③ 例如执行“效果>路径查找器>差集”命令，图形效果如图9-38所示。

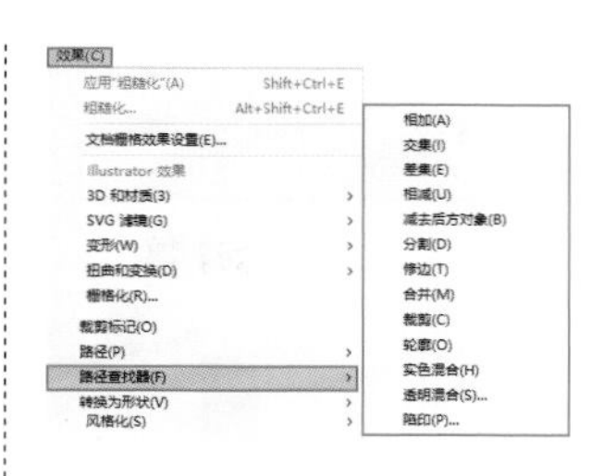
图9-37

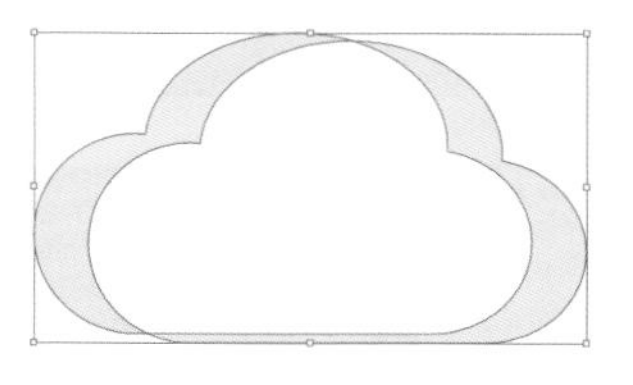
图9-38

④ 使用快捷键Shift+F6打开“外观”面板，在这里可以看到刚刚应用的效果。单击该效果可打开“路径查找器选项”窗口，在这里可以通过“操作”选项更改效果，如图9-39所示。

图9-39

9.1.10 转换为形状

功能速查

“转换为形状”效果可以改变矢量对象的外形，将其转换为矩形、圆角矩形或椭圆形。

选中需要操作的图形对象，可以是单个矢量图形，也可以是多个图形，如图9-40所示。执行“效果>转换为形状”命令，在打开的子菜单中可以看到“矩形”、“圆角矩形”和“椭圆”3个命令，如图9-41所示。执行相应的命令，即可将所选对象中的全部矢量图形转换为相应的形状见表9-4。

图9-40

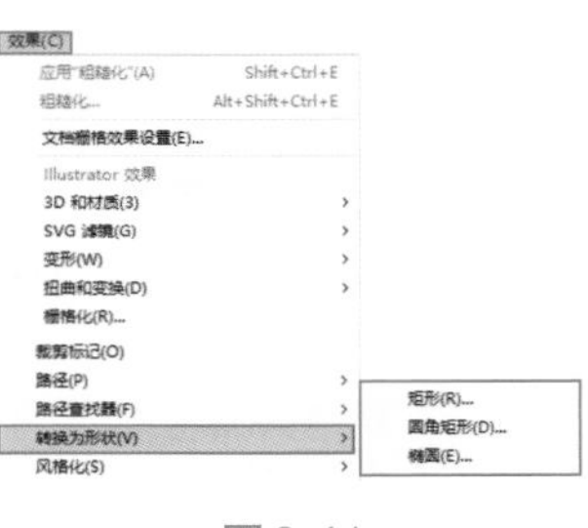
图9-41

表 9-4　转换为形状效果速查

矩形	圆角矩形	椭圆

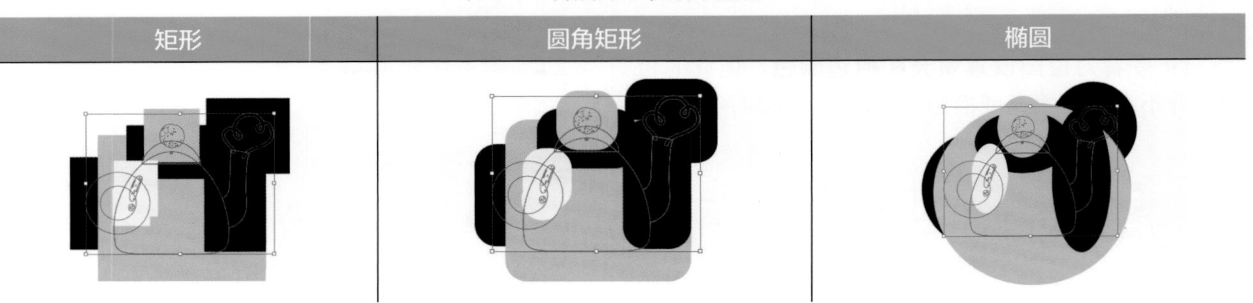

9.1.11　风格化

功能速查

“风格化”效果可以为对象添加投影、圆角、内发光、外发光、羽化以及涂抹风格的效果。

选中对象，如图9-42所示。执行“效果＞风格化”命令，在打开的子菜单中可以看到内发光、圆角、外发光、投影、涂抹、羽化6种不同的效果，如图9-43所示。风格化效果见表9-5。

图 9-42

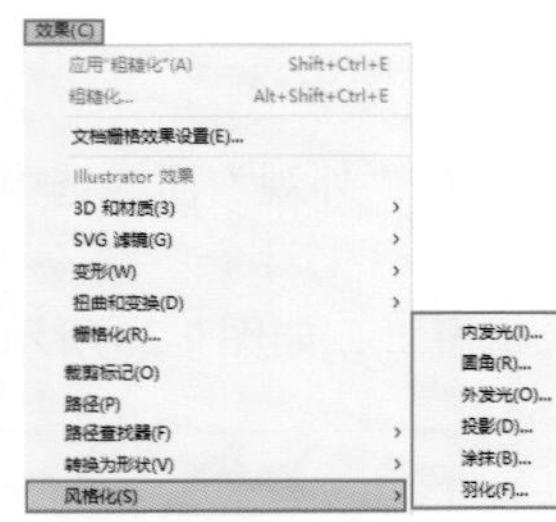

图 9-43

表 9-5　风格化效果速查

内发光	圆角	外发光	投影	涂抹	羽化
沿对象边缘向内创建发光效果。矢量图形与位图均可使用	该效果可以将矢量图形中的尖角全部转换为圆角。该效果只能应用于矢量图形	沿对象边缘向外创建发光效果。矢量图形与位图均可使用	可以为对象模拟出向后的投影效果。矢量图形与位图均可使用	该效果可以将矢量图形转换为由涂抹感线条组成的效果。该效果只能应用于矢量图形	可以柔化所选对象的边缘，使其产生边缘逐渐透明的效果。矢量图形与位图均可使用

9.1.12　实战：使用涂抹效果制作促销广告

文件路径

实战素材/第9章

操作要点

使用“涂抹”效果制作手绘感的矩形和文字

案例效果

案例效果见图9-44。

图 9-44

操作步骤

① 新建一个大小合适的横向空白文档，执行“文件＞置入”命令，置入素材1，同时将其嵌入画面中，如图9-45所示。

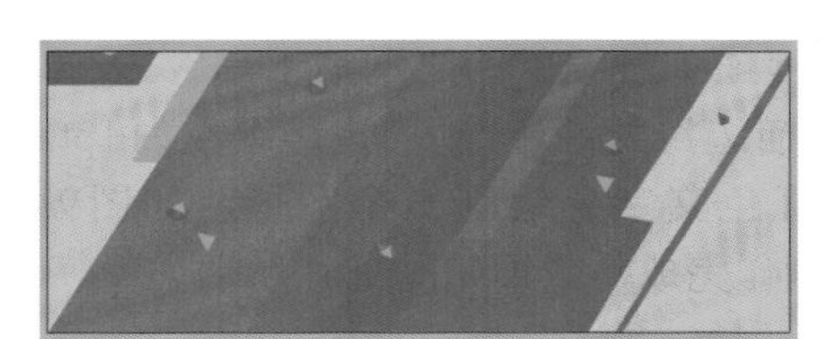

图9-45

② 选择工具箱中的“矩形工具”，设置“填充”为白色，“描边”为红色，“描边粗细”为8pt，设置完成后在画面中绘制一个矩形，如图9-46所示。

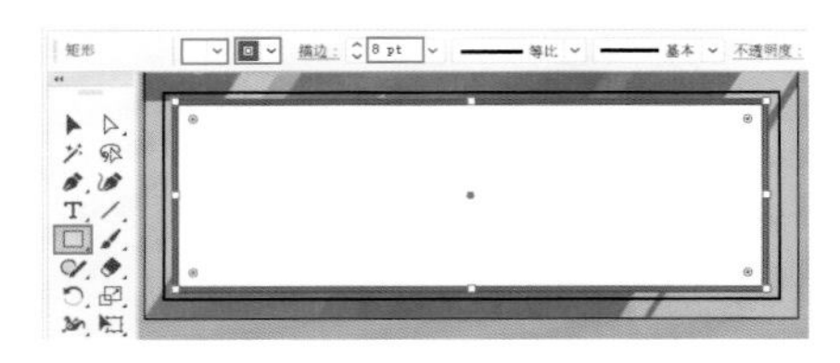

图9-46

③ 选中该矩形，执行“效果>风格化>涂抹”命令，在弹出的“涂抹选项”窗口中设置“角度”为30°，“路径重叠”为0mm，“变化”为0.2mm，设置完成后单击“确定”按钮，如图9-47所示。此时效果如图9-48所示。

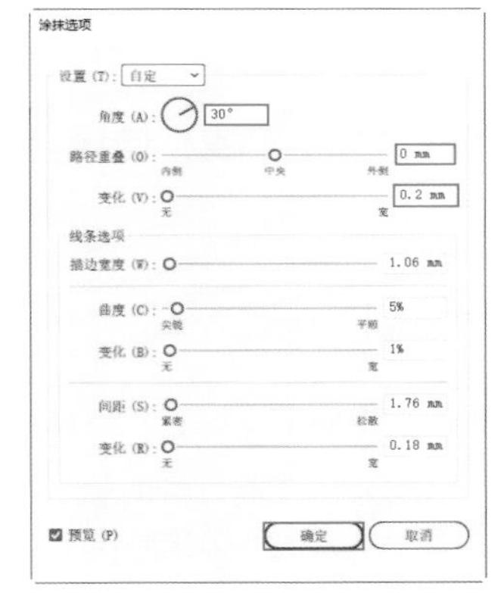

图9-47

图9-48

④ 选择工具箱中的“文字工具”，在矩形的合适位置上单击，输入文字，并在控制栏中设置合适的字体与字号，如图9-49所示。

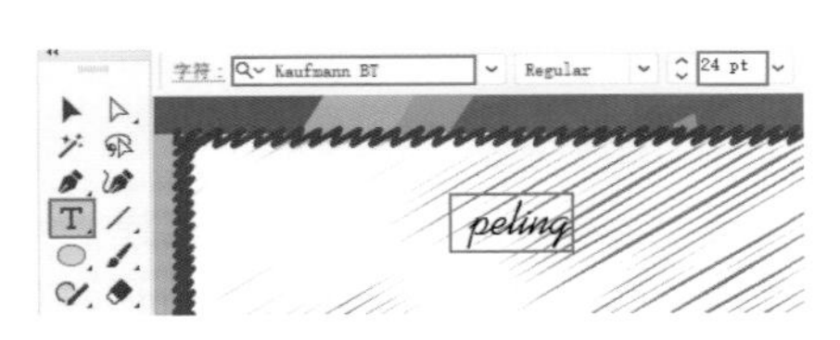

图9-49

⑤ 接着选中首字母“p”，在控制栏中设置“字号”为55pt，如图9-50所示。

图9-50

⑥ 使用同样的方法在该文字的右侧键入新的文字，如图9-51所示。

图9-51

⑦ 选中该文字，执行“窗口>文字>字符”命令，在打开的“字符”面板中设置“字间距”为200，如图9-52所示。此时效果如图9-53所示。

图9-52

⑧ 选择工具箱中的“文字工具”，在矩形的中间位置键入文字，如图9-54所示。

图9-53

图9-54

⑨ 接着选中单词“OFF”，设置“描边”为黑色，“描边粗细”为0.25pt，如图9-55所示。

图9-55

⑩ 选中文字，执行“效果>风格化>涂抹”命令，在弹出的“涂抹选项”窗口中设置“角度”为30°，“路径重叠”为0mm，“变化”为0.2mm，设置完成后单击“确定”按钮，如图9-56所示。此时效果如图9-57所示。

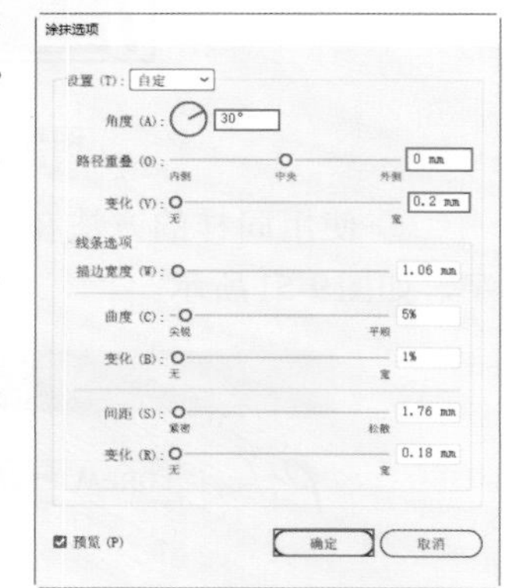
图9-56

图9-57

⑪ 执行“文件>置入”命令，置入素材2，并将其嵌入到画面中，如图9-58所示。

⑫ 选择工具箱中的“文字工具”，在标签的左侧位置键入其他文字，如图9-59所示。

图9-58

图9-59

⑬ 选择工具箱中的“钢笔工具”，设置“填充”为无，“描边”为红色，“描边粗细”为1pt。设置完成后在红色文字上绘制一个图形，如图9-60所示。本案例制作完成，效果如图9-61所示。

图9-60

图9-61

9.1.13 实战：使用多种效果制作空间感背景

文件路径

实战素材/第9章

操作要点

使用“钢笔工具”与“渐变工具”制作出渐变背景
使用“内发光”效果制作出空间感正圆
使用“文字工具”与“投影”效果制作主体文字

案例效果

案例效果见图9-62。

图9-62

操作步骤

① 新建一个大小合适的文档，选择工具箱中的“钢笔工具”，在画面中绘制一个三角形，如图9-63所示。

② 选中该三角形，双击工具箱中的“渐变工具”，在弹出的“渐变”面板中，设置“类型”为“线性渐变”，“角度”为-90°，编辑一个青色系的渐变，如图9-64所示。

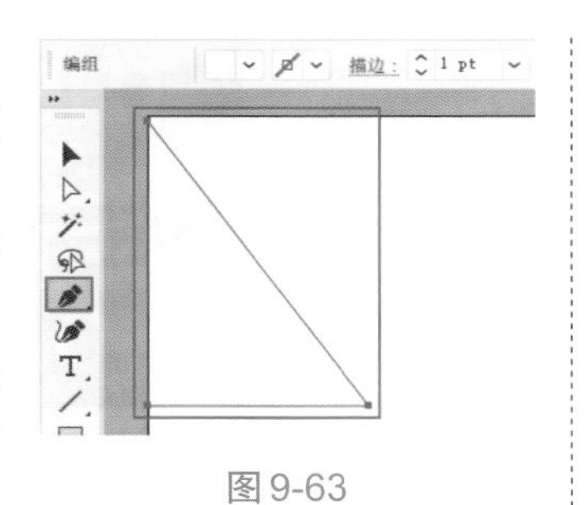

图9-63

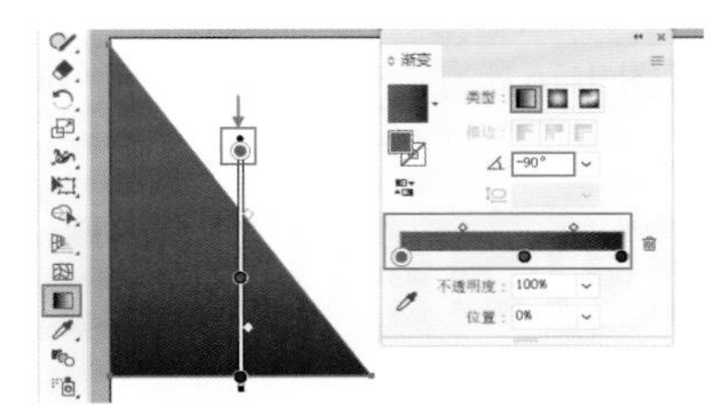

图9-64

③ 使用同样的方法绘制其他渐变图形。效果如图9-65所示。

图9-65

④ 选择工具箱中的“椭圆工具”，设置“填充”为红色，“描边”为无，设置完成后在画面右侧按住Shift键绘制一个正圆，如图9-66所示。

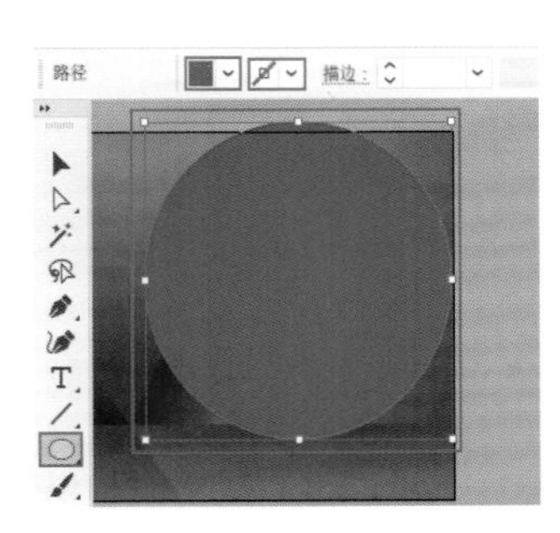

图9-66

⑤ 选中该正圆，执行“效果＞风格化＞内发光”命令，在弹出的“内发光”窗口中设置“模式”为“正片叠底”，颜色为黑色，“不透明度”为50%，“模糊”为22mm，并单击选择“边缘”按钮，设置完成后单击“确定”按钮，如图9-67所示。此时效果如图9-68所示。

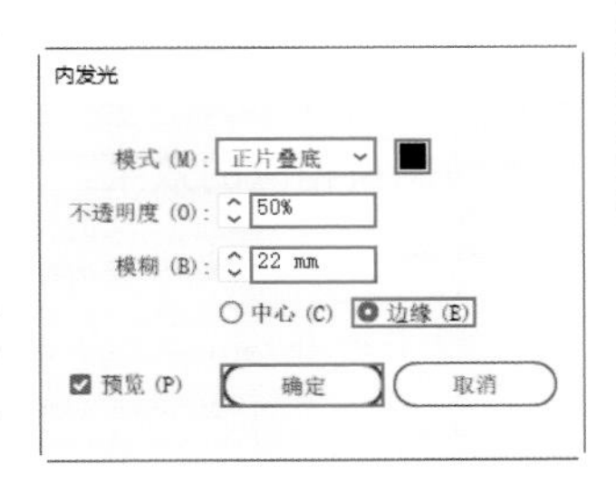

图9-67

图9-68

⑥ 选择工具箱中的“椭圆工具”，设置“填充”为较深一些的红色，“描边”为无，在红色正圆上按住Shift键绘制一个稍小的正圆，如图9-69所示。

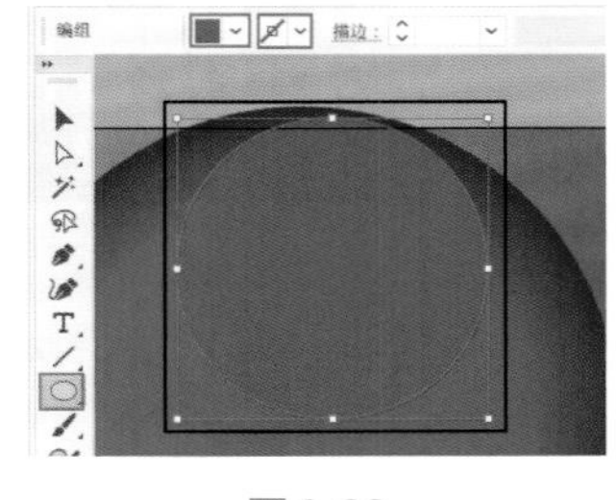

图9-69

⑦ 选中该正圆，执行“效果＞风格化＞内发光”命令，在弹出的“内发光”窗口中设置“模式”为“正片叠底”，颜色为黑色，“不透明度”为50%，“模糊”为15mm，并单击选择“边缘”按钮，设置完成后单击“确定”按钮，如图9-70所示。此时效果如图9-71所示。

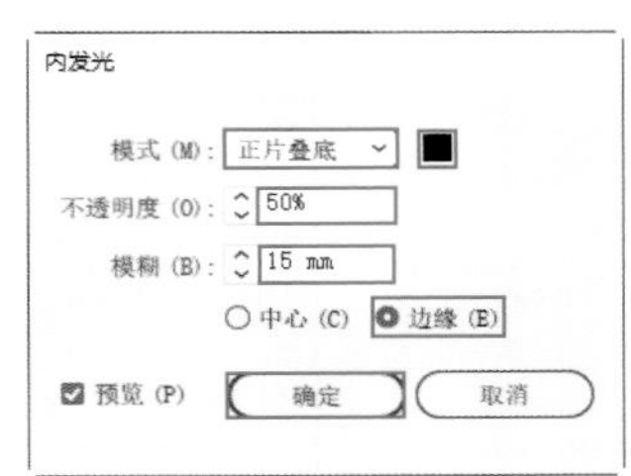

图9-70

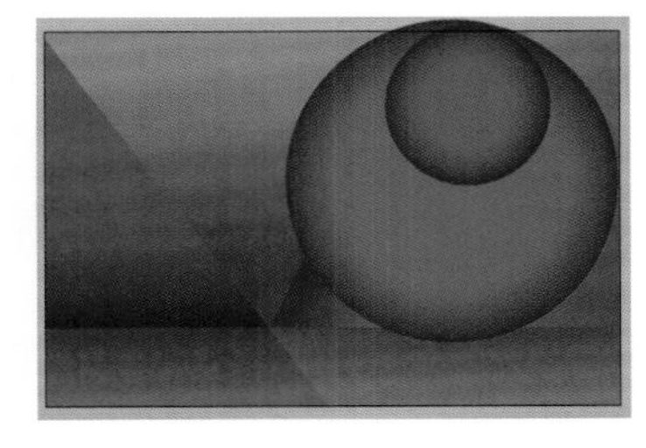

图9-71

⑧ 执行“文件＞置入”命令，置入素材1，并将其嵌入画面中，如图9-72所示。

图9-72

⑨ 选择工具箱中的“文字工具”，在左侧画面中单击插入光标，接着键入文字。选中文字，执行“窗口>文字>字符”命令，在字符面板中选择合适的字体、字号，将“行距”数值设置为85pt，“水平缩放”为105%，“字距”调整为–25，如图9-73所示。

图9-73

⑩ 选中文字，执行“效果>风格化>投影”命令，在“投影”窗口中设置“模式”为“正片叠底”，“不透明度”为30%，“X位移”为1mm，“Y位移”为1mm，“模糊”为0.5mm，“颜色”为黑色。设置完成后单击“确定”按钮，如图9-74所示。此时效果如图9-75所示。

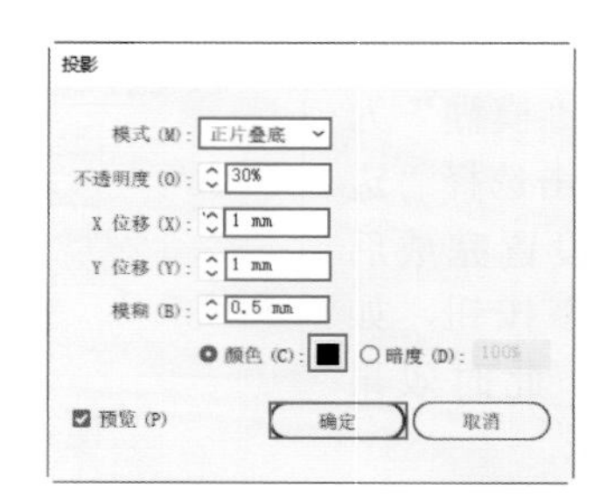

图9-74

图9-75

⑪ 使用同样的方法在主文字的下方制作另外一行文字，如图9-76所示。本案例制作完成，效果如图9-77所示。

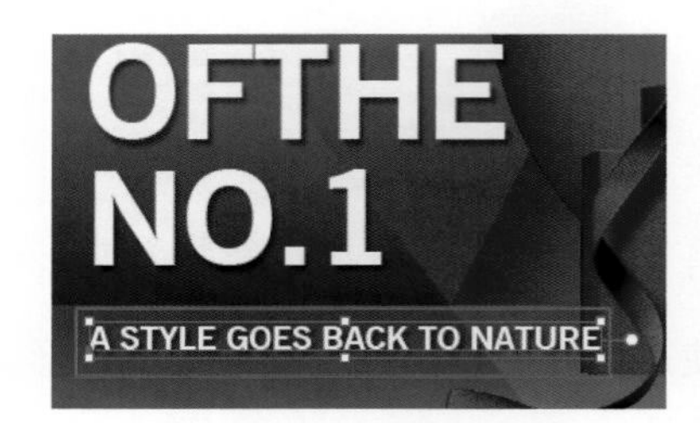

图9-76

图9-77

9.2 常用的Photoshop效果

“效果”菜单中的“Photoshop效果”既可以应用于位图对象的编辑处理也可以应用于矢量对象。

Photoshop效果中包括“效果画廊”以及“像素化”“扭曲”“模糊”等多个效果组，如图9-78所示。其中“扭曲”“画笔描边”“素描”“纹理”“艺术效果”“风格化”效果组也可通过“效果画廊”使用。所以本节中将会着重学习“效果画廊”以及“像素化”“模糊”效果的使用。

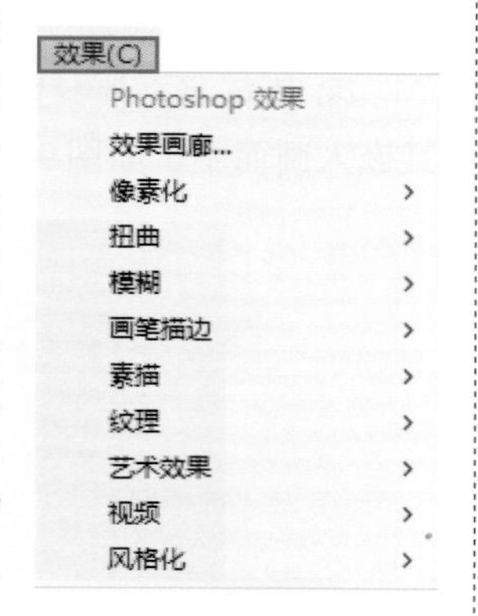

图9-78

9.2.1 使用效果画廊

“效果画廊”并非单一效果，而是像它的名字“画廊”一样，汇集了多种效果。利用“效果画廊”可以快速为位图对象或者矢量对象应用奇妙的效果。如图9-79所示为效果画廊中的效果，从缩览图中可以大致想象相应的效果。

效果画廊的使用方法非常简单，只需选中对象，执行相应的命令，一边调试参数，一边查看效果，满意时单击“确定”按钮即可。

① 选中对象，位图或矢量图形均可，如图9-80所示。

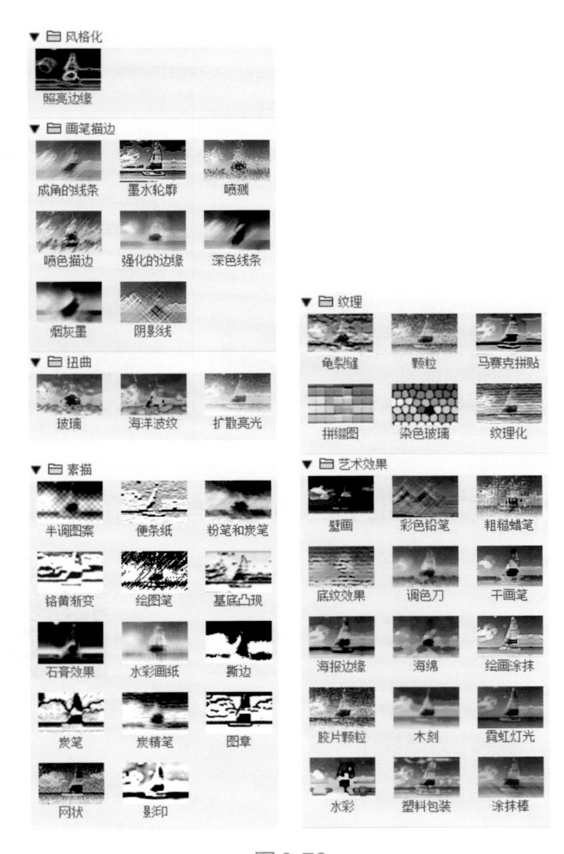

图9-79

② 执行“效果＞效果画廊”命令，打开“效果画廊”窗口。首先展开效果组，可根据效果的缩览图单击选择想要的效果。然后在窗口右侧进行参数的设置，在窗口左侧可以查看当前效果，如图9-81所示。

图9-80

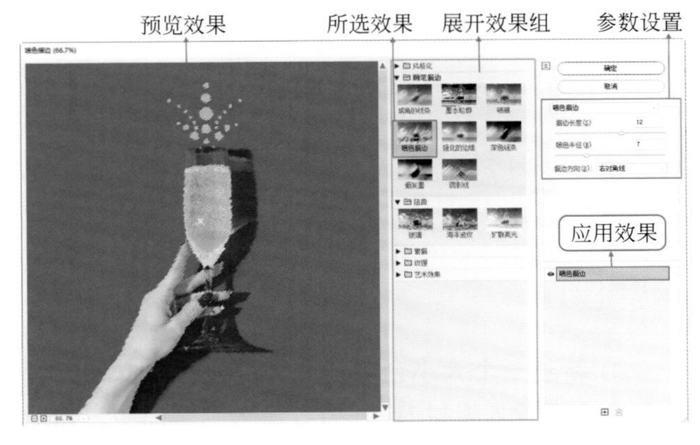

图9-81

③ 如果想要切换其他效果，可以直接单击其他效果的缩览图，如果对当前的参数不满意，可以在右侧设置参数，如图9-82所示。设置完成后单击“确定”按钮即可。

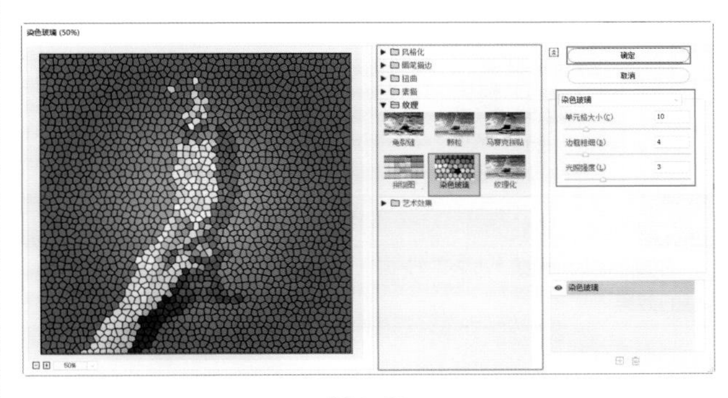

图9-82

9.2.2 使用像素化效果

功能速查

“像素化”效果可以将颜色值相近的像素集结成块，制作出由小色块组成的效果。

选中对象，位图或矢量图形均可，如图9-83所示。执行“效果＞像素化”命令，在打开的子菜单中可以看到彩色半调、晶格化、点状化和铜版雕刻4种不同的效果，如图9-84所示。像素化效果见表9-6。

图9-83

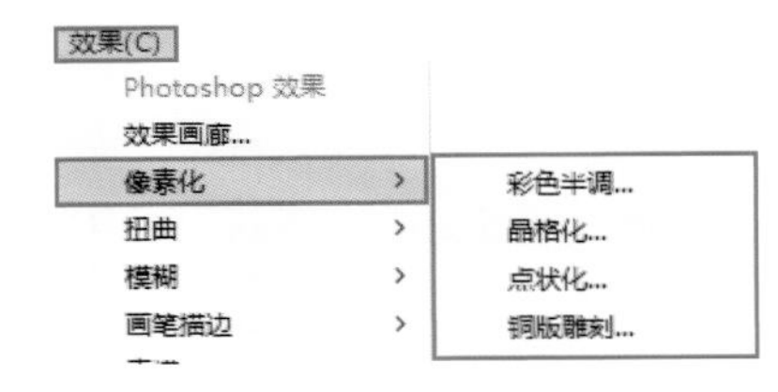

图9-84

表 9-6　像素化效果速查

彩色半调	晶格化
模拟在图像的每个通道上使用放大的半调网屏的效果	使图像产生由不同颜色的小多边形组成的特殊效果
点状化	**铜版雕刻**
使画面产生类似“点彩”绘画感的效果	将图像转换为由高纯度的纯色颗粒或纯色短线条构成的画面

9.2.3　使用模糊效果

功能速查

“模糊”效果组中的效果可以使图像产生三种样式的模糊效果。

选中对象，位图或矢量图形均可，如图9-85所示。执行“效果>模糊”命令，在打开的子菜单中可以看到径向模糊、特殊模糊和高斯模糊3种不同的效果，如图9-86所示。模糊效果见表9-7。

图 9-85

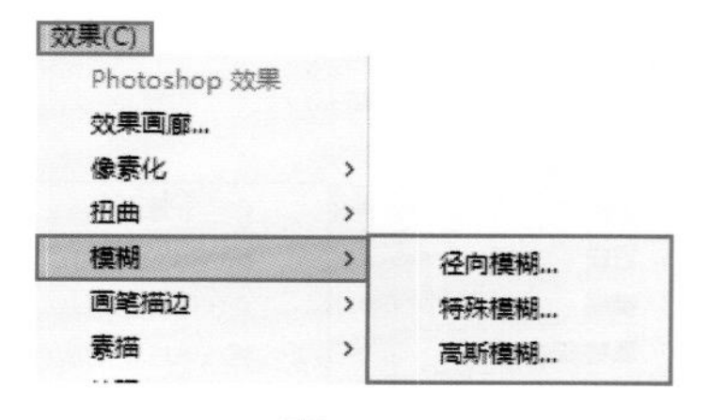

图 9-86

表 9-7　模糊效果速查

径向模糊	特殊模糊	高斯模糊
产生向内缩放的模糊或者旋转式的模糊	可以使图像的细节颜色呈现出更加平滑的模糊效果	最为常用的模糊滤镜，参数简单，常用于画面整体或局部的模糊处理

9.2.4　实战：使用木刻效果制作画册封面

文件路径

实战素材/第9章

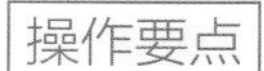

操作要点

使用“木刻”效果制作背景

案例效果

案例效果见图9-87。

图 9-87

操作步骤

① 新建一个大小合适的文档，执行“文件>置入”命令，置入素材1，并将其嵌入到画面中，如图9-88所示。

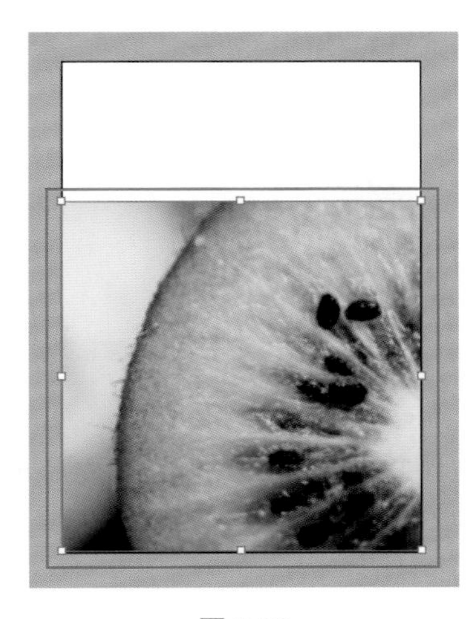

图9-88

② 选中该图片，执行“效果＞艺术效果＞木刻”命令，在打开的“木刻”窗口中设置“色阶数”为4，“边缘简化度”为4，“边缘逼真度”为2，设置完成后单击“确定”按钮，如图9-89所示。此时效果如图9-90所示。

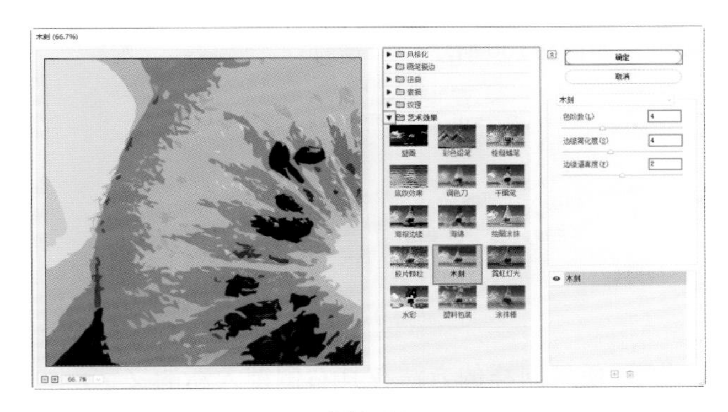

图9-89

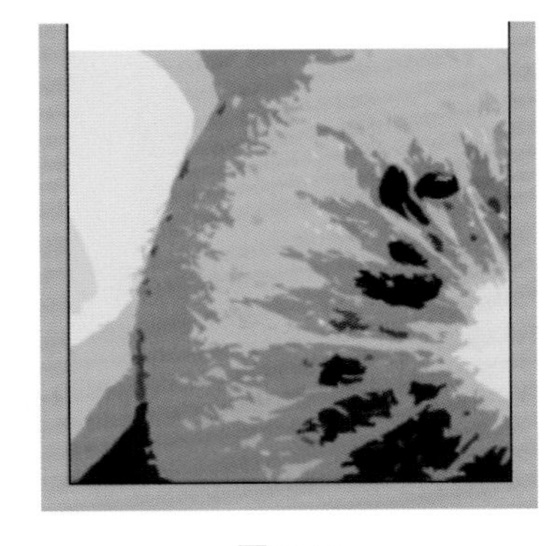

图9-90

③ 选择工具箱中的“钢笔工具”，设置“填充”为绿色，“描边”为无，设置完成后在画板上方绘制一个梯形，如图9-91所示。

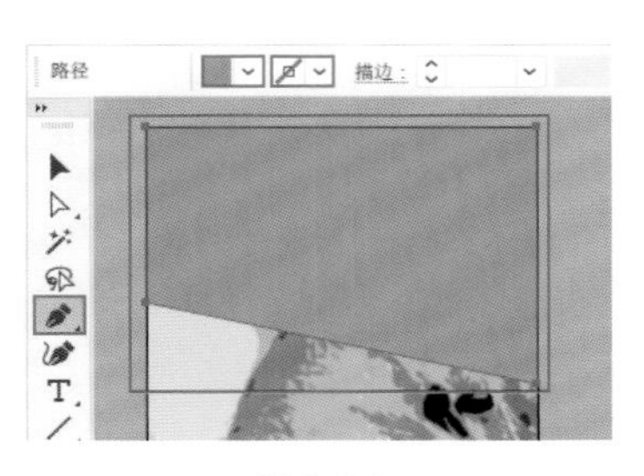

图9-91

④ 接着使用同样的方法在图片与图形交界处绘制出另外一个白色的平行四边形，如图9-92所示。

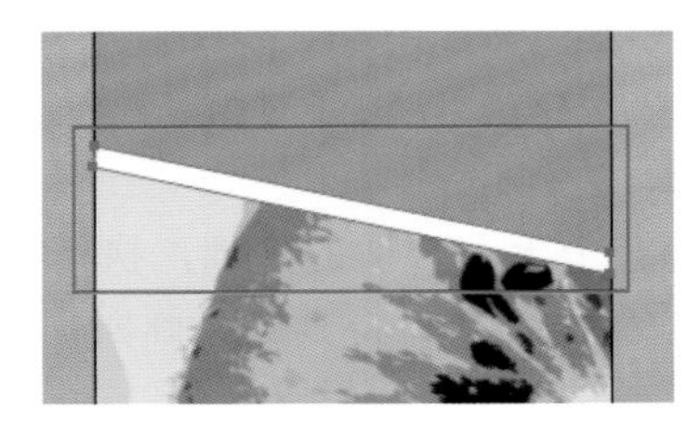

图9-92

⑤ 最后在右上角添加文字，完成效果如图9-93所示。

图9-93

9.2.5　实战：制作马赛克背景图

文件路径

实战素材/第9章

操作要点

使用“晶格化”效果制作马赛克组成的背景图
使用“剪切蒙版”隐藏部分背景

案例效果

案例效果见图9-94。

图9-94

操作步骤

① 新建一个大小合适的文档，执行“文件＞置入”命令，置入素材1，将其嵌入画面中，如图9-95所示。

图9-95

② 选中该图片，执行“效果＞像素化＞晶格化”命令，在弹出的“晶格化”窗口中设置“单元格大小”为135，设置完成后单击“确定”按钮，如图9-96所示。此时效果如图9-97所示。

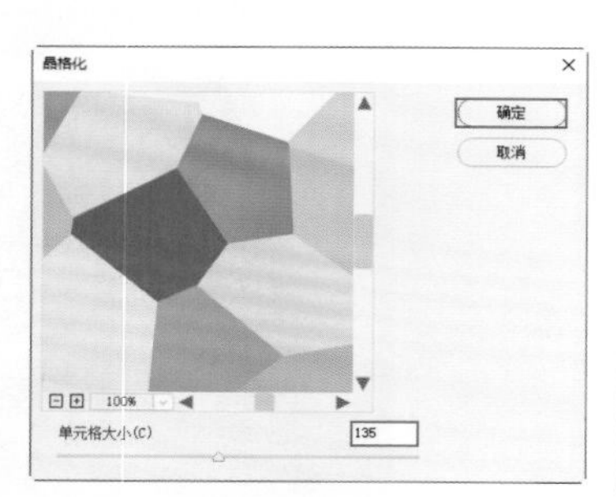

图9-96

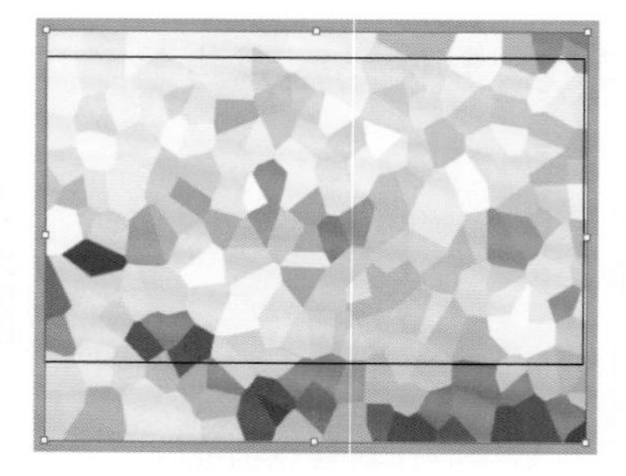

图9-97

③ 选择工具箱中的“矩形工具”，绘制一个与画板等大的矩形，如图9-98所示。

图9-98

④ 选中图片与矩形，使用快捷键Ctrl+7创建剪切蒙版，隐藏画板以外的多余部分，如图9-99所示。

图9-99

⑤ 选择工具箱中的“文字工具”，在画面的合适位置单击，输入文字，并设置合适的字体、字号与颜色，如图9-100所示。

图9-100

⑥ 使用同样的方法在其右侧键入新的文字，如图9-101所示。

图9-101

⑦ 选择工具箱中的“直线段工具”，设置“填充”为无，“描边”为洋红色，“描边粗细”为2.5pt，设置完成后在文字之间绘制一条直线，如图9-102所示。

图9-102

⑧ 选择工具箱中的“圆角矩形工具”，在文字的下方绘制一个圆角矩形，并在控制栏中设置“填充”为白色，“描边”为无，“圆角半径”为9mm，如图9-103所示。

图9-103

⑨ 执行“文件>置入”命令，置入素材2，并将其嵌入到当前的画面中，如图9-104所示。

图9-104

⑩ 选择工具箱中的“椭圆工具”，设置“填充”为宝石红，“描边”为无，在化妆品的左上侧按住Shift键绘制一个正圆，如图9-105所示。

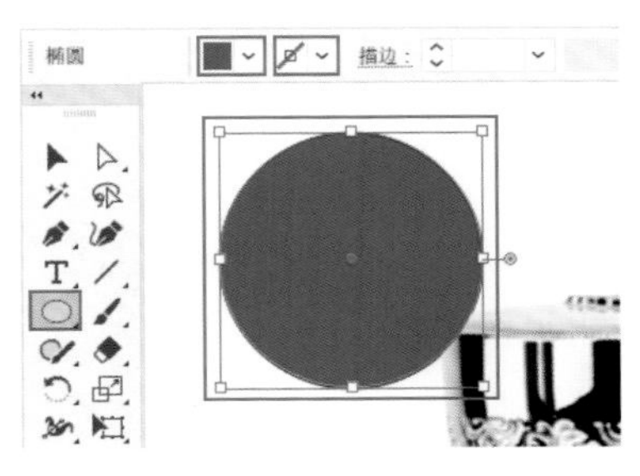

图9-105

⑪ 选中该正圆，执行“对象>排列>后移一层”命令，将其置于化妆品的下方，如图9-106所示。

图9-106

⑫ 选择工具箱中的“文字工具”，在正圆上键入文字，并在控制栏中设置合适的字体、字号与颜色，如图9-107所示。

图9-107

⑬ 使用同样的方法在该文字的下方键入新的文字，如图9-108所示。

图9-108

⑭ 加选两个白色文字，然后按住鼠标左键拖动角控制点，将其旋转至合适的角度，如图9-109所示。

图9-109

⑮ 选择工具箱中的“文字工具”，在化妆品的右侧键入文字，并拖动角控制点，将其旋转至合适的角度，如图9-110所示。

图9-110

高级拓展篇

⑯ 继续使用“文字工具”，在画面中键入其他的文字，如图9-111所示。

图9-111

⑰ 选择工具箱中的“圆角矩形工具”，在画面中绘制一个圆角矩形，并设置“填充”为洋红色，“描边”为无，“圆角半径”为1mm，如图9-112所示。

图9-112

⑱ 选择工具箱中的“文字工具”，在圆角矩形上键入文字，如图9-113所示。

图9-113

⑲ 选择工具箱中的“钢笔工具”，设置“填充”为山茶粉色，“描边”为无，设置完成后在倾斜的文字左侧绘制一个箭头图形，如图9-114所示。

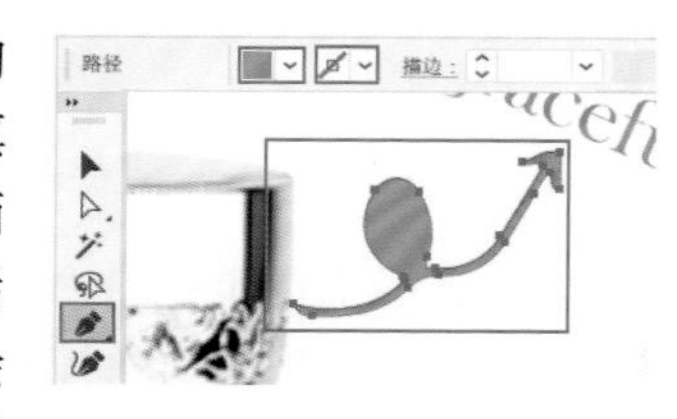

图9-114

⑳ 继续使用“钢笔工具”，在控制栏中设置“填充”为白色，“描边”为无，设置完成后在箭头的图形上绘制一个图形，如图9-115所示。

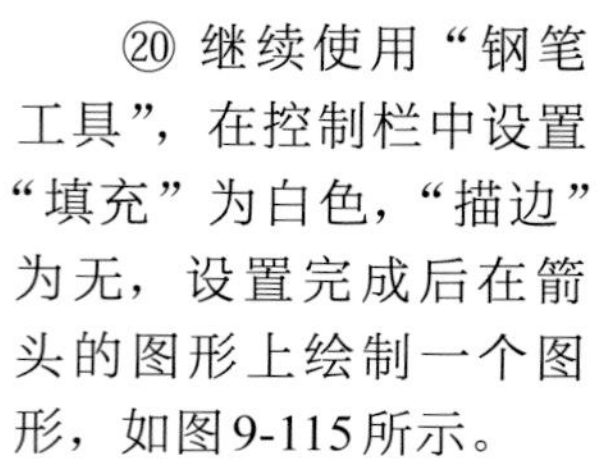

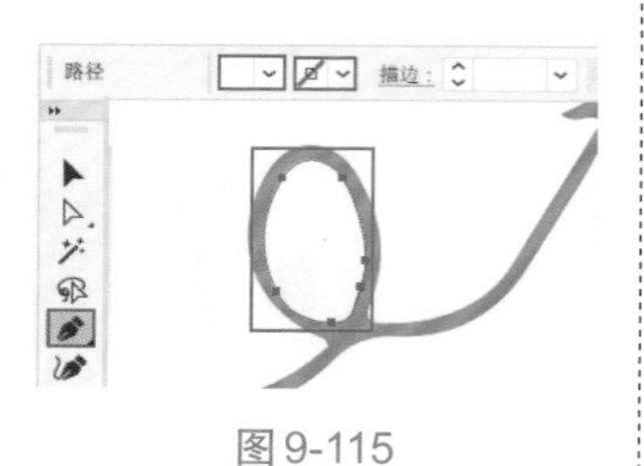

图9-115

㉑ 选中两个图形，单击鼠标右键，执行“建立复合路径”命令，将两个图形合并为一个，如图9-116所示。本案例制作完成，效果如图9-117所示。

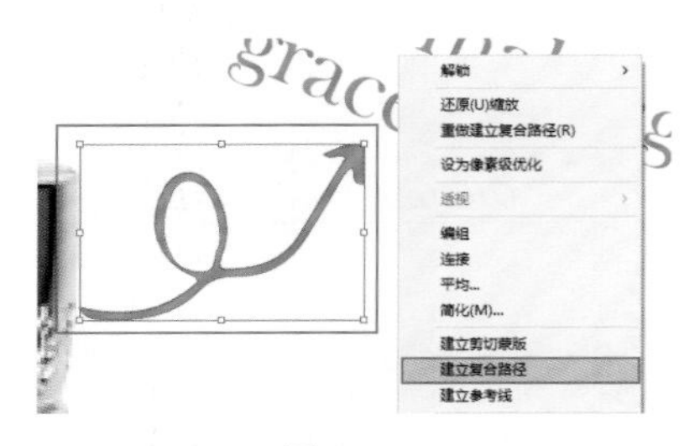

图9-116

图9-117

9.2.6 实战：使用高斯模糊制作层次感画面

文件路径

实战素材/第9章

操作要点

使用“矩形工具”与“渐变工具”制作出渐变背景
使用“高斯模糊”柔化位图

案例效果

案例效果见图9-118。

图9-118

操作步骤

① 新建一个大小合适的文档。选择工具箱中的“矩形工具”，绘制一个与画板等大的矩形，如图9-119所示。

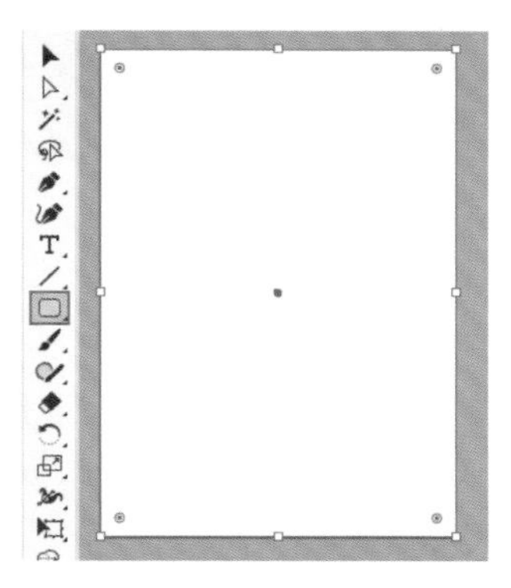

图9-119

② 接着双击工具箱中的“渐变工具”按钮，在弹出的“渐变”面板中设置“类型”为“线性渐变”，“角度”为－68°，编辑一个浅绿色系的渐变，使用“渐变工具”调整渐变效果，如图9-120所示。

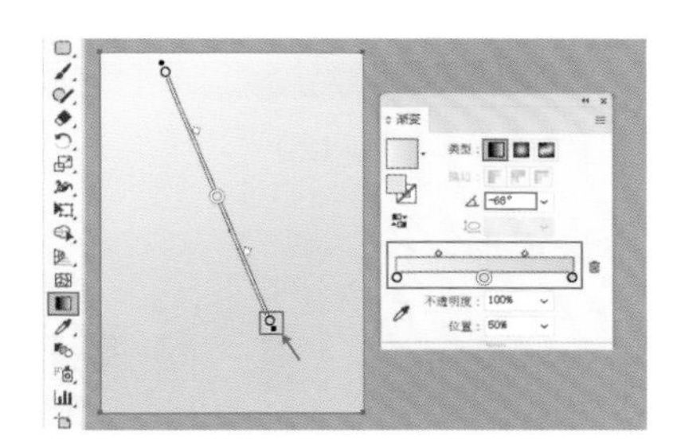

图9-120

③ 执行“文件＞置入”命令，将水果素材2置入画面中，并单击控制栏中的“嵌入”按钮，将其嵌入到画面中，如图9-121所示。

图9-121

④ 接着选中该水果图片，执行“效果＞模糊＞高斯模糊”命令，在弹出的“高斯模糊”窗口中设置“半径”为10像素，设置完成后单击“确定”按钮，如图9-122所示。

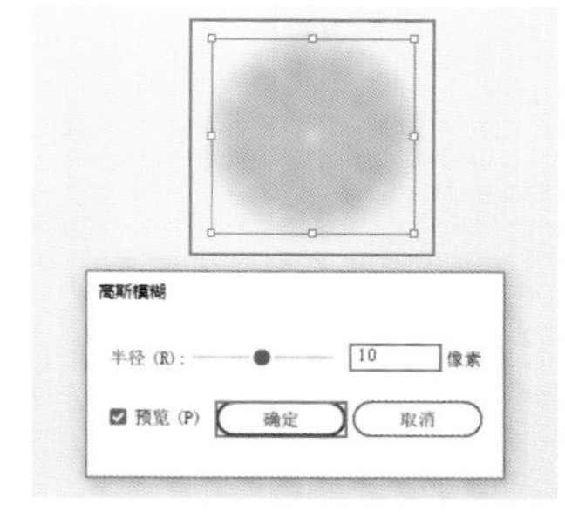

图9-122

⑤ 然后选中该图片，按住Alt键的同时按住鼠标左键将其向左下拖动，并调整其大小，如图9-123所示。

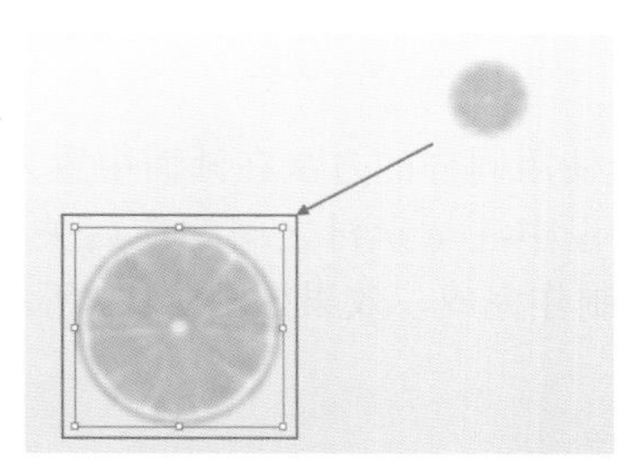

图9-123

⑥ 再次复制该对象，移动到右侧，适当放大，如图9-124所示。

图9-124

⑦ 在“外观”面板中选中“高斯模糊”，单击底部的删除按钮，如图9-125所示。效果如图9-126所示。

图9-125

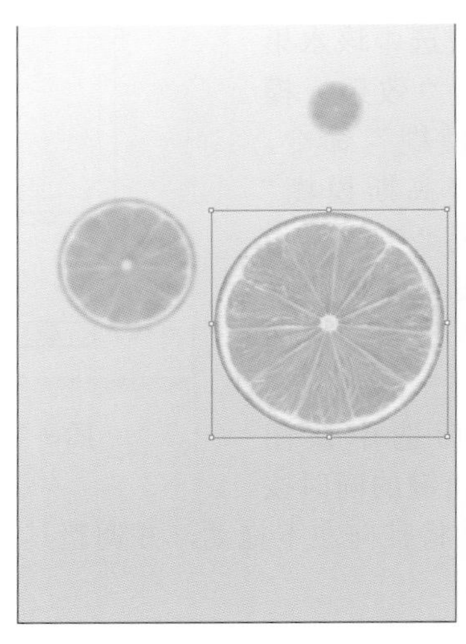

图9-126

⑧ 继续使用同样的方法在画面中置入其他素材，并在置入过程中注意素材之间的前后关系与位置关系。本案例制作完成，效果如图9-127所示。

图9-127

9.2.7 实战：带有杂点的海报

文件路径

实战素材/第9章

操作要点

使用“颗粒”效果为图形添加杂点
使用“投影”效果为矩形增加立体感
使用“波纹”效果制作波浪线

案例效果

案例效果见图9-128。

图9-128

操作步骤

① 制作展示背景。新建文档，选择工具箱中的“矩形工具”，在画面中绘制一个与画板等大的矩形，如图9-129所示。

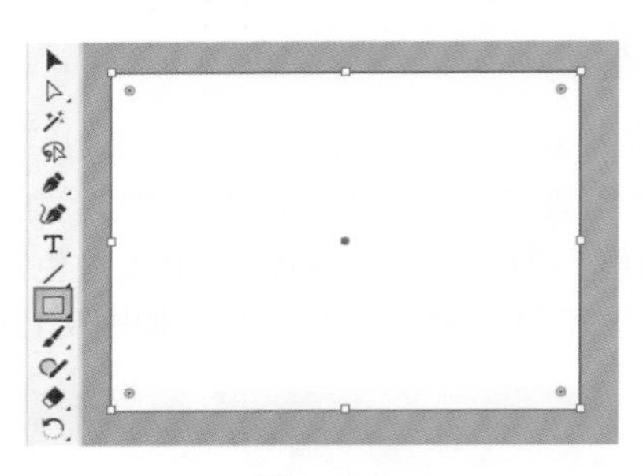

图9-129

② 选中该矩形，执行“窗口 > 渐变”命令，在打开的“渐变”面板中设置“类型”为“线性渐变”，“角度”为–35°，编辑一个从黄色到洋红色的渐变，如图9-130所示。此时效果如图9-131所示。

图9-130

图9-131

③ 选择工具箱中的“椭圆工具”，设置“描边”为无，在画面中按住鼠标左键拖动绘制一个椭圆，并在打开的“渐变”面板中设置“类型”为“线性渐变”，“角度”为–90°，编辑一个由洋红色到卡其黄的渐变颜色，如图9-132所示。

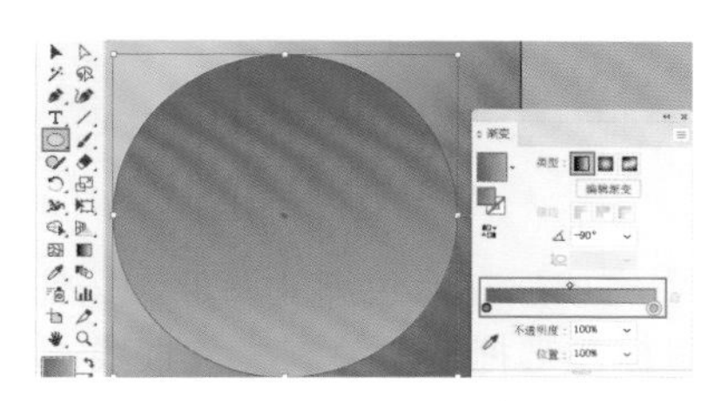

图9-132

④ 在“渐变”面板中选中卡其黄色标，将“不透明度”设置为0，此时渐变色椭圆的色彩变化更丰富，如图9-133所示。

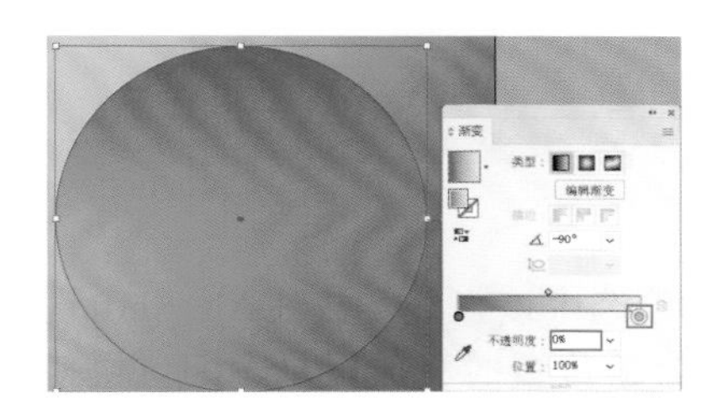

图9-133

⑤ 选择“椭圆工具”，设置“填充”为黄色，“描边”为无，设置完成后在渐变椭圆上绘制一个稍小一些的正圆，如图9-134所示。

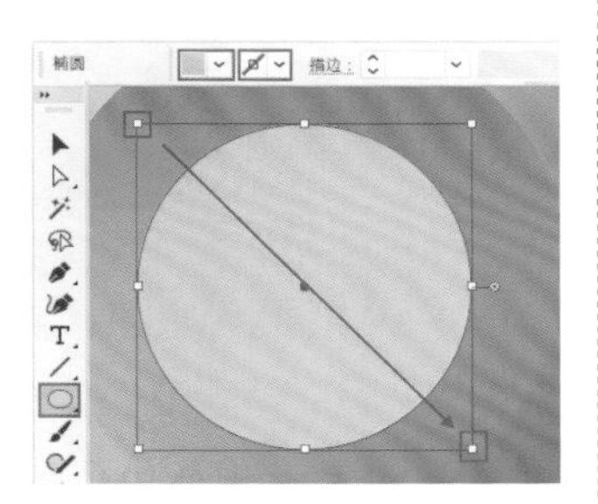

图9-134

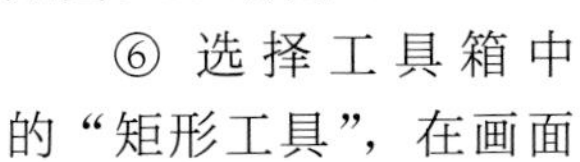

⑥ 选择工具箱中的“矩形工具”，在画面中按住鼠标左键拖动绘制一个矩形。选中矩形，在“渐变”面板中，设置“类型”为“线性渐变”，“角度”为–90°，编辑一个由洋红色到黄色的渐变，如图9-135所示。

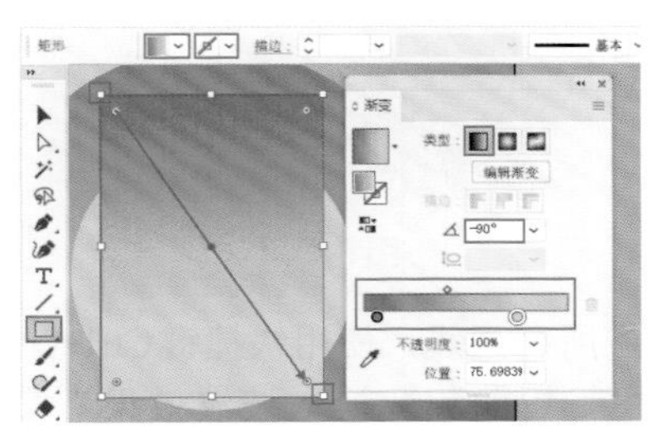

图9-135

⑦ 选中矩形，执行“效果＞纹理＞颗粒”命令，设置“强度”为10，“对比度”为50，“颗粒类型”为“柔和”。设置完成后单击“确定”按钮，如图9-136所示。

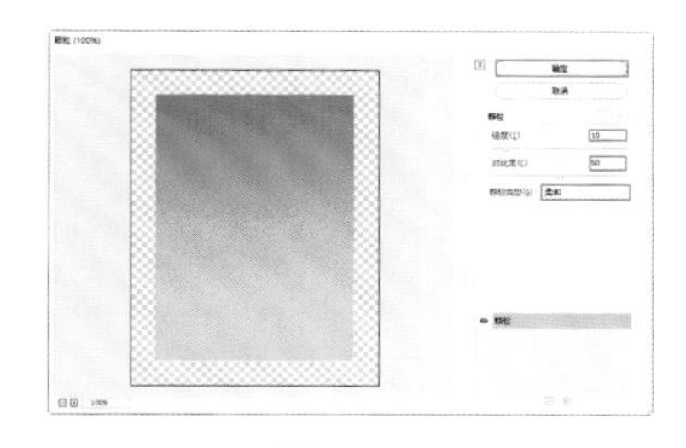

图9-136

⑧ 然后执行“效果＞风格化＞投影”命令，在打开的“投影”窗口中设置“模式”为正常，“不透明度”为100%，“X位移”为–10mm，“Y位移”为16mm，“模糊”为9mm，“颜色”为深红色，如图9-137所示。此时效果如图9-138所示。

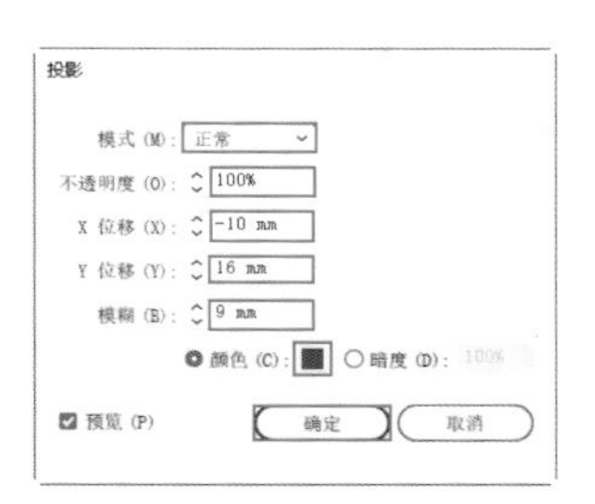

图9-137

图9-138

⑨ 选中背景中的渐变椭圆与黄色正圆，使用快捷键Ctrl+C进行复制，使用快捷键Ctrl+V粘贴，并调整其大小，将其摆放至矩形中间偏上的位置，如图9-139所示。

图9-139

⑩ 接着选中渐变椭圆，在打开的“渐变”面板中更改渐变颜色为由深红色到洋红色的透明渐变色，如图9-140所示。

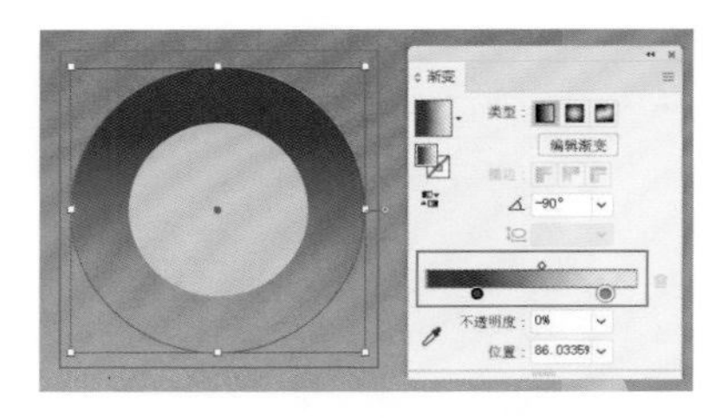

图9-140

⑪ 选择工具箱中的“矩形工具”，设置“描边”为无，在画面中间位置按住鼠标左键拖动绘制一个矩形，并在打开的“渐变”面板中设置“类型”为“线性渐变”，“角度”为135°，编辑一个由粉色到紫色的渐变，如图9-141所示。

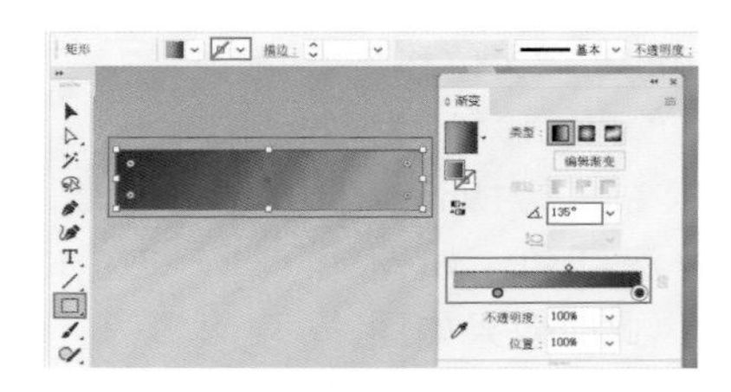

图9-141

⑫ 接着选中该矩形，将其复制出一份，并按住Shift键拖动角控制点，将其旋转至90°，如图9-142所示。

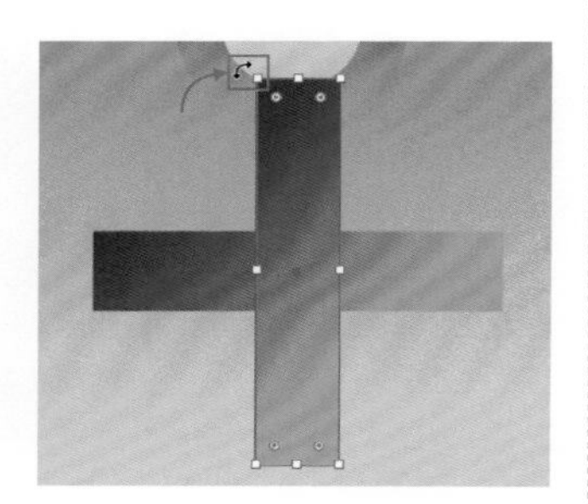

图9-142

⑬ 加选两个渐变矩形，使用快捷键Ctrl+G进行编组，并按住Shfit键拖动控制点进行旋转，如图9-143所示。

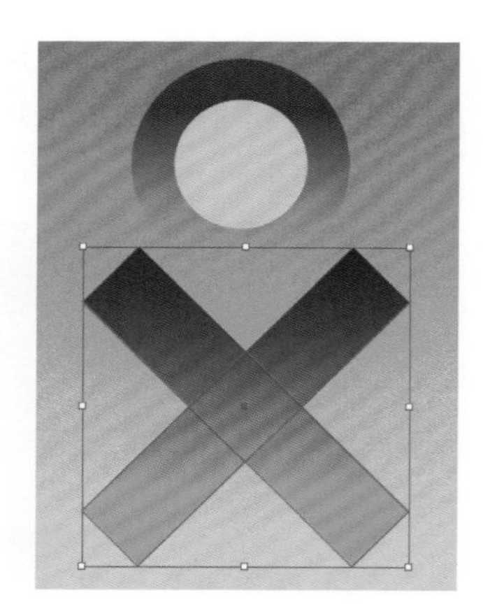

图9-143

⑭ 选择工具箱中的“直线段工具”，设置“填充”为无，“描边”为黄色，单击“描边”按钮，在打开的下拉面板中设置“描边粗细”为6pt，“端点”为圆头端点，如图9-144所示。

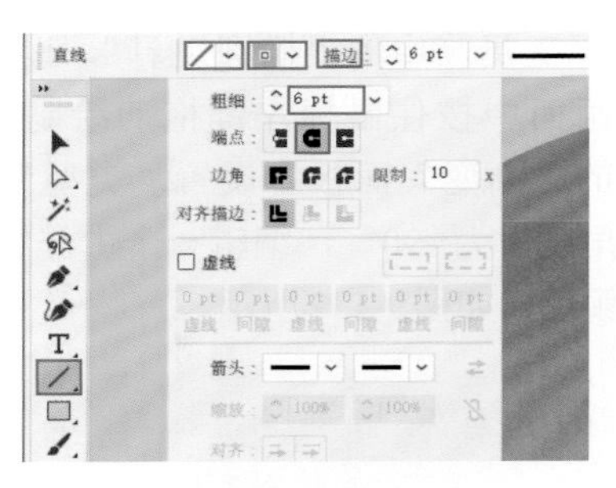

图9-144

⑮ 设置完成后在紫色渐变图形上按住Shift键的同时按住鼠标左键拖动，绘制一条直线，如图9-145所示。

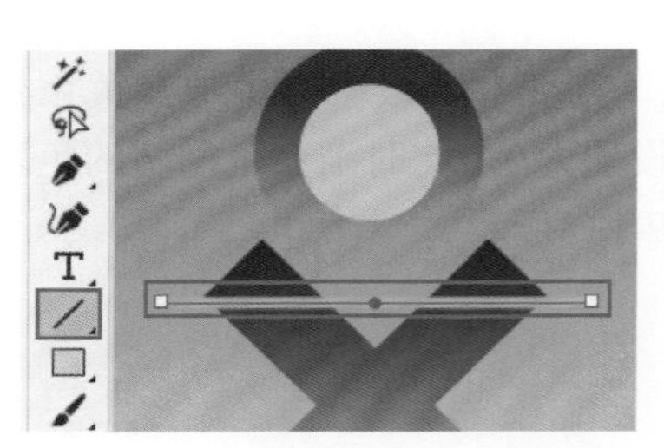

图9-145

⑯ 接着选中该直线，按住Alt+Shift键将其向下拖动，至合适位置时释放鼠标，即可快速复制出一份，如图9-146所示。

图9-146

⑰ 然后多次使用快捷键Ctrl+D将其以相同的距离与方向进行复制，如图9-147所示。

图9-147

⑱ 选中所有直线，使用快捷键Ctrl+G进行编组，执行“效果>扭曲和变换>波纹效果”命令，在打开的“波纹效果”窗口中设置“大小”为3.5mm，单

击“绝对”按钮，设置“每段的隆起数”为7，并单击“点”中的“平滑”按钮，设置完成后单击“确定”按钮，如图9-148所示。此时效果如图9-149所示。

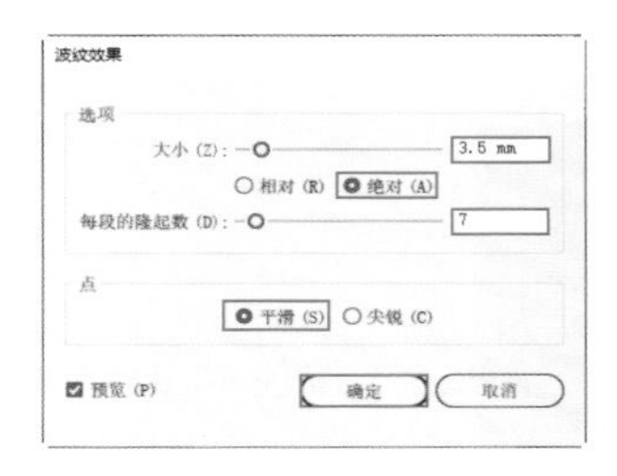

图9-148

图9-149

⑲ 在选中该图形组的状态下，执行“窗口>透明度”命令，在打开的“透明度”面板中设置“混合模式”为“颜色减淡”，如图9-150所示。

图9-150

⑳ 选择工具箱中的“钢笔工具”，设置“填充”为白色，“描边”为无，设置完成后在渐变矩形的右上角位置绘制一个多边形图形，如图9-151所示。

图9-151

㉑ 选择工具箱中的“文字工具”，输入文字。设置文字的“填充”与“描边”为钴蓝色，在控制栏中设置“描边宽度”为0.5pt，并设置合适的字体、字号。文字效果如图9-152所示。

㉒ 接着选中文字，拖动角控制点，将其旋转至合适的角度，如图9-153所示。

图9-152

图9-153

㉓ 选择工具箱中的“椭圆工具”，设置“填充”为白色，“描边”为无，设置完成后在版面右下角按住Shift键绘制一个正圆，如图9-154所示。

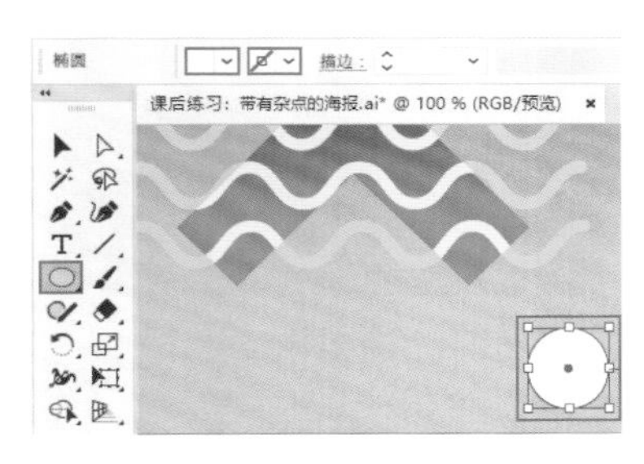

图9-154

㉔ 最后在版面底部依次添加文字。案例完成效果如图9-155所示。

图9-155

9.3 重新编辑效果

在“外观”面板中，可以看到所选对象、组或图层的效果属性，这些效果属性可以在“外观”面板中进行隐藏、显示或编辑，并且在“外观”面板中可以为对象添加其他新的效果属性，如图9-156所示。

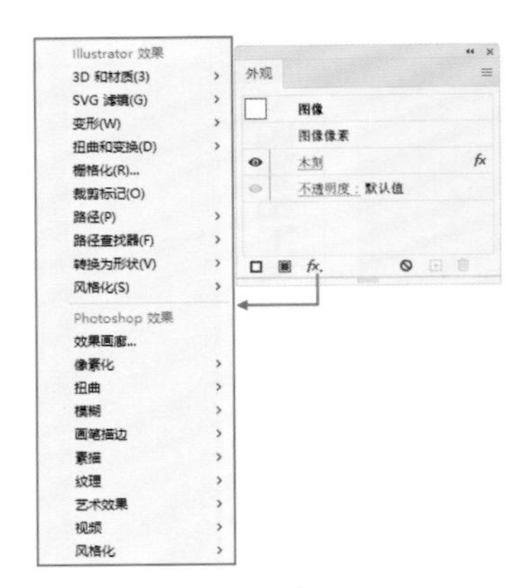

图9-156

① 选中对象，如图9-157所示。

图9-157

② 执行“窗口＞外观”命令，即可打开“外观”面板，单击“添加新效果”按钮 fx.，执行某一效果命令。例如执行“艺术效果＞木刻”命令，如图9-158所示。

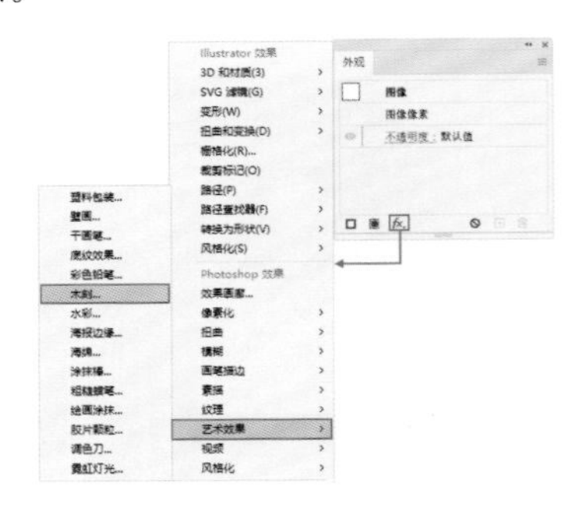

图9-158

③ 在打开的窗口中设置合适的参数，单击“确定”按钮，即可为图像添加效果，如图9-159所示。

图9-159

④ 如果想要重新编辑添加的效果，可以选中图形对象，在“外观”面板中单击效果名称，如图9-160所示。

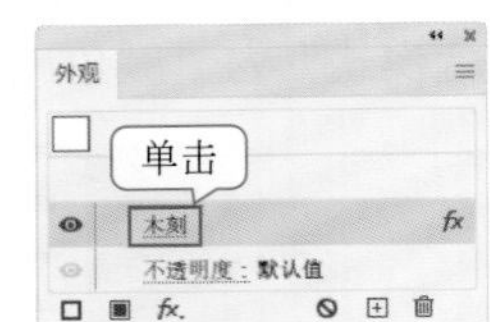

图9-160

⑤ 随即可以打开“木刻”窗口，再次编辑参数，单击“确定”按钮提交操作即可，如图9-161所示。

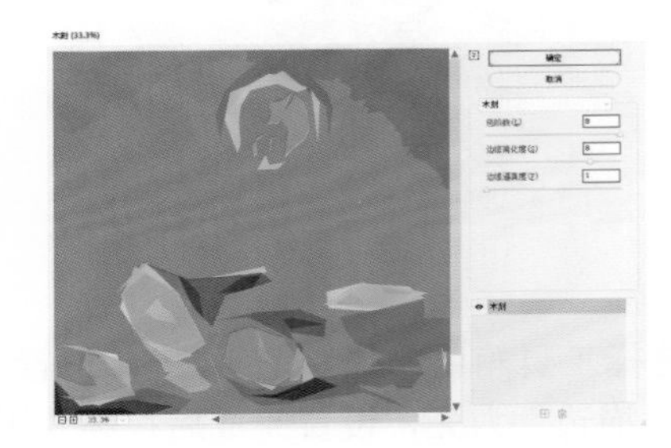

图9-161

⑥ 可以同时为一个图形对象添加多个效果，还可以在“外观”面板中调整效果排列的顺序，从而更改效果。在打开的“外观”面板中选中某一效果，按住鼠标左键将其向上或向下拖动，释放鼠标即可调整效果的排列顺序，如图9-162所示。

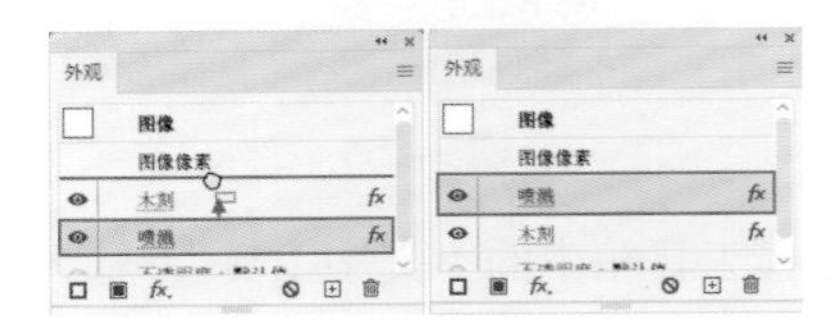

图9-162

⑦ 如果想要复制某一效果，可以在“外观”面板中选中效果，单击“复制所选项目”按钮 ⊞，即可将其复制出一份，如图9-163所示。

图9-163

⑧ 如果想要删去某一效果，可以在“外观”面板中选中效果，单击“删除所选项目”按钮，即可将所选效果删去，如图9-164所示。

图9-164

⑨ 如果想要删去所有效果，可以在“外观”面板中单击“清除外观”按钮，即可将对象还原为原始状态。效果如图9-165所示。

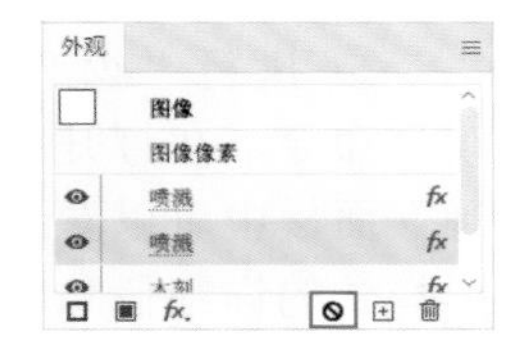

图9-165

拓展笔记

利用“外观”面板为图形添加多重描边。

① 首先绘制一个图形，添加一个描边，设置描边粗细为8pt，在“外观”面板中可以看到当前描边和填充的数值，如图9-166所示。

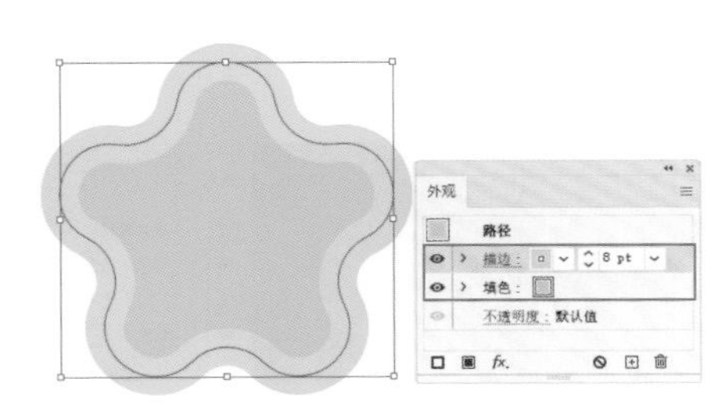

图9-166

② 选择图形，单击“外观”面板底部的“添加新描边”按钮，即可在“外观”面板中添加一个新的描边，并且具有与当前描边相同的属性，如图9-167所示。

图9-167

③ 因为排列顺序会影响到图形效果，所以选择位于顶部的描边，将描边的颜色进行更改，然后将描边粗细设置为5pt，此时就可以看到双层描边的效果，如图9-168所示。

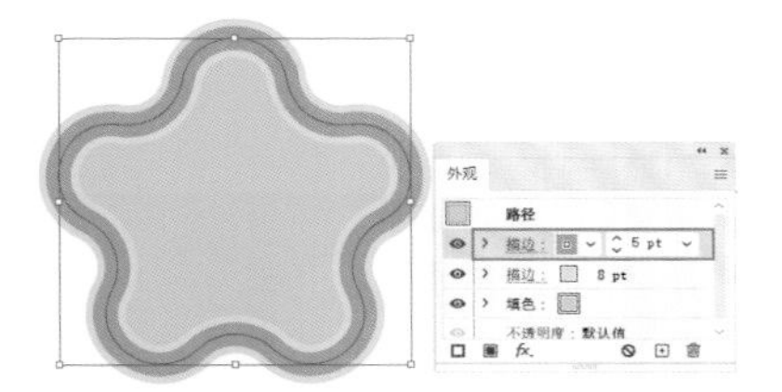

图9-168

④ 还可继续新建描边，然后更改描边颜色，降低描边粗细的数值，完成多重描边的设置，如图9-169所示。

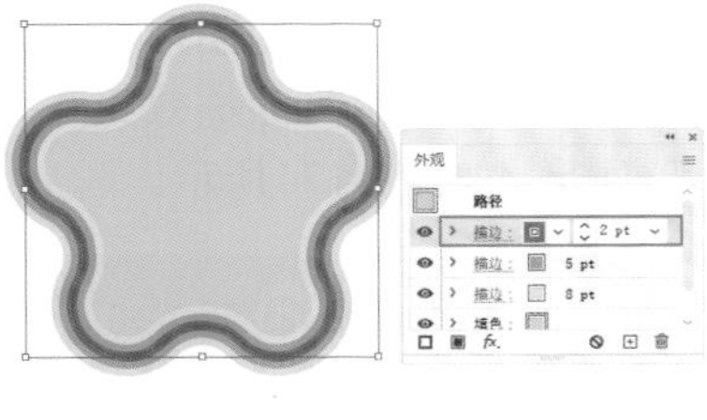

图9-169

9.4 图形样式

Illustrator中的“图形样式”是一种可以反复使用的设定好的外观属性，它可以快速更改对象的效果。比如更改对象的填充和描边颜色、更改透明度、应用多种效果等。本节将会学习如何为所选对象应用已有的图形样式，如何在“外观”面板中进行图形样式的更改。除此之外，还将会学习如何新建图形样式，如图9-170所示。

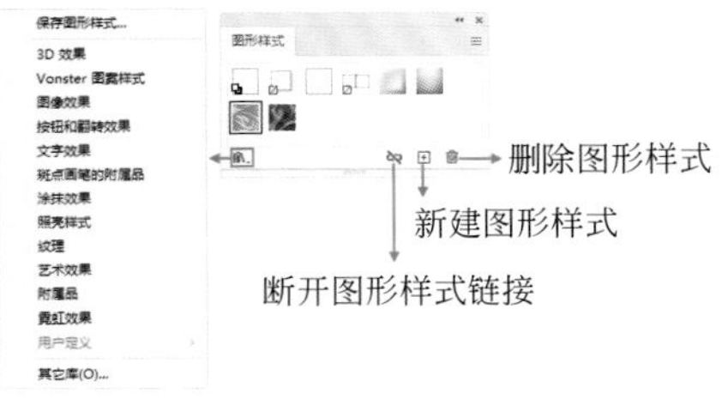

图9-170

9.4.1 使用已有的图形样式

Illustrator提供了一些可以方便调用的图形样式，比如文字效果、涂抹效果、纹理等等。

① 选中对象，如图9-171所示。

图9-171

② 执行“窗口＞图形样式”命令，在“图形样式”面板中，单击选择一种合适的样式，即可为对象赋予该样式，如图9-172所示。此图效果如图9-173所示。

图9-172

图9-173

③ Illustrator包括多种预设的样式，执行“窗口＞图形样式库”命令，在子菜单中包括多个命令，执行相应命令即可打开相对应的图形样式面板。例如执行“窗口＞图形样式库＞涂抹效果”命令，打开“涂抹效果”面板，如图9-174所示。

图9-174

重点笔记

也可以单击“图形样式”面板底部的“图形样式库菜单”按钮，执行某一命令，即可打开该图形样式库面板，如图9-175所示。

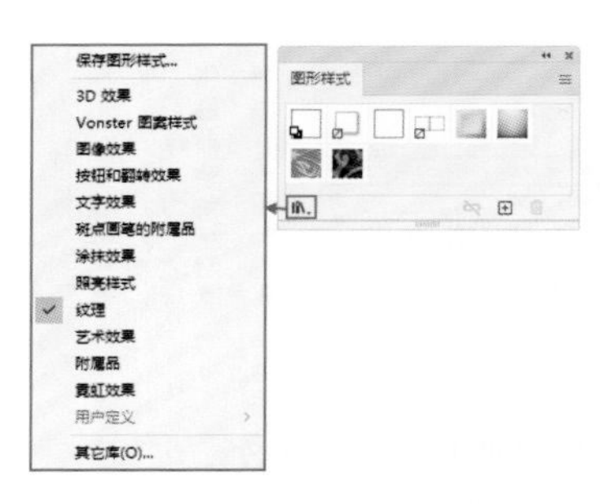

图9-175

④ 在面板中单击选择一种合适的图形样式，即可为文字赋予该图形样式，如图9-176所示。

图9-176

⑤ 执行“窗口＞外观”命令，在打开的“外观”面板中可以看到该图形样式的详细信息，如图9-177所示。

⑥ 在“外观”面板中可以更改样式，例如将“填色”进行更改，效果如图9-178所示。

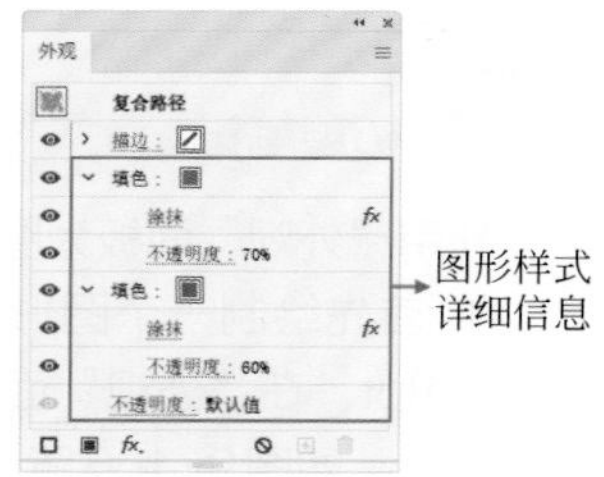

图9-177

⑦ 如果想要去除图形样式，单击“图形样式”面板中的“默认图形样式”按钮即可，如图9-179所示。

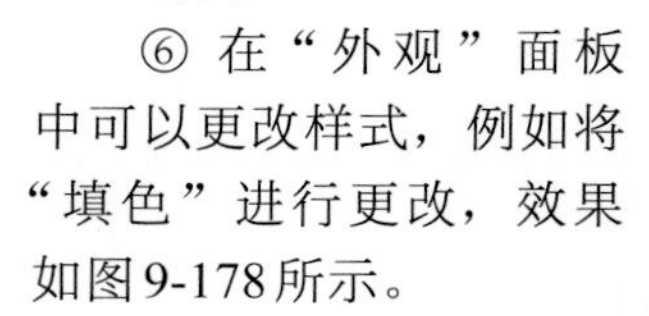

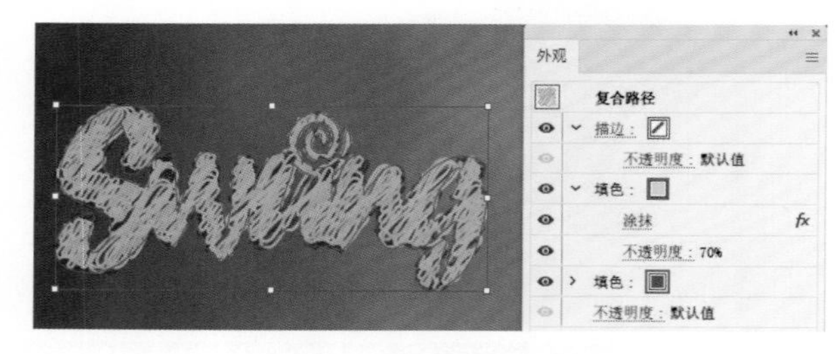

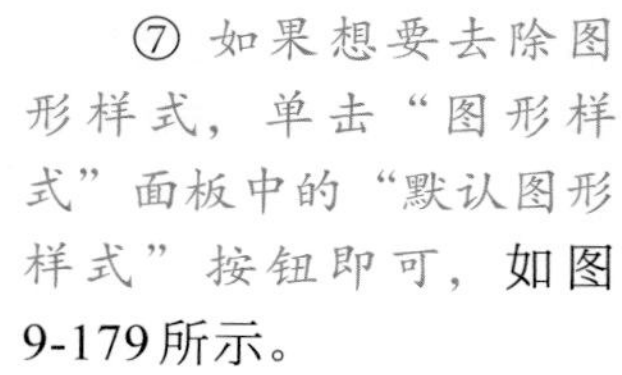

图9-178

图9-179

拓展笔记

打开“外观”面板，单击“清除外观”按钮，也可以清除所选对象的图形样式，如图9-180所示。

图9-180

9.4.2　创建新的图形样式

当Illustrator中提供的图形样式无法满足需求时，可以使用“新建图形样式”功能。

① 选中编辑好效果的图形对象，如图9-181所示。

② 执行“窗口＞图形样式”命令，单击“新建图形样式”按钮 ，即可将当前对象的外观创建为新的图形样式，如图9-182所示。

图9-181

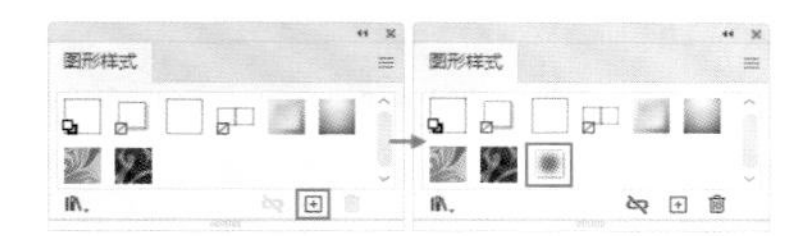

图9-182

③ 在画面中绘制一个星形，单击新建的图形样式，即可为其添加上与文字相同的样式，如图9-183所示。

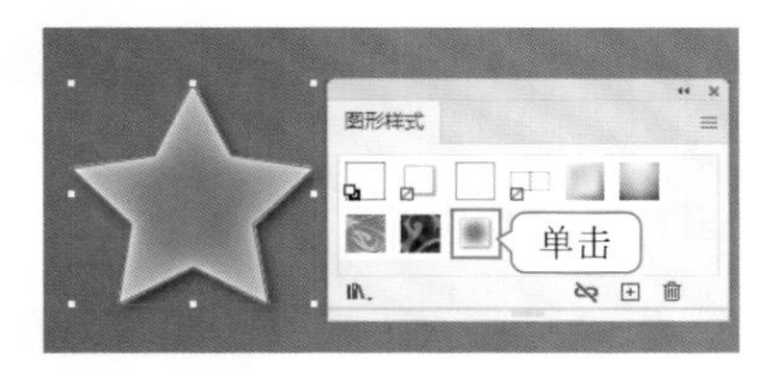

图9-183

9.5　课后练习：时尚品牌官方网站首页

文件路径

实战素材/第9章

操作要点

使用“剪切蒙版”限制图片展示范围
使用“混合模式”更改图片色调

案例效果

案例效果见图9-184。

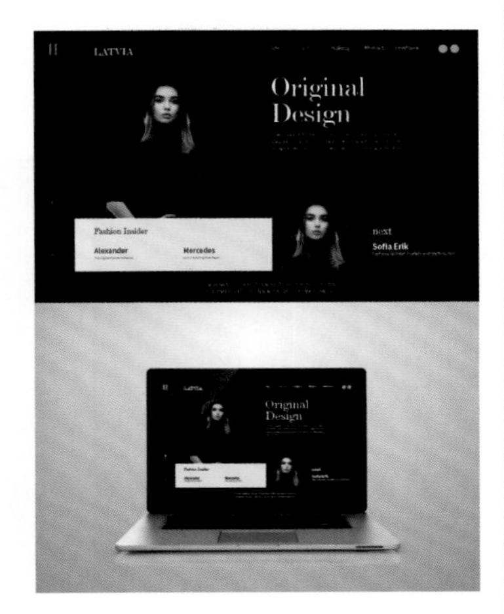

图9-184

操作步骤

9.5.1　制作网页导航

① 执行“文件＞新建”命令，在弹出的“新建文档”窗口中单击窗口顶部的Web按钮，接着选择1280px×800px，设置“方向”为横向，“画板”数量为2。设置完成后单击“创建”按钮，如图9-185所示。

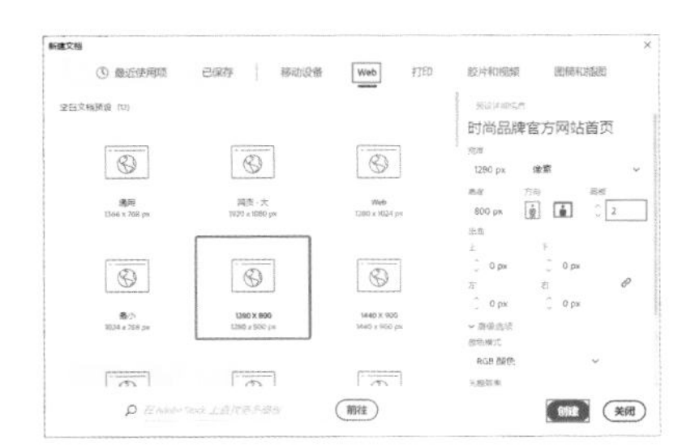

图9-185

② 接着在左侧画板中制作网站首页的内容。选择工具箱中的“矩形工具”，设置“填充”为黑色，

然后按住鼠标左键拖动绘制一个与画板等大的矩形，如图9-186所示。

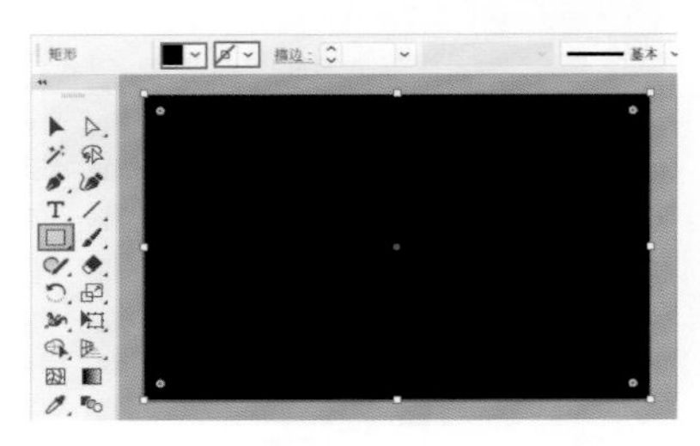

图9-186

③ 制作导航栏。选择工具箱中的“矩形工具”，设置“填充”为深灰色，“描边”为无，然后在画面左上角位置按住Shift键拖动绘制一个正方形，如图9-187所示。

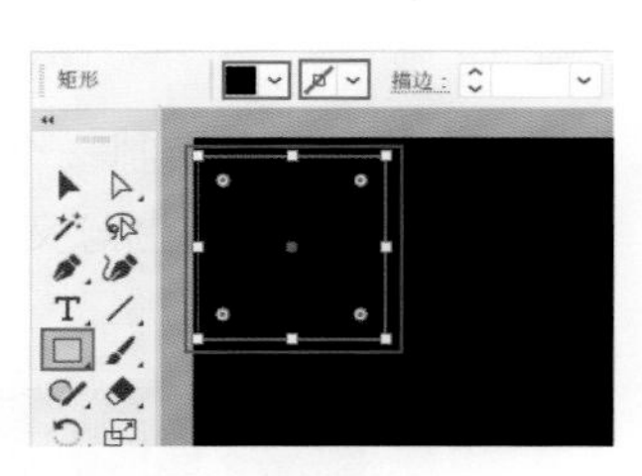

图9-187

④ 选择工具箱中的“直线段工具”，设置“填充”为无，“描边”为金色，“描边粗细”为3pt，设置完成后在深灰色正方形上方按住Shift键拖动绘制一条直线段，如图9-188所示。

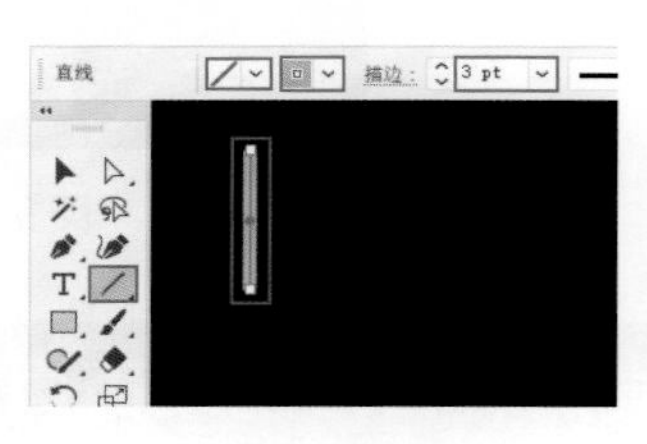

图9-188

⑤ 选中直线段，按住Alt键向右拖动，进行水平方向的移动并复制，如图9-189所示。

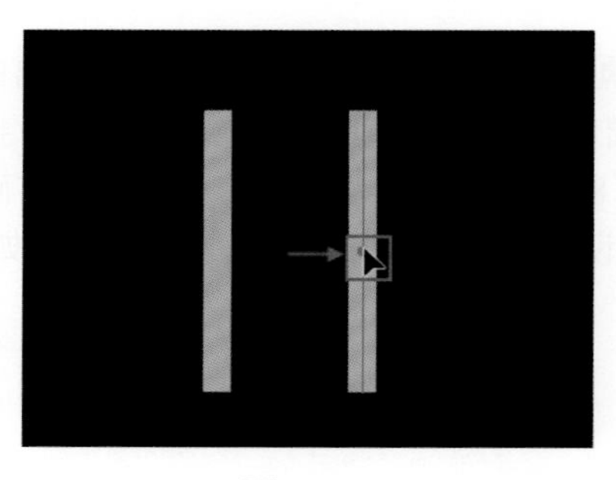

图9-189

⑥ 选择工具箱中的“文字工具”，在控制栏中设置填充颜色为白色，设置合适的字体、字号，然后在灰色矩形右侧位置单击插入光标，然后键入文字，如图9-190所示。

图9-190

⑦ 继续在右侧添加导航栏的其他文字，如图9-191所示。

图9-191

⑧ 选择工具箱中的“椭圆工具”，设置“填充”为卡其黄色，“描边”为无，然后按住Shift键的同时按住鼠标左键拖动绘制一个正圆，如图9-192所示。

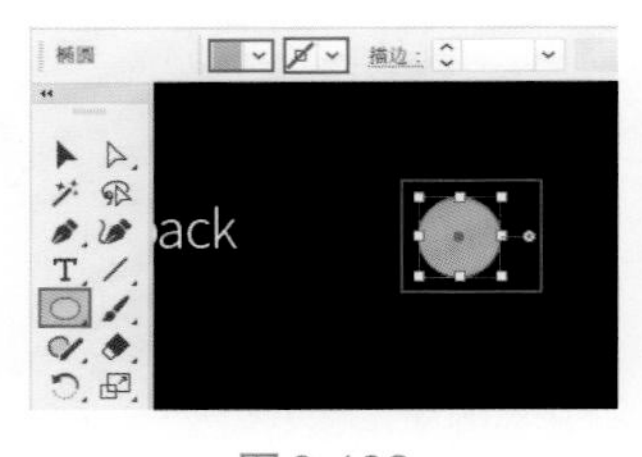

图9-192

⑨ 选中正圆，按住Alt键向右拖动进行水平方向的移动并复制，如图9-193所示。

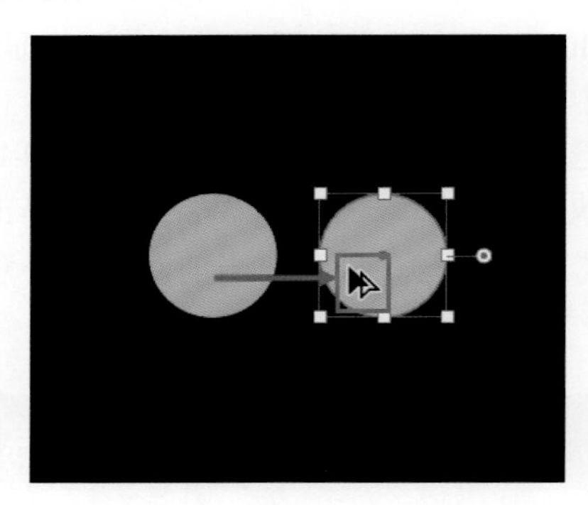

图9-193

9.5.2 制作网页主体部分

① 选择工具箱中的“直线段工具”，设置描边为深灰色，描边粗细为1pt，然后在画面左侧绘制一条直线作为分割线，如图9-194所示。

② 接下来在左侧区域的下方绘制音量调节器，首先绘制一条“描边粗细”为1pt的黑灰色直线，然后在下方绘制一条金色的直线。效果如图9-195所示。

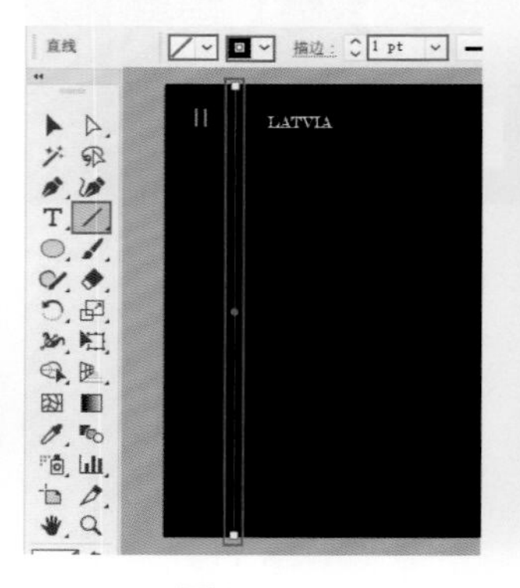

图9-194

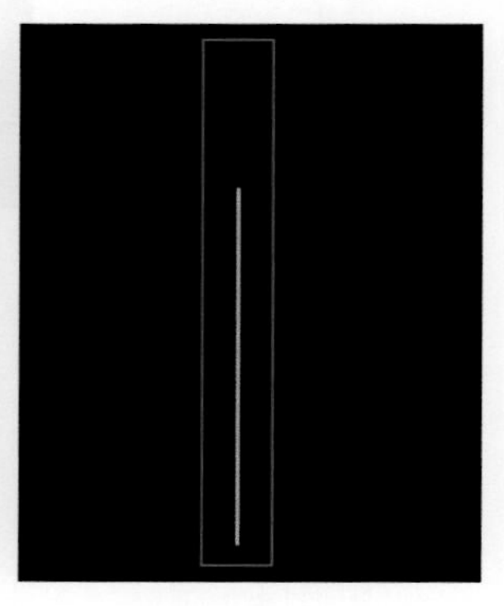

图9-195

③ 接着使用“文字工具”在直线的顶部和底部添加文字，如图9-196所示。

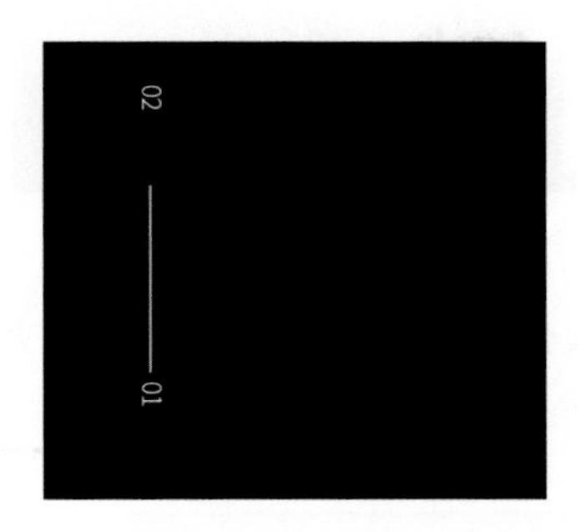

图9-196

④ 执行“文件>置入”命令，将人像素材1置入到文档中，并移动到合适位置上。然后单击控制栏中的“嵌入”按钮进行嵌入，如图9-197所示。

图9-197

⑤ 选择工具箱中的“矩形工具”，在人像上方绘制一个矩形，如图9-198所示。

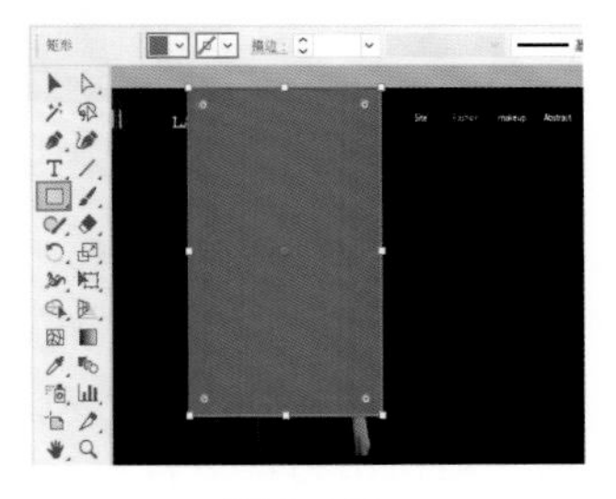

图9-198

⑥ 加选人像和上方的矩形，使用快捷键Ctrl+7创建剪切蒙版隐藏多余的内容，超出画面的部分被隐藏了，如图9-199所示。

图9-199

⑦ 接下来将彩色人像更改为黑白图像。首先使用矩形工具在人像上方绘制一个足够覆盖人像照片的黑色矩形，如图9-200所示。

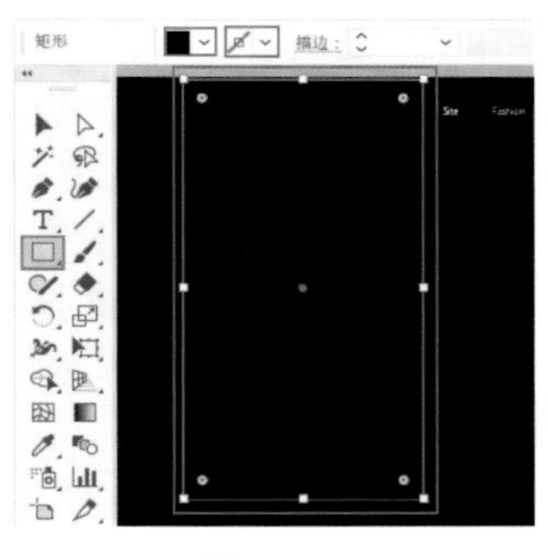

图9-200

⑧ 选中矩形，单击控制栏中的“不透明度”按钮，在下拉面板中设置“混合模式”为“色相”，效果如图9-201所示。制作完成后加选人物和上方的矩形，使用快捷键Ctrl+G进行编组。

图9-201

⑨ 接着使用“文字工具”在人像右侧添加文字，如图9-202所示。

图9-202

⑩ 继续使用“文字工具”在文字下方按住鼠标左键拖动绘制文本框，然后在文本框中添加文字，在窗口右侧的属性面板中设置合适的字体、字号，并设置段落对齐方式为“两端对齐，末行左对齐”，如图9-203所示。

图9-203

⑪ 选择工具箱中的“矩形工具”，设置“填充”为亮灰色，“描边”为无，然后在人物下方的位置按住鼠标左键拖动绘制矩形，如图9-204所示。

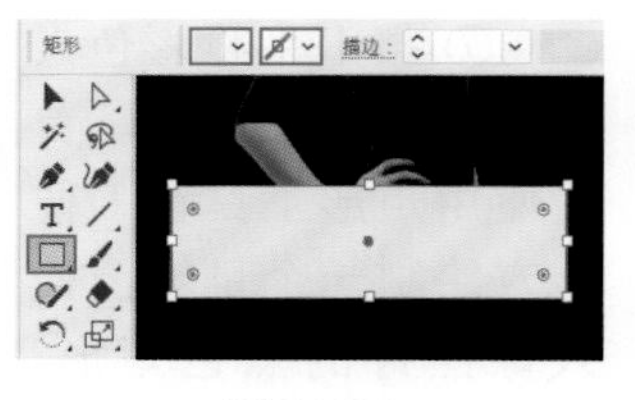

图9-204

⑫ 接着使用“文字工具”在灰色矩形上方依次添加文字，如图9-205所示。

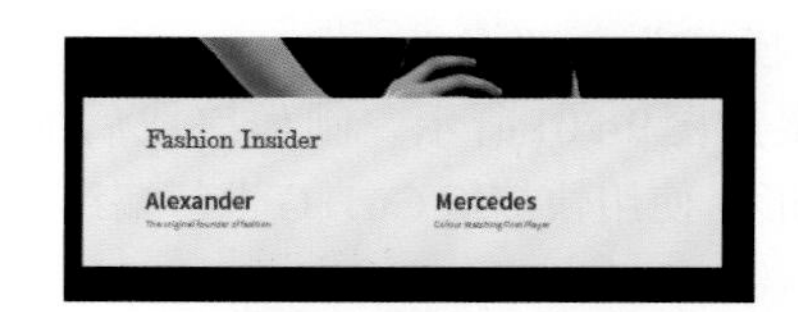

图9-205

⑬ 继续使用矩形工具在亮灰色矩形右侧绘制稍高一些的矩形，并填充黑灰色，如图9-206所示。

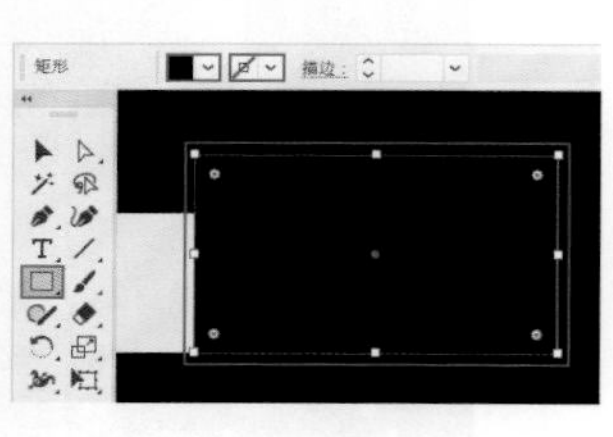

图9-206

⑭ 接着将人像组选中，使用快捷键Ctrl+C进行复制，使用快捷键Ctrl+V进行粘贴，然后适当放大，将人像脸部移动至黑灰色矩形的上方，如图9-207所示。

图9-207

⑮ 选中人像下方的黑灰色矩形，使用快捷键Ctrl+C进行复制，然后单击选择人像，接着使用快捷键Shift+Ctrl+F将复制对象粘贴到人像上方，如图9-208所示。

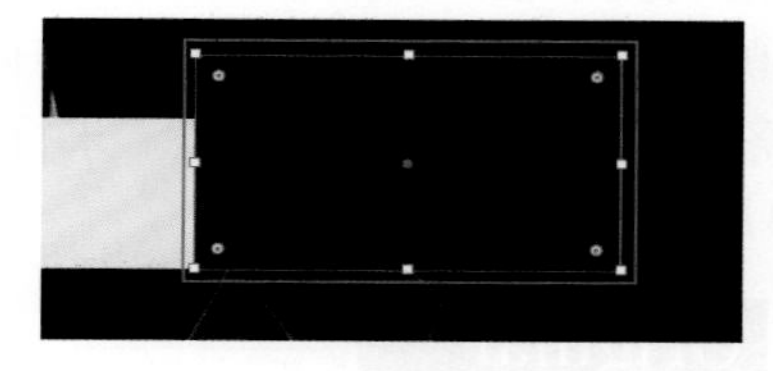
图9-208

⑯ 加选矩形和后侧的人像组，使用快捷键Ctrl+7创建剪切蒙版，超出矩形范围的人像部分被隐藏。效果如图9-209所示。

图9-209

⑰ 在人像右侧绘制一个矩形，填充为深灰色，如图9-210所示。

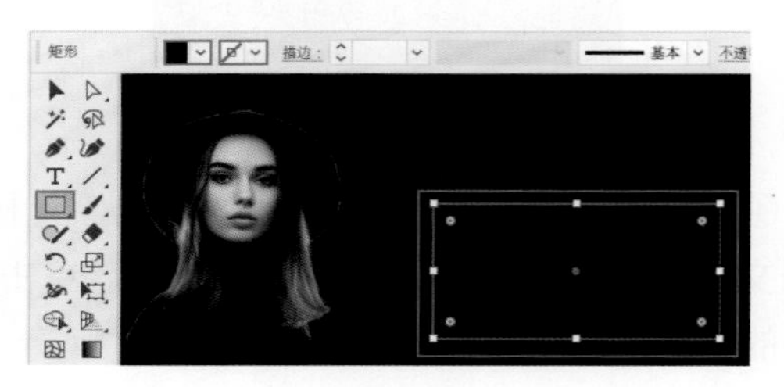

图9-210

⑱ 选择工具箱中的“钢笔工具”，设置“填充”为无，“描边”为金色，描边粗细为1pt，然后在人像右侧绘制折线，如图9-211所示。

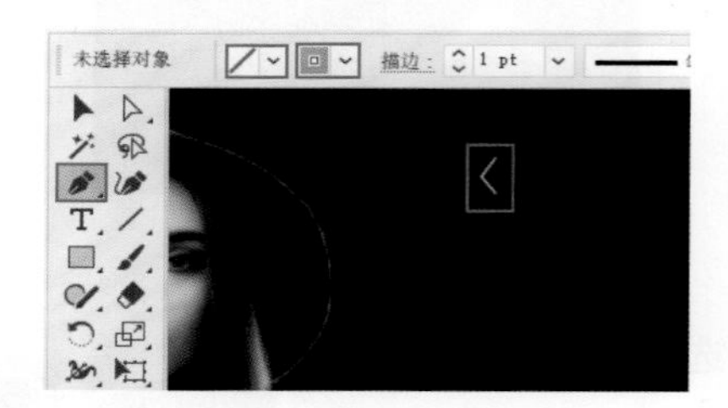

图9-211

⑲ 选中绘制的折线，执行“对象＞变换＞镜像”命令，在弹出的“镜像”窗口中勾选“垂直”，单击“复制”按钮，如图9-212所示。

⑳ 接着将折线向右移动，如图9-213所示。

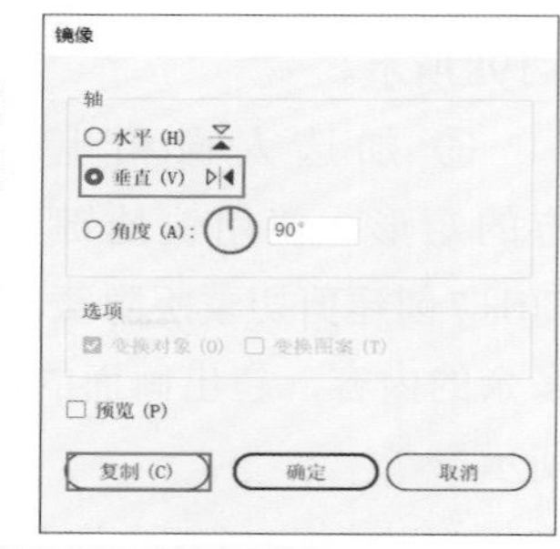

图9-212

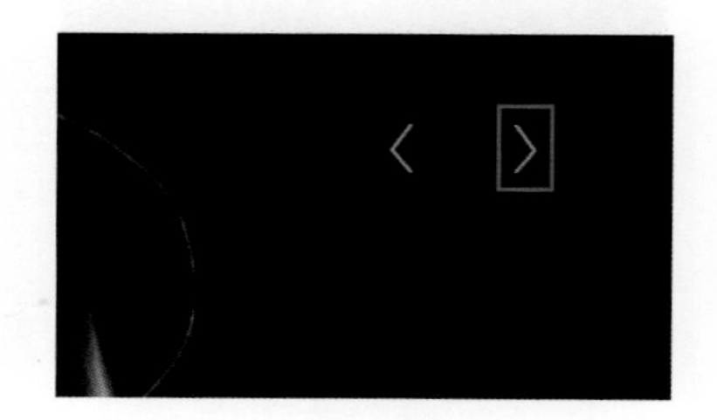
图9-213

㉑ 继续在画面底部依次添加文字。网站首页效果如图9-214所示。选中网页的全部内容，使用编组快捷键Ctrl+G。

图9-214

9.5.3　制作网站展示效果

① 接下来制作网页的展示效果，执行“文件＞置入”命令将电脑素材2置入到文档中，移动至画板2上，并进行嵌入，如图9-215所示。

图9-215

② 框选平面图部分，使用快捷键Ctrl+C进行复制，使用Ctrl+V进行粘贴，缩小后移动到电脑上方，如图9-216所示。

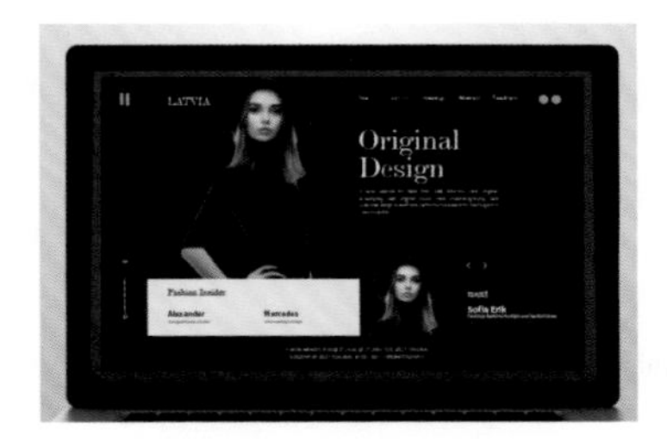

图9-216

③ 选中作为背景的黑色矩形，执行“效果＞风格化＞投影”命令，在弹出的“投影”窗口中设置“模式”为“正片叠底”，“不透明度”为70%，“X位移”为10mm，“Y位移”为10mm，“模糊”为10mm，“颜色”为黑色。参数设置如图9-217所示。

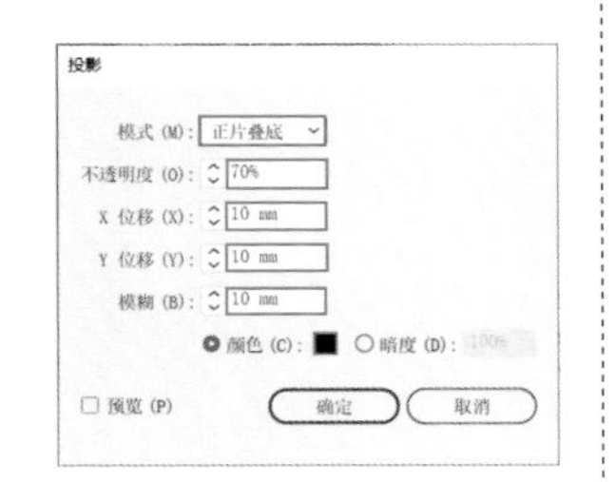

图9-217

④ 设置完成后单击“确定”按钮，效果如图9-218所示。

图9-218

⑤ 最后制作屏幕上的高光。选择工具箱中的“钢笔工具”，设置“描边”为无，设置完成后在画面左上角绘制图形，如图9-219所示。

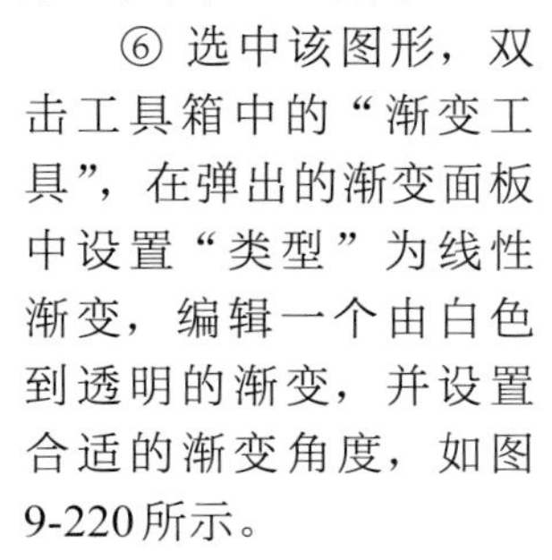

图9-219

⑥ 选中该图形，双击工具箱中的“渐变工具”，在弹出的渐变面板中设置“类型”为线性渐变，编辑一个由白色到透明的渐变，并设置合适的渐变角度，如图9-220所示。

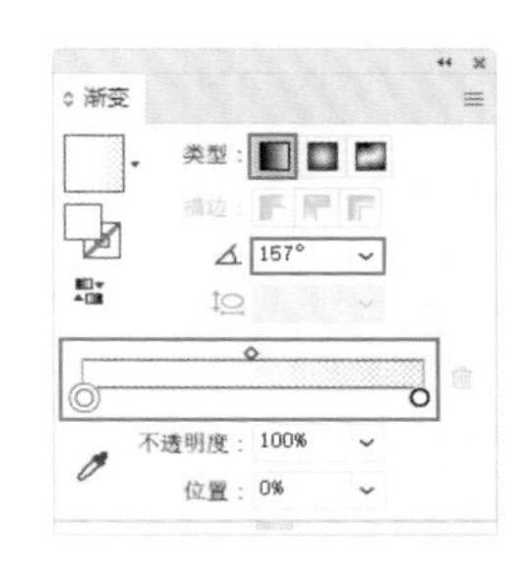

图9-220

编辑完成后，最终效果如图9-221所示。

图9-221

本章小结

本章主要学习了如何为对象添加效果，如何通过“外观”面板添加与编辑效果，以及使用“图形样式”功能丰富对象效果的方法。通过本章的学习，可以为图形或位图对象添加多种多样的效果，增强画面的视觉效果。

第10章 图表

与大量罗列数据的方式相比，“图表”显然是能够更加直观展现数据的方式。使用Illustrator可以创建出各种常见的图表，比如柱形图、条形图、折线图、饼图、散点图等。本章主要学习图表工具的使用方法与图表数据的编辑方法。

学习目标

- 了解数据编辑窗口的使用方法。
- 掌握创建图表的方法。
- 掌握编辑图表数据的方法。

思维导图

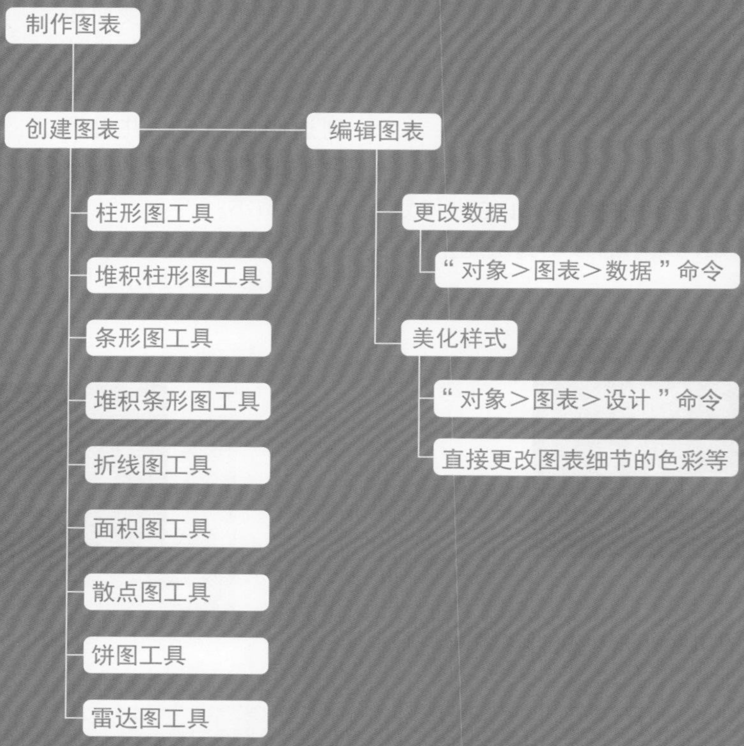

制作图表
- 创建图表
  - 柱形图工具
  - 堆积柱形图工具
  - 条形图工具
  - 堆积条形图工具
  - 折线图工具
  - 面积图工具
  - 散点图工具
  - 饼图工具
  - 雷达图工具
- 编辑图表
  - 更改数据
    - “对象>图表>数据”命令
  - 美化样式
    - “对象>图表>设计”命令
    - 直接更改图表细节的色彩等

10.1　创建图表

“图表”适合于多个数据的展示与对比，常见的图表有多种类型，比如柱形图、条形图、折线图、面积图等等（表10-1），这些图表基本都可以使用Illustrator中的“图表工具”创建出来。

表10-1　图表工具功能速查

功能名称	柱形图工具	堆积柱形图工具	条形图工具
图示			
功能名称	堆积条形图工具	折线图工具	面积图工具
图示			
功能名称	散点图工具	饼图工具	雷达图工具
图示			

10.1.1　认识图表工具

Illustrator中的“图表工具组”中包括“柱形图工具”“堆积柱形图工具”“条形图工具”“堆积条形图工具”“折线图工具”“面积图工具”“散点图工具”“饼图工具”“雷达图工具”，如图10-1所示。这些工具虽然创建出的图表形式不同，但创建方法基本一致。

图10-1

10.1.2　认识数据编辑窗口

图表是一种整理数据的手段，数据就是图表的核心。在创建图表之前，首先来认识一下“数据编辑”窗口。

使用图表工具绘制完图表后，会自动弹出“数据编辑”窗口，在该窗口中可以进行数据的编辑，图表的数据将会直接影响到图表的效果，如图10-2所示。

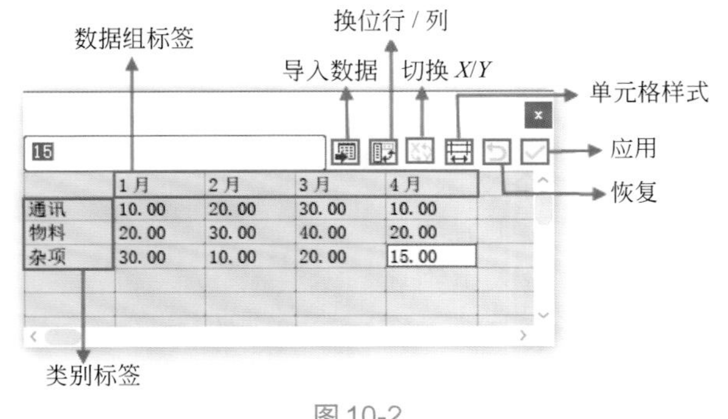

图10-2

重点选项速查

• 导入数据：单击该按钮，在弹出的窗口中选择所需文件即可导入外部的数据。

• 换位行/列：使表格中的行与列互换。

• 切换X/Y：如果想要切换散点图中的X轴与Y轴，可以单击该按钮。

• 单元格样式：用于设置“小数位数”与“列宽度”。

• 恢复：将图表数据恢复至初始状态。

• 应用：单击该按钮或者按下键盘上的Enter键，即可应用新的数据。

10.1.3 尝试创建一个图表

在Illustrator中，九种图表工具使用方法大致相同，可以归纳为：选择工具→按住鼠标左键拖动绘制表格→在“数据编辑”窗口输入数值→单击“应用”按钮提交操作。

在此以“柱形图工具”为例进行讲解。

① 选择工具箱中的“柱形图工具”，在画面中按住鼠标左键拖动，如图10-3所示。

图10-3

② 释放鼠标后画面中会弹出“数据编辑”窗口，默认情况下会选择左上角第一个数值框，此时可以按下键盘上的Delete键将默认数值删除，如图10-4所示。

图10-4

③ 接着单击选择第一列、第二个文本框，然后在窗口左上方的图表数据框内输入类别名称，输入完成后按下键盘上的Enter键即可，如图10-5所示。

图10-5

④ 接着继续在第一列中添加其他类别名称，如图10-6所示。

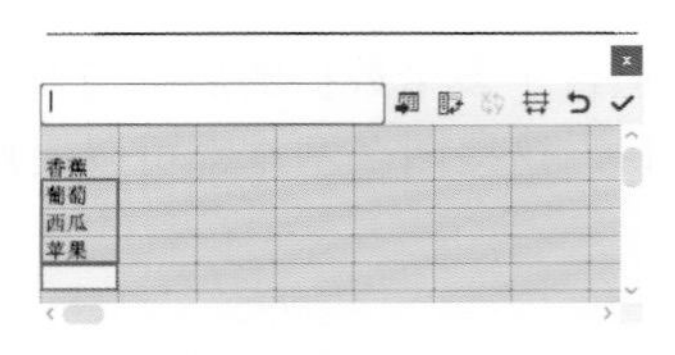

图10-6

⑤ 将光标移动至第一行、第二个单元格上单击将其选中，然后输入月份，继续添加其他标题，如图10-7所示。

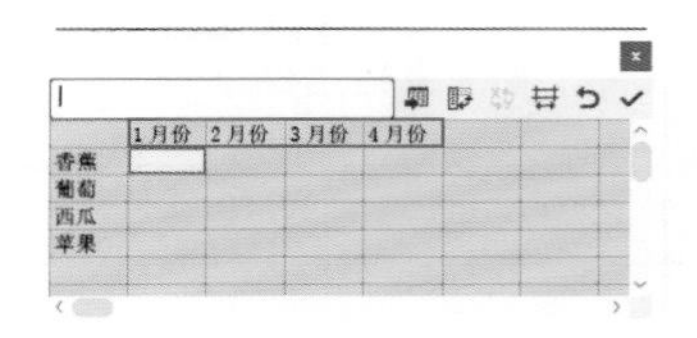

图10-7

⑥ 将数据输入对应的单元格内，输入完成后单击“应用”按钮，如图10-8所示。此时画面中会自动出现柱形图。效果如图10-9所示。

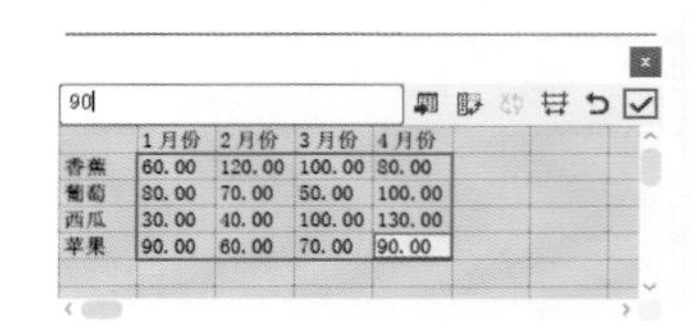

	1月份	2月份	3月份	4月份
香蕉	60.00	120.00	100.00	80.00
葡萄	80.00	70.00	50.00	100.00
西瓜	30.00	40.00	100.00	130.00
苹果	90.00	60.00	70.00	90.00

图10-8

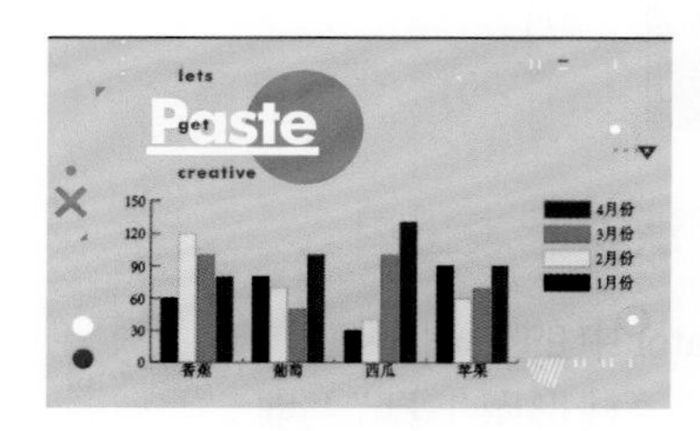

图10-9

疑难笔记

如何创建精准大小的图表？

如果想要绘制精准大小的图表，可以先选择一种图表工具，在画面中的空白位置单击，在弹出的“图表”窗口中输入“宽度”和“高度”数值，单击“确定”按钮，如图10-10所示。

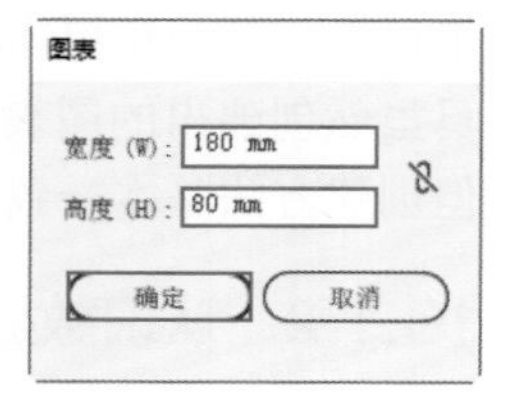

图10-10

10.1.4　实战：制作应用程序中的数据统计界面

文件路径

实战素材/第10章

操作要点

使用“折线图工具”绘制图表
更改折线图颜色

案例效果

案例效果见图10-11。

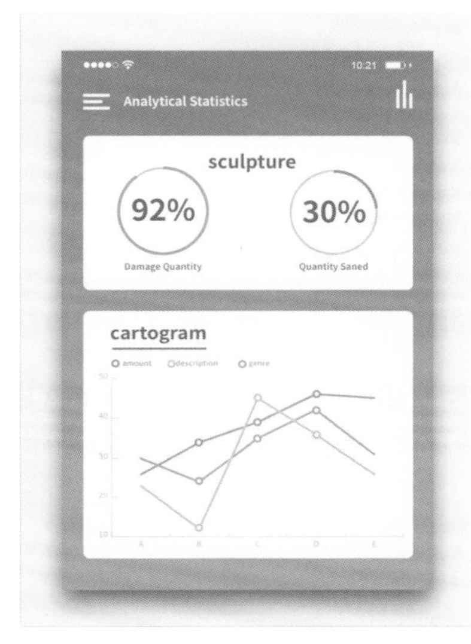

图10-11

操作步骤

① 执行“文件>打开”命令，将素材1打开，如图10-12所示。

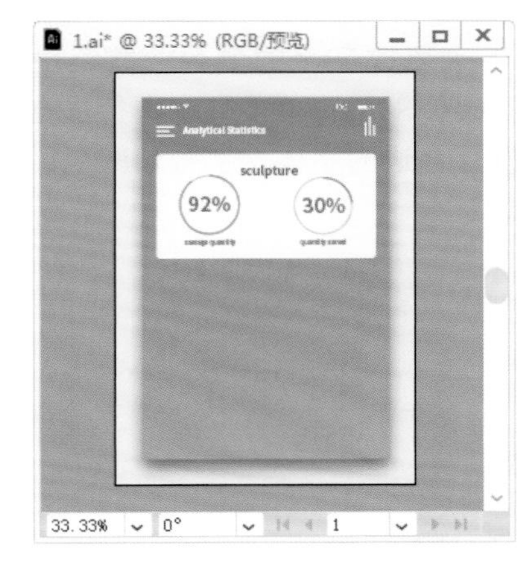

图10-12

② 选择工具箱中的“矩形工具”，在控制栏中设置“填充”为浅灰色，“描边”为无，然后在画面中按住鼠标左键拖动绘制矩形，如图10-13所示。

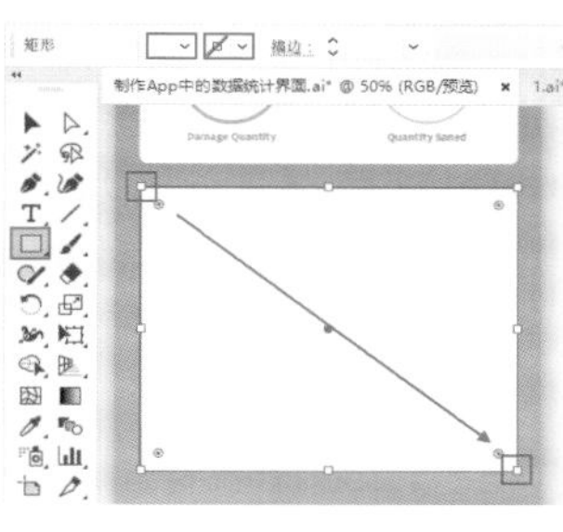

图10-13

③ 执行“窗口>变换”命令打开“变换”面板，选择“边角类型”为圆角后，设置圆角半径为3mm，如图10-14所示。

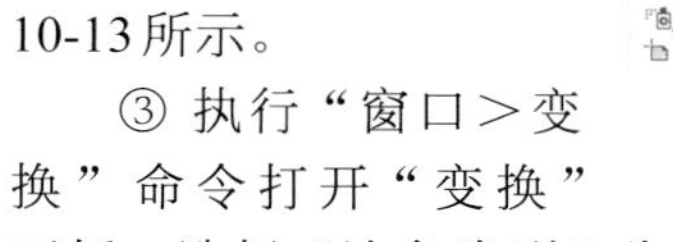

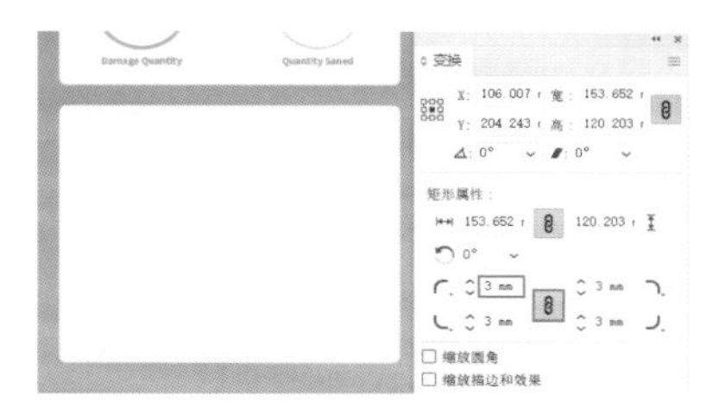

图10-14

④ 在画面下方的空白位置创建折线图。选择工具箱中的“折线图工具”，在画面中按住鼠标左键拖动，绘制出图表的范围，如图10-15所示。

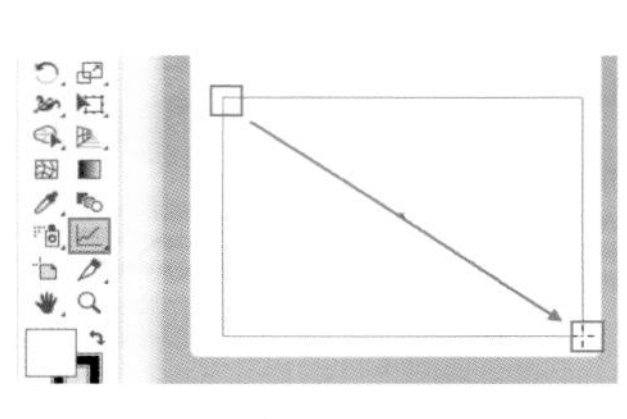

图10-15

⑤ 释放鼠标后，在弹出的图表数据窗口中依次输入数据，然后单击“应用”按钮，如图10-16所示。效果如图10-17所示。

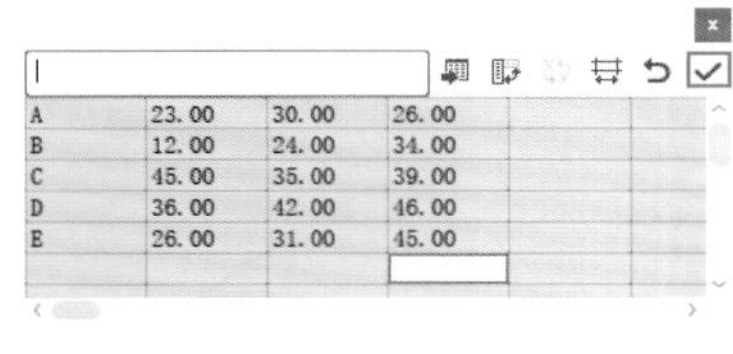

A	23.00	30.00	26.00
B	12.00	24.00	34.00
C	45.00	35.00	39.00
D	36.00	42.00	46.00
E	26.00	31.00	45.00

图10-16

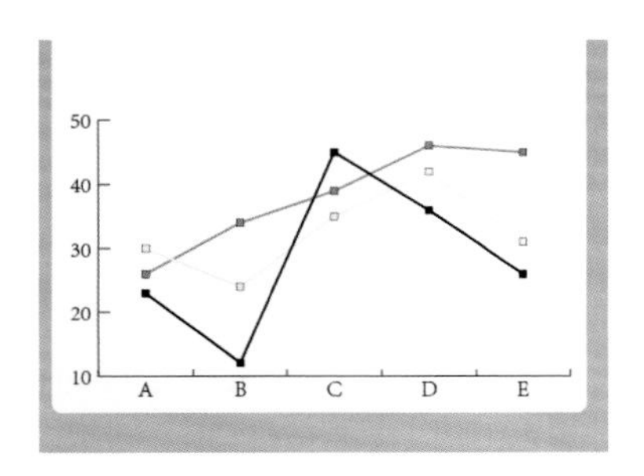

图10-17

⑥ 接着在折线图选中状态下，执行“对象>图表>类型”命令，在弹出的“图表类型”窗口中将“标记数据点”取消勾选，然后单击“确定”按钮，如图10-18所示。此时效果如图10-19所示。

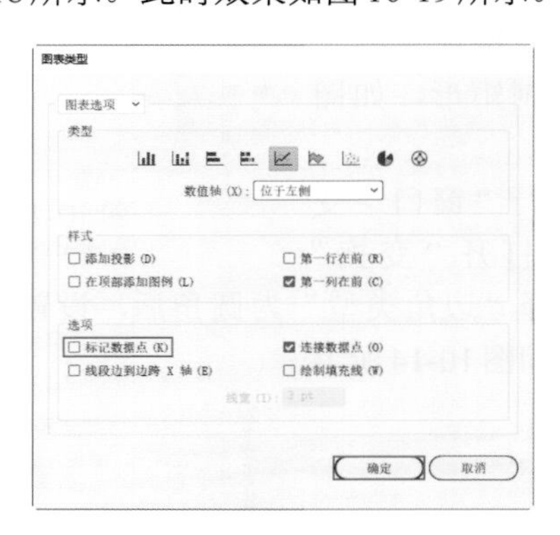

图10-18

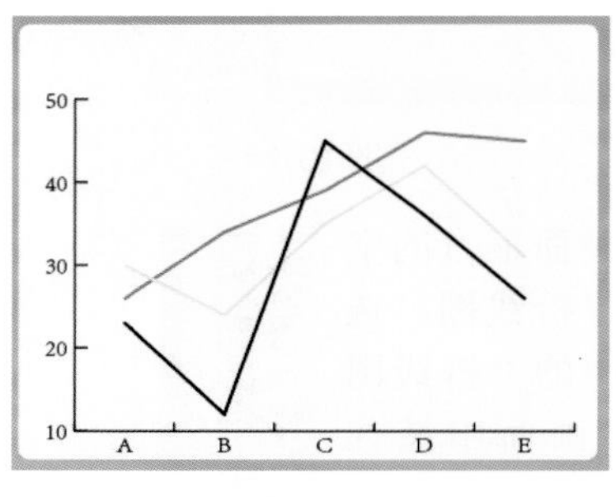

图10-19

⑦ 下面对折线图的颜色进行更改。选择工具箱中的“直接选择工具”，按住Shift键的同时依次单击构成其中一条折线的多个部分。接着设置“填充”为无，“描边”为蓝色，“描边粗细”为3pt，如图10-20所示。

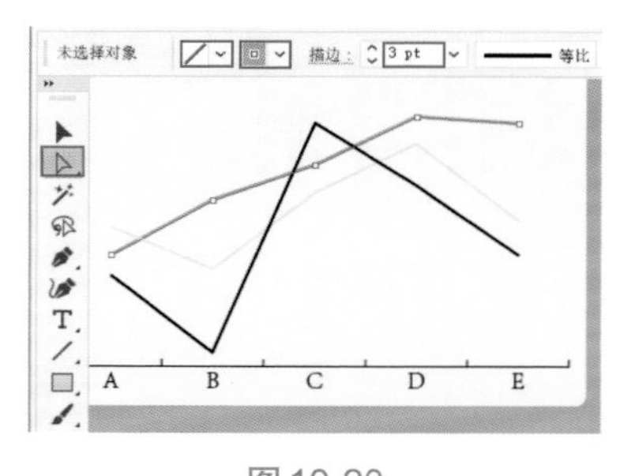

图10-20

重点笔记

在使用“直接选择工具”选择路径时，只能一段一段地进行选择，所以需要按住Shift键单击进行加选，如图10-21所示。

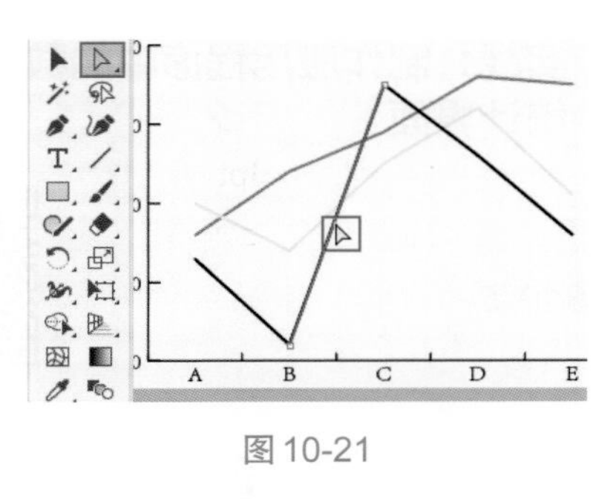

图10-21

⑧ 然后继续更改其他折线的颜色，效果如图10-22所示。

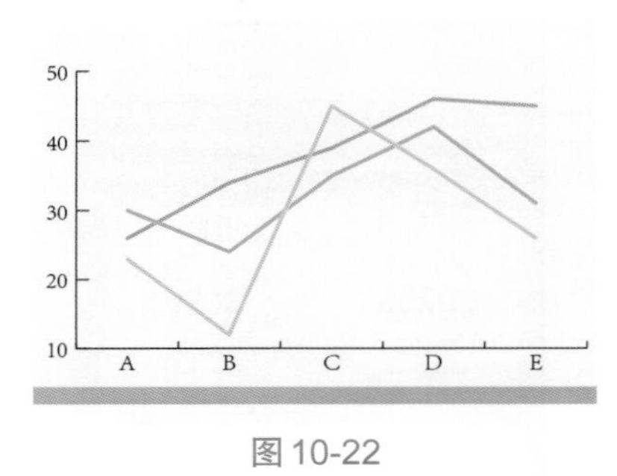

图10-22

⑨ 继续使用“直接选择工具”，将X轴和Y轴的直线段颜色更改为浅灰色，如图10-23所示。

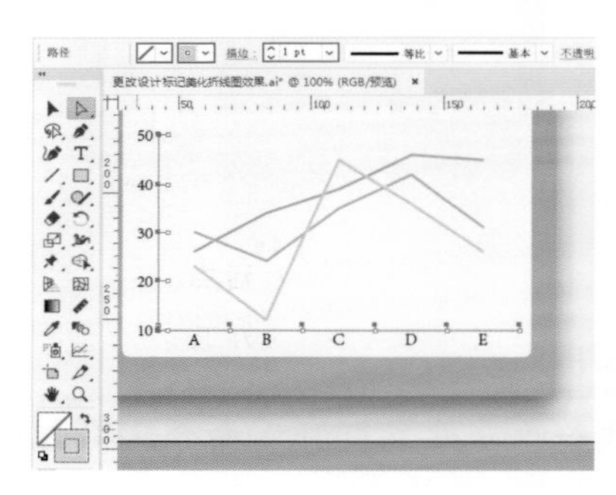

图10-23

⑩ 接下来更改文字的颜色。继续使用“直接选择工具”按住Shift键单击文字进行加选，接着在控制栏中设置合适的字体、字号和颜色。效果如图10-24所示。

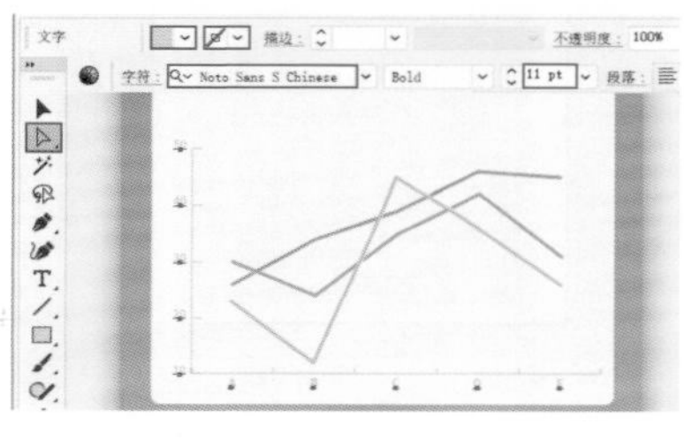

图10-24

⑪ 下面在折线图上方添加新的标记数据点。选择工具箱中的“椭圆工具”，设置“填充”为白色，“描边”为蓝色，“粗细”为3pt。设置完成后在蓝色折线段上方按住Shift键绘制正圆，如图10-25所示。

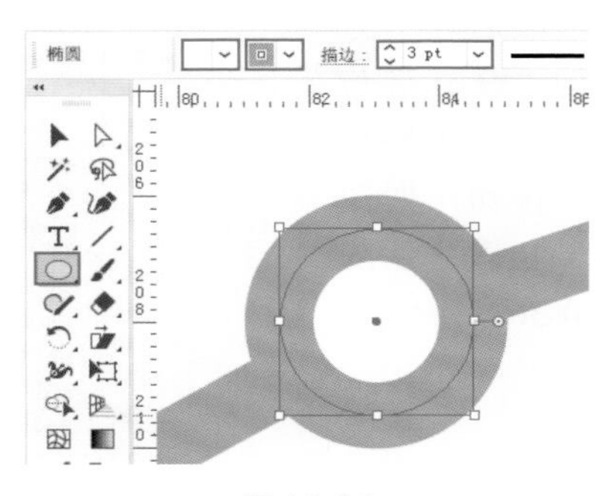

图10-25

⑫ 然后将该正圆复制若干份，调整颜色放在画面中折线段的相应位置，效果如图10-26所示。

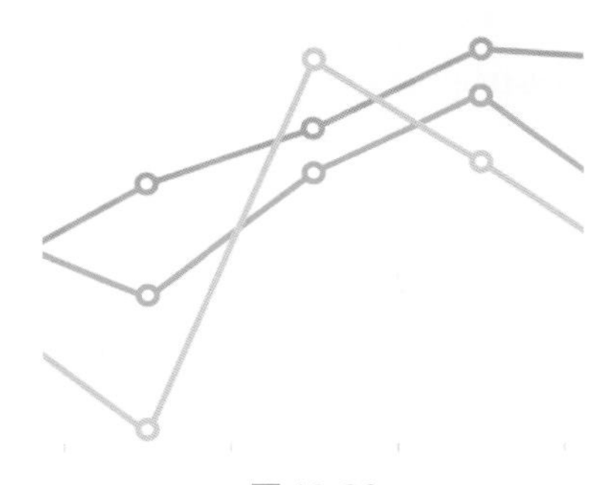

图10-26

⑬ 将三种颜色的标记数据点各复制一份，放在折线图上方位置，如图10-27所示。

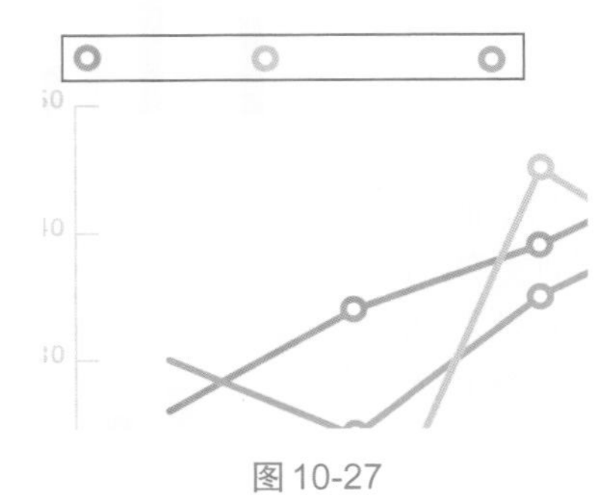

图10-27

⑭ 接着添加文字。选择工具箱中的“文字工具”，在图表左上方单击插入光标，然后删除占位符。接着在控制栏中设置合适的字体、字号和颜色，设置完成后输入文字，如图10-28所示。文字输入完成后按Esc键结束操作。

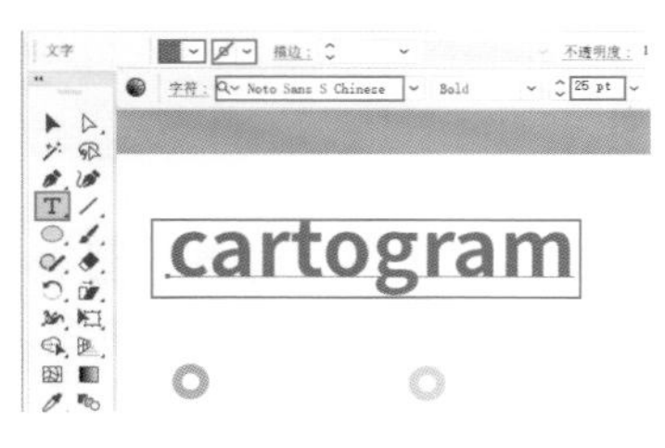

图10-28

⑮ 继续使用该工具输入其他文字，效果如图10-29所示。

图10-29

⑯ 选择工具箱中的“直线段工具”，设置“填充”为无，“描边”为深灰色，“粗细”为3pt。设置完成后在文字中间按住Shift键的同时按住鼠标左键拖动绘制一条直线段，如图10-30所示。此时本案例制作完成，效果如图10-31所示。

图10-30

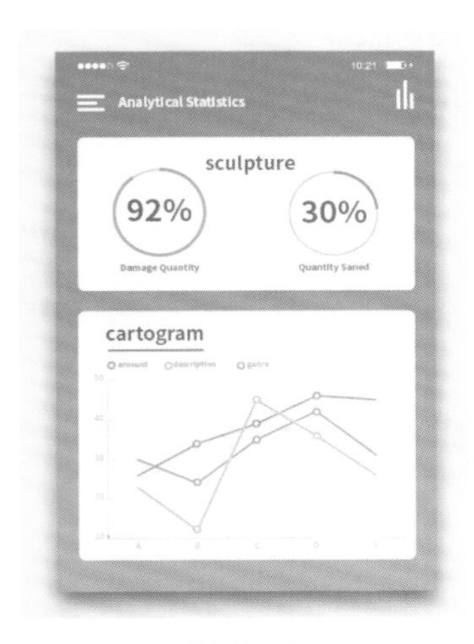

图10-31

10.2 编辑图表

选中图表对象，执行“对象>图表”命令，在子菜单中包括多个用于图表编辑的命令，如图10-32所示。

“类型”命令可以切换图表的样式或对样式属性进行设置；“数据”命令可以重新打开图表数据窗口，对图表数据进行更改。

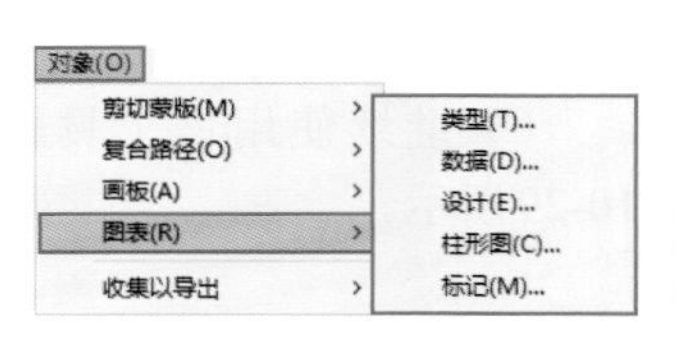

图10-32

10.2.1 更改图表的参数

单击选中图表，执行“对象>图表>数据”命令，即可打开“数据编辑”窗口。在这里可以重新更改图表中的数据，参数更改完成后单击“应用”按钮，如图10-33所示。

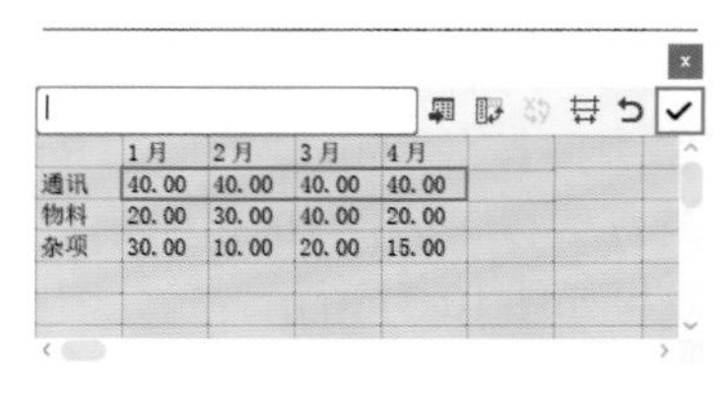

	1月	2月	3月	4月
通讯	40.00	40.00	40.00	40.00
物料	20.00	30.00	40.00	20.00
杂项	30.00	10.00	20.00	15.00

图10-33

重点笔记

选中图表，单击鼠标右键，执行“数据”命令，也可打开“数据编辑”窗口。

10.2.2 更改图表类型

① 选中图表，如图10-34所示。

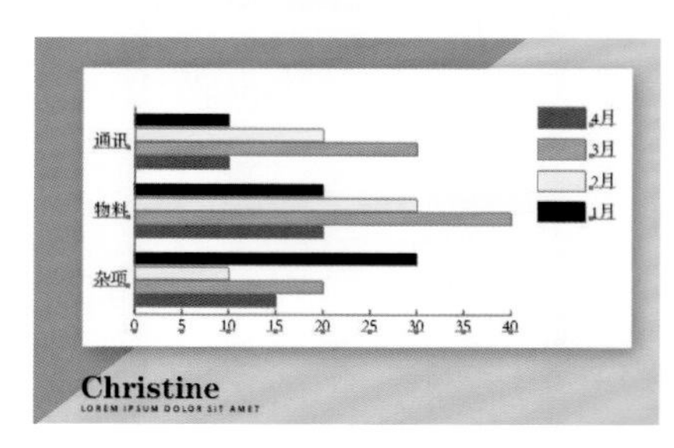

图10-34

② 执行“对象>图表>类型”命令，打开“图表类型”窗口，在“类型”选项中可以选择图表类型。例如在这里单击“折线图”按钮，然后在下方设置合适的“样式”与“选项”，设置完成后单击“确定”按钮，如图10-35所示。更改之后的图表如图10-36所示。

图10-35

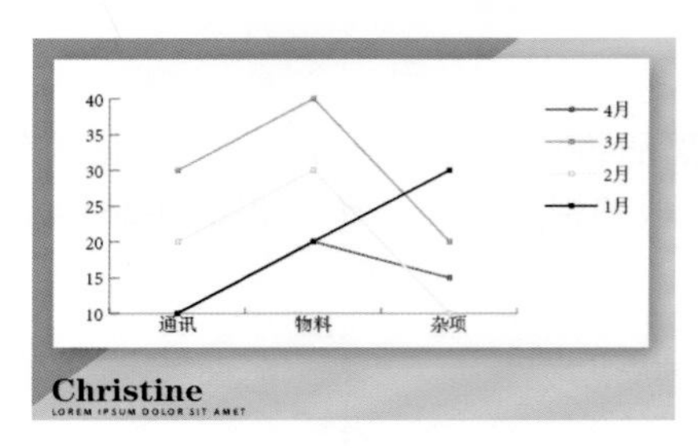

图10-36

10.2.3 美化图表样式

默认情况下图表为灰色的，如果要更改颜色，就需要使用“直接选择工具”选择需要更改的部分，然后再更改这部分属性。

① 使用“直接选择工具”按住Shift键单击加选图表中的文字，然后在控制栏中设置合适的“填充”与“字体”，如图10-37所示。

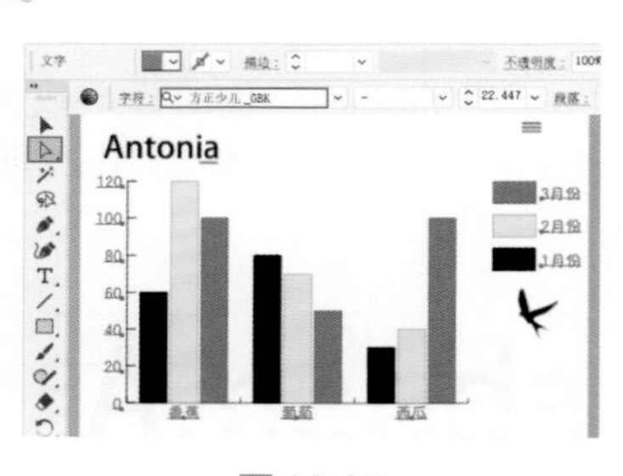

图10-37

② 图表的轴也可以更改属性。使用“直接选择工具”在轴上单击可以将其选中，然后在控制栏中设置“描边”与“描边粗细”等属性，如图10-38所示。

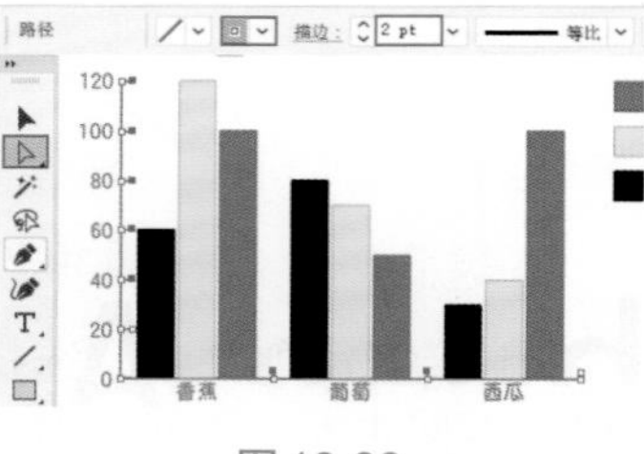

图10-38

③ 继续使用“直接选择工具”选中柱形图中的矩形，进行颜色的更改，并去除其描边，如图10-39所示。

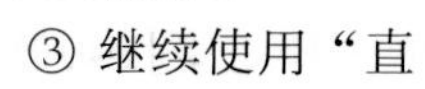

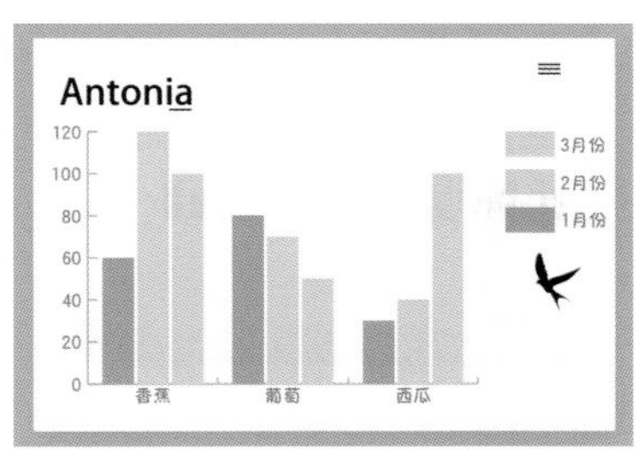

图 10-39

④ 还可以调整各部分的位置，例如使用“直接选择工具”框选右上角的三个小矩形，按住鼠标左键向上拖动，如图10-40所示。

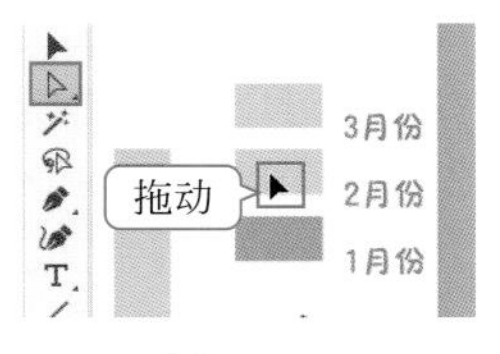

图 10-40

⑤ 还可以通过“设计”命令将图形应用到图表中。选择需要应用到图表中的图形，执行“对象>图表>设计”命令，在弹出的“图表设计”窗口中单击“新建设计”按钮，如图10-41所示。

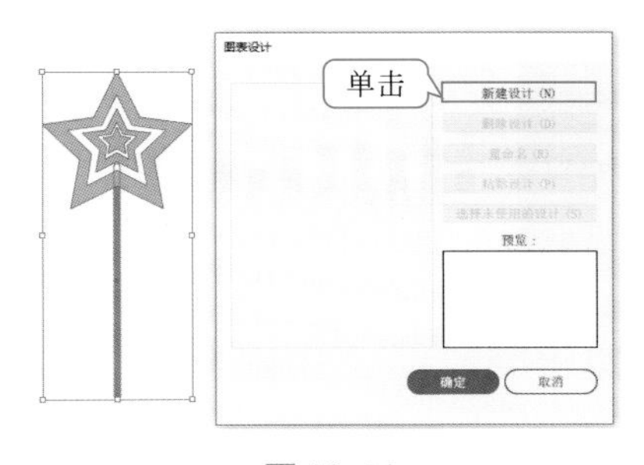

图 10-41

⑥ 选择新建的设计，单击“重命名”按钮，并在弹出的窗口中进行重命名，单击“确定”按钮，如图10-42所示。

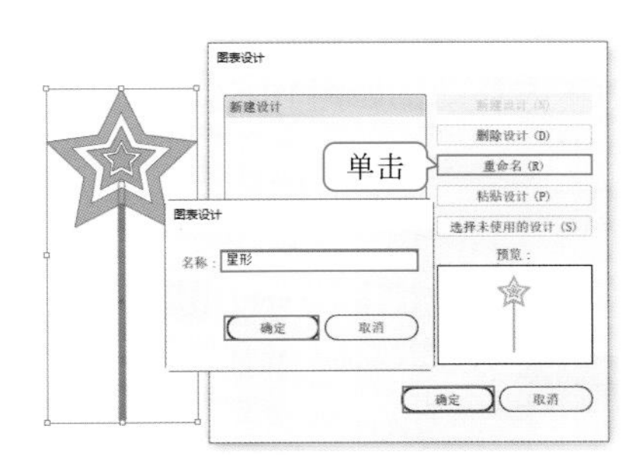

图 10-42

⑦ 选择图表，执行“对象>图表>柱形图”命令，在“选取列设计”列表框中选择新创建的图表设计元素，在“列类型”下拉列表中选择“垂直缩放”，如图10-43所示。该元素会替换图表中的数据展示区域。效果如图10-44所示。

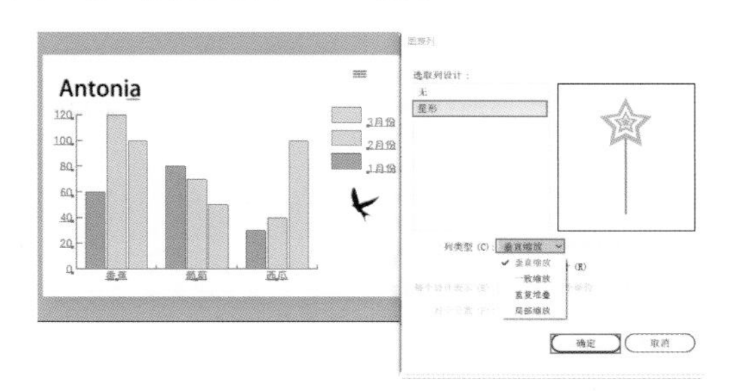

图 10-43

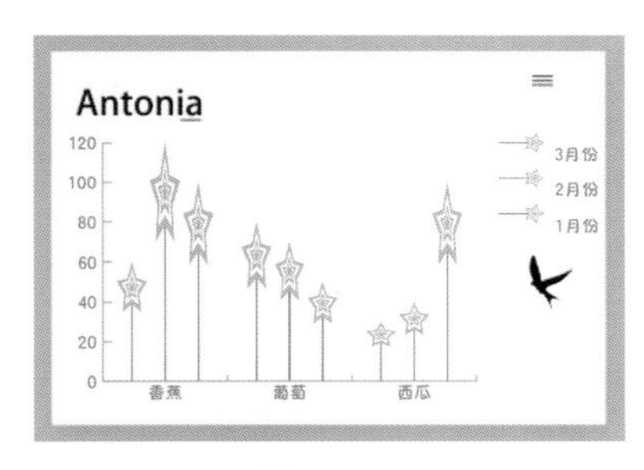

图 10-44

10.2.4 实战：堆积柱形图工具制作后台统计图

文件路径

实战素材/第10章

操作要点

使用“堆积柱形图工具”制作图表
调整图表样式

案例效果

案例效果见图10-45。

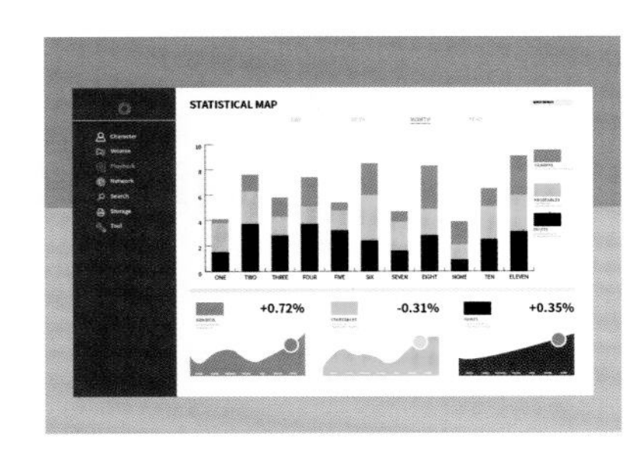

图 10-45

操作步骤

① 首先新建一个大小合适的横版文档。接着选择工具箱中的“矩形工具”，绘制上下两个与画板等

宽的矩形，分别填充为深浅不同的蓝色，如图10-46所示。

图 10-46

② 继续使用“矩形工具”绘制一个比画板稍小一些的深蓝色矩形，如图10-47所示。

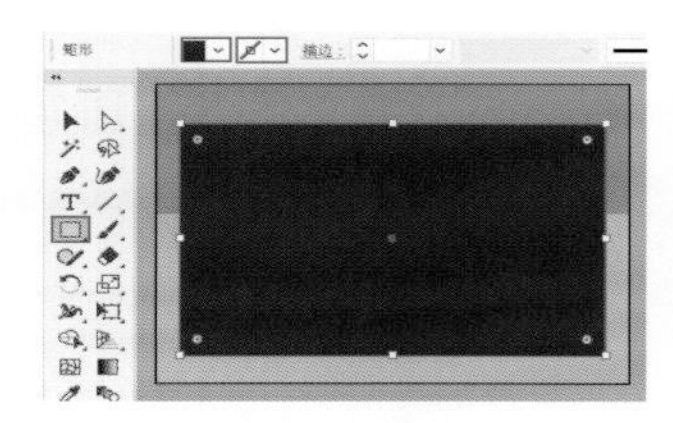

图 10-47

③ 在该矩形选中状态下，使用快捷键Ctrl+C进行复制，使用快捷键Ctrl+F粘贴到前面。接着将复制得到的矩形颜色更改为白色，然后将该矩形宽度适当缩小，将下方深蓝色矩形显示出来。效果如图10-48所示。

图 10-48

④ 下面在白色矩形上方创建图表。选择工具箱中的“堆积柱形图工具”，在画面中按住鼠标左键拖动，绘制出图表的范围；释放鼠标后，在弹出的图表数据窗口中依次输入数据。纵轴为月份，横轴为三项产品类目。输入完成后单击“应用”按钮，如图10-49所示。此时效果如图10-50所示。

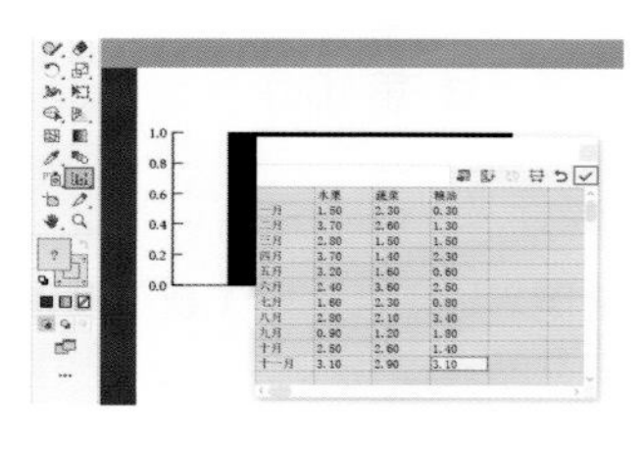

图 10-49

⑤ 接着对构成堆积柱形图的矩形颜色进行更改。选择工具箱中的“直接选择工具”，按住Shift键单击加选最上方的深灰色矩形，将“填充”更改为蓝色，“描边”为无，如图10-51所示。

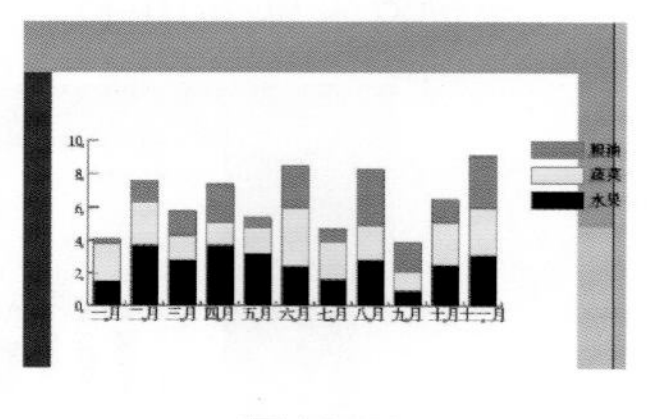

图 10-50

⑥ 然后使用同样的方式将浅灰色的矩形颜色更改为橘色，效果如图10-52所示。

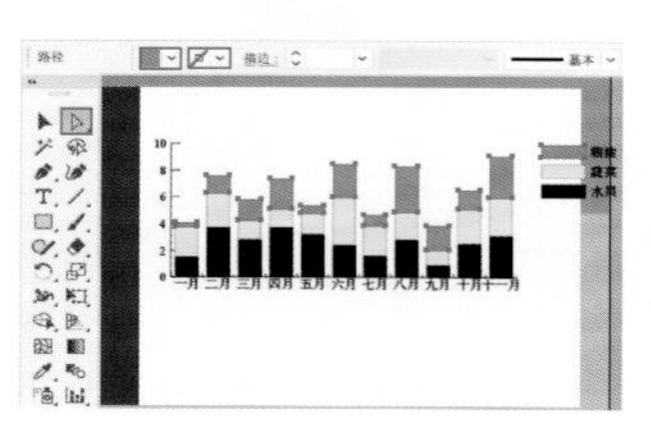

图 10-51

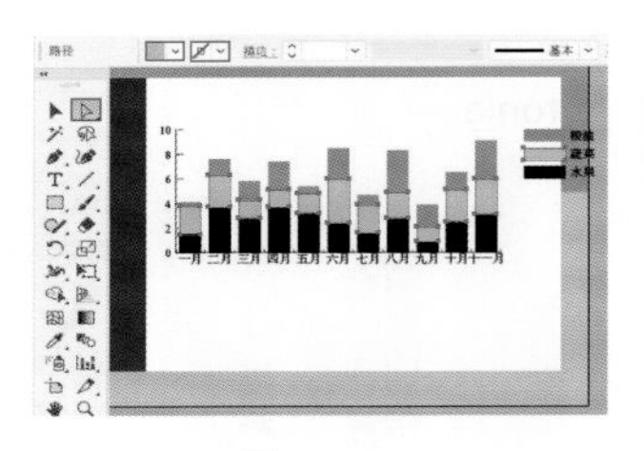

图 10-52

⑦ 选中图表，执行“对象＞图表＞类型”命令，在打开的“图表类型”窗口中设置“列宽”为70%，设置完成后单击“确定”按钮，如图10-53所示。此时每个柱形都变窄了，效果如图10-54所示。

图 10-53

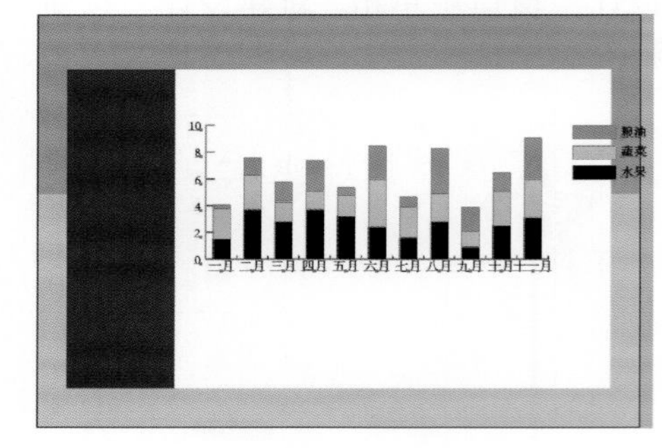

图 10-54

⑧ 选择工具箱中的“直接选择工具”，按住Shift键加选蓝色矩形的左侧锚点，将其向右拖动，至合适位置释放鼠标，调整矩形的长度，如图10-55所示。

⑨ 接下来调整图例的版式。选择工具箱中的“直接选择工具”，将图例中的蓝色矩形选中，将其适当地向左下方移动，如图10-56所示。

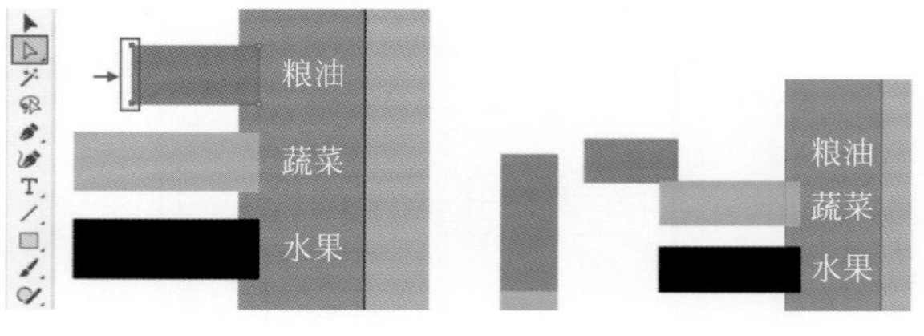

图 10-55　　图 10-56

⑩ 将图例旁边的文字选中，将其移动至图例中的蓝色矩形下方。使用“文字工具”对文字进行更改，并选中文字，在控制栏中设置合适的字体、字号和颜色，如图10-57所示。

⑪ 然后继续使用该工具在已有文字下方输入其他文字。效果如图10-58所示。

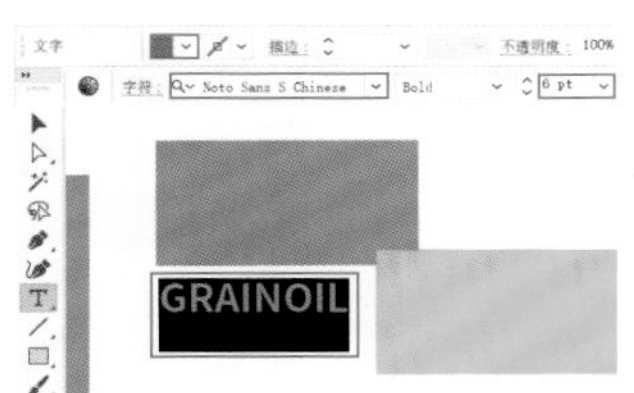

图10-57

⑫ 使用同样的方式将其他两个图例矩形进行调整，并对文字进行更改。同时对X轴和Y轴的文字进行同样的操作。效果如图10-59所示。正常来说图例的文字是在表格中已经输入好的，但在后期编辑操作中，也可以使用文字工具更改文字。

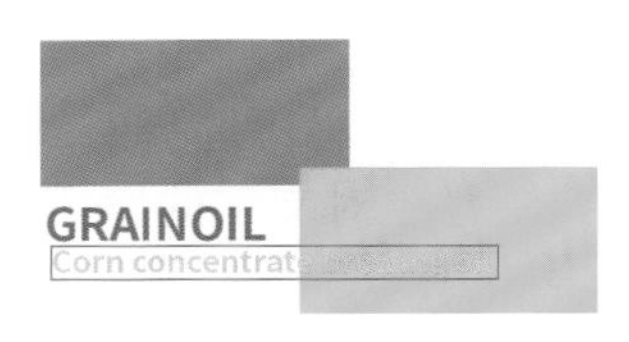

图10-58

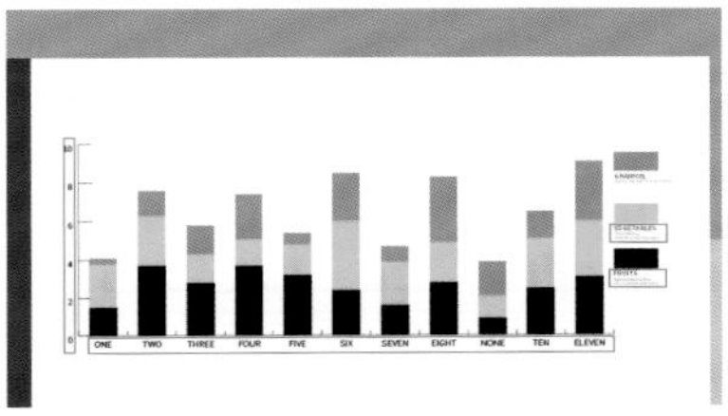

图10-59

⑬ 继续使用“矩形工具”，设置“填充”为淡蓝色，“描边”为无，设置完成后在柱状图下方绘制一个矩形条，如图10-60所示。

图10-60

⑭ 打开素材1，将文档中所有对象框选，使用快捷键Ctrl+C进行复制，然后回到当前操作文档中，使用快捷键Ctrl+V进行粘贴，放在画面中的空白位置。此时本案例制作完成，效果如图10-61所示。

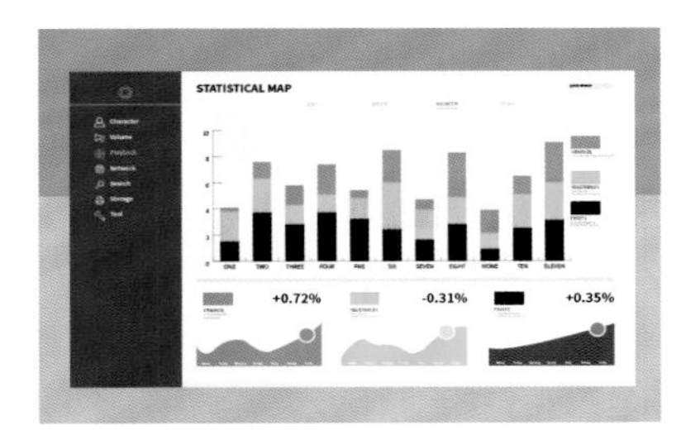

图10-61

10.3　课后练习：使用条形图工具制作数据

文件路径

实战素材/第10章

操作要点

使用“条形图工具”绘制图表
美化图表的视觉效果

案例效果

案例效果见图10-62。

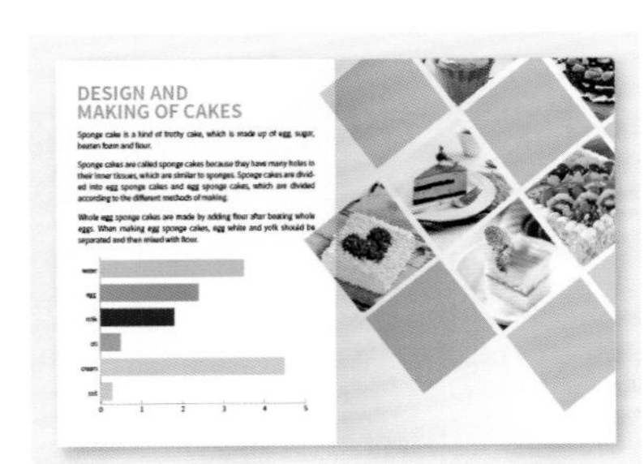

图10-62

操作步骤

① 执行“文件＞打开”命令，将素材1打开，如图10-63所示。

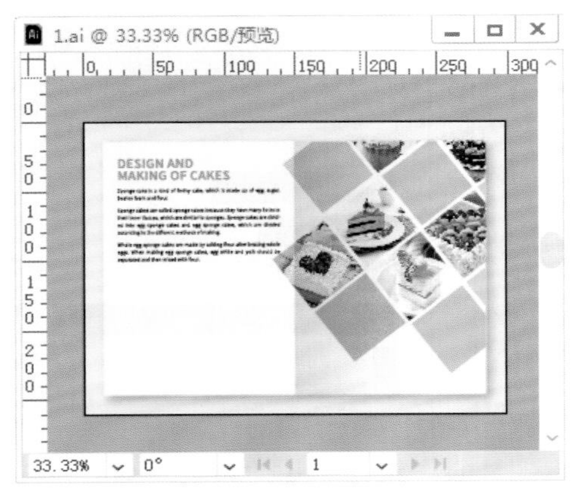

图10-63

② 接着在画面左侧的空白位置创建条形图。选择工具箱中的“条形图工具”，在画面中按住鼠标左

键拖动，绘制出图表的范围；释放鼠标后，在弹出的数据编辑窗口中依次输入数据，然后单击“应用”按钮，如图10-64所示。此时效果如图10-65所示。

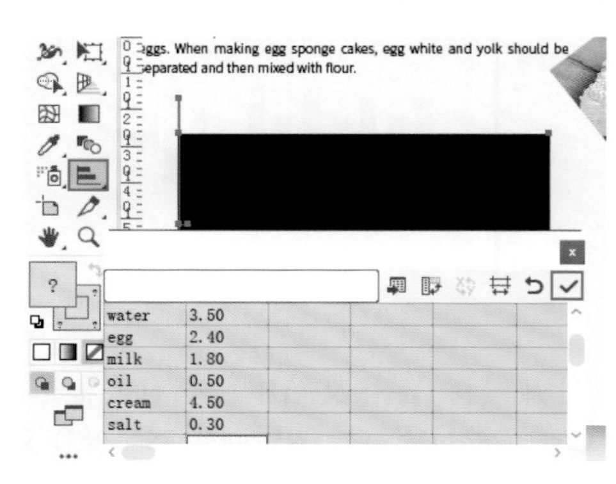

图10-64

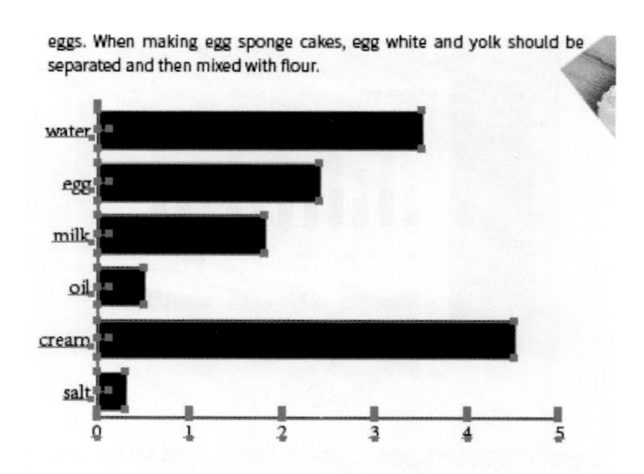

图10-65

③ 下面对条形图的矩形颜色进行更改。使用“直接选择工具”将矩形选中，将“填充”更改为浅橘色，“描边”为无，如图10-66所示。

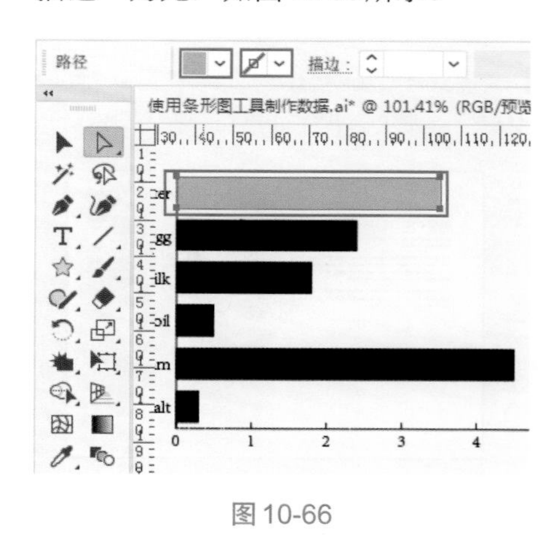

图10-66

④ 然后使用同样的方式将其他矩形的颜色进行更改。效果如图10-67所示。

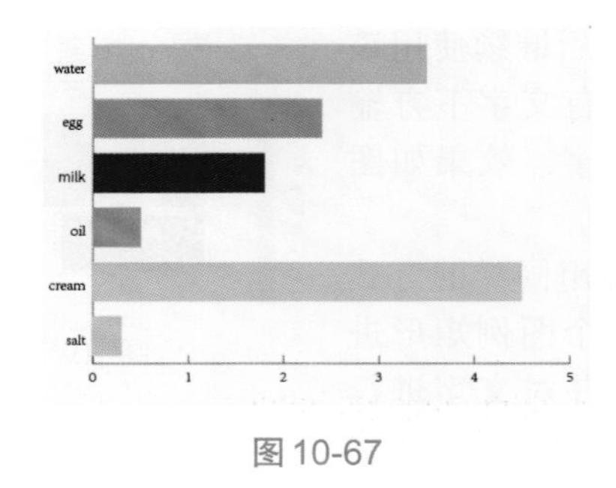

图10-67

⑤ 使用“选择工具”将条形图选中，然后在控制栏中对文字的字体、字号进行调整。效果如图10-68所示。此时本案例制作完成，效果如图10-69所示。

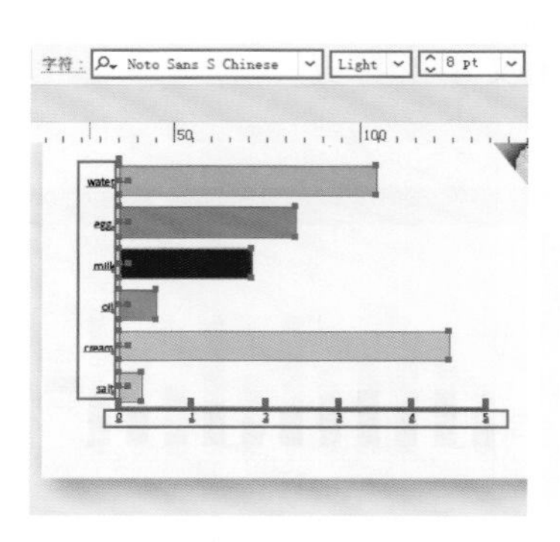

图10-68

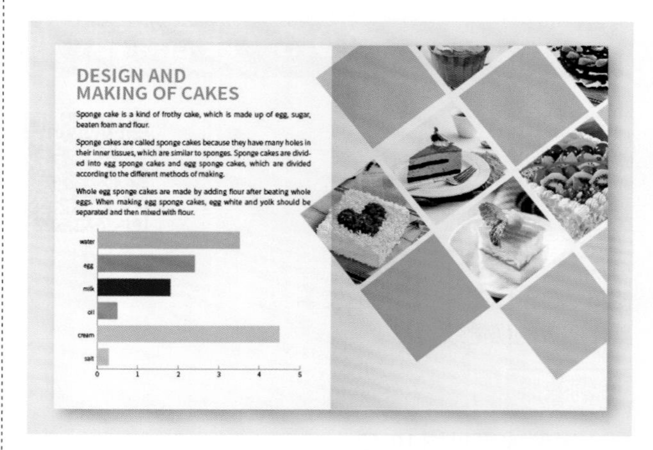

图10-69

本章小结

通过本章的学习，我们可以方便地创建出不同形式的图表。使用图表展示数据，清晰、明确又美观。但要注意，不同形式的图表适用于不同的情况，要有选择地使用。

第11章 网页切片

“网页切片”是指将制作好的完整的网站页面图像切分为多个小图片。为了使网页浏览更流畅，通常不会直接将整张大尺寸的图片上传至网络中，而是将其切分为多个小图后上传。所以网页切片在网页设计中也是非常重要的步骤。在本章中将会学习如何切分网站页面。

学习目标

- 掌握手动创建切片的操作方法。
- 熟练掌握编辑切片的方法。
- 掌握如何将切分好的网页输出。

思维导图

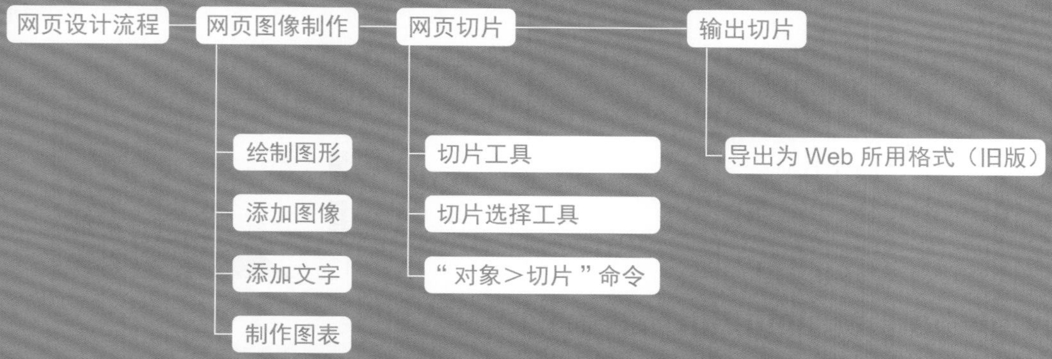

- 网页设计流程
  - 网页图像制作
    - 绘制图形
    - 添加图像
    - 添加文字
    - 制作图表
  - 网页切片
    - 切片工具
    - 切片选择工具
    - “对象>切片”命令
  - 输出切片
    - 导出为 Web 所用格式（旧版）

11.1 为网页划分切片

“网页切片”，可以简单理解成将网页图片切分为诸多个小碎片的过程。因为整张大图上传和下载都很慢，尤其是下载速度慢会影响用户体验，用户体验差就会影响点击率。切片后对图像进行优化可以减小图像的大小，而较小的图像可以使Web服务器更加高效地存储、传输和下载图像。

11.1.1 手动创建切片

① 创建切片与创建矩形非常相似。选择工具箱中的“切片工具”或者使用快捷键“Shift +K”，在图像中间位置按住鼠标左键拖动，绘制一个矩形切片，如图11-1所示。

图11-1

② 随后，绘制的区域内即可被创建为切片，而切片以外的部分也将生成“自动切片”，如图11-2所示。（通常边框颜色较深的为用户切片，而颜色较浅的为自动切片。）

图11-2

③ 如果想要创建出正方形切片，可以按住Shift键的同时按住鼠标左键拖动，至合适位置释放鼠标，如图11-3所示。

图11-3

重点笔记

“切片工具”与“矩形工具”的使用方法有诸多相似之处，例如：按住Alt键拖动可以从中心向外创建矩形切片；按住Shift+Alt键拖动，可以从中心向外创建正方形切片。

11.1.2 从参考线创建切片

除了手动绘制切片，还可以先利用参考线将网页切分为多个部分，然后利用参考线划分的区域创建切片。

① 执行“视图>标尺>显示标尺”命令启用标尺，接着根据网页布局创建参考线，如图11-4所示。

图11-4

② 执行“对象>切片>从参考线创建”命令，即可基于参考线的划分方式创建出多个切片。效果如图11-5所示。

图11-5

11.1.3 从所选对象创建切片

① 选中圆角矩形，如图11-6所示。

图11-6

② 执行“对象>切片>从所选对象创建”命令，即可基于所选对象创建出多个切片。效果如图11-7所示。

图 11-7

11.1.4 编辑切片

① 选择工具箱中的“切片选择工具”，在图像上单击，即可选中切片，如图11-8所示。（注意：自动切片无法被选中。）

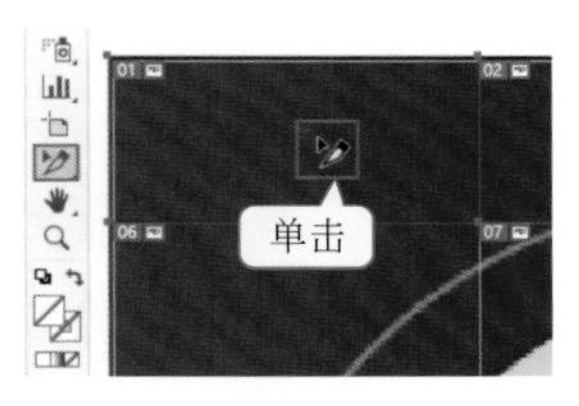

图 11-8

重点笔记

使用“切片选择工具”选择一个切片后，按住Shift键可加选多个切片，如图11-9所示。

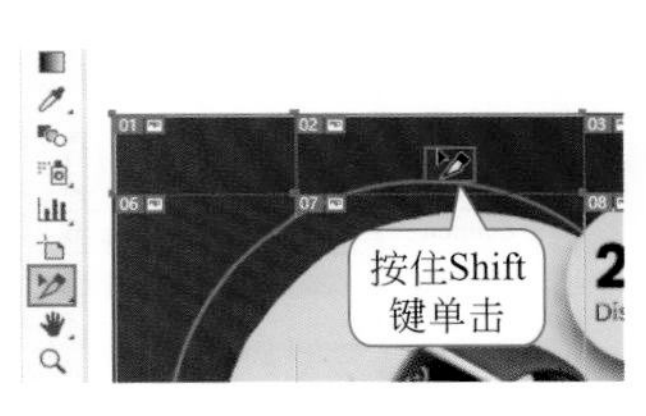

图 11-9

② 按住鼠标左键拖动该切片，即可将其移动，如图11-10所示。

③ 按住鼠标左键拖动切片边框即可调整切片的大小，如图11-11所示。

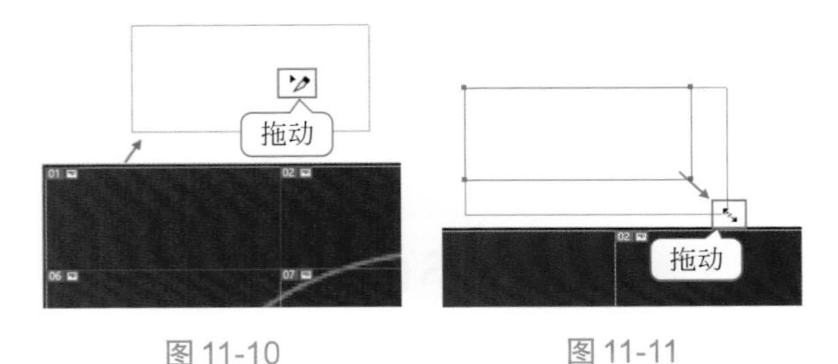

图 11-10　　图 11-11

④ 如果想要复制切片，可以使用“切片选择工具”选中切片，按住Alt键的同时按住鼠标左键拖动切片，至合适位置释放鼠标即可复制出相同的切片，如图11-12所示。

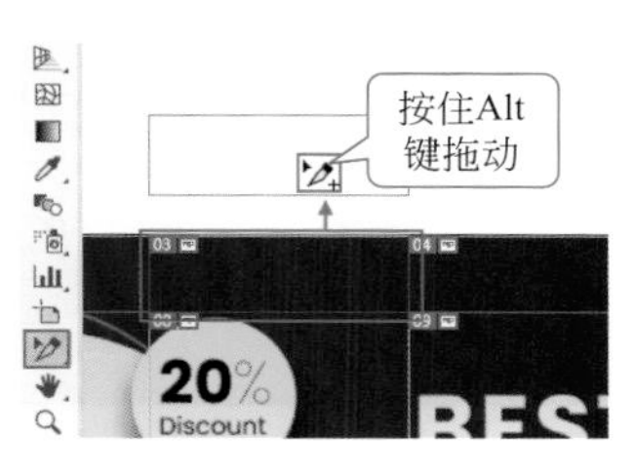

图 11-12

重点笔记

在选中切片的状态下，执行“对象>切片>复制切片”命令，也可以复制出一份相同的切片。

⑤ 如果想要组合多个切片，可以先使用“切片选择工具”，按住Shift键，加选需要组合的切片，接着执行“对象>切片>组合切片”命令，即可将其组合成一个切片。效果如图11-13所示。

图 11-13

⑥“划分切片”是将一个切片分割成多个切片。使用“切片选择工具”单击选中需要划分的切片，如图11-14所示。

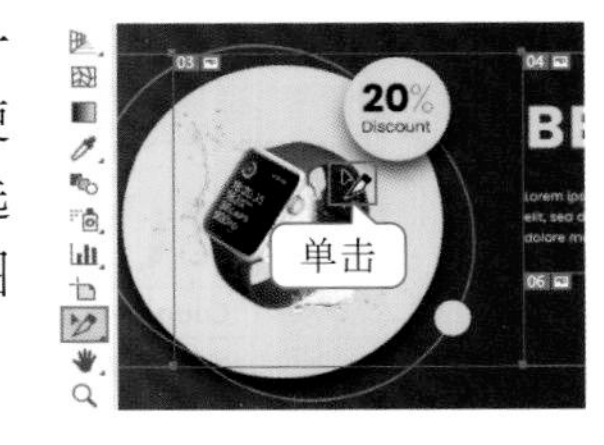

图 11-14

⑦ 执行“对象>切片>划分切片”命令，在弹出的“划分切片”窗口中进行相应的设置，单击“确定”按钮，如图11-15所示。接着即可看到选中的切片被分割成了多份，如图11-16所示。

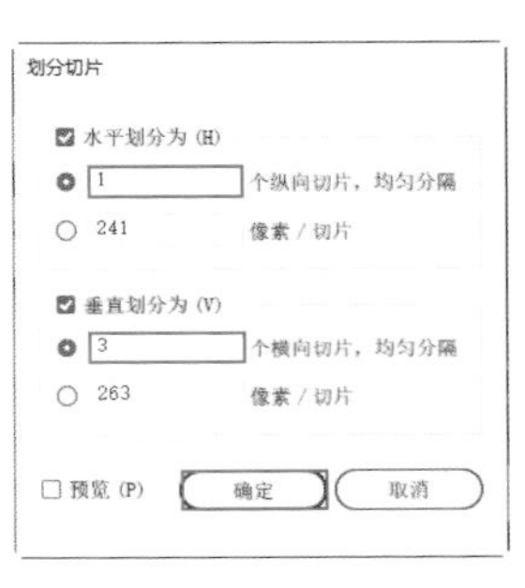

图 11-15

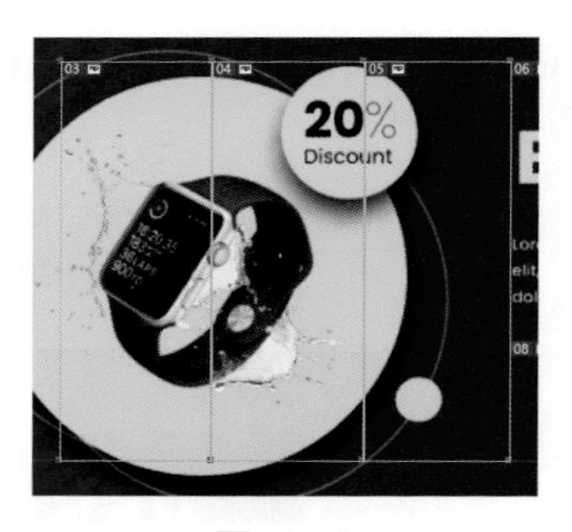

图 11-16

⑧ 如果想要删除切片，可以使用“切片选择工具”选择一个或多个切片，按下键盘上的Delete键即可。

⑨ 如果想要释放切片，可以先选中切片，再执行“对象＞切片＞释放”命令，即可将切片释放为一个无填充无描边的矩形。

⑩ 如果想要删除全部切片，执行“对象＞切片＞全部删除”命令即可。

11.1.5 实战：切分网站页面局部

文件路径

实战素材/第11章

操作要点

使用“切片工具”划分切片
使用“划分切片”命令均分切片

案例效果

案例效果见图11-17。

图 11-17

操作步骤

① 打开素材1，如图11-18所示。

② 选择工具箱中的“切片工具”，在中间位置按住鼠标左键拖动，绘制一个矩形区域，如图11-19所示。

③ 释放鼠标，画面中自动出现了切片，如图11-20所示。

图 11-18

图 11-19

图 11-20

④ 继续使用“切片选择工具”，单击选中中间的切片，如图11-21所示。

图 11-21

⑤ 执行“对象＞切片＞划分切片”命令，设置“垂直划分为”的数值为3，单击“确定”按钮，如图11-22所示。随后中间的区域被分割为三个部分，切片效果如图11-23所示。

图 11-22

图 11-23

11.2　网页切片的输出

切片完成后接下来需要将划分的切片进行保存。通过“存储为Web所用格式”窗口可以快速地将构成网页的多个切片存储为独立的图片，还可以统一设置切片的格式、品质等属性。

① 切片完成后，执行“文件＞导出＞存储为Web所用格式（旧版）”命令，在弹出的“存储为Web所用格式”窗口中，设置“优化格式”为JPEG，“导出”为所有切片，单击“存储”按钮，如图11-24所示。

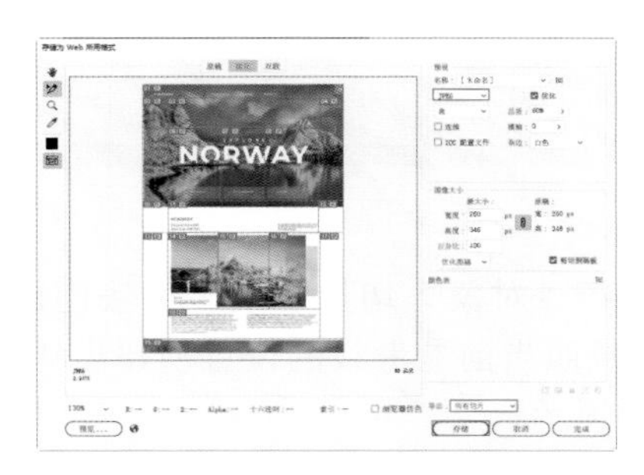

图 11-24

重点选项速查

• JPEG 优化的文件格式：选择导出切片图像的格式。

• 优化：勾选该选项可以创建更小但兼容性更低的文件。

• 高　品质：60% 压缩方式/品质：选择压缩图像的方式。“品质”数值越高，图像的细节越丰富，但文件也越大。

• 连续：在Web浏览器中以渐进的方式显示图像。

• 模糊：数值越大，图像的大小越小，但图像也会越模糊。在实际工作中，“模糊”值最好不要超过0.5。

• ICC配置文件：包含基于颜色设置的ICC配置文件。

• 杂边：为原始图像的透明像素设置一种填充颜色。

② 在弹出的“将优化结果存储为”窗口中选择合适的存储位置并设置合适的文件名，单击“保存”按钮即可，如图11-25所示。

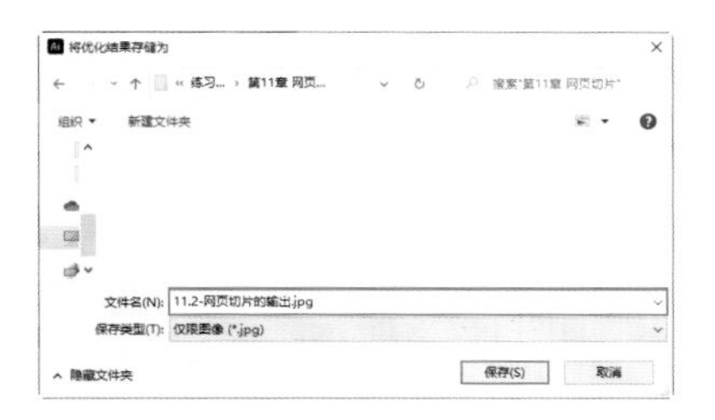

图 11-25

切分完成的网页会按照切片划分的区域导出为多个小的图像文件，效果如图11-26所示。

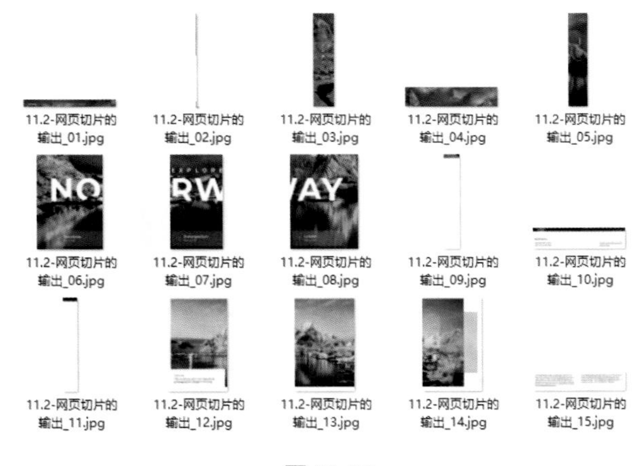

图 11-26

11.3　课后练习：为网店首页切片

文件路径

实战素材/第11章

操作要点

从参考线建立网页切片
组合多个切片
输出切分完成的网页

案例效果

案例效果见图11-27。

图 11-27

操作步骤

① 打开网页素材文件1，接着使用快捷键Ctrl+R显示出标尺，如图11-28所示。

图 11-28

② 将光标移动至水平标尺上，按住鼠标左键向下拖动，至导航栏下方释放鼠标即可创建出一条水平参考线，如图11-29所示。

图 11-29

③ 继续使用同样的方法创建其他参考线，如图11-30所示。

图 11-30

④ 执行“对象＞切片＞从参考线创建”命令，软件自动按照当前参考线的位置创建出切片。效果如图11-31所示。

图 11-31

⑤ 下面需要将部分切片进行合并，选择工具箱中的“切片选择工具”，按住鼠标左键在网页最顶端拖动，框选顶部的五个切片，如图11-32所示。

图 11-32

⑥ 执行“对象＞切片＞组合切片”命令，将其组合成一个切片。效果如图11-33所示。

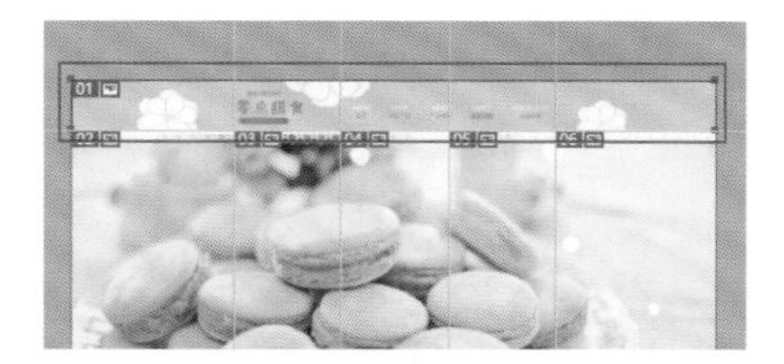

图11-33

⑦ 选择轮播图广告上的几个切片，执行“对象＞切片＞组合切片”命令，将其进行组合，如图11-34所示。

图11-34

⑧ 继续使用同样的方法将画面中的其他切片进行组合。到这里切片完成，效果如图11-35所示。

图11-35

⑨ 执行“文件＞导出＞存储为Web所用格式（旧版）”命令，在弹出的“存储为Web所用格式”窗口中，设置“优化格式”为GIF，“导出”为所有切片，单击“存储”按钮，如图11-36所示。

⑩ 在弹出的“将优化结果存储为”窗口中选择合适的存储位置，并设置合适的文件名，单击“保存”按钮即可，如图11-37所示。存储后的切片效果如图11-38所示。

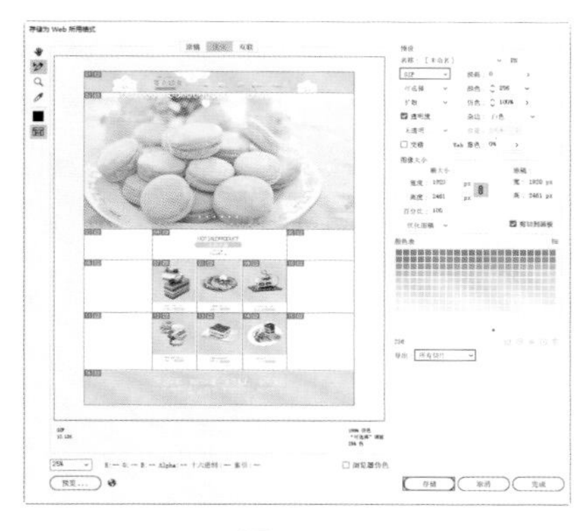

图11-36

图11-37

图11-38

本章小结

通过本章的学习，能够完成网页设计的后几个步骤——切片的划分与网页内容的输出。切片与输出是否恰当会决定网页浏览的速度，而网页浏览的速度决定了用户体验。所以不要轻视切片与输出操作，它也是至关重要的一个环节。

Ai

Ai

实战应用篇

第12章
卡片设计：植物图形名片

文件路径　实战素材/第12章

操作要点

- 使用符号库制作植物图形。
- 使用“多边形工具”与再次变换制作多彩的几何图案。
- 使用“自由变换工具”调整名片透视效果。
- 使用阴影效果增加名片的厚度与真实性。

设计解析

● 名片以植物图形作为主体元素，既能够展现名片对应机构的相关信息，又起到了美化版面的作用。

● 植物由三片叶子与花盆组成，剪影感的图形轮廓简洁、清晰明了，辨识度非常高。

● 名片的两面均以单色搭配图案构成，以浅色作为名片底色搭配带有图案的植物图形，而另一面则以相同的图案作为名片底色，搭配单色植物图形，使画面具有较强的平衡感和呼应感。

案例效果

案例效果见图12-1。

图12-1

12.1　制作图形与图案

① 执行“文件＞新建”命令，在弹出的“新建文档”窗口中设置“宽度”为90mm，“高度”为50mm，“方向”为横向，“画板”为2。设置完成后单击“创建”按钮，如图12-2所示。此时效果如图12-3所示。

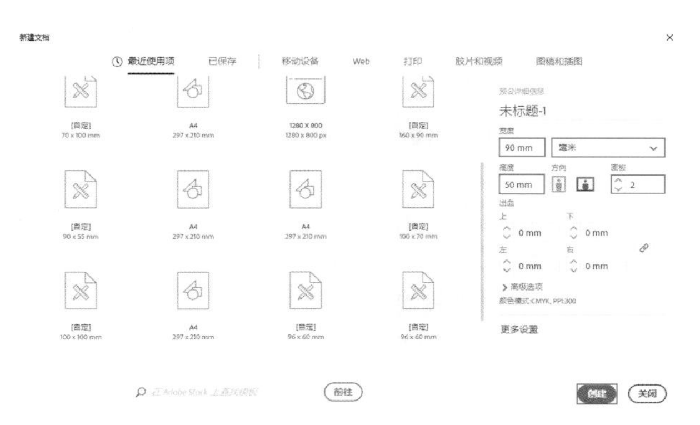

图12-2

图12-3

② 接着制作名片上的植物图形。执行“窗口＞符号库＞提基”命令，在打开的面板中选择合适的符号。然后按住鼠标左键，将其拖动到文档空白位置，如图12-4所示。

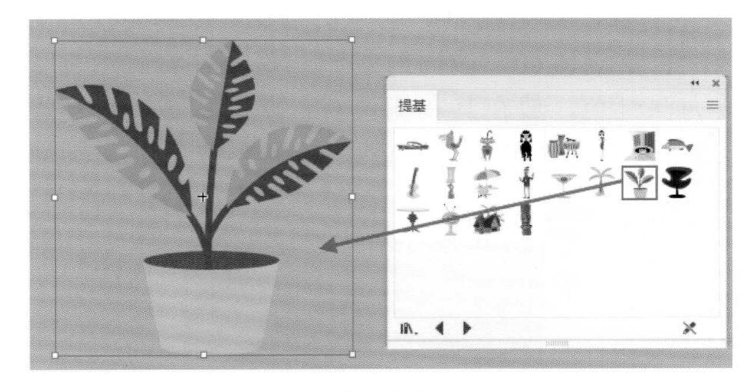

图12-4

③ 将植物符号选中，在控制栏中单击“断开链接”按钮，将符号的链接断开，如图12-5所示。此时符号对象变为可编辑的图形对象。效果如图12-6所示。

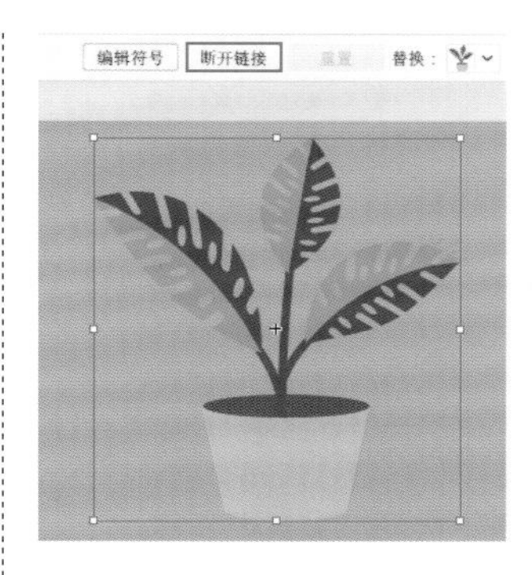

图12-5

图12-6

④ 将断开链接的植物选中，在打开的“路径查找器”面板中单击“联集”按钮，将其合并为一个图形，如图12-7所示。

图12-7

⑤ 然后在控制栏中设置“填充”为白色，如图12-8所示。

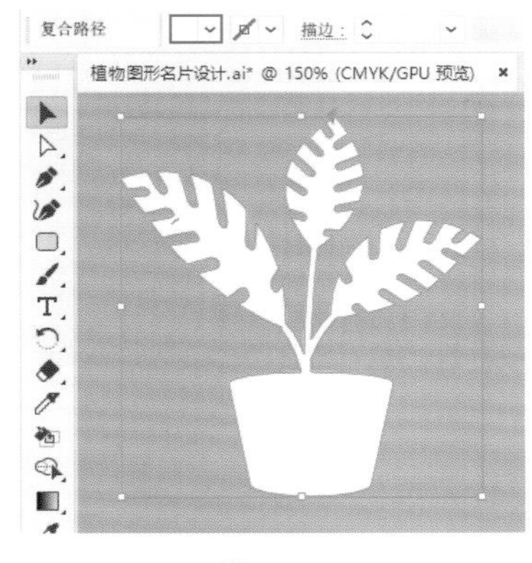

图12-8

⑥ 接下来制作多彩的几何感图案。从案例效果中可以看出，几何图案是由一个基本图形经过有规律地复制粘贴得到，因此我们首先需要制作基本图形。选择工具箱中的“多边形工具”，在文档空白位置单击，在弹出的“多边形”窗口中设置“半径”

为5.3mm，“边数”为3，设置完成后单击“确定”按钮，如图12-9所示。

⑦ 接着选中该图形，设置“填充”为深橘色，“描边”为无。效果如图12-10所示。

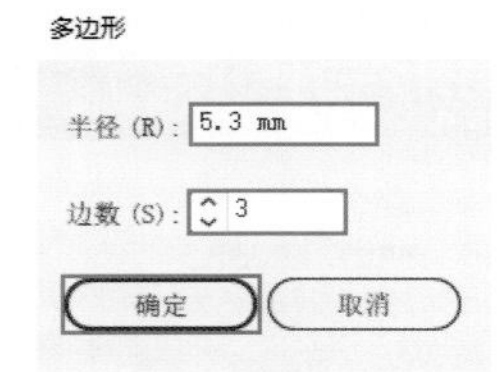

图12-9

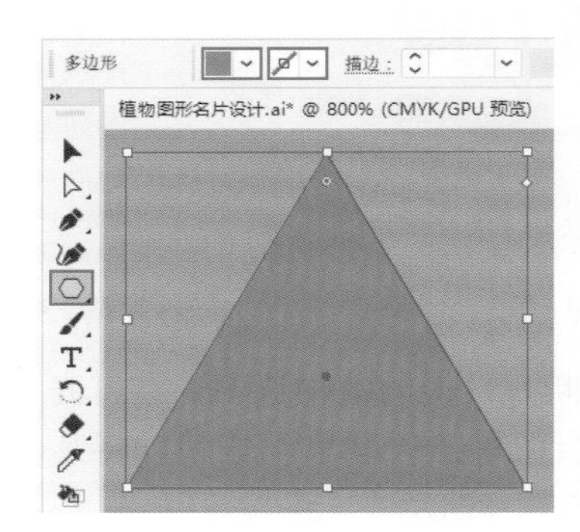

图12-10

⑧ 接着调整三角形的旋转角度。将图形选中，单击右键执行“变换＞旋转”命令，在弹出的“旋转”窗口中设置“角度”为–90°。设置完成后单击“确定”按钮，如图12-11所示。此时效果如图12-12所示。

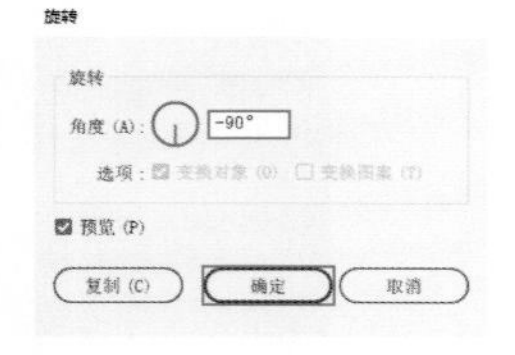

图12-11

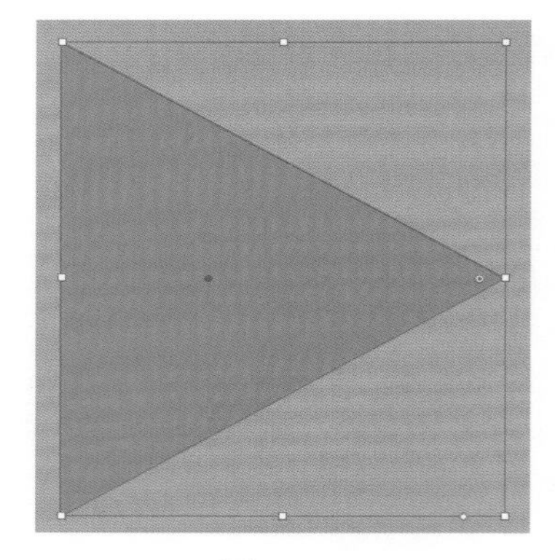

图12-12

⑨ 将旋转完成的三角形选中，单击右键执行“变换＞镜像”命令，在弹出的窗口中选择“垂直”选项。设置完成后单击“复制”按钮，如图12-13所示。

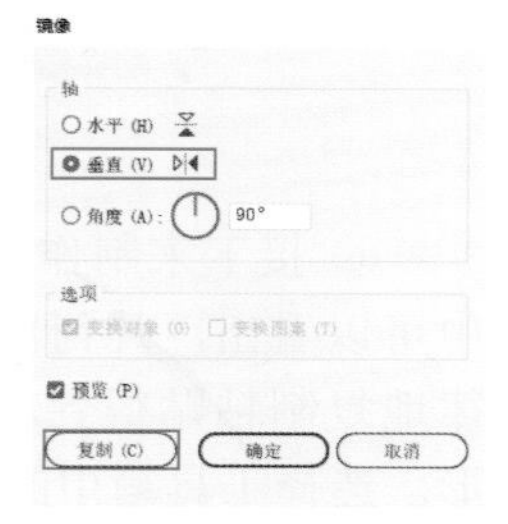

图12-13

⑩ 将图形对称翻转的同时复制一份，然后设置填色为深粉色。然后调整位置，使两个三角形的顶点相连接。效果如图12-14所示。

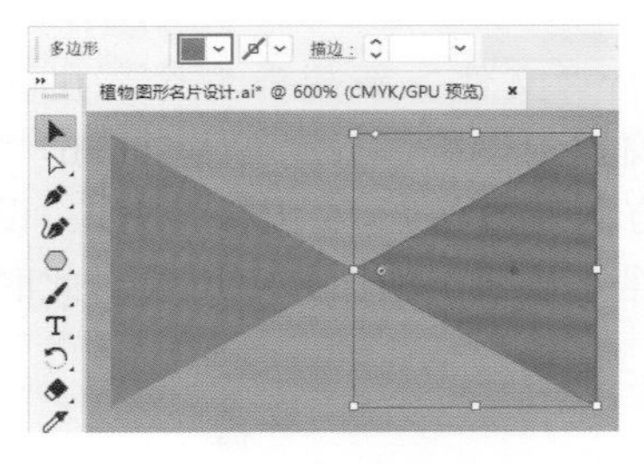

图12-14

⑪ 接下来将深橘色三角形选中，单击右键执行“变换＞旋转”命令，在打开的“旋转”窗口中设置“角度”为60°。设置完成后单击“复制”按钮，如图12-15所示。

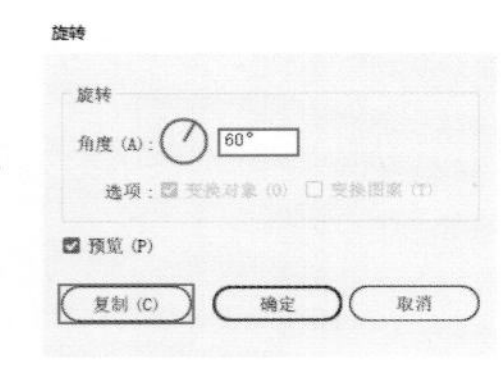

图12-15

⑫ 然后在复制得到的三角形选中状态下，设置“填充”为浅橙色，并将其摆放在深橘色三角形上方位置，如图12-16所示。

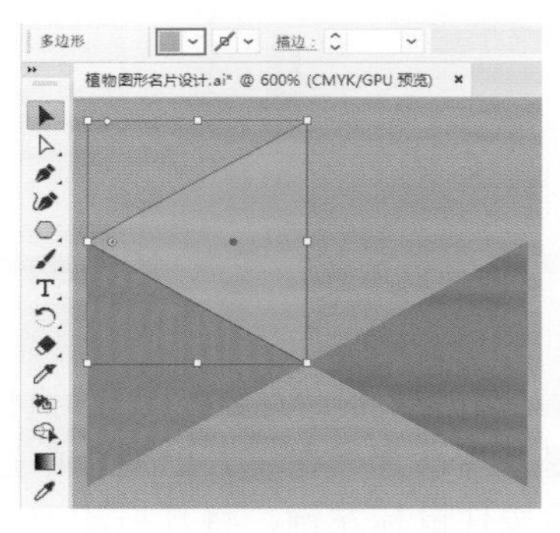

图12-16

⑬ 在浅橙色三角形选中状态下，使用同样的方式，将其旋转60°的同时复制一份，并将其填充更改为深红色，放在其右侧位置。此时构成几何感图案的基本元素制作完成，效果如图12-17所示。

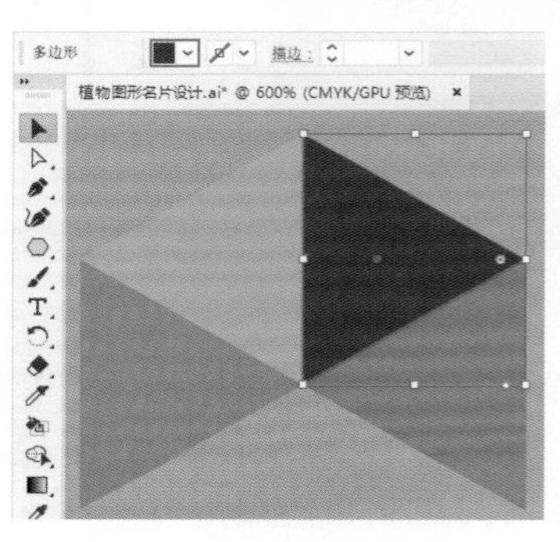

图12-17

⑭ 将基本元素选中，按住Shift+Alt键同时按住鼠标左键向右拖动，使图形在水平线上进行移动，至右侧合适位置时释放鼠标，即可将图形进行快速复制，如图12-18所示。

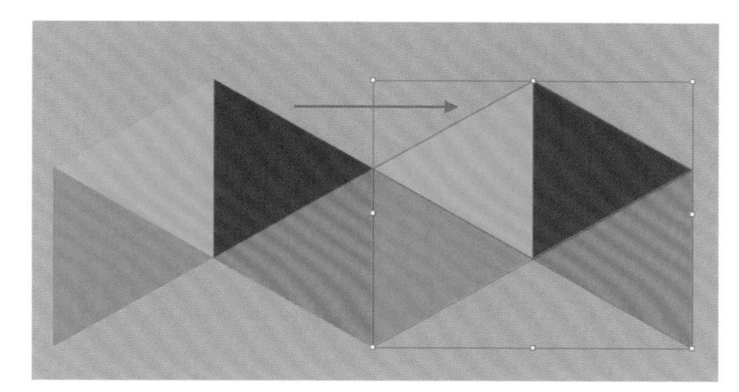

图12-18

⑮ 在当前复制状态下，多次使用再次变换快捷键Ctrl+D，将基本图形进行相同移动距离与相同移动方向的复制。效果如图12-19所示。

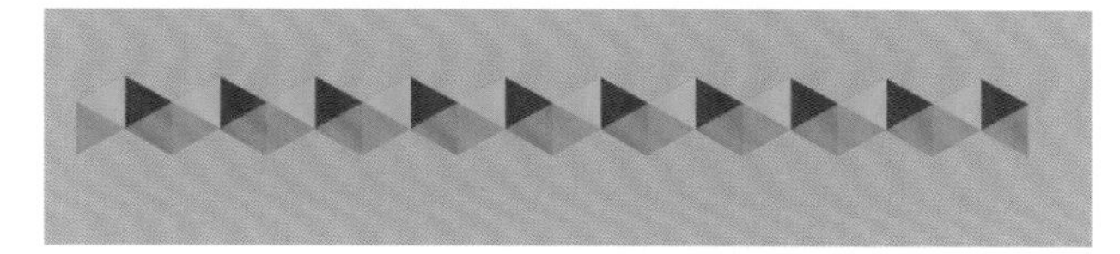

图12-19

⑯ 使用同样的方式继续复制图形，并对单个三角形的填充颜色进行更改。效果如图12-20所示。接着将构成几何感图案的所有图形选中，使用快捷键Ctrl+G进行编组。

图12-20

重点笔记

图形分为四组颜色，拆分效果如图12-21所示。

图12-21

目前制作好的部分如图12-22所示。

图12-22

12.2 制作名片平面图

① 选择工具箱中的“圆角矩形工具”，在左侧画板上绘制一个与画板等大的图形，并设置“填充”为浅米色，“描边”为无，“圆角半径”为4mm，如图12-23所示。

图12-23

② 将植物图形和几何图案复制一份，接着将植物图形移动至几何图案的上方，然后适当调整植物图形的大小，如图12-24所示。

图12-24

③ 加选植物图形和几何图案，使用Ctrl+7创建剪切蒙版，得到带有图案的植物效果，然后将其移动至名片的左侧，如图12-25所示。

图12-25

④ 选择工具箱中的“文字工具”，在画板右侧输入文字，然后设置文字颜色为棕色，“描边”为无，同时设置合适的字体、字号，如图12-26所示。

图12-26

⑤ 继续使用该工具，在已有文字下方键入其他文字。效果如图12-27所示。

图12-27

⑥ 在正面画板底部添加段落文字。选择工具箱中的“文字工具”，在画板底部按住鼠标左键拖动绘制文本框，然后在文本框内输入合适的文字。然后设置合适的填充颜色、字体与字号，同时单击“右对齐”按钮，如图12-28所示。此时名片正面效果制作完成，如图12-29所示。

图12-28

图12-29

⑦ 接下来制作卡片的背面。接着将几何图案移动至另外一个画板中，然后将植物图形移动至画板的右侧，并适当放大，如图12-30所示。

图12-30

⑧ 继续使用文字工具在卡片的左下角添加文字，如图12-31所示。

图12-31

⑨ 接着将卡片背景的圆角矩形复制一份，然后移动至右侧的背面画板上方，如图12-32所示。

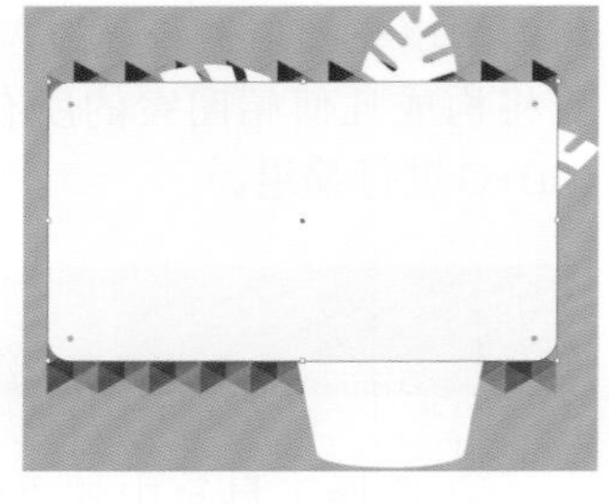

图12-32

⑩ 将圆角矩形、图案、植物图形和文字加选，使用快捷键Ctrl+7创建剪切蒙版，将不需要的部分进行隐藏。卡片背面效果如图12-33所示。选中名片的全部内容，执行“文字＞创建轮廓”命令，以便于后面的操作。

图12-33

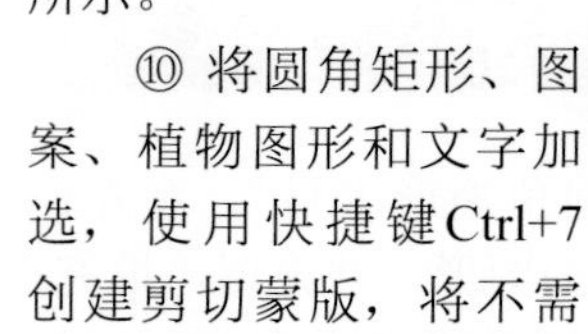

12.3　制作名片展示效果

① 选择工具箱中的“画板工具”，在文档空白位置绘制一个大小合适的画板。接着选择工具箱中的“矩形工具”，设置“填充”为灰色，“描边”为无，设置完成后绘制一个与画板等大的矩形，如图12-34所示。

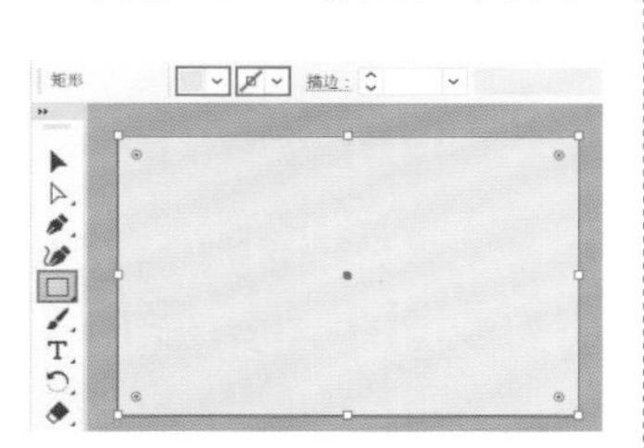

图12-34

② 制作名片的立体展示效果。将名片正面和背面分别编组，复制多个，并整齐排列，如图12-35所示。

图12-35

③ 接下来需要对名片进行变形操作，使其产生平铺在桌面上的效果。将这些名片选中，选择工具箱中的“自由变换工具”，接着在弹出的小工具箱中单击“自由扭曲”按钮。然后将光标放在定界框一角，按住鼠标左键拖动，使名片产生变形效果，如图12-36所示。

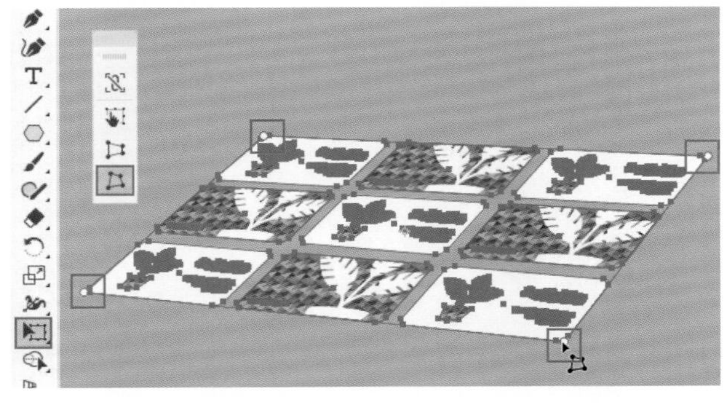

图12-36

④ 将所有名片选中，使用快捷键Ctrl+G进行编组，移动到之前绘制的矩形背景上，如图12-37所示。

图12-37

⑤ 接着为名片添加投影，增强层次立体感。将编组图形选中，执行“效果＞风格化＞投影”命令，在打开的“投影”窗口中设置“模式”为“正片叠底”，“不透明度”为30%，“X位移”为1mm，“Y位移”为1mm，“模糊”为0.2mm，“颜色”为黑色。设置完成后单击“确定”按钮，如图12-38所示。此时效果如图12-39所示。

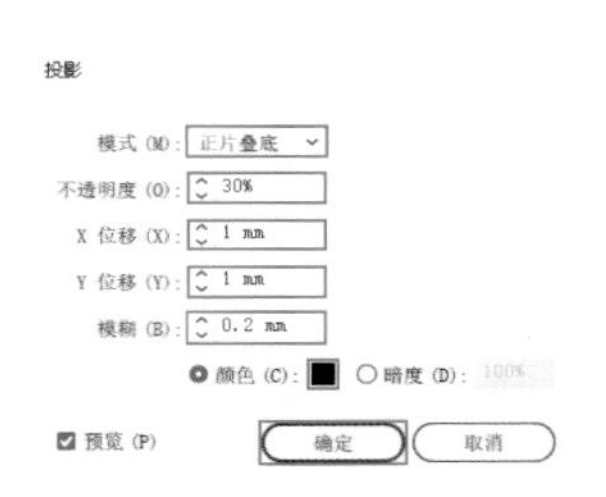

图12-38

图12-39

⑥ 使用“矩形工具”，绘制一个与画板等大的矩形。接着将该矩形和名片组选中，使用快捷键Ctrl+7创建剪切蒙版，将图形不需要的区域隐藏掉。名片展示效果制作完成，最终效果如图12-40所示。

图12-40

第13章 海报设计：艺术展宣传海报

文件路径　实战素材/第13章

操作要点

- 使用“矩形工具”“椭圆工具”与剪切蒙版制作渐变镂空图形。
- 使用透明度面板与阴影效果增强画面层次感。

设计解析

● 本案例为展览宣传海报，海报整体风格要与展览格调一致，追求艺术感、未来感。

● 海报的主要内容为与展览相关的文字信息，如果画面只包含文字难免单调。在背景中添加了圆形与线条元素，不同粗细的线条以及由线条组成的圆形，丰富了画面的效果。

● 画面色彩以蓝色为主，象征浩渺无垠的太空。不同色彩的图形点缀其中，象征优秀的艺术作品。

案例效果

案例效果见图13-1。

图13-1

13.1 制作海报背景

① 新建一个A4大小的竖向空白文档，选择工具箱中的“矩形工具”，设置“描边”为无，绘制一个与画板等大的矩形，如图13-2所示。

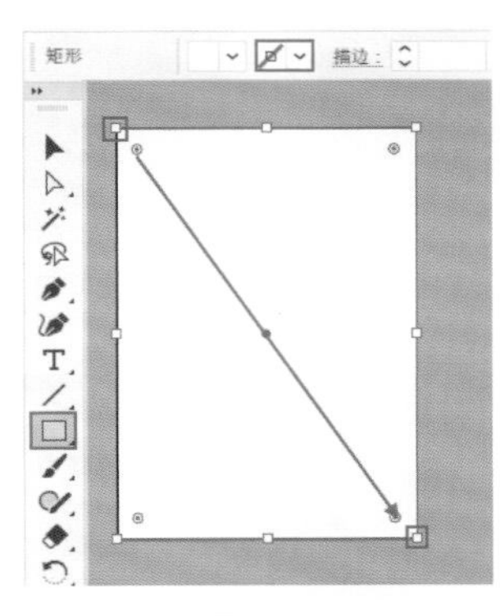

图 13-2

② 接着选择该矩形，执行“窗口＞渐变”命令，在弹出的“渐变”面板中设置“类型”为“径向渐变”，“长宽比”为114%，编辑一个蓝色系的渐变色，如图13-3所示。

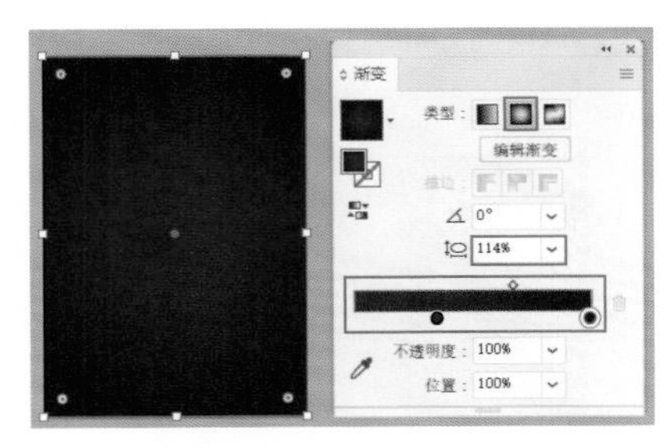

图 13-3

③ 选择工具箱中的“矩形工具”，设置“填充”为灰蓝色，“描边”为无，设置完成后在画面中间位置绘制一个矩形，如图13-4所示。

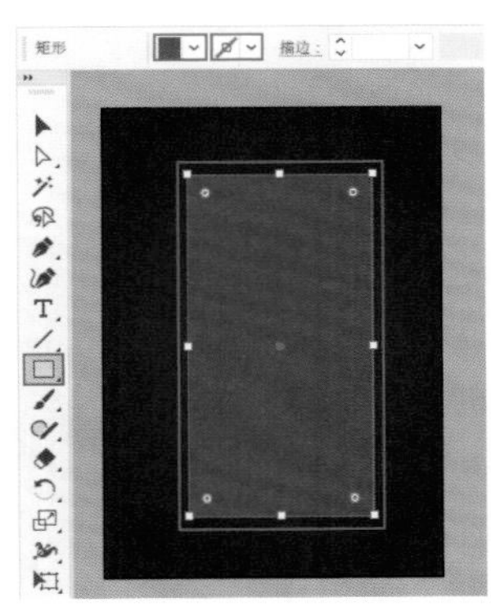

图 13-4

④ 选中该矩形，在控制栏中设置“不透明度”为67%，如图13-5所示。当前画面效果如图13-6所示。

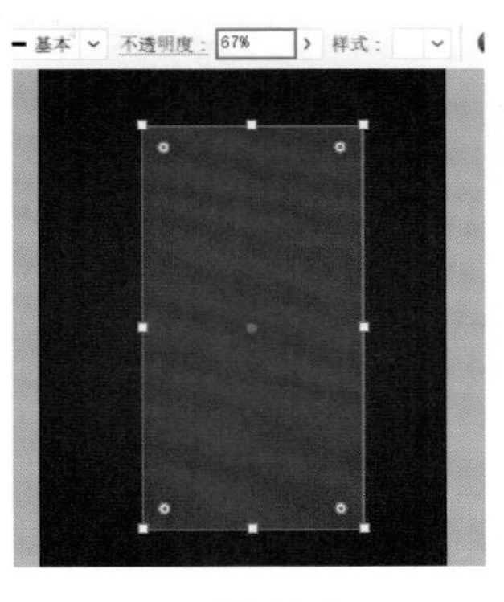

图 13-5

图 13-6

⑤ 制作渐变条纹。使用“矩形工具”，在控制栏中设置“描边”为无，设置完成后在画板以外的空白区域绘制一个矩形，如图13-7所示。

⑥ 选择该矩形，在打开的“渐变”面板中设置“类型”为线性渐变，“角度”为–135°，编辑一个黄色到粉色的渐变，如图13-8所示。

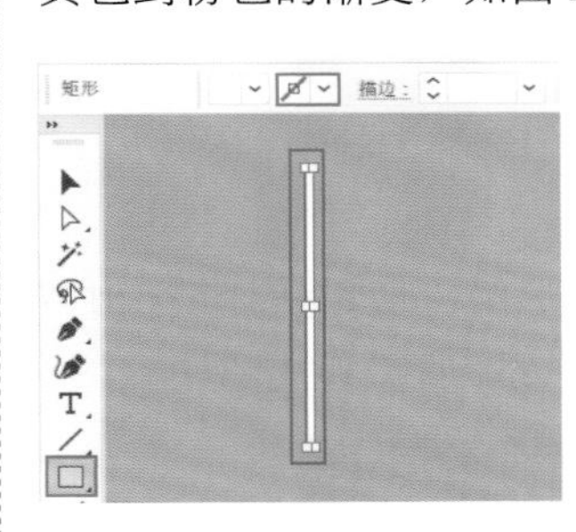

图 13-7

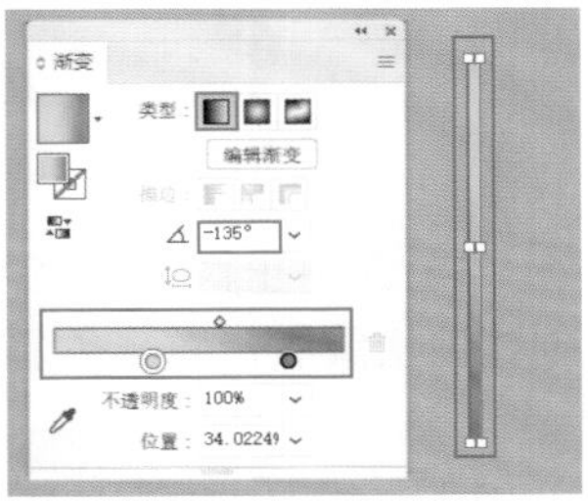

图 13-8

⑦ 选中该矩形，按住Shift+Alt键的同时按住鼠标左键将其向右拖动，使其沿着水平线进行移动，至合适位置时释放鼠标即可快速复制出一份，如图13-9所示。

⑧ 在选中该矩形的状态下，使用再次变换快捷键Ctrl+D将其以相同的移动方向与移动距离进行复制，如图13-10所示。选中所有矩形，使用快捷键Ctrl+G进行编组。

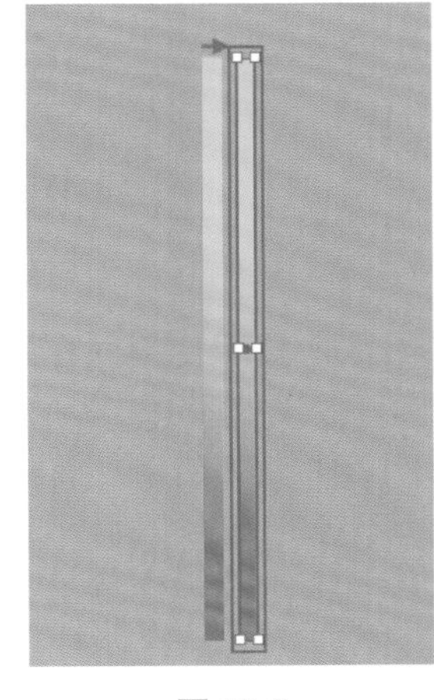

图 13-9

⑨ 按住鼠标左键拖动角控制点，调整图形组的旋转角度，并将其移动至画面的左上角处，如图13-11所示。

图13-10

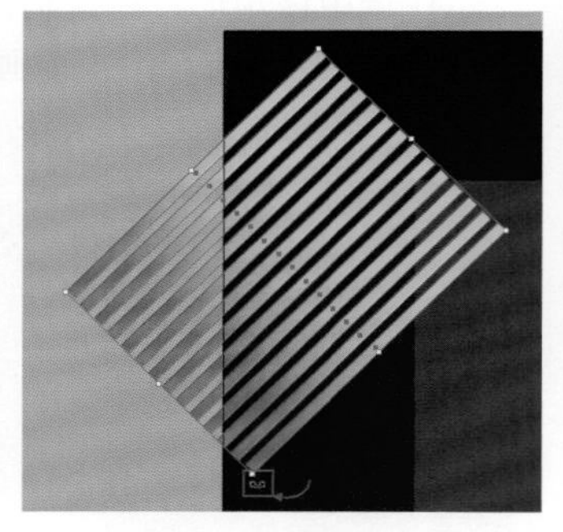

图13-11

⑩ 选择工具箱中的"椭圆工具"，在控制栏中设置"描边"为无，在左上角的渐变图形组上方按住Shift键绘制一个正圆，如图13-12所示。

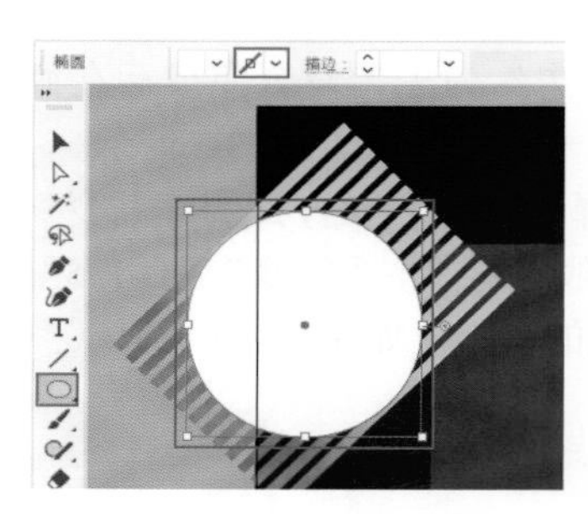

图13-12

⑪ 选中正圆与渐变图形组，使用快捷键Ctrl+7创建剪切蒙版，隐藏多余部分，如图13-13所示。

图13-13

⑫ 接着使用同样的方法制作其他的渐变镂空正圆。效果如图13-14所示。

⑬ 继续使用"椭圆工具"，在画面中绘制几个大小不等的纯色正圆，如图13-15所示。

⑭ 选择"钢笔工具"在画面左侧中间位置绘制一个四边形，并在打开的"渐变"面板中设置一个青色到紫色的线性渐变，如图13-16所示。

图13-14

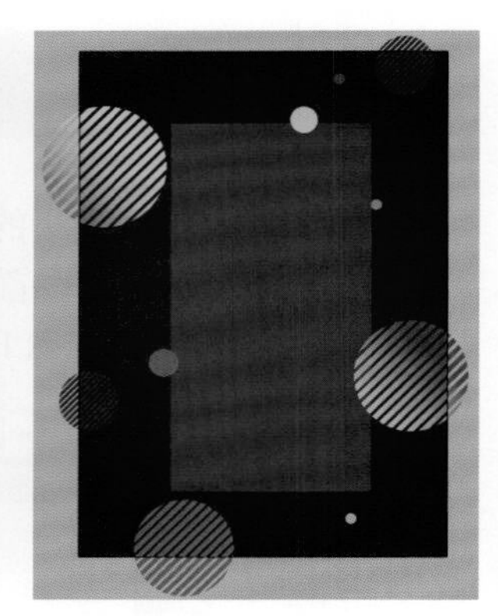

图13-15

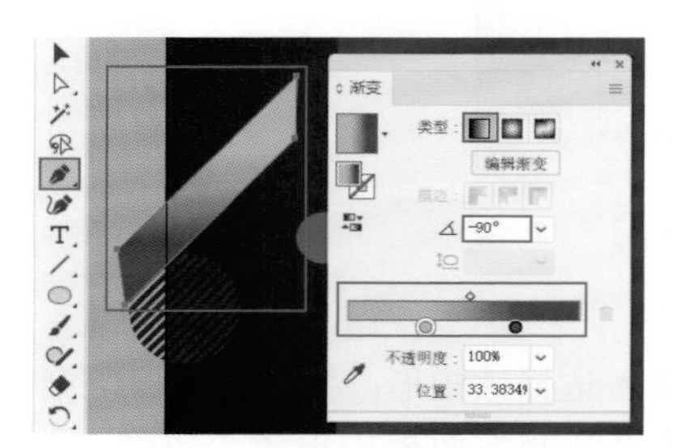

图13-16

⑮ 使用同样的方法在画面中绘制出另外两个四边形，并为其填充合适颜色，如图13-17所示。

图13-17

⑯ 选择工具箱中的"矩形工具"，设置"描边"为无，绘制一个细长的矩形，如图13-18所示。

⑰ 选择该矩形，将其旋转至合适角度，然后在打开的"渐变"面板中为其填充洋红色的渐变

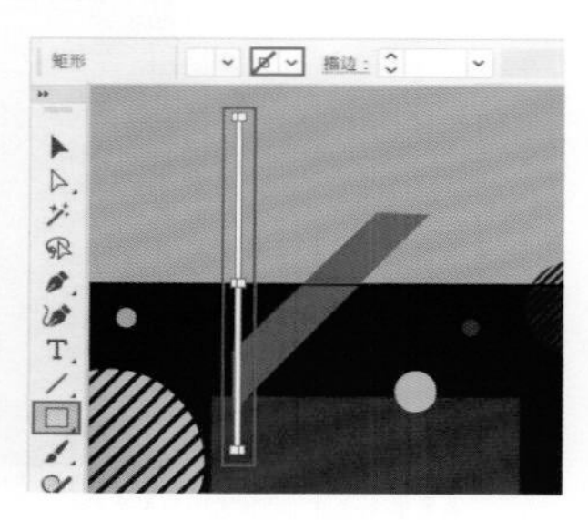

图13-18

色，如图13-19所示。

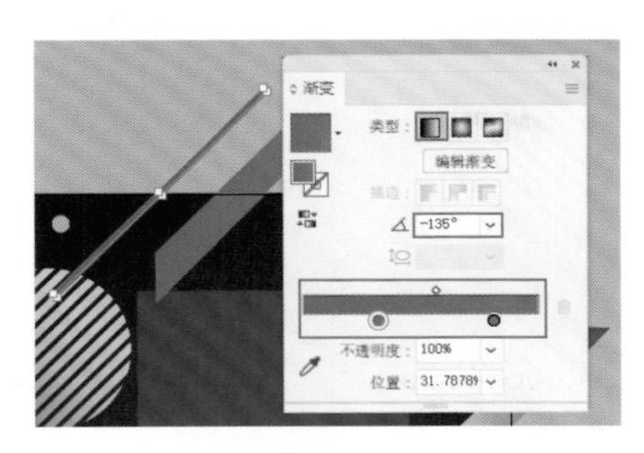

图13-19

⑱ 使用同样的方法在画面中绘制其他的矩形。效果如图13-20所示。选中所有图形，使用快捷键Ctrl+G将其进行编组。

图13-20

⑲ 接着选择工具箱中的"矩形工具"，在控制栏中设置"描边"为无，设置完成后绘制一个与画板等大的矩形，如图13-21所示。

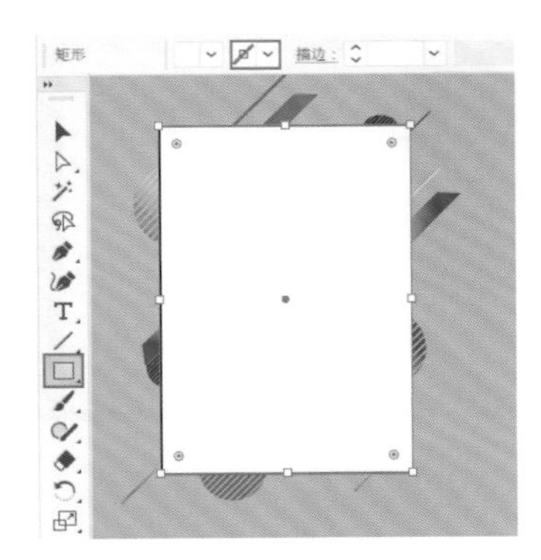

图13-21

⑳ 选中图形组与上方矩形，使用快捷键Ctrl+7创建剪切蒙版，隐藏超出矩形以外的部分，如图13-22所示。当前画面效果如图13-23所示。

图13-22　　图13-23

㉑ 继续使用"矩形工具"，在控制栏中设置"填充"为无，"描边"为白色，"描边粗细"为7pt，设置完成后在灰蓝色矩形的外部绘制一个白色描边矩形，如图13-24所示。

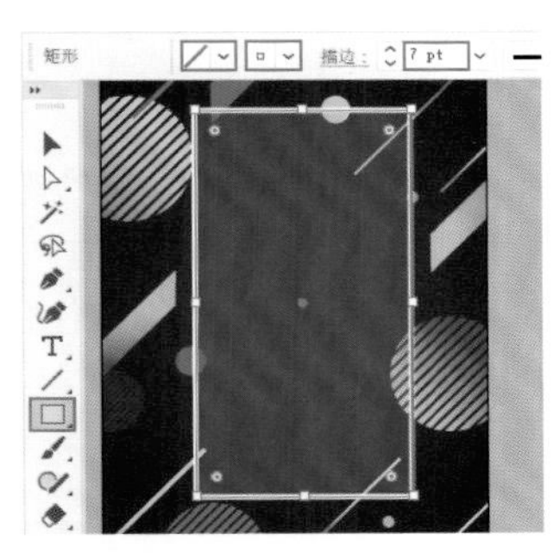

图13-24

㉒ 接着选择白色描边矩形，执行"窗口>透明度"命令，在打开的"透明度"面板中设置"混合模式"为"叠加"，如图13-25所示。效果如图13-26所示。

图13-25

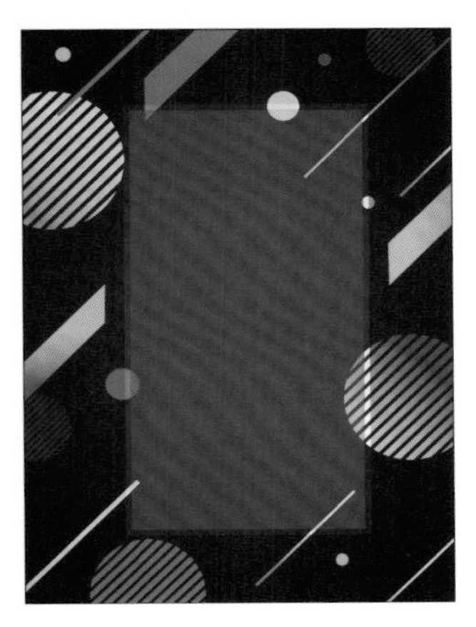

图13-26

㉓ 然后执行“效果＞风格化＞阴影”命令，在弹出的“投影”窗口中设置“模式”为“正片叠底”，“不透明度”为81%，“X位移”为0mm，“Y位移”为0mm，“模糊”为1mm，“颜色”为黑色，设置完成后单击“确定”按钮，如图13-27所示。效果如图13-28所示。当前画面效果如图13-29所示。

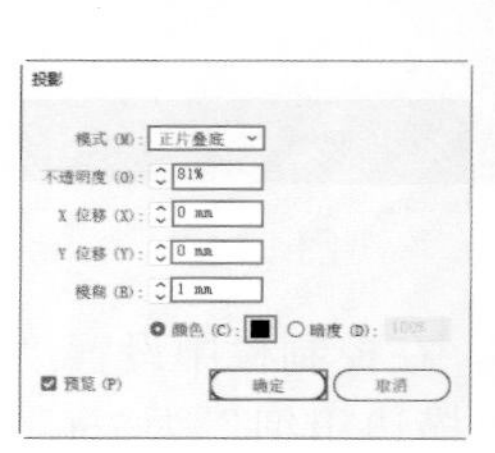

图 13-27

图 13-28

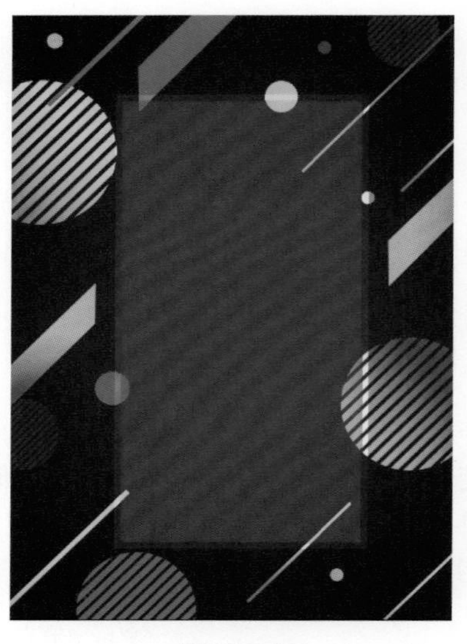

图 13-29

13.2 制作文字部分

① 制作标志。选择工具箱中的“椭圆工具”，在控制栏中设置“填充”为无，“描边”为白色，“描边粗细”为1pt，在画面的左上角按住Shift键绘制一个正圆，如图13-30所示。

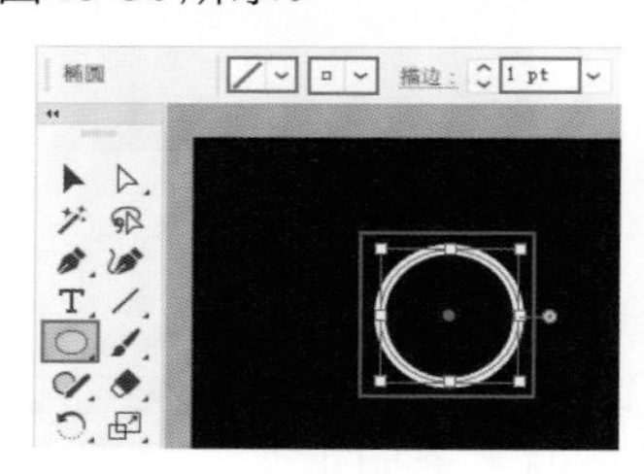

图 13-30

② 接着使用“钢笔工具”，在控制栏中设置“填充”为白色，“描边”为无，设置完成后在正圆中间绘制一个图形，如图13-31所示。

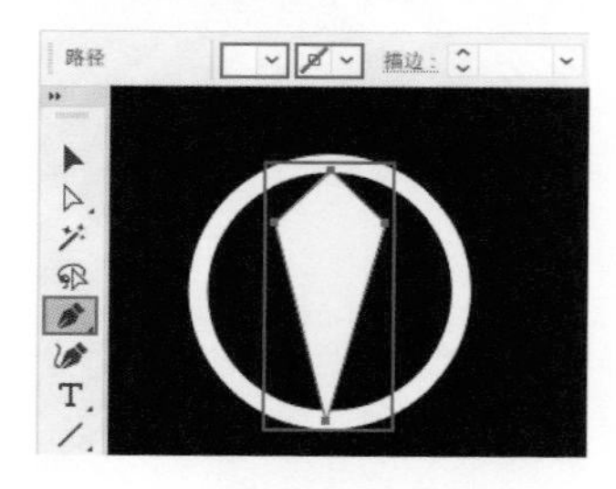

图 13-31

③ 选择工具箱中的“文字工具”，在该图形的右侧输入文字，并在控制栏中设置合适的字体、字号与颜色，如图13-32所示。

图 13-32

④ 选择文字，执行“窗口＞文字＞字符”命令，在打开的“字符”面板中，设置“字间距”为–50，如图13-33所示。

图 13-33

⑤ 继续使用“文字工具”，在灰蓝色矩形上键入文字，在控制栏中设置合适的字体、字号与颜色，并将其居中对齐，如图13-34所示。

⑥ 选中文字，在打开的“字符”面板中设置“行间距”为50pt，如图13-35所示。

图13-34

图13-35

⑦ 接着使用同样的方法在画面中键入其他文字。本案例制作完成，效果如图13-36所示。

图13-36

第14章 UI设计：闹钟应用程序界面设计

文件路径　实战素材/第14章

操作要点

- 使用高斯模糊与剪切蒙版制作出界面展示背景。
- 使用“圆角矩形工具”与路径查找器制作手机外观图形。
- 使用再制功能快速制作出闹钟设置区域。

设计解析

● 本案例是一款闹钟应用程序（App）的界面设计项目。该App不仅具有闹钟功能，还具有贴心的天气提醒与日历的功能，方便用户使用。

● 当前界面为闹钟列表展示界面，为了使界面不显得过分枯燥，将界面分割为上下两个部分，上部分区域展示简单的天气情况以及对用户的问候语，以体现人文关怀。下半部分为闹钟列表。

● 由于界面上半部分采用了风景照片作为背景图，所以界面整体颜色需要与该风景照片相匹配。从中选择具有一定明度差异的两种色彩，作为闹钟列表的底色，并搭配另外几种同色系的色彩作为点缀。

● 上半部分的风景图会按照季节、气候的不同而更换，同时界面整体的配色方案也会随之变换，给用户以新鲜感。

案例效果

案例效果见图14-1。

图14-1

14.1 制作UI展示背景

① 新建一个大小合适的空白文档，选择工具箱中的“矩形工具”，设置“填充”为灰紫色，“描边”为无，设置完成后在画面中绘制一个与画板等大的矩形，如图14-2所示。

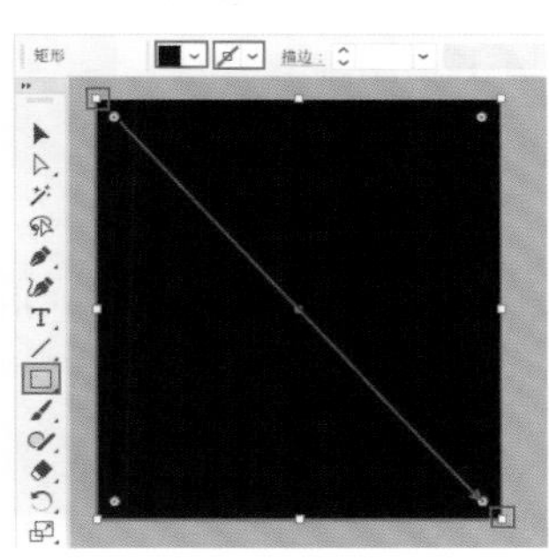

图 14-2

② 执行“文件＞置入”命令，置入素材1，并将其嵌入当前文档中，如图14-3所示。

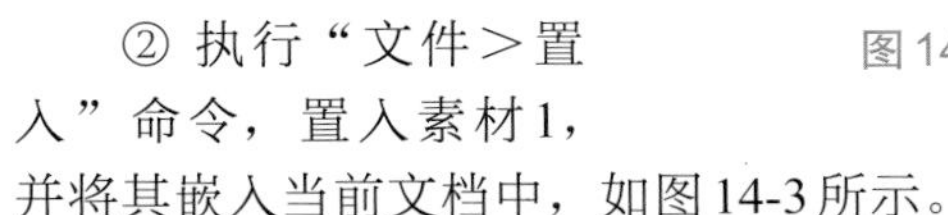

图 14-3

③ 选择图片，执行“效果＞模糊＞高斯模糊”命令，在弹出的“高斯模糊”窗口中设置“半径”为10像素，设置完成后单击“确定”按钮，如图14-4所示。此时效果如图14-5所示。

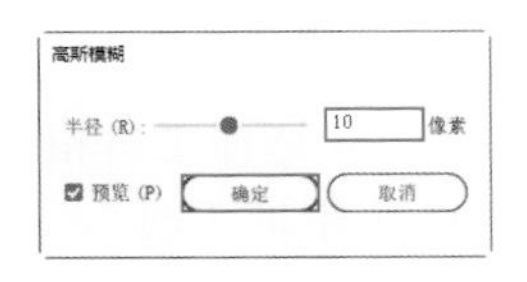

图 14-4

图 14-5

④ 选择“矩形工具”，在控制栏中设置“描边”为无，在画面中绘制一个与画板等大的矩形，如图14-6所示。

⑤ 选择矩形与图片，使用快捷键Ctrl+7创建剪切蒙版，隐藏图片超出画板之外的部分，如图14-7所示。

图 14-6

图 14-7

⑥ 接着在控制栏中设置图片的“不透明度”为40%，如图14-8所示。

图 14-8

⑦ 选择工具箱中的“矩形工具”，设置“填充”为灰蓝色，“描边”为无，设置完成后在画面左侧中间位置按住Shift键绘制一个正方形，如图14-9所示。

⑧ 选择“文字工具”，在正方形上输入数字，并在控制栏中设置合适的字体、字号与颜色，如图14-10所示。

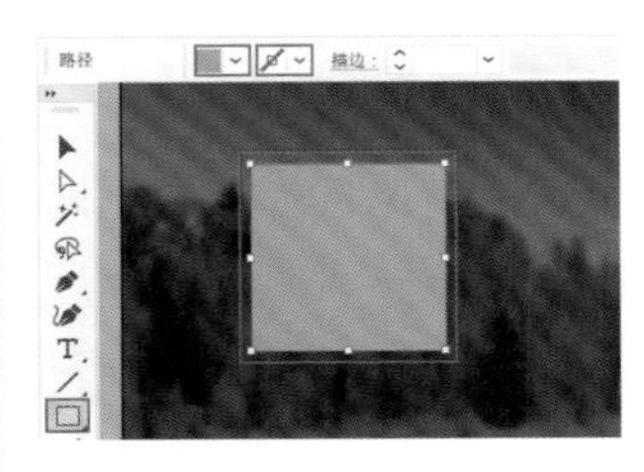

图 14-9

图 14-10

⑨ 继续使用“文字工具”在画面中键入文字，并执行“窗口>文字>字符”命令，打开“字符”面板，设置“字间距”为–75，如图14-11所示。

图14-11

⑩ 使用同样的方法键入另外一行文字。效果如图14-12所示。

图14-12

14.2 制作手机外观图形

① 选择工具箱中的“圆角矩形工具”，在控制栏中设置“填充”为白色，“描边”为无，设置完成后在画面右侧绘制一个圆角矩形，如图14-13所示。

图14-13

② 接着按住鼠标左键向内拖动圆形控制点，然后释放鼠标，调整圆角矩形的圆角半径，如图14-14所示。

③ 使用同样的方法在该圆角矩形的两侧绘制其他稍小一些的圆角矩形（为了方便观看，此处添加了黑色描边，实际绘制时无需添加描边），如图14-15所示。

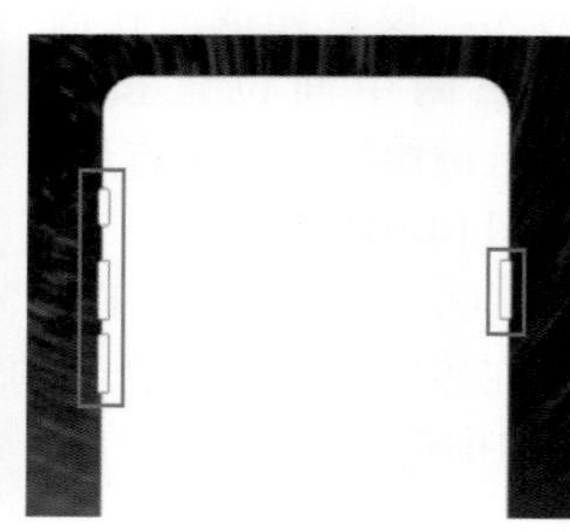

图14-14　　图14-15

④ 选中构成手机的圆角矩形，执行“窗口>路径查找器”命令，在打开的“路径查找器”面板中单击“合并”按钮，如图14-16所示。此时可以看到所有图形合并成为一个手机外观图形，如图14-17所示。

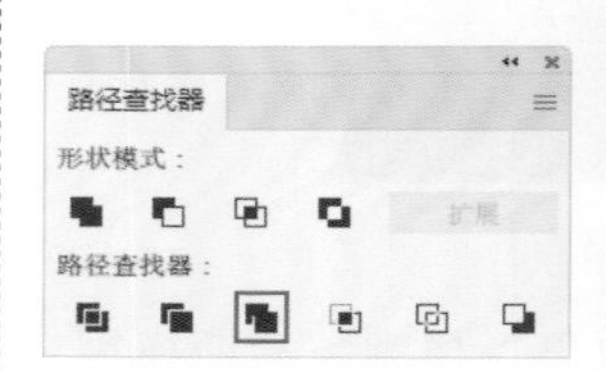

图14-16　　图14-17

⑤ 选择工具箱中的“圆角矩形工具”，在圆角矩形顶端的中间绘制一个圆角矩形，并设置“填充”为灰色，“描边”为无，“圆角半径”为4mm，如图14-18所示。

图14-18

⑥ 选择工具箱中的“椭圆工具”，设置“填充”为灰色，“描边”为无，设置完成后在灰色圆角矩形的左右两侧按住Shift键绘制正圆，如图14-19所示。

图14-19

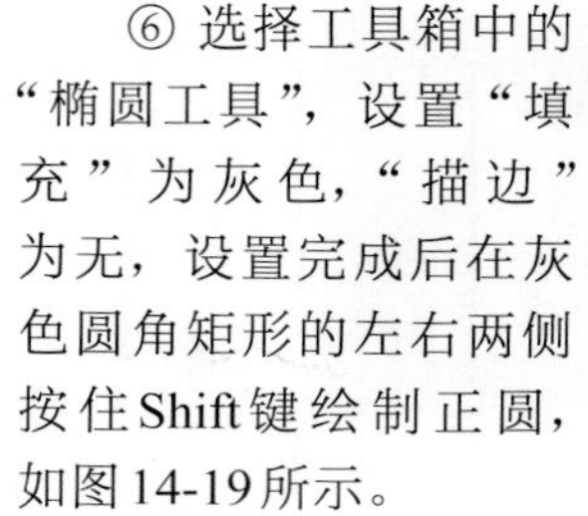

14.3　制作应用程序界面

① 制作App界面展示图片。执行“文件＞置入”命令，置入素材2，并将其嵌入到画面中，如图14-20所示。

图14-20

② 接着选择工具箱中的“矩形工具”，设置“描边”为无，设置完成后在图片上方绘制一个矩形，如图14-21所示。

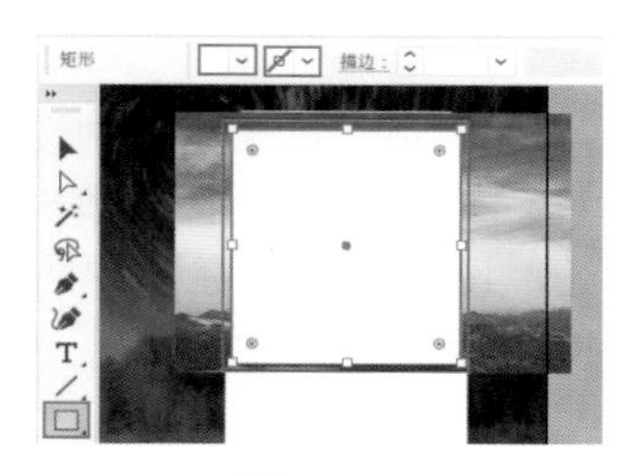

图14-21

③ 选中矩形与图片，使用快捷键Ctrl+7创建剪切蒙版，将图片超出矩形以外的部分隐藏，如图14-22所示。

图14-22

④ 执行“文件＞置入”命令，将状态栏素材3置入到该剪切组的上方，并单击控制栏中的“嵌入”按钮，如图14-23所示。

⑤ 制作左侧的菜单按钮。选择工具箱中的“圆角矩形工具”，在画面中绘制一个圆角矩形，并在控制栏中设置“填充”为白色，“描边”为无，“圆角半径”为0.4mm，如图14-24所示。

图14-23

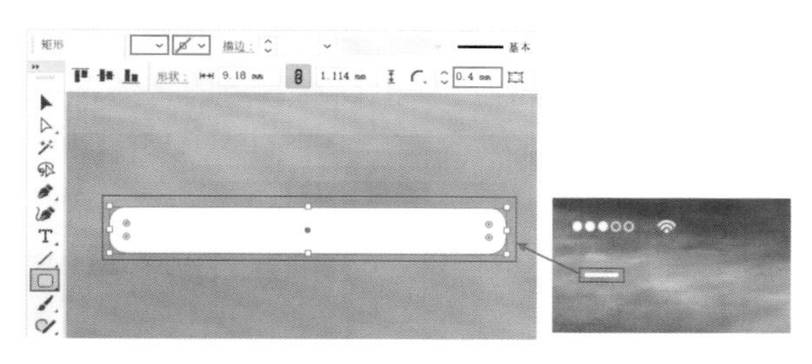

图14-24

⑥ 选中该圆角矩形，按住Alt键将其向下拖动，至合适位置时释放鼠标即可快速复制出一份，如图14-25所示。

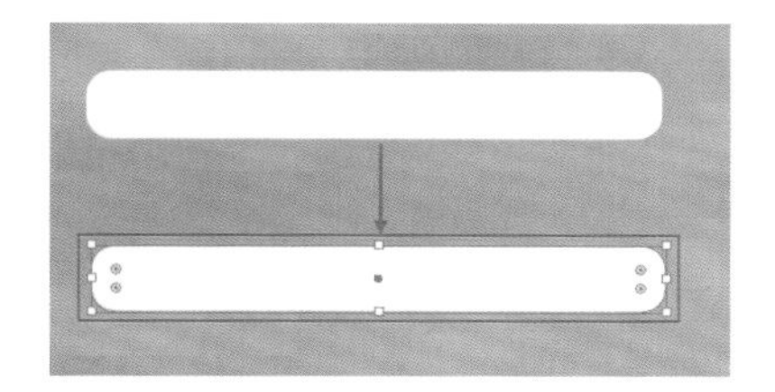

图14-25

⑦ 接着按住鼠标左键拖动圆角矩形右侧的中间控制点，缩短圆角矩形的长度，如图14-26所示。

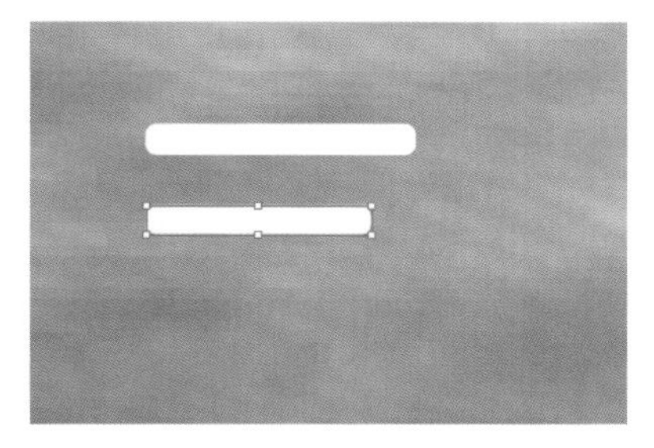

图14-26

⑧ 使用同样的方法制作另外一个图形。效果如图14-27所示。

图14-27

⑨ 制作右侧的按钮。选择工具箱中的“椭圆工具”，在控制栏中设置“填充”为无，“描边”为白色，“描边粗细”为3pt，设置完成后在右侧相应的位置按住Shift键绘制一个正圆，如图14-28所示。

⑩ 选择工具箱中的“文字工具”，在图片中间位置键入文字，并在控制栏中设置合适的字体、字号与颜色，如图14-29所示。

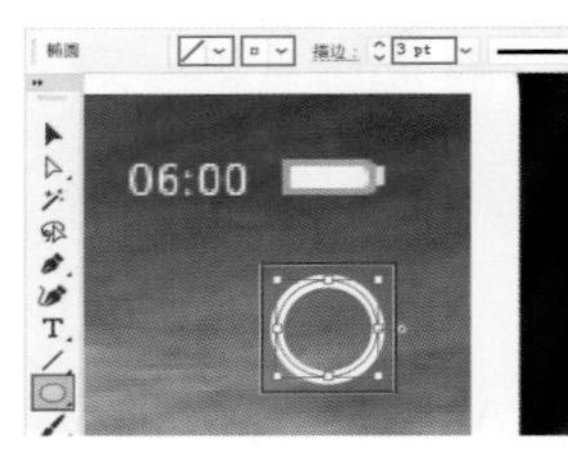

图14-28

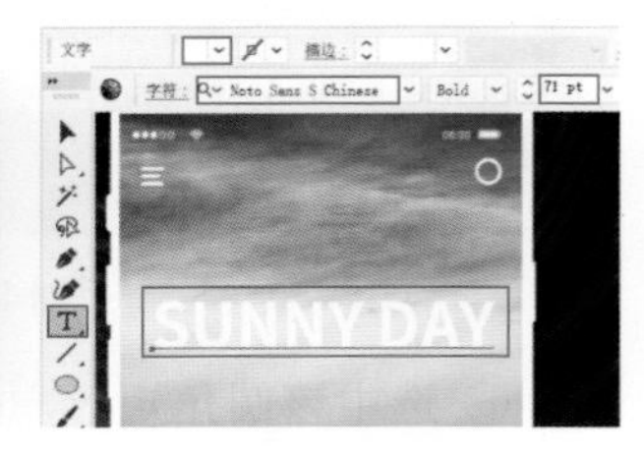

图14-29

⑪ 使用同样的方法在该文字的下方键入其他文字，并在“字符”面板中设置合适的字间距。效果如图14-30所示。

图14-30

⑫ 继续使用“文字工具”，在图片的下方键入文字，如图14-31所示。

图14-31

⑬ 选中该文字，打开“字符”面板，设置“行间距”为14pt，“字间距”为–55，如图14-32所示。效果如图14-33所示。

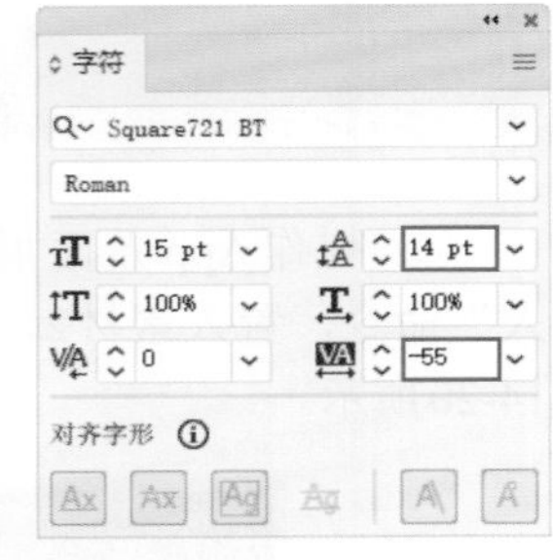

图14-32

图14-33

⑭ 制作第一组闹钟设置模块。选择工具箱中的“矩形工具”，设置“填充”为灰紫色，“描边”为无，设置完成后在图片的下方绘制一个矩形，如图14-34所示。

图14-34

⑮ 添加文字。选择“文字工具”，在灰紫色矩形的左侧输入文字，并在控制栏中设置合适的字体、字号与颜色，如图14-35所示。

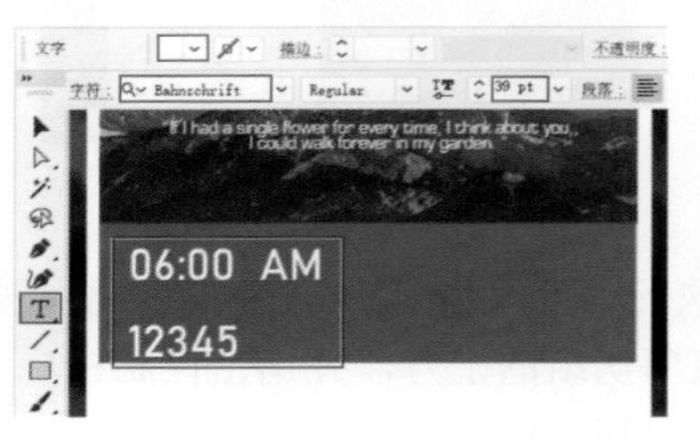

图14-35

⑯ 在使用“文字工具”的状态下，选中部分文字，在控制栏中更改合适的字体，并设置“字号”为26pt，如图14-36所示。

图 14-36

⑰ 接着再次选中下方的数字，在打开的“字符”面板中设置“字间距”为1005，如图14-37所示。

图 14-37

⑱ 制作按钮。选择工具箱中的“圆角矩形工具”，在矩形的右侧绘制一个圆角矩形，并设置“填充”为深紫色，“描边”为无，“圆角半径”为3.5mm，如图14-38所示。

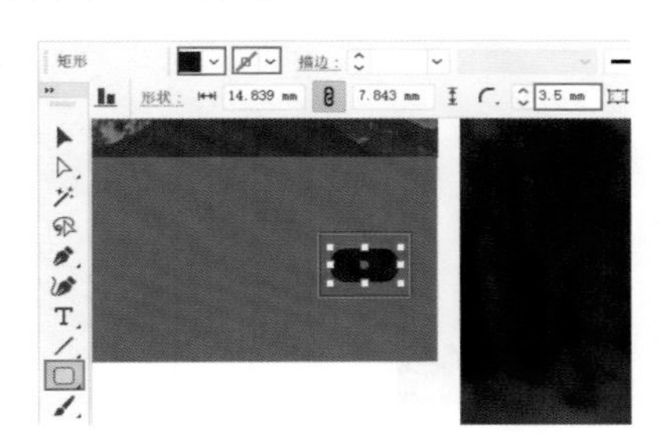

图 14-38

⑲ 选择“椭圆工具”，设置“填充”为浅紫色，“描边”为无，设置完成后在深紫色圆角矩形的左侧按住Shift键绘制一个正圆，如图14-39所示。

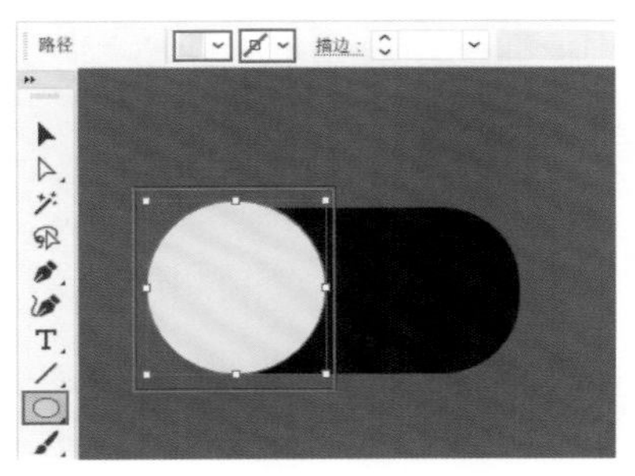

图 14-39

⑳ 制作其他组闹钟设置模块。选中灰紫色矩形、文字与按钮，按住Shift+Alt键的同时按住鼠标左键将其向下拖动，至合适位置时释放鼠标，即可快速复制出一份，如图14-40所示。

㉑ 接着使用快捷键Ctrl+D以相同的方向与距离快速复制出两组模块，如图14-41所示。

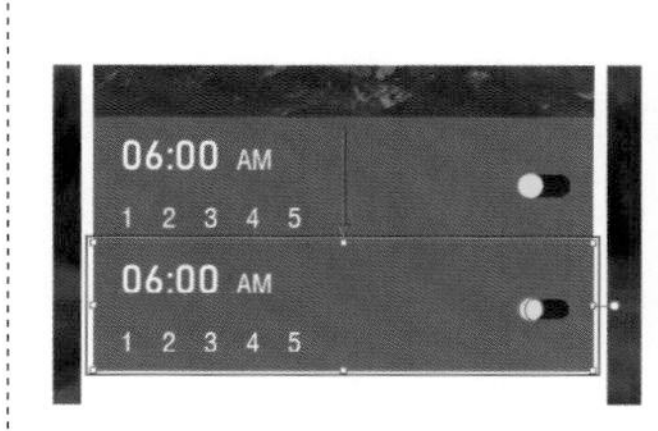

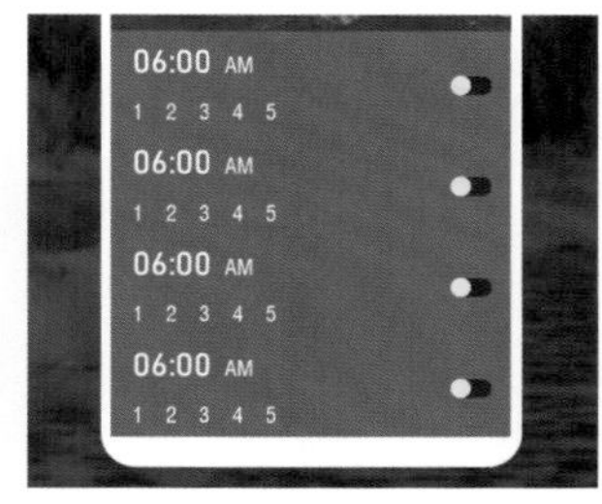

图 14-40　　图 14-41

㉒ 接着更改矩形上的文字以及部分矩形与正圆的颜色，并将第二个正圆移动至深紫色圆角矩形的右侧，如图14-42所示。本案例制作完成，效果如图14-43所示。

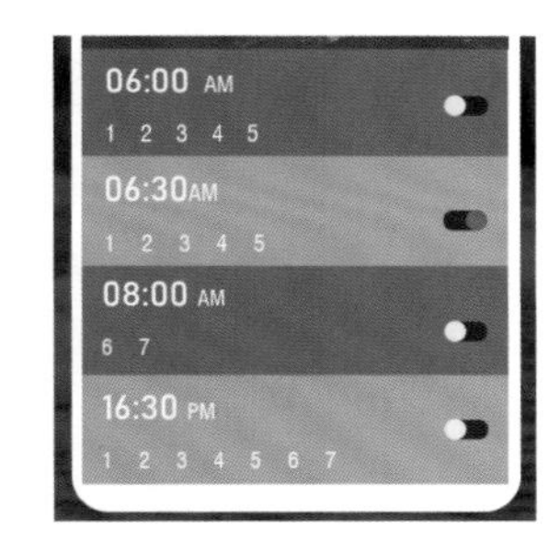

图 14-42

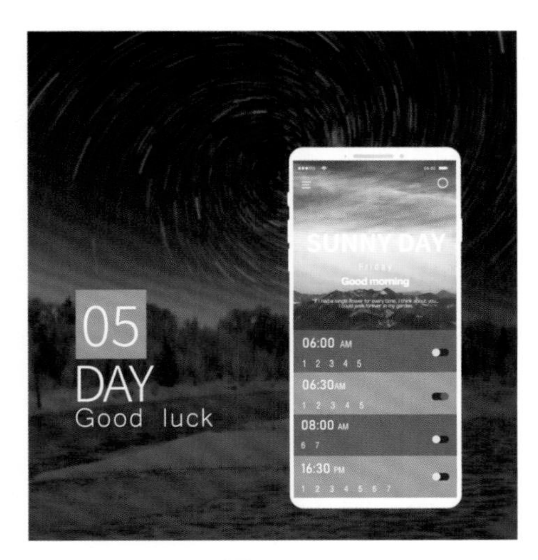

图 14-43

第15章 网站设计：甜品店网站首页

文件路径

实战素材/第15章

操作要点

- 使用“文字工具”与字符面板制作店铺名与导航部分。
- 使用不透明度与剪切蒙版制作透明的底纹。
- 使用再次变换制作相同版式的产品展示图。

设计解析

● 本案例是一款甜品店的网站首页，该网站以产品销售为主，同时也兼具产品展示与企业宣传的功能。

● 页面沿用了典型的电商页面布局，以通栏广告作为首屏。甜美诱人的产品图像能够更好地吸引消费者的注意，接下来为产品列表，方便消费者购买，底部为产品促销及企业信息。

● 甜品的消费群体主要面向女性及儿童，而购买群体更多集中于具有消费力的女性。所以，网店的设计自然要符合此类消费者的喜好。

● 色彩是页面给人的第一印象，也通常会给人以心理暗示。甜品销售更多的是“贩卖美好”，甜美的口味、美妙的体验、美好的愿景……而橙黄色系的色彩恰好与之相符。暖橙色兼具橙色的美味与温馨之感，高明度的橙色更是不燥、不腻。使用这种颜色作为版面的主色，甜美而不张扬，舒适中又带有更多的憧憬。

案例效果

案例效果见图15-1。

图15-1

15.1 制作网页顶栏

① 执行“文件＞新建”命令，新建一个宽度为1920ox、高度为3752px的竖向空白文档，如图15-2所示。

② 选择工具箱中的“矩形工具”，设置“填充”为橘色，“描边”为无，设置完成后在画板顶端绘制一个矩形，如图15-3所示。

③ 制作顶栏的店铺名部分。选择工具箱中的“文字工具”，在橘色矩形的左侧键入文字，并在控制栏中设置合适的字体、字号与颜色，如图15-4所示。

图15-2

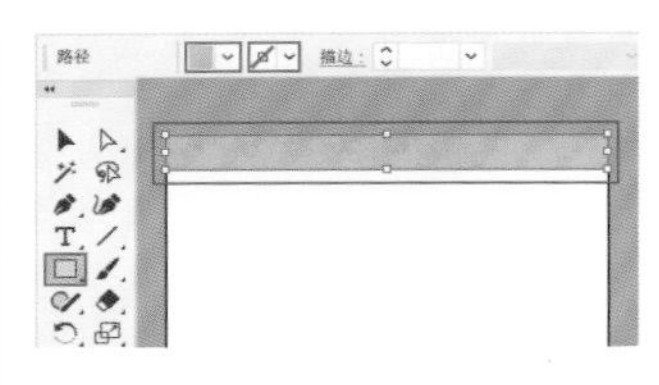

图15-3

图15-4

④ 使用同样的方法在该文字的上方与下方位置键入较小的文字。效果如图15-5所示。

图15-5

⑤ 选择工具箱中的“圆角矩形工具”，在下方文字上绘制一个圆角矩形，并在控制栏中设置“填充”为无，“描边”为白色，“描边粗细”为1pt，如图15-6所示。

图15-6

⑥ 制作顶栏的导航部分。选择工具箱中的“文字工具”，在店铺名的右侧键入文字，并在控制栏中设置合适的字体、字号与对齐方式，同时将其更改为白色，如图15-7所示。

图15-7

⑦ 在“文字工具”使用的状态下，选中下方的文字，在控制栏中设置合适的字体，如图15-8所示。

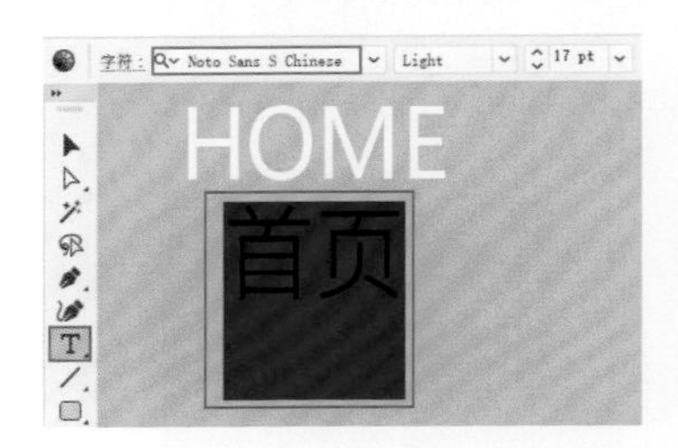

图15-8

⑧ 接着选中文字，执行“窗口＞文字＞字符”命令，在打开的“字符”面板中设置“行间距”为25pt，“字间距”为20，如图15-9所示。

图15-9

⑨ 选择工具箱中的“矩形工具”，设置“填充”为黄绿色，“描边”为无，设置完成后在该文字的右侧绘制一个细长的矩形，如图15-10所示。

图15-10

⑩ 选中文字与矩形，按住Shift+Alt键的同时按住鼠标左键将其向右拖动，至合适的位置时释放鼠标，即可快速复制出一份，如图15-11所示。

图 15-11

⑪ 接着多次使用快捷键Ctrl+D将其进行复制，并删去最右侧的矩形，如图15-12所示。

图 15-12

⑫ 然后选择工具箱中的“文字工具”，更改复制的文字。效果如图15-13所示。

图 15-13

⑬ 执行“文件＞打开”命令，打开素材11，选中花朵图形，使用快捷键Ctrl+C将其复制。然后返回操作文档，使用快捷键Ctrl+V将其粘贴在画面中，并摆放在店铺名的右上方，如图15-14所示。

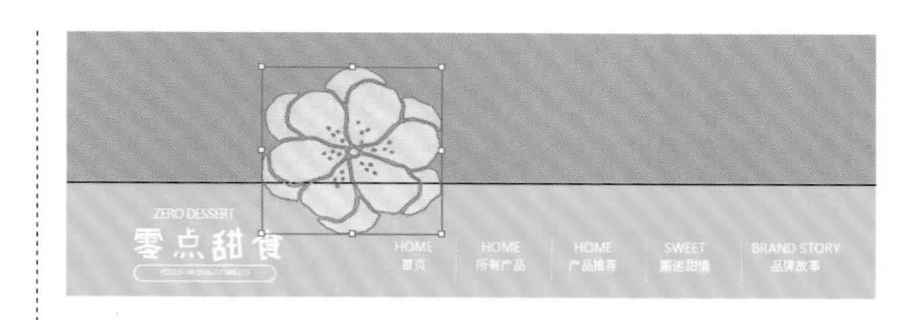

图 15-14

⑭ 接着再次将花朵图形复制出两份，并将其缩小至合适大小，摆放在顶栏中。此时顶栏部分制作完成，效果如图15-15所示。当前效果如图15-16所示。

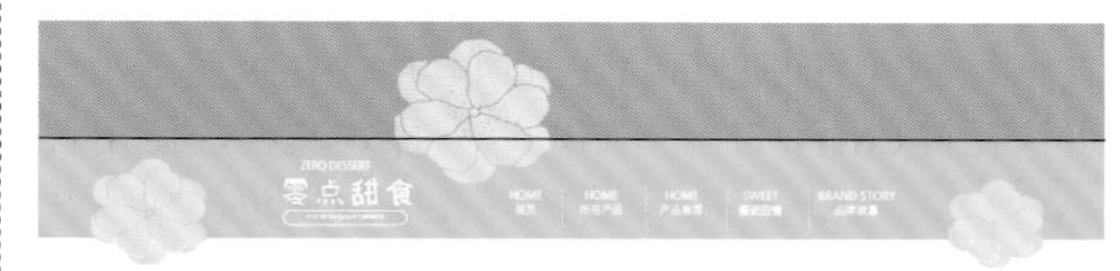

图 15-15

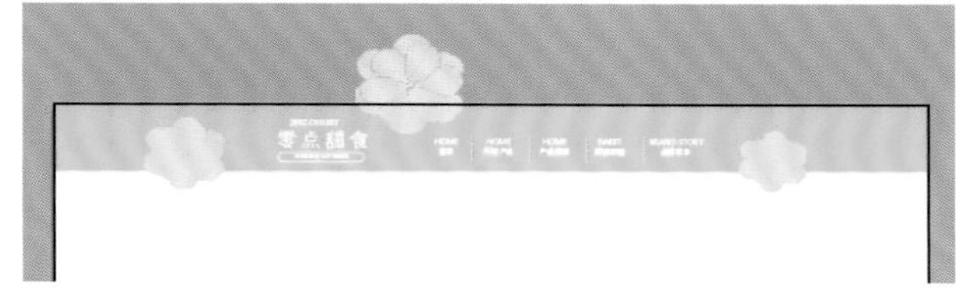

图 15-16

15.2　制作轮播图广告

① 执行“文件＞置入”命令，置入素材1，并将其嵌入到当前画面中，如图15-17所示。

图 15-17

② 选择工具箱中的“矩形工具”，设置“描边”为无，设置完成后在图片上绘制一个矩形，如图15-18所示。

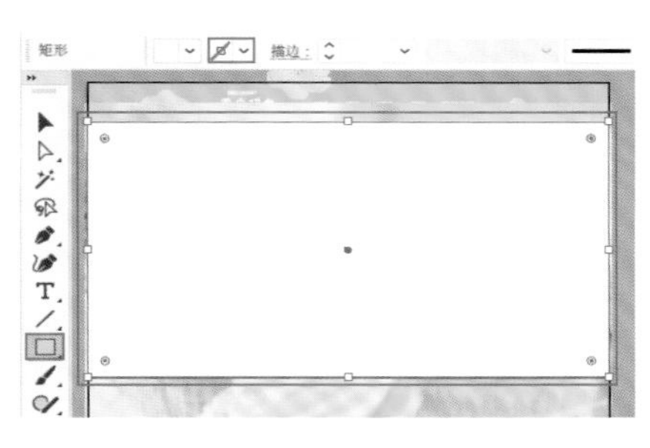

图 15-18

③ 接着选中矩形与图片，使用快捷键Ctrl+7创建剪切蒙版，将图片超出矩形以外的部分隐藏，如图15-19所示。

图 15-19

④ 选择工具箱中的“矩形工具”，在控制栏中设置“填充”为白色，“描边”为无，设置完成后在顶栏与轮播图的衔接处绘制一个细长的矩形，如图15-20所示。

图15-20

⑤ 再次打开素材11，选中其中的花纹图形，使用快捷键Ctrl+C进行复制，返回操作文档，使用快捷键Ctrl+V进行粘贴，并将其更改为白色，摆放在白色矩形左端，如图15-21所示。

图15-21

⑥ 接着选中该图形，按住Shift+Alt键的同时按住鼠标左键将其向右拖动，至合适的位置释放鼠标，将其快速复制出一份，如图15-22所示。

图15-22

⑦ 接着多次使用快捷键Ctrl+D，多次复制该图形。接着选中所有花纹图形，使用快捷键Ctrl+G进行编组，此时蕾丝花边制作完成，如图15-23所示。

图15-23

⑧ 选择工具箱中的“椭圆工具”，在控制栏中设置“填充”为白色，“描边”为无，设置完成后按住Shift键绘制一个正圆，如图15-24所示。

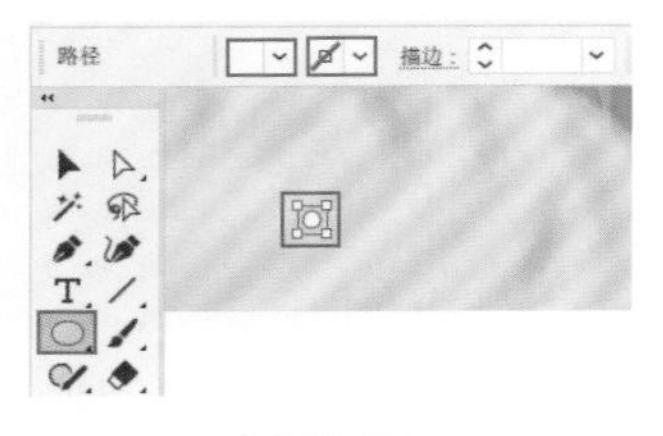

图15-24

⑨ 接着选中该正圆，使用与制作蕾丝花边图形相同的方法制作出其他正圆。效果如图15-25所示。

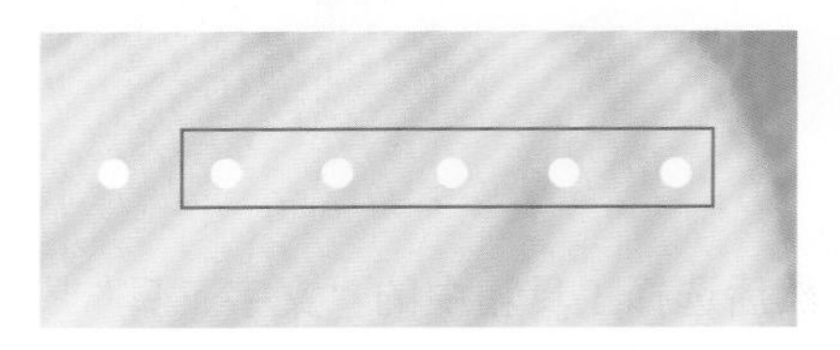

图15-25

⑩ 然后选中蕾丝花边与白色矩形，单击鼠标右键执行“变换-镜像”命令，设置“轴”为“水平”，单击“复制”按钮，如图15-26所示。

图15-26

⑪ 将其向下拖动，至图片的最下方位置时释放鼠标，并将其颜色更改为橘色，如图15-27所示。当前效果如图15-28所示。

图15-27

图15-28

15.3　制作产品展示区

① 选择工具箱中的“矩形工具”，在控制栏中设置“填充”为白色，“描边”为无，设置完成后在轮播图的下方绘制一个矩形，如图15-29所示。

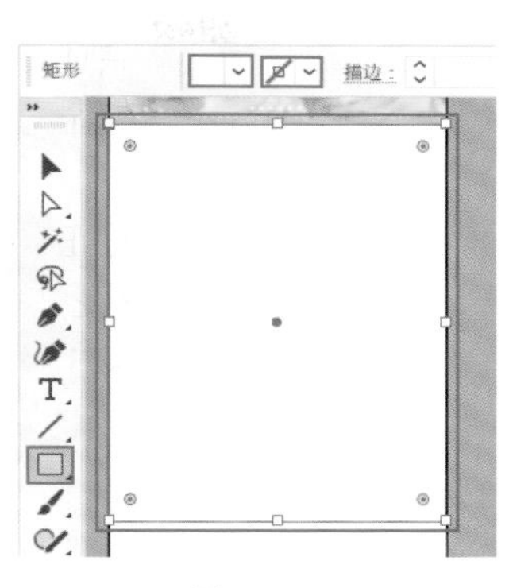

图15-29

② 选择工具箱中的“文字工具”，在白色矩形顶端的中间位置键入文字，并设置合适的字体、字号与颜色，如图15-30所示。

图15-30

③ 选中文字，在打开的“字符”面板中设置“字间距”为–75，如图15-31所示。

图15-31

④ 选择工具箱中的“圆角矩形工具”，在该文字下方绘制一个圆角矩形，并设置“填充”为黄色，“描边”为无，“圆角半径”为21px，如图15-32所示。

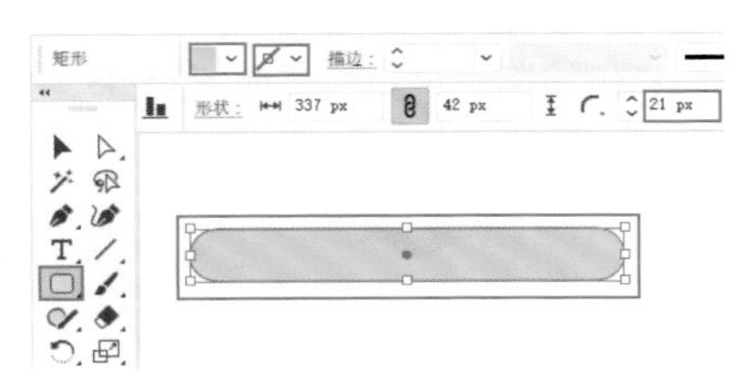

图15-32

⑤ 选择“文字工具”，在圆角矩形上键入合适的文字，如图15-33所示。

⑥ 使用同样的方法在圆角矩形的下方键入新的文字。效果如图15-34所示。

⑦ 选择顶栏中的花朵图形，使用快捷键Ctrl+C进行复制，使用快捷键Ctrl+V进行粘贴，并调整其位置与大小，如图15-35所示。

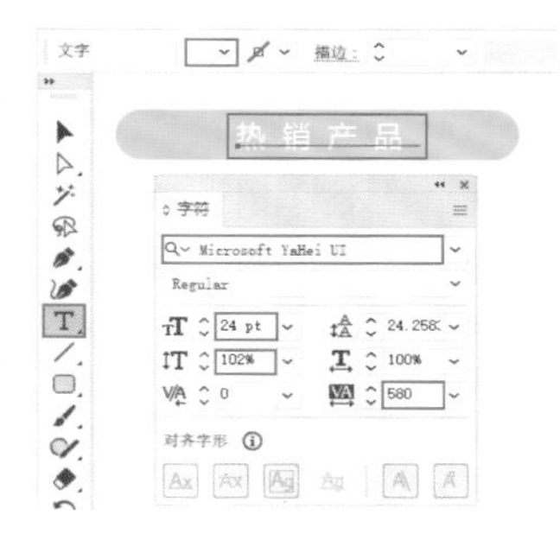

图15-33

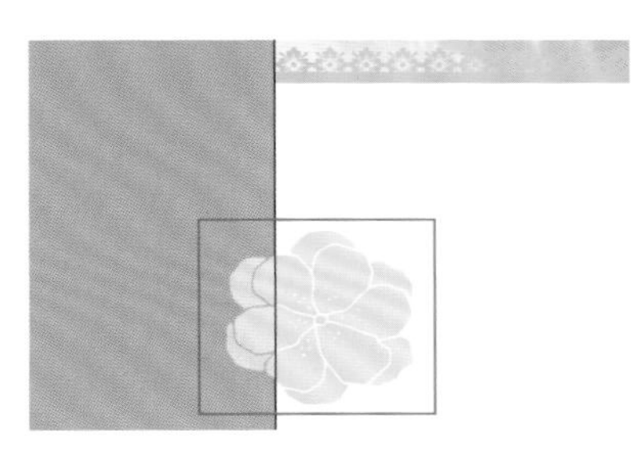

图15-34

图15-35

⑧ 接着在该图形选中的状态下，在控制栏中设置“不透明度”为25%，如图15-36所示。

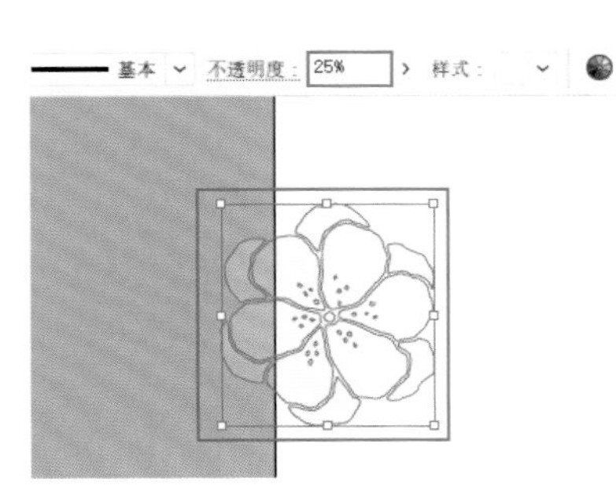

图15-36

⑨ 使用同样的方法在白色矩形上添加其他的图形，丰富画面的效果，如图15-37所示。

图15-37

⑩ 选择下方的白色矩形，将其复制出一份并放置在花朵图形顶层。然后选中所有花朵图形与矩形，使用快捷键Ctrl+7创建剪切蒙版，隐藏多余部分。效果如图15-38所示。

图15-38

⑪ 制作第一个产品展示图。选择工具箱中的“矩形工具”，设置“填充”为黄色，“描边”为无，设置完成后在画面中按住Shift键绘制一个正方形，如图15-39所示。

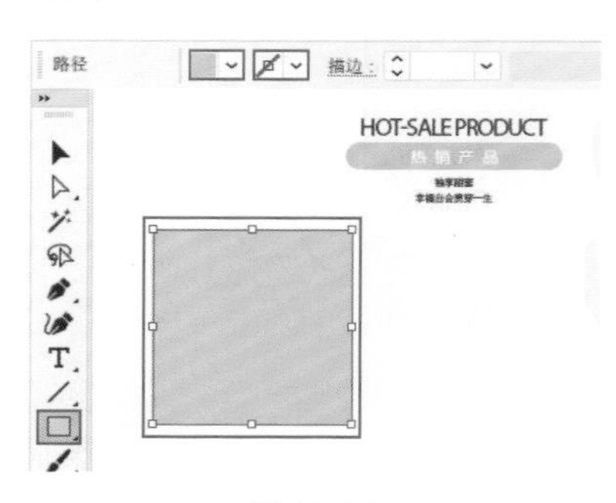

图15-39

⑫ 接着执行“文件＞置入”命令，置入素材2，并将其嵌入画面中，如图15-40所示。

图15-40

⑬ 选择工具箱中的“文字工具”，在黄色正方形的下方单击，输入文字，并设置合适的字体、字号与颜色，如图15-41所示。

图15-41

⑭ 接着使用同样的方法在该文字的左下方键入新的文字，如图15-42所示。

图15-42

⑮ 制作购买按钮。选择工具箱中的“矩形工具”，设置“填充”为黄色，“描边”为无，设置完成后在下方文字的右侧绘制一个矩形，如图15-43所示。

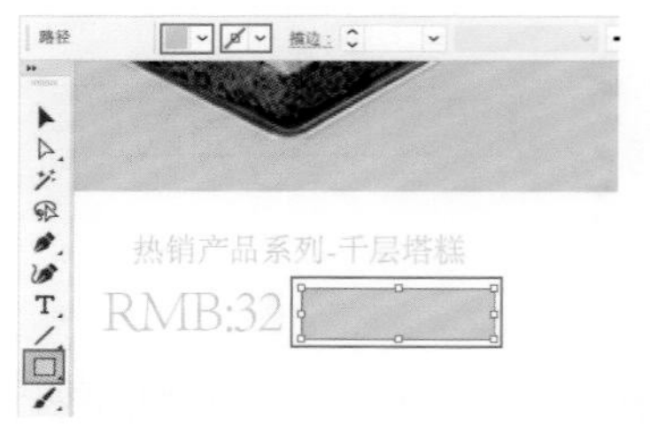

图15-43

⑯ 选择工具箱中的“文字工具”，在黄色矩形上键入文字。此时第一组产品介绍制作完成，如图15-44所示。

图 15-44

⑰ 制作其他产品展示图。选中第一组产品介绍，按住Shift+Alt键的同时按住鼠标左键将其向右拖动，至合适的位置时释放鼠标，即可将其复制，如图15-45所示。

图 15-45

⑱ 接着使用快捷键Ctrl+D进行相同距离与方向的移动复制，效果如图15-46所示。

图 15-46

⑲ 选中这一行产品展示图，按住Shift+Alt键的同时按住鼠标左键将其向下拖动，至合适的位置时释放鼠标，即可将其复制，如图15-47所示。

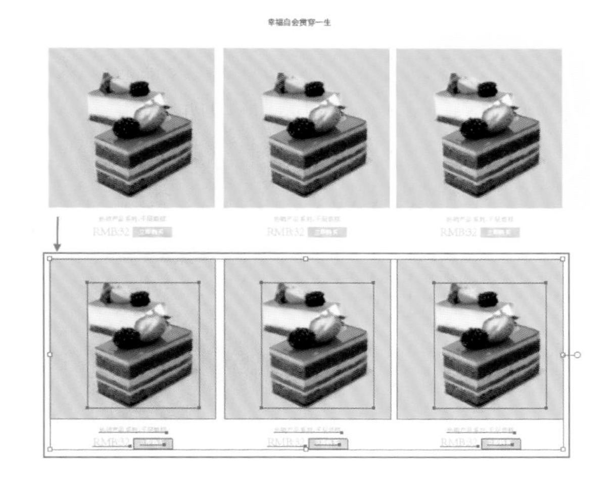

图 15-47

⑳ 接着多次使用快捷键Ctrl+D将其以相同距离与方向进行移动复制。效果如图15-48所示。

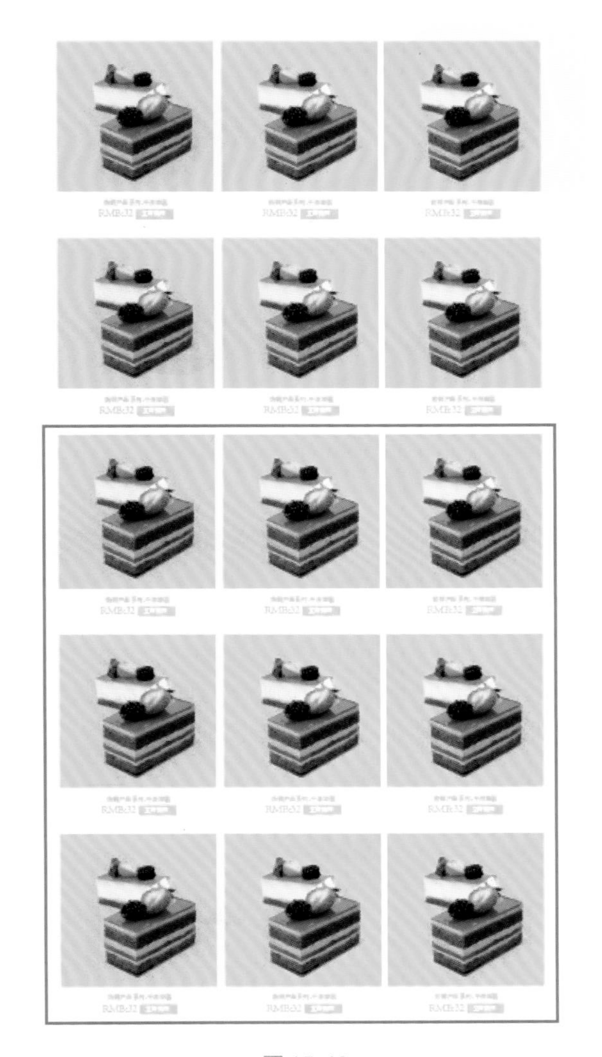

图 15-48

实战应用篇

㉑ 接着依次删去原有产品图片，置入新的图片，并使用“文字工具”更改产品的相关信息，效果如图15-49所示。当前效果如图15-50所示。

图15-49

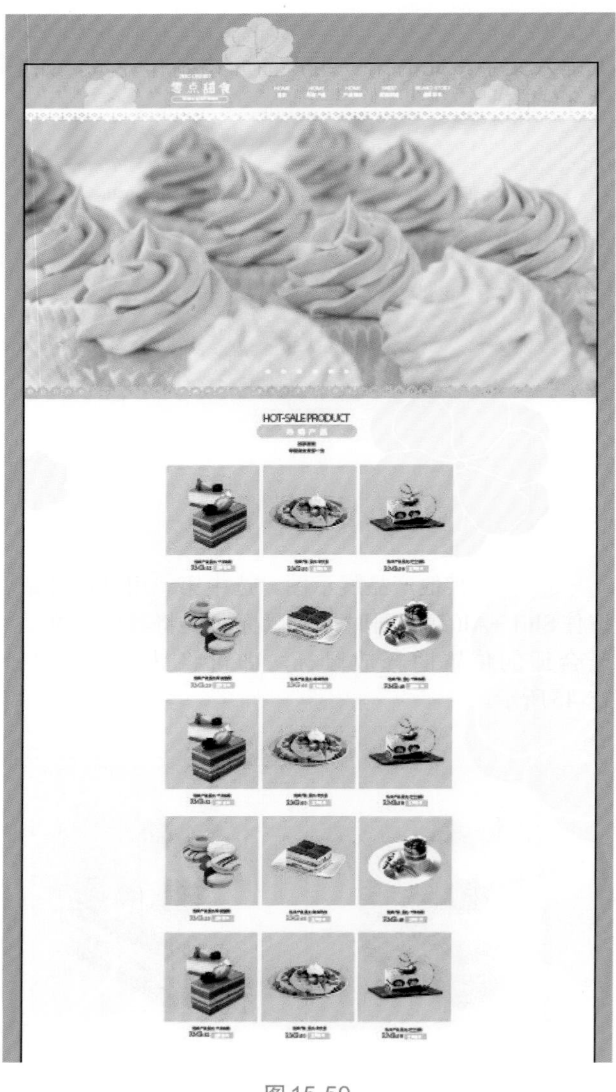

图15-50

15.4 制作网页底栏

① 选择工具箱中的“矩形工具”，设置“填充”为橘色，“描边”为无，在画板的底端绘制一个矩形，如图15-51所示。

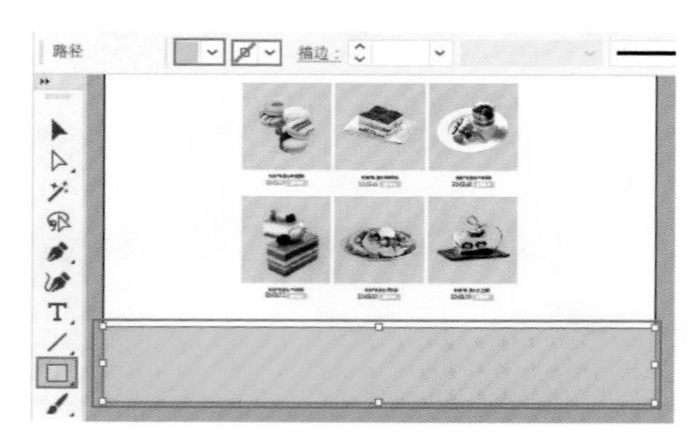

图15-51

② 接着选择顶栏中的花朵图形，使用快捷键Ctrl+C进行复制，使用快捷键Ctrl+V进行粘贴，并将其移动至底栏的合适位置上，如图15-52所示。

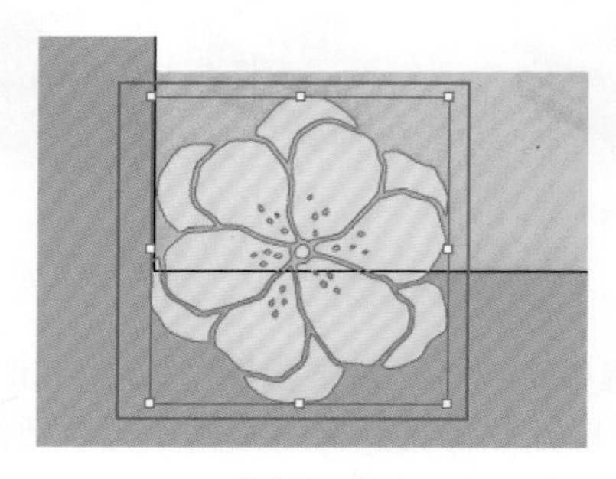

图15-52

③ 接着将花朵图形再次复制出一份，并将下方的矩形复制出一份放在花朵图形上方，然后选中两个花朵图形与矩形，使用快捷键Ctrl+7创建剪切蒙版，隐藏矩形以外的部分。效果如图15-53所示。

图15-53

④ 选择工具箱中的“文字工具”，在左侧花朵图形的右上方键入文字，如图15-54所示。

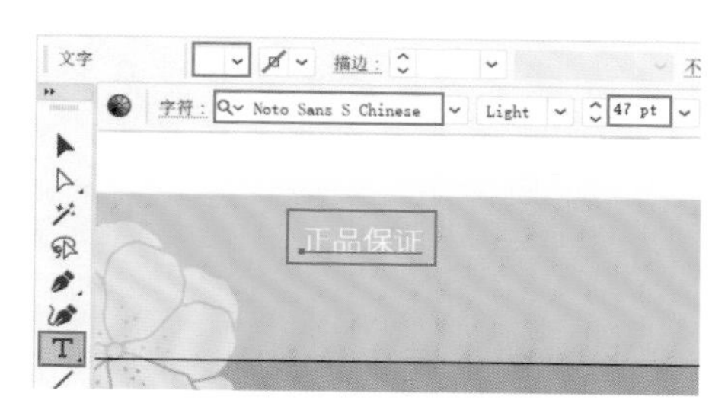

图15-54

⑤ 继续使用“文字工具”，在该文字的下方按住鼠标左键拖动，绘制一个矩形文本框，然后输入文字，并在控制栏中设置合适的字体、字号与颜色，如图15-55所示。此时第一组信息制作完成。

图15-55

⑥ 选中底栏中的点文字与段落文字，按住Shift+Alt键的同时按住鼠标左键将其向右拖动，至合适位置时释放鼠标即可将其复制出一份，如图15-56所示。

⑦ 接着使用快捷键Ctrl+D以相同的距离与方向进行复制，如图15-57所示。

⑧ 选择“文字工具”更改文字内容。此时底栏制作完成，效果如图15-58所示。

本案例制作完成，效果如图15-59所示。

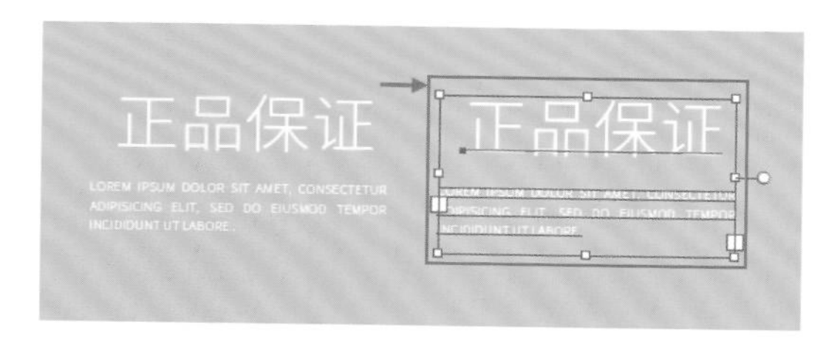

图15-56

图15-57

图15-58

图15-59

实战应用篇

第16章 包装设计：罐装冰激凌包装

文件路径　实战素材/第16章

操作要点
- 使用图像描摹制作矢量的水果。
- 使用剪切蒙版与透明度面板制作立体包装。

设计解析

● 本案例是为果味冰激凌设计的罐装包装盒。本产品共有三种口味，分别为草莓口味、蓝莓口味、猕猴桃口味。

● 系列产品的包装要兼具统一性与识别度，统一性主要体现在版面布局的统一，而识别度则可以通过颜色的差异以及更换部分元素来实现。

● 包装版面元素以悬浮的球状冰激凌为主，环绕代表产品口味的水果，搭配涂鸦感的线条，营造出了一种轻松、愉悦、美味的视觉氛围。

● 包装的主要色彩来源于产品的口味，由于这三款产品均为常见的水果口味，而这些水果在消费者心中也基本都有其固定的代表色。所以，采用这些约定俗成的代表色作为包装的主色，更容易被消费者理解。

案例效果

案例效果见图16-1。

图16-1

16.1 制作蓝莓口味冰激凌包装的平面图

① 新建一个宽度为300mm、高度为150mm，包含三个画板的文档。选择工具箱中的“矩形工具”，设置“填充”为浅紫色，“描边”为无，设置完成后绘制一个与画板等大的矩形，如图16-2所示。

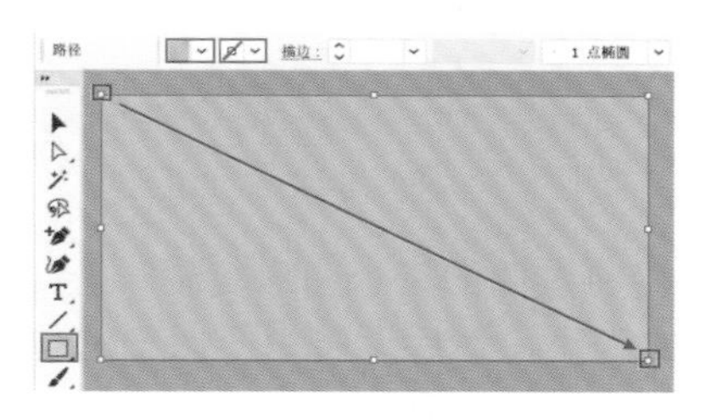

图16-2

② 执行“文件＞置入”命令，置入紫色冰激凌素材，并将其嵌入到画面中，如图16-3所示。

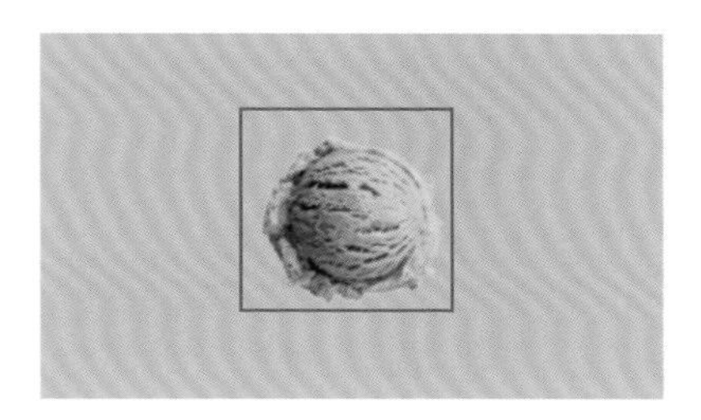

图16-3

③ 制作标志。选择工具箱中的“文字工具”，在冰激凌球上方键入文字，并在控制栏中设置合适的字体与字号，同时设置“填充”为白色，如图16-4所示。

图16-4

④ 选择工具箱中的“钢笔工具”，在控制栏中设置“填充”为白色，“描边”为无，设置完成后在文字下方绘制一个图形，如图16-5所示。

图16-5

⑤ 选择工具箱中的“文字工具”，在冰激凌球的下方键入文字，并在控制栏中设置合适的字体与字号，设置填充为白色，如图16-6所示。

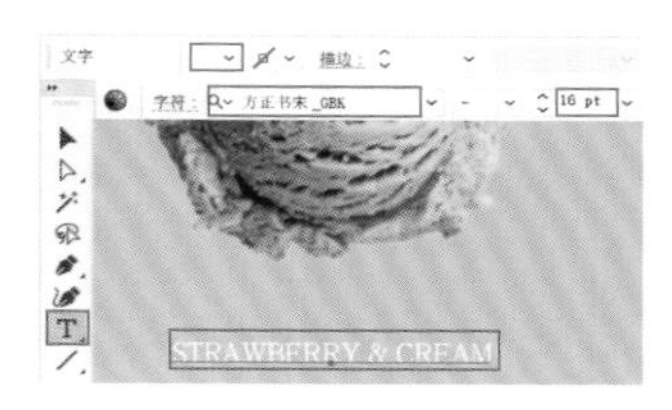

图16-6

⑥ 继续使用同样的方法在画面中添加其他文字，如图16-7所示。

图16-7

⑦ 选择工具箱中的“钢笔工具”，在控制栏中设置“填充”为白色，“描边”为无，设置完成后在冰激凌球左侧绘制一个类似“钉子”的图形，如图16-8所示。

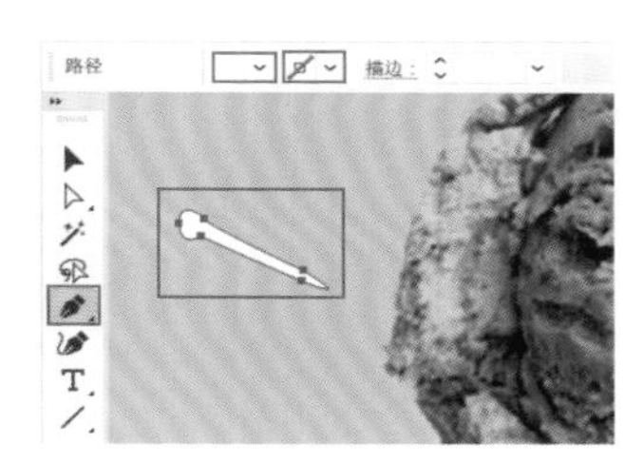

图16-8

⑧ 选中该图形，按住Alt键的同时按住鼠标左键将其向下拖动，至合适位置时释放鼠标，即可快速复制出一份，如图16-9所示。

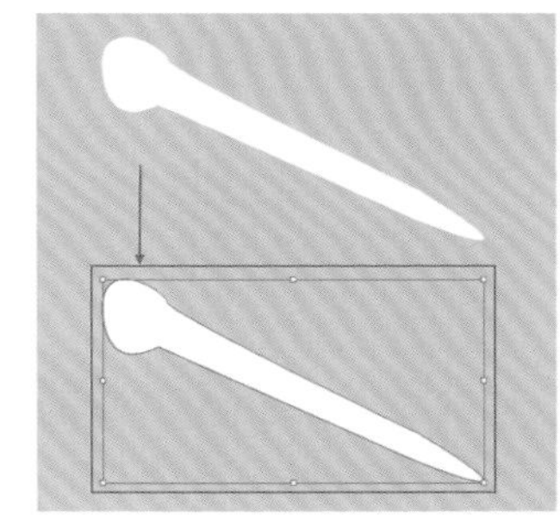

图16-9

⑨ 选择下方的图形，按住鼠标左键由内向外拖动角控制点，将其适当放大，如图16-10所示。

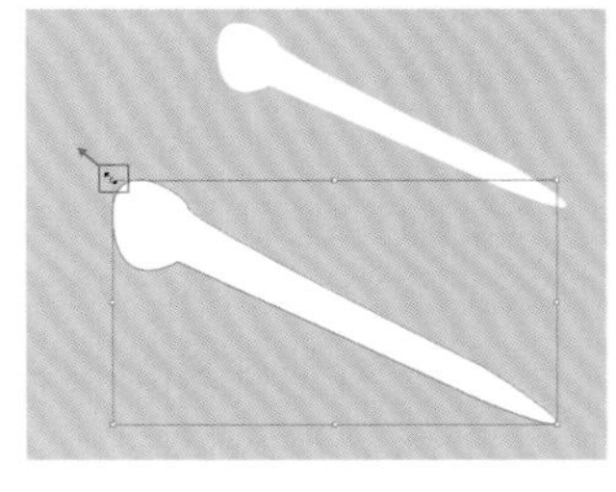

图16-10

⑩ 接着选择工具箱中的“旋转工具”，将光标移动至图形的最右端单击，然后在图形左侧按住鼠标左键拖动，将其旋转至合适的角度，如图16-11所示。

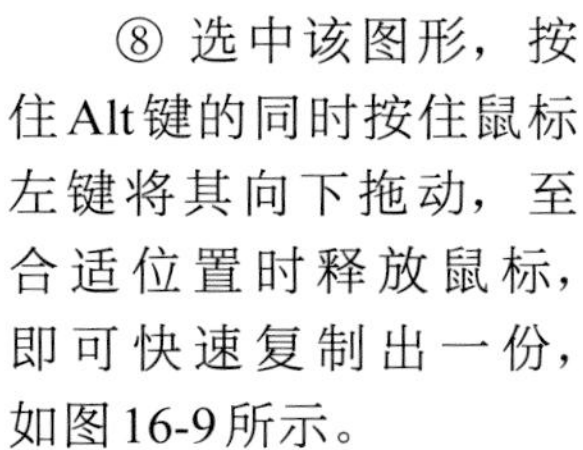

实战应用篇

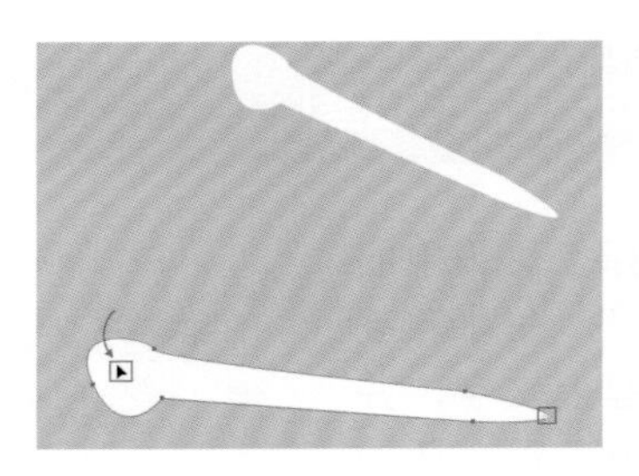

图16-11

⑪ 选中上方的图形，执行“对象>变换>镜像”命令，在弹出的“镜像”窗口中设置“轴”为水平，单击“复制”按钮，如图16-12所示。此时即可得到与第一个图形相对称的图形。效果如图16-13所示。

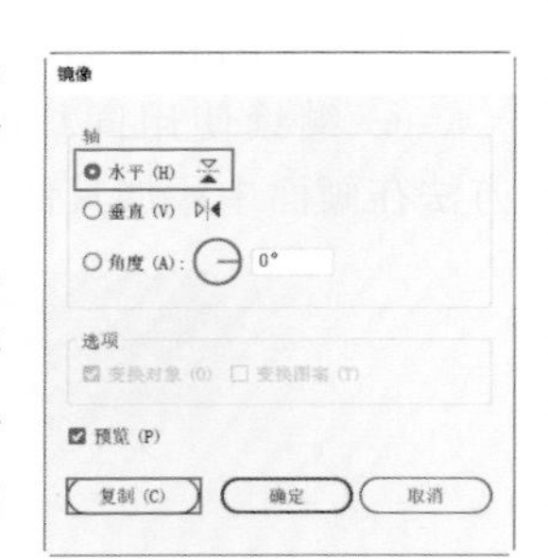

图16-12

⑫ 然后按住Shift键将其向下拖动，如图16-14所示。

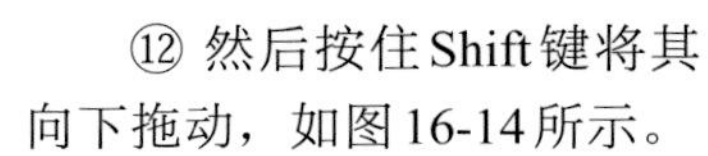

图16-13

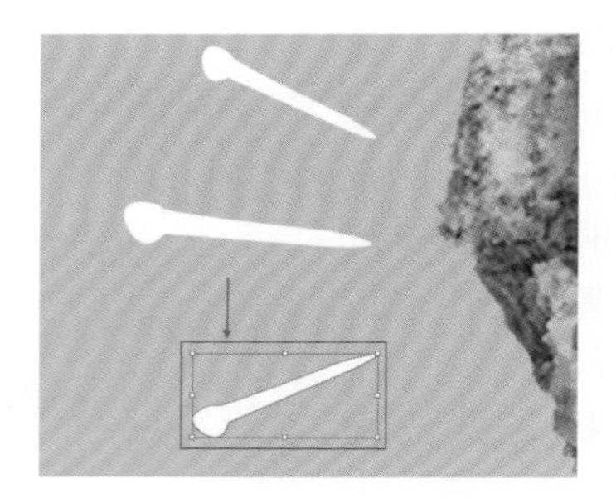

图16-14

⑬ 选中左侧的三个图形，执行“对象>变换>镜像”命令，在弹出的“镜像”窗口中设置“轴”为垂直，单击“复制”按钮，如图16-15所示。

⑭ 接着按住Shift键将其拖动至冰激凌球的右侧。效果如图16-16所示。

图16-15

图16-16

⑮ 接着将左侧的三个图形复制一份，并将其缩小至合适的大小，然后调整每个图形的位置与旋转角度。效果如图16-17所示。

图16-17

⑯ 执行“文件>置入”命令，将水果素材置入到画板以外的位置，并单击“嵌入”按钮，如图16-18所示。

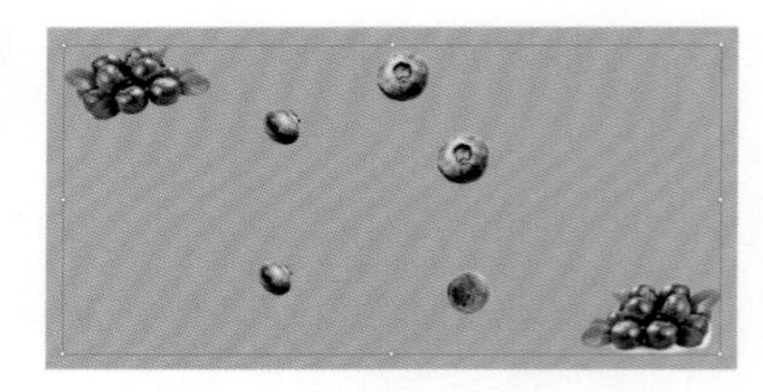

图16-18

⑰ 选中水果素材，单击控制栏中的“图像描摹”右侧的倒三角按钮，在打开的下拉面板中单击“6色”，如图16-19所示。效果如图16-20所示。

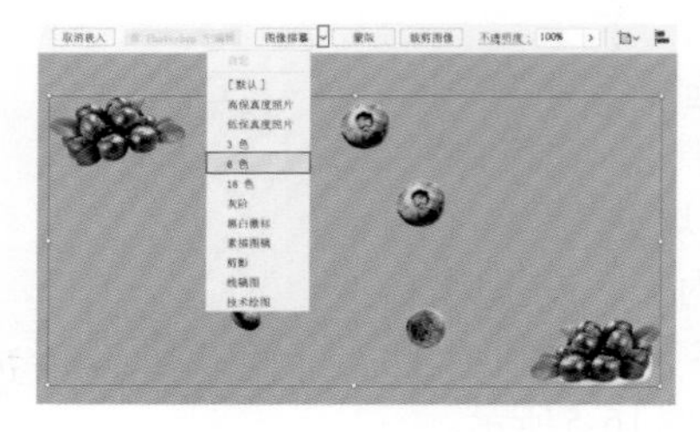

图16-19

图 16-20

⑱ 接着单击控制栏中的“扩展”按钮，将描摹对象转换为路径，并使用快捷键Shift+Ctrl+G取消编组，并选中白色的部分，按下键盘上的Delete键将其删除，如图16-21所示。

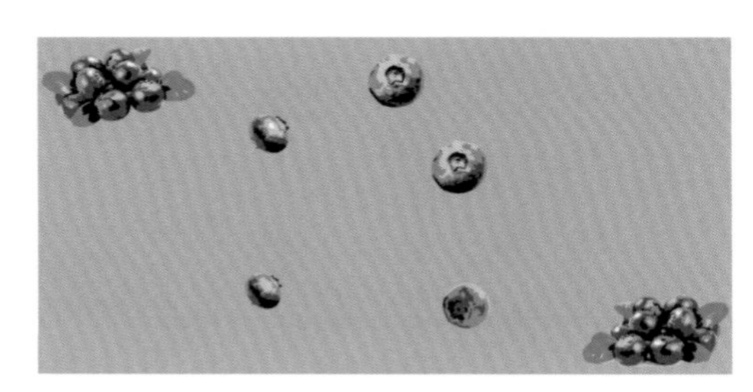

图 16-21

⑲ 然后选中所有水果图形，使用快捷键Ctrl+G进行编组，并将其移动至画面中的合适位置上，如图16-22所示。

图 16-22

⑳ 添加左侧的段落文字。选择工具箱中的“文字工具”，在画面左侧按住鼠标左键拖动绘制一个矩形文本框，然后键入文字，并在控制栏中设置合适的字体、字号与颜色，如图16-23所示。

㉑ 在“文字工具”使用的状态下，更改部分文字的字号。效果如图16-24所示。

㉒ 添加右侧的标志与文字。选中标志，按住Alt键的同时按住鼠标左键将其向右下方拖动，至合适位置时释放鼠标，即可将其快速复制出一份，如图16-25所示。

㉓ 选择工具箱中的“文字工具”，在右侧的标志下方键入文字，如图16-26所示。

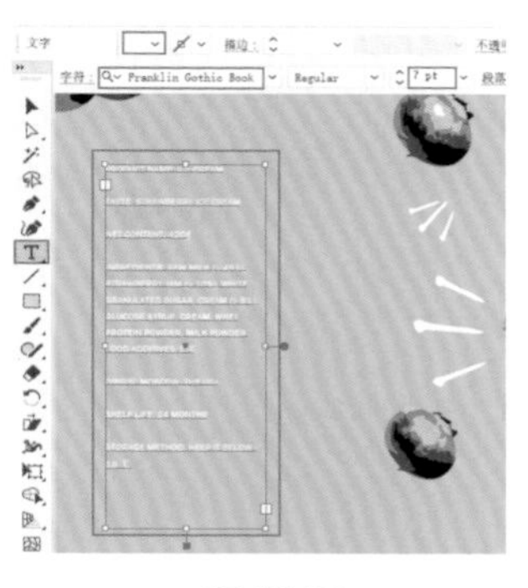

图 16-23

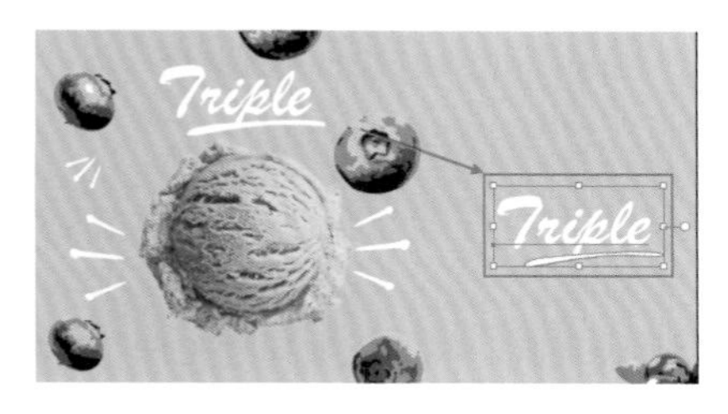

图 16-24

图 16-25

图 16-26

㉔ 制作螺旋状线条。选择工具箱中的“画笔工具”，执行“窗口＞画笔库＞艺术效果＞艺术效果_书法”命令，在打开的“艺术效果_书法”窗口中单击“1点椭圆”，选择一种合适的笔尖形态，如图16-27所示。

㉕ 接着在控制栏中设置“填充”为无，“描边”为白色，“描边粗细”为1.8pt，设置完成后在文字右侧按住鼠标左键拖动，绘制一个螺旋状的图形，如图16-28所示。

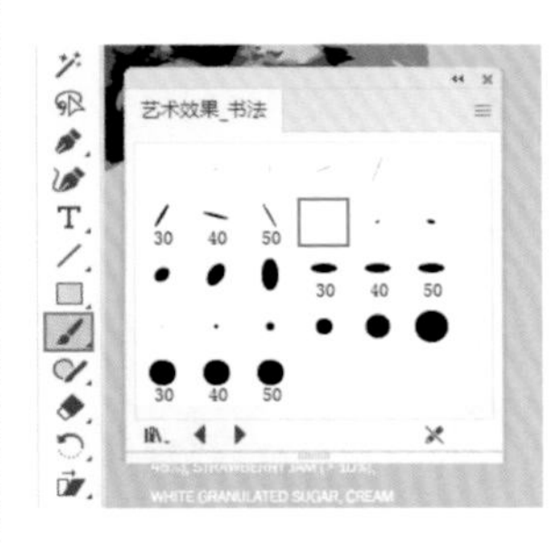

图 16-27

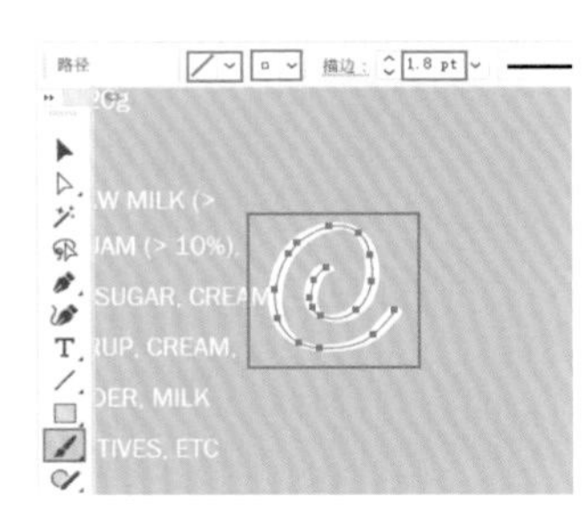

图 16-28

㉖ 选中该图形，按住Alt键的同时按住鼠标左键将其向左下方移动，至合适位置时释放鼠标即可快速复制出一份，然后拖动控制点，调整其大小，如图16-29所示。

图16-29

㉗ 继续使用同样的方法在画面中复制该螺旋线条，并适当调整其大小、旋转角度与排列顺序。选中所有螺旋线图形，使用快捷键Ctrl+G进行编组。效果如图16-30所示。

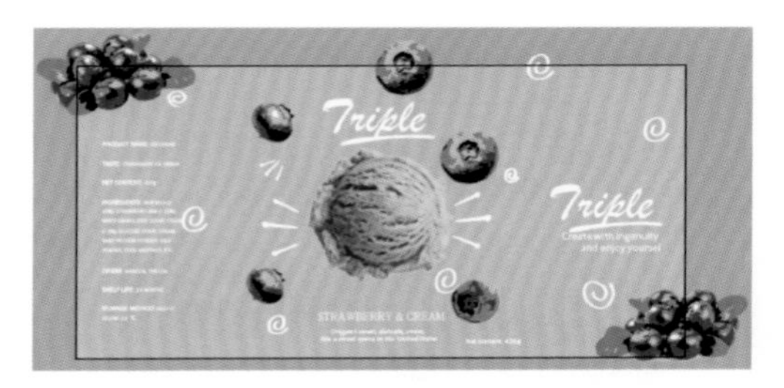

图16-30

㉘ 选择工具箱中的“矩形工具”，绘制一个与画板等大的矩形，如图16-31所示。

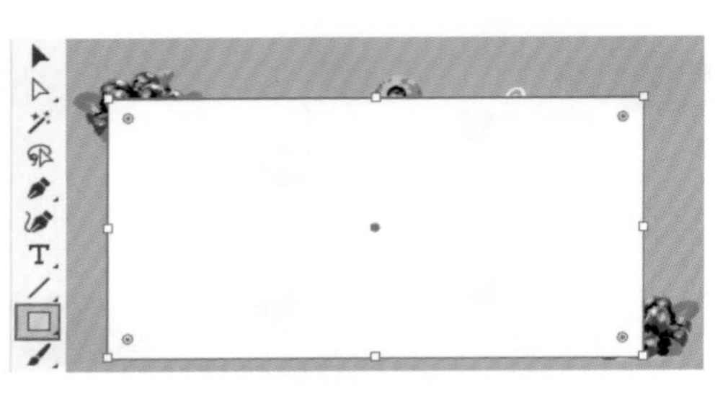

图16-31

㉙ 选中矩形、水果与螺旋形线条，使用快捷键Ctrl+7创建剪切蒙版，将超出画板以外的多余部分隐藏，如图16-32所示。当前效果如图16-33所示。

图16-32

图16-33

16.2 制作其他口味冰激凌包装的平面图

① 选中蓝莓口味的冰激凌包装平面图，使用快捷键Ctrl+C进行复制，快捷键Ctrl+V进行粘贴，然后将其移动至画面以外的空白位置上，并使用快捷键Alt+Ctrl+7释放剪切蒙版，如图16-34所示。

图16-34

② 使用“选择工具”选中蓝莓素材与冰激凌球，按下键盘上的Delete键，将其删除，如图16-35所示。

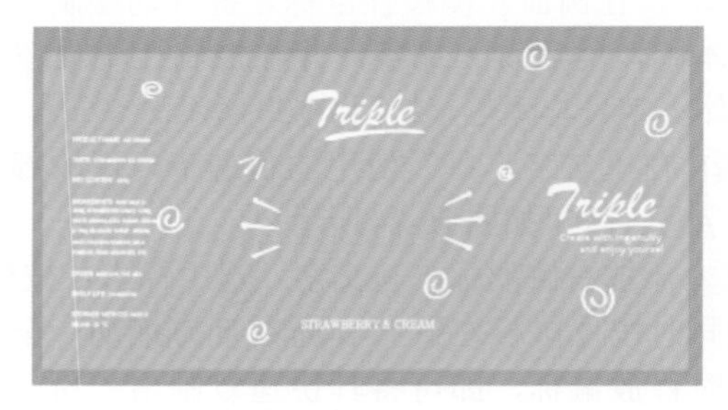

图16-35

③ 更改矩形颜色。接着选择紫色矩形，设置“填充”为绿色，如图16-36所示。

图16-36

④ 执行“文件＞置入”命令，置入绿色冰激凌素材，并将其嵌入画面中，如图16-37所示。

图16-37

⑤ 添加猕猴桃素材。使用同样的方法将素材4置入并嵌入画板以外的部分。效果如图16-38所示。

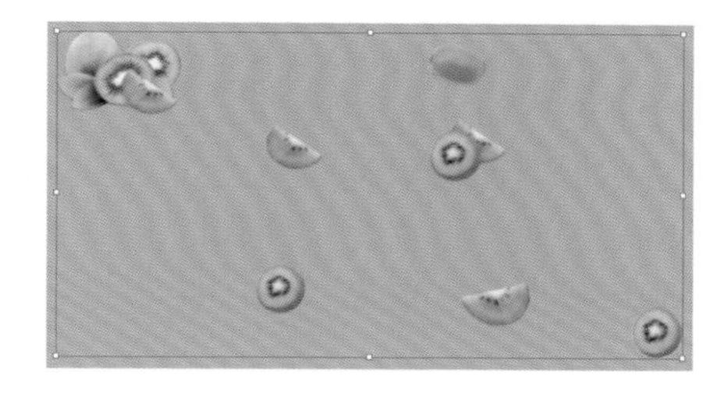

图16-38

⑥ 选中猕猴桃，单击控制栏中的“图像描摹”右侧的倒三角按钮，在打开的下拉面板中单击“6色”，接着单击控制栏中的“扩展”按钮，并使用快捷键Shift+Ctrl+G取消编组，然后按下Delete键删去白色部分，如图16-39所示。

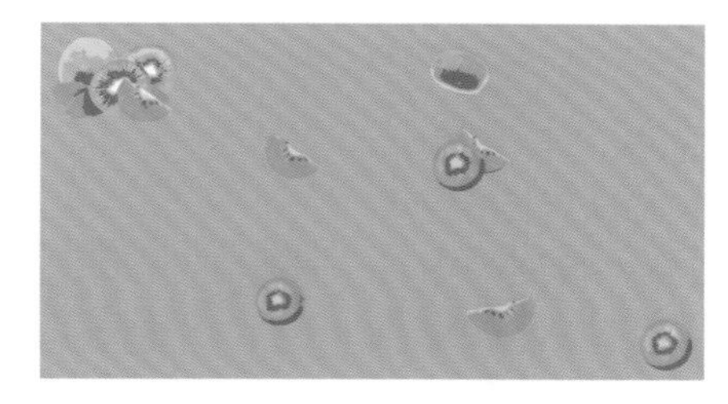

图16-39

⑦ 选择猕猴桃素材，使用快捷键Ctrl+G进行编组，并将其移动至画面中，如图16-40所示。

图16-40

⑧ 使用“矩形工具”绘制一个与画板等大的矩形，选中矩形、螺旋图形组与猕猴桃图形组，使用快捷键Ctrl+7创建剪切蒙版，隐藏超出矩形的部分。效果如图16-41所示。

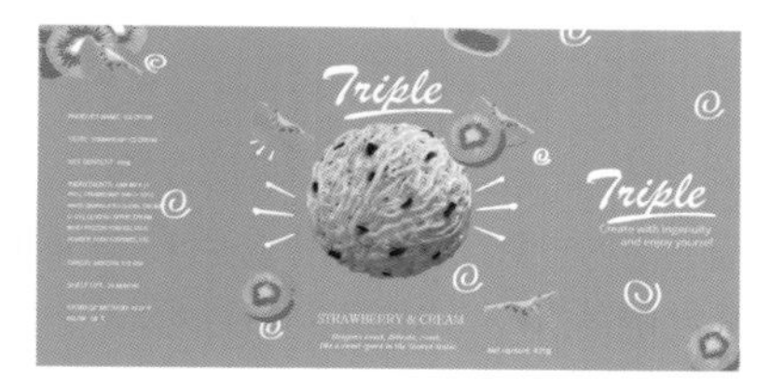

图16-41

⑨ 使用同样的方法制作草莓口味的包装平面图。效果如图16-42所示。当前效果如图16-43所示。

图16-42

图16-43

16.3　制作包装的立体展示效果

① 选择工具箱中的“画板工具”，在画面中绘制一个大小合适的画板，如图16-44所示。

图16-44

② 制作渐变背景。使用“矩形工具”，在控制栏中设置“描边”为无，设置完成后在画面中绘制一个与画板等大的矩形，如图16-45所示。

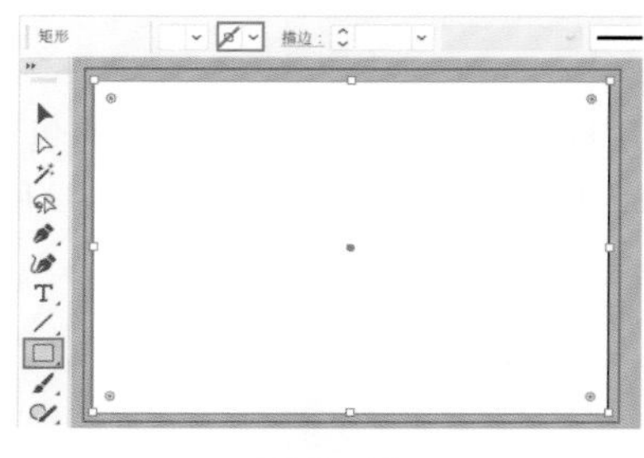

图16-45

③ 选中矩形，执行“窗口＞渐变”命令，在打开的“渐变”面板中设置“类型”为线性渐变，“角度”为–28°，设置完成后编辑一个青色系的渐变，如图16-46所示。

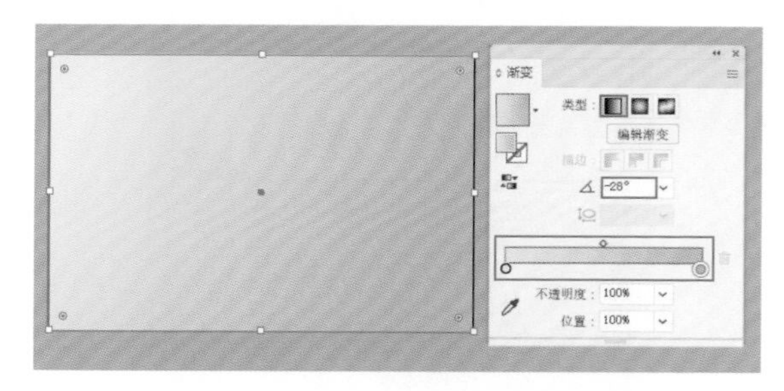

图16-46

④ 置入罐装包装盒。执行“文件＞置入”命令，置入素材7，并将其嵌入画面中，如图16-47所示。

⑤ 添加蓝莓口味的平面图。选择蓝莓口味的罐装冰激凌包装平面图，使用快捷键Ctrl+G进行编组，将其移动至包装盒上，并调整其大小，如图16-48所示。

图16-47

图16-48

⑥ 选中平面图，执行“窗口＞透明度”命令，在打开的“透明度”面板中设置“混合模式”为“正片叠底”，如图16-49所示。效果如图16-50所示。

图16-49

图16-50

⑦ 选择工具箱中的“钢笔工具”，在控制栏中设置“填充”为无，“描边”为无，设置完成后根据包装盒的形状绘制一个图形，如图16-51所示。

图16-51

⑧ 选中平面图与绘

制的图形，使用快捷键Ctrl+7创建剪切蒙版，将多余的部分隐藏，如图16-52所示。

⑨ 使用同样的方法制作出另外两种口味的立体包装展示效果，并分别将其进行组合。效果如图16-53所示。

图16-52

图16-53

⑩ 选中草莓口味与猕猴桃口味的包装盒，多次执行“对象＞排列＞后移一层”命令，将其置于蓝莓口味包装盒的后方，如图16-54所示。

图16-54

⑪ 从包装平面图中选择标志，并将其复制一份，放置在效果图的右侧。本案例制作完成，效果如图16-55所示。

图16-55

实战应用篇

第17章 创意设计：创意混合插画

文件路径　实战素材/第17章

操作要点

- 使用“钢笔工具”及多种形状绘图工具绘制画面中的图形。
- 使用投影效果为人物增加立体感。
- 使用投影、羽化、扩散亮光、拱形等效果制作出动感十足的线条。
- 使用“剪切蒙版”隐藏画面多余部分。

设计解析

● 本案例将人物照片与图形元素有机地结合在一起，形成具有独特视觉效果的混合插画。

● 人物照片中原有的颜色并不多，主要为灰调色彩以及少量橙色。但人物的姿势具有较强的动态感，奠定了插画的整体基调：活力、跃动、青春。以此延伸出画面的主要颜色：黄色与浅橙色，充满活力感的色彩组合。这些颜色与人物头发的颜色相互呼应，而人物本身的灰色则起到了稳定画面的作用。

● 画面元素主要采用了重复的构成方式，大量相似的元素重叠组合，形成既具有整体性又具有丰富细节的画面。

案例效果

案例效果见图17-1。

图17-1

17.1 制作背景

① 新建一个A4大小的竖向空白文档。选择工具箱中的“矩形工具”，设置“填充”为黄色，“描边”为无，设置完成后绘制一个与画板等大的矩形，如图17-2所示。

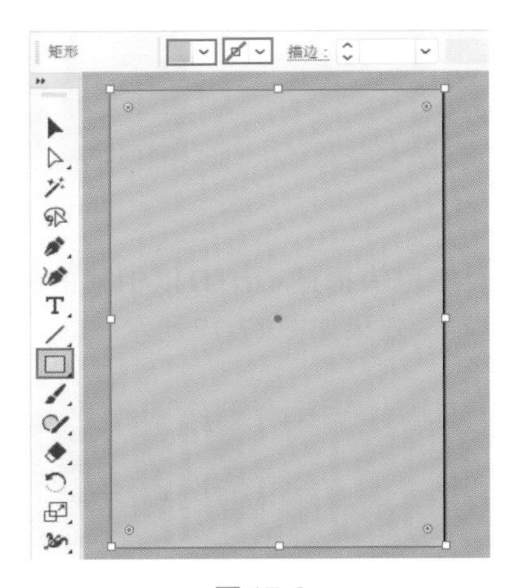

图17-2

② 选中该矩形，使用快捷键Ctrl+C进行复制，使用快捷键Shift+Ctrl+V进行就地粘贴。在选中该复制矩形的状态下，执行“窗口>色板库>图案>基本图形>基本图形_点”命令，打开“基本图形_点”面板，单击选择“10dpi 90%”，如图17-3所示。此时矩形效果如图17-4所示。

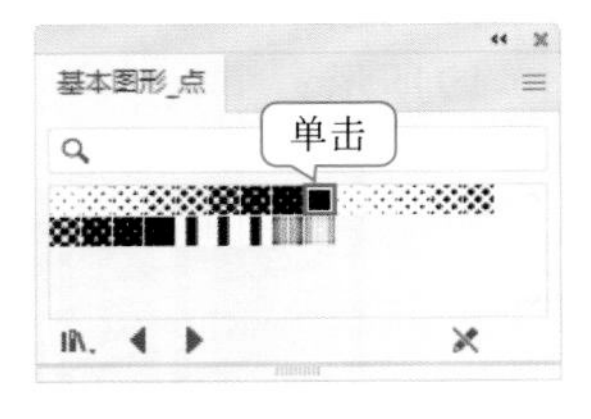

图17-3

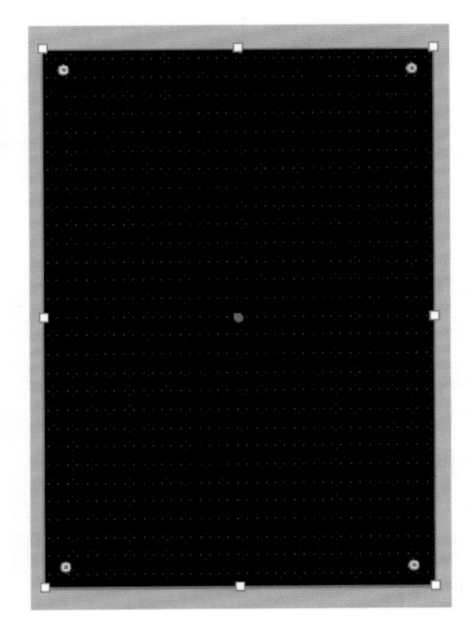

图17-4

③ 接着执行“窗口>透明度”命令，打开“透明度”面板，设置“混合模式”为“柔光”，如图17-5所示。此时画面效果如图17-6所示。

图17-5

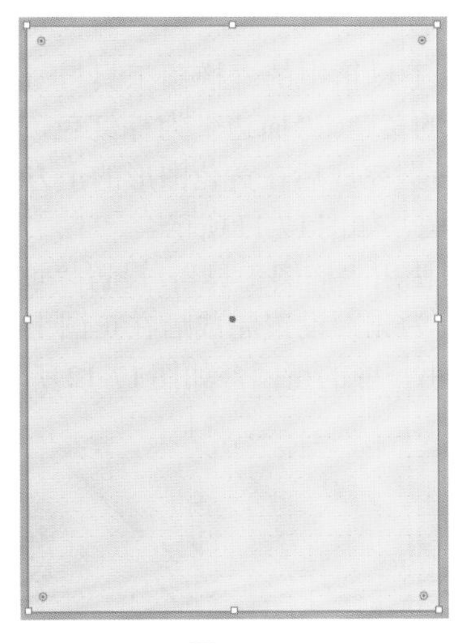

图17-6

④ 制作房子图形。选择工具箱中的“钢笔工具”，设置“填充”为杏黄色，“描边”为棕红色，“描边粗细”为0.75pt，设置完成后在画面以外的位置以单击的方式绘制一个五边形，如图17-7所示。

⑤ 继续使用“钢笔工具”，更改其“填充”为稍深一些的杏黄色，在该图形的左侧绘制一个不规则的多边形，如图17-8所示。

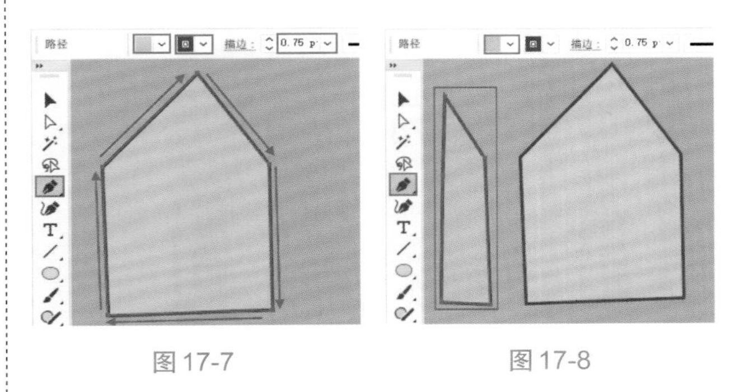

图17-7　　图17-8

⑥ 接着在五边形的上方再次绘制一个四边形，如图17-9所示。

⑦ 然后将其组合成一个房子图形。效果如图17-10所示。

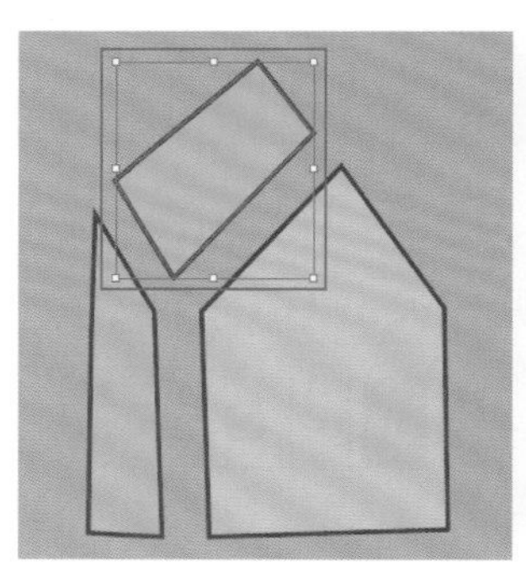
图17-9

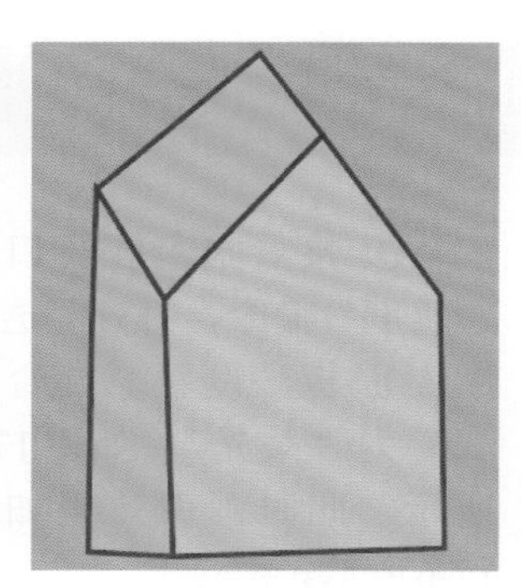
图17-10

⑧ 选择工具箱中的“椭圆工具”，设置“填充”为稍深一些的黄色，“描边”为棕红色，“描边粗细”为0.75pt，设置完成后在黄色图形的上方按住Shift键绘制一个正圆，如图17-11所示。

⑨ 继续使用“椭圆工具”，设置“填充”为棕红色，“描边”为无，设置完成后在正圆上按住Shift键绘制一个稍小一些的正圆，如图17-12所示。

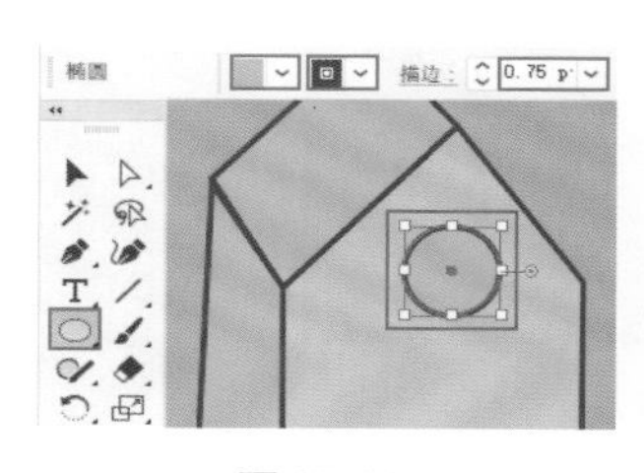
图17-11

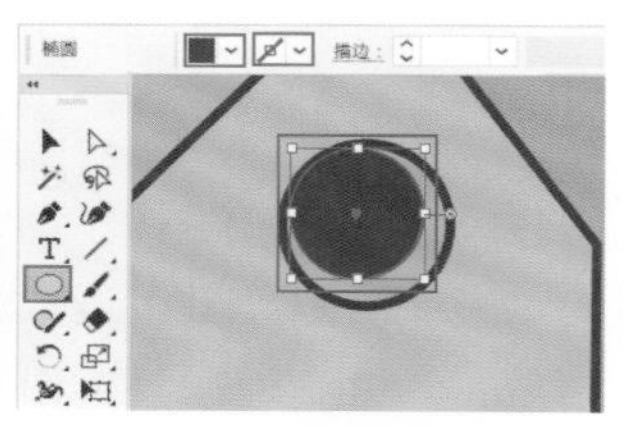
图17-12

⑩ 制作窗户。选择工具箱中的“矩形工具”，设置“填充”为稍深一些的黄色，“描边”为棕红色，“描边粗细”为0.75pt，设置完成后在黄色图形上绘制一个矩形，如图17-13所示。

⑪ 继续使用“矩形工具”，设置“填充”为棕红色，“描边”为无，设置完成后在矩形上绘制一个稍小一些的矩形，如图17-14所示。

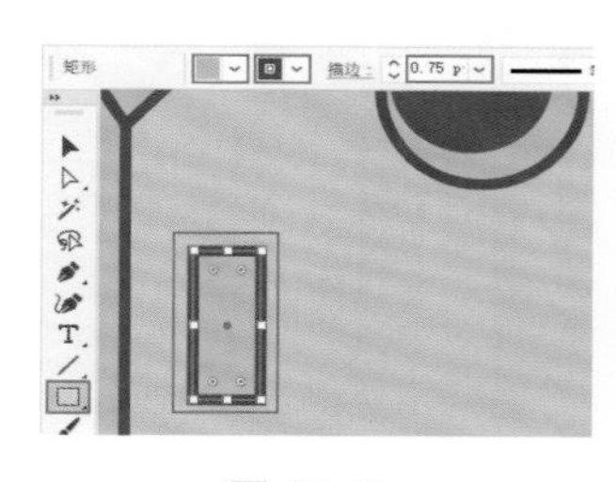
图17-13

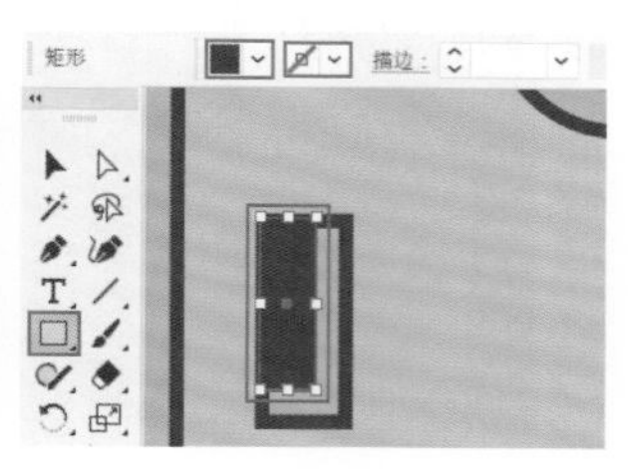
图17-14

⑫ 选择工具箱中的“直线段工具”，设置“填充”为无，“描边”为棕红色，“描边粗细”为0.75pt，设置完成后在两个矩形的右下角绘制一条直线，连接两个矩形，如图17-15所示。

⑬ 选中两个矩形与直线，使用快捷键Ctrl+G进行编组，按住Shift+Alt键将其向右拖动，至合适位置时释放鼠标，即可将其沿着水平方向进行移动的同时快速复制出一份，如图17-16所示。

图17-15

图17-16

⑭ 多次使用快捷键Ctrl+D以相同的移动距离与方向进行复制。效果如图17-17所示。

图17-17

⑮ 选中一行图形，按住Alt键将其向下拖动，至合适位置释放鼠标，将其进行移动复制，如图17-18所示。此时第一种类型的房子制作完成，效果如图17-19所示。

图17-18

⑯ 选中整个图形，将其复制出一份，并进行适当的缩小，然后删去窗户图形，并使用快捷键Ctrl+G分别进行编组。效果如图17-20所示。

⑰ 继续使用同样的方法制作出另外两种类型的房子图形，并将其进行编组。效果如图17-21所示。

图17-19

图 17-20

图 17-21

⑱ 选择第三种房子，按住Alt键将其拖动至画面的左下方，释放鼠标，将其复制出一份，如图17-22所示。

图 17-22

⑲ 选中第一种房子，按住Alt键将其拖动至画面的左侧，至第三种房子的左侧时释放鼠标，将其复制出一份，如图17-23所示。

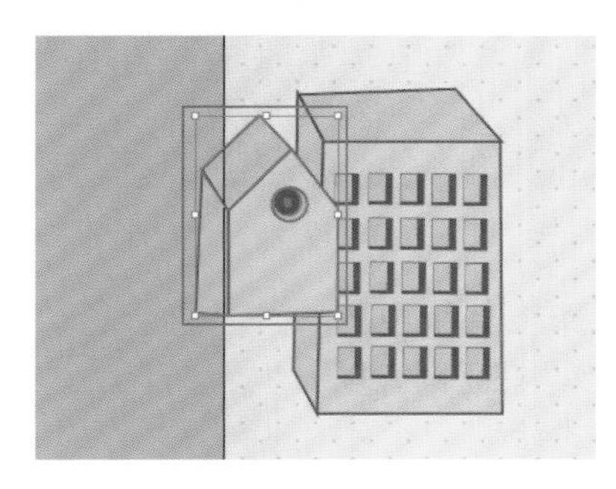

图 17-23

⑳ 继续使用同样的方法在画面下方左右两侧添加其他房子，注意房子与房子之间的前后关系与大小关系。效果如图17-24所示。

图 17-24

17.2 制作云朵图形

① 选择工具箱中的“椭圆工具”，设置“填充”为浅黄色，“描边”为土黄色，“描边粗细”为1pt，设置完成后在画板以外的区域按住Shift键拖动，绘制一个正圆，如图17-25所示。

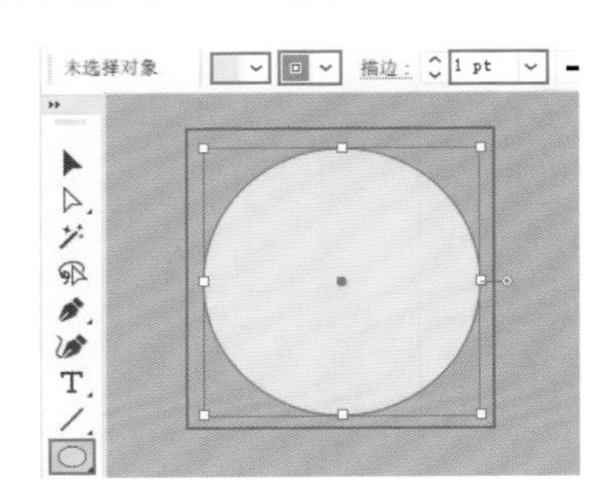

图 17-25

② 继续使用“椭圆工具”，在正圆的上方绘制一个稍小一些的正圆，如图17-26所示。

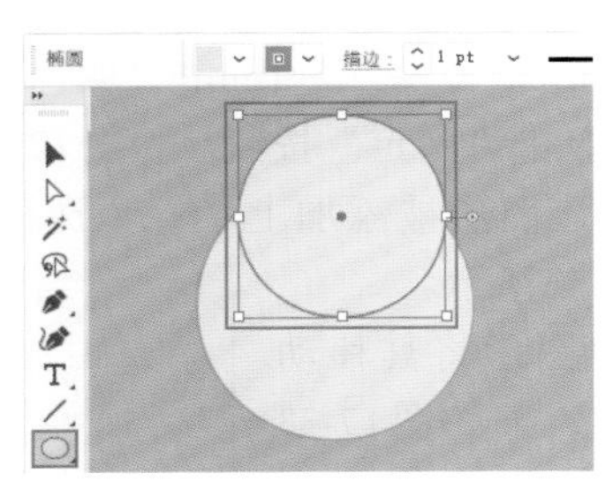

图 17-26

③ 继续使用同样的方法绘制其他正圆。效果如图17-27所示。

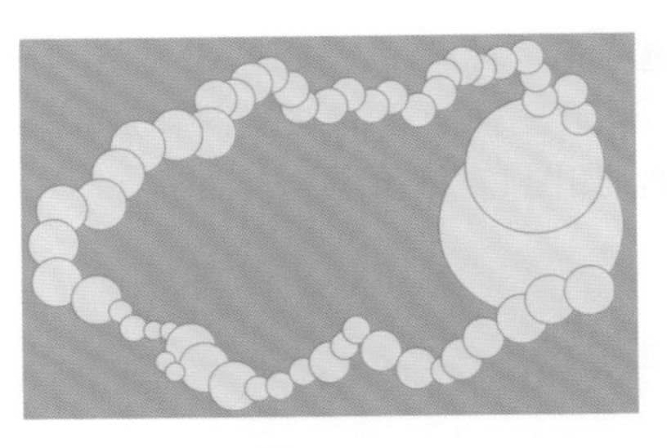

图17-27

④ 选择工具箱中的“钢笔工具”，在正圆上以单击的形式绘制一个不规则图形，将正圆中间的空隙填满，如图17-28所示。

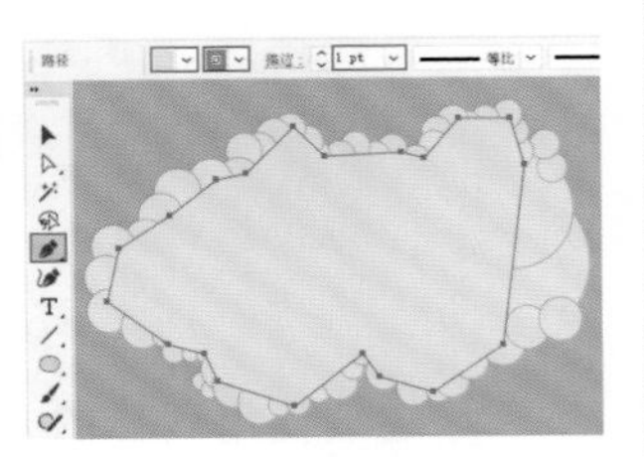

图17-28

⑤ 选中正圆与不规则图形，执行“窗口＞路径查找器”命令，单击“联集”按钮，如图17-29所示。此时可以看到选中的多个图形合并成了一个图形。效果如图17-30所示。

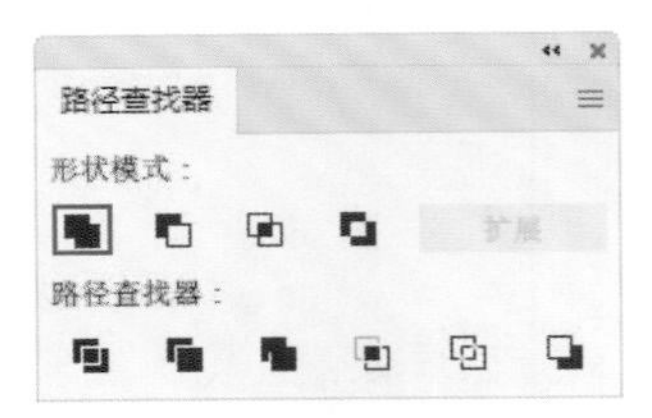

图17-29

图17-30

⑥ 选中该图形，执行“效果＞风格化＞投影”命令，打开“投影”窗口，设置“模式”为“正片叠底”，“不透明度”为75%，“X位移”为0mm，“Y位移”为0mm，“模糊”为1mm，“颜色”为深橙色，设置完成后单击“确定”按钮，如图17-31所示。此时可以看到该图形被添加上了一个深橙色的阴影。效果如图17-32所示。

⑦ 选中图形将其移动至画面中，效果如图17-33所示。

⑧ 使用同样的方法在画面中添加其他云朵图形。效果如图17-34所示。

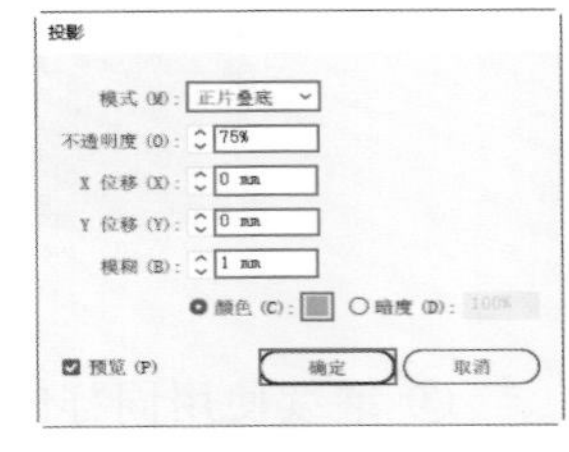

图17-31

图17-32

图17-33

图17-34

⑨ 此时可以看到画面中的图形重叠处比较杂乱，需要进行遮挡。选择工具箱中的“矩形工具”，设置“填充”为淡黄色，“描边”为无，设置完成后在画面中绘制一个矩形。如图17-35所示。

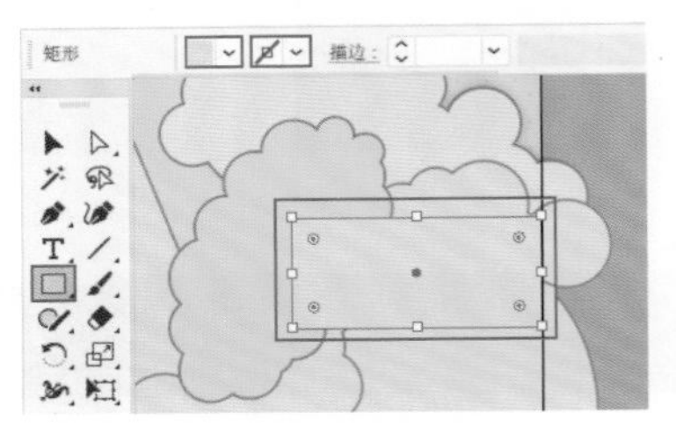

图17-35

⑩ 选中矩形，多次使用“后移一层”快捷键Ctrl+[将其向后移动，此时可以看到矩形将下方不需要的线条遮挡住了。效果如图17-36所示。

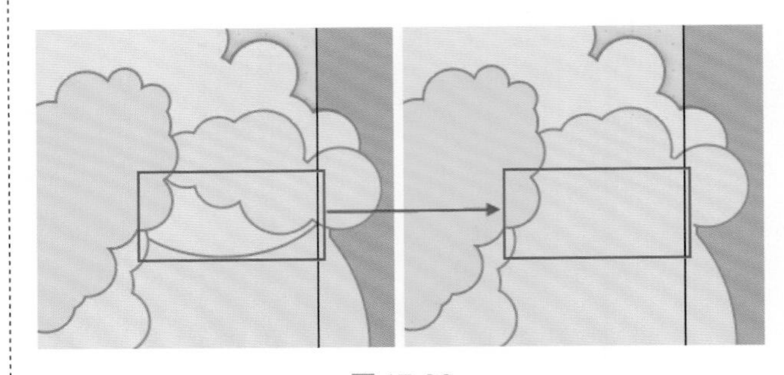

图17-36

⑪ 继续使用同样的方法在其他线条杂乱区域绘制矩形进行遮挡，如图17-37所示。

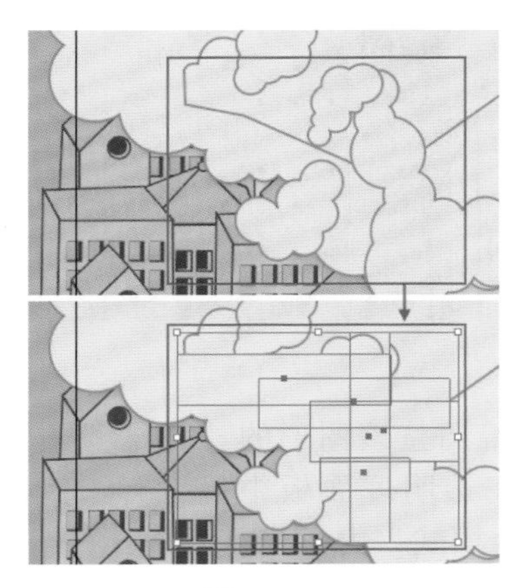

图17-37

⑫ 选择工具箱中的“钢笔工具”，设置“填充”为无，“描边”为黄褐色，设置完成后在中间的云朵图形上绘制一条弧线，如图17-38所示。

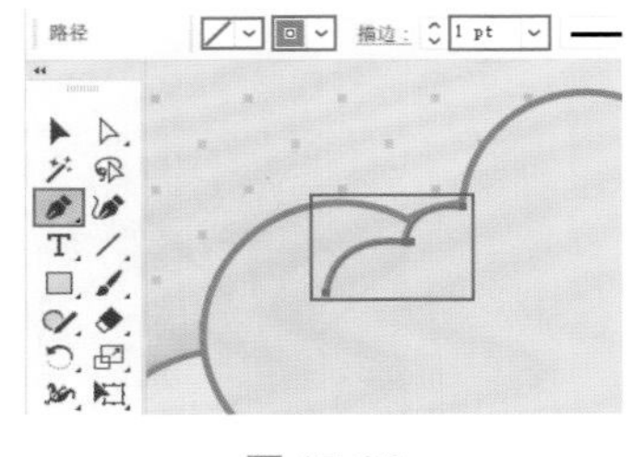

图17-38

⑬ 接着继续使用“钢笔工具”在画面中间云朵图形中添加其他弧线，增加云朵图形的细节，如图17-39所示。

图17-39

⑭ 选择工具箱中的“椭圆工具”，设置“填充”为黄褐色，“描边”为无，设置完成后在画面中绘制一个圆形，如图17-40所示。

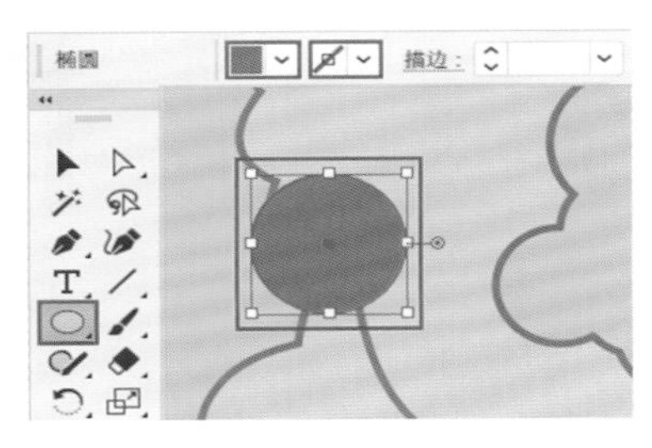

图17-40

⑮ 继续使用同样的方法绘制其他圆形。效果如图17-41所示。

⑯ 接着选中五个圆形，使用快捷键Ctrl+G进行编组，并多次使用“后移一层”快捷键Ctrl+[将其向后移动，如图17-42所示。

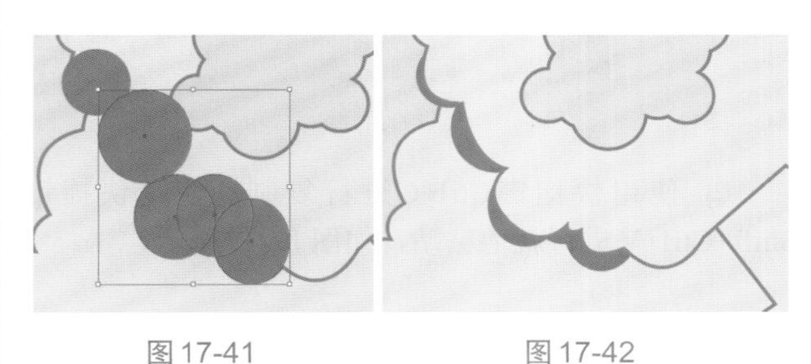

图17-41　　图17-42

⑰ 继续使用同样的方法为部分云朵图形添加阴影，增加其立体感，如图17-43所示。

图17-43

⑱ 选择工具箱中的“钢笔工具”，在控制栏中设置“填充”为白色，“描边”为无，设置完成后在云朵图形上绘制一个高光图形，如图17-44所示。

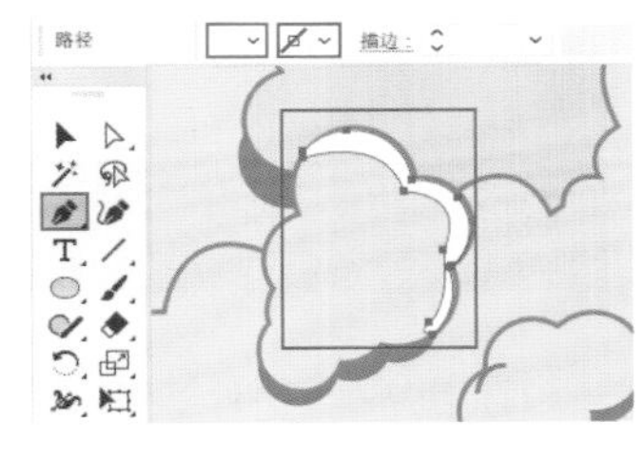

图17-44

⑲ 选中该图形，执行“效果>风格化>羽化”命令，在打开的“羽化”窗口中设置“半径”为0.8mm，设置完成后单击“确定”按钮，如图17-45所示。

图17-45

⑳ 选中右下角的云朵图形，如图17-46所示。

实战应用篇

图17-46

㉑ 使用快捷键Ctrl+C进行复制，使用快捷键Shift+Ctrl+V进行就地粘贴，如图17-47所示。

图17-47

㉒ 选中复制的图形，在打开的“基本图形_点”面板中单击选择“10dpi 10%”，如图17-48所示。效果如图17-49所示。

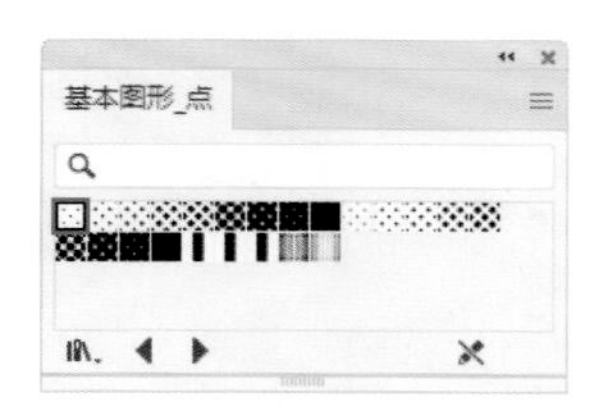

图17-48

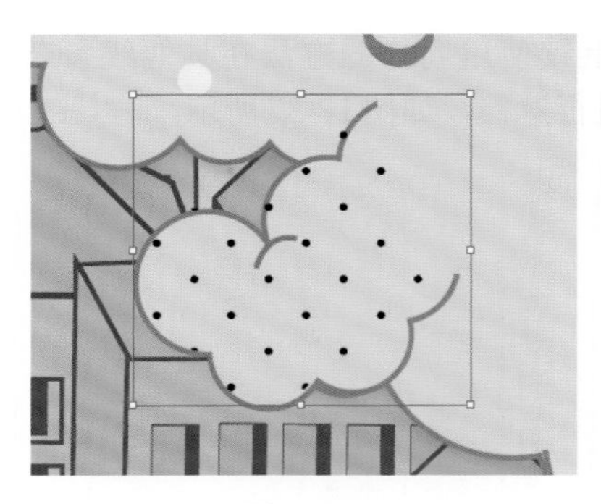

图17-49

㉓ 接着调整该图形的顺序，并在透明度面板中设置“混合模式”为柔光，如图17-50所示。效果如图17-51所示。

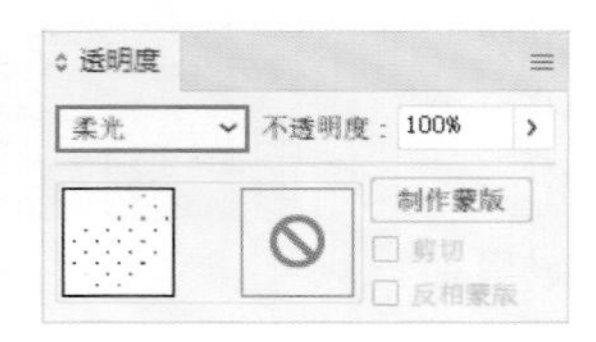

图17-50

图17-51

17.3 制作主体

① 执行“文件＞置入”命令，将素材1置入画面中，并单击控制栏中的“嵌入”按钮，将其嵌入文档中，如图17-52所示。

图17-52

② 选中图片，执行“效果＞风格化＞投影”命令，在打开的“投影”窗口中设置“模式”为“颜色加深”，“不透明度”为75%，“X位移”为–9mm，“Y位移”为5mm，“模糊”为5mm，“颜色”为稍深一些的棕色，设置完成后单击“确定”按钮，如图17-53所示。此时可以看到人像被添加上了阴影，呈现出立体效果，如图17-54所示。

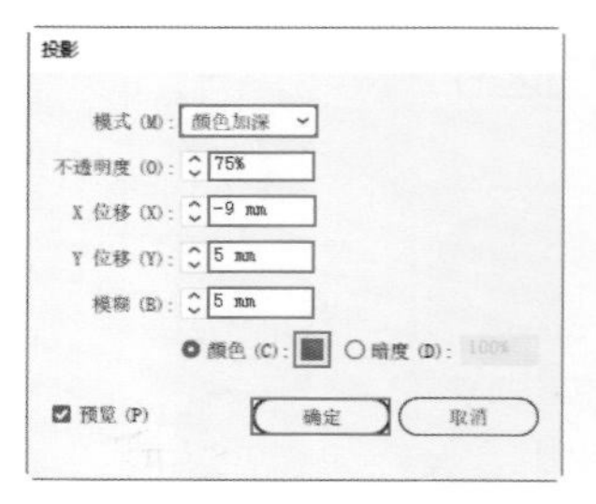

图17-53

图17-54

③ 选择工具箱中的“钢笔工具”，设置“填充”为棕色，“描边”为棕色，“描边粗细”为5pt，设置完成后在人像的腿部与左下角的云朵之间以单击的方式绘制一个闪电图形，如图17-55所示。

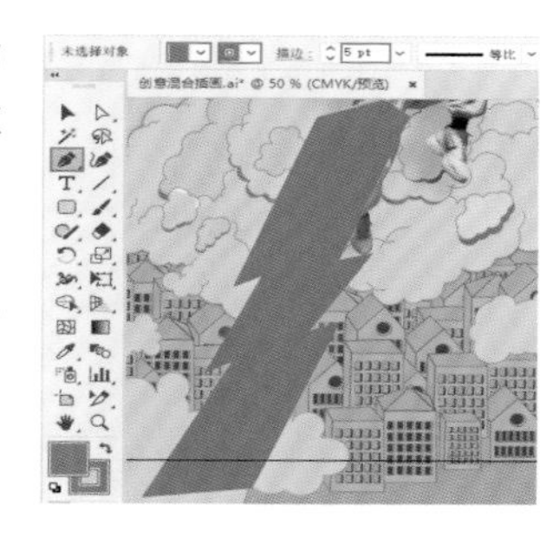

图17-55

④ 选中闪电图形，执行“效果＞风格化＞外发光”命令，在打开的“外发光”窗口中设置“模式”为“滤色”，“颜色”为土黄色，“不透明度”为75%，“模糊”为3mm，设置完成后单击“确定”按钮，如图17-56所示。此时效果如图17-57所示。

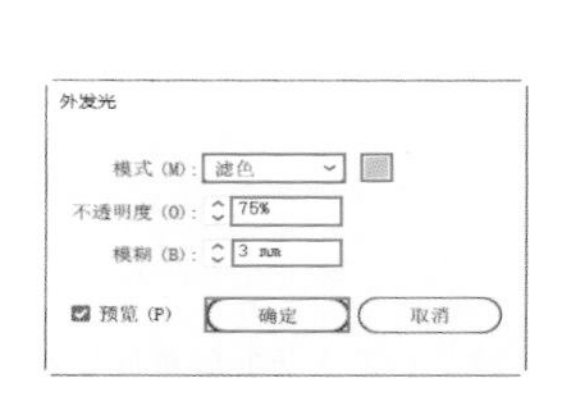

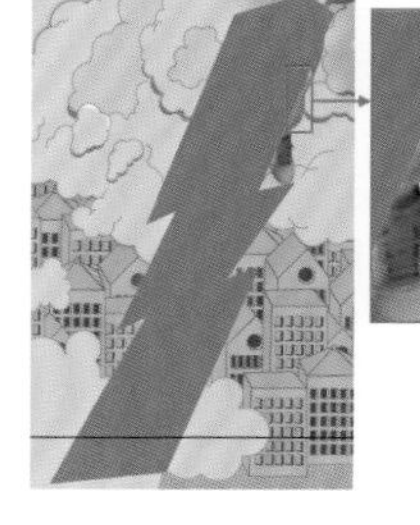

图17-56　　图17-57

⑤ 选中该图形，使用快捷键Ctrl+C进行复制，使用快捷键Shift+ Ctrl+V进行就地粘贴，然后更改“填充”为正黄色，“描边”为白色，“描边粗细”为2pt，如图17-58所示。

⑥ 选中两个闪电图形，使用快捷键Ctrl+G进行编组，然后多次使用快捷键Ctrl+[将其后移一层。效果如图17-59所示。

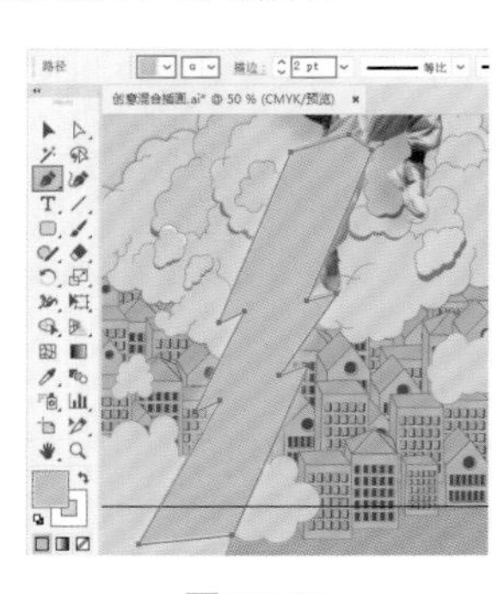

图17-58　　图17-59

⑦ 选择工具箱中的“矩形工具”，设置“填充”为黄色，“描边”为土黄色，“描边粗细”为0.25pt，在画面中按住鼠标左键拖动绘制一个矩形，如图17-60所示。

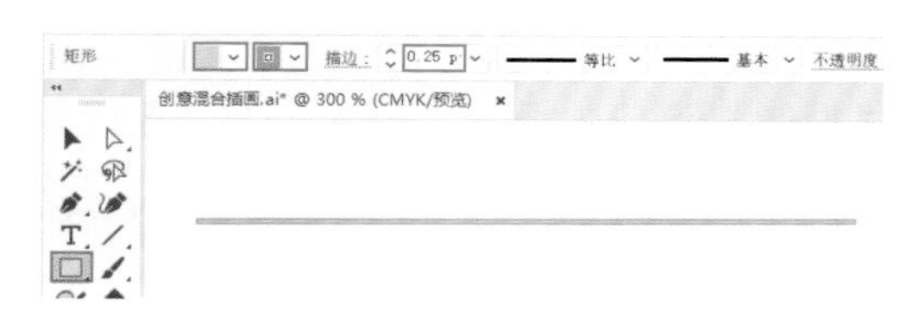

图17-60

⑧ 选中该图形，按住Alt键将其向下拖动，至合适位置时释放鼠标，即可将其复制出一份，如图17-61所示。

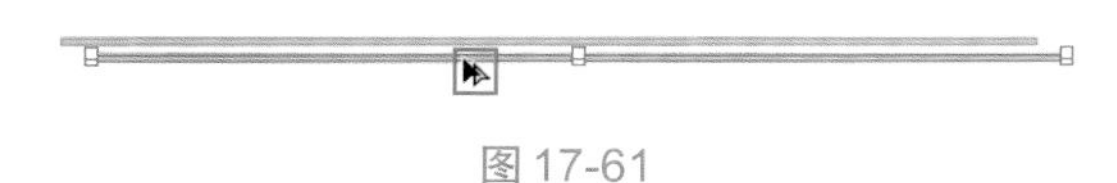

图17-61

⑨ 继续使用同样的方法复制其他线条，并选中所有线条，将其进行编组。效果如图17-62所示。

图17-62

⑩ 选中该编组，按住鼠标左键拖动控制点，将其旋转至合适的角度，并在控制栏中设置“不透明度”为60%，如图17-63所示。

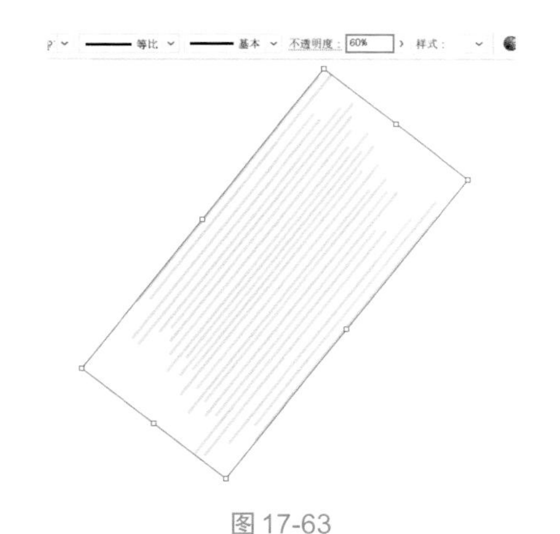

图17-63

⑪ 执行“效果＞风格化＞羽化”命令，在打开的“羽化”窗口中设置“半径”为0.15mm，单击“确定”按钮，如图17-64所示。

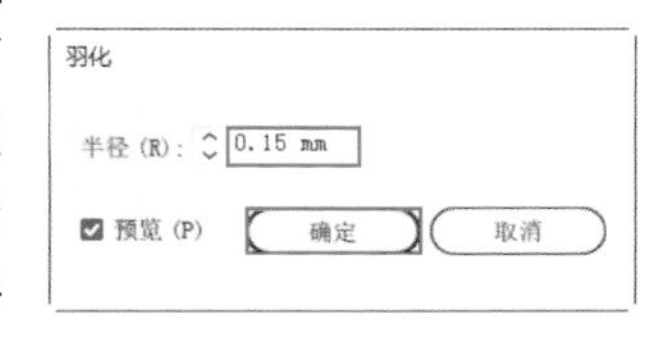

图17-64

⑫ 执行“效果＞风格化＞投影”命令，在打开的“投影”窗口中设置“模式”为“正片叠底”，“不透明度”为75%，“X位移”为0mm，“Y位移”为0mm，“模糊”为0.3mm，“颜色”为橘色，如图17-65所示。效果如图17-66所示。

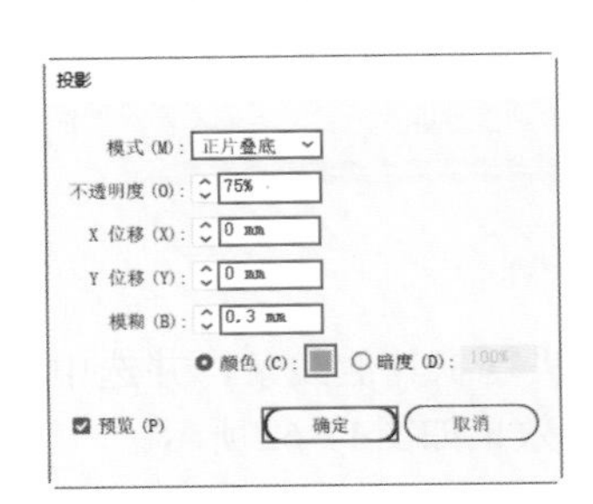

图17-65

图17-66

⑬ 执行“效果＞扭曲＞扩散亮光”命令，在打开的“扩散亮光”窗口中设置“粒度”为1，“发光量”为8，“清除数量”为18，如图17-67所示。效果如图17-68所示。

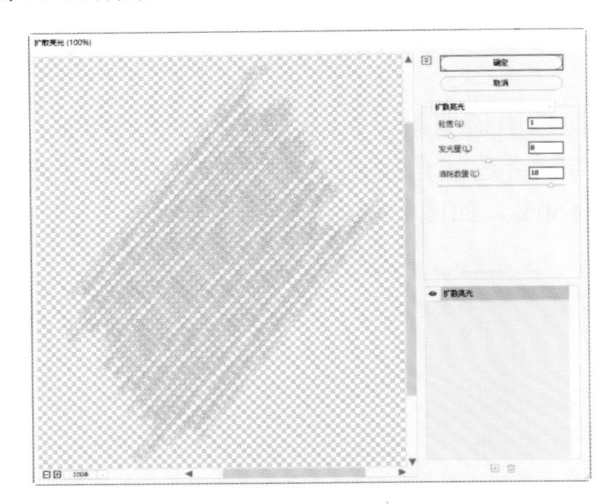

图17-67

⑭ 继续使用同样的方法制作出另外三组线条图形。效果如图17-69所示。

⑮ 选中第三组线条，执行“效果＞变形＞拱形”命令，在打开的“变形选项”窗口中设置“方向”为水平，“弯曲”为–29%，设置完成后单击“确定”按钮，如图17-70所示。效果如图17-71所示。

图17-68

图17-69

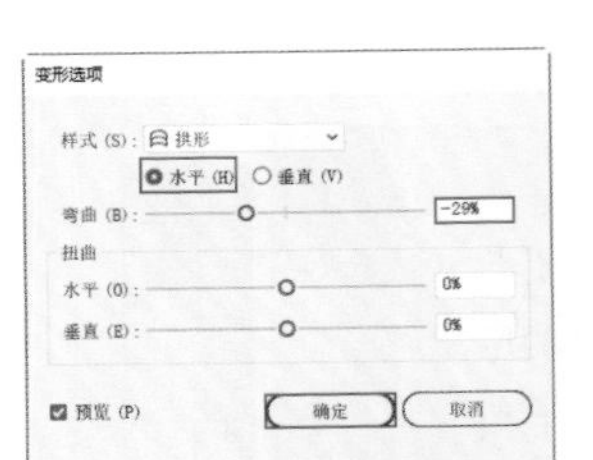

图17-70

图17-71

⑯ 分别选中线条，将其移动至人像左侧的合适位置上，如图17-72所示。

⑰ 接着将线条移动至人物的后方，效果如图17-73所示。

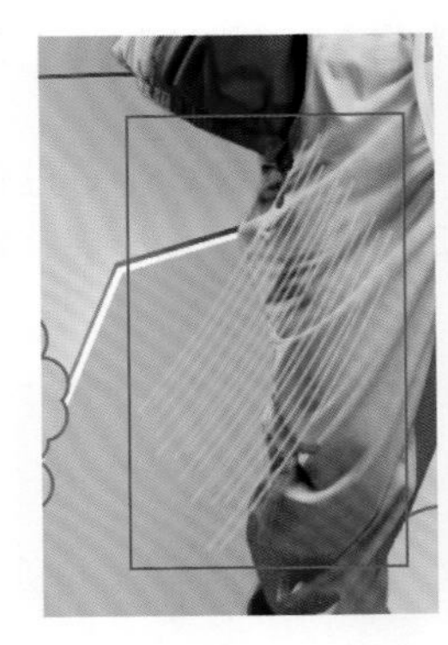

图17-72

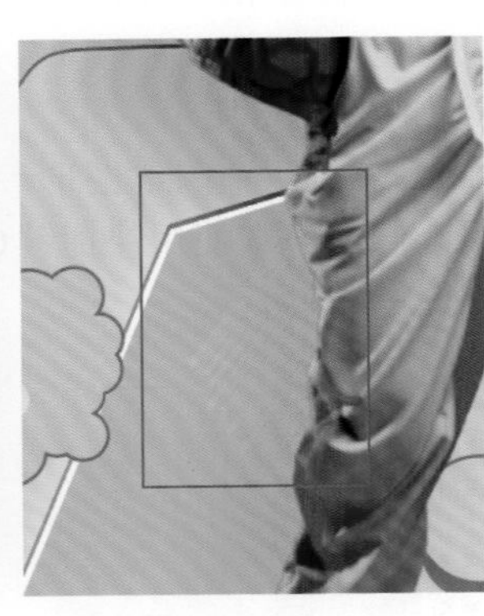

图17-73

⑱ 选择工具中的“钢笔工具”，设置“填充”为黄色，“描边”为土黄色，“描边粗细”为0.75pt，设置完成后在人像的右侧边绘制一个闪电图形，如图17-74所示。

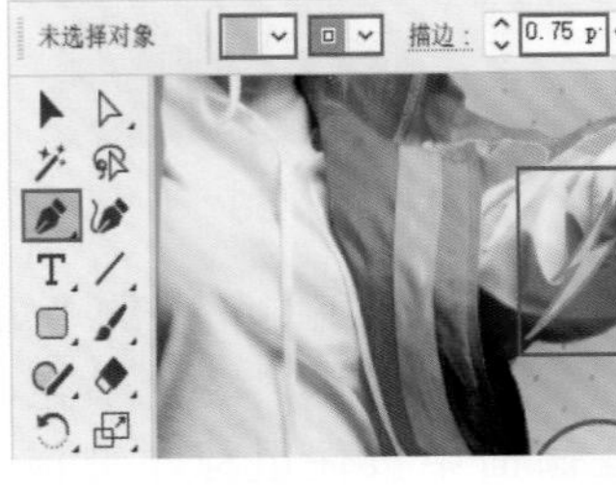

图17-74

⑲ 执行“效果＞风格化＞投影”命令，在打开的“投影”窗口中设置“模式”为“正片叠底”，“不透明度”为75%，“X位移”为0mm，“Y位移”为0mm，“模糊”为1mm，“颜色”为棕色，单击“确定”按钮，如图17-75所示。此时效果如图17-76所示。

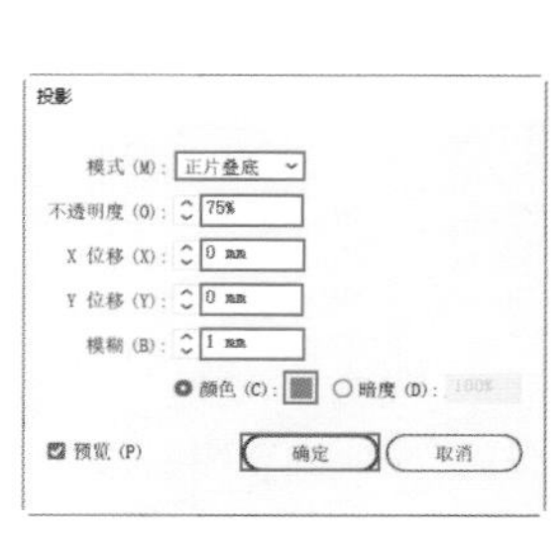

图17-75

图17-76

⑳ 选中该图形，使用复制快捷键Ctrl+C，使用粘贴快捷键Ctrl+V，将粘贴出的图形移动到其他位置。如图17-77所示。对粘贴出的图形适当旋转，如图17-78所示。

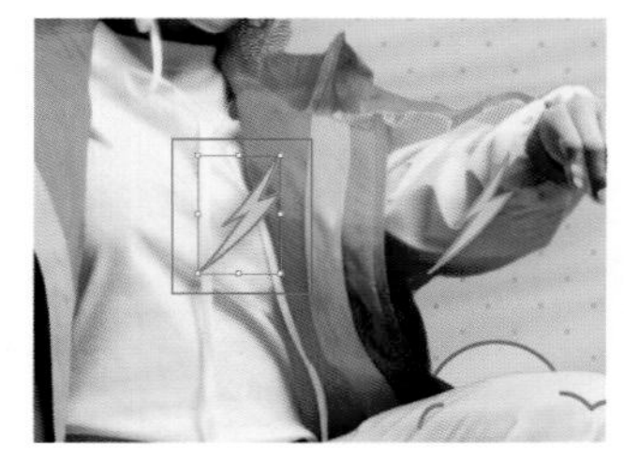

图17-77

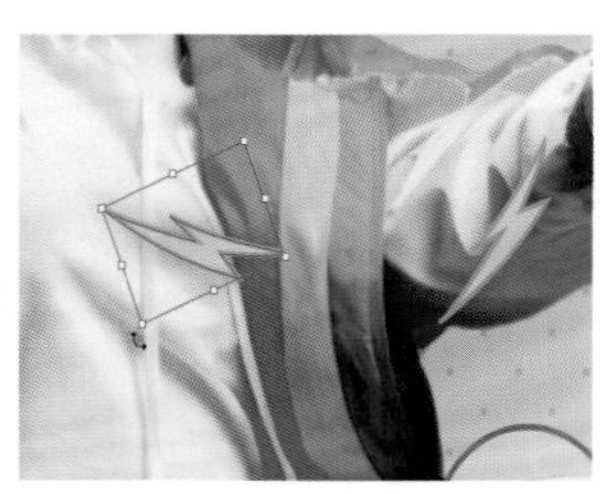

图17-78

㉑ 继续使用同样的方法在人像上绘制其他闪电图形，并为其添加上羽化与投影效果。效果如图17-79所示。

图17-79

㉒ 选择工具箱中的“椭圆工具”，在控制栏中设置“填充”为白色，“描边”为无，设置完成后按住Shift键绘制一个正圆，如图17-80所示。

㉓ 继续使用该工具在画面中添加其他正圆。效果如图17-81所示。

㉔ 选中所有正圆，使用快捷键Ctrl+G进行编组，并在控制栏中设置“不透明度”为50%，如图17-82所示。

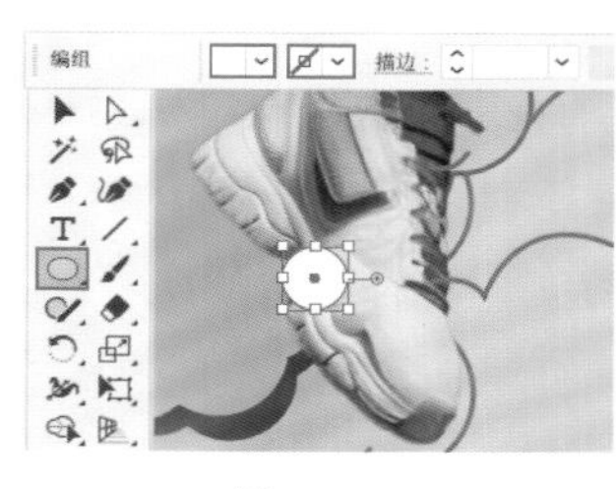

图17-80

图17-81

图17-82

㉕ 使用“矩形工具”绘制一个与画板等大的矩形，如图17-83所示。

㉖ 选中所有图形与矩形，使用快捷键Ctrl+7建立剪切蒙版，隐藏超出画板的内容。本案例制作完成，效果如图17-84所示。

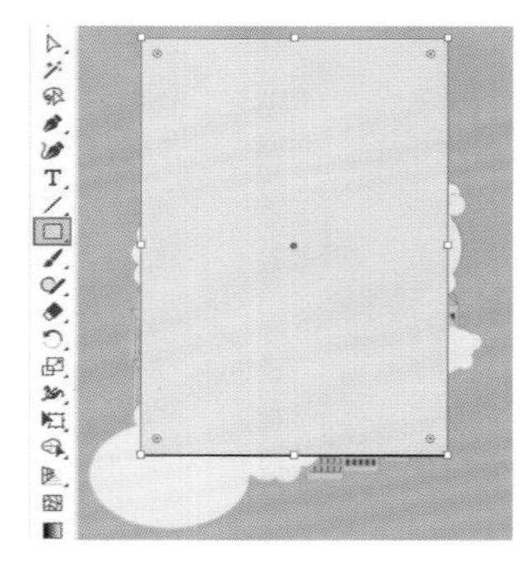

图17-83

图17-84

第18章 VI设计：教育培训机构视觉形象

文件路径　实战素材/第18章

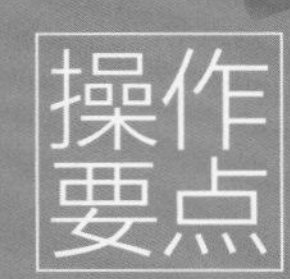

操作要点

● 使用“形状生成器工具”“路径查找器”制作独特的图形。
● 使用“文字工具”与“直接选择工具”制作圆角文字。
● 使用投影效果为图形增加立体感。

设计解析

● 该项目为少儿教育机构的视觉形象识别系统，整套VI设计方案中包括企业标志、标准色、标准字以及名片、信封、信纸、习题本、光盘、纸袋、海报、员工服装等内容。

● 整套VI设计方案遵循简洁、大方的设计原则，从图形组合及色彩搭配两个方面入手，力求展现教育机构专业、专注的教育理念。

● 方案以蓝色调为主，不同明度的蓝色组合运用，增强了画面的层次感与空间感。同时也巧妙地将蓝色专注、理性、未来的色彩情感注入到视觉识别系统中。

● 两片叶子的图形与文字共同组成标志图形，寓意成长中的少年儿童。向上延伸的托举形态暗示了机构在少儿成长的过程中起到的积极作用。

案例效果

案例效果见图18-1。

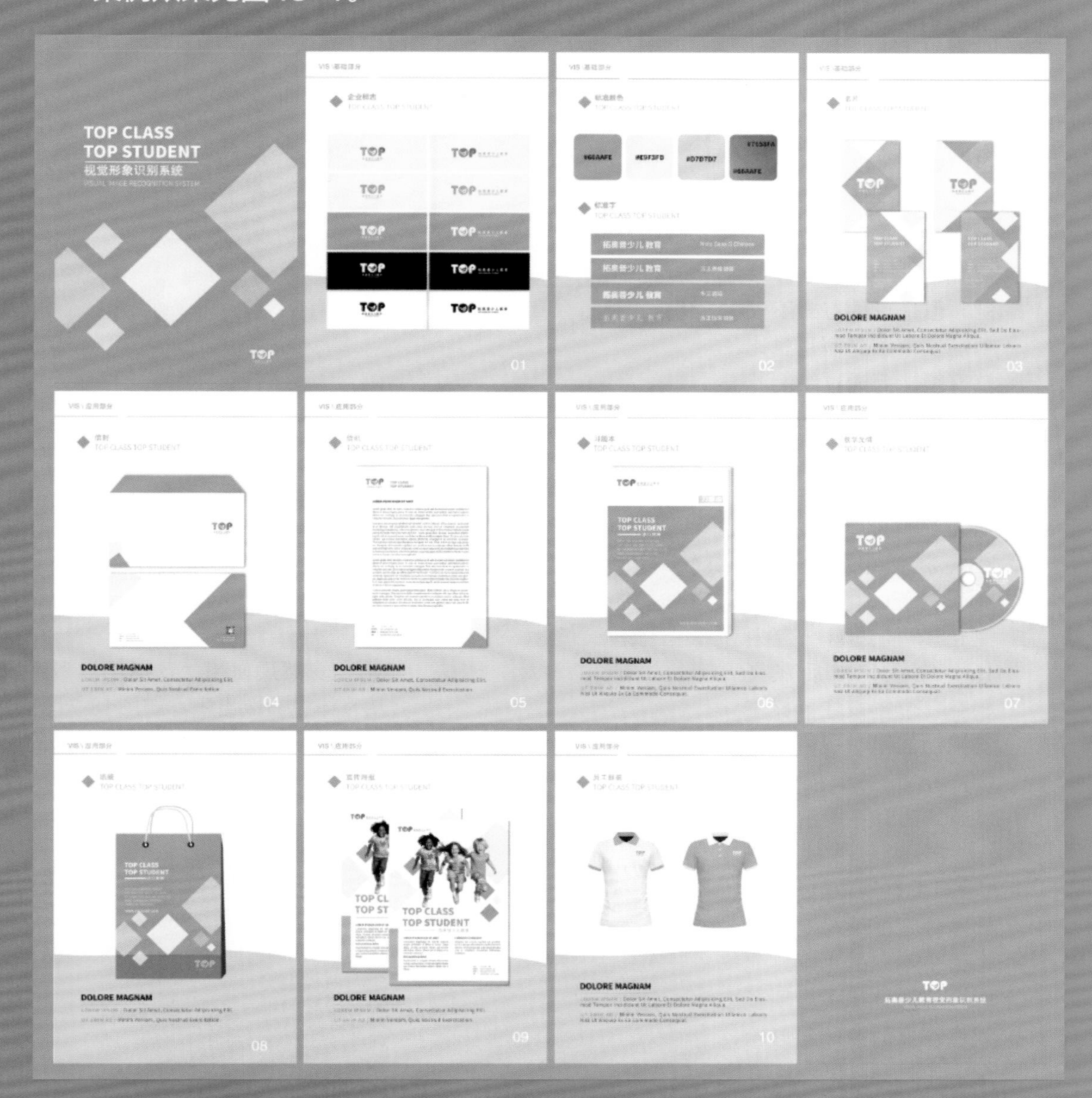

图 18-1

18.1 制作标志

① 首先新建一个大小合适的横向空白文档，如图18-2所示。

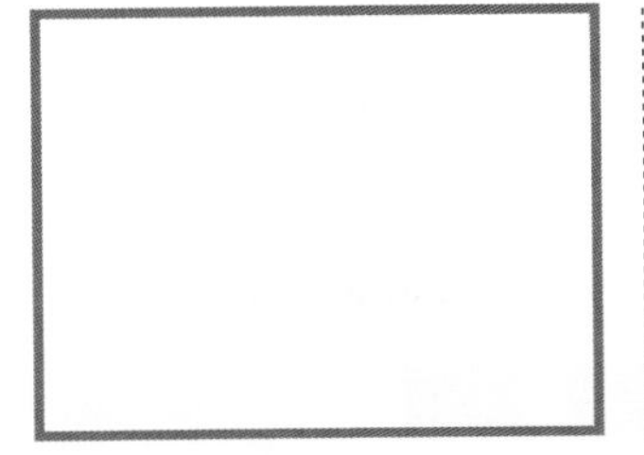

图18-2

② 绘制标志图形。图形部分虽然可以通过使用“钢笔工具”绘制，但是这种方式不仅精准度不够，而且也比较麻烦。而通过绘制若干个正圆，使其在叠加中得到相应的图形的方法则更简单。选择工具箱中的“椭圆工具”，在控制栏中设置“填充”为无，“描边”为黑色，“描边粗细”为1pt。设置完成后在文档空白位置按住鼠标左键拖动的同时按住Shift键，绘制一个描边正圆，如图18-3所示。

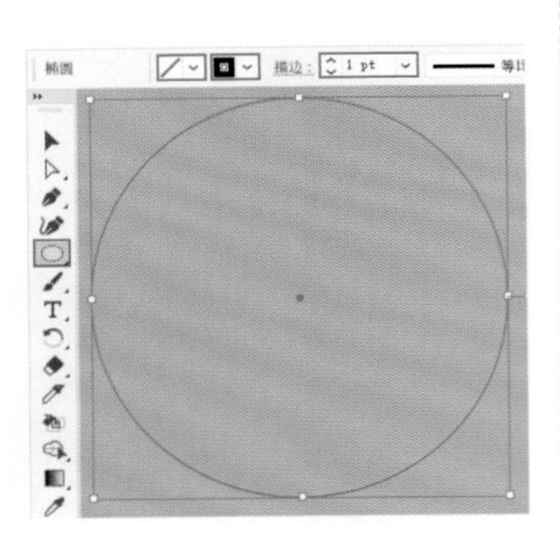

图18-3

③ 接着继续使用“椭圆工具”，在已有正圆基础上继续绘制若干个大小不一的正圆。此时在图形叠加中出现了我们需要的树叶图形轮廓，如图18-4所示。

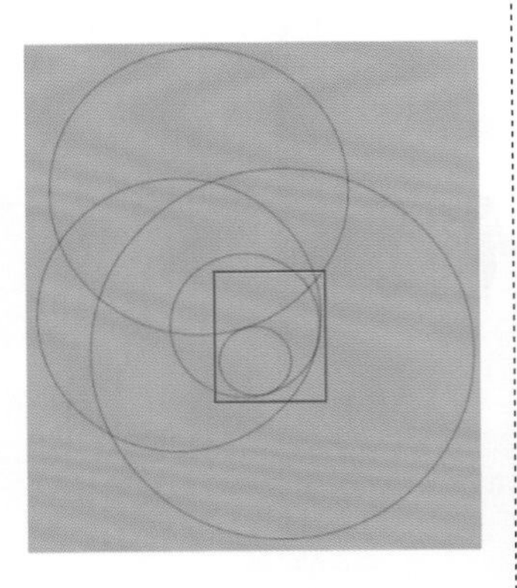

图18-4

④ 将所有正圆选中，选择工具箱中的“形状生成器工具”，在控制栏中设置“填充”为绿色，“描边”为无。设置完成后按住鼠标左键，在需要保留的位置按住鼠标拖动，如图18-5所示。完成后释放鼠标，即可得到我们需要的图形，如图18-6所示。

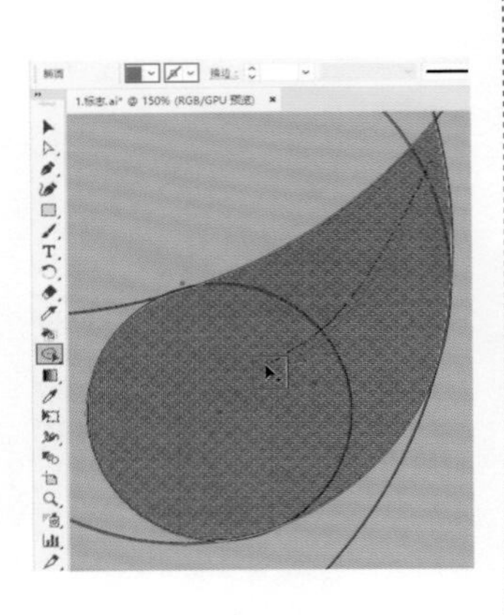

图18-5

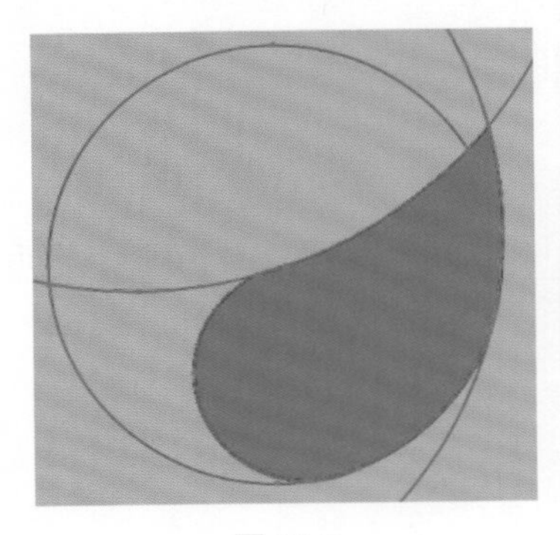

图18-6

重点笔记

在绘制正圆时，各个图形的边缘一定要是相切状态，不然在使用“形状生成器工具”时，会出现因多选或者漏选而得不到我们需要的图形的情况。

⑤ 然后使用“选择工具”将该图形选中，将其从整体中提取出来，如图18-7所示。

⑥ 下面制作树叶图形内部的图形。使用“椭圆工具”，绘制出若干个正圆，在重叠区域中得到需要的图形，如图18-8所示。

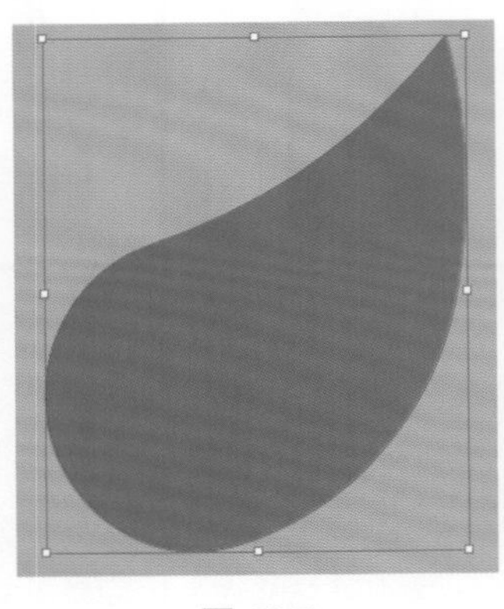

图18-7

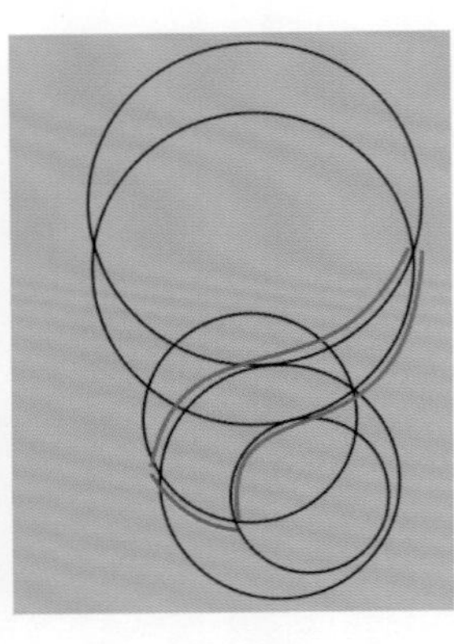

图18-8

⑦ 接着在所有正圆选中状态下，选择工具箱中的“形状生成器工具”，在控制栏中设置“填充”为深绿色，“描边”为无。设置完成后拖动鼠标生成我们需要的图形，如图18-9所示。

⑧ 使用“选择工具”将该图形选中，将其从整体中提取出来。效果如图18-10所示。

⑨ 将制作完成的两个绿色图形叠加在一起，如图18-11所示。

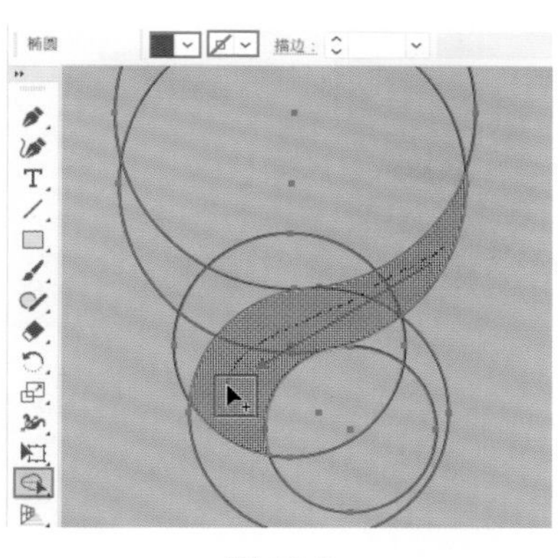

图18-9

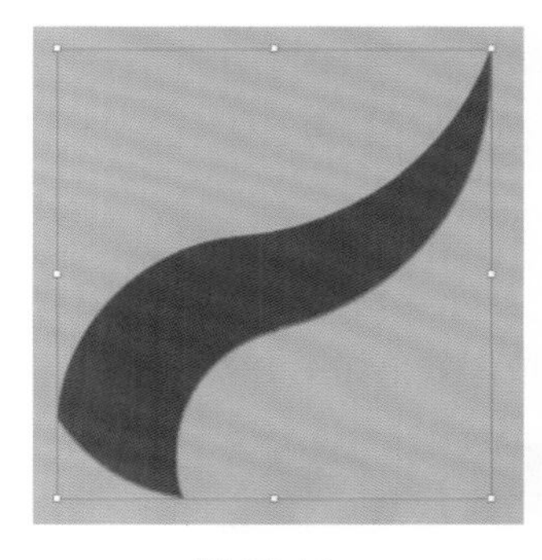

图18-10

图18-11

⑩ 在两个图形选中状态下，执行“窗口>路径查找器”命令，在弹出的“路径查找器”窗口中单击“减去顶层”按钮，制作出挖空的图形，如图18-12所示。

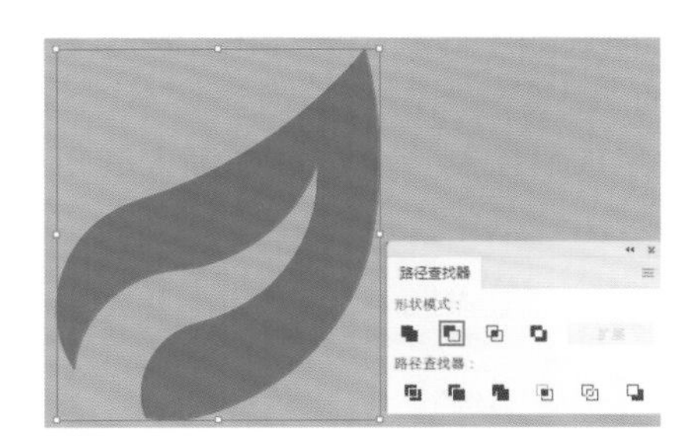

图18-12

⑪ 将图形选中，单击右键，执行“变换>镜像”命令，在弹出的“镜像”窗口中勾选“垂直”选项，然后单击“复制”按钮，如图18-13所示。

⑫ 将图形进行垂直翻转的同时复制一份，如图18-14所示。

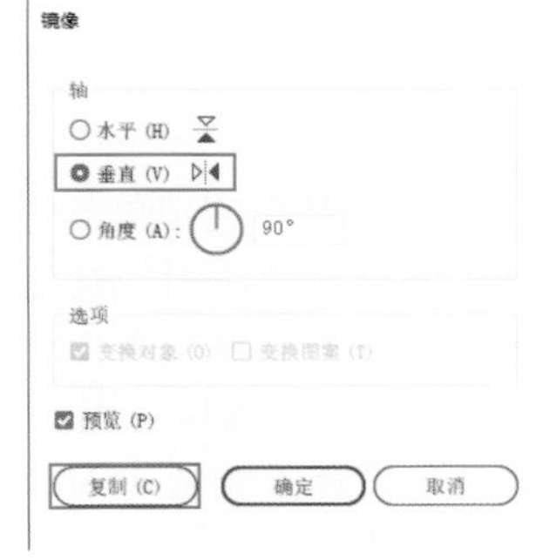

图18-13

⑬ 将复制得到的图形选中，将其适当缩小，放在已有图形左侧位置。此时标志中的叶子图形制作完成，效果如图18-15所示。

图18-14

图18-15

⑭ 下面制作标志中的文字部分。选择工具箱中的“文字工具”，在文档空白位置输入文字，并在控制栏中设置合适的字体、字号与颜色，如图18-16所示。

图18-16

⑮ 将文字中的尖角调整为圆角。将文字选中，执行“对象>扩展”命令，在弹出的“扩展”窗口中单击“确定”按钮，如图18-17所示。

⑯ 将文字对象转换为图形对象，如图18-18所示。

⑰ 将文字对象选中，选择工具箱中的“直接选择工具”，将光标放在字母T内部的白色圆点上方，按住鼠标左键向右下角拖动，如图18-19所示。随着拖动，文字的尖角变为圆角。

图18-17

图18-18

实战应用篇

⑱ 接着使用同样的方式，将字母P的尖角调整为圆角，如图18-20所示。

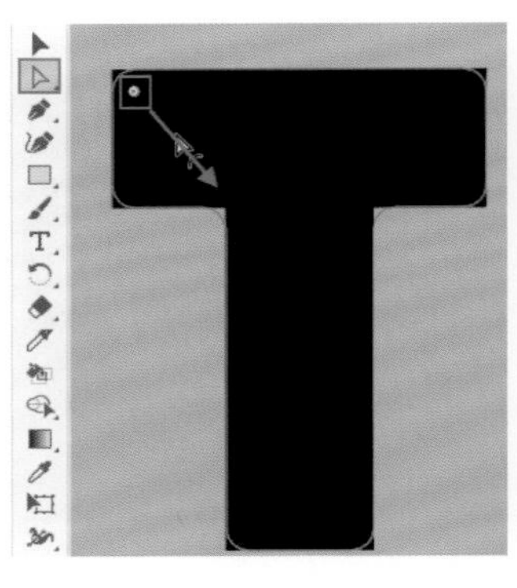

图18-19

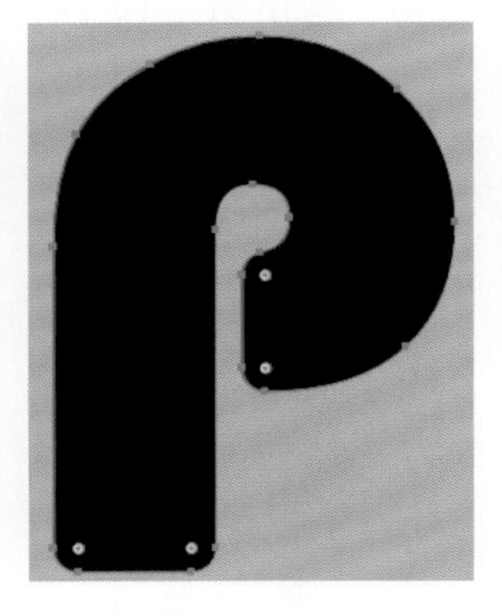

图18-20

⑲ 将文字对象选中，单击右键执行“取消编组”命令，将编组取消。接着将字母O选中，按下键盘上的Delete键删除。然后使用“椭圆工具”，绘制一个填充为黑色的正圆作为替换，如图18-21所示。

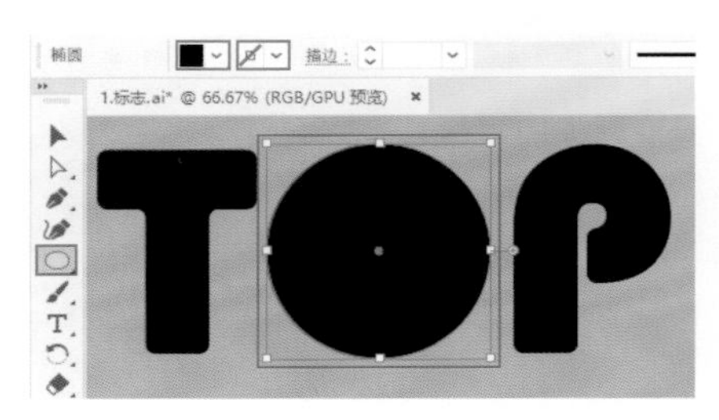

图18-21

⑳ 将树叶图形选中，将其适当缩小后移动至黑色正圆上方，如图18-22所示。

图18-22

㉑ 下面需要将图形从底部的正圆中减去，制作镂空效果。将树叶图形和底部正圆选中，在打开的“路径查找器”面板中单击“减去顶层”按钮，如图18-23所示。

㉒ 标志文字图形部分制作完成，接下来在底部添加企业名称文字。选择工具箱中的“文字工具”，在图形底部单击添加文字，并在控制栏中设置“填充”为黑色，“描边”为无，同时设置合适的字体、字号，如图18-24所示。

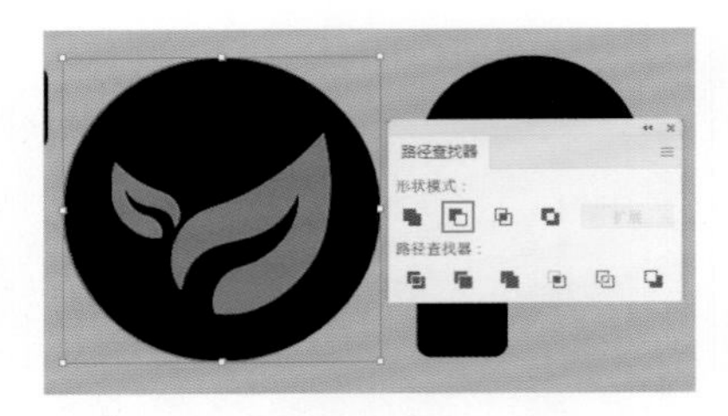

图18-23

图18-24

㉓ 继续使用“文字工具”，在中文下方输入相应的英文。企业标志制作完成，效果如图18-25所示。

图18-25

㉔ 下面制作不同颜色的标志。选择工具箱中的“矩形工具”，设置“填色”为淡蓝色，“描边”为无，设置完成后绘制一个与画板等大的矩形，如图18-26所示。

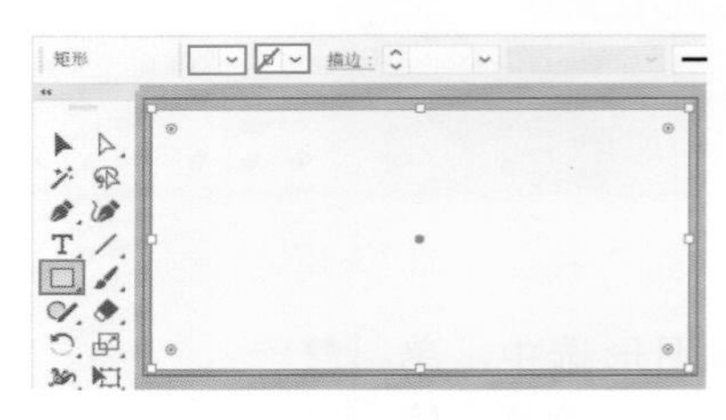

图18-26

㉕ 将制作完成的标志移动至画板中，放在版面中间位置，并使用快捷键Ctrl+G将其编组。然后对标志文字图形填充渐变色，在标志文字图形选中状态下，执行“窗口>渐变”命令，在弹出的“渐变”面板中设置“类型”为线性渐变，“角度”为30°，设置完成后编辑一个从蓝色到紫色的渐变，如图18-27所示。

图18-27

㉖ 接着将底部的小文字选中，分别填充为蓝色和灰色。此时第一种标志呈现效果制作完成，如图18-28所示。

图18-28

㉗ 接下来制作标志的第二种呈现形式。将第一种标志所有对象选中，复制一份放在右侧位置。然后将底部小文字摆放在标志文字图形右侧位置，适当调整各部分的大小，效果如图18-29所示。

图18-29

㉘ 继续使用同样的方式，制作标志其他不同颜色的呈现效果，如图18-30所示。

图18-30

18.2 制作企业名片

① 制作名片背面。新建一个“宽度”为55m，“高度”为90mm，“方向”为竖向，“画板”为4的文档，如图18-31所示。

图18-31

② 选择工具箱中的“矩形工具”，在控制栏中设置“填充”为白色，“描边”为无。设置完成后绘制一个与画板1等大的矩形，如图18-32所示。

③ 在版面左侧添加几何图形。选择工具箱中的“钢笔工具”，设置“填色”为淡蓝色，“描边”为无。设置完成后绘制一个不规则图形，如图18-33所示。

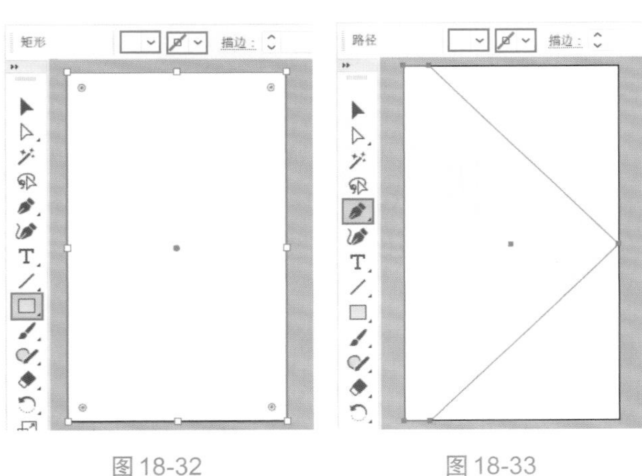

图18-32　　图18-33

④ 将淡蓝色图形选中，单击右键执行“变换＞镜像”命令，在弹出的“镜像”窗口中勾选“垂直”选项，然后单击“复制”按钮，如图18-34所示。

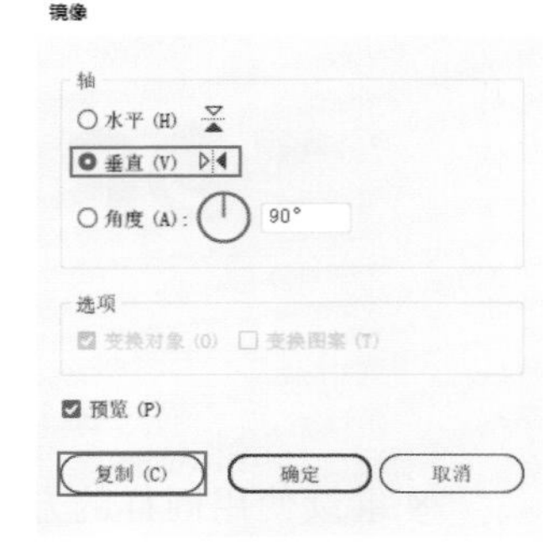

图 18-34

⑤ 将图形沿着垂直线进行左右翻转的同时复制一份，如图18-35所示。

图 18-35

⑥ 将复制得到的图形选中，设置“填色”为蓝色，并使用“直接选择工具”适当调整图形的形状。效果如图18-36所示。

图 18-36

⑦ 对蓝色图形的透明度适当调整，使其与左侧图形融为一体。在蓝色图形选中状态下，执行“窗口＞透明度”命令，在弹出的“透明度”面板中设置“混合模式”为“正片叠底”，“不透明度”为80%，如图18-37所示。

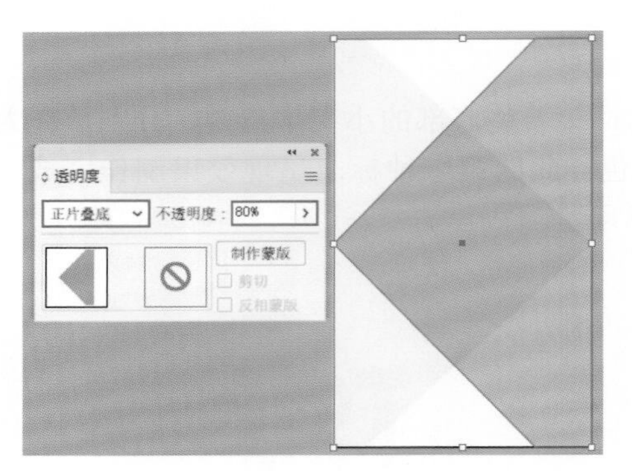

图 18-37

⑧ 将制作完成的标志文档打开，选中上下排列的淡蓝色标志，使用快捷键Ctrl+C进行复制。回到当前操作文档，使用快捷键Ctrl+V进行粘贴，调整大小后放在两个不规则图形重叠部位，如图18-38所示。

图 18-38

⑨ 为标志添加投影，增强版面层次感。在标志选中状态下，使用快捷键Ctrl+G进行编组，执行“效果＞风格化＞投影”命令，在弹出的“投影”窗口中设置“模式”为“正片叠底”，“不透明度”为20%，“X位移”为0.2mm，“Y位移”为0.2mm，“模糊”为0.05mm，“颜色”为黑色。设置完成后单击“确定”按钮，如图18-39所示。效果如图18-40所示。

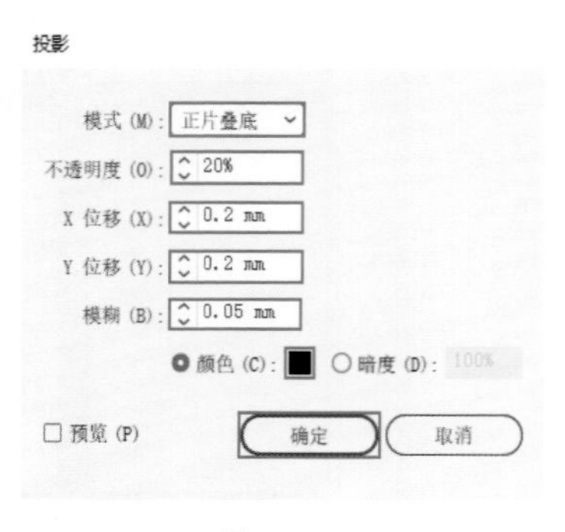

图 18-39

图18-40

⑩ 在版面底部空白位置添加小文字。选择工具箱中的“文字工具”，在版面底部单击添加文字，并在控制栏中设置“填充”为灰色，“描边”为无，同时设置合适的字体、字号，如图18-41所示。

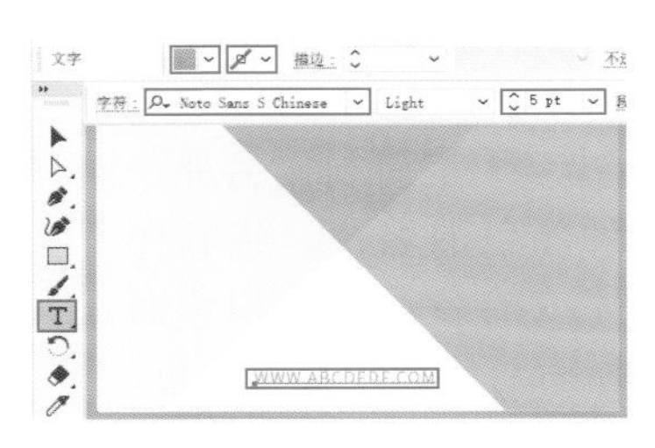

图18-41

⑪ 制作名片的正面效果。将背面效果中的白色背景矩形和蓝色不规则图形复制一份，放在右侧位置，如图18-42所示。

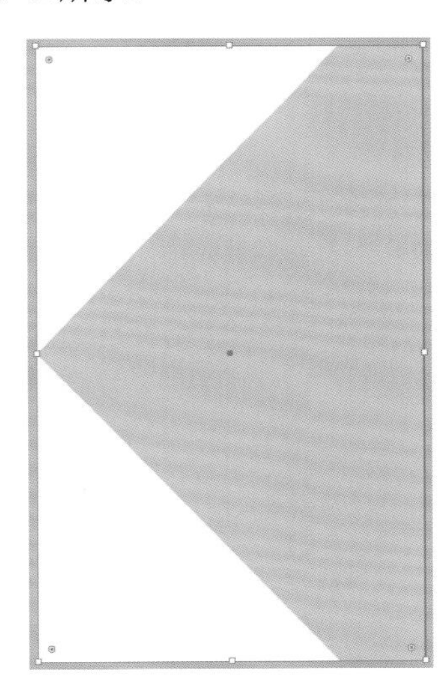

图18-42

⑫ 对复制得到的蓝色不规则图形进行对称处理，使其尖角朝右。在图形选中状态下，单击右键执行“变换>镜像”命令，在弹出的“镜像”窗口中勾选“垂直”选项，设置完成后单击“确定”按钮，如图18-43所示。效果如图18-44所示。

图18-43

图18-44

⑬ 选择工具箱中的“钢笔工具”，设置“填色”为淡蓝色，“描边”为无。设置完成后绘制一个小三角形，如图18-45所示。

⑭ 在版面顶部和底部添加菱形。选择工具箱中的“矩形工具”，设置“填色”为淡蓝色，“描边”为无。设置完成后在版面顶部按住Shift键的同时拖动鼠标绘制一个正方形，如图18-46所示。

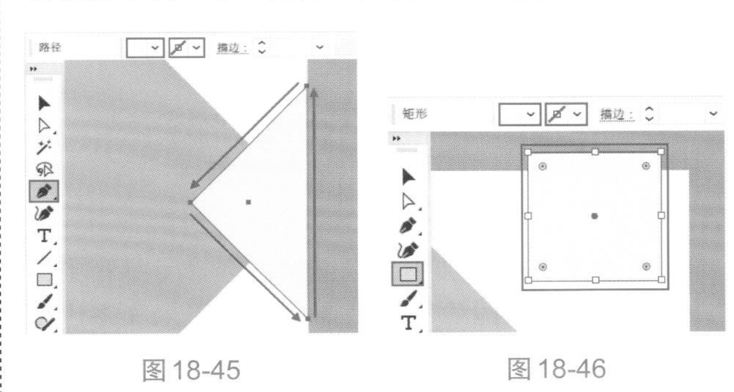

图18-45　　图18-46

⑮ 将绘制完成的正方形选中，单击右键执行“变换>旋转”命令，在弹出的“旋转”窗口中设置“角度”为45°，设置完成后单击“确定”按钮，如图18-47所示。效果如图18-48所示。

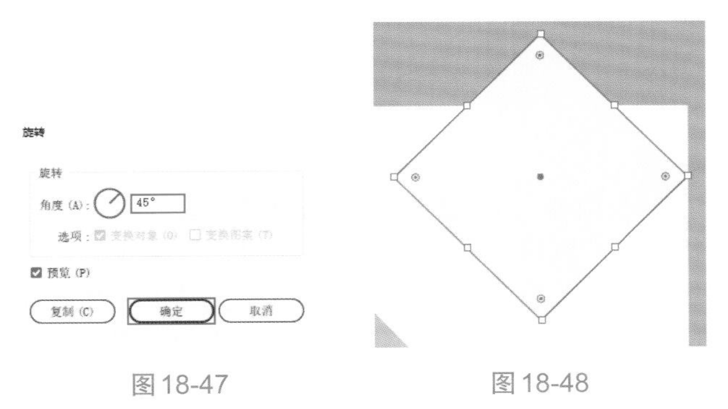

图18-47　　图18-48

⑯ 将制作完成的菱形复制一份，放在画板底部位置，同时将其适当缩小，如图18-49所示。

⑰ 隐藏菱形超出画板的部分。选择工具箱中的“矩形工具”，绘制一个矩形将菱形需要保留的部分覆盖住，如图18-50所示。

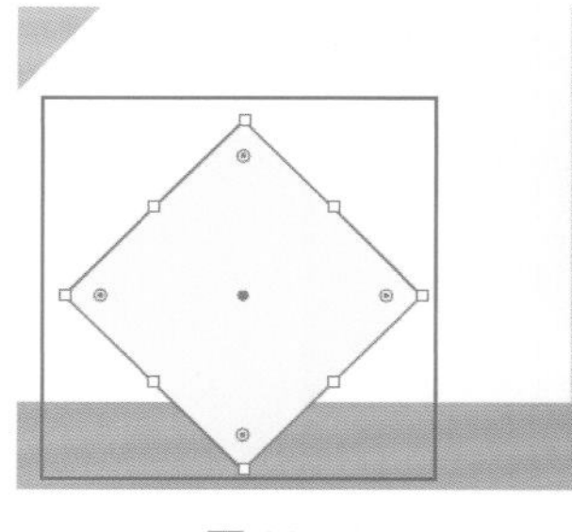

图18-49

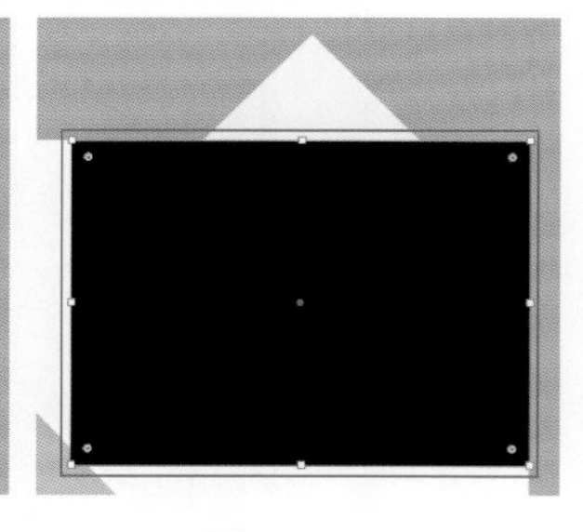

图18-50

⑱ 将矩形与底部菱形选中，使用快捷键Ctrl+7创建剪切蒙版，将菱形不需要的部分隐藏，效果如图18-51所示。

⑲ 使用同样的方式，将底部菱形超出画板的区域进行隐藏处理。效果如图18-52所示。

图18-51

图18-52

⑳ 在文档中添加主标题文字。选择工具箱中的“文字工具”，在蓝色不规则图形上方输入文字，在控制栏中设置合适的字体、字号，“对齐方式”为“左对齐”，并将文字颜色设置为淡蓝色，如图18-53所示。

图18-53

㉑ 为输入的主标题文字添加投影。在文字选中状态下，执行“效果＞风格化＞投影”命令，在弹出的“投影”窗口中设置“模式”为“正片叠底”，“不透明度”为20%，“X位移”为0.2mm，“Y位移”为0.2mm，“模糊”为0.05mm，“颜色”为黑色。设置完成后单击“确定”按钮，如图18-54所示。效果如图18-55所示。

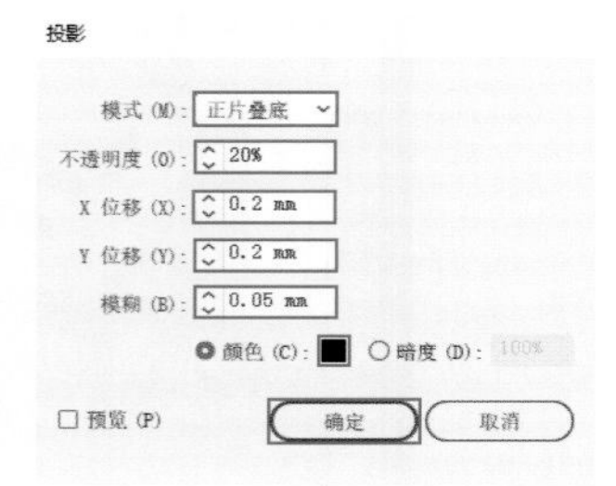

图18-54

㉒ 继续使用“文字工具”，在主标题文字下方输入其他文字，并设置合适的填充颜色、字体与字号。此时名片正面制作完成，如图18-56所示。

㉓ 下面制作另外一种颜色的名片。将制作完成的名片正面和背面所有对象选中复制一份，然后对图形的颜色进行更改。此时两款不同款式的名片制作完成，效果如图18-57所示。

TOP CLASS
TOP STUDENT

图18-55

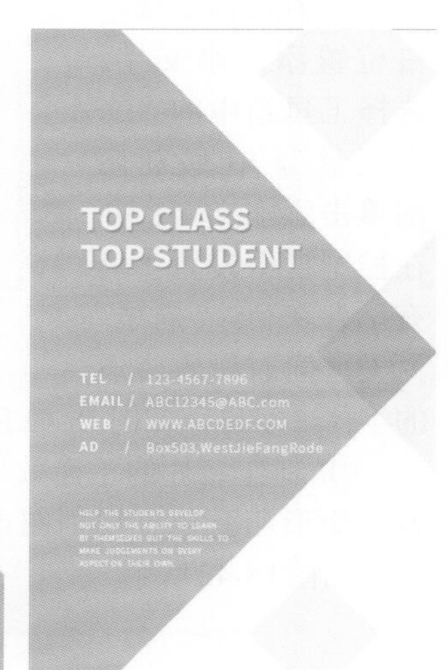

图18-56

图18-57

18.3　制作企业信封

① 新建一个宽度160mm、高度90mm的包含两个画板的文档。接着选择工具箱中的“矩形工具”，在控制栏中设置“填充”为“白色”，“描边”为无。设置完成后绘制一个与画板等大的矩形，如图18-58所示。

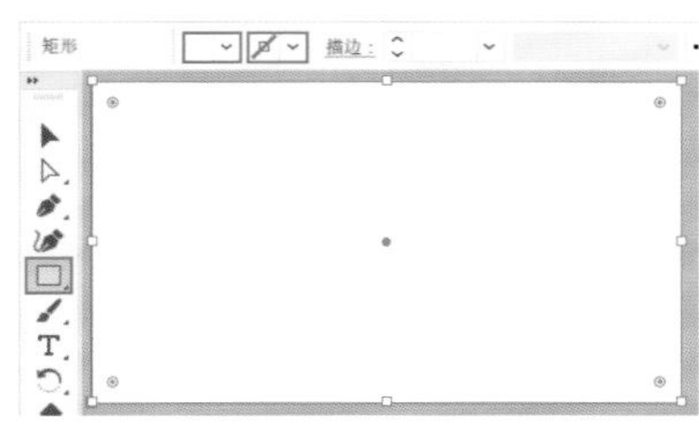

图18-58

② 将制作完成的标志文档打开，将其中上下排列的渐变标志复制一份。然后回到当前操作文档进行粘贴，将其适当缩小后放在画板右侧位置，如图18-59所示。

图18-59

③ 选择工具箱中的“钢笔工具”，设置“填色”为淡蓝色，“描边”为无。设置完成后在画板左下角绘制不规则图形，填充版面空缺感，如图18-60所示。

④ 继续使用“钢笔工具”，设置“填色”为蓝色，“描边”为无。设置完成后在淡蓝色图形上方继续绘制图形，如图18-61所示。

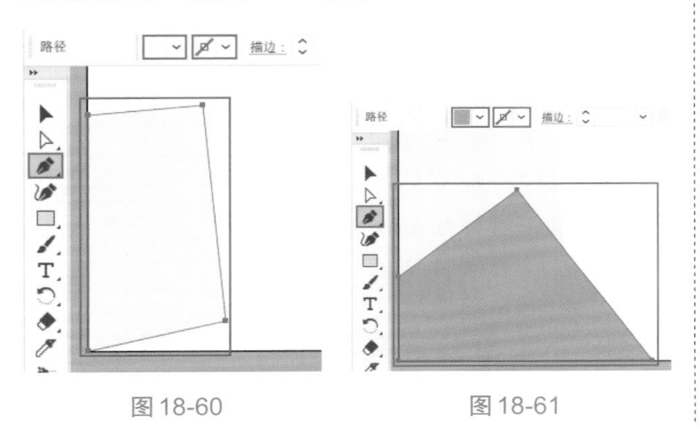

图18-60　　图18-61

⑤ 在蓝色图形上方添加文字。将制作完成的名片文档打开，将名片背面底部的小文字复制一份。然后回到当前操作文档中进行粘贴，放在左下角的蓝色图形上方，如图18-62所示。

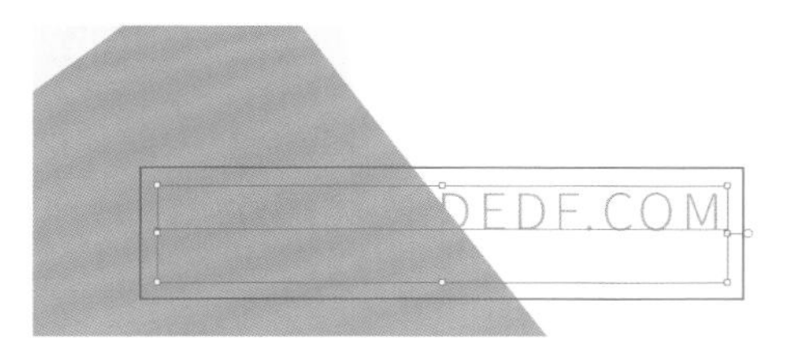

图18-62

⑥ 选择工具箱中的“钢笔工具”，设置“填色”为蓝色，“描边”为无。设置完成后在顶部绘制图形，如图18-63所示。

图18-63

⑦ 制作信封的背面。将正面的白色矩形复制一份，放在右侧位置，如图18-64所示。

图18-64

⑧ 继续使用“钢笔工具”在矩形的左右两侧分别绘制多边形，如图18-65所示。

图18-65

⑨ 接着将二维码素材置入并嵌入到文档中，调整大小放在版面右下角位置，如图18-66所示。

⑩ 将名片正面的主标题文字复制，回到当前操作文档进行粘贴。适当缩小后放在二维码素材下方位置，并将对齐方式更改为“右对齐”，如图18-67所示。

图18-66

图18-67

⑪ 在信封背面左下角添加小文字。在打开的名片文档中，将联系方式等相关的文字选中复制。然后回到当前文档进行粘贴，适当缩小后放在左下角位置，并更改合适的文字颜色。此时信封正反面的效果展示图制作完成，如图18-68所示。

图18-68

18.4 制作企业信纸

① 新建一个A4尺寸，包含两个画板的文档。选择工具箱中的“矩形工具”，在控制栏中设置“填充”为白色，“描边”为无。设置完成后绘制一个与画板等大的矩形，如图18-69所示。

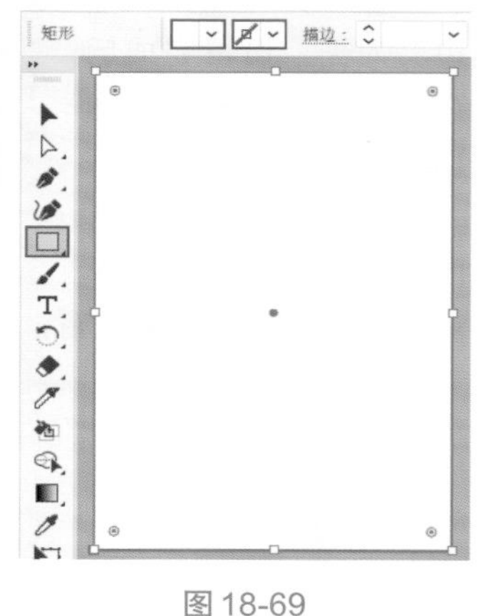

图18-69

② 将上下排列的渐变标志复制一份，回到当前操作文档进行粘贴，适当缩小后放在左上角位置，如图18-70所示。

图18-70

③ 将制作完成的名片文档打开，将名片正面中的标题文字复制一份。接着回到当前操作文档中粘贴，适当调整大小与颜色后放在标志右侧位置，如图18-71所示。

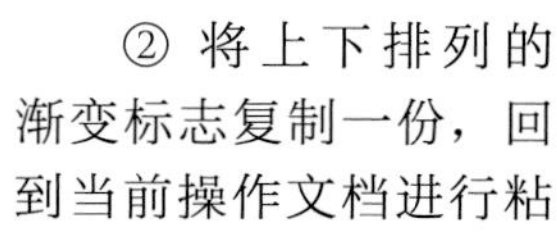

图18-71

④ 在标志下方继续添加文字。选择工具箱中的“文字工具”，在标志下方输入文字，并选中文字，在控制栏中设置“填充”为黑色，“描边”为无，同时设置合适的字体、字号。如图18-72所示。

图18-72

⑤ 在标志下方添加段落文字。继续使用“文字工具”，在文档空白位置拖动鼠标绘制文本框，然后输入合适的文字。如图18-73所示。

图18-73

⑥ 下面对段落文字的对齐方式进行调

整。在文字选中状态下，执行“窗口>文字>段落”命令，在弹出的“段落”面板中单击“两端对齐，末行左对齐”按钮，并设置“段前间距”为10pt。如图18-74所示。此时文字效果如图18-75所示。

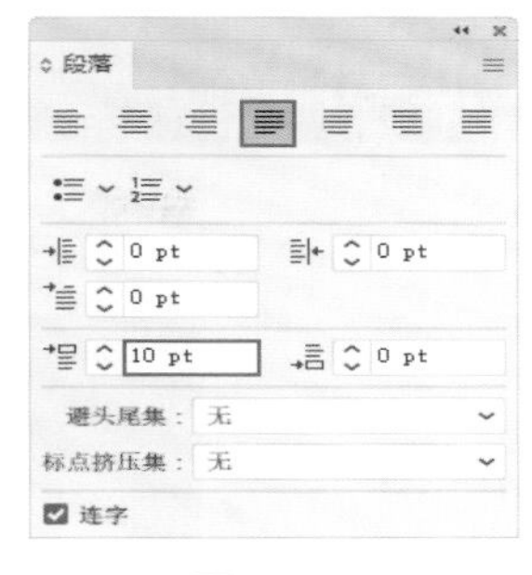

图18-74

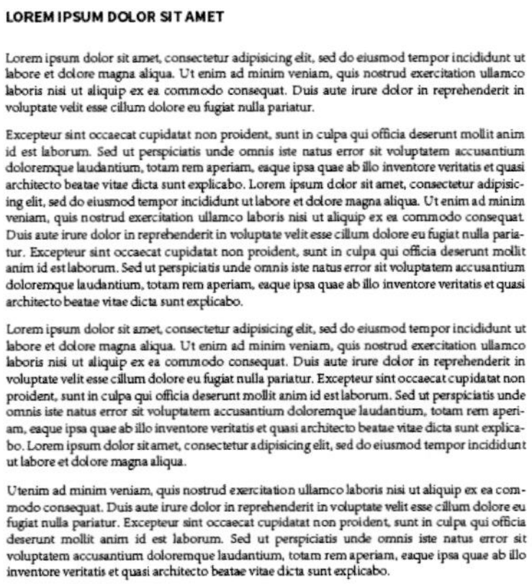

LOREM IPSUM DOLOR SIT AMET

Lorem ipsum dolor sit amet, consectetur adipisicing elit, sed do eiusmod tempor incididunt ut labore et dolore magna aliqua. Ut enim ad minim veniam, quis nostrud exercitation ullamco laboris nisi ut aliquip ex ea commodo consequat. Duis aute irure dolor in reprehenderit in voluptate velit esse cillum dolore eu fugiat nulla pariatur.

Excepteur sint occaecat cupidatat non proident, sunt in culpa qui officia deserunt mollit anim id est laborum. Sed ut perspiciatis unde omnis iste natus error sit voluptatem accusantium doloremque laudantium, totam rem aperiam, eaque ipsa quae ab illo inventore veritatis et quasi architecto beatae vitae dicta sunt explicabo. Lorem ipsum dolor sit amet, consectetur adipisicing elit, sed do eiusmod tempor incididunt ut labore et dolore magna aliqua. Ut enim ad minim veniam, quis nostrud exercitation ullamco laboris nisi ut aliquip ex ea commodo consequat. Duis aute irure dolor in reprehenderit in voluptate velit esse cillum dolore eu fugiat nulla pariatur. Excepteur sint occaecat cupidatat non proident, sunt in culpa qui officia deserunt mollit anim id est laborum. Sed ut perspiciatis unde omnis iste natus error sit voluptatem accusantium doloremque laudantium, totam rem aperiam, eaque ipsa quae ab illo inventore veritatis et quasi architecto beatae vitae dicta sunt explicabo.

Lorem ipsum dolor sit amet, consectetur adipisicing elit, sed do eiusmod tempor incididunt ut labore et dolore magna aliqua. Ut enim ad minim veniam, quis nostrud exercitation ullamco laboris nisi ut aliquip ex ea commodo consequat. Duis aute irure dolor in reprehenderit in voluptate velit esse cillum dolore eu fugiat nulla pariatur. Excepteur sint occaecat cupidatat non proident, sunt in culpa qui officia deserunt mollit anim id est laborum. Sed ut perspiciatis unde omnis iste natus error sit voluptatem accusantium doloremque laudantium, totam rem aperiam, eaque ipsa quae ab illo inventore veritatis et quasi architecto beatae vitae dicta sunt explicabo. Lorem ipsum dolor sit amet, consectetur adipisicing elit, sed do eiusmod tempor incididunt ut labore et dolore magna aliqua.

Utenim ad minim veniam, quis nostrud exercitation ullamco laboris nisi ut aliquip ex ea commodo consequat. Duis aute irure dolor in reprehenderit in voluptate velit esse cillum dolore eu fugiat nulla pariatur. Excepteur sint occaecat cupidatat non proident, sunt in culpa qui officia deserunt mollit anim id est laborum. Sed ut perspiciatis unde omnis iste natus error sit voluptatem accusantium doloremque laudantium, totam rem aperiam, eaque ipsa quae ab illo inventore veritatis et quasi architecto beatae vitae dicta sunt explicabo.

图18-75

⑦ 在文档右下角添加图形。将制作完成的信封文档打开，将在信封正面左下角的两个图形选中复制一份。然后回到当前操作文档进行粘贴，适当调整大小后放在右下角位置。如图18-76所示。

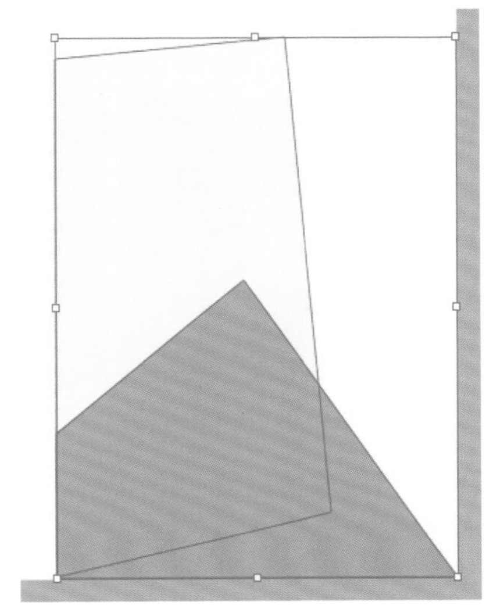

图18-76

⑧ 对复制得到的图形进行对称处理，使其左侧边缘与画板右侧贴合。在图形选中状态下，单击右键执行“变换>镜像”命令，在弹出的“镜像”窗口中勾选“垂直”选项，设置完成后单击“确定”按钮。如图18-77所示。

图18-77

⑨ 将图形进行垂直方向的翻转，效果如图18-78所示。

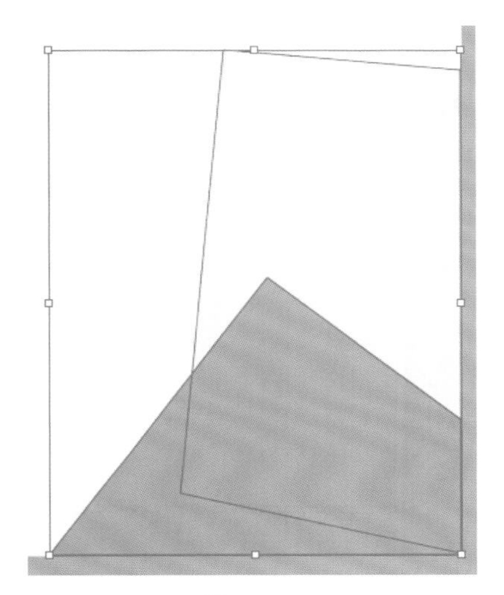

图18-78

⑩ 将信封背面左下角的文字选中复制一份，然后回到当前操作文档中粘贴，并将文字填充色更改为黑色，摆放在左下角。此时信纸制作完成，效果如图18-79所示。

图18-79

18.5 制作企业笔记本

① 首先制作笔记本封面的平面图。新建一个宽度为176mm、高度为250mm的文档。接着选择工具箱中的“矩形工具”，在控制栏中设置“填充”为白色，“描边”为无。设置完成后绘制一个与画板等大的矩形，如图18-80所示。

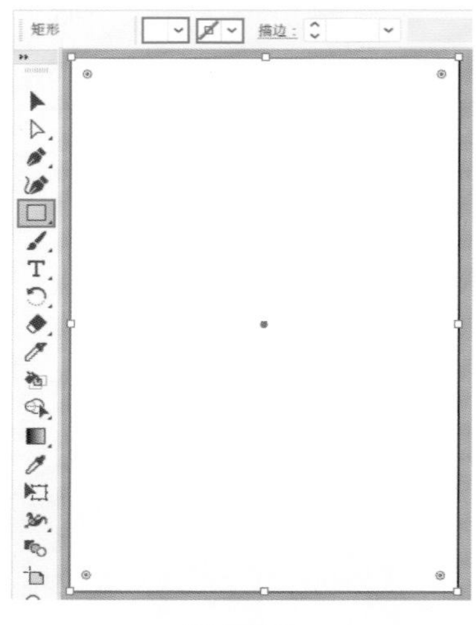

图18-80

② 继续使用“矩形工具”，设置“填色”为蓝色，“描边”为无。设置完成后在白色矩形下端绘制一个蓝色矩形，如图18-81所示。

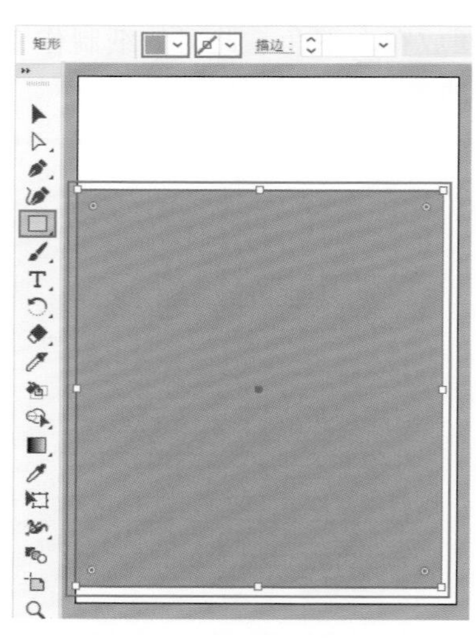

图18-81

③ 在蓝色矩形上方添加小正方形。继续使用该工具，设置“填色”为淡蓝色，“描边”为无，设置完成后在蓝色矩形左侧按住Shift键的同时按住鼠标左键，拖动绘制一个小正方形，如图18-82所示。

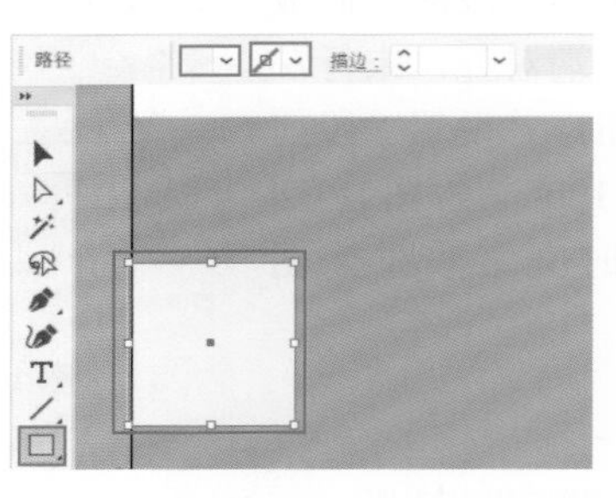

图18-82

④ 更改正方形的不透明度。将小正方形选中，在控制栏中设置“不透明度”为60%，如图18-83所示。

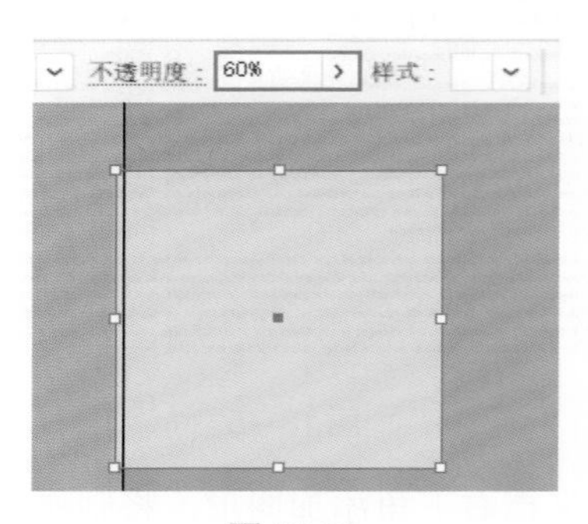

图18-83

⑤ 继续使用“矩形工具”，绘制若干个大小不一的正方形，并在控制栏中对不透明度进行适当调整，效果如图18-84所示。然后将所有正方形选中，使用快捷键Ctrl+G进行编组。

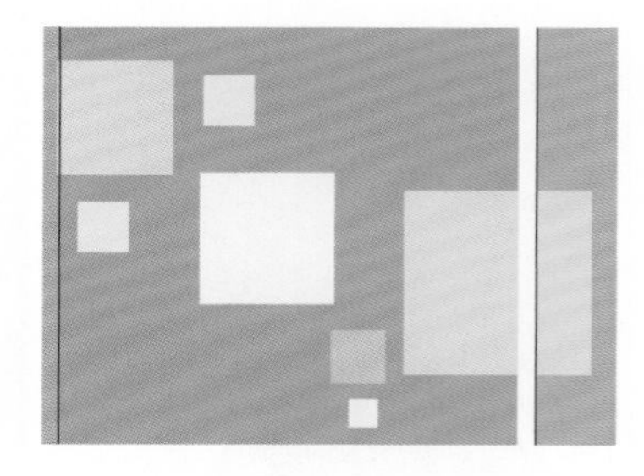

图18-84

⑥ 调整编组对象的旋转角度。在编组图形选中状态下，单击右键执行“变换>旋转”命令，在弹出的“旋转”窗口中设置“角度”为45°，设置完成后单击“确定”按钮，如图18-85所示。

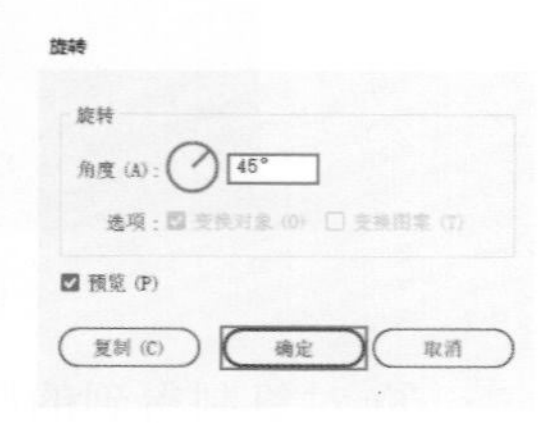

图18-85

⑦ 将旋转完成的编组图形复制一份放在画板外，以备后面操作使用，如图18-86所示。

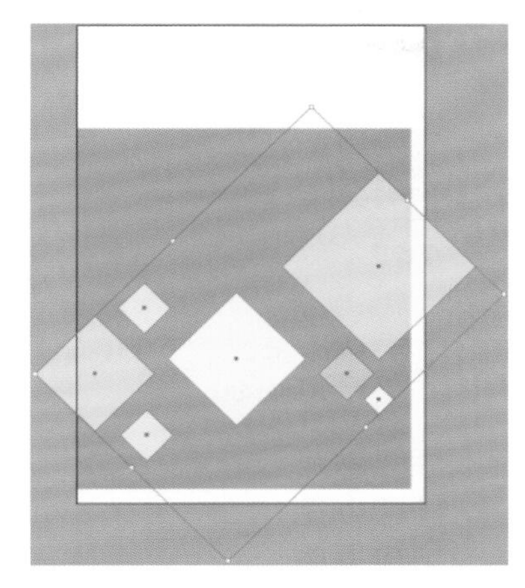

图18-86

⑧ 将编组对象超出画板的部分进行隐藏。将底部的蓝色矩形复制一份，放在编组图形上方位置，如图18-87所示。

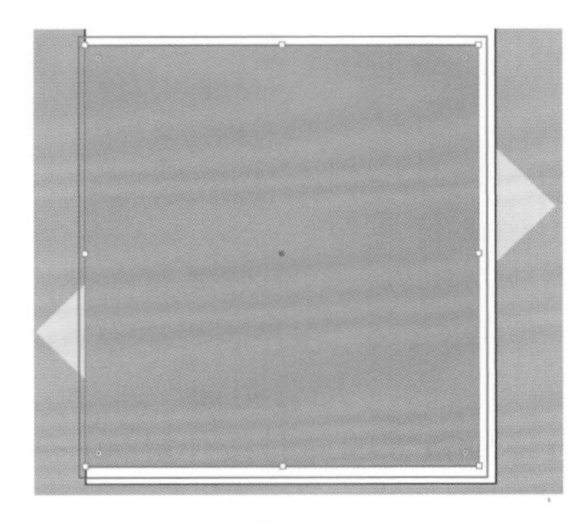

图18-87

⑨ 选中矩形和底部编组对象，使用快捷键Ctrl+7创建剪切蒙版，将编组图形不需要的部分隐藏，如图18-88所示。

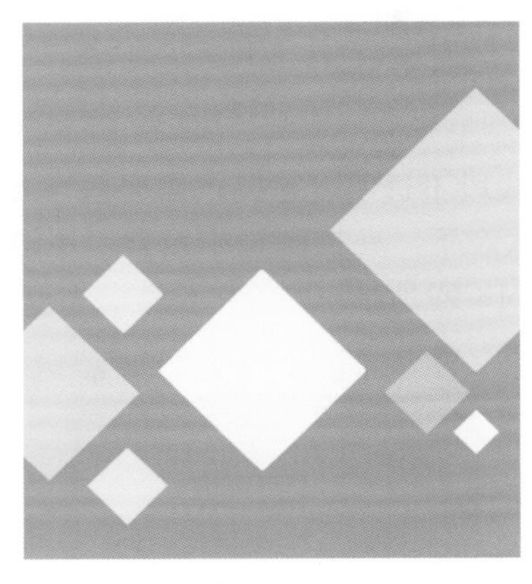

图18-88

⑩ 复制标志，调整大小后放在左上角位置，如图18-89所示。

图18-89

⑪ 选择工具箱中的“矩形工具”，在控制栏中设置“填充”为灰色，“描边”为无。设置完成后在版面右侧绘制一个用于文字呈现的载体，如图18-90所示。

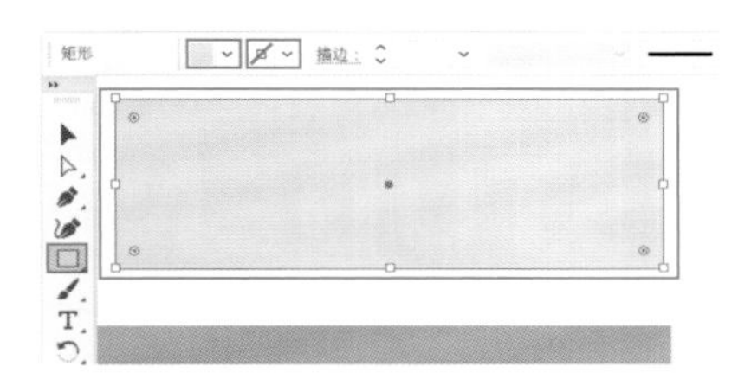

图18-90

⑫ 选择工具箱中的“文字工具”，在灰色矩形上方输入文字。选中文字，在控制栏中设置“填充”为白色，“描边”为无，同时设置合适的字体、字号，如图18-91所示。

图18-91

⑬ 接下来继续在蓝色矩形上方添加文字，如图18-92所示。

⑭ 在文字中间绘制线段作为分割线，提升版面律动感。选择工具箱中的“直线段工具”，在控制栏中设置“填充”为无，“描边”为白色，“描

图18-92

边粗细”为3pt。设置完成后在主标题文字下方按住Shift键的同时按住鼠标左键，拖动绘制一条直线段，如图18-93所示。

图18-93

⑮ 接着在直线段右侧添加文字。选择工具箱中的“文字工具”，在直线段右侧输入文字，在控制栏中设置“填充”为白色，“描边”为无，同时设置合适的字体、字号，如图18-94所示。

图18-94

⑯ 笔记本封面的平面图制作完成，接着制作立体展示效果。将制作完成的笔记本平面效果图中所有对象选中，使用快捷键Ctrl+G进行编组。将编组选中，复制一份放在文档空白位置，如图18-95所示。

图18-95

⑰ 在平面效果图顶部和右侧绘制图形，增强笔记本的视觉厚度。选择工具箱中的“钢笔工具”，在控制栏中设置“填充”为浅灰色，“描边”为无。设置完成后在效果图顶部绘制图形，如图18-96所示。

图18-96

⑱ 继续使用“钢笔工具”，在控制栏中设置“填充”为稍深一些的灰色，“描边”为无。设置完成后在效果图右侧绘制图形，如图18-97所示。将侧面和顶部图形以及平面效果图选中，使用快捷键Ctrl+G进行编组。

图18-97

⑲ 在效果图顶部和厚度图形衔接部位添加直线段作为分割边界，增强效果真实性。选择工具箱中的“直线段工具”，在控制栏中设置“填充”为无，“描边”为黑色，“描边粗细”为1pt，设置完成后在顶部按住Shift键的同时按住鼠标左键，拖动绘制一条直线段，如图18-98所示。

图18-98

⑳ 直线段不透明度过高，需要适当降低。在直线段选中状态下，在控制栏中设置“不透明度”为20%，如图18-99所示。

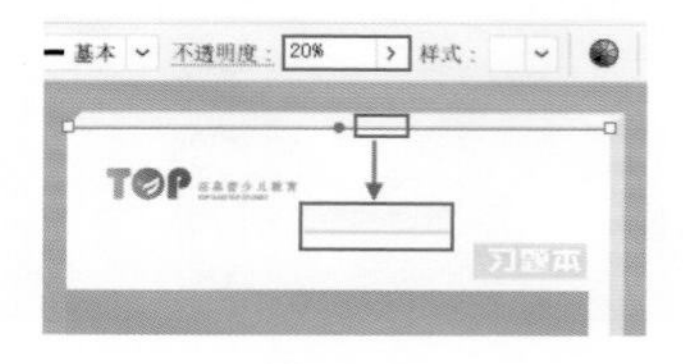

图18-99

㉑ 使用同样的方式，绘制侧面的直线段，并对其设置相同的不透明度。效果如图18-100所示。选中立体展示效果，使用快捷键Ctrl+G进行编组。

图18-100

㉒ 为编组对象添加投影，增强层次立体感。将编组对象选中，执行“效果＞风格化＞投影”命令，在弹出的“投影”窗口中设置“模糊”为“正片叠底”，“不透明度”为60%，“X位移”为1mm，“Y位移”为0mm，“模糊”为1mm，“颜色”为黑色。设置完成后单击“确定”按钮，如图18-101所示。

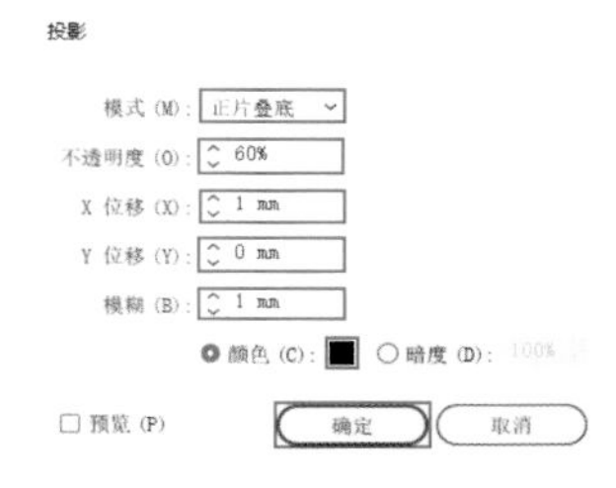

图18-101

此时笔记本的立体展示效果图制作完成，如图18-102所示。

图18-102

18.6 制作企业光盘

① 从案例效果中可以看出，光盘由封套和碟片两部分组成。首先制作封套平面图，新建一个宽度和高度均为126mm的包含两个画板的文档。选择工具箱中的“矩形工具”，设置“填色”为蓝色，“描边”为无。设置完成后绘制一个与画板等大的矩形，如图18-103所示。

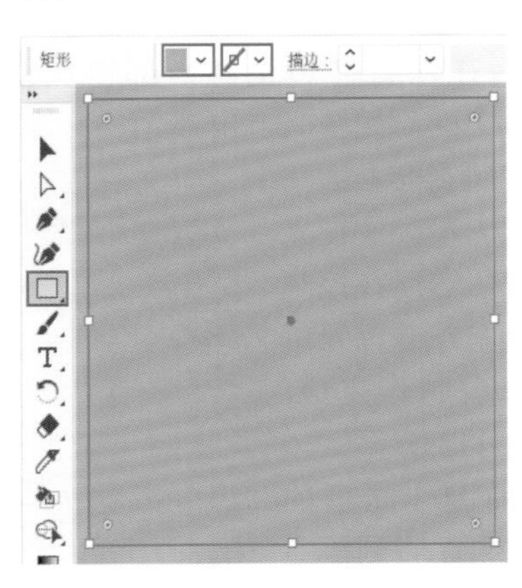

图18-103

② 为封套添加图形装饰。将制作完成的笔记本文档打开，把正方形图形选中，复制一份放在当前文档中，并对图形大小进行适当调整，如图18-104所示。将该编组图形复制一份，放在画板外，以备后面操作使用。

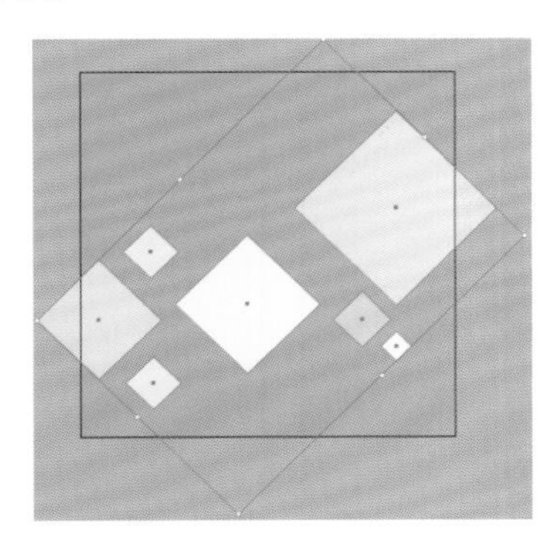

图18-104

③ 编组图形有超出画板部分，需要进行隐藏处理。将底部的蓝色矩形复制一份，放在编组图形上

实战应用篇

方。然后将顶部矩形和底部编组图形选中，使用快捷键Ctrl+7创建剪切蒙版，将编组图形不需要的部分隐藏，如图18-105所示。

④ 在光盘封套左上角添加标志。此时光盘封套制作完成，效果如图18-106所示。

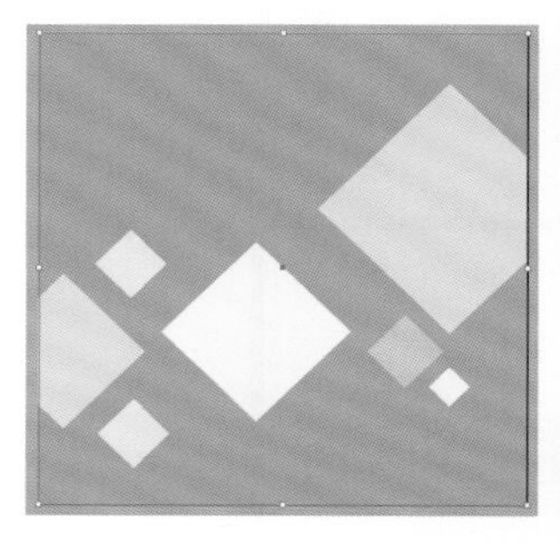

图18-105

图18-106

⑤ 制作光盘的盘面。选择工具箱中的“椭圆工具”，在控制栏中设置“填充”为灰色，“描边”为无，设置完成后在画板中央绘制一个正圆，如图18-107所示。

图18-107

⑥ 接着将正圆选中，使用快捷键Ctrl+C进行复制，使用快捷键Ctrl+F进行原位粘贴。然后在复制得到的正圆选中状态下，将光标放在定界框一角，按住Shift+Alt键的同时按住鼠标左键，将图形进行等比例中心缩小，并将其填充为黑色，如图18-108所示。

⑦ 接下来需要将黑色正圆从底部灰色正圆上方减去，制作出中间部位的镂空效果。将两个正圆选中，打开“路径查找器”面板，单击“减去顶层”按钮，如图18-109所示。

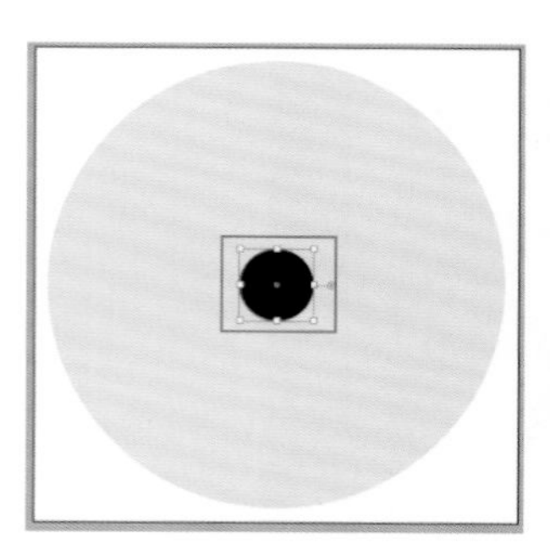

图18-108

图18-109

⑧ 使用制作灰色镂空正圆的方式，制作稍小一些的蓝色镂空正圆。效果如图18-110所示。

⑨ 将在画板外的编组图形选中，移动至镂空正圆上方，如图18-111所示。

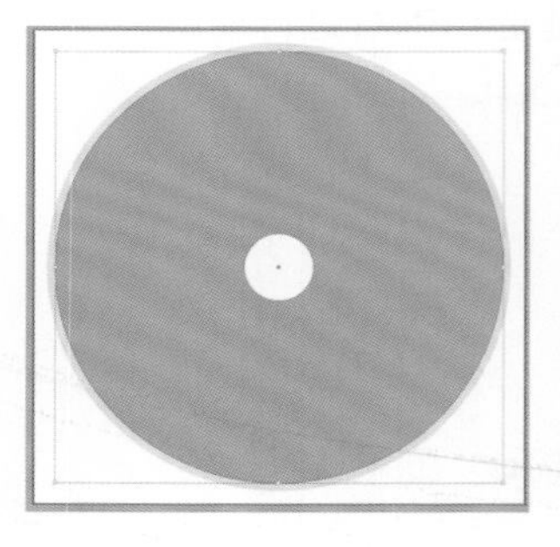

图18-110

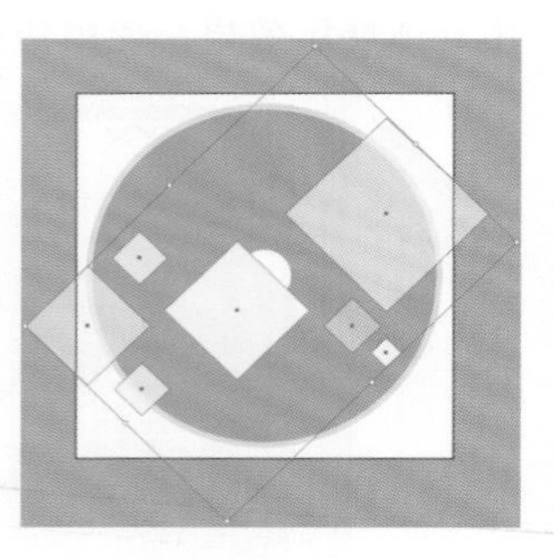

图18-111

⑩ 此时编组图形有超过正圆外轮廓的部分，需要进行隐藏处理。将蓝色镂空正圆复制一份，调整图层顺序放在编组图形上方。然后在顶部正圆和底部编组图形选中状态下，使用快捷键Ctrl+7创建剪切蒙版，将编组图形不需要的部分隐藏。效果如图18-112所示。

⑪ 在镂空部位继续绘制正圆。选择工具箱中的“椭圆工具”，在控制栏中设置“填充”为无，“描边”为灰色，“描边粗细”为20pt，设置完成后在大正圆镂空部位绘制图形，如图18-113所示。

图18-112

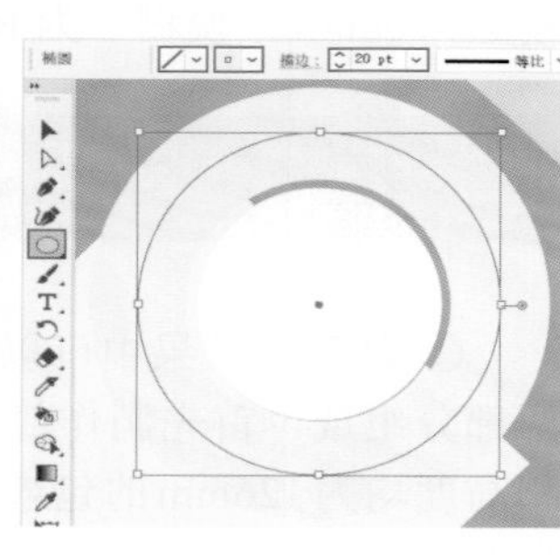

图18-113

⑫ 继续使用“椭圆工具”，在控制栏中设置“填充”为无，“描边”为深灰色，“描边粗细”为4pt，设置完成后在已有描边正圆内部再次绘制一个小一些的描边正圆，如图18-114所示。

⑬ 接着将封套左上角的标志复制一份，放在光盘右侧位置。然后在控制栏中将“填充”设置为白色。此时光盘制作完成，效果如图18-115所示。

⑭ 下面制作光盘的立体展示效果。将制作完成的封套所有对象选中，

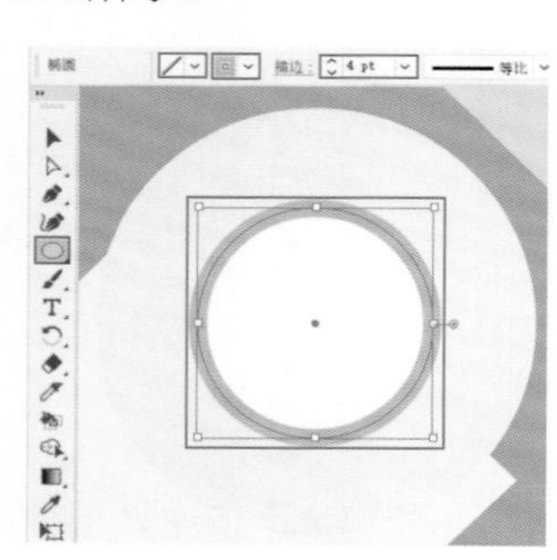

图18-114

使用快捷键Ctrl+G进行编组，接着将编组图形复制一份，放在文档空白位置，如图18-116所示。

图18-115

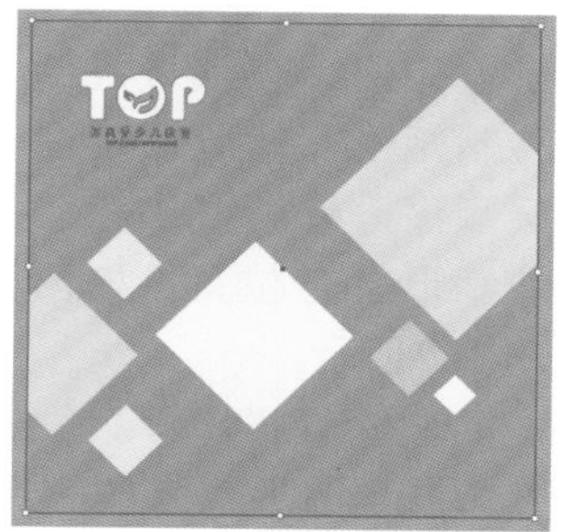

图18-116

⑮ 为复制得到的封套图形添加投影，增强层次立体感。在图形选中状态下，执行“效果>风格化>投影”命令，在弹出的“投影”窗口中设置“模式”为“正片叠底”，“不透明度”为60%，“X位移”为1mm，“Y位移”为0mm，“模糊”为1mm，“颜色”为黑色。设置完成后单击“确定”按钮，如图18-117所示。效果如图18-118所示。

图18-117

图18-118

⑯ 接下来将光盘所有对象选中，使用快捷键Ctrl+G进行编组。然后将其复制一份放在封套上方位置，并为其添加相同的投影效果，如图18-119所示。

图18-119

⑰ 将光盘图形选中，单击右键执行“排列>后移一层”命令，将光盘向后移动。此时光盘的立体呈现效果制作完成，如图18-120所示。

图18-120

18.7　制作企业纸袋

① 首先制作纸袋正面平面图，然后再制作立体效果。新建一个A4大小的竖向空白文档，接着选择工具箱中的“矩形工具”，设置“填充”为蓝色，“描边”为无，设置完成后绘制一个与画板等大的矩形，如图18-121所示。

② 制作纸袋顶部的圆孔。选择工具箱中的“椭圆工具”，在控制栏中设置“填充”为白色，“描边”为黑色，“描边粗细”为4pt，设置完成后在蓝色矩形顶部绘制一个小正圆，如图18-122所示。

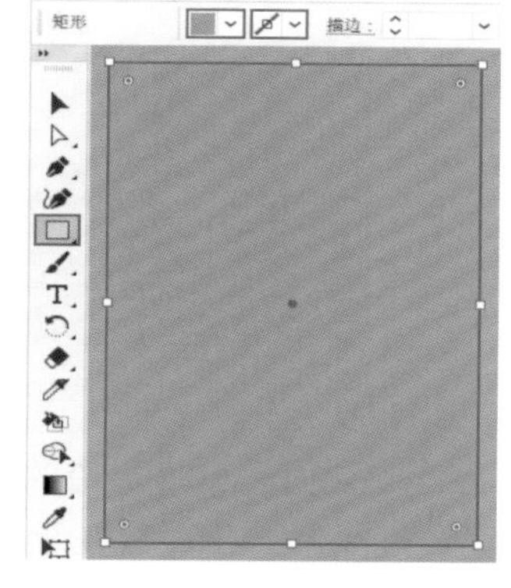

图18-121

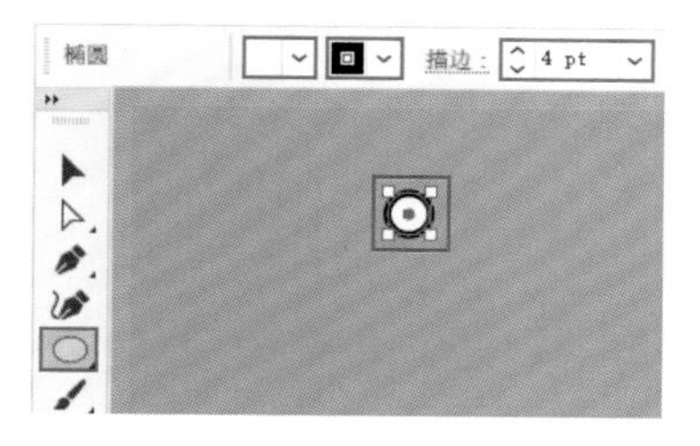

图18-122

③ 将小正圆选中，复制一份，放在相对应的右侧位置，效果如图18-123所示。将制作完成的两个小正圆复制一份，放在画板外以备后面操作使用。

图18-123

④ 将两个小正圆从底部蓝色矩形上方减去，制作出镂空效果。将两个小正圆和底部矩形选中，打开“路径查找器”面板，单击“减去顶层”按钮，如图18-124所示。

图18-124

⑤ 将在画板外的小正圆选中，移动回镂空图形上方，同时在控制栏中将填充去除，为该部位添加一个黑色描边，增强纸袋效果真实性，如图18-125所示。

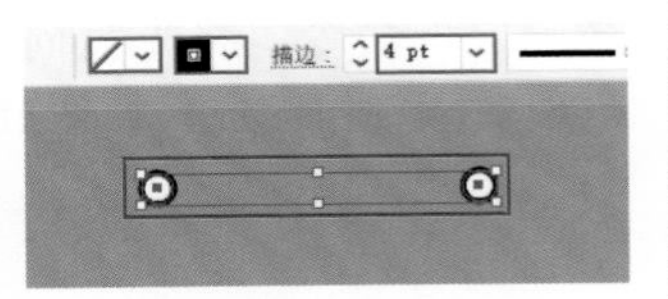

图18-125

⑥ 在文档中添加文字与装饰图形。将制作完成的笔记本文档打开，将封面中的文字、图形以及标志选中复制一份。然后回到当前文档进行粘贴，并对大小、颜色以及摆放位置进行适当调整。效果如图18-126所示。

图18-126

⑦ 下面制作纸袋立体效果。将制作完成的平面效果图所有对象选中，复制一份放在画板空白位置。接着制作纸袋底部折叠部位的阴影效果。选择工具箱中的“矩形工具”，在控制栏中设置“填充”为灰色，“描边”为无，设置完成后在纸袋底部绘制矩形，然后调整图层顺序，将其摆放在装饰矩形下方位置，如图18-127所示。

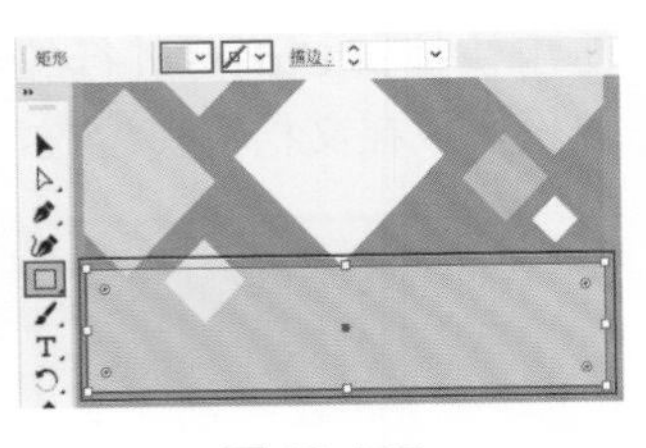

图18-127

⑧ 接着需要对灰色矩形的透明度进行调整，使其将底部图形效果显示出来。将灰色矩形选中，打开“透明度”面板，设置“混合模式”为“正片叠底”，如图18-128所示。

图18-128

⑨ 接下来在底部阴影部位添加直线段，增强纸袋折痕效果的真实性。选择工具箱中的“直线段工具”，在控制栏中设置“填充”为无，“描边”为黑色，“描边粗细”为2pt。设置完成后在底部阴影部位按住Shift键的同时按住鼠标左键，拖动绘制一条水平直线段。然后调整图层顺序，将其摆放在装饰图形下方位置，如图18-129所示。

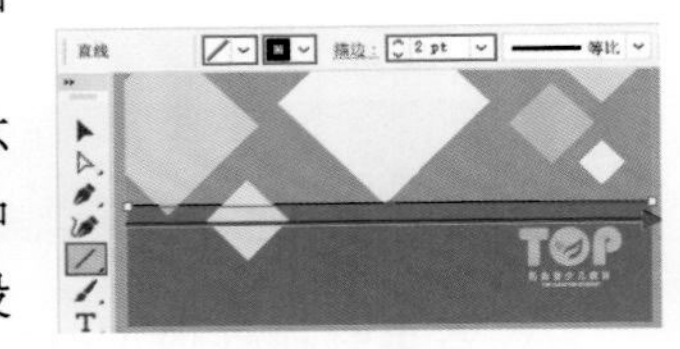

图18-129

⑩ 调整直线段的不透明度。在直线段选中状态下，在控制栏中设置“不透明度”为20%。如图18-130所示。

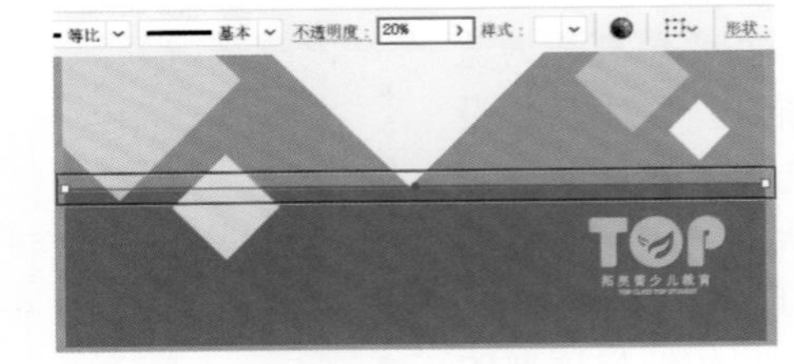

图18-130

⑪ 此时一条直线段的效果不是很明显，因此将直线段复制一份，放在已有直线段下方位置。效果如图18-131所示。

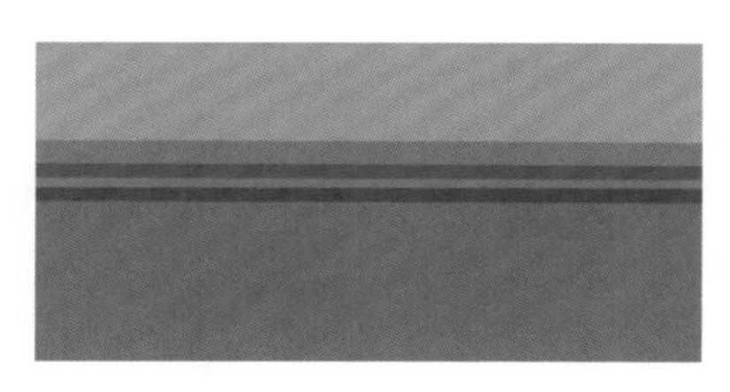

图18-131

⑫ 接下来制作纸袋右侧的立体效果。选择工具箱中的“钢笔工具”，设置“填色”为深青色，“描边”为无。设置完成后在纸袋右侧绘制图形，如图18-132所示。

图18-132

⑬ 下面制作纸袋顶部的手拎绳效果。选择工具箱中的“画笔工具”，在控制栏中设置“填充”为无，“描边”为灰色，“描边粗细”为1.5pt。设置完成后在纸袋顶部绘制图形，如图18-133所示。

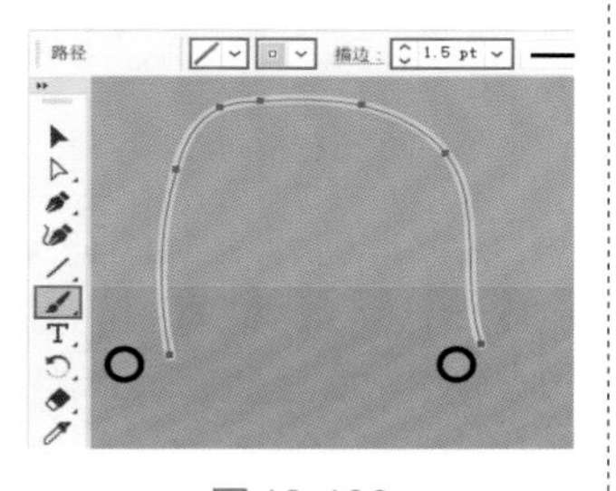

图18-133

⑭ 将手拎绳选中，调整图层顺序，将其摆放在纸袋后方位置，如图18-134所示。

⑮ 继续使用“画笔工具”，在纸袋前方绘制另外一条手拎绳。此时纸袋的立体效果展示图制作完成，如图18-135所示。

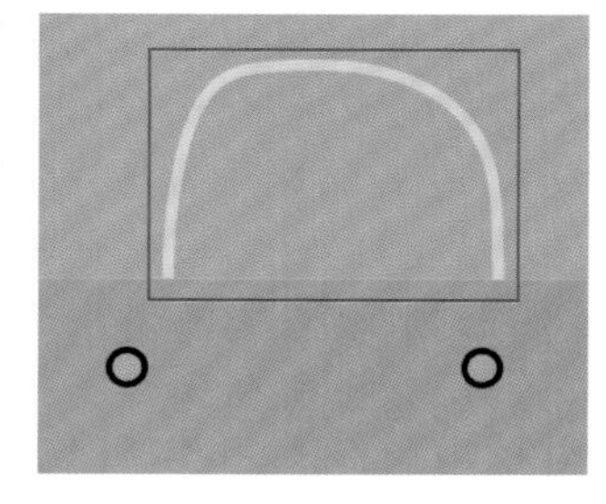

图18-134

图18-135

18.8 制作企业宣传海报

① 新建一个A4尺寸的文档，选择工具箱中的“矩形工具”，在控制栏中设置“填充”为白色，“描边”为无。设置完成后绘制一个与画板等大的矩形，如图18-136所示。

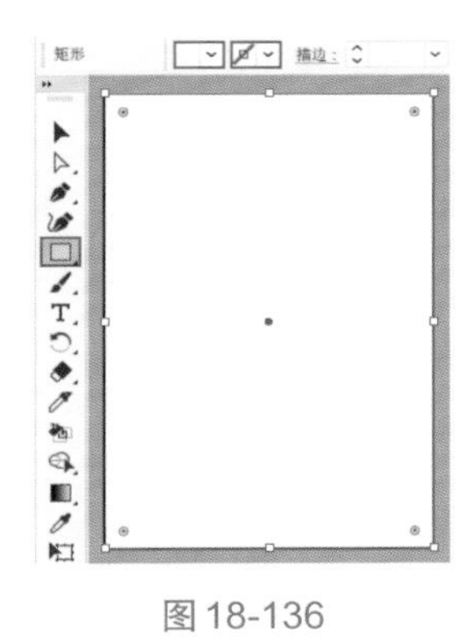

图18-136

② 继续使用“矩形工具”，设置“填充”为蓝色，“描边”为无。设置完成后在白色矩形底部绘制图形，如图18-137所示。

③ 对矩形的透明度进行调整。将蓝色矩形选中，打开“透明度”面板，设置“混合模式”为“正片叠底”，“不透明度”为80%，如图18-138所示。

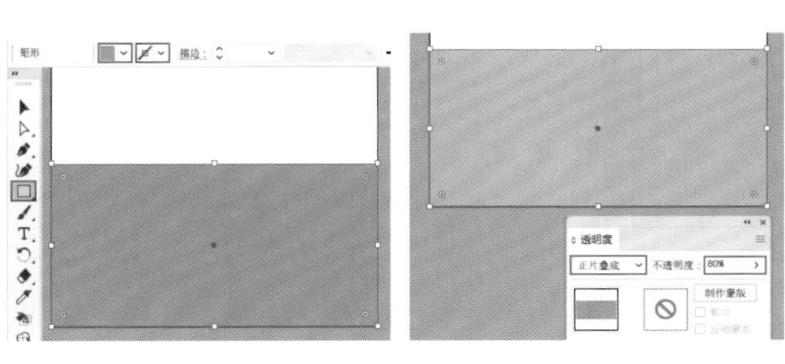

图18-137　　图18-138

④ 此时可以看到蓝色矩形面积过大，需要将不需要的部分进行遮挡。选择工具箱中的“矩形工具”，在控制栏中设置“填充”为白色，“描边”为无，设置完成后在蓝色矩形右侧绘制图形，如图18-139所示。

⑤ 接下来在文档左上角添加标志。将制作完成的标志文档打开，将横向排列的渐变标志复制一份。然后回到当前文档进行粘贴，将其适当缩小后放在左上角位置，如图18-140所示。

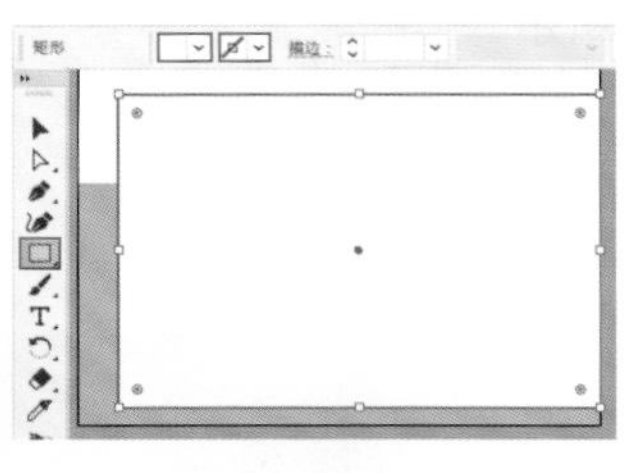

图18-139

图18-140

⑥ 接着在文档空白位置添加大小不一的菱形，丰富版面细节效果，如图18-141所示。（该步骤操作在之前已经出现过，比较简单，不再进行细致讲解。）

图18-141

⑦ 下面将人物素材2置入，调整大小后放在标志下方空白位置，如图18-142所示。

⑧ 接着在素材下方添加标题文字。将制作完成的笔记本文档打开，将平面图中的标志文字复制一份，然后回到当前操作文档进行粘贴，同时对文字内容以及字体大小、颜色、样式等进行适当调整。效果如图18-143所示。

图18-142

⑨ 在主标题文字下方继续添加文字。选择工具箱中的“文字工具”，在主标题文字底部拖动绘制文本框，然后输入相应的文字。选中文字，在控制栏中设置“填充”为深灰色，如图18-144所示。

图18-143

图18-144

⑩ 此时可以看到在文本框右下角出现一个红色加号，这表示文本框内输入的文字过多，文本框较小，文字没有全部显示出来，因此需要进一步操作。在“选择工具”使用状态下，将光标放在红色加号部位单击，此时光标变为 。然后按住鼠标左键，在右侧空白位置绘制文本框，将隐藏的文字全部显示出来，如图18-145所示。

图18-145

⑪ 接着对段落文字的对齐方式进行调整。将文字选中，打开“段落”面板，单击“两端对齐，末行左对齐”按钮，设置“段前间距”为5pt，如图18-146所示。效果如图18-147所示。

图18-146

LOREM IPSUM DOLOR SIT AMET
Consectetur adipisicing elit, sed do eiusmod tempor incididunt ut labore et dolore magna aliqua. Ut enim ad minim veniam, quis nostrud exercitation ullamco laboris nisi ut aliquip ex ea commodo consequat.
Duis auteiture dolor
Reprehenderit in voluptate velit esse cillum dolore eu fugiat nulla pariatur. Ut enim ad minim veniam, quis nostrud exercitation ullamco laboris nisi ut aliquip.
COMMODO CONSEQUAT

Excepteur sint occaecat cupidatat non proident, sunt in culpa qui officia deserunt mollit anim id est laborum. Sed ut perspiciatis unde omnis iste natus error sit voluptatem accusantium doloremque laudantium.

图 18-147

⑫ 下面需要对段落文字中的小标题文字进行字体更改，使其更加醒目。在“文字工具”使用状态下，将第一行小标题文字选中，在“字符”面板中设置合适的字体，同时单击“全部大写字母”按钮，将文字字母全部调整为大写形式，如图18-148所示。

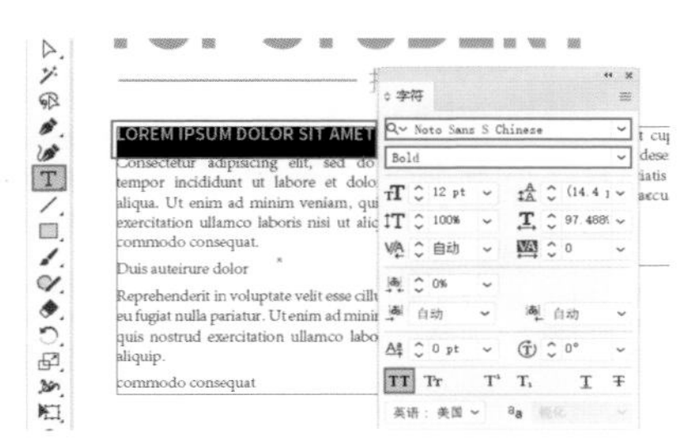

图 18-148

⑬ 接着使用同样的方式，对另外两个小标题文字进行调整。效果如图18-149所示。

⑭ 下面在海报右下角的空白位置继续添加文字，丰富版面细节效果。将制作完成的信封文档打开，将在左下角的文字复制一份。然后回到当前操作文档进行粘贴，同时进行填充颜色与大小的适当调整。此时企业宣传海报制作完成，效果如图18-150所示。

LOREM IPSUM DOLOR SIT AMET
Consectetur adipisicing elit, sed do eiusmod tempor incididunt ut labore et dolore magna aliqua. Ut enim ad minim veniam, quis nostrud exercitation ullamco laboris nisi ut aliquip ex ea commodo consequat.
DUIS AUTEIRURE DOLOR
Reprehenderit in voluptate velit esse cillum dolore eu fugiat nulla pariatur. Ut enim ad minim veniam, quis nostrud exercitation ullamco laboris nisi ut aliquip.

COMMODO CONSEQUAT
Excepteur sint occaecat cupidatat non proident, sunt in culpa qui officia deserunt mollit anim id est laborum. Sed ut perspiciatis unde omnis iste natus error sit voluptatem accusantium doloremque laudantium.

图 18-149

图 18-150

18.9　制作企业VI手册

① 执行“文件>新建”命令，在弹出的“新建文档”窗口中单击“打印”按钮，在打开的面板中单击选择“A4”。接着在右侧的参数区域设置“方向”为竖向，“画板”为12，设置完成后单击“创建”按钮，如图18-151所示。此时即可创建出12个画板，如图18-152所示。

② 接着选择工具箱中的“矩形工具”，设置“填充”为蓝色，“描边”为无，设置完成后绘制一个与画板等大的矩形，如图18-153所示。

③ 将制作完成的笔记本文档打开，将主标题文字和底部编组的小正方形复制一份。然后回到当前操作文档进行粘贴，调整大小放在版面中，如图18-154所示。

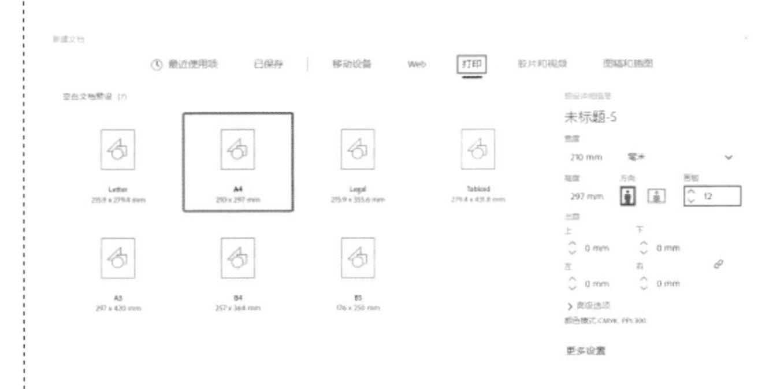

图 18-151

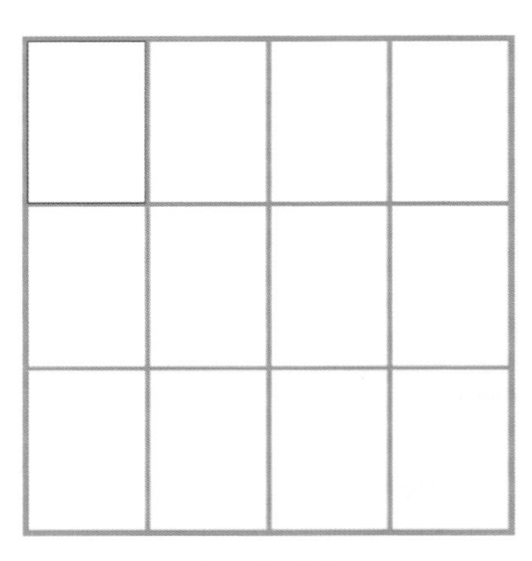

图18-152

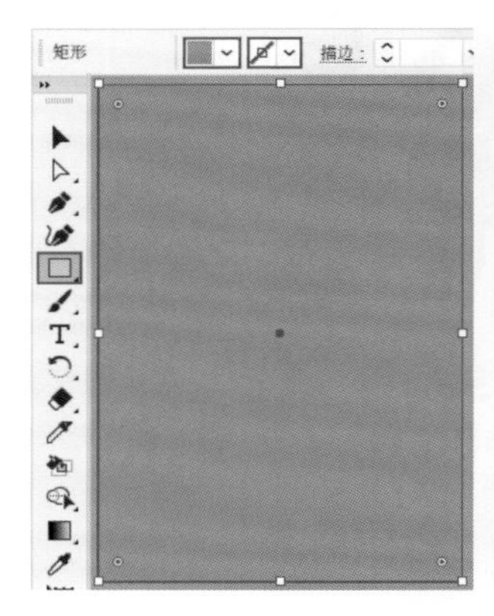

图18-153　　图18-154

④ 在主标题文字下方继续添加文字。选择工具箱中的“文字工具”，在主标题文字下方输入文字，并选中文字，在控制栏中设置“填充”为白色，“描边”为无，同时设置合适的字体、字号。效果如图18-155所示。

TOP CLASS
TOP STUDENT
视觉形象识别系统
VISUAL IMAGE RECOGNITION SYSTEM

图18-155

⑤ 选择工具箱中的“直线段工具”，在控制栏中设置“填充”为无，“描边”为白色，“描边粗细”为2pt，设置完成后在文字中间按住Shift键的同时按住鼠标左键，拖动绘制一条水平的直线段，如图18-156所示。

图18-156

⑥ 将制作完成的名片文档打开，把带有投影的标志复制一份，然后回到当前操作文档进行粘贴，放在封面右下角位置，并将其适当缩小。此时手册封面制作完成，效果如图18-157所示。

图18-157

⑦ 从案例效果中可以看出，内页的背景、页眉、页脚、主标题文字等的格式是完全相同的。因此只需制作出一个，然后进行复制粘贴，并进行相应的文字内容更改即可。首先制作背景，将封面的背景矩形复制一份放在右侧画板中，并在控制栏中将其填充更改为白色，如图18-158所示。

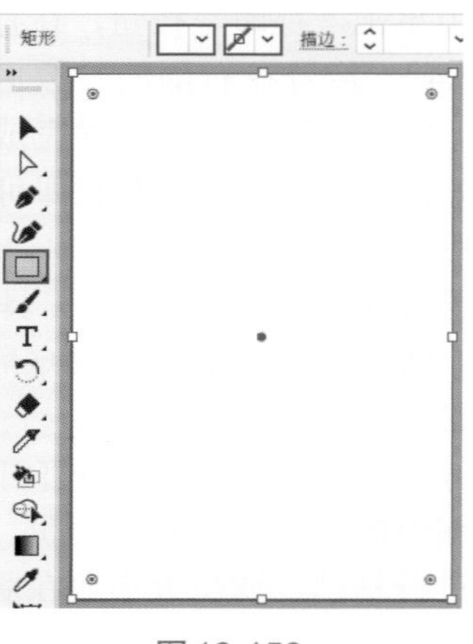

图18-158

⑧ 接着在白色矩形上方继续绘制图形，打破纯色的枯燥感。选择工具箱中的“钢笔工具”，在控制栏中设置“填充”为灰色，“描边”为无。设置完成后在白色矩形下半部分绘制图形，如图18-159所示。

⑨ 接下来制作页眉效果。选择工具箱中的“直线段工具”，设置“填充”为无，“描边”为蓝色，“描边粗细”为1.5pt，设置完成后在画板左上角绘制一条水平直线段，如图18-160所示。

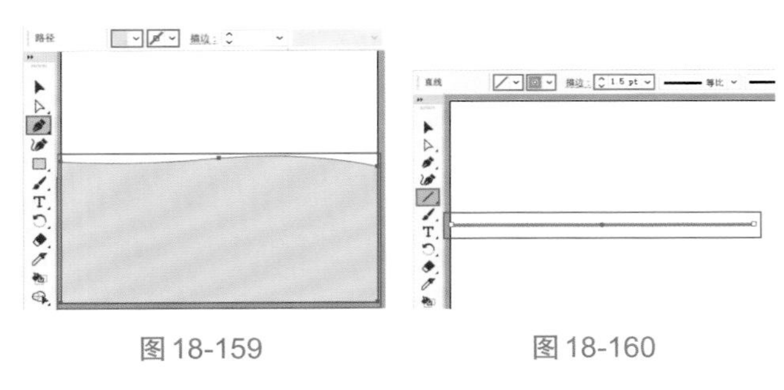

图18-159　　图18-160

⑩ 继续使用“直线段工具”，在已有线段右侧继续绘制直线段。效果如图18-161所示。

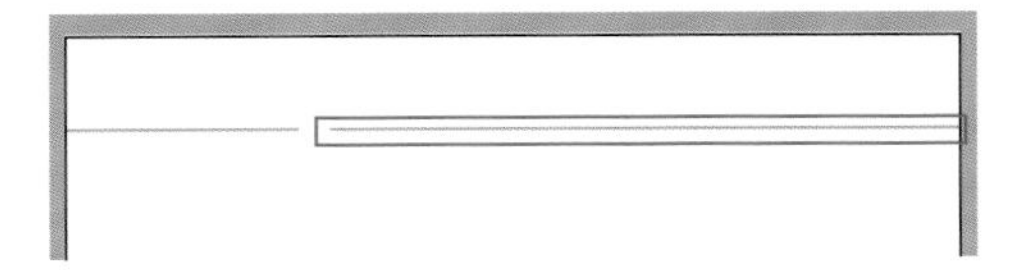

图18-161

⑪ 在直线段上下两侧添加文字。选择工具箱中的“文字工具”，在直线的两侧单击，输入文字，并设置“填充”为蓝色，“描边”为无，同时设置合适的字体、字号。效果如图18-162所示。

图18-162

⑫ 在文字前方添加几何图形进行装饰。选择工具箱中的“矩形工具”，设置“填充”为蓝色，“描边”为无，设置完成后在文字前方绘制一个小正方形，如图18-163所示。

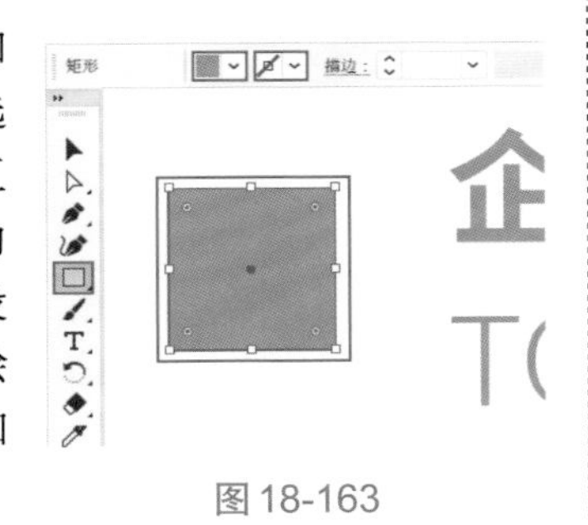

图18-163

⑬ 在正方形选中状态下，将光标放在定界框一角，按住Shift键的同时按住鼠标左键拖动一次，将图形进行45°角的旋转操作，如图18-164所示。

⑭ 继续使用“文字工具”，在版面右下角的页脚部位输入页码，选中文字，在控制栏中设置合适的填充颜色、字体、字号。效果如图18-165所示。

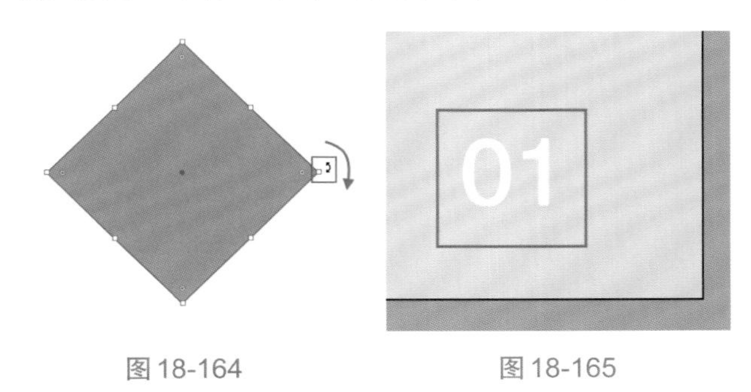

图18-164　　图18-165

⑮ 此时内页版面的基本内容制作完成。将这些图形以及文字对象选中，复制9份，放在除了手册封底之外的其他画板上方。然后根据每一个内页呈现的内容，对标题文字进行更改。效果如图18-166所示。

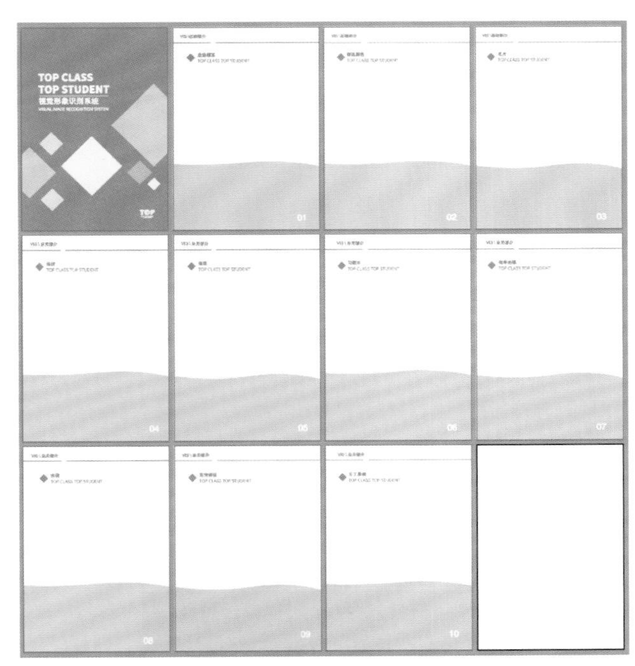

图18-166

⑯ 制作标志页。首先绘制用于呈现标志的矩形载体。选择工具箱中的“矩形工具”，设置“填充”为淡蓝色，“描边”为无，设置完成后在标题文字下方绘制矩形，如图18-167所示。

⑰ 将淡蓝色矩形选中复制一份，放在右侧位置，如图18-168所示。

实战应用篇

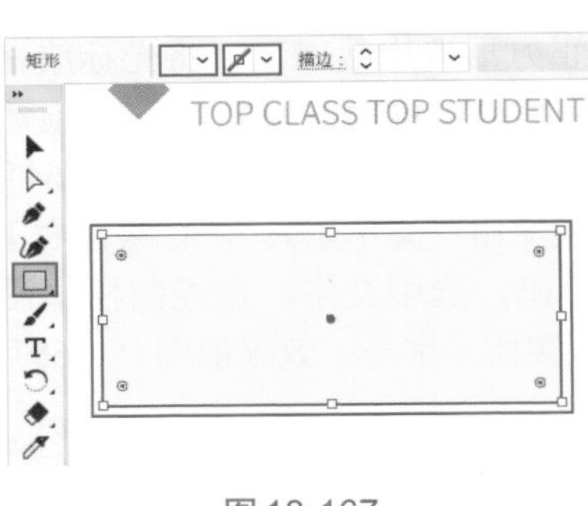

图18-167

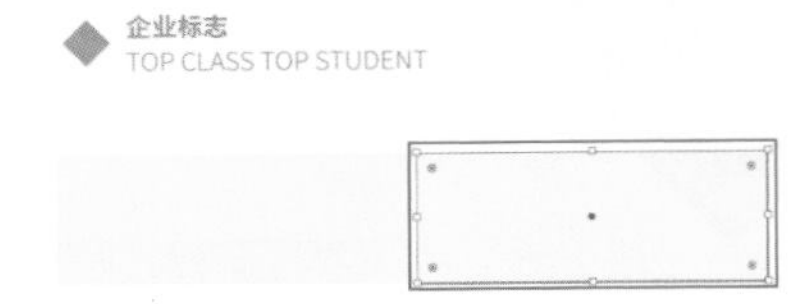

图18-168

⑱ 接着将已有的两个矩形选中，按住Alt键和鼠标左键向下拖动的同时按住Shift键，保证图形在同一垂直线上移动，至下方合适位置时，释放鼠标将图形复制，如图18-169所示。

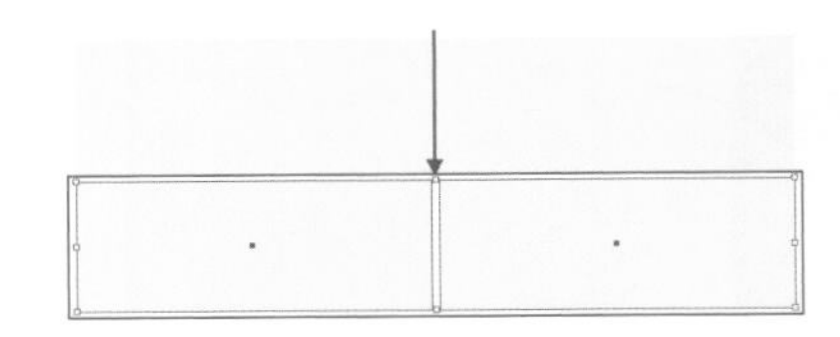

图18-169

⑲ 在当前复制状态下，使用3次快捷键Ctrl+D将图形进行相同方向与相同移动距离的复制。然后对矩形颜色进行更改，效果如图18-170所示。

图18-170

⑳ 在矩形上方添加彩色标志。将制作完成的标志打开，将不同呈现形式的标志进行复制。然后回到当前操作文档粘贴，调整大小放在不同颜色的矩形上方，如图18-171所示。

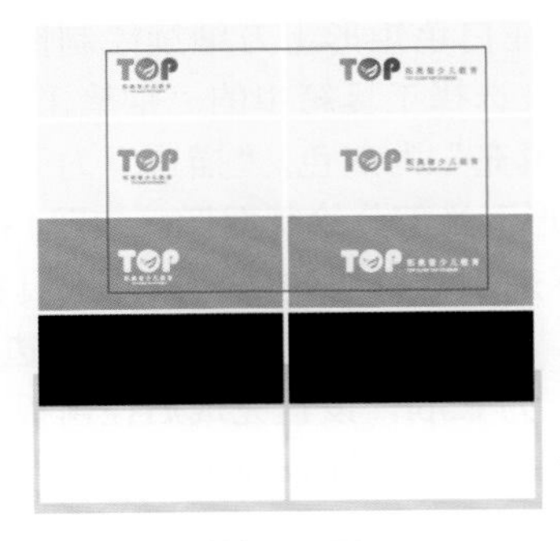

图18-171

㉑ 接下来制作标志的墨稿和反白稿。将彩色标志再次复制四份，放在黑色和白色矩形上方。然后将标志颜色填充为与背景矩形相反的颜色，此时企业标志内页制作完成。效果如图18-172所示。

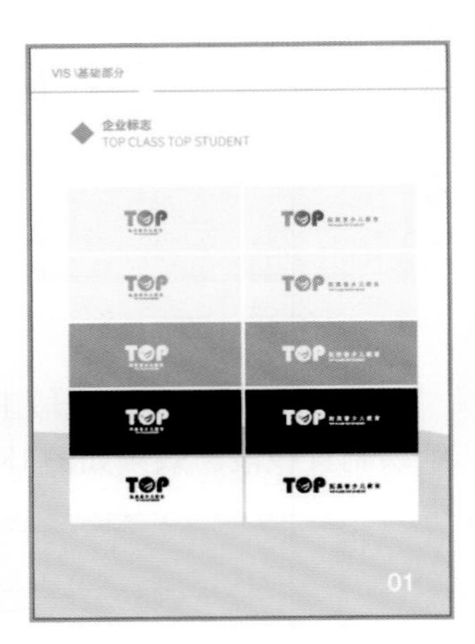

图18-172

㉒ 下面制作标准颜色和标准字页。选择工具箱中的“圆角矩形工具”，在主标题文字下方按住Shift键的同时按住鼠标左键，拖动绘制一个圆角正方形，接着设置“填充”为蓝色，“描边”为无，“圆角半径”为5mm，如图18-173所示。

㉓ 接着在图形上方添加相应的色块数值文字。选择工具箱中的“文字工具”，在蓝色圆角正方形上方输入文字，选中文字，在控制栏中设置“填充”为黑色，“描边”为无，同时设置合适的字体、字号，如图18-174所示。

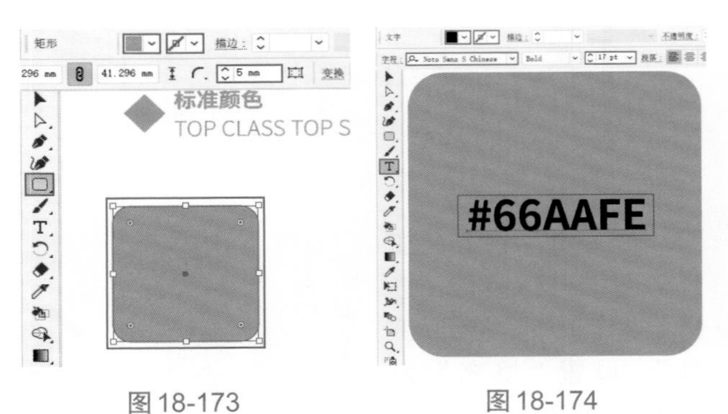

图18-173　　图18-174

㉔ 将制作完成的色块正方形和相应的文字选中，复制三份放在右侧位置，然后对正方形颜色与文字内容进行更改。效果如图18-175所示。

图 18-175

㉕ 制作标准字。选择工具箱中的“矩形工具”，设置“填充”为蓝色，“描边”为无。设置完成后在版面下方绘制一个长条矩形，作为标准字呈现载体，如图18-176所示。

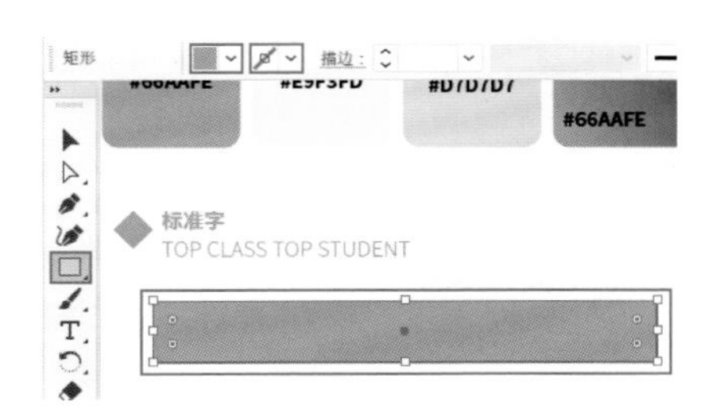

图 18-176

㉖ 在矩形上方添加制作过程中使用的标准文字。选择工具箱中的“文字工具”，在蓝色长条矩形左侧输入文字，在控制中设置“填充”为白色，“描边”为无，同时设置合适的字体、字号，如图18-177所示。

拓奥普少儿教育

图 18-177

㉗ 继续使用“文字工具”，在已有文字右侧输入文字。效果如图18-178所示。

图 18-178

㉘ 将制作完成的长条矩形和文字选中，复制三份，放在下方位置，然后更改其中的文字内容及使用的字体。标准颜色和标准字的内页制作完成，效果如图18-179所示。

㉙ 下面制作名片内页的展示效果。将制作完成的名片文档打开，将名片背面效果图选中复制一份。然后回到当前文档进行粘贴，将其适当缩小后放在画面左侧位置，如图18-180所示。

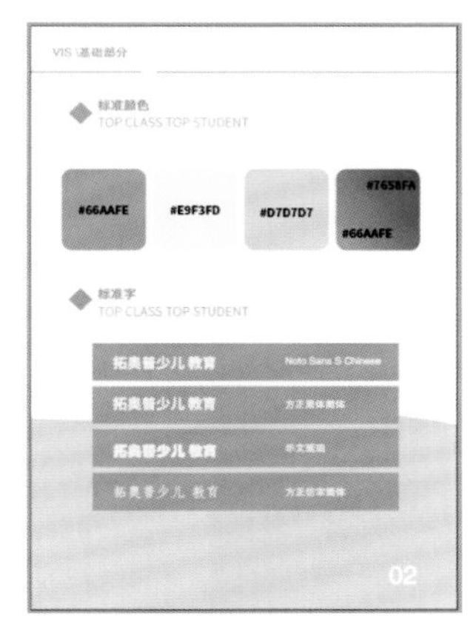

图 18-179　　图 18-180

㉚ 为名片添加投影。在名片选中状态下，执行“效果＞风格化＞投影”命令，在弹出的“投影”窗口中设置“模式”为“正片叠底”，“不透明度”为60%，“X位移”为1mm，“Y位移”为0mm，“模糊”为1mm，“颜色”为黑色。设置完成后单击“确定”按钮，如图18-181所示。效果如图18-182所示。

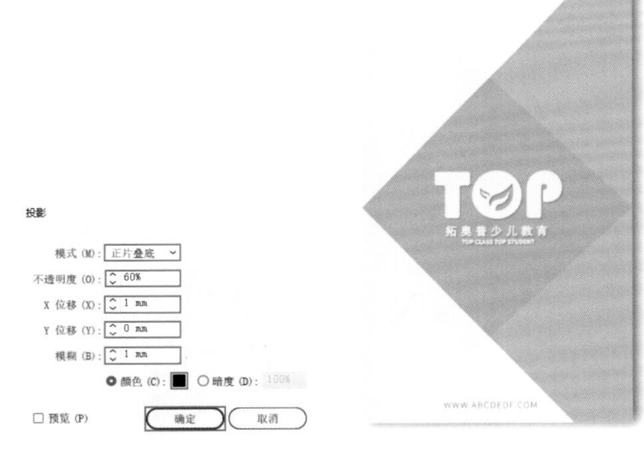

图 18-181　　图 18-182

㉛ 将名片正面效果图复制一份，放在名片背面效果图下方位置，并为其添加相同的投影效果，如图18-183所示。

㉜ 然后使用同样的方式制作另外一种名片展示效果，如图18-184所示。

图18-183

图18-184

㉝ 在名片下方添加文字。选择工具箱中的“文字工具”，在控制中设置“填充”为黑色，“描边”为无，同时设置合适的字体、字号。设置完成后在底部输入文字，如图18-185所示。

图18-185

㉞ 将输入的文字选中，打开“字符”面板，单击底部的“全部大写字母”按钮，将文字全部调整为大写形式，如图18-186所示。

图18-186

㉟ 在主标题文字下方添加段落文字。选择工具箱中的“文字工具”，在画板底部按住鼠标左键拖动绘制文本框，然后输入合适的文字。选中文字，在控制栏中设置“填充”为黑色，“描边”为无，同时设置合适的字体、字号，“对齐方式”为“左对齐”，如图18-187所示。

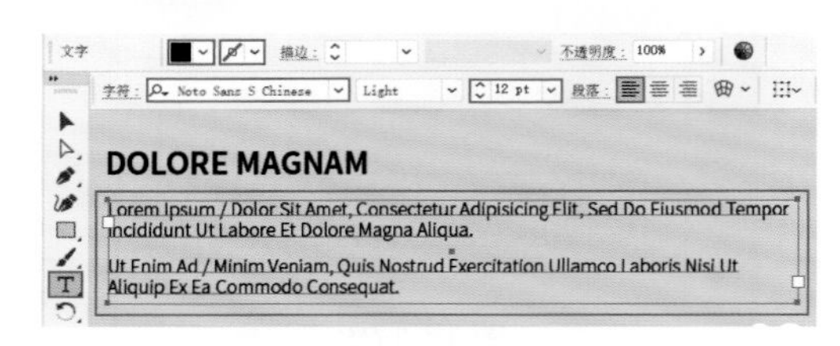

图18-187

㊱ 调整部分文字的填充颜色与字体粗细。在“文字工具”使用状态下，将需要调整的文字选中，更改“填充”为蓝色，“字体样式”为粗体，如图18-188所示。

图18-188

㊲ 使用同样的方式，对其他文字进行颜色与字体样式的调整。效果如图18-189所示。

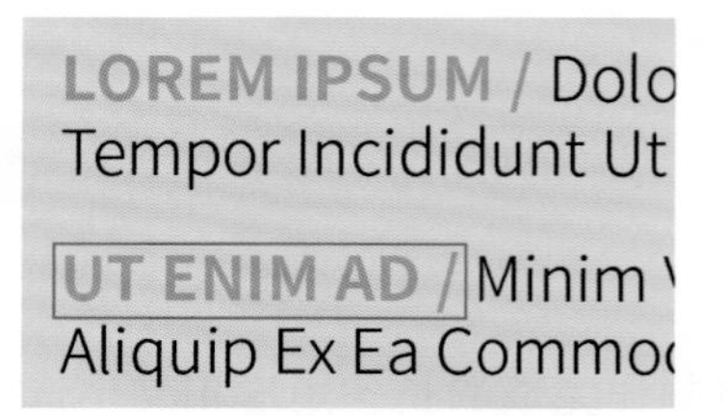

图18-189

㊳ 将段落文字的字间距适当调大，为受众营造一个舒适的阅读体验。将段落文字选中，打开“字符”面板，设置“字间距”为67，如图18-190所示。此时可以看到文字间距被适当加宽，如图18-191所示。

图18-190

DOLORE MAGNAM
LOREM IPSUM / Dolor Sit Amet, Consectetur Adipisicing Elit, Sed Do Eius-mod Tempor Incididunt Ut Labore Et Dolore Magna Aliqua.
UT ENIM AD / Minim Veniam, Quis Nostrud Exercitation Ullamco Laboris Nisi Ut Aliquip Ex Ea Commodo Consequat.

图18-191

㊴ 对段落文字的对齐方式进行调整。将文字选中，打开“段落”面板，单击“两端对齐，末行左对齐”按钮，如图18-192所示。效果如图18-193所示。

图18-192

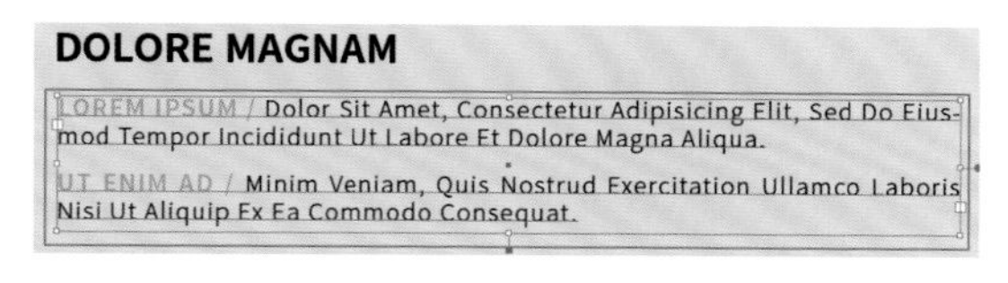

图18-193

㊵ 接下来使用同样的方式制作信封、信纸、笔记本、教学光盘、纸袋、宣传海报、员工服装等几个内页。效果如图18-194～图18-200所示。

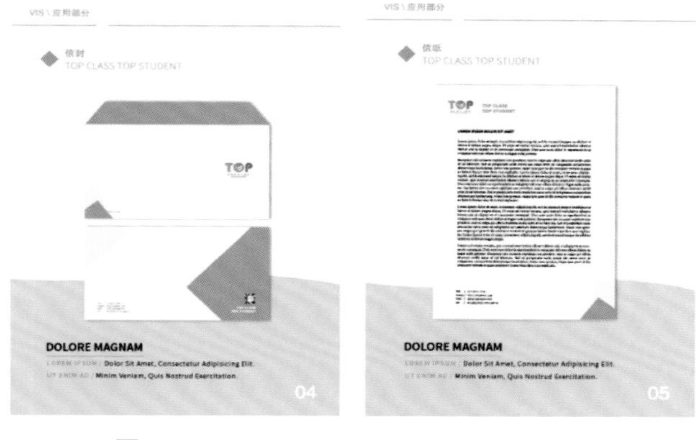

图18-194　　图18-195

图18-196　　图18-197

图18-198　　图18-199

图18-200

㊶ 制作封底。将封面的蓝色背景矩形、标志文字图形复制一份，放在最后一个画板上方，并调整标志文字图形的位置，如图18-201所示。

实战应用篇

⑫ 接下来继续使用“文字工具”，在标志文字图形下方输入文字，如图18-202所示。

图18-201

图18-202

此时整套VI手册制作完成，效果如图18-203所示。

图18-203

附录
Illustrator 2024
常用快捷键

文件菜单	
新建	Ctrl+N
从模板新建	Shift+Ctrl+N
打开	Ctrl+O
在 Bridge 中浏览	Alt+Ctrl+O
关闭	Ctrl+W
关闭全部	Alt+Ctrl+W
存储	Ctrl+S
存储为	Shift+Ctrl+S
存储副本	Alt+Ctrl+S
恢复	F12
置入	Shift+Ctrl+P
导出为多种屏幕所用格式	Alt+Ctrl+E
存储为 Web 所用格式（旧版）	Alt+Shift+Ctrl+S
其他脚本	Ctrl+F12
文档设置	Alt+Ctrl+P
文件信息	Alt+Shift+Ctrl+I
打印	Ctrl+P
退出	Ctrl+Q

编辑菜单	
还原	Ctrl+Z
重做	Shift+Ctrl+Z
剪切	Ctrl+X
复制	Ctrl+C
粘贴	Ctrl+V
贴在前面	Ctrl+F
贴在后面	Ctrl+B
就地粘贴	Shift+Ctrl+V
在所有画板上粘贴	Alt+Shift+Ctrl+V
粘贴时不包含格式	Alt+Ctrl+V
拼写检查	Ctrl+I
颜色设置	Shift+Ctrl+K
键盘快捷键	Alt+Shift+Ctrl+K

对象菜单	
再次变换	Ctrl+D
移动	Shift+Ctrl+M
分别变换	Alt+Shift+Ctrl+D
置于顶层	Shift+Ctrl+]
前移一层	Ctrl+]
后移一层	Ctrl+[
置于底层	Shift+Ctrl+[
编组	Ctrl+G
取消编组	Shift+Ctrl+G
锁定所选对象	Ctrl+2
全部解锁	Alt+Ctrl+2
隐藏所选对象	Ctrl+3
显示全部	Alt+Ctrl+3
连接	Ctrl+J
平均	Alt+Ctrl+J
编辑图案	Shift+Ctrl+F8
建立混合	Alt+Ctrl+B
释放混合	Alt+Shift+Ctrl+B
用变形建立	Alt+Shift+Ctrl+W
用网格建立	Alt+Ctrl+M
用顶层对象建立	Alt+Ctrl+C
建立实时上色	Alt+Ctrl+X
建立剪切蒙版	Ctrl+7
释放剪切蒙版	Alt+Ctrl+7
建立复合路径	Ctrl+8
释放复合路径	Alt+Shift+Ctrl+8

文字菜单	
创建轮廓	Shift+Ctrl+O
项目符号	Alt+8
版权符号	Alt+G
省略号	Alt+；
段落符号	Alt+7

注册商标符号	Alt+R
分节符	Alt+6
商标符号	Alt+2
全角破折号	Alt+Shift+-
半角破折号	Alt+-
自由连字符	Shift+Ctrl+-
左双引号	Alt+[
右双引号	Alt+Shift+[
左单引号	Alt+]
右单引号	Alt+Shift+]
全角空格	Shift+Ctrl+M
半角空格	Shift+Ctrl+N
窄间隔	Alt+Shift+Ctrl+M
显示隐藏字符	Alt+Ctrl+I
选择菜单	
全部	Ctrl+A
现用画板上的全部对象	Alt+Ctrl+A
取消选择	Shift+Ctrl+A
重新选择	Ctrl+6
上方的下一个对象	Alt+Ctrl+]
下方的下一个对象	Alt+Ctrl+[
效果菜单	
应用上一个效果	Shift+Ctrl+E
上一个效果	Alt+Shift+Ctrl+E
视图菜单	
轮廓	Ctrl+Y
GPU 预览	Ctrl+E
叠印预览	Alt+Shift+Ctrl+Y
像素预览	Alt+Ctrl+Y
放大	Ctrl++
缩小	Ctrl+-
画板适合窗口大小	Ctrl+0
全部适合窗口大小	Alt+Ctrl+0

重置旋转视图	Shift+Ctrl+1
隐藏定界框	Shift+Ctrl+B
显示透明度网格	Shift+Ctrl+D
实际大小	Ctrl+1
隐藏渐变批注者	Alt+Ctrl+G
隐藏边缘	Ctrl+H
智能参考线	Ctrl+U
显示透视网格	Shift+Ctrl+I
隐藏画板	Shift+Ctrl+H
显示模板	Shift+Ctrl+W
显示标尺	Ctrl+R
更改为画板标尺	Alt+Ctrl+R
显示文本串接	Shift+Ctrl+Y
隐藏参考线	Ctrl+；
锁定参考线	Alt+Ctrl+；
建立参考线	Ctrl+5
释放参考线	Alt+Ctrl+5
显示网格	Ctrl+”
对齐网格	Shift+Ctrl+”
对齐点	Alt+Ctrl+”
窗口菜单	
信息	Ctrl+F8
变换	Shift+F8
图层	F7
图形样式	Shift+F5
外观	Shift+F6
对齐	Shift+F7
描边	Ctrl+F10
OpenType	Alt+Shift+Ctrl+T
制表符	Shift+Ctrl+T
字符	Ctrl+T
段落	Alt+Ctrl+T
渐变	Ctrl+F9

特性	Ctrl+F11
画笔	F5
符号	Shift+Ctrl+F11
路径查找器	Shift+Ctrl+F9
透明度	Shift+Ctrl+F10
颜色	F6
颜色参考	Shift+F3
工具	
选择工具	V
直接选择工具	A
魔棒工具	Y
套索工具	Q
钢笔工具	p
添加锚点工具	+
删除锚点工具	-
锚点工具	Shift+C
曲率工具	Shift+ ~
文字工具	T
修饰文字工具	Shift+T
直线段工具	\（反斜线）
矩形工具	M
椭圆工具	L
画笔工具	B
铅笔工具	N
斑点画笔工具	Shift+B
Shaper 工具	Shift+N
橡皮擦工具	Shift+E
剪刀工具	C
旋转工具	R
镜像工具	O
宽度工具	Shift+W
变形工具	Shift+R
比例缩放工具	S
自由变换工具	E
形状生成器工具	Shift+M
实时上色工具	K
实时上色选择工具	Shift+L
透视网格工具	Shift+P
透视选区工具	Shift+V
网格工具	U
渐变工具	G
吸管工具	I
混合工具	W
符号喷枪工具	Shift+S
柱形图工具	J
画板工具	Shift+O
切片工具	Shift+K
抓手工具	H
旋转视图工具	Shift+H
缩放工具	Z
互换填色和描边	Shift+X
切换填色和描边	X
默认填色和描边	D
正常绘图	Shift+D
背景绘图	Shift+D
内部绘图	Shift+D
切换屏幕模式	F